绒山羊营养与
绒毛生长机理研究

Nutrition and Mechanism of Cashmere Fiber Growth in Cashmere Goats

张　微　主编

中国农业大学出版社
· 北京 ·

内容简介

针对国际绒山羊学科发展前沿，并结合我国绒山羊生产现状和技术需求，中国农业大学贾志海教授及其团队历经20余年潜心研究，在国内外学术刊物发表论文百余篇。本书系统总结了该团队在绒山羊营养与山羊绒生长机理方面的研究成果，包括国内外绒山羊产业现状及展望、绒毛生长机理及调控、营养物质需要和饲料营养价值评定。这对指导我国绒山羊生产和饲养标准制定，有一定的指导和借鉴，并为相应研究提供方法学的参考。

本书可作为从事绒山羊生产、教学、科研和管理人员使用。

图书在版编目(CIP)数据

绒山羊营养与绒毛生长机理研究/张微主编. —北京：中国农业大学出版社，2011.10
ISBN 978-7-5655-0417-4

Ⅰ.①绒…　Ⅱ.①张…　Ⅲ.①山羊：毛用羊-饲养管理-文集　Ⅳ.①S827.9-53

中国版本图书馆CIP数据核字(2011)第193194号

书　名　绒山羊营养与绒毛生长机理研究
Nutrition and Mechanism of Cashmere Fiber Growth in Cashmere Goats
作　者　张　微　主编

策划编辑　赵　中　　**责任编辑**　洪重光　王艳欣
封面设计　郑　川　　**责任校对**　陈　莹　王晓凤
出版发行　中国农业大学出版社
社　址　北京市海淀区圆明园西路2号　　**邮政编码**　100193
电　话　发行部010-62818525，8625　　读者服务部010-62732336
编辑部010-62732617，2618　　出　版　部010-62733440
网　址　http://www.cau.edu.cn/caup　　**e-mail**　cbsszs@cau.edu.cn
经　销　新华书店
印　刷　北京鑫丰华彩印有限公司
版　次　2011年10月第1版　2011年10月第1次印刷
规　格　787×1 092　16开本　28.25印张　690千字
定　价　58.00元

主　编　张　微

副主编　朱晓萍　李建云

编　者　（按姓氏拼音顺序排序）
段春辉　霍晓东　李建云
李　琴　李瑞丽　任婉丽
朱晓萍　张　微　张　瑜

前　　言

中国农业大学贾志海教授为首的研究团队，自 20 世纪 90 年代初与美国山羊研究所合作，开始对中国绒山羊进行研究。研究以辽宁绒山羊和内蒙古绒山羊为对象，内蒙古白绒山羊种羊场、辽宁绒山羊育种中心和辽宁绒山羊科技示范场为研究基地，针对国际绒山羊学科发展前沿，并结合我国绒山羊生产现状和技术需求进行研究，先后获得国家科技部和农业部“国家科技攻关项目”、“863 项目”、“国家科技支撑项目”以及“国家自然科学基金”资助。其中“绒山羊绒毛生长机理及舍饲半舍饲营养调控技术研究”和“绒山羊舍饲半舍饲关键技术研究与示范”分别获得“北京市人民政府科技二等奖”和“辽宁省科学技术二等奖”。同时，培养了一大批人才，先后有 30 余人获该研究方向博士、硕士学位，在绒山羊营养与遗传育种领域发表了一大批有价值的研究论文。为配合绒山羊学术研讨会的召开，特将该团队在绒山羊营养与山羊绒生长机理方面的研究成果编辑成册，分类总结，以期为我国绒山羊生产、研究、教学以及饲养标准制定提供参考。

值此论文集出版之际，衷心感谢科技部和农业部有关部门多年来给予的支持，感谢研究基地在诸方面给予的支持和帮助。

在资料收集和整理过程中，由于参编人员水平所限，时间仓促，编者在此对本书中的不足之处深表歉意！同时，对所有被引用文章作者、编著者和编校者表示由衷的感谢！特别感谢贾志海教授为本书的编辑提供的有价值的指导意见！

本书由国家绒毛用羊产业技术体系资助出版，在此表示诚挚的谢意！

编　者

2011 年 7 月

前言

目　录

第一部分　绒山羊生产概述

第二部分　绒山羊营养需要量研究

第三部分　绒山羊饲料营养价值评价

第四部分　绒山羊绒毛生长机理研究

第一部分

绒山羊生产概述

如何协调绒山羊发展与生态环境矛盾

贾志海　富俊才

（中国农业大学，北京　100094）

该论文发表在《中国畜牧杂志》2001，37(4)：3-4

近年来我国养羊业有了很大的发展，特别是山羊业的发展十分迅速，据联合国粮农组织（FAO）1998年统计资料[1]，1998年我国绵、山羊存栏数量约2.56亿只，其中山羊占1.38亿只，绒山羊占山羊总数的1/3以上，山羊业的发展有力地促进了我国羊肉和山羊绒的发展，山羊肉产量94.4万吨，约占世界山羊肉产量的1/4；山羊绒产量约1万吨，约占世界总产量的50%，山羊已成为我国畜牧业发展的热点，并成为畜牧业中的重要产业之一。

近年来随着草地退化沙化的加剧生态环境的进一步恶化，特别是去年春季我国北方连续出现几次大的沙尘暴以后，山羊特别是绒山羊从发展的热点成为人们关注的焦点，似乎我国北方地区生态环境的恶化和沙尘暴的出现都是由山羊而导致的，因而有人提出要"杀掉山羊，保卫北京"，山羊似乎成了人类"最凶恶"的敌人，如何对待山羊，如何解决养羊业发展与草地生态的矛盾，草原生存保护与当地经济发展的矛盾，是需要有关部门认真考虑的，并非统统杀掉那么简单，现就这一热点话题谈一些看法。

1　绒山羊业是我国畜牧业生产中重要产业之一

绒山羊是我国一种独特的生物资源，是经过长期的自然选择和人工选育成为目前世界上产绒量最高，绒纤维品质最好的优良品种。其主要产品——山羊绒，细而柔软，软而保暖，被誉为"纤维宝石"。目前每千克原绒价格在480元以上，具有较高的经济价值。以山羊绒为原料的纺织加工企业如"鄂尔多斯"、"雪莲"牌羊绒制品成为世界名牌，并成为国内畜产品出口创汇大户。绒山羊业的发展对振兴地方经济具有重要的意义，如北京房山区农民饲养绒山羊10万余只，1999年产山羊绒30吨，收入1 500万元。由于绒山羊只分布在世界上少数国家，而在这些少数国家中，尤以中国的辽宁绒山羊和内蒙古白绒山羊最为著名，这是我国的骄傲，是世界上其他国家可想而不可求的。而对这一独特的资源，我们应该珍惜和保护，并很好利用，而不应该因生态环境的恶化而责备绒山羊，这是不公正的。生态环境的恶化很大程度上是人为因素引起的。

有些报道提出不少国家都已不再发展绒山羊业，如澳大利亚是传统的羊绒出口国，因绒山羊破坏生态环境而不再发展绒山羊；什么绒山羊是第三世界养，第二世界纺，第一世界享等。其实这些报道与事实有很大出入。众所周知，绒山羊的分布主要集中在以中国、蒙古为主的亚洲内陆国家，大多数发达国家不是绒山羊的自然分布区。发达国家并不是不想发展绒山羊业，恰恰相反，面对国际市场山羊绒短缺和饲养绒山羊带来的高效益，一些发达国家如澳大利亚、新西兰、美国等都在积极探索发展绒山羊的途径，只是苦于没有优良的绒山羊种质资源（我国将辽宁绒山羊和内蒙古绒山羊列为禁止出口的畜种），其绒产量和品质在国际上无法与我国竞争而已。此外，在我国北方2亿多公顷可利用草原中，有近1/4属荒漠化草原，这些地方干旱少雨，生态环境恶劣，植被多以旱生灌木和半灌木为主，不适宜其他家畜的饲养，而绒山羊因抗逆性强而成为这些地方的优势畜种，并成为这些地区农牧民生活的重要经济来源。在这些地区发展以绒山羊为主的畜牧业是生态条件所决定的。因此，放弃绒山羊业是不明智的。

2 山羊与生态环境

近年来山羊绒市场行情一直看好，由此刺激了绒山羊的发展，而绒山羊业的发展，特别是山羊数量的急剧增加，加剧了我国北方地区草地退化、沙化，使本就脆弱的生态环境进一步恶化，目前已到了非治理不可的地步。但出现这种现象并不是山羊业必然发展结果。生态环境的恶化是由多方面原因造成的，既有自然因素，也有人为因素，而人为因素是生态环境恶化的主导因素。

草地是重要的自然资源，它在保持水土、防风固沙方面起着重要作用，是重要的环保卫士。同时草地又是草地畜牧业生产的物质基础。从发展畜牧业经济考虑，草地完全禁牧是不可能的，大量研究表明，在科学管理和合理利用下，草地植被具有保护生态和畜牧业发展的双重功能。处理好两者关系，相互得益，草地畜牧业发达国家已有不少成功的例子，传统的观念一直认为山羊破坏植被，实际上，在适宜的放牧条件下，放牧有利于植物的分蘖和再生。

由于超载、滥牧，草地生物量锐减，山羊为了生存，不可避免地要尽力觅食，甚至啃树皮、扒草根，这是山羊求生的本能。任何家畜在超越过牧的情况下，都会引起草地退化、沙化。目前我国草地退化、沙化，大都是由于人为管理不当而引起的。在没有山羊的地方或饲养绒山羊少的地方，饲养其他家畜造成草地退化、沙化，甚至水土流失，并不少见，而这种因超载、过牧引起草场退化沙化，通过加强饲养管理和改变饲养方式是可以避免的。

3 我国绒山羊业的发展对策

无论任何家畜超载，都能对植被造成破坏，因此功过不在山羊本身，而在经营者身上。但绒山羊数量的急剧增长，加剧了草原生态环境的恶化是不可争辩的事实。草原退化要遏制，生态环境要保护，草地畜牧业要发展，牧民生活要提高，要解决这些矛盾，其根本出路在于：

首先要严格控制产业养羊数量，提高个体产量，把数量型畜牧业转向质量效益型。

我国有绒山羊6 000万只，产绒量1万吨左右，居世界首位，但个体平均产绒量并不高，而且不同品种及同一品种不同个体间产绒量差异较大。数量过多，不仅对草场造成破坏，浪费饲草，而且不利于绒纤维品质提高。因此，减少数量，提高质量和个体产绒量是改善生态环境和经济效益最好的出路。要做到这一点，各级政府和有关部门要严格执行以草定畜政策。超过规定的数量，课以重税，使养殖者切实体会到发展养羊不能靠增加头数，而应依靠科学技术，这是完全可以做到的。如内蒙古白绒山羊，优良群体平均产绒量在600 g以上，产绒量是普通山羊的3倍。优良个体产绒量在1 kg以上，这些优良个体通过人工授精和胚胎移植可提高良种覆盖率。通过饲养良种羊，在羊的数量大量减少情况下，农牧民收入不降低，而生态环境却得到较大改善。

其次是改变传统的饲养方式，养羊由全放牧向舍饲半舍饲方面发展。

传统的养羊业，特别是绒山羊一直沿袭以放牧为主。这种粗放的经营，投入少，成本低，而舍饲又无章可循，并担心舍饲会降低绒纤维质量等。其实这种担心是没有必要的，山羊绒生长主要受遗传因素影响，其次是环境因素。在环境因素中绒生长主要受光周期变化的影响。无论放牧与舍饲，山羊都是以摄取营养物质用于维持生命和生产。中国农大 1996 年曾从河北省赤城县(北纬 40°54′，海拔 1 100 m)引入绒山羊到河北省大名县(北纬 36°16′，海拔 40 m)进行舍饲，半个月后山羊就适应了舍饲环境。经过两个产绒季节观测，这些绒山羊在新的环境下生长发育正常，繁殖性能稳定，绒纤维品质良好，表现出较好的适应性[2]。另据中国农大在内蒙古畜牧科学院两年的试验表明，绒山羊在舍饲条件下，其饲养水平略高于维持，羊的各项生理指标和产绒性能均表现正常。

此外，绒山羊舍饲饲养是最经济的。根据 NRC(1985)山羊饲养标准，体重 20 kg 的山羊，在植被稀疏的干旱地区放牧，山羊维持需要，每日干物质平均采食量 0.84 kg，代谢能 7.02 MJ，粗蛋白质 64 g；如每日增重 50 g，干物质采食量需增加 0.18 kg，代谢能 1.50 MJ，蛋白质 14 g。而同等体重的绒山羊，在舍饲条件下，每天只需采食干物质 0.62 kg，代谢能 5.5 MJ，粗蛋白质 63.5 g，就能满足理想的产绒(平均 380 g)效果[3]。由于绒山羊对营养需要的特殊性，其营养需要只要保持在维持并略有增加，就能满足羊绒的生长，营养物质过高并不能提高绒纤维生长，只能增加粗毛和体重生长[4]。

当然，绒山羊从放牧转向舍饲，可能在营养、繁殖、疾病防治等方面会出现一些新问题，但这些问题通过加强科学饲养管理是可以解决的。

参考文献

[1] 张志文. FAO 生产年鉴(1998). 1998 年世界主要国家畜牧生产统计资料[J]. 中国畜牧杂志，2001(1)：59-60.

[2] 贾志海，等. 河北地区绒山羊在蒙古地区适应性研究[J]. 内蒙古畜牧科学，2000(3).

[3] 彭玉麟. 不同无机硫对内蒙古白绒山羊消化代谢及产绒性能的影响[D]. 中国农业大学，2000.

[4] 贾志海. 山羊绒生长机理研究进展[J]. 草食家畜，1996(1)：2-6.

谈干旱荒漠化草原区养羊业发展

贾志海

（中国农业大学，北京　100094）

该文发表在《中国畜牧杂志》1999，35(6)：18-20

作为UNDP中国荒漠化治理项目干旱草地畜牧专家，笔者先后两次（分别于1997年和1998年秋）赴项目区所在地及其周围地区（腾格里沙漠南缘的中卫县、乌兰布和沙漠东南部的磴口县、毛乌素沙地的伊金霍洛旗和陕西榆林市）对草地畜牧业进行考察。草地是干旱荒漠化草原重要的自然资源，它在保持水土、防风固沙方面起着重要的作用；是草地畜牧业生产的基础。因此，处理好草地在生态保护与草地畜牧业发展之间的关系具有重大意义。本文是在两年考察的基础上，针对项目区草地畜牧业生产现状、存在问题以及今后发展谈一点看法，以期对项目区以及类似生态地区草地畜牧业发展提供借鉴和帮助。

1　项目区自然经济概况

项目实施区分别处于腾格里沙漠东南缘、毛乌素沙地和乌兰布和沙漠东部边缘，草地类型都属于干旱、半干旱、荒漠化草原一类。这里的共同特点是气候干旱、降雨量少（140～400 mm），日照充足，年纪和昼夜温差大，土地面积辽阔。地面多被流沙覆盖或有起伏的沙丘组成。自然条件较差，但沿黄河地区可进行引黄灌溉，部分已开垦成农田。除伊金霍洛旗有煤炭资源外，其他县市工业基础比较薄弱，矿产资源贫乏，因此各县（旗）农业人口占80%以上，基本上都是农牧并举，属典型半农半牧区。项目区人均占有粮食量470～500 kg，粮食自给有余。所产粮食除用作口粮外，一般就地作为饲料。中卫县和伊金霍洛旗牧业产值占农业产值50%左右，磴口县约为30%，榆林市为45%左右。一般说来以牧业为主的乡畜牧业产值所占农业比例较高，在60%以上，农区乡较低，占25%～40%。

这西地区经过多年的研究治理，在治理荒漠化方面取得了显著成绩，使自然环境和当地经济有了显著改善。人民生活水平明显提高。沙坡头沙漠科研站经过10～15年的生物固沙，人工植被覆盖已达30%；毛乌素治沙站经过治理保护，使周围裸露沙丘基本固定；磴口沙漠研究中心重点研究解决荒漠化区以林业为主体的区域开发，现在已开发治理6 000 hm^2，取得良好的生态效益和经济效益。榆林市通过种草种树，成为全国绿化先进县。各地把治沙研究与经济开发紧密结合，使现成的技术向周边地区推广，促进了周边地区的经济发展。治沙固沙恢复和重建植被，既改善了生态环境，也存进了畜牧业发展。

2　项目区草地畜牧业发展现状

天然草地在4个县（旗）都占有较大比例，例如中卫县天然草地30.7万 hm^2，占全县面积的 2/3,伊金霍洛旗可利用草原站草地面积 50%左右;磴口县除耕地外,大部分为荒漠和山地草原。近年来各县(旗)又重建和恢复不少人工植被。这些地区自然和人工植被主要由油蒿、沙蒿、柽柳、黄柳、柠条、花棒、戈壁针茅、杨柴、草木樨等。从气候和植被条件来讲,荒漠化草原适宜发展养羊业。目前养羊业有了很大发展,如伊金霍洛旗羊的饲养数量达 75 万只,饲养量比建国初增加近 4 倍;中卫县 1996 年羊的饲养量已达 28 万只,并被定为全国秸秆养羊示范县;磴口县绵、山羊 20 多万只,人均 3.5 只;榆林市 1997 年羊饲养量 61 万只。项目区干部和群众逐步认识到草地植被在生态保护中的重要性,各县(旗)都把农区秸秆养羊(舍饲)作为重点,以减轻对天然草场压力。目前养羊存在的主要问题是生产水平不高,经济效益较差,如伊金霍洛旗细毛羊年均污毛量仅 3.5 kg 左右,净毛率只有 30%多,羊出栏率只有 30%左右;中卫县、磴口县生产水平也大致如此。这种生产水平即使翻一番也不高,其原因是多方面的,如畜产品价格不合理,饲草缺乏等,但与科学养羊技术没有得到很好应用和推广有很大关系。另一方面,随着家畜数量不断增多和草地不合理利用,天然草地普遍退化。据调查,天然草地生产力普遍比 50 年代下降 1/3。据伊金霍洛旗畜牧局反映,滩地草场干草产量每公顷只有 750～1 100 kg,梁地 75～150 kg。当然草地退化也有其他方面原因,如近些年搂发菜、砍伐植被等人为造成的破坏以及气候干旱有关。

由于草地畜牧业生产水平不高,经济效益较差,牧区乡镇的人均收入在 1 800 元左右,其中畜牧业收入占 60%左右,而农区畜牧业收入占农业总收入 25%左右,且总收入要低于牧区。据调查,目前约有 8%农户年人均收入在 800 元以下,这部分农户都很少经营畜牧业或劳动力比较少。

在草地畜牧业中,各县(旗)以及同一县(旗)不同乡镇(牧业乡和农业乡),不同民族(蒙古族与汉族)以及具有不同科技和经济意识,发展很不平衡。如伊金霍洛旗在全县 85 万只牲畜中,绵山羊占近 90%,磴口县绵山羊约占家畜总头数 70%(全县 32.6 万头牲畜),而中卫县家禽则在畜牧业中占有很大比例。在羊的分布数量上,虽然农区多于牧区,但人均占有量牧区显著高于农区。中卫县羊的饲养量近 30 万只(1996 年),户均 5.04 只,其中户饲养量百只以上近 600 户,最大饲养户 480 只。由于草场划分到户,受草场资源的限制,养羊大户不多。此外,由于羊毛价格不景气,饲养细毛羊经济效益不高,而向肉羊生产转轨还没有衔接好。

3　草地畜牧业的发展措施

通过实地调查,根据干旱荒漠化草原区气候特点和饲草资源以及市场对产品羊需求,对干旱荒漠化草地畜牧业发展提出以下建议:

3.1　因地制宜发展畜牧业

虽然项目实施区自然气候特点相似,但也不尽相同。因此各县(旗)应因地制宜发展适合当地自然条件的畜牧业,不要搞一刀切。如沿黄河灌溉条件较好的中卫县、磴口县的黄灌区是著名产粮区,饲料资源丰富,可以发展一些以精饲料为主的猪、禽业,增加对粮食的转化。此外,这两县距银川、包头大城市较近,且运输方便,城市居民对肉、蛋需求量大。在养羊中则应以利用作物秸秆发展肉羊生产为主。据调查,中卫、磴口、伊旗各县每年秸秆产量约 16 万吨,如果 50%能加工调制作为饲草,则可满足 35 万只羊冬春 6 个月的饲草。充分利用秸秆不仅可减轻放牧对草场压力,同时利用秸秆在冬春进行舍饲可避免因气候寒冷,饲草缺乏而造成掉膘和死亡损失。

此外，在养羊生产上应根据自然气候条件和饲草资源特点配置适宜品种，如中卫县是著名的中卫山羊和滩羊产区，其二毛皮价格较高，再加上生产羊肉，饲养这两个品种效益较好。

近年来我国干旱地区养羊业受一些舆论的导向，利用安哥拉山羊对当地绒山羊或中卫山羊进行杂交改良，试图生产马海毛。这种思路是无可非议的，但由于对国际市场发展趋势不了解，造成脱离当地实际盲目杂交改良。利用安哥拉山羊与当地山羊杂交，杂交二、三代后，后代体型变小，产毛量降低，更重要的是所产杂种羊毛无处销售，给养殖者造成很大损失。早在20世纪80年代，由于国际市场山羊绒短缺，价格昂贵，国外一些饲养者曾用安哥拉山羊与绒山羊杂交，生产开士哥拉(Cashgea)纤维，作为山羊绒。因这种纤维含有许多马海毛特性，与山羊绒有较大差异，受到羊绒加工企业和消费者的反对。几年后我们重走这条弯路，教训深刻。这种不根据我国国情，盲目发展养羊业的观念对养羊业影响颇大。似乎国外养什么羊，我们也应该发展什么羊，否则就是落后。目前国内大量引进波尔山羊热也是如此，如果政府有关部门不加以正确引导和宏观调控，几年后就会发现大量无序引进的问题。

干旱荒漠化草原区从山东引进小尾寒羊，利用小尾寒羊四季发情、产羔多、生产快等特点，发展羔羊肉生产，这种思路是对的。但小尾寒羊需要较高的饲养管理条件，在良好饲养管理条件下，其优良特性才能发挥出来。在粗放饲养管理条件下，其效益并不比当地品种好，甚至低于当地品种。因此，大量引进小尾寒羊，发展肉羊生产应在具备饲养管理条件下进行，不能不顾客观条件一哄而上或一刀切。

以灌木为主的荒漠化草场可适量发展一些绒山羊，绒山羊管理粗放，经济效益较好。但传统的观念一直认为山羊破坏植被，这种观念是不全面的。实际上，在适宜的放牧条件下，有利于灌木的再生。此外，认为山羊绒生长是由于气候寒冷所致，温度越低，绒长得越快。在这种观念的影响下，一些牧民为了提高山羊长绒，甚至在寒冷的冬季把羊圈在羊舍外，这是毫无道理的。山羊绒生长与脱落的机制主要是因光周期变化而引起的。

3.2 沙化草场合理利用

由于自然因素和生物因素的影响，天然草场不断退化、沙化，荒漠化面积逐年增加；有些因超载、滥牧加剧了草场退化、沙化，为保护生态环境，有些地方禁止放牧利用。但从发展畜牧业角度看，禁放是不科学的。大量研究表明，在科学管理利用下，草地植被具有改善生态环境和畜牧业持续发展的双重功能。要保持植被相对稳定，就要对草地合理利用，况且沙地植被并非越密越好，过密反而破坏土壤水分平衡，引起自行死亡。沙地人工植被一般栽培后8年达到覆盖度、生物量最大值，而后逐年下降。随着沙层生物结皮和成土层加厚，雨水渗透减少1/3，这样深层水越来越少，栽培的柠条、花棒逐渐衰退死亡。另据对沙地灌木的平茬试验，春季平茬后，花棒、柠条、木蓼、黄柳长出的新枝比不平茬新枝分别增加18.5、80.6、106.4和88.0 cm，分别增加26%、488%、294%和246%(1996，中国沙漠)。如果每年夏秋对灌木进行刈割，这些灌木完全可以作为饲草。适当刈割放牧可以促进灌木分枝和生长。因此，对重建和恢复植被应进行适当利用，发挥其经济效益。对荒漠化草地利用，可通过刈割饲用，或在秋季结籽后进行短期放牧。

3.3 改变种植结构，提高饲料作物比例

项目区内不少地方受自然条件限制，只能种植玉米、小麦、土豆等干旱作物，而这些作物，除部分作为口粮外，大部分作为饲料；另有一些地方土地面积较大，但是土壤肥力差，粮食产量

低而不稳，而采用广种薄收。如果在这些地方，以部分土地种植饲料作物或多年生豆科牧草，种植几年后，耕翻种植粮食作物，实行草田轮作，这样既增加植被覆盖和饲草饲料，又提高了土壤肥力。项目区已有不少人工种草成功的例子，据宁夏沙坡头沙漠站资料，新开垦的沙荒地种植沙打旺，每公顷可产鲜草 45 t，种植几年待土壤肥力提高后，再种植粮食作物。从饲草角度出发，种植饲料作物和豆科牧草，比用粮食作为饲料更经济。因此，在满足口粮生产的基础上，应大力发展饲料作物和人工种草，促进畜牧业发展和生态环境改善。

3.4　秸秆饲料的开发利用

饲草(料)是养羊业的物质基础，而项目所在地区处于荒漠化草原区，普遍缺乏饲草，传统的放牧方式已不适应现代养羊业的发展。要提高养羊业的经济效益，保护当地的生态环境，应大力提倡舍饲养羊，而进行舍饲首先要解决的是饲草问题。项目所在县及周边地区土地面积辽阔，耕地多，每年生产大量作物秸秆。据榆林市畜牧局反映，目前榆林市秸秆利用率不足 30%，而磴口县利用率更低。在榆林调查时发现，在玉米收获时秸秆仍呈青绿色，此时按干物质计算，粗蛋白质含量可达 7%左右，如及时收割、青贮，每 0.07 公顷玉米可满足 2 只羊一年的饲草，而青贮能保持原秸秆 90%左右的养分。当然以秸秆作为饲草，只是废物再利用，毕竟秸秆所含营养成分有限，要满足羊的营养需要，必须适当补充精饲料和其他营养物质。

干旱荒漠化草原生态系统脆弱，因此对干旱荒漠化草地利用本着保护与利用并举的原则，把农、林、牧、草作为一个有机整体来研究，而不应该把它们隔离或对立。要是荒漠化草原区草地畜牧业持续发展，关键是要加强草地管理和合理利用，对草地用而不管或管而不用都是不科学的。而实现这一目标关键在于提高项目区领导干部、科技人员的科技意识和农牧民的科技素质。

中国绒山羊育种现状及展望

贾志海　彭玉麟　富俊才

（中国农业大学动物科技学院，北京　100094）

该文发表在《中国畜牧杂志》1999，35(5)：55-57

山羊绒(Cashmere)是山羊被毛中粗毛下层的绒毛，是一种由次级毛囊生长的无髓绒毛纤维。因其纤维细、质地柔软、轻而保暖等优点，在国内外享有盛誉。自20世纪80年代以来，国际羊毛市场疲软，而山羊绒市场却呈现供不应求、价格上涨的趋势。市场的需求推动了我国绒山羊生产与科研的发展。

我国是世界上山羊绒主要生产国，原绒产量和贸易量约占世界的50%，此外，蒙古、伊朗、阿富汗、巴基斯坦和前苏联也生产部分山羊绒。20世纪70年代以来澳大利亚和新西兰等国利用野化山羊(Feral goats)产绒，目前也有一定的产量。我国绒山羊代表性品种为辽宁绒山羊和内蒙古白绒山羊，这两个品种以产绒量高、品质优良著称于世。1993年我国政府把辽宁绒山羊和内蒙古绒山羊定为严禁出口品种，足见这两个绒山羊品种的重要性。

1　我国绒山羊育种现状

几十年来，特别是改革开放以来，我国绒山羊育种工作取得了重要成果，有力促进我国绒山羊业的发展。

1.1　绒山羊主要性状的遗传力和遗传相关

绒山羊的主要经济性状包括：产绒量、净绒率、绒细度、颜色、绒长度和体重等。这些性状主要受遗传因子所控制，并具有较高的遗传力。据辽宁绒山羊育种课题组资料，辽宁绒山羊的产绒量、净绒量、细度、绒长度、绒层高度、体重的遗传力分别为0.357、0.685、0.421、0.263、0.312、0.571，这和国外报道的相应数据基本一致。但不同研究者所估测结果变异范围较大，如卢子荣等(1992)报道辽宁绒山羊体重、产绒量和细度属中等遗传力($h^2<0.3$)，绒层高度属低遗传力($h^2<0.1$)[1]。

在遗传相关方面，国外一些报道认为绒山羊体重与产绒量呈负相关。毛纤维总重量与绒量、产绒率与绒毛细度、产绒率与绒重和细度、绒重与绒细度和长度以及产绒量与体重、产绒量与细度、绒层高与细度均呈显著的正遗传相关，但体重与细度呈显著的负相关。产绒量与净绒量、绒直径、绒层高度及体重的遗传相关分别为0.718、0.658、0.632、0.713，细度与体重的遗传相关为0.122[1]。细度与产绒量之间的相关，表明加强对产绒量的选择，不仅可以增加绒长，增大体型，而且也会带动部分个体羊绒细度增粗。产绒量与净绒率的相关较高，这说明成年母羊间净绒率变化幅度小，用产绒量衡量母羊产绒性能不仅简便而且可靠。

1.2　环境因素对绒山羊主要经济性状的影响

除遗传因素外，气候、营养、年龄、性别等因素对绒山羊经济性状也有一定的影响。绒山羊主要分布在北纬32°～55°，东经5°～120°地区内的山区和高原。山羊绒的生长和脱换主要受光照周期和光照强度的影响。每年夏至以后，当日照由长变短时，绒毛开始生长，最快生长期在9—11月；冬至以后，当日照由短变长，绒毛生长变缓，并逐渐停止生长，如辽宁绒山羊7月初绒长出皮表。但不同绒山羊品种绒纤维开始生长时间并不一致，这是遗传所决定的。由于光周期变化与温度变化相平行，或温度变化稍后于光周期变化，而常常使人误以为温度是影响绒生长的重要因素，特别是低温寒冷。

我国绒山羊多分布于北纬38°～42°东经76°～125°，海拔500～4 000 m的干旱山区、荒漠和高原。而辽宁绒山羊分布于辽东半岛，这里为暖温带湿润气候，年平均气温为6.5～9.4℃，年平均降水量656～1 136.8 mm，牧草繁茂，种类繁多，在这种特定的生态环境下培育出了其优良的特性。

虽然环境因素对绒山羊产绒性能也有较大的影响，但在育种中应以遗传改进为主，结合考虑非遗传因素的影响。

2　我国绒山羊的选育

2.1　辽宁绒山羊的选育

辽宁绒山羊是50年代后期在辽宁盖县发现的地方山羊品种。1978年辽宁省科委将盖县绒山羊选育列入科研计划。1981年将绒山羊育种列为畜牧重点课题，并将盖县绒山羊改名为辽宁绒山羊，按统一的育种方案开展选育工作。1984年命名为“辽宁绒山羊”，并列入中国羊品种志。1991年辽宁绒山羊被列入国家“八五”攻关“优质高产白绒山羊选育”课题。经过多年的系统选育，辽宁绒山羊的数量有了较大的发展，质量有了明显提高，羊绒细度有了明显改善。如辽宁绒山羊种羊场建场时种公羊平均产绒量640 g，母羊470 g，绒纤维长4～5 cm，绒细度14～18 μm，净绒率70%。经过10多年选育，种公羊和种母羊产绒量分别达到1 182.3 g和527.7 g，成年公羊的绒纤维细度为16.8 μm，成年母羊15.3 μm。1995年辽宁绒山羊新品系达标母羊2 000只，平均抓绒量530 g以上，细度16 μm以下，绒层高度5.5 cm以上，净绒率70%[2]。

辽宁绒山羊重要特点是产绒量高。因此，只能采用本品种选育方法。根据育种标准，以个体鉴定、生产性能测定资料为主，参考祖代及后裔测定成绩，消除有色基因，以降低绒纤维细度，提高绒产量为中心的选配原则。辽宁绒山羊遗传性比较稳定，除细度指标尚不尽如人意，个体产绒量差异较大外，其他性状都很好，特别是绒纤维长、强力大、色白、光泽好，很受国内外加工企业欢迎。其综合性能指标不仅居国内之首，在世界上也是独一无二。今后育种过程中应主要考虑产绒量和细度这两个指标。

2.2　内蒙古白绒山羊的选育

内蒙古白绒山羊是在荒漠、半荒漠自然条件下，经长期选育而形成的一个优良的种群，其绒纤维纤细而柔软，具有强丝光、强力大、净绒率高的特点。但该品种存在体质类型不整齐、羊群中毛色混杂，生产性能差异大等不足。针对这些问题，自治区政府自60年代初组织科技力量在产区进行调查，确定了“以本品种选育为主”的育种方针，并制定了白绒山羊选育标准和区域规则。1978 年伊盟在阿尔巴斯白绒山羊中心产区建立良种核心群，并确定了以提高产绒量和改善羊绒品质为主；1985 年正式成立了内蒙古白绒山羊育种委员会，进一步完善了“以选育为主，在低产区适当导血”的育种技术路线。1988 年 5 月正式命名“内蒙古白绒山羊”。内蒙古白绒山羊包括阿尔巴斯型、二狼山型、阿拉善型三个类型，主要分布在内蒙古西部。内蒙古白绒山羊也被国家列为“八五”白绒山羊优质高产新品系选育课题。通过选育，1995 年达标母牛 3 000 只，平均个体抓绒量达 500 g 以上，细度 15 μm 以下，绒层高度 5 cm 以上，净绒率 70%；达标公羊 20 只，平均个体抓绒量达 800 g 以上[3]。

内蒙古白绒山羊数量和产绒量均居全国首位。全区现有产绒山羊 1 千多万只，1995 年产山羊绒 3 114 t，平均个体产绒量 260 g。特别是一些羊绒加工企业的建立，有力地促进了全区绒山羊业的发展。为了加快内蒙古白绒山羊的选育进展，可在细度不变粗的基础上，重点放在提高产绒量上。

除辽宁绒山羊、内蒙古白绒山羊外，在新疆、西藏和甘肃也分布一些地方绒山羊品种，这些地方品种，经过选育和杂交改良，生产性能有较大提高，但与辽宁绒山羊和内蒙古白绒山羊相比，其生产性能还有一定差距。

2.3 绒山羊杂交改良

在本品种进行选育提高的同时，各地也加强了杂交改良地方土种山羊的工作。辽宁绒山羊曾先后被引进到甘肃、河北、宁夏、陕西、山西、内蒙古、山东等 17 个省市的 50 多个县市，改良地方土种山羊，取得了良好的效果。

从各地的杂交试验结果来看，杂交一代都表现有较好的产绒性能，如在西北地区用辽宁绒山羊改良地方山羊，杂交一代产绒量提高 1～2 倍；用辽宁绒山羊与岢岚青山羊杂交，杂交一代年产绒量比当地羊提高 2.2 倍，产肉性能和绒毛品质均有改善；用辽宁绒山羊改良宁夏土种山羊、太行山山羊都不同程度地显现杂种优势，提高产绒性能和经济效益。

用辽宁绒山羊改良宁夏土种山羊所产杂交二代，其初生重以及各生长阶段的体重、体尺均大于杂交一代，杂交二代产绒量比杂交一代提高 36.8%，细度为 13.7 μm，比杂交一代降低 15%[4]。辽宁绒山羊改良河北承德山羊，杂交后代产绒性能一代比一代高，杂交二、三代羊的产绒量已经接近或达到辽宁绒山羊的产绒指标[5]。用辽宁绒山羊改良陇东黑山羊，出现级进代数愈高、羊绒愈粗的现象，再用二狼山白绒山羊与辽陇杂种母羊进行杂交，可显著改善杂种后代羊绒的细度。另外，有些报道用安哥拉山羊杂交改良绒山羊。这种杂交可增加毛纤维的产量，但这种杂交后代毛纤维含有许多马海毛的特性，直径变粗并含有大量两型毛，因而这种纤维并不受欢迎。我们也不应采取这种急功近利的短期行为，这方面国内外都有不少沉痛教训。

3 今后绒山羊的选育方向

根据近两年国内外羊绒市场需求调查，我国山羊绒产量已在 1 万 t 左右，基本达到饱和状态，并形成部分积压。另据国内羊绒加工企业反映，近年来随着山羊绒生产急剧增长，山羊绒细度有逐渐增粗的趋势，长度仍显不足，而加工企业和外商广泛需要 15 μm 以下，4 cm 长以上的山羊绒。为了保持我国山羊绒在国际市场上的竞争力和盛誉，今后我国绒山羊的选育方向应以提高产绒量和改善个体生产性能（细度、纤维长度）为主，控制山羊总体数量和总产绒量。

3.1 把绒纤维细度作为重要经济性状

细度是山羊绒品质的重要指标。按照毛纺工业的要求，绒毛直径只要不超过 16.0 μm 即属于优质山羊绒，而我国大部分品种绒细度都在 16.0 μm 以下，符合纺织工业标准。但羊绒加工企业和消费者广泛需要 15 μm 以下细绒。因此，在今后选育时应把纤维细度作为重要经济性状，超过一定范围的种公羊，不论产绒量有多高，要严格淘汰。在符合细度的前提下，重视产绒量提高。

尽管产绒量和细度是一对很强的负相关性状，但在群体中既高产，细度又适度的个体时有出现。今后的选育工作中要注意发现和充分利用这种优秀个体，尽量扩大其对群体影响，以不断提高群体的产绒量和绒毛质量。

3.2 保持一定的绒纤维长度

在纺织工业中，绒纤维长度低于 3.5 cm 将失去纺织价值，故选育时注意绒纤维长度。我国一些地方品种绒长度一般都在 4 cm 以下。绒纤维长度是选育中考虑的另一个重要因素，使绒纤维长度平均在 4 cm 以上。

3.3 把白色绒作为选育目标

绒的颜色是影响价格的重要因素，白色绒容易染色，因此选育方面应坚持以白色绒为目标，把白色绒作为选育目标。白色为显性基因，利用白色公羊配有色母羊，很快就可将有色毛群体改良成白色。

3.4 培育绒纤维生长期长的品种

美国绒山羊专家 Shelton 和 Lupton(1990)提出，大多数绵羊品种和安哥拉山羊通过多年选育，羊毛可终年生长，利用类似方式选种很有可能使绒山羊达到全年产绒[1]。不管这种设想能否实现，但在生产中确有不同品种以及同一品种不同个体绒生长时间不同的事实。一般说来，产绒量越高的品种绒出现于皮肤表面的时间越早，绒生长期越长，生长强度越大。如辽宁绒山羊从 6 月下旬开始有绒毛出现于皮表，8－11 月是绒生长旺季，阿尔巴斯白绒山羊 8 月份开始长绒，而有些地方品种 9 月份才开始长绒，但不同品种绒生长停止期基本一致，都在翌年 2 日份[1]。应注意绒生长期长和长绒早的个体。

近 10 年来世界上掀起了一股绒山羊热，一些国家千方百计想引进我国绒山羊。目前我国采取的对策是防止有益基因流失，禁止绒山羊出口，但这并非长久之计。最有效的办法是制订行之有效的选种技术，不断提高羊群质量。依此看来，我国绒山羊选育工作还任重道远。

参考文献

[1] 贾志海. 国外绒山羊研究现状及展望，中国畜牧，1994，40(1)：57-59.
[2] 白绒山羊优质高产新品系选育论文集. 内蒙古畜牧科学：附刊，1995(4).
[3] 白绒山羊优质高产新品系选育研究专辑. 内蒙古畜牧科学，1995(4).
[4] 达文政，等. 辽宁绒山羊改良宁夏土种山羊效果观察. 中国养羊，1994(2)：12-16.
[5] Jia Zhihai. Prospect of cashmere production in china. Ⅵ International Conference on goats，1996.

国外绒山羊研究现状及展望

贾志海

（中国农业大学，北京　100094）

该文发表在《中国畜牧杂志》1994，40(1)：57-59

绒山羊(Cashmere goat)是重要的经济动物，具有多种用途，特别是山羊绒。由于山羊绒的纤维细，质地柔软，导热性小，是国际上最享盛誉的毛纤维，山羊绒制品越来越受到人民的喜爱。

山羊绒主要生产在中国、蒙古、伊朗、阿富汗、独联体中亚等国家。中国山羊绒的出口约占国际山羊绒贸易量50%。近年来，中国相继建立了一些绒毛加工企业，原绒出口减少，影响了国际上一些山羊绒加工业，此外，澳大利亚、新西兰等国由于山羊绒在国际市场的走俏，也相继开发和建立了绒山羊基地，并通过放牧山羊来控制杂草木、改良草地，与此同时大力开展科学研究，提高山羊绒生产。研究内容主要从以下几方面进行。

1　绒山羊的选育

山羊绒的生产是季节性的，即在短日照季节生长，最近美国畜牧专家 Shelton & Lupton (1990)提出，大多数绵羊品种和安哥拉山羊通过多年选育获得终年产毛。利用类似方式选种，很有可能使绒山羊达到全年产绒。

山羊绒的生产主要受遗传因子所控制，而且绒毛特性具有较高的遗传力，这些国家非常重视绒山羊的选育。澳大利亚 Paltle & Restall(1990a)研究中指出，绒山羊有较高的遗传选择指数。其中体重的选择指数是0.29；绒毛产量的选择指数是0.61；绒毛细度的选择指数是0.47；山羊绒长度的选择指数是0.70；总毛重选择指数是0.17。因此，通过选育提高绒毛产量和品质是容易做到的。他们又在(1991b)研究中指出，绒山羊的年龄、性别、出生类别(单羔或双羔)和出生季节都可能影响到山羊绒生产，不考虑这些因素，将影响选种的准确性。由于双胎比单胎受母体抑制大，体重小，而体重小将影响山羊绒终生产量。同时他们在野外试验中观察到一些山羊脱绒较晚。贾志海等在美国的试验中(未发表资料)也发现某些个体在非产绒季节(3—7月)仍生产绒毛。如果这种特殊的现象是基因控制并有较高的遗传力，他们认为可通过选种使山羊绒延长生长期或达到全年产绒的可能性。英国、澳大利亚、新西兰的线山羊育种工作是从野山羊(Feral goat)开始的。20世纪70年代中期，他们发现这种野山羊生长一定的山羊绒，并开始驯化这种山羊之后通过和某些有产绒性能、个体大的奶山羊品种进行杂交育种，开始绒山羊生产，澳大利亚80年代后期年产绒已达15吨左右，新西兰年产绒已达25吨左右，但绒毛颜色较杂。杂交改良的另一种方式是绒山羊与安哥拉山羊杂交，产生 cashgroa 毛纤维。这种杂交迅速增加了毛纤维的产量(比绒山羊)和减少了细度,但由于这种毛纤维缺少许多山羊绒的特性,并含有大多的死毛,因此这种育种方向在欧美并不倡导。

美国绒山羊育种工作是80年代中期开展起来的,他们通过研究澳大利亚绒山羊业,使一些开拓者认识到绒山羊在美国的重要性和发展潜力。他们从国外引进一些绒山羊,和当地西班牙、田纳西山羊进行杂交,通过杂交选育,培育自己的绒山羊。虽然美国绒山羊发展还在初期阶段,但很有潜力。

这些国家对绒山羊的育种目标是1.提高山羊绒产量;2.保持理想的细度;3.延长绒毛生长期,达到终年产绒的可能性。

2　光周期对山羊生产的研究

山羊的绒毛生长通常在夏至以后(长日照变短日照)最大生长期在9—11月。在环境因素中,光周期是影响绒毛纤维生长的主要因素。Feh等(1991)研究了不同光照对山羊绒生长的影响。在人工光照下(畜舍保持摄氏25℃和50%的湿度),把光照减少到每天8小时,30天内有66%的个体开始长绒,60天内100%的山羊全部长绒;而每天16小时光照,30天内无一个体产绒,60天内只有8%个体长绒,羊绒产量和绒毛长度不同光周期具有显著差异。

Mcdonald(1987)报道了当绒山羊暴露在连续光照下,1年中绒毛有两个生长周期而不是1个生长周期。Norton(1991)曾用1岁的绒山羊在1年中进行连续光照试验,结果表明绒毛成倍增长,而绒毛细度没有变化。

Kloren(1991)报道了绒山羊暴露在不同光照时间(3个月,6个月和12个月)和1年中暴露在不同期间(6—9月,9—12月,12—3月,3—6月)以后,再把这些羊赶回牧场暴露在自然光照下并对绒毛生长周期进行了两年观察,连续光照暴露在6—9月的一组山羊推迟了绒毛的生长,并缩短了绒毛生长周期,第2年仍旧推迟到9月生长。直到第3年绒毛的生长才恢复到自然生长周期。连续光照暴露在3—6月的一组,绒毛生长立刻见效,并使绒毛生长延迟到2月底。他认为,在该期间即使短时期的连续光照,也能促使山羊绒生长获得良好结果。虽然光周期能影响绒毛的生长,但这种方式在目前还不可能在生产中推广应用。

3　褪黑激素在绒山羊生产中的研究

褪黑激素(melatonin)由大脑松果腺体生产,它的生产与光周期有密切联系。褪黑激素在夜间生产,因此夏季当昼长夜短时,这种激素生产减少;秋冬季当昼短夜长时、褪黑激素的生产增多,山羊绒的生长周期正好与褪黑激素生产周期的多少相平行。因此,一些专家认为绒山羊的绒毛生长很可能由松果腺体控制。与褪黑激素的生产有关(Lincoln et al.,1980)。并对山羊进行外源褪黑激素处理,以促进山羊绒生产。

Betteridge等(1987)仲冬对山羊进行了褪黑激素的埋植试验。43天后评价褪黑激素对绒毛生产的影响。结果表明,埋植褪黑激素的一组无论羊毛纤维总重还是山羊绒产量都比对照组显著提高,埋植123天后绒毛产量提高更多。他们认为褪黑激素能促进山羊绒生长,可以在商品化生产中推广应用。

Jia等(1991)对48只(澳大利亚绒山羊/西班牙山羊)杂交1代绒山羊进行了不同光照和

褪黑激素对山羊绒生产影响的试验研究。试验分为4个处理(8小时光照、16小时光照、褪黑激素和对照)。其中两组8小时光照,另外两组16小时光照。每组3只在耳部埋植150 mg褪黑激素。圈舍温度保持25℃和50%的湿度。通过60天试验结果表明,埋植褪黑激素的山羊无论在8小时光照还是16小时光照,所有山羊都能产绒,绒毛产量,长度比对照都显著增加。

Oneill(1991)春季分别在不同日期对山羊进行了褪黑激素的埋植试验,并对另外两组进行两次埋植试验。试验结果表明,埋植褪黑激素山羊绒毛一直生长到3月,而对照组大部分山羊在1月就停止生长。埋植褪黑激素的山羊1年可以剪两次绒,只有一组山羊的绒毛长度没有达到商业用的长度(4 cm)。如果按1990年春季价格计算,经褪黑激素处理的山羊比对照组可增加38%的收入。对山羊进行适时的褪黑激素处理,可获得较高的经济效益。

Moore等(1989)分别对干乳期和泌乳期的绒山羊在同一时期(9月1日)埋植褪黑激素,并在8周内重复3次,第2年1月26日剪毛,结果埋植褪黑激素的山羊绒毛产量分别提高90%和43%,而羔羊的断奶重不受任何影响。

Mitchell等(1991)为延长山羊绒的生长期对20只繁殖母羊进行了褪黑激素的埋植处理(5—8月)。从5月开始,在侧部中间部位剪取毛样一直到11月。样品分析结果表明,埋植褪黑激素的山羊7—9月绒毛产量比对照显著提高,绒毛生长速度和生长期明显延长。外源褪黑激素刺激绒毛生长,很可能是这种额外激素被山羊理解为短日照出现。但一些专家认为,对山羊实施外源褪黑激素前,要对山羊经过一段长日照处理才能产生预期的效果。

4 饲料营养对绒山羊生产影响的研究

饲料营养水平与绵羊和安哥拉山羊毛纤维生产有密切联系。提高饲料中能量、蛋白质水平,毛纤维产量显著增加。一些专家最近研究了饲料营养水平对山羊绒产量和品质的影响。

Ash等(1984)研究了饲料中不同蛋白质水平分别为10.5%、15.5%和20.5%和能量水平(自由采食为高能量水平,75%采食为低能量水平)和不同性别对山羊绒生产的影响:研究结果表明,饲喂高蛋白质水平(20.5%)的山羊,无论采食量还是体重都显著高于($P<0.05$)中等蛋白质水平(15.5%)和低蛋白质水平(10.5%)的山羊。在采食量相同的情况下,公羊比母羊生长快,但总毛重(绒毛+粗毛)、绒毛生长速度、绒毛细度不受饲料蛋白质和能量水平的影响。1987年他们又对断奶后的绒山羊进行了14周的放牧试验研究,一组只进行放牧,另一组在放牧同时每天每山羊补充60 g粗蛋白质。结果每天补充蛋白质的山羊体重显著增加($P<0.05$)。总毛重也因补充蛋白质显著提高,然而山羊绒的生产两者之间没有差异,只有粗毛生产提高。

Johnson等为提高山羊绒生产,1984年也进行了类似研究,以基础日粮10%粗蛋白质水平和12 MJ代谢能为对照组。试验各组在基础日粮上分别补充1.5%尿素,5%的鱼粉,30%羽扇豆。研究结果表明,试验组随着蛋白质水平的提高,山羊的体重显著增加,但饲料转换效率没有显著差异。补充鱼粉各组的体重比基础日粮组提高35%～40%。总毛重提高10%～15%,但山羊绒产量没有差异。他们认为山羊绒生产不受补充蛋白质的影响。

Mcgregor 1988年研究了能量或蛋白质补充、能量限制对绒山羊生产的影响。其中一组的日粮为维持体重,一组日粮为维持体重的0.8,使试验羊的体重在试验期间(12月至翌年4月)失重5 kg,而后自由采食;另一组的日粮高于维持体重,高于维持体重的又分为3个处理:①自由采食;②维持日粮加 25%;③维持日粮加 50%。维持体重的代谢能是每天每千克代谢代重250 kJ。研究结果表明饲喂日粮为维持体重 0.8 的一组,每天失重 26 g,当改为自由采食后,体重显著增加。其余自由采食的各组体重也明显增加。绒毛产量和绒毛细度通过 8 月中旬剪毛分析高于维持日粮的山羊,绒毛产量为 221 g,绒毛细度为 17.69 μm;而每天饲喂维持日粮 0.8 的一组,绒毛产量为 146 g。绒毛细度为 16.67 μm,差异显著($P<0.05$)。饲喂维持日粮的山羊,绒毛产量和细度介于两者之间;饲喂高于维持日粮的各组,山羊绒产量没有显著不同。

维持日粮每天补充 27 g 或 5 g 酪蛋白质(经甲醛处理),绵羊的毛产量可增加 40%以上 $P<0.01$),但对绒山羊的绒毛和粗毛产量没有影响。自由采食时,绒山羊的产绒量比其他组显著减少($P<0.05$)。他们认为,绒山羊的营养水平应在保持在维持基础上,使体重略有提高(1～2 kg),以保证山羊绒的生长处于最佳状态。

Jia 等 1991 年对 1 岁安哥拉山羊和产绒山羊进行了为期 6 周的代谢试验研究。试验羊分为两组,其中一组日粮含有 8%粗蛋由质和 65%TDN,另一组日粮含有 16%粗蛋白质水平和 65%TDN,试验期间家畜自由采食和饮水,每天进行 9 小时光照。研究结果表明,饲料干物质的食入安哥拉山羊和绒山羊相似,但由于蛋白质水平的提高而增加采食量,饲喂粗蛋白质水平的一组山羊的体重显著高于饲喂 8%粗蛋白质水平的一组($P<0.05$)。氮的贮存随饲料蛋白质水平的提高而有显著差异($P<0.01$)。饲喂 16%蛋白质水平一组的安哥拉山羊,马海毛产量提高 23.8%($P<0.05$),而绒山羊的总毛重、绒毛产量和细度不受饲料蛋白质水平的影响。

这些国家绒山羊的发展虽然较晚,由于国家重视。并投入雄厚的资金进行科学研究,使绒山羊业发展很快,这些研究成果不仅从理论上提出绒山羊生产的新观点。而且在生产上具有重要指导意义,很值得我们借鉴。

参考文献

[1] Ash,A. J. ,Norton,B. W. , The effect of protein and energy intake oncashmere and body growth of Australian cashmere goats proceedings. Aust. soc. of Animal production, 1984,15:247-250.

[2] Ash,A. J. , Norton,B. W. , Studies with the Australian cashmere goat. Growth and digestion in male and famale goats in portion content and Energy level. Aust J. Agric. Res. 1987,38:957-969.

[3] Betteridge,K. ,Welch R. A. S. , Pomroy,W. E. ,1987, Lapwood. ,K. L. , Devantier,B. P. , Out of season cashmere growth in feral goast . Proceedings of the second Internatinal cashmere Conference, Lincoln College , New Zealand ,1987,137 -143.

[4] Forte. R. S. ,A Brief history of the cashmere industry. proc. Cashmere goat Conference. Longmont, Colorado,1989.

[5] Jia,Z. H. , Sahlu,J. M. , Fernandez,T. H. ,etat. Dietary protein utilization by Angroa and cashmere-producing goats. 1991, J. Anim. sci,69,Supp. 1:496-497.

[6] Johnson. T. J. ,Rowe, J. B. ,Growth and cashmere production by goats in ralation to dietary protein supply, Proceedings of Australian, 1984. Anim. prod . in Aust. 15:247-250.

[7] Kloren,W. A. L. , The Physiological and environmental factors affecting cashmere growth in Austrilan cashmere goats. Ph. D. Univ. of Queensland,1991.

[8] Lincoln,G. A. ,Klandorf,H. , Anderson,N. , Control of thyroid function and wool horn growth in rams and the effect of cranial sympathectomy. Endocrinology ,1980, 107:1543-1548.

[9] Modanald, B. J. , etal, Hoey, W. A. , Hokins, P. S, Cyclical fleece growth in cashmere goats, Aust. Agric. Res, 1987, 38:597-609.

[10] Mcgfegor, B A. , Effect of different nutritional regimens on the productivity of Australian cashmere goats and the partitioning of nutrients between cashmere and hair growth. Aust. J. Exp, Agric ,1988,28:459-466.

[11] Mitchell, R. J. ,Betteridge, K. , Welch, R. A. S. ,etal. Fiber growth cycles of cashmere-beraing does over 30-month period. New Zealand J. Agric, Rcs,1991, 34:419-425.

[12] Moore, R. W. , Bigham M. L. , Staoles, L. D. , Effect of regulin implants in spring fertility, lactation and down growth of cashmere does. Proc, New Zealand Soc. Anim. Prod,1989, 19:39-42.

[13] Norton. B. W. , Management of australian cashmere goats for maximum fleece growth. in Semrnar proc. Cashmere Res. New Agric. &. Fisher,1991,5, 23:28-41.

[14] O' neil, Karren, The effects of melatonin on cashmere production in breeding does. Fiber News, Augst-september ,1991, p27-28.

[15] Pattie, W. A. , Restall, B. J. ,Gentical and environmental factors affecting cashmere production. Proceeding V international conference on Goats. New Delhi 1992,2:502-512.

[16] Teh, T. H. , Jia. Z. H. , Odgen. K. D. , Comparison of cashmere down production during nature and artificial induced seasons. Proc. of the 5th intern. Goat. Conf. New Debell, india,1992,1:441.

河北绒山羊在黄淮海地区适应性研究

贾志海　富俊才　侯文娟

（中国农业大学动物科技学院，北京　100094）

该论文发表在《内蒙古畜牧科学》2009,21(3):7-8

摘要　河北省大名县从赤城县引入河北绒山羊 20 只，观测绒山羊在低海拔平原舍饲条件下的适应性和生产性能，为平原地区发展绒山羊生产提供科学依据。经过两个产绒季节的饲养观测，结果表明：在大名县的气候条件下，这些绒山羊生长发育正常，繁殖性能良好，产绒性能相对稳定，绒纤维物理性能良好，与当地山羊杂交，后代发病少，成活率高，表现出较好的适应性，表明在低海拔黄淮海平原农区发展舍饲肉绒兼用山羊是可行的。

关键词　河北绒山羊；黄淮海平原；适应性；舍饲；引种

大名县位于河北省东南部，与山东省莘县和河南省南乐县交界，该县地形平坦辽阔，以农业种植业为主，主要作物有玉米、花生、小麦、红薯，秸秆资源丰富，具有发展舍饲草食家畜的潜力，当地农民素有散养山羊的习惯，但由于当地山羊体形小，生长速度慢，产肉性能差，生产性能单一，养羊生产的经济效益低，农民缺乏应有的积极性，难以形成产业化生产。为提高当地山羊的生产性能，增加养羊的经济效益，中国农业大学大名沙改站课题组于 1996 年 9 月从河北省赤城县引入河北绒山羊做适应性观测及改良当地山羊的试验，以期利用河北绒山羊体形大、产绒性能较好等特点来改良当地山羊，使当地山羊生产向肉绒兼用方向发展。将绒山羊从北纬 40°54′，海拔 1 000 多米的山区，半山区引入到北纬 36°16′的低海拔（平均海拔 40～50 m）的黄淮海平原，并由放牧改为舍饲，绒山羊能否适应这种生态、生活条件，其产绒性能能否延续，还未见资料报道。

1　产地及引入地气候条件

1.1　产地气候条件

赤城县位于河北省西北部，地理位置为北纬 40°54′，东经 115°49′，全县大部位于冀北燕山余脉群山之中，海拔多在 1 000 m 以上，气候冬寒夏凉，风多雨少，平均气温 5.7℃，1 月平均气温－11.7℃，7 月平均气温 20.9℃，无霜期 120 d，年平均降水量 425 mm。

1.2　引入地气候条件

河北省大名县位于黄淮海平原，地理位置为北纬 36°16′，东经 115°08′，海拔平均小于 50 m，为暖温带大陆性季风气候，年平均气温 13.3℃，1 月平均气温 0.7℃，7 月平均气温 27℃，年均降水量 600 mm，无霜期 217 d。

2 适应性观测

2.1 生活习性

绒山羊从赤城引入大名后，气候、光照周期及饲养方式都发生了很大变化，特别是饲养方式的变化，使这些长期以放牧为主的绒山羊在引入后一段时间内表现出极不适应舍饲环境的现象，如烦躁不安、翻墙跳圈等，这种现象约持续了 2 个月后，行为表现逐渐趋于正常。

2.2 绒纤维生长情况及品质变化

一般情况下，绒山羊脱绒时间随着地理纬度的降低而提高，但河北绒山羊从赤城引入大名后的第 2 年(1997 年)，脱绒表现极不正常，脱绒时间一直从 4 月初持续到 5 月中旬，长达 40 多天。出现这种现象的可能原因是：①气候环境的显著变化(如温度、光周期等)造成的应激性生理机能紊乱；②饲养方式的改变造成的生理应激现象；③由于无意识地补充人工光照造成的光周期反应，在羊舍路边设有照明(在 1996 年冬季)。1998 年，脱绒趋于正常，脱绒时间集中在 4 月上旬，4 月 10 日抓绒时羊群已基本完成脱绒。

2.3 绒产量及品质的变化

河北绒山羊引入大名后两个生长季节绒纤维的产量和品质变化见表 1 和表 2。

表 1 1997 年绒产量及绒纤维品质

性别	原绒产量(g)	净绒产量(g)	净绒率(%)	绒细度(μm)	绒长度(cm)
公羊	245.0±51.6	145.3±28.2	59.3	16.27±2.63	4.38±1.26
母羊	159.9±90.4	75.8±12.3	74.4	16.25±2.41	5.18±1.05

表 2 1998 年绒产量及绒纤维品质

性别	原绒产量(g)	净绒产量(g)	净绒率(%)	绒细度(μm)	绒长度(cm)
公羊	250	136.3	54.5	16.83±0.16	7.61±0.85
母羊	172.±95.0	131.8±52.5	71.6	15.66±0.19	6.26±0.69

从表 1 和表 2 可见，在引入的第 1 年，由于受各种应激因素的影响，产绒性能下降，尤其是母羊受影响较大，绒产量和绒长度都显著降低，但随着时间的推移，第 2 年的绒产量和绒长度比第 1 年有较大提高，与在原产地绒产量相当，绒长度较原产地有较大幅度的提高，而绒纤维细度无显著变化，说明引入羊已逐渐适应了当地的环境。这证明河北绒山羊是可以适应黄淮海平原气候条件的，而且所需的风土驯化时间较短，同时也表明绒山羊在黄淮海地区可以舍饲饲养。

2.4 繁殖性能

本次共引种绒山羊 20 只，其中母羊 14 只(1.5 岁)，引入时有 7 只母羊已在原产地配种并妊娠，6 只引入后配种(1996 年 10 月)并全部妊娠，配种受胎率 100%，1 只母羊因外生殖器官异常(两性羊)而淘汰。19 只妊娠母羊全部产羔，共产羔 20 只，断奶成活率 95%，羔羊生长发育良好。1997 年，保留在沙改站的 4 只引种母羊和 5 只纯繁一代周岁母羊(其余母羊出售给当地农户饲养)亦全部配种并妊娠，于 1998 年春产羔 10 只。

由上述数据可见，引入大名后，绒山羊保持了在原产地的繁殖性能，这也说明其对当地气候和饲养方式的适应性。

2.5　杂交改良

1996年秋季，用引入的河北绒山羊公羊与当地8只母羊杂交，情期受胎率100%，8只妊娠母羊共产羔20只，产羔率250%，羔羊断奶成活率100%，杂交F_1代周岁产绒量母羊平均75 g，公羊平均155 g，按照绒产量与年龄关系的一般规律推算，杂交F_1母羊到成年时绒产量可超过100 g，成年公羊可超过200 g，产绒性能得到显著改良（当地山羊产绒量极少，公羊低于50 g），已具备产绒能力。

上述数据表明，利用河北绒山羊与当地山羊杂交，亲和力强，杂交后代发病少，成活率高，产绒性能得到显著改善，是提高当地山羊养殖业经济效益的一条有效途径。但从杂交F_1代羊的绒纤维长度来看（平均只有3.94 cm），需进一步进行级进杂交，以期提高绒纤维的经济价值。

3　讨论

通过2年的观测，河北绒山羊从高海拔山区引入到大名县低海拔黄淮海平原后，繁殖能力和产绒性能稳定，纯繁后代生长发育良好，风土驯化期低，说明河北绒山羊可较好地适应纬度较低的低海拔黄淮海平原气候。

试验结果初步表明，在低海拔、低纬度的黄淮海平原可以饲养绒山羊，在该地区利用农作物秸秆舍饲绒山羊也是可行的。用河北绒山羊改良当地山羊（非绒用型山羊），可以显著地提高后代的产绒性能进而提高当地山羊养殖业的经济效益，杂交后代除体重增加外，仅增加产绒量一项，按年产150 g计算，每年每只羊可增加收入25元。这为黄淮海平原利用秸秆发展舍饲肉绒兼用山羊养殖业开辟了一条新的途径。

Prospects of Cashmere Production in China

Jia Zhihai[A], Min An[A] and Zhang Xiwu[B]

([A]College of Animal Science & Technology, Beijing Agricultural University, China;
[B]Department of Animal Husbandry & Health, Ministry of Agriculture, China)

该文发表于《VI INTERERNATIONAL CONFERENCE ON GOATS》1996, 1:198-101

1 Summary

Cashmere is the fine, down undercoat produced by cashmere goats, there are about 45 million goat produce cashmere, and 6 526 MT cashmere was produced in 1993. Although the output of cashmere have been increasing, the average production of per head is still low and the range is large for flock. The cashmere production can be significantly increased by selection breed or grading up of local goats with Liaoning cashmere buck. Supplementary feeding in winter for goats and price support of cashmere should be worked out in order to stabilize cashmere production.

2 Introduction

Cashmere is traditionally produced in China. It has the largest cashmere flock in the world, about 45 million goats producing cashmere and more than 50% of the world's cashmere was produced in China, Including almost all of the world fine cashmere (Acharya, 1992). The cashmere production have been increasing from 1985. However, the average cashmere production for per goat is low.

Cashmere goats are distributed mainly over northern and northwest in China. It is a major source of income in these regions. And demand will be great as our standard of living improved. So to increase cashmere production is beneficial to both goat producers and cashmere consumers.

The objectives of this paper is to review the status of the cashmere production and prospects for improvement in China.

3 The Status of Cashmere Production

Chinese cashmere goats mainly distributed in the high altitude Himalayas, arid and semi-arid plateau and mountain areas. According to statistics of Agriculture year book of China (1994). 6 526 metric tons (MT) cashmere fibre was produced in 1993, cashmere yield of major production region and contribution shown in table 1.

Table 1　Cashmere fiber yield of the major region and contribution

Regions	Cashmere Yield (MT)	Contribution (%)
Inner Mongolia	2 420	37.08
Xinjiang	642	9.84
Shanxi	627	9.61
Shandong	708	10.85
Tibet	492	7.54
Hebei	371	5.68
Shanxi	336	5.15
Gansu	275	4.21
Ningxia	144	2.21
Liaoning	196	3.00
Qinghai	173	2.65
Total	6 384	97.82
County Wide	6 526	100

Cashmere yield increased more than 80% during the past ten year. However, An important consideration at present is low yield of per head. Average comb per head is about 150 g when calculated by dividing total cashmere yield by total goat numbers (Agric. year book of China 1994). Furthermore, the cashmere major produce region (include wool) is overgrazing. Sheep and goat are grazed throughout the year. An arid climate, a severe winter and low precipitation are continental climate characteristics. The grass yield of rangeland in Xinjiang and Inner Mongolia dropped by 30% to 50% between 1950S to 1980S. So increasing cashmere production by increase goats number in pastural zone should be restricted and raising production by raising productivity per goat should be encouraged.

4 Genetic Improvement

There are two major group of constraints to productivity of cashmere goats: genetic and environment. The paper just discusses genetic capacity on cashmere.

The current method of genetic improvement on cashmere is selection breed or exploitation of heterosis.

Liaoning, Inner Mongolia and He xi (Gansu) cashmere goats are three principal Chinese cashmere goat breed. Especially, Liaoning cashmere goat is the most productive cashmere goat in China. Its cashmere production is higher than any breeds, averagely producing 400 g/goat annually for adult does, and the record is 990g for a single doe. However, the production has a world difference. The range of cashmere yield from 100 to 755 g for basal does in

1981 (Xue, 1990). the cashmere yield can be significantly increased by selection (Table 2).

Table 2 The selection results of Laoning cashmere goats Male

	Stud buck Age	Adult	Male 18months	30months	18months	Female 30months	basicdoes
1981	N	15	14	9	26	44	135
	Average yield(g/head)	779.0	330.0	561.0	357.0	415.0	441.0
1984	Range	700～1 000	highest 600	470～650	45～550	125～625	100～775
	N	9	11	11	132	78	205
	Average yield(g/head)	897.2	392.5	759.4	448.0	490.0	465.3
1989	Range	600～1 375	Highest 850	550～1 300	50～570	150～900	100～925
	N	10	16	14	140	136	352
	Average yield(g/head)	1 165.0	436.8	850.7	494.5	499.3	457.2
	Range	785～1 510	276～844	684～1 210	236～788	262～979	252～805
	Increase% 1981 to 1998	49.6	31.2	51.6	38.5	20.3	3.7

Source: Xue Yifeng (1990) survey of production and research on cashmere goat of the world. pp24.

Other way to increase cashmere yield is to grade up the indigenous with Liaoning cashmere buck. Shanxi, Shaanxi, and Ningxia regions have made the program. The cashmere yield of crossbred significantly increases (Table 3), while the cashmere diameter does not change much. This reflects improved genetic strains. The result was also shown that cashmere fibre traits are moderate to high in heritability. If 30 percent indigenous goats were cross with Liaoning buck in China, annual cashmere yield will be increase 1 500 MT. This yield is equal to the cashmere produced by 10 million goat at present. Cashmere production have a great potentiality.

Table 3 Comparison of quantity and characteristic of cashmere of crossbred and indigenous goats

Region	Breed	Age	Sex	Cashmere yield (g)	Change (%)	Diameter (μm)
Shaanxi	Ziwulin	Adult	F	115.4±14.6	100	14.7±0.8
	Liaoning×ZwL					
	F1	Adult	F	282.9±14.6	245	14.7±0.9
	F2	Adult	F	332.8±17.3	288	14.8±0.9
	F3	Adult	F	355.2±28.5	308	14.8±0.1
Shanxi	Local breed	Adult	F	73.1±11.5	100	14.98±2.68
	Liaoning×Local					
	F1	Adult	F	260.0±30.0	333	15.40±3.98
Ningxia	Local breed	2 years	F	136.28±60.89	100	14.48±0.38
	Liaoning×Local					
	F1	2 years	F	266.20±83.90	195	14.79±0.58

5 Supplementary Feeding

Cashmere typically grows form August to February, and then is combed around about the last ten days of April. Maximum growth is achieved in early winter, during this period goats require more energy to meet maintain and cashmere growing. Unfortunately the period of cashmere growth coincides with this period of greatest nutrient restriction, and so cashmere growth may be effect by nutrient. McGregor (1988) reported that goats fed to maintain Liveweight 80% from December to April, goats lose 5kg liveweight and cashmere growth were significantly lower ($P<0.05 \sim P<0.01$) than those of goats fed maintain and more than maintain. According to out experiment (unpublished data) in 1993, the goats average lose 6.5 kg liveweight form October to April when grazing in mountain shrub grassland. Can be sure the cashmere also effected by the shortage of forage. So one of the most important is supplementary feeding in winter meet the require of maintain so that reduce the lost.

6 Stabilize the Cashmere Fibre Purchase Price

The purchase prices of' cashmere have trended upward for over a decade. Strong demand in international and domestic market, along with short supplies, make the price of cashmere fiber is going up and record prices in 1989 (Figure 1).

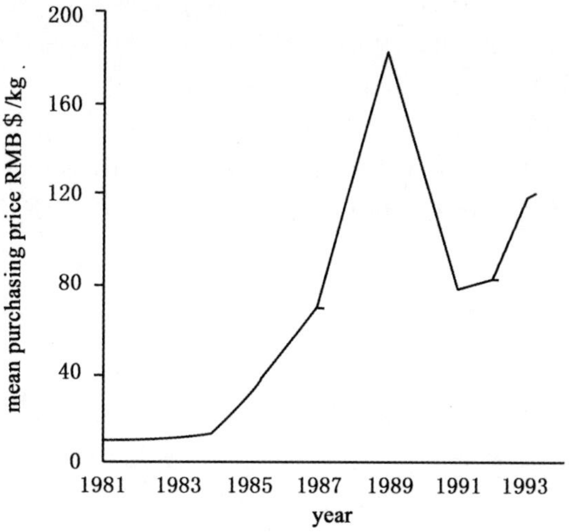

Figure 1 Cashmere average purchasing price Source: Chinese Statistical Yearbook (1993)

The unreasonable price result in confusion of cashmere market, make a small amount of speculator mix the genuine of adulterate cashmere with sand, bring about long stock and decline the price following in three year and dampen the profit of consumer and goat producers.

Cashmere goats is the major source of income for farmers. Goats are raised for cashmere and chevon, and the breed reflect the dual purpose. According to survey in mountain village of Fanshan in Beijing. The farmers income more than 50% come from cashmere goat in 1993. The net income mainly come from cashmere. In order to keep the increase of cashmere production, meet the requirement of the market and protect the interest of contact the interest of consumer as well as goat producers. A program to price support for cashmere should be work out by the government. In the USA wool has received Federal price support since 1947 and mohair since 1949 (Lawler et al. 1990).

7 Conclusion

Cashmere production have been growing for over a decade until 1994, despite the price was shaky. There are two principal viewpoints need attention for further cashmere production increase. First, due to seriously overgrazing the carrying capacity of pastural is unlike to increase. Any increase will result in more land degradation. Second, average cashmere production for per head is low, and have great potential by selection breed or grading up the indigenous breed. The price support program of cashmere should be work out by the concerned department.

References

[1] ACHARYA, R. M. (1992). Proc. of V. Intern. Conf. on Goat pp-77.
[2] CHINESE AGRICULTURE YEAR BOOK (1994). Agricultural Publishing House.
[3] CHINESE YEAR BOOK (1986—1993). Chinese year book publishing House.
[4] DA, W. Z. and CHENG, G. C. (1992). Chinese Sheep and Goats Fanning 2:4-9.
[5] JIANG, Y & M. AN (1989). Small Ruminants in China. pp. 71-75.
[6] LAWLER, J. V. & R. SHINNER (1990). National Food Review. pp. 50-54.
[7] LIOU/Y. C., W. J. JIA & K. ZHANG (1991). Chinese Sheep and Goats Farming 1: 3-4.
[8] XUE, Y. F. (1990). Station of Animal Husbandry and Health, He Bei. p. 23.

第二部分

绒山羊营养需要量研究

一、营养需要量概述

二、蛋白质需要量研究

三、能量需要量研究

四、矿物质需要量研究

一、营养需要量概述

营养调控对内蒙古绒山羊繁殖和产绒性能的影响

周佳萍[1] 朱森阳[1] 贾志海[1] 朱晓萍[1] 何云梅[2]

(1. 中国农业大学动物科技学院,北京 100193;2. 内蒙古鄂托克旗家畜工作改良站,内蒙古 016100)

该论文发表在《饲料工业》2010,S2,34-36

摘要 选取120只3～4岁的内蒙古绒山羊母羊为试验动物,并根据年龄、上年度产羔类型和产绒量平均分为4个处理,研究营养调控对内蒙古绒山羊繁殖性能和产绒性能的影响。结果表明:在8—11月期间,绒山羊采食牧草中的能量、蛋白质水平逐渐下降,粗纤维水平逐渐上升,但营养物质均可满足绒山羊生长繁殖及长绒需要;第1情期产羔率及两情期总产羔率,处理1组均低于处理2,3,4组;处理1,2组羔羊初生重显著低于处理4组($P<0.05$);处理1,2组产绒量显著低于处理3,4组($P<0.01$);各试验组羊绒厚度、伸直长度和细度等绒品质变化差异不显著($P>0.05$)。因此,从营养调控的角度,选择10月下旬到11月上旬对绒山羊进行配种,有利于营养物质合理地分配到长绒和繁殖。

关键词:繁殖和产绒性能;营养调控;内蒙古绒山羊

绒山羊繁殖和产绒性能是绒山羊生产的重要指标,也是制约生产效率的主要因素,因此科学的运用营养调控技术以提高绒山羊的繁殖和产绒性能对解决生产实践具有重要意义。在自然条件下,内蒙古绒山羊母羊繁殖周期与绒毛生长周期(当年8月至次年2月)相吻合,因此绒山羊绒毛生长与繁殖对营养需求出现相互竞争[1]。同时,自然条件下牧草的生长具有明显的季节性,在秋冬季节其产量和营养价值逐渐降低[2],在摄入营养水平受到放牧条件制约的情况下,营养物质在繁殖和产绒之间的分配可能导致竞争。本试验旨在通过营养调控,使妊娠增重期和产绒高峰期在时间上分开,使营养物质在繁殖和产绒之间得以合理分配,在保证绒山羊产绒性能的基础上提高了繁殖性能,以获得最佳的经济效益。

1 材料与方法

1.1 试验动物

试验选取120只3～4岁,体况良好的阿尔巴斯型内蒙古绒山羊母羊作为试验动物。

1.2 试验设计

120只绒山羊按年龄、上年度产羔类型和上年度产绒量一致的原则分为4个处理，每个处理30只。处理1组，2004年8月27日—2004年9月15日；处理2组，2004年9月16日—2004年10月5日；处理3组，2004年10月6日—2004年10月25日；处理4组，2004年10月26日—2004年11月14日。

1.3 饲养管理

2004年8月—2005年5月，在内蒙古自治区鄂托克旗内蒙古白绒山羊种羊场内按常规进行自然放牧。在牧场上设置饮水槽，自由饮水。

1.4 样品采集与分析

在每个配种期的第5天(发情高峰期的前几天)在绒山羊的放牧草场采集混合牧草样本，测定干物质、粗蛋白、粗脂肪、粗纤维、粗灰分、无氮浸出物、酸不溶灰分。

在每个配种期开始时，在每一放牧地区按对角线法均匀选择9个1 m^2 的样方，一半用金属笼罩住，另一半供自由放牧作为对照。在采集牧草样本的同时，于每个试验组随机选取绒山羊5只，共20只，用全收粪法收集其24 h的粪便。用酸不溶灰分法测定每组羊的采食量。

采食量的计算方法如下：

设A—采食量(绝干基础)；a—混合牧草中酸不溶灰分的%；

B—排粪量(绝干基础)；b—粪便中酸不溶灰分的%；

$A\times a$=混合牧草中酸不溶灰分总量；$B\times b$=粪便中酸不溶灰分总量；

酸不溶灰分食入总量应等于粪便中的排出总量，即 $A\times a=B\times b$；由此得出，A(采食量)＝$(B\times b)/a$

在配种后第2年春季接羔，记录产羔数、产羔类型和初生重，计算产羔率和羔羊成活率；

5月初抓绒，记录产绒量，并测定羊绒长度和绒细度。

1.5 数据统计与分析

用SAS6.12统计软件对羔羊初生重和产绒性能进行方差分析，用Duncans法进行多重比较。

2 结果与讨论

2.1 放牧绒山羊营养物质摄入量

各处理组绒山羊在放牧条件下每天摄入的营养物质如表1所示。由表可以看出，从处理1到处理4，山羊从牧草中摄入代谢能和粗蛋白质量有减少的趋势，而无氮浸出物的采食量则显著降低($P<0.05$)；粗灰分采食量显著提高($P<0.05$)，且处理3和处理4组差异不显著。处理4组的代谢能显著低于处理1、2组，粗蛋白和粗脂肪采食量处理1组显著高于处理3、4组($P<0.05$)；粗纤维摄入量处理4组显著高于处理3组，处理3组又显著高于处理1组($P<0.05$)。

根据NRC(1981)山羊饲养标准：45 kg放牧山羊(维持＋高活动量)每天需要的代谢能、粗蛋白质分别为12.87 MJ和118 g。而日增重50 g所需要的代谢能和粗蛋白质的量分别为14.37 MJ和132 g。由本试验数据可知，绒山羊在各个处理阶段所获得的代谢能、蛋白质均能够满足空怀绒山羊基本的维持需要，且在前三个处理组中，在自然放牧条件下，牧草的营养水平还能维持空怀绒山羊 50 g 以上的增重。蛋白质营养和能量对绒山羊具有极其重要的作用，当绒山羊日粮能量和蛋白质水平保持在略高于维持需要水平，即可满足绒山羊生长繁殖及产绒需要[1]。

表 1　放牧条件下绒山羊营养物质摄入量

项目	处理 1	处理 2	处理 3	处理 4	平均
代谢能/MJ	14.79±0.81^{a}	14.59±0.91^{a}	14.53±0.90^{ab}	14.25±0.87^{b}	14.33±0.82
粗蛋白/g	145.44±6.82^{a}	139.04±6.91^{ab}	135.46±5.58^{b}	134.28±3.89^{b}	134.98±7.35
粗脂肪/g	36.11±1.69^{a}	35.16±1.75^{ab}	33.43±1.38^{b}	33.04±1.27^{b}	34.50±1.90
粗纤维/g	581.03±27.26^{a}	606.38±30.15^{ab}	627.89±25.87^{b}	668.95±32.79^{c}	658.10±32.50
无氮浸出物/g	582.64±27.33^{a}	539.25±26.81^{b}	505.54±20.83^{c}	450.17±25.97^{d}	502.47±40.12
粗灰分/g	110.65±5.19^{a}	127.18±6.32^{b}	138.78±5.72^{c}	145.27±4.89^{c}	132.53±13.09

注：1. 同行不同肩注表示差异显著（$P<0.05$）（下表同）。

2. ME＝DE×0.82。

2.2　营养调控对母羊繁殖性能的影响

各试验组绒山羊产羔性能结果如表 2 所示。处理 1 组，第 1 情期产羔率和两情期总产羔率（8 月底到 9 月中旬）均低于处理 2，3，4 组，其情期产羔率顺序为处理 3 组＞处理 2 组≥处理 4 组＞处理 1 组。研究表明，母羊发情排卵数是决定产羔类型（即产单羔或多羔）和产羔率的重要因素。繁殖性能与配种体况密切相关，在配种前适量提高营养水平，进行“短期优饲”，可以促进排卵，提高发情率和产羔率[3,4,5]。但在本试验中，即使在第 1 情期牧草营养水平较高，但产羔率仍然较低，这可能是因为在自然放牧条件下，与牧草营养水平相比，绒山羊体内与排卵数密切相关雌激素、促卵泡素等激素分泌水平与配种时间关联更大，从而导致了产羔率的变化。

表 2　营养调控对绒山羊产羔性能的影响

项目	处理 1	处理 2	处理 3	处理 4
试验羊数/只	30	30	30	30
第 1 情期产羔数/只	25	33	35	30
第 1 情期单羔母羊数/只	7	2	6	8
第 1 情期双羔母羊数/只	9	14	13	11
第 1 情期 3 羔母羊数/只	0	1	1	0
第 1 情期产羔率/%	83.33	110.00	116.67	100.00
第 2 情期产羔数/只	10	9	11	12
第 2 情期单羔母羊数/只	6	5	3	4
第 2 情期双羔母羊数/只	2	2	4	4
第 2 情期 3 羔母羊数/只	0	0	0	0
两情期总产羔数/只	35	42	46	42
两情期总产羔率/%	116.67	140.00	153.33	140.00
羔羊平均出生重/kg	2.50±0.55^{a}	2.40±0.57^{a}	2.62±0.51^{ab}	2.71±0.59^{b}
羔羊成活率/%	100	100	100	100

羔羊平均初生重大致在 2.4～2.7 kg 范围内，处理 1，2，3 组羔羊初生重差异不显著，处理 4 组显著高于处理 1，2 组（$P<0.05$）。这可能是因为处理 1，2 组在妊娠的后期（胎儿在后 2 个月增重占全期 90%），绒毛生长所需要大量营养物质与后期胎儿快速生长所需要的大量营养物质相互竞争，营养物质分配到产绒和胎儿生长两部分，营养物质供应胎儿的相对较少，从而导致了羔羊初生重相对较小。而第 3，4 组绒山羊在妊娠的最后阶段，绒毛已基本停止生长，故摄入的营养物质主要用于妊娠期增重。4 个处理组羔羊成活率均达到 100%，表明内蒙古绒山羊经过长期的选育，已基本适应了当地的环境，具有较强的抗逆性。

2.3 营养调控对绒山羊产绒性能的影响

由表 3 可知，处理 1，2 组产绒量显著低于处理 3，4 组（$P<0.01$）。王若军等（1992）[6]、孙海洲等（1998）[7]研究表明，对于内蒙古绒山羊，提高能量蛋白质水平，可以促进绒毛生长，对绒品质性状影响不显著。本试验结果表明，在能量蛋白都满足绒山羊生长需要的基础上，处理 3、4 组的产绒量高，可能是由于在处理 1 组和 2 组，妊娠阶段的最后 2 个月（分别为 11 月底到 1 月底和 12 月底到 2 月底），妊娠需要的营养物质大幅提高，且此时绒毛生长也需要充足的营养物质，绒山羊摄入的营养在妊娠增重与绒毛生长之间产生竞争，故产绒量降低；处理 3，4 组妊娠前期（90 天内）胎儿生长缓慢，对营养需求少，营养可优先供给绒毛生长，而此阶段正是绒毛快速生长时期，而妊娠后期正处于羊绒停止生长期，此时营养物质在产绒与产羔之间分配的矛盾得以缓解，妊娠前期营养物质主要供应绒毛生长，妊娠后期营养物质主要分配供胎儿生长，因此产绒量较高。

表 3　不同配种同期对绒山羊产绒性能的影响

项目	处理 1	处理 2	处理 3	处理 4
产绒量/g	618.24±109.30[b]	575.70±86.47[b]	683.25±133.79[a]	704.00±150.72[a]
绒厚度/cm	6.15±0.57	5.17±0.59	6.06±0.43	5.92±0.38
粗毛长度/cm	17.54±1.38	17.68±2.02	17.95±0.98	18.05±1.54
伸直长度/cm	7.65±0.87	7.87±1.02	7.93±0.58	7.90±0.84
细度/μm	14.28±0.74	14.40±0.38	14.53±0.92	14.50±0.69

各试验组羊绒厚度、伸直长度和细度等绒品质变化差异不显著（$P>0.05$），可能是因为各处理绒山羊采食营养物质差异不大且试验期短，短时间内与绒山羊摄入的营养水平相关性较小。

3　结论

从营养调控的角度看，为使营养物质合理的分配到长绒和繁殖中，避免绒毛生长与繁殖之间营养物质竞争，从放牧草地营养摄取量、绒毛产量、绒毛品质、母羊繁殖率方面进行综合考虑，在以放牧为主的绒山羊，选择在 10 月下旬到 11 月上旬这一阶段进行配种较好。此阶段配种，因妊娠后期，对营养需求量增加时，绒毛已生长缓慢或基本停止生长，使绒毛快速生长阶段与母羊怀孕后期对营养物质需求错开，在使产绒性能达到较高水平基础上，获得了较好的繁殖性能。

参考文献

[1] 贾志海，张微，朱晓萍. 山羊绒生长机理及生长调控技术[J]. 新农业，2009(12)：48-49.

[2] 王洪荣，冯宗慈，卢德勋，等. 草地牧草饲料的营养动态与放牧绵羊营养限制因素的研究[J]. 内蒙古畜牧科学，1997，S1：156-160.

[3] 张海涛，郑中朝，张力，等. 不同营养水平对超早期断奶母羊发情时间的影响[J]. 甘肃农业大学学报，2004(4)：390-393.

[4] 张富全，张西顺，谭萍，等. 绒山羊母羊配种前体况对繁殖性能的影响[J]. 草食家畜，2003(2)：35-36.

[5] Waghorn G C，Smith J F，Ulyatt M J. Effect of protein and energy intake on digestion and nitrogen metabolism in wethers and on ovulation in ewes[J]. Anim Prod，1990，51(2)：291-300.

[6] 王若军，赵志恭，王守清，等. 影响妊娠绒山羊产绒性能的营养因素研究[J]. 内蒙古农牧学院学报，1992，13(2)：84-95.

[7] 孙海洲. 日粮蛋白和能量水平对内蒙古阿尔巴斯白绒山羊产绒性能的影响[J]. 内蒙古畜牧科学，1998，19(3)：5-7.

不同营养水平对内蒙古绒山羊生产性能的影响

杨成和[1]　朱森阳[1]　孔祥浩[1,2]　王润莲[1]　贾志海[1]

(1. 中国农业大学动物科技学院，北京　100094；2. 河北北方学院，河北，张家口　071000)

该文发表在《中国畜牧杂志》2006，42(1)：14-16

摘要　本试验选用 120 只 2.5 岁健康的内蒙古绒山羊母羊，根据体重、上年度产绒量和产羔率分为 4 组，每组 30 个重复，研究在自然放牧、放牧加补饲(混合精料 100、200、300 g)条件下，不同营养水平对绒山羊生产性能的影响。结果表明：在自然放牧、放牧加补饲条件下，绒山羊的发情率、受胎率和双羔初生重均无显著($P>0.05$)变化；每天每只羊补饲 200 g 混合精料组，产羔率显著($P<0.05$)提高，但羔羊初生重下降($P<0.05$)；不同营养水平的补饲对绒山羊的绒产量、绒长度和细度无显著($P>0.05$)变化。

关键词　畜牧学；生产性能；营养；内蒙古白绒山羊

Effect of Different Nutrition Levels on the Performance of Inner Mongolia White Cash mere Goats

YANG Cheng-he[1], ZHU Sen-yang[1], KONG Xiang-hao[1,2], WANG Run-lian[1], JIA Zhi-hai[1]

(1. College of Animal Science and Technology, China Agriculture University, Beijing 100094, China; 2. Department of Animal Science, Hebei North University, Hebei Zhangjiakou　071000, China)

Abstract　120 Inner Mongolia White Cashmere Goats (IMWCGs), 2.5 year-old, were divided into four groups according to their body weight, last year parturition rate and cashmere yield, one control group and three treatment groups, with30 IMWCGs per group. The effect of different nutrition levels on performance of the grazing IMWCGs was studied. The result showed that the nutrients intake was enough for the basic nutrients requirement of reproduction and cash mere and had no significant influence on the rate of oestrus and fecundation and birth weight of twins ($P>0.05$) under grazing and grazing plus supplementation (100, 200, 300 g mixed ration). Supplementation improved the rate of twins significantly($P<0.05$), and significant influence on the average birth weight ($P<0.05$); had no significant influence on the cashmere yield, length and diameter of cashmere ($P>0.05$).

Key words　animal science, performance, nutrition, Inner Mongolia white cashmere goat

内蒙古绒山羊是我国著名的绒山羊品种,具有产绒量高、绒品质好的特点。但目前绒山羊的繁殖性能较低,平均年产羔率为 100%～105%,经过选育后的高产群也仅达到 140%～160%。在自然放牧条件下,绒山羊秋季开始发情,妊娠期与绒毛生长期同步,日粮营养水平对绒山羊生产性能具有重要作用。据课题组前期的研究表明,适当的延迟配种时间(10 月下旬)能使繁殖性能显著提高,并且能获得较好的产绒性能。其他试验表明,配种前对母羊进行短期补饲可以提高繁殖性能[1-3],但在绒山羊方面未见报道。本试验拟在配种前(9 月下旬—10 月下旬)实施不同营养水平的补饲,探讨其对绒山羊繁殖性能和产绒性能的影响。

1　材料与方法

1.1　试验时间与地点

2004 年 9 月—2005 年 5 月在内蒙古鄂尔多斯市鄂托克旗内蒙古白绒山羊种羊场进行试验。

1.2　试验动物

选择 120 只 2.5 岁健康的阿尔巴斯(Arabs)型内蒙古白绒山羊母羊,按照绒山羊体重、上年度产绒量和产羔率一致的原则分为 4 组,每组 3 个重复,每个重复 10 只羊。随机选取 1 组为对照组,其余 3 组为试验组。

1.3　饲养管理与补饲精料

4 组试验羊每日 7:00 出牧,在同一草场上放牧,17:00 归牧。归牧后试验 1、2 和 3 组每日每只羊分别补饲混合精料 100、200、300 g,补饲时间为 1 个月(9 月下旬—10 月下旬)。补饲精料参照 NRC(1981)[4]山羊饲养标准配制,精料组成及营养成分见表 1。

表 1　精料的组成及营养成分

项目	含量(%)	项目	含量
原料		营养成分	
玉米	66.0	干物质/%	89.09
向日葵仁饼	9.0	代谢能②/($MJ\cdot kg^{-1}$)	10.42
麦麸	10.0	粗蛋白/%	10.63
米糠	14.0	粗脂肪/%	4.63
添加剂①	0.5	粗纤维/%	7.38
食盐	0.5	无氮浸出物/%	61.85
总计	100.0	灰分/%	4.60

注:①添加剂含有维生素 A 500 000 IU/kg;维生素 D_3 500 000 IU/kg;钙,30%,磷,10%。

②代谢能是理论计算值。

补饲期间对牧草营养成分及绒山羊放牧采食量的测定表明:在补饲期间母羊每天平均放牧采食的代谢能和粗蛋白分别为 14.63 MJ 和 139.98 g。试验 1、2、3 组补饲期间总的代谢能和粗蛋白摄入量平均分别为 15.67 MJ、150.61 g;16.71 MJ、161.24 g;17.76 MJ、171.87 g。

1.4 试验内容与样品采集

补饲前后称重，记录补饲后第1个发情期发情羊数和受胎数；翌年3月中旬至4月中旬产羔期间记录羔羊初生重和单双羔数；4月下旬抓绒时，称量绒毛重量，采集绒毛样品，测定绒毛长度和细度。

1.5 数据处理

采用SAS(SAS for Windows，Release 8.01)软件包SATA模块中二项式分布统计发情率和受胎率；采用方差分析过程(ANOVA)统计产羔率、羔羊初生重、绒产量、长度和细度；采用Duncan法进行多重比较。

2 结果与讨论

2.1 对配种前体重和发情状况的影响

表2 不同营养水平对绒山羊母羊繁殖性能的影响①

项目	对照组	试验1组	试验2组	试验3组
补饲量/g	0	100	200	300
补饲前体重/kg	43.83±2.73	43.77±3.10	43.03±2.92	43.67±2.18
补饲后体重/kg	45.67±2.75[a]	46.06±2.98[b]	45.87±2.86[a]	47.08±2.13[c]
体重变化/kg	1.83±0.77[a]	2.29±0.83[b]	2.83±0.75[c]	3.41±0.69[d]
日增重/g	61.00±26.0[a]	76.33±28.0[b]	94.33±24.0[c]	113.67±23.0[d]
试验羊数/只	30	30	30	30
上年平均产羔率②%	130	130	130	130
第1情期发情数/只	28	27	28	26
第1情期发情率/%	93.33	90.00	93.33	86.67
第1情期受胎数/只	26	26	26	25
第1情期受胎率/%	92.86	96.30	92.86	96.15
第1情期产羔数/只	42	42	48	41
第1情期产羔率/%	161.54[a]	161.54[a]	184.62[b]	157.69[a]
整组羔羊初生重/kg	2.44±0.36[a]	2.45±0.30[a]	2.22±0.34[b]	2.37±0.33[a]
双羔初生重/kg	2.32±0.26	2.33±0.27	2.19±0.30	2.22±0.26

注：①同行数值肩标不同字母者差异显著$P<0.05$；②本试验羊由于是种羊场的核心群，总体是经过选种的，因此，平均产羔率为130%。高于一般的羊群。

从表2中可以看出，与对照组相比试验1组和试验3组体重均有显著($P<0.05$)增加，随着补饲水平提高，补饲后体重及日增重显著增加，且对照组日增重也达到了60 g。说明在秋季放牧条件下，绒山羊获得的营养超过了维持需要。

试验组与对照组的第1情期发情率和受胎率差异均不显著($P>0.05$)，表明在秋季放牧已基本满足配种阶段的营养需要，进一步提高营养水平对其发情和受胎率影响不显著，这与赵文生等(2001)[2]对中国美利奴(新疆型)母羊的研究结果相似。

2.2 对产羔性能的影响

试验1、3组产羔率与对照组无明显差别；试验2组的产羔率有一定提高。Smith等(1979)[5]研究表明，体重为55 kg的绵羊母羊，在配种前应保证日增重达70～80 g才可表现出催情补饲的效果。试验1组与对照组相比产羔率无明显差异，可能由于其日增重未达到绒山羊催情所需的营养水平。韩光亮等(1991)[6]研究表明，营养水平过高，青山羊排卵数增加，但胚胎早期死亡率也随之提高，产羔率并未显著提高，这可能是导致试验3组产羔率变化不显著的原因。Smith(1979)[7]报道适当营养水平可以提高绒山羊母羊双倍排卵率，试验2组的营养物质摄入量可能达到了双倍排卵率所需的适当营养水平，导致产羔率增加。不同营养水平的补饲对试验组双羔初生重无显著影响($P>0.05$)；试验2组的羔羊初生重显著降低($P<0.05$)。试验2组的羔羊初生重显著低于其他组，可能是由于其双羔比例较高，导致了羔羊初生重的下降。本试验结果表明在秋季自然放牧条件下适量补饲可提高其产羔率，但对初生重影响较小。

2.3 对产绒性能的影响

试验组的绒毛产量、长度和细度与对照组无显著差异($P>0.05$)(表3)。表明在放牧条件下营养水平达到维持以上，提高营养水平对产绒性能没有影响，这与贾志海等(1996)[8]研究是一致的。

表3 营养水平对绒山羊产绒性能的影响

项目	对照组	试验1组	试验2组	试验3组
补饲量/g	0	100	200	300
绒产量/g	615.50±82.18	612.17±72.63	628.83±76.41	645.83±76.52
伸直长度/cm	7.65±0.74	7.83±0.88	7.94±0.68	8.01±0.67
细度/μm	14.43±0.89	14.65±0.63	14.49±0.80	14.76±0.43

3 结论

在秋季(9月、10月)自然放牧条件下，绒山羊每天所获得的代谢能和粗蛋白分别达到了14.63 MJ和139.98 g，能够满足其繁殖和产绒的营养需要，无须再进行补饲。若侧重繁殖性能，对绒山羊进行适量补饲，可提高产羔率而不影响其产绒性能。

参考文献

[1] 赵永聚，徐恢仲，莫学平. 孕前补饲对山羊繁殖性能的影响[J]. 中国草食动物，2003，(S1)：95-96.

[2] 赵文生，张亚君. 中国美利奴羊(新疆型)母羊配种前体重与其繁殖性状的关系探讨[J]. 中国畜牧杂志，2001，37(2)：42-43.

[3] 韩光亮，于宗贤，李福昌，等. 营养水平对青山羊繁殖性能的影响[J]. 中国养羊，1991，11(2)：20-21.

[4] NRC. Nutrition requirements of goat [M]. Washington D C: National Academy of Sciences, 1981, 10-12.

[5] Smith J F, Rattray P V, Jagusch K T, et al. Ovulation-live weight relationships in ewes[J]. Proceedings of the New Zealand Society of Animal Production, 1979, 39: 50-55.

[6] 韩光亮，于完贤，李志农，等. 青山羊排卵数与产羔率的研究[J]. 畜牧兽医，1991，23(5)：227-229.

[7] Smith J F. Protein energy and ovulation rate [A]. In: Land R B, Robinson D W. Eds. Genetics of Reproduction in Sheep [M]. London: Butter worths, 1985, 239-259.

[8] 贾志海，安民，Sahlu T，等. 日粮蛋白质水平对不同品种山羊氮平衡和生产性能影响[J]. 中国农业大学学报，1996，1(3)：99-104.

不同能量蛋白水平对舍饲辽宁绒山羊产绒性能和营养物质代谢率的影响

柴贵宾　李建云　张　微　朱晓萍　周佳萍　秦　枫　贾志海

（中国农业大学动物科技学院，动物营养国家重点实验室，北京　100193）

该文发表在《中国畜牧杂志》2011，47(11)：29-32

摘要　试验旨在研究不同能量蛋白水平对辽宁绒山羊产绒性能和营养物质代谢率的影响。试验采用随机区组设计，选取20只1周岁辽宁绒山羊，根据体重分为5组，每组4只。采用3个蛋白水平(7.7%、9.4%和11.2%)和3个代谢能水平(7.6、8.6、9.6 MJ/kg DM)，设计5种日粮饲喂绒山羊。结果表明：不同能量水平对辽宁绒山羊绒细度有显著影响($P<0.05$)，对绒毛长度和绒毛强度没有显著影响($P>0.05$)；而不同蛋白水平对绒品质没有显著影响($P>0.05$)；能量和蛋白代谢率随日粮能量水平增加而增加($P<0.05$)；蛋白代谢率随日粮中蛋白水平增加而增加($P<0.05$)。辽宁绒山羊日粮中适宜的能量和蛋白水平分别为8.6 MJ/kg DM和9.4%。

关键词　能量；蛋白；代谢率；产绒性能；辽宁绒山羊

Effect of Different Energy and Protein Supplementation Levels on Cashmere Performance and Nutrients Metabolic Rate in Liaoning Cashmere Goats

CHAI Gui-bin, LI Jian-yun, ZHANG Wei, ZHU Xiao-ping, ZHOU Jia-ping, QIN Feng, JIA Zhi-hai *

(College of Animal Science and Technology, State Key Laboratory for Animal Nutrition, China Agricultural University, Beijing　100193, China)

Abstract　This research was conducted to study the effect of different energy and protein levels in diet on cashmere performance and associated indicators in Liaoning cashmere goat. A randomized experiment design was used. Twenty (1-year-old) Liaoning cashmere goats were divided by weight into five groups, and each group had four Liaoning cashmere goats. The five groups of cashmere goats were fed with three levels of protein(7.7%, 9.4% and 11.2%) and three levels of energy (7.6, 8.6 and 9.6 MJ/kg DM). The results showed that different dietary energy levels had significant ($P<0.05$) effect on cashmere diameter, but no significant ($P>0.05$) effect on cashmere length and intensity; Different dietary protein levels had no significant ($P>0.05$) on cashmere quality; A significant ($P<0.05$) positive correlation was found between dietary energy level and energy metabolic rate. And the protein metabolic rate increased with the increasing in energy levels ($P<0.05$); A significant ($P<0.05$) positive correlation was found between dietary protein level and protein metabolic rate, but different dietary protein levels had no significant ($P>0.05$) effect on energy metabolic rate. Therefore, the appropriate levels of energy and protein for Liaoning cashmere goats are 17.1 MJ/kg DM(DM basis)and 81.0 g/kg DM(DM basis)。

Key words　protein, energy, metabolic rate, cashmere performance, Liaoning cashmere goats

能量是家畜维持正常生命活动和生产性能的保证，是确定家畜营养需要量、评定饲料营养价值的一个重要参数。对于绒山羊的能量营养研究，国外许多学者认为，绒山羊的能量水平以保持在维持基础上或使体重略有提高为宜，但是绒山羊的能量需要量在国内研究较少，结果也与国外不尽相同[1-3]。绒山羊与其他家畜一样，需要蛋白质以维持生命活动，满足正常的生命活动和生产性能。皮肤毛囊需要大量的氨基酸和能量完成毛球细胞的快速增殖、分化和迁移，用于纤维合成。蛋白水平对绒山羊生产性能的影响研究结果也存在差异，一些研究认为绒山羊在维持需要基础上提高蛋白质水平对产绒性能没有显著影响，只能增加动物体重和促进发毛生长[4]。另有研究表明，高蛋白质水平可明显提高绒山羊的产绒量[5]。本试验旨在研究日粮中不同能量和蛋白质水平对绒山羊的生产性能及营养物质代谢率的影响，为合理地制定绒山羊饲养标准提供参考。

1　材料与方法

1.1　试验动物及试验日粮

从辽宁省绒山羊原种场选择体况良好，体重为(24.05±5.15) kg的1周岁辽宁绒山羊20只，试验前统一用阿维菌素驱虫。采用3个蛋白水平(7.7%、9.4%和11.2%)和3个代谢能水平(7.6、8.6、9.6 MJ/kg DM)，设计5种日粮饲喂绒山羊。试验基础日粮，即中能中蛋组日粮参照NRC(1981)配制，能量供应为1.2倍的维持需要(表1)。

表1　日粮组成及营养成分

	中能中蛋组	中能高蛋组	中能低蛋组	高能中蛋组	低能中蛋组
原料组成/%					
羊草	70	70	70	40	39
玉米秸	0	0	0	0	31
苜蓿	0	0	0	30	0
玉米	12	5.2	16.2	24.7	0
小麦麸	8.5	10	10.4	0	20.9
大豆油	0	0	0	2	0
大豆	0	0	0	2.4	0
豆粕	8.1	13.5	2.1	0	7.5
食盐	0.6	0.6	0.6	0.6	0.6
碳酸氢钙	0.5	0.4	0.4	0	0.7

续表 1

项目	中能中蛋组	中能高蛋组	中能低蛋组	高能中蛋组	低能中蛋组
预混料	0.3	0.3	0.3	0.3	0.3
总计	100	100	100	100	100
营养成分					
干物质/%	89.04	89.31	88.97	89.99	89.75
代谢能/($MJ \cdot kg^{-1}$)	8.62	8.62	8.62	9.62	7.57
粗蛋白质/%	9.36	11.15	7.67	9.36	9.37
钙/%	0.40	0.40	0.36	0.37	0.40
磷/%	0.37	0.35	0.34	0.26	0.28
NDF/%	57.0	61.4	58.7	57.9	61.3
ADF/%	28.9	28.8	29.4	29.9	28.8

注：每千克预混料含：$CuSO_4 \cdot 5H_2O$ 37.33 g，$FeSO_4 \cdot H_2O$ 43.33 g，$MnSO_4 \cdot H_2O$ 14.69 g，$ZnSO_4 \cdot 7H_2O$ 20 g，KI 220 mg，$CoCl_6 \cdot 6H_2O$ 180 mg，$NaSeO_3$ 130 mg。

1.2 试验设计

采用随机区组试验设计，根据体重分为 5 组，每组 4 只，分别在日粮中添加不同的蛋白和能量水平。试验于 8—11 月份进行，预饲期 10 d，正试期 90 d。试验分为 3 期，每期 30 d。

1.3 饲养管理

试验羊单笼饲养，每天喂精料 243 g、粗料 567 g。于 8:00 和 16:00 分 2 次饲喂。先喂粗料后喂精料，自由饮水。

1.4 样品采集

试验分为 3 期，每期最后 1 d 在辽宁绒山羊的一侧肩胛骨后缘剪取羊绒样品，用于绒长度和细度的测定。每天测定每只羊的采食量，并且用全收粪尿法收集试验羊的粪和尿。在此期间收集饲料原料，用于测定能量和蛋白质的代谢率。

1.5 样本测定方法

绒长度的测定用钢板直尺法测定，测定样本 100 根；绒纤维细度的测定用奥达 2000 动物纤维分析仪测定，测定样本数 1 000 根。绒强度的测定用电子单纤维强力仪（$YG004N^+$），测定样本数 200 根。饲料原料和粪、尿中的蛋白用全自动型凯式定氮仪测定。饲料原料和粪、尿中的能量用氧弹式热量计测定。本试验用 Pelchen 等[6]的预测公式来估计甲烷产量，预测公式：甲烷(g/d)＝2.532 5[0.528 1]－0.012 2[0.004 97]CP(g/d)＋0.001 6[0.000 096 11]DE(kJ/d)＋0.017 5[0.002 375]CF(g/d)0.048 9[0.010 41]EE(g/d)其中，CP、DE、CF、EE 分别指每天摄入的粗蛋白、消化能、粗纤维和粗脂肪的量。

1.6 统计分析

采用 Excel 软件进行数据处理，采用 SAS V8 按照单因子完全随机设计对数据进行 ANOVA 方差分析，以 $P<0.05$ 作为差异显著性判断标准。结果均平均值±标准差表示。

2 结果

2.1 不同能量水平对绒山羊生产性能和营养物质代谢率的影响

2.1.1 不同能量水平对绒山羊生产性能的影响

由表 2 可看出，当日粮能量水平高于绒山羊维持需要时，能量水平对其体增重无显著影响

($P>0.05$)，低能量组的体增重显著低于其他两组($P<0.05$)。从绒山羊产绒性能看，高能组和中能组产绒量显著高于低能组($P<0.05$)。高能量组绒长度略高于其他两组($P>0.05$)，高能量组绒细度显著粗于其他两组($P<0.05$)。

表 2　不同能量水平对于绒山羊生产性能影响

项目	同一粗蛋白质不同能量水平		
	低能量组	中能量组	高能量组
初始体重/kg	23.03±3.12	23.25±3.75	23.61±1.74
结束体重/kg	25.94±3.94	27.35±3.47	27.82±1.53
体增重/kg	2.89±0.18[b]	4.10±0.43[a]	4.21±0.52[a]
产绒量/g	418.6±12.4[b]	467.6±27.2[a]	473.5±25.8[a]
绒长度/cm	5.65±0.65	6.71±1.03	7.11±0.90
绒细度/μm	14.32±0.20[b]	13.81±0.24[b]	15.10±0.47[a]
绒强度/mN	3.21±0.61	3.07±0.37	3.55±1.01

注：同行数据肩标字母不同者为差异显著($P<0.05$)，下表同。

2.1.2　不同能量水平对绒山羊营养物质代谢率的影响

由表 3 可知，日粮能量水平对绒山羊干物质食入量无显著影响($P>0.05$)，但低能组和高能组干物质消化率显著高于中能组($P<0.05$)。高能组试验羊对于能量的代谢率显著高于其他两组($P<0.05$)。而在不同能量水平下，绒山羊对于日粮蛋白的代谢率影响显著($P<0.05$)。当蛋白水平在维持需要以上时，随能量的提高，蛋白代谢率也随之提高。

表 3　不同能量水平对于绒山羊消化代谢的影响

项目	中等粗蛋白水平不同能量水平		
	低能量组	中能量组	高能量组
总食入 DM/(kg・d^{-1})	0.78±0.07	0.76±0.06	0.80±0.05
DM 消化率/%	65.09±3.42[a]	60.36±1.02[b]	67.19±4.39[a]
食入蛋白质/(g・d^{-1})	71.12±9.41	78.78±3.53	73.22±6.70
尿氮含量/(g・d^{-1})	24.93±7.22[a]	23.07±4.82[a]	14.66±3.31[b]
粪氮含量/(g・d^{-1})	15.12±2.28[b]	20.42±1.03[a]	19.01±3.91[ab]
蛋白质代谢率/%	43.01±6.90[b]	46.39±4.04[b]	54.01±2.91[a]
食入能量/(MJ・d^{-1})	11.20±0.30[c]	13.59±0.53[b]	15.04±0.67[a]
粪能/(MJ・d^{-1})	4.47±1.24	5.67±0.34	4.76±1.10
尿能/(MJ・d^{-1})	1.33±0.75[a]	1.72±0.52[a]	1.93±0.11[a]
甲烷能/(MJ・d^{-1})	0.49±0.05[b]	0.61±0.03[a]	0.62±0.02[a]
总能代谢率/%	43.14±2.19[b]	40.54±2.09[b]	54.40±3.72[a]

2.2　不同蛋白水平对绒山羊生产性能和营养物质代谢率的影响

2.2.1　不同蛋白水平对于生产性能的影响

从表 4 中可以看出，绒山羊蛋白水平高于其维持需要时，蛋白水平对于体增重没有显著影响($P>0.05$)，但低蛋白组绒山羊体增重明显低于其他两组($P<0.05$)。从绒山羊产绒性状来看，高蛋白组和中蛋白组的产绒量显著高于低蛋白组($P<0.05$)。不同蛋白水平对于绒长度、

绒细度和绒强度均没有显著影响($P>0.05$)。

表 4　不同蛋白水平对绒山羊生产性能的影响

项目	中等能量水平不同粗蛋白质水平		
	低蛋白组	中蛋白组	高蛋白组
初始体重/kg	22.85±2.72	23.25±3.75	24.05±5.15
结束体重/kg	25.71±2.08	27.35±3.47	28.27±4.23
体增重/kg	2.86±0.34[b]	4.10±0.43[a]	4.18±0.36[a]
产绒量/g	404.4±22.5[b]	467.6±27.2[a]	485.2±26.8[a]
绒长度/cm	6.66±0.82	6.71±1.03	6.58±1.67
绒细度/μm	14.21±0.80[a]	13.81±0.24[a]	14.73±1.10[a]
绒强度/mN	2.77±0.26	3.07±0.37	3.34±0.06

2.2.2　不同蛋白水平对绒山羊营养物质代谢率影响

从表 5 中可以看出,蛋白质水平对绒山羊干物质食入量无影响($P>0.05$)。低蛋白组的绒山羊干物质消化率显著高于中蛋白组和高蛋白组($P<0.05$),但是中蛋白组和高蛋白组之间比较差异不显著($P>0.05$)。从不同蛋白水平对绒山羊蛋白质和能量代谢率结果看,高蛋白组绒山羊的蛋白的代谢率最高,而低蛋白组绒山羊的蛋白代谢率最低。3 组的蛋白代谢率差异显著($P<0.05$);不同的蛋白水平对绒山羊能量代谢率差异不显著,总体来看,能量代谢率随蛋白水平的降低而具有上升的趋势。

表 5　不同蛋白水平对绒山羊营养物质代谢率的影响

项目	同一能量不同粗蛋白质水平		
	低蛋白组	中蛋白组	高蛋白组
总食入 DM/($kg \cdot d^{-1}$)	0.76±0.06	0.76±0.06	0.78±0.04
DM 消化率/%	64.51±2.78[a]	60.36±1.02[b]	59.47±0.98[b]
食入蛋白质/($g \cdot d^{-1}$)	59.69±4.10[c]	78.78±3.53[b]	94.95±10.01[a]
尿氮含量/($g \cdot d^{-1}$)	19.29±4.23	23.07±4.82	23.67±3.73
粪氮含量/($g \cdot d^{-1}$)	19.49±1.52	20.42±1.03	18.46±4.56
蛋白质代谢率/%	37.05±0.74[c]	46.39±4.04[b]	55.61±4.47[a]
食入能量/($MJ \cdot d^{-1}$)	13.1±0.36	13.59±0.53	13.18±0.65
粪能/($MJ \cdot d^{-1}$)	4.35±1.07	5.67±0.34	5.62±0.26
尿能/($MJ \cdot d^{-1}$)	1.91±0.03[a]	1.72±0.52[a]	1.68±0.25[a]
甲烷能/($MJ \cdot d^{-1}$)	0.65±0.01[a]	0.61±0.03[a]	0.64±0.02[a]
总能代谢率/%	49.26±2.65[a]	40.54±2.09[b]	39.76±3.57[b]

3　讨论

3.1　不同能量水平对辽宁绒山羊产绒性能的影响

产绒的能量需要包括合成绒消耗的能量和绒中含有的能量,与绒山羊其他的生理活动相比,产绒的能量需要所占比例很小。本试验中,低能量组能量供应低于 NRC 饲养标准,产绒量显著下降，而其余 2 组的总能摄入量均高于 NRC 饲养标准，能量供应满足绒山羊的能量需要，对产绒性能无显著影响，与施立成等[7]研究结果一致。孙海洲等[5]研究表明，提高能量水平能显著提高产绒量。可能是由于地域、绒山羊品种不同，引起研究结果的不一致。绒细度和营养水平成反比，摄入的能量越多，绒就越粗[8-9]，与本试验结果一致。

3.2　不同能量水平对于能量及蛋白代谢率的影响

本试验中，日粮中能量水平对于能量、蛋白的代谢率均有显著影响。施立成[7]研究发现，能量摄入水平对绒山羊能量的代谢率有显著影响，提高能量的摄入水平能促进绒山羊对于养分的消化，促进氮的沉积。高能量组绒山羊对于蛋白质的代谢率高于其他 2 组。这表明提高能量水平能够促进氮的沉积并提高蛋白质的代谢率，与 Chowdhury 等[10]的研究结果一致。

3.3　不同能量水平对干物质消化率的影响

在本试验中，当日粮蛋白质水平由 7.7%升高到 9.4%、能量水平由 7.6 MJ/kg DM 升高至 8.6 MJ/kg DM 时，绒山羊的 DM 消化率显著降低，当日粮蛋白质水平由 9.4%升高到 11.2%时，DM 消化率略有下降，而能量水平由 8.6 MJ/kg DM 升高至 9.6 MJ/kg DM 时，绒山羊的 DM 消化率又显著升高。分析其原因可能是由于日粮营养物质提供不均衡，引起试验羊对于干物质的消化率升高，从而吸收更多的营养物质。张英慧(2008)[11]研究表明，随能量水平的上升，肉羊对于营养物质干物质的消化率也会随之升高；而随蛋白质水平的上升，肉羊对于营养物质干物质消化率没有显著变化。原因可能是由于其设置的营养水平都在维持需要以上，而本试验中，低蛋白质水平的日粮中蛋白质水平在维持需要以下所造成的。涂吉华[12]研究认为，用不同的蛋白质水平饲喂绒山羊，绒山羊的干物质消化率会随能量和蛋白质水平的上升而下降。这与本试验研究结果基本一致。

3.4　不同蛋白水平对于产绒性能的影响

本研究表明，日粮蛋白水平在绒山羊维持需要以下时显著影响产绒性能；而在满足绒山羊维持需要时，可满足绒山羊产绒的需要，在此基础上添加蛋白水平，不会再提高绒山羊的产绒性能。与以往研究结果一致[13]。其原因可能是，绒毛的生长与肌肉等体组织不同，在机体生长中，机体对于羊毛生长所需要的氨基酸供应比其他组织优先。当机体内出现氮的负平衡时，机体会分解体内的蛋白质优先供给羊绒的生长。

3.5　不同蛋白水平对于蛋白及能量代谢率的影响

本研究中日粮不同蛋白水平对于蛋白和能量的代谢率有显著影响。随蛋白代谢率的升高，能量的代谢率有下降的趋势。周汉林等[14]研究表明，牛对于氮的摄入量随日粮中蛋白含量的增加而增加，其消化率也随日粮蛋白水平增加而增加；刘海斌等[15]研究显示，随日粮中蛋白水平的增加，绒山羊对于氮沉积也增加并且消化率也增加，能量的消化率会随蛋白的消化率的升高而下降，两者呈负相关，本试验研究结果与前人的研究结果基本一致。

4　结论

本研究结果表明，辽宁绒山羊对于能量、蛋白的代谢率均随日粮中能量水平的增加而提高；对于蛋白的代谢率随日粮中蛋白水平的增加而提高，而对于能量的代谢率却呈降低趋势。代谢能为 8.6 MJ/kg DM、粗蛋白质含量为 9.4%的日粮可以满足辽宁绒山羊产绒质量增长的要求。

参考文献

[1] Ash A J, Norton B W. The effect of Protein and energy intake on cashmere and body growth of Australian cashmere goats[J]. Proceedings of the Australian Society of Animal Production, 1984, 15: 247-250.

[2] Ash A J, Norton B W. Studies with the Australian cashmere goat. Ⅱ Effect of dietary protein concentration and feeding level on body composition of male and female goats [J]. Aust J Agric Res, 1987, 38: 971-982.

[3] Mcgregor B A. Effects of different nutritional regimens on the productivity of Australian cashmere goats and the Partitioning of nutrients between cashmere and hair growth [J]. Austra J Exp Agric, 1988, 28: 459-467.

[4] Jia Z H, Sahlu T, Fernandez J M. *et al*. Effects of dietary protein level on performance of Angora and cashmere Spanish goats [J]. Small Ruminants Research, 1995, 16:113-119.

[5] 孙海洲,侯先志,于志红,等. 日粮蛋白和能量水平对内蒙古阿尔巴斯白绒山羊产绒性能的影响[J]. 内蒙古畜牧科学,1998, 19(3): 5-7.

[6] Pelchen A, Deters K J. Methane emissions from sheep. the journal of the International Goat Association [J]. Small Ruminant Res, 1997, 27(2): 137-150.

[7] 施立成. 内蒙古白绒山羊能量利用的研究[D]. 北京: 中国农业大学, 2003.

[8] Ash A J, Norton B W. The effect of protein and energy intake on cashmere and body growth of Australian cashmere goats [J]. Proceedings of the Australian Society of Animal Production, 1984, 15: 247-250.

[9] Kloren W R L, Norton B W, Waters M J. Fleece growth in Australian cashmere goats. 1. The effects of age and nutrition on fleece growth, prolaetin and thyroxin concentrations [J]. Aust J Agric Res,1993, 44: 1003-1022.

[10] Chowdhury S A, Hovell F D, rskov E R, *et al*. Protein utilization during energy under nutrition in sheep sustained on intragastric infusion: effect of changing energy supply on protein utilization [J]. Small Ruminant Res, 1995, 18(3): 219-226.

[11] 张英慧. 日粮不同能量和蛋白质水平对肉羊消化代谢的影响[D]. 中国农业大学,2006.

[12] 涂吉华. 补饲不同蛋白质水平混合精料对放牧绒山羊养分消化和生产性能的影响[D]. 中国农业大学,2007.

[13] 谢实勇,贾志海,朱晓萍,等. 包被蛋氨酸对内蒙古白绒山羊氮代谢及产绒性能的影响[J]. 中国农业大学学报,2003, 8(3): 73-76.

[14] 周汉林,莫放,李琼,等. 日粮不同蛋白水平对生长牛营养物质消化率的影响[J]. 河北农业大学学报, 2006, 29(1): 82-86.

[15] 刘海斌,胡锐,蔡凤坤,等. 日粮不同蛋白水平对舍饲辽宁绒山羊生产性能及营养物质消化率的影响[D]. 西北农林科技大学学报, 2009, 37(3):43-48.

限饲对辽宁绒山羊生产性能及消化代谢的影响

霍小东[1] 贾志海[1] 张 微[1] 李 琴[1] 任婉丽[1] 张世伟[2] 宋先忱[2] 朱晓萍

（1.中国农业大学动物科技学院，北京 100193；2.辽宁省畜牧科学研究院，辽阳 111000）

摘要 本试验旨在研究限饲对辽宁绒山羊生产性能及消化代谢的影响。将20只1周岁辽宁绒山羊母羊(22.29±1.05) kg 随机分为四个采食水平组，以干物质为基础分别为自由采食100%(AL)，以及自由采食组采食量的90%(IR90)、80%(IR80)和70%(IR70)。研究表明：①不同限饲水平对绒山羊的体重和日增重有显著影响($P<0.05$)，日增重随饲喂水平的下降而显著下降，分别为32.20、17.40、10.80和−8.20 g/d；料重比在AL和IR90两组间无显著差异($P>0.05$)，其余各组间差异显著($P<0.05$)。②不同限饲水平对绒山羊的营养物质表观消化率无显著性影响($P>0.05$)。③不同限饲水平显著影响进食氮、粪氮排出和沉积氮($P<0.05$)，随饲喂水平的下降，沉积氮分别为3.05、2.62、1.87和1.18 g/d；限饲水平对尿氮的排出和氮的利用率影响差异不显著($P>0.05$)。在本试验条件下，限饲显著影响绒山羊的体重、日增重和氮沉积，辽宁绒山羊育成母羊粗蛋白的维持需要为46.16 g/d，高于NRC(1981)的相同生长阶段山羊蛋白质维持需要量推荐值。

关键词 限饲；生产性能；消化代谢；绒山羊

Effect of Feed Restriction on Growth Performance, Digestion and Metabolism in Liaoning Cashmere Goats

HUO Xiao-dong[1], JIA Zhi-hai[1], ZHANG Wei[1], LI Qin[1], REN Wan-li[1], ZHANG Shi-wei[2], Song Xian-chen[2], ZHU Xiao-ping[1]*

(1. College of Animal Science and Technology, China Agricultural University, Beijing 100193, China; 2. The Institute of Animal Husbandry of Liaoning Province, Liaoyang 111000, China)

Abstract This research was conducted to study the effects of feed restriction on growth performance, digestion and metabolism in Liaoning cashmere goats. Twenty female Liaoning cashmere goats(1 year old and (22.29±1.05) kg BW) were assigned randomly to four levels of dry matter intake: ad libitum and 90%, 80% or 70% of the ad libitum intake. The results indicated that: 1)There were significant effects on body weight(BW) and average daily gain(ADG) in cashmere goat($P<0.05$) for different levels of feed restriction, with the decreasing feeding levels, ADG was 32.20,17.40,10.80 and −8.20 g/d respectively. The feed/gain has significant influence among all groups except AL and IR90($P>0.05$); 2)The apparent digestibilities of nutritents were not affected by feed restriction($P>0.05$); 3) Different levels of feed restriction can affect the N intake, N balance and N voided in faeces($P<0.05$), but can't affect N excretion in urine and utilization of N ($P>0.05$), N balance was 3.05, 2.62, 1.87 and 1.18 g/d for group AL, IR90, IR80 and IR70 respectively. This experiment demonstrated that feed restriction significantly affected BW, ADG and N balance. The crude protein maintenance requirement of Liaoning Cashmere Goat growing ewe is 46.16 g/d, which is higher than the recommendation of NRC.

Key words feed restriction, growth performance, digestion and metabolism, cashmere goats

辽宁绒山羊是我国优良绒山羊品种之一，具有产绒量高、体型大、绒纯白、遗传性能稳定、适应性强、改良低产绒山羊效果显著等特点。我国辽宁绒山羊的营养需要尚没有统一的标准，致使辽宁绒山羊的优良生产性能不能得到充分发挥。在我国目前条件下，对舍饲辽宁绒山羊的营养需要进行研究具有非常重要的理论和实践意义。动物采取限制饲喂措施一般用于研究补偿生长，尤其在家禽养殖中应用较多，其次是针对一些缺乏优质足量饲料的地区研究动物对于营养缺乏时利用营养物质的模型[1]。限饲的方式主要有两种：一是营养平衡的日粮在数量上的限饲，即数量限饲；另一种是对营养不平衡的日粮在质量上的限饲，即质量限饲。近年来，很多人采取数量限饲来研究动物对于营养物质的需要量[2-4]，得出了较为理想的结果，但主要是集中于国外，国内相关报道还未见。本文旨在研究限饲对辽宁绒山羊生产性能及消化代谢的影响，为研究辽宁绒山羊营养物质需要量提供理论依据。

1 材料与方法

1.1 试验动物

选择 20 只体况良好、体重相近(22.29 kg±1.05 kg)的 1 周岁辽宁绒山羊母羊作为试验动物。试验于 2010 年 9 月至 2010 年 12 月在辽宁省畜牧科学研究院辽宁绒山羊科技示范场进行。

1.2 试验日粮和饲养管理

参考 NRC[5] 山羊的营养需要推荐量配制日粮。日粮包括精料混合料和粗料，精粗比为 3∶7。粗料包括羊草和苜蓿干草，精料混合料包括玉米、豆粕、麦麸、食盐、石粉、磷酸氢钙和预混料，日粮组成及营养成分见表 1。试验前按常规程序进行消毒免疫。试验羊在代谢笼内单笼饲养，自由饮水，每日饲喂 2 次(8:00,16:00)。饲喂前精粗分别称重，然后加水混合均匀饲喂，加水量为精粗料总重的 1/2。

表 1 日粮组成(风干基础)及营养成分(DM 基础)

原料	组成(%)	营养水平²	组成(%)
玉米	21.3	干物质	57.94
麦麸	3.9	粗蛋白	9.75
豆粕	3.3	有机物	93.77
磷酸氢钙	0.4	粗灰分	6.23
石粉	0.2	粗脂肪	2.00

续表 1

原料	组成(%)	营养水平[2]	组成(%)
苜蓿干草	10	中性洗涤纤维	66.63
羊草	60	酸性洗涤纤维	34.67
食盐	0.6	钙 Ca	0.66
预混料[1]	0.3	磷 P	0.20
合计 Total	100		

注:1. 每千克微量元素预混料含:维生素 A 3 050 万 IU,维生素 D 610 万 IU,维生素 E 50 000 mg,维生素 K 2 000 mg,维生素 B_1 3 000 mg,维生素 B_2 5 500 mg,维生素 B_6 2 500 mg,维生素 B_{12} 12 mg,泛酸钙 13 000 mg,烟酸 32 000 mg,叶酸 1 000 mg,生物素 35 000 mg,铁 15 000 mg,锰 12 000 mg,锌 15 000 mg,碘 240 mg,钴 30 mg,硒 30 mg。

2. 日粮为全混合日粮,除干物质含量为饲喂基础外,其余营养成分均为干物质基础。

1.3 试验设计

本试验采用单因素四水平完全随机试验设计,将 20 只辽宁绒山羊随机分为四个采食水平组,以干物质为基础分别为自由采食 100%(AL),以及自由采食组采食量的 90%(IR90)、80%(IR80)和 70%(IR70)。自由采食量的确定是在 1.3 倍维持需要条件下[5],保证自由采食组每天晨饲前约有 10%的剩余饲料量,限饲组采食量是根据前一天自由采食组采食量来确定。试验期 100 d,其中预试期 10 d,正试期 90 d。

1.4 样品采集与处理

试验开始和结束时分别测定试验羊的体重;消化代谢试验在整个试验期的第 6 周进行,为期 7 d,采用全收粪尿法。每天 8:00 和 20:00 定时收集粪尿,准确记录试验羊排粪量和排尿量。将每次采集的粪样称重后,按排粪量的 10%取样,装入塑封袋内,置于−20℃冰箱中冷冻保存。将 7 d 的粪样混合均匀,取 100 g 混合粪样,65℃烘干,粉碎备用。每次收集的尿液取总体积的 10%装入棕色瓶内,并在瓶内加入尿样体积 1/10 的 10%稀硫酸以防止氨氮挥发,−20℃冷冻保存。每天准确称量喂料量和剩料量,并采用四分法取样保存,待试验结束后,取混合样 65℃烘干粉碎备用。

1.5 测定指标和方法

测定喂料、剩料和粪样的干物质(DM)、粗蛋白(CP)、酸性洗涤纤维(ADF)、中性洗涤纤维(NDF)、有机物(OM),测定尿样的氮含量。干物质(DM)、粗蛋白(CP)、有机物(OM)测定按常规方法进行[6]。ADF 和 NDF 含量采用中国农业大学肉牛中心的纤维袋测定。

1.6 数据统计与处理

试验数据统计利用 SAS 8.02 软件包中的平衡试验设计方差分析过程(ANOVA) 进行分析,均值的多重比较采用 Duncan 法进行分析。结果用平均值±标准差表示,以 $P<0.05$ 作为差异显著性判断标准。

2 结果

2.1 限饲对绒山羊生产性能的影响

由表 2 可以看出,不同的干物质采食水平对结束体重有显著性影响,AL 组显著高于 IR70 组($P<0.05$),AL、IR90 和 IR80 各组之间以及 IR90、IR80 和 IR70 各组之间差异不显著($P>$

0.05);不同限饲水平下干物质采食量有显著的不同,AL 组与 IR90 组相比差异不显著($P>0.05$),但显著高于 IR80 组和 IR70 组($P<0.05$),IR80 与 IR70 差异不显著($P>0.05$);随着饲养水平下降,日增重显著下降($P<0.05$),分别为 32.20、17.40、10.80 和 −8.20 g/d;随饲喂水平下降,料重比有升高趋势,AL 和 IR90 差异不显著($P>0.05$),其余各组间均有显著性差异($P<0.05$)。

表 2　限饲对绒山羊生产性能的影响

项目	限饲水平			
	AL	IR90	IR80	IR70
初始体重(kg)	21.96±2.62	22.32±1.89	22.68±1.86	22.74±2.02
结束体重(kg)	25.45±2.18a	24.02±1.73ab	23.72±2.11ab	21.92±2.00b
日增重(g)	32.20±3.83a	17.40±4.10b	10.80±2.59c	−8.20±5.07d
干物质采食量(g)	653.04±60.96a	565.22±87.06ab	493.76±108.06bc	427.64±3.60c
料重比(g/g)	20.38±1.60b	33.19±5.85b	46.49±10.25a	−47.07±16.37c

注:同行数据字母不相同表示差异显著($P<0.05$),下表同。

2.2　限饲对绒山羊主要营养物质表观消化率的影响

限饲对绒山羊营养物质表观消化率的影响见表 3。限饲水平对营养物质采食量有显著性影响,除干物质、有机物和粗蛋白的采食量 AL 与 IR90 差异不显著外($P>0.05$),其余均差异显著($P<0.05$),均随限饲水平的提高而营养物质的采食量下降;限饲水平对绒山羊粪中排出营养物质具有显著性影响,均随饲喂水平的下降而显著下降。粪中干物质、粗蛋白、有机物、中性洗涤纤维及酸性洗涤纤维的量具有相同的趋势,除 AL 组与 IR90 组和 IR90 组与 IR80 组差异不显著外($P>0.05$),其余差异均显著($P<0.05$)。不同干物质采食水平对干物质、有机物、粗蛋白、中性洗涤纤维及酸性洗涤纤维的表观消化率均没有显著性影响($P>0.05$)。

表 3　限饲对绒山羊营养物质表观消化率的影响

项目	限饲水平			
	AL	IR90	IR80	IR70
干物质				
采食(g/d)	653.04±60.96a	565.22±87.06ab	493.76±108.06bc	427.64±3.60c
粪(g/d)	242.8±14.41a	230.69±21.50ab	215.70±6.89b	161.61±10.04c
消化率(%)	62.67±2.57	61.56±3.80	60.21±1.00	62.20±2.44
有机物				
采食(g/d)	612±56.85a	564.09±35.54a	508.27±4.63b	401.01±3.35c
粪(g/d)	218.44±12.58a	207.77±19.94ab	194.32±6.24b	144.88±9.43c
消化率(%)	64.22±2.47	63.1±3.72	61.77±0.97	63.87±2.44
粗蛋白				
采食(g/d)	63.77±5.91a	58.68±3.70a	52.87±0.48b	41.72±0.35c
粪(g/d)	24.28±2.28a	22.25±2.23ab	21.08±0.49b	15.24±1.46c
消化率(%)	61.79±3.63	61.92±5.03	60.13±1.05	63.47±3.56

续表 3

项目	限饲水平			
	AL	IR90	IR80	IR70
中性洗涤纤维				
采食(g/d)	437.25±39.64a	401.69±24.78b	361.29±3.23c	285.05±2.33d
粪(g/d)	177.42±12.20a	170.09±16.71ab	157.34±7.23b	117.79±6.36c
消化率(%)	59.32±2.35	57.65±3.48	56.46±1.80	58.67±2.35
酸性洗涤纤维				
采食(g/d)	227.40±20.67a	208.94±12.92b	187.97±1.68c	148.30±1.22d
粪(g/d)	108.71±6.51a	106.29±6.30ab	98.04±4.21b	73.77±6.19c
消化率(%)	51.97±3.94	49.05±3.15	47.87±2.06	50.24±4.40

2.3　限饲对绒山羊氮平衡的影响

限饲对绒山羊氮平衡的影响见表 4。不同的干物质进食水平使得进食氮水平在各组间存在差异，随着限饲水平的提高，进食氮显著下降($P<0.05$)，AL 组与 IR90 组相比差异不显著($P>0.05$)，但显著高于 IR80 组和 IR70 组($P<0.05$)，IR80 组和 IR70 组间差异不显著($P>0.05$)；粪氮有与进食氮相同的趋势，AL 组粪氮显著高于 IR80 组和 IR70 组($P<0.05$)，但与 IR90 组相比差异不显著($P>0.05$)，同时 IR90 组与 IR80 组差异也不显著($P>0.05$)；限饲对尿氮的排放在各组间影响差异不显著($P>0.05$)；可消化氮随着限饲水平的提高而降低，分别为 6.32、5.83、5.09 和 4.24 g/d ，其中 AL 组与 IR90 组、IR90 组与 IR80 组差异不显著($P>0.05$)，其余各组差异均显著($P<0.05$)；沉积氮随饲喂水平下降呈下降趋势，各组分别为 3.05、2.62、1.87 和 1.18 g/d，AL 组、IR90 组和 IR80 组以及 IR90 组、IR80 组和 IR70 组差异均不显著($P>0.05$)，但 AL 组显著高于 IR70($P<0.05$)；氮的总利用率(沉积氮/食入氮)和氮的净利用率(沉积氮/消化氮)在各组间差异不显著($P>0.05$)。

表 4　限饲对绒山羊氮平衡的影响

项目	限饲水平			
	AL	IR90	IR80	IR70
进食氮(g/d)	10.2±0.95a	9.39±0.59a	8.46±0.08b	6.67±0.06c
粪氮(g/d)	3.89±0.36a	3.56±0.36ab	3.37±0.08b	2.44±0.23c
尿氮 (g/d)	3.27±0.83	3.20±0.42	3.22±0.57	3.06±0.46
可消化氮(g/d)	6.32±0.83a	5.83±0.77ab	5.09±0.12b	4.24±0.25c
沉积氮(g/d)	3.05±1.53a	2.62±0.93ab	1.87±0.47ab	1.18±0.59b
沉积氮/消化氮(%)	46.68±16.77	44.22±10.35	36.92±10.19	27.46±12.69
沉积氮/进食氮(%)	29.06±11.55	27.58±7.89	22.14±5.76	17.66±8.80

3　讨论

3.1　限饲对绒山羊生产性能的影响

动物摄取足够的营养物质是保证正常生命活动的必要条件，不同饲喂水平必然会影响生产性能的发挥。Galvani 等[4]通过对 42 日龄断奶杂交德克赛尔羔羊采取自由采食、自由采食组采食量 70%和自由采食组采食量 55%三种不同的干物质采食水平研究表明,日增重随饲喂水平的下降显著下降,分别为 245、91 和 27 g/d。本试验结果与上述研究一致,研究表明,在不同的干物质采食水平下,动物的日增重差异显著。尤其对于 IR70 组,日增重为负值,表明动物在该采食水平下已不足以维持自身对营养物质的需求,需动用机体储存的物质;饲喂水平对料重比的影响,不同的研究结果不一致。Puchala 等[7]基于 6 月龄安哥拉山羊不同的体重增长和马海毛生长水平设计 6 个采食水平来研究不同的采食水平对动物生产性能的影响,研究表明在限饲期内,不同的采食水平对安哥拉山羊的料重比影响差异不显著。Tolla 等[8]将 25 头 32 月龄瘤牛随机分为 5 个采食水平来研究限饲对动物生产性能的影响,这 5 个采食水平分别为维持以上(Control)、维持水平(Maintenance)、15%的体重损失(-15%)、20%的体重损失(-20%)和 25%的体重损失(-25%),结果表明,在维持需要及以上水平时,对照组料重比低于维持组,均与维持需要以下差异显著。在本试验中,AL 组、IR90 组和 IR80 组料重比差异不显著($P>0.05$),但与 IR70 组均有显著性差异($P<0.05$),这与 Tolla 在瘤牛上的研究结果一致。在本试验中,应用粗蛋白采食量(CPI,g/d)和日增重(ΔW,g/d)的实测值进行线性进行回归,得到 CPI 和 ΔW 的回归方程:$CPI=46.456\,62+0.565\,17\,\Delta W$($n=20$, $R^2=0.888\,9$, $P<0.001$),当 $\Delta W=0$ 时,CPI 为 46.46 g/d,是试验羊日增重为 0 时粗蛋白的进食量,即绒山羊育成母羊粗蛋白的维持需要为 46.16 g/d。NRC(1981)[5]山羊饲养标准中体重为 20 kg 山羊粗蛋白维持需要量为 38 g/d,要低于 46.16 g/d,表明 NRC 的推荐值要低于辽宁绒山羊的实际维持需要量。

3.2 限饲对绒山羊主要营养物质表观消化率的影响

不同研究关于限饲水平对营养物质表观消化率的影响结果不一致。有研究表明采食量与营养物质消化率呈负相关[4][10],一般认为是采食量较高时,营养物质在瘤胃停留时间较短造成消化率的下降。钟伟等[9]研究了 4 个采食水平(2.5、2.0、1.5 和 1.0 kg/d)对 3 周岁东北梅花鹿消化代谢的影响,结果表明,营养物质表观消化率随着饲喂水平的下降显著下降。齐景伟[11]研究表明,对妊娠后期母羊采取不同的限饲水平,对其自身 DM、CP、NDF 和 ADF 的表观消化率并无太大影响。Teixeira 等[1]研究表明,3 个限饲水平(限制 0%、限制 30%和限制 60%)对波尔×萨能杂交山羊 DM、OM、NDF 和 ADF 的表观消化率没有显著影响。Singh 等[12]对杂交肉牛的研究表明,当采食水平从 95%降到 60%时,营养物质的表观消化率没有显著影响,但当下降到 40%时,消化率要显著低于其他三组,表明营养物质的利用在 60%时并没有受到影响,但当限饲到达 40%时就会有显著的变化。在本试验中,限饲对于营养物质的表观消化率没有显著差异,较低的采食水平并没有提高绒山羊营养物质的消化率,其原因可能是较长时间的低采食水平导致绒山羊瘤胃内环境发生了一些改变,导致动物对营养物质的利用率降低,具体的原因还有待于进一步的研究。

3.3 限饲对绒山羊氮平衡的影响

氮平衡是指氮的摄入量与排出量之间的平衡状态,可直接反映日粮蛋白质、氨基酸被动物机体吸收利用的整体趋势。Singh 等[12]通过采用四个采食水平来研究限饲对生长期杂交肉牛氮平衡的影响,研究表明,随饲喂水平的下降,进食氮和氮沉积显著下降,氮沉积分别是20.02、12.76、4.72 和-8.79 g/d。与之相似的是,George 等[13]对杂交公牛进行自由采食量 120%、

100%、80%和60%四个采食水平的处理，表明随饲喂水平的降低，氮的排出和氮沉积均显著下降。在本试验中，尿氮的排出并无显著性差异，粪氮的排出量随着氮进食量的降低而降低，沉积氮也伴随着氮采食量的下降而降低，与前人研究结果一致。较低采食水平下采食量降低导致沉积氮的减少的可能原因是进入十二指肠的非氨态氮与氮的摄入之间的比例提高，也有可能是瘤胃内氨含量降低导致[14]。在本试验条件下，限饲水平对氮的利用率没有显著影响，各试验组均处于氮的正平衡状态，表明动物均有氮的沉积。

4　结论

在本试验条件下，限饲对辽宁绒山羊的采食量、体重和日增重影响显著。干物质采食水平显著影响氮沉积和进食氮，营养物质的表观消化率和氮的利用率不受限饲水平的影响。辽宁绒山羊育成母羊粗蛋白的维持需要量为 46.16 g/d，高于 NRC 相同生长阶段山羊蛋白质维持需要量推荐值。

参考文献

[1] Teixeira I A M A, Filho J M P, Murray P J, *et al*. Water balance in goats subjected to feed restriction [J]. Small Ruminant Research, 2006,63(1-2): 20-27.

[2] Fernandes M H M R, Resende K T, Tedeschi L O, *et al*. Energy and protein requirements for maintenance and growth of Boer crossbred kids[J]. Journal of Animal Science, 2007,85(4): 1014-1023.

[3] Galvani D B, Pires C C, Kozloski G V, *et al*. Energy requirements of Texel crossbred lambs[J]. Journal of Animal Science, 2008, 86:3480-3490.

[4] Galvani D B, Pires C C, Kozloski G V, *et al*. Protein requirements of Texel crossbred lambs[J]. Small Ruminant Research, 2009, 81(1): 55-62.

[5] NRC. Nutrient Requirements of Goats: Angora, Dairy, and Meat Goats in Temperate and Tropical Countries[M]. National Academy of Sciences, National Research Council, Washington, DC, 1981.

[6] 张丽英. 饲料分析及饲料质量检测技术[M]. 北京：中国农业大学出版社，2003.

[7] Puchala R, Patra A K, Animut G, *et al*. Effects of feed restriction and realimentation on mohair fiber growth and tissue gain by growing Angora goats[J]. Livestock Science, 2011, doi: 10. 1016/j. livsci. 2010. 12. 022.

[8] Tolla N, T Mirkena and A Yimegnuhal. Effect of feed restriction on compensatory growth of Arsi (Bos indicus) bulls[J]. Animal Feed Science and Technology, 2003, 103(1-4):29-39.

[9] 钟伟，李光玉，罗国良，等. 限饲对东北梅花鹿消化代谢及尿嘌呤衍生物排出量的影响[J]. 饲料工业，2009,(21):44-47.

[10] Galvani D B, Pires C C, Wommer T P, *et al*. Chewing patterns and digestion in sheep submitted to feed restriction[J]. Journal of Animal Physiology and Animal Nutrition, 2010, 94(6),366-373.

[11] 齐景伟. 营养限制和补偿生长对母羊和羔羊的生长轴激素及其受体基因表达水平的影响[D]. 内蒙古农业大学，2006.

[12] Singh P, Verma A K. , Sahu D S, *et al*. Utilization of nutrients as influenced by different restriction levels of feed intake under sub-tropical conditions in crossbred calves[J]. Livestock Science, 2008. 117 (2-3): 308-314.

[13] George S K, Dipu M T, Mehra U R, *et al*. Growth of crossbred bulls affected by level of feed intake[J]. Indian J Anim Nutr. 2005, 22, 81-84.

[14] Grimaud P, Doreau M. Effect of extended underfeeding on digestion and nitrogen balance in non-lactating cows[J]. J Anim Sci. 1995. 73, 211-219.

限饲对绒山羊生长性能和屠宰性能的影响

李　琴[1]　张　微[1]　贾志海[1]　张世伟[2]　宋先忱[2]　霍小东[1]　李瑞丽[1]

（1. 中国农业大学动物科学技术学院，北京　100193；2. 辽宁省畜牧科学研究院，辽阳　111000）

摘要　（目的）本研究采用饲养试验与屠宰试验的方法来探讨限饲对绒山羊生产性能等的影响。（方法）将 20 只育成羊随机分成四组，饲喂四个营养水平的日粮，即分别为自由采食组 AL 及自由采食组采食量的 90%（IR90%）、80%（IR80%）和 70%（IR70%）。试验正式期为 90 d。（结果）结果表明：① AL 的日增重比 IR90%组、IR80%组显著高出 91.21%和 194.92%（$P<0.05$），但 IR90%和 IR80%之间无显著差异（$P>0.05$），另外 IR70%组的日增重为 −6.3 g/d。② 宰前活体重、空体重、胴体重和屠宰率随着营养水平的降低有所减少（$P<0.05$）。③ 限饲对肉、血、皮等占空体重比重的均无显著差异（$P>0.05$）。随着营养水平的降低，肾周脂肪、系网膜脂肪占空体重的比例显著减少（$P<0.05$）。随着限饲强度的增加，日增重逐渐下降，体内脂肪沉积也随之减少。综合以上可得限饲的阈值为 IR80%。

关键词　绒山羊；限饲；生长性能；屠宰性能；育成羊

Effect of Feed Restriction on the Growth and Slaughter Performance of Liaoning Cashmere Goats

LI Qin[1], ZHANG Wei*[1], JIA Zhi-hai[1], ZHANG Shi-wei[2], SONG Xian-chen[2], HUO Xiao-dong[1], LI Rui-li[1]

(1. College of animal science and technology, China Agricultural University, Beijing 100193, China; 2. The Institute of Animal Husbandry of Liaoning Province, Liaoyang 111000, China)

Abstract　(Objective) The feeding and slaughter trials were conducted to probe the effect of feed restriction on the growth and slaughter performance of Liaoning cashmere goats. (Method) Twenty growing ewes were randomly allocated to four nutrient levels of dry matter intake: ad libitum or restricted to either IR90%, IR80% or IR70% of the ad libitum intake. The test lasted 90 days. (Result) The results showed that: ①The ADG of AL was significantly higher than IR90% and IR80%, respectively 91.21% and 194.92% ($P<0.05$), with no significant difference between IR90% and IR80% ($P>0.05$). The ADG of IR 70% was −6.3 g/d. ②There was significantly decreasing on the live weight before slaughter, empty body weight, carcass weight, slaughter rate with the lower nutrient ($P<0.05$). ③The effect of feed restriction on the ratio of meat, blood, skin, to empty body weight was no notable ($P>0.05$). The ratio of perirenal fat, department of omental fat to empty body weight was notable decreased ($P<0.05$). The ADG of experimental groups were reduced with the increasing restriction strength, the same as the fat deposit of growing ewes. The threshold value of the feed restriction was 80%.

Key words cashmere goats, feed restriction, growth performance, slaughter performance, growing ewes

(研究的重要意义)辽宁绒山羊是我国优良的绒肉兼用型地方品种之一,以产绒量高、绒质好而著称。限饲是一种在畜牧生产中常用的饲养管理和营养调控手段,限饲的方法在猪、鸡的研究中较多。(前人研究进展)在反刍动物的营养研究中,有国内学者利用限饲方法研究反刍动物补偿生长的机制[1]和肉羊的营养需要量[2]。Galvani 等[3]采用限饲的方法来研究特克赛尔杂交羊的营养需要量,研究表明试验羊的日增重随着限饲强度的增加而线性的下降。Fernandes 等[4]的研究显示限饲水平影响了波尔杂交羊的体脂肪和能量的沉积。Ash 和 North[5]对澳大利亚绒山羊的研究表明,不同营养水平对身体各器官组织的相对比例没有显著影响,自由采食的绒山羊比限饲的绒山羊胴体中脂肪显著增多。目前,国内关于限饲对辽宁绒山羊生产性能和屠宰性能影响的研究还未见报道,(研究的切入点)本试验通过饲养试验、屠宰试验研究限饲对辽宁绒山羊生产性能和屠宰性能的影响,(研究拟解决的关键问题)以期为限饲作为一种新的研究绒山羊营养需要量的方法提供理论参考。

1 材料和方法

1.1 试验动物

试验在辽宁省畜牧科学院的辽宁绒山羊科技示范场里进行。选择 20 只 1 周岁、体重相近(22.33 kg±2.00 kg)、体况良好的辽宁绒山羊育成母羊作为试验动物。试验于 2010 年 9 月至 2010 年 11 月进行。

1.2 试验日粮

试验日粮参考 NRC(1981)[6]的营养需要推荐量配制而成。日粮由羊草、苜蓿干草、玉米、豆粕、麦麸、食盐、石粉、磷酸氢钙和预混料组成,精粗比为 3∶7。日粮分为四个营养水平组,以干物质为基础分别为自由采食组 AL 及自由采食组采食量的 90%(IR90%)、80%(IR80%)和 70%(IR70%)。试验日粮组成及营养水平见表 1。

表 1 试验日粮组成及营养水平(绝干基础)

原料	组成/%	营养物质	营养水平[2)]
玉米	21.3	干物质 DM	94.32
麦麸	3.9	粗蛋白质 CP	9.75
豆粕	3.3	能量 DE(MJ/kg)[3)]	8.19
磷酸氢钙	0.4	有机物 OM	88.09
石粉	0.2	粗灰分 Ash	6.23

续表 1

原料	组成/%	营养物质	营养水平[2)]
苜蓿干草	10	粗脂肪 EE	2.00
羊草	60	中性洗涤纤维 NDF	66.63
食盐	0.6	酸性洗涤纤维 ADF	34.67
预混料[1)]	0.3	钙 Ca	0.42
合计 Total	100	磷 P	0.28

注:1)每千克微量元素预混料含:维生素 A 3 050 万 IU,维生素 D 610 万 IU,维生素 E 50 000 mg,维生素 K 2 000 mg,维生素 B_1 3 000 mg,维生素 B_2 5 500 mg,维生素 B_6 2 500 mg,维生素 B_{12} 12 mg,泛酸钙 13 000 mg,烟酸 32 000 mg,叶酸 1 000 mg,生物素 35 000 mg,铁 15 000 mg,锰 12 000 mg,锌 15 000 mg,碘 240 mg,钴 30 mg,硒 30 mg。

2)日粮为全混合日粮,营养水平均为干物质基础。

3)消化能根据原料组成计算所得,其余均为实测值。

1.3　试验设计及饲养管理

将 20 只羊随机分配到四个组,每组 5 只,分别饲喂四种不同营养水平的日粮。四组试验羊的初始体重差异不显著($P<0.05$)。试验期间按常规程序进行清洁、消毒和免疫。试验期为 100 d,其中预饲期 10 d,正式期 90 d。在 10 d 的预饲期内,使试验羊充分适应饲养环境。试验羊单笼饲养,自由饮水,每日分别在上午 9:00,下午 4:00 进行饲喂。在饲喂之前,将精粗料分别称量,再按照一定的比例加水混合均匀。正式试验期间根据前一天摄入的干物质量及时调整第二天早上给自由采食组 AL 提供的饲料总量,同时要确保 10%的剩料量。其他三个限饲组分别按照自由采食组前一天干物质采食量的 90%、80%、70%来确定其饲喂量。试验开始前对试验羊连续两天进行空腹称重,取其平均值作为初始体重。试验在辽宁绒山羊绒毛快速生长期进行。

1.4　测定项目和方法

饲养试验结束后,将各个试验组的羊进行屠宰,屠宰前 24 h 停止饲喂,宰前 2 h 停止喂水。按照冯宗慈[7]的方法将试验羊屠宰、制样,进行体组成分析。样品常规分析参照国家标准。

胴体重:指屠宰放血后剥去皮毛、去头、去内脏及前肢膝关节和后肢趾关节以下部分后,整个躯体(包括肾脏及其周围脂肪)静止 30 min 后的重量。

空体重=活重-肠胃内容物重。

1.5　数据处理和分析

试验数据的处理使用 SPSS 17.0 中的 LSD 进行差异显著性检验,显著水平为 0.05。用 Duncan 法进行多重比较;所有试验结果均表示为平均值±标准差($\overline{X}\pm SD$)。

2　结果

2.1　体重和日增重的变化规律

分析结果见表 2。AL 组的末重显著高于 IR80%组和 IR70%组($P<0.05$),而 IR90%组与 AL、IR80%组无显著差异($P>0.05$)。经方差分析表明:随着饲喂水平的下降,日增重显著的下降。IR70%组的日增重为-6.3 g/d ,显著低于其他三个组。另外,AL 组的日增重分别比 IR90％组、IR80％组高出 91.21％和 194.92％($P<0.05$)，且 IR90％组和 IR80％组两组间的差异不显著($P>0.05$)。从干物质采食量来看，组间有显著差异，这与饲喂不同营养水平的日粮有一定的关系。

表 2　限饲对体重及日增重的影响

组别	AL	IR90％	IR80％	IR70％
始重/kg	20.3±1.85	21.2±0.93	21.4±0.60	21.4±0.75
末重/kg	26.2±1.86[a]	23.0±0.97[ab]	22.2±0.57[bc]	20.5±0.43[c]
日增重/g	34.8±5.48[a]	18.2±2.29[b]	11.8±2.76[b]	－6.3±2.59[c]
干物质采食量/(g/d)	653.04±60.96[a]	565.22±87.06[ab]	493.76±108.06[bc]	427.65±3.58[c]

注：同行肩标不同英文字母表示差异显著($P<0.05$)。下表同。

2.2　对屠宰性能的影响

表 3 的研究结果显示：随着营养水平的降低，试验羊的宰前活体重、空体重、胴体重、屠宰率也随之下降。IR70％组的宰前活体重比 AL 组低出 15.11％($P<0.05$)，与其他两组无显著差异($P>0.05$)；AL、IR90％组、IR80％三组的宰前活体重随着营养水平的降低有所减少($P>0.05$)。就空体重、胴体重来看，其变化趋势是相同的，AL 组的空体重、胴体重显著高于 IR80％组、IR70％组($P<0.05$)。IR90％组的空体重、胴体重与 IR70％组的差异显著($P<0.05$)，但与 AL 组、IR80％组的差异不显著($P>0.05$)。另外，IR70％组的屠宰率值最低，比 AL 组、IR90％组分别低 11.26％和 9.49％($P<0.05$)；IR70％组和 IR80％组之间无显著差异，AL、IR90％组、IR80％组之间的屠宰率随着营养水平的降低有所减少($P>0.05$)。

表 3　限饲对屠宰性能的影响

项目	AL	IR90％	IR80％	IR70％
宰前活体重/kg	22.77±2.08[a]	21.67±1.36[ab]	20.59±1.59[ab]	19.33±1.24[b]
空体重/kg	22.42±2.51[a]	21.56±1.88[ab]	19.49±1.01[bc]	17.59±0.48[c]
胴体重/kg	10.04±0.80[a]	9.46±0.49[ab]	8.99±0.62[bc]	8.23±0.71[c]
屠宰率/％	46.36±2.21[a]	45.74±1.62[a]	43.72±1.58[ab]	41.14±1.95[b]

2.3　对胴体各部分占空体重比重的影响

由表 4 可以看出，营养水平对肉、血、皮、头蹄、被毛占空体重比重的影响无显著差异($P>0.05$)。骨占空体重的比例随着营养水平的降低而显著增加。AL 组的骨占空体重的比例显著低于 IR70％组($P<0.05$)，但与 IR90％组、IR80％组无显著差异($P>0.05$)；IR90％、IR80％、IR70％三组之间的骨占空体重比例随着营养水平的降低有所增加($P>0.05$)。IR70％组的肾周脂肪占空体重的比例与其他三个组相比，分别降低了 45.72％、51.01％、37.07％($P<0.05$)，其他三个组彼此之间无显著差异($P>0.05$)。经过对各组的系网膜脂肪占空体重的比例进行分析比较得出，IR70％组的值最低。AL、IR90％、IR80％组与之相比分别提高了 64.89％、31.70％、30.00％；但 AL、IR90％、IR80％三组及 IR90％、IR80％、IR70％三组彼此之间的差异不显著($P>0.05$)。

表 4　限饲对胴体各部分占空体重比重的影响　%

项目	AL	IR90%	IR80%	IR70%
骨	6.77±2.28[a]	7.97±1.89[ab]	8.16±1.16[ab]	9.39±0.53[b]
肉	35.27±4.09	33.41±4.70	33.90±2.76	33.35±2.03
血	3.92±0.72	3.81±0.38	4.06±0.22	4.29±0.18
皮	8.24±1.09	8.52±1.08	7.56±0.68	7.99±0.89
头蹄	13.90±2.97	12.00±1.42	12.46±0.31	13.52±0.38
被毛	3.19±0.71	3.58±0.49	2.92±0.13	3.55±0.88
肾周脂肪	2.98±0.52[a]	2.69±0.77[a]	2.32±0.19[a]	1.46±0.22[b]
系网膜脂肪	7.75±1.72[a]	6.19±0.51[ab]	6.11±0.50[ab]	4.70±0.48[b]

3　讨论

3.1　对生产性能的影响

足够的营养物质是动物进行正常生命活动的物质基础。在营养物质都满足的条件下，适当提高日粮的营养水平可以增加反刍动物的体重和提高生产性能。但当摄入的营养物质在维持水平之下时，反刍动物的生长受阻、生长性能下降。在本试验中，随着营养水平的降低，试验羊的日增重逐渐减少。其中 IR70%组的总增重和日增重都呈现负值，这可能是因为该组饲喂的日粮的营养水平在维持水平之下，该组的试验羊必须动员自身的营养物质来维持基本的营养需求，从而导致其体重下降，日增重为负值。IR80%组的营养供给在绒山羊的维持营养需要之上，该试验组的日增重为 11.8 g/d 。Galvani 等[3]采用自由采食 AL、IR70%和 IR55%三种不同的干物质采食水平的日粮研究特克赛尔杂交羊的营养需要量的结果表明，日增重随饲喂水平的下降显著下降，三个试验组日增重值分别为 245、91 和 27 g/d。Fernands[4]等采用限饲的方法研究波尔杂羊的营养需要量，结果表明随着限饲强度的增加，日增重线性下降。本试验得到相似的研究结果。在采用限饲方法研究绒山羊营养需要时，限饲强度要控制在一定的阈值内，低于这一值会影响绒山羊的生长。

干物质采食量是衡量反刍动物生产状况和健康状态所需的营养成分指标之一，同时也是配制其日粮的主要依据之一。动物因素、饲养管理、环境因素、饲料的品质和日粮的组成等都是影响反刍动物干物质采食量的主要因素。在本试验中，造成试验羊的干物质采食量差异显著的主要原因是采用了限饲的方法，控制了其干物质摄入量。

3.2　对屠宰性能的影响

有研究结果表明：日粮的营养水平与牛、羊等动物的屠体指标有着紧密的联系。张国梁等[8]的研究显示高能量试验组肉牛的宰前活体重、胴体重显著高于低能组。程善燕等[9]的研究结果表明试验肉羊的宰前活体质量、胴体质量和屠宰率随能量的增加而增加。Fernandes 等[4]的研究表明随着限饲强度的增加，波尔杂交羔羊的空体重线性的下降。本试验结果表明，日粮的营养水平与辽宁绒山羊的宰前体重、胴体重、空体重呈现一定的相关性。随着营养水平的降低，宰前体重、胴体重、空体重、屠宰率也逐渐降低，说明在维持水平之上，高营养水平日粮可提高绒山羊屠体指标。在本研究中，辽宁绒山羊的屠宰率范围为 41%～46%。辽宁绒山羊体格比一般品种的绒山羊大，屠宰率和净肉率比较高。成年母羊的平均屠宰率可达 47.3%。

本试验的屠宰率变化范围较大，这可能是由于 IR70％组的限饲强度大，造成其屠宰率只达到41％，低于平均值，从而造成经济效益的下降。

3.3 对胴体各部分占空体重的比重的影响

冯宗慈等[7]的研究结果表明，随着营养水平的提高内蒙古细毛羊去毛空体脂肪含量增加，蛋白含量较稳定。Sahlu 等[11]的试验结果认为，限饲强度对安哥拉山羊的体组成没有显著影响。Gomez 等[12]的研究得出机体各部分比例的变化受到营养水平的影响；当对试验动物较长时间低营养水平的饲喂时，动物机体脂肪的含量会发生显著变化，而营养水平对机体肌肉相对比例影响不大。Phengvichith 等[13]的研究表明降低日粮的营养水平，会减少羊的胴体重、宰前体重、空体重，而骨占胴体重的比例却随之增加。在本研究中，限饲强度对肉、血、皮、头蹄、被毛占空体重比重的影响不显著。肾周脂肪、系网膜脂肪占空体重的比重随着营养水平的降低而降低。这说明羊体内脂肪的沉积主要受到营养因素的影响，随着营养水平的降低而降低。

4 结论

在本试验条件下，随着限饲强度的增加，绒山羊育成母羊的日增重降低，当饲喂水平低于维持水平时，其日增重为负值。同时限饲水平对育成母羊的屠宰性能有一定的影响。限饲强度的增加显著降低了肾周脂肪、系网膜脂肪占空体重的比重。综上可得出限饲可以作为一种研究绒山羊的营养需要量的方法。在应用过程中，应控制限饲的最低水平。限饲强度过高会阻碍动物的生长，造成绒山羊的生产性能等下降。本试验结果得出适应的限饲强度为 IR80％。

参考文献

[1] 吴庶青，侯先志. 苏尼特羊妊娠后期限制饲养对其羔羊初生重的影响[J]. 甘肃畜牧兽医，2002，5(166)：2-4.

[2] 毛杨毅，杨文娇，郎晓曦，等. 舍饲肉用陶赛特×本地绵羊杂交一代育肥期能量和蛋白质需要量研究[A]. //姚军虎. 第六次全国饲料营养学术研讨会论文集[C]. 杨凌，2010，16.

[3] Galvani D B, Pires C C, Kozloski G V, *et al*. Energy requirements of Texel crossbred lambs[J]. J. Anim. Sci., 2008, 86: 3480-3490.

[4] Fernandes M H M R, Resende K T, Tdeschi L O, *et al*. Energy and protein requirements for maintenance and growth of Boer crossbred kids[J]. J. Anim. Sci., 2007, 85(4): 1014-1023.

[5] Ash A J, Norton B W. The effect of protein and energy intake on cashmere and body growth of Australian cash-mere goats[J]. Proc. Aust. Soc. Anim. Prod., 1984, 15: 247-250.

[6] NRC. Nutrient requirements of goats: Angora, Dairy, and Meat Goats in Temperate[M]. Washington D C.: National Academy Press, 1981.

[7] 冯宗慈，奥德，卢德勋，等. 8～10 月龄羔羊的体组成和体成分[J]. 内蒙古畜牧科学报，1997(增刊)：260-264.

[8] 张国梁，王重阳. 营养水平对不同品种杂交肉牛育肥的影响[J]. 饲料研究，2007，2：48-52.

[9] 程善燕，张英杰，刘月琴，等. 不同能量水平对绵羊屠宰性能和脂肪含量的影响[J]. 饲料研究，2010，1：52-54.

[10] Sahlu T, Hart S P, Goetsch A L. Effects of level of feed intake on body weight, body components, and mohair growth in Angora goats during realimentation[J]. Small Rumin. Res, 1999, 32: 251-259.

[11] Gomez Pasten M, Mora Izaguirre O, Melendez Soto R M, *et al*. Effect of a long term feeding restriction on the subsequent body weight, condition score, and tissue composition of mature goats[J]. Revista Mexicana de Ciencias Pecuarias, 2010, 1(3): 205-219.

[12] Phengvichith V, Ledin I. Effect of a diet high in energy and protein on growth, carcase characteristics and parasite resistance in goats [J]. Tropical Animal Health and Production, 2007, 39: 59-70.

二、蛋白质需要量研究

Effects of Dietary Protein Level on Performance of Angora and Cashmere-producing Spanish Goats

Z.H. Jia, T. Sahlu, J.M. Fernandez, S.P. Hart, T.H.

(The E (Kika) de la Garza Institute for Goat Research, P. O. Box 730, Langston University, Langston, OK 73050, USA)

该文发表在《Small Ruminant Researc》1996(16):113-119

Abstract Effects of dietary crude protein level on fiber production of Angora and cashmere-producing Spanish goats were studied in 16 yearling doelings (eight Spanish, eight Angora) for 8 weeks. Goats were housed in individual stalls and maintained at constant temperature (21℃) with 9 h light and 15 h darkness each day. Goats were initially sheared, blocked by body weight (BW) and assigned to one of two dietary treatments (8% or 16% crude protein (CP)) in a 2×2 factorial design. Diets were isocaloric (2.9 Mcal kg^{-1} digestible energy (DE)) and were fed ad libitum. Dry matter intake (DMI) was similar for Angora and cashmere-producing Spanish goats. Daily DMI (612 vs. 892 g day^{-1}) and BW gain (38 vs. 127 g day^{-1}) were greater ($P<0.05$) for cashmere-producing Spanish goats fed the 16% CP diet compared to 8% CP. For Angora goats, DMI (734 vs. 832 g day^{-1}) and BW gain (55 vs. 116 g day^{-1}) were also increased ($P<0.05$) at the 16% CP level. Nitrogen retention (2.2 vs. 8.7 g day^{-1}) increased ($P<0.01$) with dietary CP for both types of goats. Creatinine and packed cell volume were lower ($P<0.10$, $P<0.01$) for Angora goats. Both plasma urea nitrogen (PUN) and PUN/creatinine were increased ($P<0.001$, $P<0.001$) by high protein, whereas triiodothyronine and thyroxine were reduced ($P<0.01$, $P<0.05$); the clean mohair fleece weight of Angora goats was increased 31% ($P<0.05$) with the high CP diet. Total fleece weight, down-yield, cashmere fiber length and diameter were not affected ($P>0.05$) by diet CP level for cashmere-producing Spanish goats. Increasing diet CP level increased mohair production, diameter and staple length, but had little effect on cashmere fiber production. Increasing dietary protein also increased DMI, BW gain and feed efficiency in both types of goats.

Key words Angora goats, Cashmere, Metabolites, Mohair, Protein, Spanish goats

1 Introduction

Both mohair and cashmere fibers grow from the secondary hair follicles of goats

(McGregor, 1988). Cashmere fiber growth in goats differs from mohair growth in Angora goats because cashmere grows during decreasing daylength and is shed during increasing daylength (Ryder, 1966), whereas mohair growth is a continuous process (Shelton, 1981). Most non-Angora breeds of goats in America produce cashmere (Teh, 1989). Wool growth and fiber diameter significantly increased in sheep with increased protein intake (Weston, 1971). Sahlu et al. (1992b) reported that mohair production was greater from Angora goats fed diets containing 19% crude protein (CP) than from those fed 12% CP. For cashmere-producing goats, Australian studies have concluded that there was no relationship between dietary CP intake and cashmere fiber production (Ash and Norton, 1984; Johnson and Rowe, 1984; McGregor, 1988). Objectives of the present study were to compare responses of cashmere-producing Spanish goats and Angora goats to low (8%) and high (16%) dietary CP levels in terms of body weight (BW), mohair and cashmere fiber parameters, nitrogen (N) retention and blood parameters.

2 Materials and methods

2.1 Animal and diets

Effects of dietary protein levels on fiber production in Angora and cashmere-producing Spanish doeling goats (Cashmere) were studied in a 2×2 factorial design with 16 yearling goats (eight Spanish, mean BW 19.5 kg; eight Angora, mean BW 20.4 kg).

Goats were housed in individual metabolism cages at constant temperature (21℃) and controlled photo-period (9 h constant lighting: 08:00—17:00). Doelings were stratified by BW and assigned to one of two diets. The diets were formulated to be isocaloric (2.9 Mcal digestible energy (DE) kg^{-1}) and contained 8% or 16% CP. Composition and chemical analyses of the diets are shown in Table 1. All goats were handled as a single group for 2 weeks adaptation prior to the 8 week experimental period. Goats were fed ad libitum daily (09:00) to allow 10% orts, and fresh water was continuously available. Orts were composited weekly for calculation of weekly dry matter intake (DMI). Representative feed samples were taken throughout the trial. Feces and urine were collected daily over the 8 week study. Fecal and urine samples were composited for each week and frozen (−20℃) for analysis. Body weights were taken on two consecutive days each week.

Table 1　Composition and chemical analyses of the experimental rations

Item	Protein level	
	8%	16%
Diet composition (%DM)		
Ground corn	50.0	29.5
Ground oats	2.8	2.8
Cotton seed hulls	44.0	44.0

续表 1

Item	Protein level	
	8%	16%
Soybean oil meal(44%)	1.1	21.9
Dicalcium phosphate	1.0	0.7
Trace mineral mix[a]	0.2	0.2
Calcium carbonate	0.7	0.7
Vitamins A, D, E[b]	0.2	0.2
	Chemical analysis (%DM)	
DM	89	90.0
CP	8.7	15.7
NDF	61.2	64.4
ADF	26.0	27.3

[a] Contained 98.8% NaCI, 7.2 ppm Cu, 5.4 ppm Co, 21.0 ppm Fe, 24.0 ppm Mn, 21.6 ppm Zn, 10.2 ppm I.

[b] Provides 1 000 IU vitamin A, 100 IU vitamin D and 10 IU vitamin Ekg^{-1} diet.

2.2 Measurements and analyses

Samples of feed, orts and feces were dried at 65℃ for 3 days, allowed to air-equilibrate, and ground in a Wiley mill to pass a 1 mm screen. Dry matter (DM) was determined by drying a 1 g sample overnight at 105℃. Ground feed, orts, fecal samples and freeze-dried urine samples were analyzed for N (Technicon, Tarrytown, NY). Energy content (gross energy, GE) was measured using a Parr adiabatic oxygen bomb calorimeter (Parr Instrument, Moline, IL); acid detergent fiber (ADF) and neutral detergent fiber (NDF) were measured by the method of Goering and Van Soest (1970).

Jugular blood samples were obtained on Days 14, 28 and 42 at 0 and 3 h post-feeding. Blood samples were collected and handled as described by Sahlu et al. (1992a). Samples were analyzed for packed cell volume (PCV; Readacrit Centrifuge, Clay Adams, Parsip-pany, NJ), plasma total protein (PTP), urea-N (PUN), glucose and non-esterified fatty acids (NEFA) as previously described (Sahlu and Fernandez, 1992). Plasma creatinine was assayed using a commercial kit (No. 555; Sigma, St. Louis, MO). The hormones triiodothyronine (Kit 72661), thyroxine (Kit 72662) and cortisol (Kit 72659) were assayed using radioimmunoassay kits (Ventrex Laboratories, Portland, ME). Hormone assays were duplicated in a single assay, and duplicate samples exhibiting greater than 7% error were re-analyzed. The average intra-assay coefficient of variations for triiodothyronine, thyroxine and cortisol procedures were 9.2%, 6.0% and 8.2%, respectively.

Goats were sheared at the beginning and end of the experiment. Total fleece weight was determined for both breeds. Yields of fleeces were determined after scouring (ASTM, 1990). Mohair and cashmere fiber length and diameter were determined as previously described (Sahlu *et al.*, 1992b). For each Cashmere goat two subsamples (1.00 g) were randomly drawn and separated manually into cashmere and guard hair, and weighed (to nearest

0.1 mg) to determine per-centage cashmere yield.

Data were analyzed as a completely randomized design. Analyses for factors of breed, protein level and their interaction were calculated using methods of the SAS Institute Inc. (1989). Blood parameters were analyzed as a split-plot in time.

3 Results and discussion

3.1 Dry matter intake and liveweight change

DMI was similar for both breeds of goats, but was greater ($P<0.005$) for the higher CP diet (Table 2). Higher levels of CP are known to stimulate DMI (Huston *et al.*, 1988). Cashmere goats gained 66% more weight ($P<0.05$) than Angora goats. Goats consuming the high protein diet gained 150% more weight ($P<0.001$) than those on the lower CP diet. Hart et al. (1993) also observed a similar improvement in BW gains of goats consuming high protein forages over goats consuming low protein forages. Feed efficiency (kg gain per kg of feed) was 58% greater ($P<0.01$) for Cashmere goats as compared to Angora goats. Feed efficiency was twice as great ($P<0.002$) for animals consuming the higher CP diet, indicating that protein level was limiting.

Table 2 Effects of dietary protein level on DM intake, BW gain and feed efficiency (FE), digestion of diet components and nitrogen balance of Angora and cashmere-producing Spanish goats

Parameter	Breed		Protein		SE	Significance $P<$		B×P
	Angora	Cashmere	8%CP	16%CP		Breed(B)	Protein(P)	
DMI (g day^{-1})	734	752	673	862	37	—	0.005	—
Gain (g day^{-1})	63.3	105	46	115	11	0.05	0.001	—
FE (kg gain per kg feed)	0.080	0.126	0.066	0.132	0.001	0.02	0.002	—
Digestibility								
DM	56.7	59.6	55.2	61.1	1.3	—	0.01	—
CP	42.4	44.3	31.5	55.2	1.1	—	0.001	—
NDF	49.1	51.6	47.4	53.2	2.1	—	0.10	—
ADF	27.2	17.7	22.7	22.2	2.8	0.05	—	—
Ca	28.7	45.8	40.0	34.5	3.4	0.01	—	—
P	12.5	24.9	22.1	15.4	5.0	—	—	—
Energy	56.9	59.8	55.5	61.3	1.3	—	0.01	—
N intake(g day^{-1})	15.5	15.4	9.33	21.6	0.7	—	0.001	—
N absorbed(g day^{-1})	7.2	7.6	2.9	11.9	0.3	—	0.001	—
Percentage of Absorbe N retained	77.7	72.4	76.4	73.7	4.2	—	—	—
N retained(g day^{-1})	5.6	5.3	2.2	8.7	0.2	—	0.001	—

3.2 Digestibility and nitrogen balance

DM, energy and digestibilities were significantly greater ($P<0.01$) for goats consuming the high protein diet (Table 2). This was attributed to increased CP ($P<0.001$) and NDF

($P<0.10$) digestibility for the high CP diet. Cheema et al. (1991) reported a direct relationship between percentage of dietary protein and apparent digestibility of feed protein. The regression equation describing digestible protein in the present study is DP=0.845(±0.023) CP−4.6(±0.3) as compared to an overall digestibility of 70% used by the NRC (1981). This equation is different from the one given by Knight and Harris (1966) for goats (DP=0.916CP−2.76). Digestibility of ADF was greater ($P<0.05$) for Angora goats than for Cashmere goats, whereas calcium digestibility was greater ($P<0.01$) for Cashmere goats than for Angora goats. There were no breed or protein effects ($P<0.10$) on digestibility of P. There were no breed effects ($P>0.10$) for N balance variables. Sahlu et al. (1993) observed no significant differences in digestibility or N balance when Angora, Alpine and Nubian wethers were fed diets containing 9%, 12% and 15% CP in a total mixed ration. In the present study N intake, N absorbed and N retained were all significantly greater ($P<0.001$) for the high CP diet. However, the percentage of absorbed N that was retained was similar for both levels of CP.

3.3 Fleece growth

3.3.1 Mohair

Mohair fiber weight was increased ($P<0.01$) 31% with the higher protein diet (Table 3). This is comparable to the 40% increase in mohair production observed by Sahlu et al. (1992b), as dietary protein level was increased from 9% to 15%, and consistent with studies on Angora goats in Texas (Shelton and Huston, 1966) and the UK (Deaville and Gailbraith, 1992). The increased fiber weight was due to an increase in both staple length and fiber diameter. In this study 80% of the difference was attributed to increased mohair staple length and only 20% to increased fiber diameter. This is contrary to our other studies which showed a dominant effect of increased fiber diameter on mohair weight when Angora goats were fed higher protein levels (Hart et al., 1993; Sahlu et al., 1993). Fiber diameter had increased ($P<0.05$) at the high level of protein, in agreement with our studies (Hart et al., 1993; Sahlu et al., 1993) and that of Deaville and Gailbraith (1992). The increase in fiber diameter (1.6 μm) is less than that calculated (2.5 μm) from the equation of Sahlu et al. (1993). This can be attributed to these goats being younger than those used in the previous study (10 vs. 16 months of age and 21 kg vs. 27 kg), which may account for the different proportion of increased mohair coming from increased fiber length.

3.3.2 Cashmere

Increased dietary protein level increased guard hair production ($P<0.10$) but did not affect any cashmere production traits (Table 3). This agrees with previous studies (Ash and Norton, 1984; Johnson and Rowe, 1984; McGregor, 1988) for Australian cashmere-producing goats. The lack of increase in cashmere fiber production in response to increased protein was attributed to the fact that cashmere production in a given climate and photoperiod is predominantly controlled by genetic factors (Johnson and Rowe, 1984), as indicated by high heritability for these traits (Pattie and Restall, 1992). Later, McGregor (1988) reported an increase in total cashmere production and fiber diameter over the entire cashmere growing season when energy supplementation increased goats' body condition and BW. The lack of response in cashmere production and quality in the present experiment and in previous studies with either increasing amounts of protected proteins (Johnson and Rowe, 1984) or D,L-methionine supplementation (Ash and Norton, 1987) suggests that the cashmere production potential of goats used in these studies was too low to respond to supplemental protein, whereas Angora goats increased fiber production in response to protein supplementation. These present findings warrant further investigation of protein nutrition of Cashmere goats having high fiber production potential.

Table 3　Effect of dietary crude protein level on mohair and cashmere parameters

Parameter	Protein level		Difference	SE
	8%	16%	$P<$	
Angora				
Clean fiber weight (g)	862	1 132	0.01	43
Fiber length (cm)	4.80	5.21	0.005	0.06
Fiber diameter (μm)	30.6	32.2	0.05	0.4
Cashmere				
Fleece weight (g)	62.3	71.3	—	13.1
Down mechanical yield (%)	62.4	51.8	—	5.0
Guard hair mechanical yield (%)	38.6	48.2	—	5.0
Cashmere down weight (g)	40.1	38.7	—	10.4
Guard hair weight (g)	22.7	32.5	0.10	3.7
Down length (cm)	2.12	1.83	—	0.14
Fineness	15.5	15.8	—	0.2

3.4　Blood metabolites and hormones

Plasma glucose and NEFA were not affected ($P>0.10$; Table 4) by protein level or breed and were within normal ranges for fed goats (Sahlu et al., 1993). De Jong (1981) reported an initial sharp decline in circulating glucose concentration of goats after feeding, followed by a rise 1 h after feeding. Trenkle and Kuhlemeir (1966) reported an inverse relationship between glucose and NEFA, especially with feed deprivation. Sahlu et al. (1993) did not see any changes in plasma glucose and NEFA in response to dietary CP. However, concentrations of plasma glucose were relatively lower and of NEFA higher between samples taken before and after feeding in agreement with present observations (data not shown). PUN was not affected ($P>0.05$) by breed but was higher ($P<0.001$) in goats fed 16% CP diets. Preston et al. (1965) observed a strong relationship ($r=0.986$) between PUN and protein intake in lambs. PTP was not affected ($P>0.10$) by breed or CP level. In a previous study (Sahlu et al., 1993) PTP was elevated in does fed a 19% CP diet compared to 12% CP. Creatinine was reduced ($P<0.02$) for the high CP diet and was lower ($P<0.10$) for Angora goats. Creatinine is produced from creatine by non-enzymatic conversion. Creatinine in turn is produced when methionine provides a methyl group for conversion of guanidinoacetate (Finco, 1989). This might indicate that Angora goats were utilizing their methionine for fiber growth while Cashmere goats utilized it to store energy in the form of creatine. The PUN/creatinine ratio was much greater for the 16% CP diet, reflecting the elevated PUN and reduced creatinine levels of animals on this diet. Blood PVC was greater ($P<0.01$) for Cashmere goats than for Angora goats. This might have been due to differences in water intake between the two breeds as suggested by Sahlu et al. (1993). Lane and Campbell (1969) indicated that PCV is responsive to stress. Both thyroxine and triiodothyronine were reduced for goats consuming the high CP diet, contrary to data from Beaver et al. (1989) who reported an increase in triiodothyronine and thyroxine with increased CP intake in steers. Cortisol was similar for both breeds at the low CP level (3.46 vs. 3.95 ng ml^{-1}) but increased much more in Cashmere goats than in Angora goats (5.47 vs. 17.9 ng ml^{-1}) fed the high protein diet (interaction, $P<0.005$). This is inconsistent with previous observations in which the concentration of cortisol was not affected by breed or protein level (Sahlu et al., 1993). The reason for the elevated cortisol in these cashmere-producing Spanish goats on the high protein diet is unclear.

Table 4 Blood parameters in Angora and cashmere producing-Spanish goats fed low and high levels of dietary protein

Parameter	Breed		Protein		SE	Significance P<		
	Angora	Cashmere	8%CP	16%CP				
Glucose (mg dl^{-1})	70.0	68.7	67.0	71.7	5.5	—	—	—
NEFA (μeq l^{-1})	156	242	215	183	80	0.10	—	—
Urea-N (PUN) (mg dl^{-1})	13.1	14.4	8.4	19.1	1.5	—	0.001	—
Plasma total protein (g l^{-1})	59.7	57.4	58.1	59.0	4.4	—	—	—
Creatinine (ERE) (mg dl^{-1})	0.46	0.54	0.55	0.44	0.05	0.10	0.02	—
PUN/CRE	34.8	29.6	15.5	48.9	3.7	—	0.001	—
Packed cell volume (%)	27.7	31.3	29.9	29.2	2.0	0.01	—	—
Thyroxine (ng ml^{-1})	78.7	81.5	86.9	73.2	10.2	—	0.05	—
Triiodothyronine (ng ml^{-1})	2.1	2.0	2.3	1.8	0.3	—	0.01	—
Cortisol (μg dl^{-1})	4.6	12.0	4.5	12.4	2.2	0.001	0.001	0.005

4 Conclusion

Increasing CP levels increased fiber production in Angora goats while not affecting cashmere production in Spanish goats. Angora goats appeared to digest ADF better than Spanish goats whereas the reverse was true for calcium digestion. Protein supplementation increased intake and digestibility of the diet. Creatinine and PCV were lower for Angora goats. PUN and PUN/creatinine were increased for the high protein diet and triiodothyronine and thyroxine were reduced.

Acknowledgments

The research was supported by the USDA, Cooperative State Research Service Project Number OKLX-94-01. The authors thank Glenn Detweiler and Ronald Starks of the E. (Kika) de la Garza Institute for Goat Research for care and feeding of the goats; we appreciate the assistance of Kesete Tesfai in the laboratory analyses.

References

[1] ASTM, 1990. D584-90. Standard test method for wool content of raw wool——laboratory scale. Annual Book of ASTM Standards Method D 2720-77. American Society for Testing and Materials, Philadelphia, PA.

[2] Ash, A. J. and Norton, B. W., 1984. The effect of protein and energy intake on cashmere and body growth of Australian cashmere goats. Proc. Aust. Soc. Anim. Prod., 15: 247-250.

[3] Ash, A. J. and Norton, B. W., 1987. Effect of DL-methionine supple-mentation on fleece growth by Australian cashmere goats. J. Agric. Sci., 109: 197-199.

[4] Beaver, E. E., Williams, J. E., Miller, S. J., Hancock, D. L., Hannah, S. M. and O'Connor, D. L., 1989. Influence of breed and diet on growth, nutrient digestibility, body composition and plasma hormones of Brangus and Angus steers. J. Anita Sci., 67: 2415-2425.

[5] Cheema, A. V., Galyean, M. L., Caton, J. S. and Freeman, A. S., 1991. Influence of protein levels and naloxone on intake, nitrogen metabolism and digestion kinetics in lambs fed oats, hay or barley straw, Small Rumin. Res., 5: 3546.

[6] De Jong, A., 1981. The effect of feed intake on nutrient and hormone levels in jugular and portal blood in goats. J. Agric. Sci., 96: 643-657.

[7] Deaville, E. R. and Gailbraith, H., 1992. Effect of dietary protein level and yeast culture on growth, blood prolactin and mohair fiber characteristics of British Angora goats. Anim. Feed Sci Technol., 38: 123-133.

[8] Finco, D. R., 1989. Kidney function, ln: J.J. Kaneko (Editor), Clinical Biochemistry of Domestic Animals, 4th edn. Academic Press, New York, pp. 496-542.

[9] Goering, H. K. and van Soest, P. L., 1970. Forage Fiber Analysis (Apparatus Reagents, Procedures and Some Applications). Agriculture Handbook No. 379. ARS, USDA, Washington, DC.

[10] Hart, S. P., Sahlu, T. and Fernandez, J M., 1993. Efficiency of utilization of high and low quality forage by three goat breeds. Small Rumin. Res., 10: 293-301.

[11] Huston, J. E., Engdahl, G. S. and Bales, K. W., 1988. Intake and digestibility in sheep and goats fed three forages with different levels of supplemental protein. Small Rumin. Res., 1: 81-92.

[12] Johnson, T. J. and Rowe, J. B., 1984. Growth and cashmere production by goats in relation to dietary protein supply. Proc. Aust. Soc. Anim. Prod., 15: 400-403.

[13] Knight, A. D. and Harris, L. E., 1966. Digestible protein estimation for NRC feed composition tables. J. Anim. Sci., 25: 593, abstract.

[14] Lane, A. G. and Campbell, J. R., 1969. Relationship of hematocrit values to selected physiological conditions in dairy cattle. J. Anim. Sci., 28:508-511.

[15] McGregor, B. A., 1988. Effect of different nutritional regimens on the productivity of Australian cashmere goats and the partitioning of nutrients between cashmere and hair growth. Aust. J. Exp. Agric.,

28: 459-467.

[16] NRC, 1981. Nutrient Requirements for Goats: Angora, Dairy and Meat Goats in Temperate and Tropical Countries. National Research Council, National Academy of Sciences, Washington, DC.

[17] Pattie, W. A. and Restall, B. J., 1992. Genetical and environmental factors affecting cashmere production. In: R. R. Lokeshwar (Editor), Proceedings V International Conference on Goats, Everest Press, New Delhi, Vol. II (2), p. 502.

[18] Preston, R. L., Schnakenberg, D. D. and Pfander, W. H., 1965. Protein utilization in ruminants: blood urea nitrogen as affected by pro-tein intake. J. Nutr., 86: 281-288.

[19] Ryder, M. L., 1966. Goat structure and seasonal shedding in goats. Anim. Prod., 8: 289-302.

[20] Sahlu, T. and Fernandez, J. M., 1992. Effect of intraperitoneal administration of lysine and methionine on mohair yield and quality in Angora goats. J. Dairy Sci., 70:3188-3193.

[21] Sahlu, T., Carneiro, H., El Shaer, H. M. and Fernandez, J. M., 1992a. Production performance and physiological responses of Angora goat kids fed acidified milk replacer. J. Dairy Sci., 75: 1643-1650.

[22] Sahlu, T., Fernandez, J. M., Lu, C. D. and Manning, R., 1992b. Dietary protein level and ruminal degradability for mohair production in Angora goats. J. Anim. Sci., 70: 1526-1533.

[23] Sahlu, T., Hart, S. P. and Fernandez, J. M., 1993. Nitrogen metabolism and blood metabolites in three goat breeds fed increasing amounts of protein. Small Rumin. Res., 10: 281-292.

[24] Shelton, M., 1981. Fiber production. In: C. Gall (Editos), Goat Production. Academic Press, New York, pp. 379-409.

[25] Shelton, J. M. and Huston, J. E., 1966. Influence of level of protein and other factors on the performance of yearling billies main-tained in drylot. Sheep and Angora Goat Wool and Mohair Research Report, PR-2388. Texas A&M University, College Station, TX, 3 pp.

[26] SAS Institute Inc., 1989. SAS/STAT User's Guide, Version 6, 4th edn., Vol. 2. Statistical Analysis Systems Institute Inc., Cary, NC, 846 pp.

[27] Teh, T. H., 1989. Survey of indigenous Texas goats for cashmere down production. J. Anim. Sci., 67 (Suppl. 1): 427.

[28] Trenkle, A. and Kuhlemeir, K. B., 1966. Relationship of rumen vol-atile fatty acids, blood glucose and plasma nonesterified fatty acids in sheep. J. Anim. Sci., 25:1111-1115.

[29] Weston, R. H., 1971. Factors limiting the intake of feed by sheep: feed intake and the productive performance of the ruminant lamb in relation to the quality of crade protein digested in the intestine. Aust. J. Agric. Res., 22: 307-320.

不同蛋白质水平的日粮对内蒙古白绒山羊消化代谢的影响

彭玉麟[1]　贾志海[1]　卢德勋[2]　李玉荣[2]　牛文艺[2]　任晓萍[2]　娜　仁[2]

(1. 中国农业大学动物科技学院,北京　100094;2. 内蒙古畜牧科学院,呼和浩特　010030)

该论文发表在《畜牧兽医学报》2002,33(4):321-326

摘要　选用9只2周岁左右的装有永久性瘤胃瘘管和十二指肠近端瘘管的内蒙古白绒山羊羯羊,研究同一硫源(硫酸钠)、同一氮硫比(7.60∶1)条件下,3种不同蛋白水平的日粮对内蒙古白绒山羊营养物质消化代谢的影响。试验结果表明:(1)Ⅱ组(CP为9.41%)干物质进食量、沉积氮显著高于Ⅰ组(CP为7.14%)和Ⅲ组(CP为10.77%)($P<0.05$)。Ⅱ组和Ⅲ组氮的表观消化率显著高于Ⅰ组($P<0.05$)。研究发现当日粮粗蛋白为8.87%,硫水平为0.186%时,沉积氮可获最佳值4.17(g/d)。(2)硫的沉积量以Ⅱ组最高,显著高于其他两组($P<0.05$)。各组间硫的表观消化率无显著差异($P>0.05$)。研究发现当日粮粗蛋白水平为8.78%时,硫的沉积量可以获得最佳值0.337 g/d。(3)Ⅱ组和Ⅲ组的瘤胃总氮流量以及十二指肠总氮流量均显著高于Ⅰ组($P<0.05$)。Ⅱ组瘤胃微生物氮显著高于Ⅰ组和Ⅲ组($P<0.05$)。Ⅱ组和Ⅲ组十二指肠微生物氮显著高于Ⅰ组($P<0.05$)。Ⅱ组瘤胃总硫流量显著高于Ⅰ组和Ⅲ组($P<0.05$)。十二指肠总硫流量各组间没有显著差异($P>0.05$)。

关键词　绒山羊;氮硫代谢;无机硫

Effects of Different Protein Levels on Digestion and Metabolism of Inner Mongolian White Cashmere Goats

PENG Yu-lin[1], JIA Zhi-hai[1], LU De-xun[2], LI Yu-rong[2], NIU Wen-yi[2], REN Xiao-ping[2], NA Ren[2]

(1. College of Animal Science and Technology, China Agricultural University, Beijing 100094; 2. Inner Mongolian Academy of Animal Science, Huhhot　010030)

Abstract　9 castrated male Inner Mongolian White Cashmere Goat(two years old) with permanent rumianl and duodenal cannulas were used to study the effects of different protein levels in the diets containing the same sulfur sources(sodium sulfate) and the same nitrogen to sulfur ratio (7.60∶1), on the nutrient digestion and metabolism. The results showed as follows: Retained nitrogen and sulfur of group Ⅱ (CP 9.41%) were higher than that of group Ⅰ (CP 7.14%) and grou Ⅲ (CP 10.77%) ($P<0.05$). The total ruminal nitrogen flow and digesta nitrogen flow into duodenum of group Ⅱ and group Ⅲ were higher than those of group Ⅰ ($P<0.05$). Ruminal microbial nitrogen of group Ⅱ were higher than that of group Ⅰ and group Ⅲ ($P<0.05$). Microbial nitrogen flow into duodenum of group Ⅱ and group Ⅲ were higher than that of group Ⅰ ($P<0.05$). Ruminal total sulfur flow of group Ⅱ were higher than that of group Ⅰ and group Ⅲ ($P<0.05$), but the total sulfur flow into the duodenum of different groups had no difference($P>0.05$). The optimal N retention was 4.17(g/d) and the optimal S retention was 0.337(g/d) when CP in the diet was 8.87% and sulfur was 0.186%. So the optimal feeding level of IMWCG(two-year-old) was a little higher than the maintaining level.

Key words Cashmere goats, Sulfur and nitrogen metabolism, Inorganic sulfur, Cashmere

生产实际中,不仅要考虑日粮的适宜氮硫比,同时还必须考虑氮和硫的绝对需要量。根据王娜(1999)的研究[1],内蒙古白绒山羊适宜的氮硫比为(7.10~7.80)∶1,但对氮和硫绝对需要量的研究尚未见报道。

研究日粮氮和硫的绝对需要量,必须涉及绒山羊的饲养水平问题。许多研究结果表明,要使绒山羊保持较高的产绒量,其营养水平应以满足绒山羊维持需要或使体重略有增加为基准。在满足维持需要基础上,提高日粮能量水平和蛋白质水平或增加保护性蛋白对产绒量几乎没有影响,只能促进粗毛的生长[2-5]。其原因是,毛的生长与肌肉等体组织不同,机体在出现氮和能量负平衡的情况下,以消耗其他体蛋白,继续维持羊毛的生长,机体对羊毛生长所需氨基酸的供应比其他组织优先。因此,在本试验中采用略高于维持需要的饲养水平。在最适氮硫比(7.60∶1)、最佳无机硫(硫酸钠)情况下,探讨不同蛋白水平的日粮对绒山羊消化代谢的影响。

1 材料与方法

1.1 试验动物

选用9只2周岁(体重17~21 kg)内蒙古白绒山羊羯羊,安装永久性瘤胃瘘管和十二指肠近端瘘管。

1.2 试验日粮配制与饲养管理

试验羊日粮配制参照美国NRC(1985)山羊饲养标准。试验羊每天饲喂混合精料200 g,青干草500 g。每日06:00和18:00分2次饲喂。试验羊单笼饲养,自由饮水,全舍饲饲养方式。每期试验前后对试验羊空腹称重。冬季羊舍温度在0℃以上,以防羊的瘘管结冰。试验日粮配方见表1。

表1 试验羊的日粮组成以及营养水平(风干样为基础)

Table 1 Diet composition and nutrient levels of the tested goats

日粮组成 Diet composition(%)	Ⅰ组 Group	Ⅱ组 Group	Ⅲ组 Group		Ⅰ组 Group	Ⅱ组 Group	Ⅲ组 Group
青干草 Dried grass	71.4	71.4	71.4	无水硫酸钠	0.30	0.50	0.75
玉米 Corn	18.07	13.7	12.8	Sodium sulfate			
麦麸 Wheat bran	6.18	10.0	6.0	营养水平			

续表 1

日粮组成 Diet composition(%)	Ⅰ组 Group	Ⅱ组 Group	Ⅲ组 Group		Ⅰ组 Group	Ⅱ组 Group	Ⅲ组 Group
豆粕 SBM	0.80	1.8	5.15	Nutrient level (%)**			
胡麻饼 LSM	—	1	2	ME (MJ/kg)	8.75	8.85	8.82
尿素 Urea	—	0.4	0.7	CP (%)	7.14	9.41	10.77
矿物质和多维*				N (%)	1.14	1.51	1.72
Mineral matter and Vitamins*	0.40	0.40	0.40	S (%)	0.15	0.20	0.225
食盐 Salt	0.40	0.40	0.40	N∶S	7.60∶1	7.55∶1	7.64∶1
骨粉 Bone meal	0.45	0.40	0.40	Ca(%)	0.36	0.32	0.33
石粉 Stone meal	2.00	0	0	P(%)	0.21	0.23	0.22

* 矿物质 Minerals：$FeCl_2$ 19 600 mg/kg；$CuSO_4$(含 Cu25%)20 800 mg/kg；MnO_2 10 560 mg/kg；$ZnCl_2$ 12 800 mg/kg；5%的 $CaIO_2$ 6 000 mg/kg；1%的 $CoCl_2$ 8 400 mg/kg；1%的 Na_2SeO_3 4 800 mg/kg；$NaMoO_4$ 232 mg/kg 与石粉(Stone meal)组成。多维 Multivitamin：VA 54 000 000 IU/kg；VD，10 800 000 IU/kg；VE 1 800 IU/kg。

** ME 为计算值 Calculated value，其他营养成分为实测值。

1.3　试验设计

试验采用单因素多水平完全随机试验设计。探讨在同一氮硫比(7.60∶1)、同一硫源(硫酸钠)条件下，不同蛋白水平的日粮对内蒙古白绒山羊消化代谢以及产绒性能的影响。9 只羊分为 3 个处理，每个处理 3 个重复。

1.3.1　消化代谢试验

在绒生长旺盛期(1999 年 10 月)进行。试羊空腹称重后，带上集粪袋，放入代谢笼。预试期 15 d，自由饮水，待采食量恢复正常时进行正式试验。每天 06:00 和 18:00 分 2 次收集粪、尿样，每天 06:00 收集试验羊的剩余料。正试期进行 7 d。代谢试验结束时试验羊空腹称重。

1.3.2　食糜流通量的测定

用 Cr_2O_3 作为食糜标记物测定食糜流通量，每天投放总量为 3.2 g，每次投放剂量为 0.8 g，启动剂量为 1.6 g。从瘤胃投放 Cr_2O_3 的第 4 天开始，采集瘤胃液、十二指肠食糜样。

1.4　样品分析方法

常规营养成分的测定：精料、饲草、剩料、粪样、尿样中 DM、OM、CP、ADF、Ca、P 等指标按实验室常规方法测定。总硫的测定：用硝酸、高氯酸、盐酸消煮-硫酸钡比浊法测定。微生物内 RNA 的测定按 Zinn 和 Owens 的嘌呤碱基法测定[6]。Cr 浓度的测定按高民等(1993)方法[7]。

1.5　数据处理与统计分析

试验数据的处理使用 SAS(SAS for Windows，Release 6.12)软件包中的平衡实验设计方差分析过程(ANOVA)和回归分析(REG 过程)，均值的多重比较用 Duncan 法进行。

2　结果与讨论

2.1　不同蛋白水平的日粮对瘤胃 pH 值的影响

从图可以看出，Ⅰ组(CP 为 7.14%)和Ⅱ组(CP 为 9.41%)不同时间点瘤胃 pH 值相对比较稳定，分别为5.60～6.22，6.17～6.71；但Ⅱ组（CP为10.77%）瘤胃pH值波动范围较大（5.21～6.22）。饲料蛋白水平高低对瘤胃pH值有影响作用。采食后由于部分蛋白质的迅速降解，产生较多的氨氮，导致pH值升高；待氨浓度逐渐降低，精料和粗饲料发酵产生较多的挥发性脂肪酸时，又导致pH值升高。Ⅱ组的瘤胃pH值略高于Ⅰ组，这可能是由于Ⅰ组硫的绝对量不足，Ⅱ组硫水平较高所致。这与Qi等（1992）等和王娜（1999）的报道添加硫使瘤胃pH值显著升高相一致[1,8]。

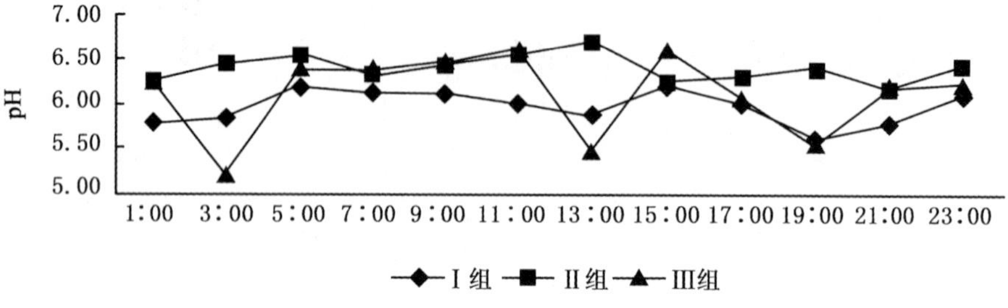

图1　瘤胃pH昼夜动态变化

Fig.　Daily dynamic change of pH in the rumen fluid

2.2　日粮不同蛋白水平对氮代谢的影响

从表2可以看出，干物质进食量Ⅱ组和Ⅲ组显著高于Ⅰ组（$P<0.05$）。氮的进食量Ⅲ组>Ⅱ组>Ⅰ组，各组间差异显著（$P<0.05$），这是由于日粮粗蛋白水平不同所致。各组间粪氮差异不显著（$P>0.05$），Ⅰ组的可消化氮显著低于Ⅱ组和Ⅲ组（$P<0.05$）。Ⅲ组的尿氮显著高于其他两组（$P<0.05$），这可能是由于Ⅲ组进食氮高，利用率低的缘故。Ⅱ组沉积氮显著高于Ⅰ组和Ⅲ组（$P<0.05$），Ⅰ组的粗蛋白低（7.14%），未能满足绒山羊生长的需要；Ⅲ组的粗蛋白较高（10.77%），尽管其可消化氮最高，但大部分氮通过尿氮排出，故沉积氮较低。这可能是由于日粮尿素氮含量较高，能量蛋白比不适合，氮的利用率不高所致；另外过多的氮从尿中排出也是要消耗能量的。每千克代谢体重沉积的氮，Ⅱ组显著高于Ⅰ组和Ⅲ组（$P<0.05$）。各组间氮的表观消化率差异不显著（$P>0.05$）。

表2　日粮不同蛋白质水平对氮代谢的影响

Table 2　Effects of different protein levels in the diets on nitrogen metabolism

	Ⅰ组 Group	Ⅱ组 Group	Ⅲ组 Group
进食干物质 DMI(g/d)	589.09 ± 13.09^{b}	621.42 ± 12.48^{a}	608.74 ± 6.23^{ab}
进食氮 N intake(g/d)	6.95 ± 0.27^{c}	10.16 ± 0.24^{b}	11.53 ± 0.02^{a}
粪氮 Fecal N output(g/d)	2.66 ± 1.24^{a}	3.45 ± 0.43^{a}	3.38 ± 0.31^{a}
尿氮 Urinary N output(g/d)	2.76 ± 0.82^{b}	2.77 ± 1.24^{b}	6.86 ± 0.56^{a}
可消化氮 Digestible N(g/d)	4.30 ± 1.27^{b}	6.71 ± 0.24^{a}	8.15 ± 0.31^{a}
沉积氮 Retained N(g/d)	1.81 ± 0.66^{b}	3.94 ± 1.00^{a}	1.29 ± 0.63^{b}
沉积氮/代谢体重 RN/$W^{0.75}$	0.21 ± 0.06^{b}	0.35 ± 0.04^{a}	0.13 ± 0.07^{b}
表观消化率 Apparent digestibility(%)	63.08 ± 7.12^{a}	66.04 ± 3.51^{a}	70.69 ± 2.69^{a}

注：同行数据右肩不同字母表示差异显著（$P<0.05$），下同。

Note: Means with different superscripts in the same column differ significantly ($P<0.05$), The same as below.

本试验研究发现沉积氮(Y,g/d)和日粮粗蛋白水平(X,%)存在显著相关关系,其回归公式为:

$$Y=-58.28+1\ 408.90X-7\ 946.02X^2 (R=0.836\ 8, n=9, P=0.032)$$

由上式计算可知,当日粮蛋白为8.87%时,机体沉积氮可获最佳值4.17 g/d。沉积氮(Y,g/d)和日粮硫水平(X%)存在显著相关关系,其回归公式为:

$$Y=-63.97+735.44X-1\ 979.56X^2 (R=0.789\ 2, n=9, P=0.02)$$

由上式计算得知,当日粮硫水平为0. 186%时,机体沉积氮可获得最佳值4.33 g/d。这与王娜(1999)的研究结果适宜硫水平为0.213%～0.225%有一定的差异。

2.3　日粮不同蛋白水平对硫代谢的影响

从表3可以看出,Ⅱ组和Ⅲ组硫的进食量显著高于Ⅰ组($P<0.05$)。各组间粪硫排出量差异不显著($P>0.05$),而Ⅲ组尿硫排出量显著高于Ⅰ组和Ⅱ组($P<0.05$)。Ⅱ组和Ⅲ组可消化硫显著高于Ⅰ组($P<0.05$)。Ⅱ组沉积硫最高,显著高于其他两组($P<0.05$),Ⅱ组沉积硫占可消化硫的比率也显著高于Ⅰ组和Ⅲ组($P<0.05$),但各组间硫的表观消化率无显著差异($P>0.05$)。本试验研究发现沉积硫(Y,g/d)和日粮粗蛋白水平(X,%)存在显著相关关系,其回归公式为:

$$Y=-6.85+162.75X-932.79X^2 (R=0.724\ 5, n=9, P=0.014)$$

由上式计算可知,当日粮蛋白水平为8.78%时,硫的沉积量可以获得最佳值0.337 g/d。沉积硫(Y,g/d)和日粮硫水平(X,%)存在显著相关关系,其回归公式为:

$$Y=-7.42+84X-229.33X^2 (R=0.832\ 4, n=9, P=0.05)$$

由上式计算可知,当日粮硫水平为0.183%时,最佳沉积硫为0.272 g/d。

从氮和硫的沉积结果来看,Ⅱ组(日粮中CP为9.41%,S为0.20%,氮硫比为7.55∶1)的效果最好。从对三个试验组的回归分析来看,当日粮CP为8.87%,S为0.186%,氮硫比为7.63∶1,绒山羊可获得最佳的氮硫沉积效果。

表3　日粮不同蛋白质水平对硫代谢的影响

Table 3　Effects of different protein levels in the diets on sulfur metabolism

	Ⅰ组 Group	Ⅱ组 Group	Ⅲ组 Group
进食干物质 DMI(g/d)	589.09 ± 13.09^{b}	621.42 ± 12.48^{a}	608.74 ± 6.23^{ab}
进食硫 S intake(g/d)	0.61 ± 0.04^{b}	0.92 ± 0.02^{a}	0.94 ± 0.04^{a}
粪硫 Fecal S output(g/d)	0.19 ± 0.09^{a}	0.26 ± 0.04^{a}	0.26 ± 0.02^{a}
尿硫 Urinary S output(g/d)	0.41 ± 0.23^{b}	0.46 ± 0.14^{b}	0.82 ± 0.07^{a}
可消化硫 Digestible S(g/d)	0.43 ± 0.05^{b}	0.67 ± 0.02^{a}	0.68 ± 0.02^{a}
沉积硫 Retained S (g/d)	0.02 ± 0.09^{ab}	0.20 ± 0.10^{a}	-0.13 ± 0.08^{b}
表观消化率 Apparent digestibility(%)	69.83 ± 12.42^{a}	72.26 ± 3.96	72.19 ± 1.60^{a}

2.4　日粮不同蛋白水平对DM、OM、ADF、Ca、P代谢的影响

从表4可以看出,Ⅱ组和Ⅲ组的DM和OM进食量显著高于Ⅰ($P<0.05$)。各组间ADF进食量没有显著差异。进食钙各组间差异不显著($P>0.05$),但Ⅱ组进食磷显著高于Ⅲ组和Ⅰ组($P<0.05$)。各组间DM、OM、ADF、Ca、P的表观消化率均没有显著差异($P>0.05$)。

表 4　日粮不同蛋白质水平对 DM、OM、ADF、Ca、P 消化率的影响

Table 4　Effects of different protein levels in the diets on the digestibility of DM、OM、ADF、Ca and P

	Ⅰ组 Group	Ⅱ组 Group	Ⅲ组 Group
进食干物质 DMI(g/d)	589.09±13.09[b]	621.42±12.48[a]	642.01±2.36[a]
进食有机物 OMI(g/d)	537.41±8.32[b]	589.63±11.38[a]	601.87±4.69[a]
进食酸性洗涤纤维 ADFI(g/d)	206.42±4.61[a]	214.83±4.63[a]	214.17±2.73[a]
进食钙 Ca Intake(g/d)	2.19±0.13[a]	2.07±0.08[a]	2.05±0.12[a]
进食磷 P Intake(g/d)	1.36±0.07[b]	1.59±0.03[a]	1.42±0.03[b]
表观消化率 Apparent digestibility(%)			
DM	70.83±12.88[a]	63.19±3.48[a]	63.23±2.65[a]
OM	68.57±8.53[a]	65.27±6.59[a]	64.78±5.46[a]
ADF	63.28±15.44[a]	59.42±7.75[a]	53.00±10.71[a]
Ca	25.56±4.09[a]	24.24±5.59[a]	30.74±8.26[a]
P	41.11±19.17[a]	35.10±5.16[a]	26.57±6.79[a]

2.5　日粮不同蛋白水平对食糜流通量的影响

从表 5 可知，各组间瘤胃食糜流通常数(Kp)差异不显著($P>0.05$)。Ⅱ组和Ⅲ组的瘤胃总氮流量以及十二指肠总氮流量均显著高于Ⅰ组($P<0.05$)。Ⅱ组瘤胃微生物氮显著高于Ⅰ组和Ⅲ组($P<0.05$)。Ⅱ组和Ⅲ组十二指肠微生物氮显著高于Ⅰ组($P<0.05$)。Ⅱ组瘤胃总硫流量显著高于Ⅰ组和Ⅲ组($P<0.05$)。十二指肠总硫流量各组间没有显著差异($P>0.05$)。

表 5　日粮不同蛋白质水平对食糜流通量的影响

Table 5　Effects of different protein levels in the diets on digesta flows

	Ⅰ组 Group	Ⅱ组 Group	Ⅲ组 Group
进食氮 N intake(g/d)	6.95±0.27[c]	10.16±0.24[b]	11.53±0.02[a]
瘤胃 Kp(%/h)	4.38±0.9[a]	3.49±1.4[a]	4.59±0.5[a]
瘤胃总氮流量 Ruminal digesta total N flow(g/d)	9.20±3.09[b]	15.75±3.01[a]	14.21±2.63[a]
瘤胃总硫流量 Ruminal digesta total S flow(g/d)	0.691±0.073[b]	0.938±0.192[a]	0.759±0.082[b]
十二指肠总氮流量 Digesta total N flow into the duodenum(g/d)	8.32±1.54[b]	13.01±2.03[a]	12.56±1.68[a]
十二指肠总硫流量 Digesta total S flow into the duodenum(g/d)	0.681±0.113[a]	0.751±0.162[a]	0.722±0.084[a]
瘤胃微生物氮 Rumianl microbial N flow (g/d)	8.41±1.91[b]	14.55±3.45[a]	9.10±2.97[b]
十二指肠微生物氮 Microbial N flow into the duodenum (g/d)	4.72±9.76[b]	12.09±4.86[a]	10.55±4.55[a]

2.6　消化道不同部位氮硫比的比较

从表 6 可知，消化道不同部位氮硫比情况。瘤胃氮硫比在(13～19)∶1，这与 Harrison 和 Mcallan(1980)建议为满足瘤胃微生物的需求，可利用氮(非蛋白氮或瘤胃降解氮)和可利用硫(含硫氨基酸或无机硫)的比值应为 20∶1 相一致[9]。消失部分(主要是被吸收)的氮硫比，Ⅰ组和Ⅱ组为 10∶1，这与微生物合成蛋白所需的氮硫比一致。但Ⅰ组饲养水平太低，不能满足氮、硫的绝对需要量(表 1)，所以氮、硫沉积不理想；Ⅲ组尽管氮、硫的绝对量充足，但由于消失

部分氮硫比(12∶1)不适宜而造成氮或硫的浪费，故Ⅲ组氮、硫沉积也不理想。

表 6　消化道不同部位氮硫比的比较

Table 6　Comparison of nitrogen to sulfur ratio in various segments of the gastrointestinal tract

	Ⅰ组 Group	Ⅱ组 Group	Ⅲ组 Group
日粮氮硫比 N∶S in diet	7.60∶1	7.55∶1	7.64∶1
瘤胃氮硫比 N∶S in rumen	13.31∶1	16.79∶1	18.72∶1
十二指肠氮硫比 N∶S in duodenum	12.22∶1	17.32∶1	17.40∶1
消失部分氮硫比 N∶S of the disappearance	10.00∶1	10.01∶1	11.99∶1
粪氮硫比 N∶S in feces	14.00∶1	13.27∶1	13.00∶1
尿氮硫比 N∶S in urea	6.73∶1	6.02∶1	8.37∶1

3　小结

(1)日粮不同蛋白水平对绒山羊氮的沉积量有显著影响。当日粮蛋白为 8.87%，硫水平为 0.186%时，可获得最大氮沉积量 4.17 g/d。

(2)日粮不同蛋白水平对硫的沉积量有显著影响($P<0.05$)，当日粮蛋白水平为 8.78%时，硫的沉积量可以获得最佳值 0.337 g/d。

(3)日粮不同蛋白水平显著影响 DM、OM、磷进食量($P<0.05$)，但表观消化率没有显著变化($P>0.05$)。

(4)高蛋白日粮显著影响瘤胃总氮流量以及十二指肠总氮流量。Ⅱ组(CP 为 9.41%)和Ⅲ组(CP 为 10.77%)的瘤胃总氮流量以及十二指肠总氮流量均显著高于Ⅰ组(CP 为 7.14%)($P<0.05$)。Ⅱ组瘤胃微生物氮显著高于Ⅰ组和Ⅲ组($P<0.05$)。Ⅱ组和Ⅲ组十二指肠微生物氮显著高于Ⅰ组($P<0.05$)。Ⅱ组瘤胃总硫流量显著高于Ⅰ组和Ⅲ组($P<0.05$)。十二指肠总硫流量各组间没有显著差异($P>0.05$)。

参考文献

[1] 王娜.内蒙古白绒山羊日粮适宜氮硫比综合评定[D].北京：中国农业大学硕士论文，1999.

[2] Ash A J, Norton B W. Effect of DL-Methionine supplementation on fleece growth by Australian cashmere goats[J]. J Agric Sci Camb,1987a,109:197-199.

[3] Ash A J Norton B W. Studies with the Australian cashmere goat . I: Growth and digestion in male and female goats in protein content and energy level[J]. Austr J Agric Res,1987b,38:957-969.

[4] McGregor B A. Effect of different nutritional regimens on the productivity of Australian cashmere goats and the partitioning of nutrients between cashmere and hair growth[J]. Aust J Exp Agric, 1988, 28: 456-467.

[5] 贾志海.褪黑激素促山羊绒生长机理的研究[D].北京：北京农业大学博士论文,1994.

[6] Zinn R A, Owens F N. A rapid procedure for purine measurement and its use for estimating net ruminal protein synthesis[J]. Can J Anim Sci,1986,66:157-166.

[7] 高民,冯宗慈.一种改进铬的测定方法[J].内蒙古畜牧科学,1993,3:42-45.

[8] Qi K H, Lu C D, Owens F N. Sulfate supplementation of alpine goats: effects on milk yield and composi-

tion, metabolites, nutrient digestibilities, and acid-base balance[J]. J Anim Sci, 1992, 70: 3541-3550.
[9] Harrison D G, *et al*. Factors affecting microbial growth yields in the reticulorumen[B]. Digestion Physiology and metabolism in Ruminants (Ruchebusch Y, Thivend P, Eds), MTP press Ltd, Lancaster, UK. 1980, 205-226.

日粮蛋白质水平对绒山羊公羊养分消化和精液品质的影响

刘书广　贾文彬　贾志海　秦　枫　张　微

（中国农业大学　动物科学技术学院，北京　100193）

该文发表在《中国农业大学学报》2009，14(2)：92-97

摘要　研究了日粮蛋白水平对绒山羊种公羊养分消化和精液品质的影响。试验选取 24 只在配种期(2007-09-01—12-10)的辽宁绒山羊成年种公羊为试验动物，采用单因子完全随机区组试验设计，随机分为 3 组(低蛋白组水平 10.5%(w)、中蛋白质水平 12.1%(w)、高蛋白水平 13.5%(w)，皆为 DM)，每组 8 只。结果表明：1)日粮蛋白质水平对绒山羊种公羊的干物质(DM)、粗蛋白(CP)和中性洗涤纤维(NDF)的表观消化率没有影响($P>0.05$)；但提高日粮蛋白水平有利于酸性洗涤纤维(ADF)的消化，以中蛋白水平 12.1%为宜。2)日粮不同蛋白水平对各组采精量、精子密度、精子活力、畸形率等各项精液品质指标均差异不显著($P>0.05$)；整个试验期间以中蛋白组的精子活力最高，精子畸形率最低，精液品质最好；随试验时间的增加日粮不同蛋白水平使精子活力上升、畸形率下降，精液品质变好。推荐 *CP* 水平 12.1%作为辽宁绒山羊种公羊适宜的日粮蛋白质水平。

关键词　蛋白质水平；绒山羊；养分消化率；精液品质

Effects of Dietary Protein on Nutrient Digestion and Semen Quality in Cashmere Goat

LIU Shu-guang, JIA Wen-bin, JIA Zhi-hai*, QIN Feng, ZHANG Wei

(College of Animal Science and Technology, China Agricultural University, Beijing 100193, China)

Abstract　Twenty-four Liaoning cashmere goats were used to determine the effects of dietary protein levels (Low 10.5% DM, Moderate 12.1% DM and High group 13.5% DM) during the mating period on nutrient digestion and semen quality. The goats were assigned into 3 groups according to age and semen quality. The results showed that the total apparent digestibility of DM, CP, NDF and ADF did not differ significantly with increasing dietary protein levels. Although dietary protein levels had no significant effects on seminal quality, the moderate level group had the best semen quality in terms of sperm motility and abnormal sperm rate.

Key words cashmere goat, protein level, digestibility, semen quality

蛋白质是日粮重要的营养元素，特别是对配种期种用公畜直接关系到精液质量。前人对22月龄的中国美利奴种公羊[1]，在采精前50 d补饲不同蛋白水平的精料，结果高蛋白组比低蛋白组每日平均射精量提高14%；每毫升精液中含有精子数提高21.7%；在配种期，不同的营养水平对种公羊精液品质有显著影响，营养水平降低，精液品质下降[2]。反刍动物日粮增加CP水平可增加低质饲草的采食量和消化率[3,4]，主要原因是提供了瘤胃微生物可利用的可降解蛋白。不同蛋白水平的日粮对绵羊DM、NDF、ADF消化率有显著的影响[5]，但对内蒙古白绒山羊DM、OM和CP表观消化率没有显著变化，只影响了DM、OM和CP进食量[6]。目前舍饲条件下的种用绒山羊的蛋白营养需要状况并不清楚。本试验旨在研究不同蛋白水平日粮对常年采精的绒山羊种公羊养分消化和精液品质的影响，为确定绒山羊种公羊适宜的营养水平提供理论依据和营养参数。

1 材料与方法

1.1 试验动物

试验选用体况良好，体重相近(84.52±4.27) kg，精液品质相近的成年种公羊24只，统一用阿维菌素驱除体内体外寄生虫。

1.2 试验设计

消化试验：按照单因子随机分组设计将24只种公羊平均分为3组，分别饲喂3种水平的试验日粮见表1。预饲期10 d，正式期30 d。

精液品质试验：按照单因子随机分组设计将24只种公羊平均分为3组，分别饲喂3种蛋白水平的试验日粮见表1。预饲期10 d，正式期90 d (2007-09-10—12-10)。

1.3 试验日粮

通过前期测定，试验期每只羊每天定量饲喂1 700 g(风干基础DM)相应饲粮。试验日粮参考NRC(1981)[7]山羊高度活动量状态下的营养需要及中华人民共和国农业行业标准肉羊饲养标准(2004)[8]配制，试验用3种日粮能量相同、粗蛋白日进食量分别为180、205和230 g。日粮组成和营养水平见表1(各种饲料营养成分为实测值)。

表1 日粮组成(风干基础)和营养水平(DM基础)

日粮组成(DM)	高蛋白组(HP)	中蛋白组(MP)	低蛋白组(LP)
羊草	20.3	20.3	20.6
玉米	47.1	50.9	55.9
苜蓿	20.3	20.3	20.6
豆粕	9.6	5.9	1.9
鸡蛋	1.8	1.8	0
碳酸氢钙	0.2	0.2	0.2
食盐	0.6	0.6	0.6
预混料	0.5	0.5	0.5
合计	100	100	100

续表 1

日粮组成(DM)	高蛋白组(HP)	中蛋白组(MP)	低蛋白组(LP)
营养水平(DM)			
消化能(MJ/kg)	12.14	12.14	12.23
DM	85.59	89.51	89.72
CP	13.5	12.1	10.5
钙	0.6	0.6	0.5
总磷	0.4	0.4	0.3
NDF	30.3	30.0	30.3
ADF	21.3	21.6	21.4

注:1)羊草和苜蓿草铡成 2～4 cm 长。

2)每千克微量元素预混料含:预混料:$FeSO_4 \cdot 7H_2O$ 99.56 g;KI 1.57 g;$MnSO_4 \cdot H_2O$ 61.53 g;$ZnSO_4 \cdot 7H_2O$ 131.92 g;$CoCl_2 \cdot 6H_2O$ 1.01 g; $Na_2SeO_3 \cdot 5H_2O$ 0.33 g; $CuSO_4 \cdot 5H_2O$ 0.21 g。

3)参考 NRC 山羊饲养标准(1981),中华人民共和国农业行业标准肉羊饲养标准(2004)。

1.4　饲养管理

试验羊均为圈养,日喂 2 次,每日分别在 8:00 和 16:00 等量饲喂,精粗分开,先喂粗饲料,后喂精料,自由饮水。

1.5　样品采集与分析

消化试验:在试验期的最后 3 d,给试验羊系上粪袋采用全收粪法收粪,每天早晚收粪,对粪样混合、称重,取总粪量的 10%加入 1/4 粪重的 10%(质量分数)酒石酸钠溶液固氮,在－20℃冰箱保存。饲料样、粪样均在 65℃下鼓风干燥,粉碎(1 mm)保存。测定饲料和粪样中的 DM、CP、NDF、ADF[9]。

精液品质试验:预试期内将非配种期日粮逐渐调整为试验日粮,每周采精 2 次,排除公羊生殖器中长期积存下来的衰老、死亡和解体的精子,之后进入正试期,正试期 90 d。试验期间公羊每周连续采精 4 d,休息 3 d。采精在上午 9:00 进行,每天采精 1 次,采精员固定不变,采精方法为假阴道采精法。测定指标为采精量、精子密度、精子活力、畸形率。

1.6　计算方法

$$某成分表观消化率=\frac{总摄入量-粪中该成分含量}{总摄入量}\times 100\%$$

$$精子活力=\frac{总摄入量-粪中该成分含量}{总精子数}\times 100\%$$

$$畸形率=\frac{形态结构不正常的精子数}{总精子数}\times 100\%$$

1.7　统计分析

用 SPSS 13.0 分析软件进行单因素方差统计分析,多重比较用 Duncan 氏法,试验结果以平均值±标准差表示。

2 结果与讨论

2.1 日粮不同蛋白水平对养分消化的影响

由表 2 可知，随日粮 CP 水平增加 DM 采食量没有显著变化($P>0.05$)，DM、NDF 的表观消化率差异也不显著($P>0.05$)。随日粮 CP 水平增加，CP 的摄入量均显著增加($P<0.05$)，但各组 CP 的排出量没有显著差异($P>0.05$)，各组间 CP 表观消化率差异不显著($P>0.05$)，表明，随蛋白质摄入水平的提高 CP 的消化率不受影响。日粮 CP 水平对整个试验期 ADF 的进食量没有显著影响($P>0.05$)，但随着日粮 CP 水平增加，ADF 的消化率增加，说明提高日粮蛋白质水平有利于纤维的消化，高蛋白组和中蛋白组没有差异($P>0.05$)，说明日粮蛋白质水平以中蛋白为宜。

表 2 日粮不同蛋白水平养分消化的影响

Table 2 Nutrient digetion of goats fed diets containing levels of CP

测定项目	高蛋白组(HP)	中蛋白组(MP)	低蛋白组(LP)
进食量(DM)/(g/d)	1 477.27±34.21	1 482.37±28.35	1 476.53±39.10
排出量(DM)/(g/d)	259.99±34.20	256.46±30.81	281.11±28.78
消化率(DM)/%	82.40±2.37	82.69±2.07	81.13±2.06
CP 进食量(FW)/(g/d)	211.05±7.68 a	194.29±8.22 b	174.44±3.37 c
CP 排出量(g/d)	39.57±1.48	40.76±4.13	41.68±6.63
CP 消化率/%	81.17±0.71	79.02±2.13	76.04±3.91
NDF 进食/(g/d)	514.46±8.24	510.09±11.82	514.44±10.04
NDF 排出量/(g/d)	158.81±21.93	156.32± 8.96	156.29±5.57
NDF 消化率/%	69.13±4.25	69.35±1.75	69.37±2.76
ADF 进食量/(g/d)	315.37±12.81	320.22±6.47	315.34±8.49
ADF 排出量/(g/d)	64.91±10.75	69.42±11.41	84.90±4.30
ADF 消化率/%	79.41±6.58	78.32±3.57	73.08±1.37

注：同行数据小写字母不同为差异显著($P<0.05$)。下同。

黄现青[10]用不同蛋白水平(7.0%、10%、12.8%、15.5%)的饲粮饲喂绵羊，发现绵羊对 4 种蛋白水平的干物质采食量无显著性差异，但随着饲粮中粗蛋白的增加，氮的摄入量显著增高；Giraldez[11]等试验指出，同一精粗比、不同 N 水平日粮的 DM 和 OM 消化均未出现显著变化，上述试验结果与本试验结果一致。研究证实，饲喂低品质牧草的羯羊灌注酪蛋白可以显著($P<0.05$)改善 DM、OM 和能量的消化率，并指出低品质饲草不能满足瘤胃微生物对 N 的需要，增加瘤胃蛋白质可以满足微生物对 N 的需求，微生物的活动加强，OM 的消化率随之提高，但随着灌注量的增加，效应逐渐减弱，直至维持在一定水平[12]。本试验所用牧草为东北优质苜蓿和羊草，精饲料是玉米豆粕型饲粮，完全可以满足氮的需要，所以提高蛋白质水平未能显著提高 DM 消化率。刘庆华[13]等对生长期闽南黄牛研究报道，日粮蛋白质水平为 9%、12%、15%时，氮的摄入量随着日粮蛋白质水平的提高而增加($P<0.05$)，氮的表观消化率也随之升高。薛瑶[14]等对绵羊研究表明，日粮粗蛋白水平在低于 13.0%时，随着粗蛋白水平的提高粗蛋白的消化率也逐渐提高。本试验的日粮蛋白水平分别是 10.5%、12.1%和 13.5%，

与上述的研究水平相近，但结果却不显著，是否绒山羊需要的蛋白质水平较低，低蛋白组的量已满足了需要，所以提高蛋白质水平未能显著提高蛋白消化率，对此有待进一步的研究。

许多研究报道，随蛋白水平升高 ADF 消化率有升高的趋势；Badamana[15] 等对采食低品质干草的产后母羊补饲不同数量的 CP 也发现，随 CP 补饲量增加 ADF 消化率提高，这些与本试验结果一致。分析可能是当日粮中可发酵碳水化合物较高时，蛋白质就成为微生物生长的主要限制因子，而微生物又是纤维物质的主要分解者，因此提高蛋白质水平能够提高饲料纤维物质的消化率，ADF 和 NDF 的消化率随之提高。

2.2　日粮不同蛋白水平对绒山羊种公羊精液品质的影响

由表 3 可以得出，试验第 1 个月各组精液品质指标均未达到显著水平($P>0.05$)。第 2 个月，高蛋白组和中蛋白组的精子活力显著高于低蛋白组($P<0.05$)，但高蛋白组与中蛋白组没有显著差异($P>0.05$)；精子畸形率中蛋白组显著低于高蛋白组和低蛋白组($P<0.05$)，高蛋白组和低蛋白组间差异不显著($P>0.05$)。第 3 个月，蛋白水平对各组精液品质没有显著影响($P>0.05$)，但综合采精量、精子活力和畸形率以中蛋白组为最好，高蛋白组的精子密度最大。

表 3　日粮不同蛋白水平对绒山羊精液品质的影响

Table 3　Semen qulity of goat fed diets containing different levels of CP

试验时间	项目	高蛋白组(HP)	中蛋白组(MP)	低蛋白组(LP)
第 1 个月	采精量/mL	1.37±0.68	1.35±0.44	1.25±2.40
	精子密度/($\times 10^9$)	3.05±0.83	2.67±0.47	2.81±0.66
	精子活力/%	33.72±16.43	40.66±6.32	35.44±11.41
	畸形率/%	20.00±3.33	19.38±3.20	20.66±4.96
第 2 个月	采精量/mL	1.20±0.65	1.29±0.77	1.01±0.47
	精子密度/($\times 10^9$)	2.81±1.16	2.79±1.14	2.40±0.63
	精子活力/%	49.38±9.01a	51.82±4.24a	38.50±15.19b
	畸形率/%	21.67±8.68b	16.82±4.77a	21.88±9.64b
第 3 个月	采精量/mL	1.18±0.41	1.31±0.52	1.01±0.36
	精子密度/($\times 10^9$)	3.43±0.80	3.14±0.71	3.13±1.22
	精子活力/%	49.69±11.76	53.06±4.89	47.35±9.03
	畸形率/%	22.81±6.58	19.17±4.29	22.35±5.89

本试验结果，第 1 个月各组种公羊的精液品质在组间不存在显著性差异，其原因是由于精子的发生周期比较长，山羊精子发生周期约为 60 d，在睾丸内形成的精子通过附睾最后经射精排出的时间为 13～15 d[16]，这样就可以推算出精子从发生到排出体外的时间，是 75 d 左右。因此，通过改变营养水平来改变公畜生精机能和精液品质的措施，实际上是在 2.5 个月以后才能在精液中得到反映。第 2 个月，日粮蛋白水平对精液品质有显著影响。分析其结果，可能是因为试验前所喂饲料结构不甚合理，经过 2 个月的试验，中、高蛋白组公羊蛋白水平满足其繁殖需要，通过营养代谢调整，繁殖机能有了明显改善，从而促进其精液品质的提高。试验期第 3 个月公羊精液品质保持较高水平。

营养与繁殖性能关系密切，其中尤以蛋白质为重要。蛋白质不仅是精液的组成部分，而且具有维持动物生殖机能的功能。日粮中粗蛋白的不足，会影响种用动物精子的形成，减少射精量。种用动物中尤以青年公畜对日粮粗蛋白不足特别敏感,易发生睾丸发育不良和无精子等症状[17]。粗蛋白过多,不利于精液品质的提高,用高粗蛋白水平饲喂的内江后备公猪,精子活力、精子密度均比低粗蛋白水平组低,精子的畸形率比低粗蛋白水平高研究表明蛋白质的营养水平过高也能使精液水平下降,主要是因为当日粮蛋白质过剩时,过量的氨基酸通过影响能量平衡和营养分配而直接影响繁殖。

2.3 日粮蛋白质水平不同试验期绒山羊种公羊精液品质的影响

由表4中可知,随试验时间增加相同蛋白水平对公羊精液品质的影响,高蛋白组中采精量、精子密度、畸形率3个月差异不显著($P>0.05$),精子活力第2和第3个月显著高于第1个月($P<0.05$),而第2和第3个月差异不显著($P>0.05$)。中蛋白组的精子活力于高蛋白组类似,但畸形率第3个月显著低于第1个月($P<0.05$),其他各项指标差异不显著($P>0.05$)。低蛋白组各月份间采精量和畸形率差异不显著($P>0.05$),精子密度和精子活力第3个月显著高于第1和第2个月($P<0.05$),而第1和第2个月差异不显著($P>0.05$)。结果表明,随试验时间增加采精量变化不大,但越到后期精子活力上升、畸形率下降,精液品质越好。

表4 不同试验期绒山羊种公羊精液的品质

Table 4 Semen quality of goats fed diets containing same levels of CP in different month

试验组	测定项目	第1个月	第2个月	第3个月
高蛋白组(HP)	采精量/mL	1.37±0.68	1.20±0.65	1.18±0.41
	精子密度/($\times10^9$)	3.05±0.82	2.81±1.16	3.43±0.80
	精子活力/%	33.72±16.43a	49.38±9.01b	49.69±11.76b
	畸形率/%	20.00±3.33	21.67±8.68	22.81±6.57
中蛋白组(MP)	采精量/mL	1.35±0.44	1.29±0.77	1.31±0.52
	精子密度/($\times10^9$)	2.67±0.47	2.79±1.14	3.14±0.71
	精子活力/%	40.66±9.67a	51.82±6.47b	53.06±6.94b
	畸形率/%	19.38±5.22b	19.17±5.49ab	16.82±3.72a
低蛋白组(LP)	采精量/mL	1.25±2.40	1.01±0.47	1.01±0.36
	精子密度/($\times10^9$)	2.81±0.66a	2.40±0.63a	3.74±1.21b
	精子活力/%	35.44±11.41a	38.50±5.19a	47.57±12.94b
	畸形率/%	20.63±4.96	21.88±9.64	22.35±5.89

研究表明,自然条件下种公羊的精液品质在夏末和秋季最好[18-19]。本试验是夏末秋初开始的试验,但在试验前期,即夏末秋初其精液品质并未达到最好,而是到了秋末冬初季节,当时试验地点辽宁省辽阳市的11月末已是寒风凛冽,其结果可能与试验前期种公羊的健康状况有关,因为试验前所饲喂的日粮是高精料日粮,其精粗比例接近8∶2,精料比例过高,影响了种公羊的健康发育,所以试验前期精液品质较差、精子活力较低,达不到配种的要求,公羊的性欲也不强烈,而随着试验的进行,调整了日粮的精粗比例,将精粗比调整到6∶4以后,公羊的食欲见好,体质状态和精神状态都有了明显的改善,逐渐恢复到最佳状态,随之种公羊的精液品质也变好,特别是精子活力显著上升,但由于精子发生周期比较长,所以到11月份才有整体的改观。

3　结论

(1)日粮蛋白水平(10.5%、12.1%和13.5%,DM)对辽宁绒山羊种公羊饲料DM、CP、NDF消化率没影响,提高日粮蛋白水平有利于ADF的消化,以中蛋白水平12.1%为宜。

(2)日粮蛋白水平对精液品质有显著影响,整个试验期间以中蛋白组的精子活力最高,精子畸形率最低,精液品质最好。随试验时间的增加不同蛋白水平日粮使精子活力上升、畸形率下降,精液品质变好。

综合考虑公羊的种用特点,建议中蛋白组的日粮蛋白水平,即CP水平12.1%作为辽宁绒山羊种公羊适宜的日粮蛋白质水平。

参考文献

[1] 马呈图,杨保平,樊友新,等.甘肃高山细毛羊种公羊补饲标准的研究[J].甘肃畜牧兽医,1988(3):3-5.

[2] 张作仁,熊金洲,闻群英,等.不同营养水平日粮对马头山羊种公羊体重和精液品质影响的研究[J].中国草食动物,2006(6): 19-21.

[3] Stokes S R,Goetsch A L,Landis K M. Feed intake and digestion by beef cows fed prairie hay with different levels of soybean meal and receiving postruminal administration of antibiotics [J]. Journal of Animal Science, 1988, 66: 1778-1789.

[4] 韩兴泰,陈杰,韩正康.饲喂不同蛋白水平日粮的牦牛瘤胃氮代谢与十二指肠各氮组分流量[J].动物营养学报,1998, 10(1):34-43.

[5] 孔祥浩,贾志海,张玉枝,等.粗蛋白水平对绵羊日粮后肠道消化的影响[J].动物营养学报,2006, 18(1): 33-36.

[6] 彭玉麟,贾志海,卢德勋,等.不同蛋白质水平的日粮对内蒙古白绒山羊消化代谢的影响[J].畜牧兽医学报,2002, 33(4):321-326.

[7] NRC. Nutrient requirements of goats: Angora,Dairy and Meat Goats in Temperate and Tropical Countries [M]. Washington,DC:National Academy Press,1981.

[8] 中华人民共和国农业部. NY/T 816-2004 肉羊饲养标准[S].北京:中国标准出版社,2004.

[9] 张丽英.饲料分析及饲料质量检测技术[M].北京:中国农业大学出版社,2003.

[10] 黄现青,雒秋江,陈勇,等.绵羊对不同蛋白水平日粮的消化与吸收[J].草食家畜,2004,3:46-53.

[11] Giraldez F J,Valdes C,Pelaez R,*et al*. The influence of digestible organic matter and nitrogen intake on fecal and urinary nitrogen losses in sheep[J]. Livestock Prod Sci, 1997, 51:183-190.

[12] Swanson K C, Freetly H C, F errell C L. Nitrogen balance in lambs fed low quality brome hay and infused with differing proportions of casein in the rumen and abomasums [J]. J Anim Sci, 2004, 82: 502-507.

[13] 刘庆华,梁学武,邹霞青.日粮蛋白质水平对生长期闽南黄牛氮代谢的影响[J].黄牛杂志,2003, 29(6): 10-12.

[14] 薛瑶,赵广永.绵羊对低蛋白日粮消化代谢规律的研究[J].中国畜牧杂志,2006, 42(19):46-48.

[15] Badamana M S ,Sutton J D,Oldham J D. The effect of amount of protein in the concentrates on hay intake and rate of passage,diet digestibility and milk product ion in British Saanen goats [J]. Anim Prod, 1990,51:334-342.

[16] 杨利国.动物繁殖学[M].北京:中国农业出版社,2003.

[17] 岳文斌,杨国义,任有蛇,等.动物繁殖新技术[M].北京:中国农业出版社,2003.

[18] Zamiri M J, Heidari A H. Reproductive characteristics of Rayini male goats of Kerman province in Iran [J]. Anim Report Sci, 2006, 96:176-185.
[19] Karagiannidisa A, Varsakeli S, Alexopoulos C, *et al*. Seasonal variation in semen characteristics of Chios and Friesian rams in Greece [J]. Small Ruminants Research, 2000, 37: 12.

日粮不同蛋白水平对舍饲绒山羊种母羊养分消化、繁殖性能及产绒性能的影响

杨　宁[1]　张　微[1]　贾志海[1]　王润连[2]　郭翠华[1]　张世伟[3]　朱晓萍[1*]

(1.中国农业大学动物科技学院,北京　100193;2.广东海洋大学,广东湛江　524088;3.辽宁绒山羊育种中心,辽宁辽阳　111000)

该论文发表在《中国畜牧杂志》2009,45(23):33-36

摘要　选用平均体重为(52.12±5.72) kg的3岁辽宁绒山羊种母羊30只,随机分为3组,分别饲喂蛋白水平为8%(低蛋白组)、10%(中蛋白组)和12%(高蛋白组)的试验日粮,试验期为3个月(9月至11月)。结果表明:在各月份,蛋白质的消化率均随日粮蛋白水平升高而升高,中蛋白组能量消化率显著高于高、低蛋白组($P<0.05$),高蛋白组显著高于低蛋白组($P<0.05$)。中蛋白组整个情期发情率和情期受胎率均高于高和低蛋白组;中蛋白组和高蛋白组的产羔率高于低蛋白组;不同蛋白水平对羔羊初生重有显著影响($P<0.05$)。10、11月份中、高蛋白组的绒伸直长度显著高于低蛋白组($P<0.05$);各月高蛋白组显著高于低蛋白组($P<0.05$),中蛋白组与低蛋白组和高蛋白组间没有显著差异($P>0.05$)。

关键词　蛋白水平;养分消化率;繁殖性能;产绒性能;绒山羊

对于反刍动物而言,瘤胃微生物的生长繁殖对日粮蛋白质的数量和质量有一定的要求。日粮蛋白质水平对保障瘤胃微生物的生长和保持瘤胃内环境的稳定非常重要[1]。目前,有关蛋白水平对绒山羊养分消化影响的研究主要是针对放牧情况下进行的[2],有关国内高产绒山羊舍饲生产条件下的研究较少。绒山羊的舍饲生产,改变了原有的放牧生活状态,从自然觅食转变为人工定时定量的饲喂,其营养物质的消化代谢是否发生变化及其变化规律如何尚不清楚。每年的9—11月份为绒山羊的配种时期,也是绒生长旺盛的时期,这一时期的母羊营养既要满足妊娠母体及胎儿发育的需要,又要满足绒快速生长的需要,机体的消化功能与其他生理状态有着很大的区别。因此,本试验在舍饲饲养模式下,研究不同的日粮蛋白水平对绒山羊种母羊养分消化、繁殖性能及产绒性能的影响,为绒山羊的舍饲生产提供相应的理论依据和技术参数。

1　材料与方法

1.1　试验时间与地点

本试验于2007年9月1日至11月30日在辽宁省辽宁绒山羊育种中心进行。

1.2　试验动物及饲养管理

选用健康、平均体重为(52.12±5.72) kg的3岁辽宁绒山羊母羊30只,随机分成3圈,每

日 7:00 和 16:00 两次定量饲喂粗料，15:00 定量饲喂精料，自由饮水，试验羊每天上午和下午分别运动 1 h。

1.3 试验日粮

根据 NRC(1981)山羊饲养标准配制各试验组日粮，混合精料按试验设计需要配制，且达到需要的蛋白梯度。试验日粮组成及营养成分见表 1。

表 1 试验日粮组成及营养水平(以干物质为基础)

项目	低蛋白组	中蛋白组	高蛋白组
原料组成/%			
玉米	6.0	6.8	8.4
混合精料	6.0	6.8	5.6
青贮	11.9	22.0	29.9
羊草	71.5	54.1	38.6
苜蓿	4.6	10.3	17.5
合计	100.0	100.0	100.0
营养成分			
粗蛋白/%	7.99	10.08	11.95
消化能/($MJ \cdot kg^{-1}$)	14.96	15.17	15.04
钙/($g \cdot d^{-1}$)	5.68	7.13	8.85
磷/($g \cdot d^{-1}$)	3.77	4.25	4.95
中性洗涤纤维/($g \cdot d^{-1}$)	1 194.96	1 119.42	1 154.53
酸性洗涤纤维/($g \cdot d^{-1}$)	656.51	596.26	606.08

注：混合精料配方：玉米 75%，大豆粕 7.8%，DDGS 10%，羽毛粉 4%，石粉 1%，磷酸一氢钙 0.5%，硫酸钠 0.2%，硫酸钾 0.1%，硫酸镁 0.1%，食盐 0.3%，预混料 1%。预混料：$FeSO_4 \cdot 7H_2O$ 2%，$CuSO_4 \cdot 5H_2O$ 0.5%，$MnSO_4 \cdot 5H_2O$ 1%，$ZnSO_4 \cdot 7H_2O$ 1%，KI 0.005%，$Na_2SO_3 \cdot 5H_2O$ 0.004%，维生素 A 0.1%，维生素 D_3 0.02%，维生素 E 0.4%，莫能霉素钠 0.2%，载体 92.97%。日粮营养成分为实测值。

1.4 粪样的采集、制备与测定

每月中旬，连续 3 d 将羊固定并带上粪袋收粪，对每天的粪样分别称重、并将 3 d 的粪样进行混合，取 10%于−20℃冰箱保存，备测。饲料样和粪样均在 50℃下鼓风干燥，经 40 目筛粉碎，注明日期和动物编号保存。每个月 15 日在早饲前称体重。测定粪和饲料中干物质、粗蛋白、代谢能、中性洗涤纤维(NDF)、酸性洗涤纤维(ADF)、钙、磷含量[3]。

1.5 繁殖性能测定

发情季节，每天早晨用试情公羊进行试情，观察母羊的发情状况，将发情母羊的耳号记录下来，并进行人工授精，配种时间从 10 月至 11 月下旬，用本场的鲜精每日早晚各输精 1 次，每次输 0.1～0.2 mL 鲜精。试验期记录母羊的体重，并统计发情期母羊的发情数，受胎数，于 2008 年 3～4 月份产羔季节记录产羔数和产双羔数。

1.6 绒样的采集与测定

试验开始后每月中旬，在距左侧肩胛骨后缘 5 指的距离，贴紧皮肤剪取绒样，然后装入封口袋备测。测定绒纤维的伸直长度和细度。

1.7 统计分析

采用 Excel 软件对原始数据进行处理，利用 SPSS11.0 软件包 Compare Means 模块中的 ANOVA 过程进行方差分析，多重比较采用 Duncan 氏法，结果表示为平均值±标准差。

2 结果

2.1 日粮不同蛋白质水平对绒山羊养分消化的影响

由表 2 可以看出，各个月份蛋白质的消化率均随着日粮蛋白质水平的升高而升高，其中 9 月份高、中蛋白组蛋白质消化率显著高于低蛋白组（$P<0.05$），10 月份高蛋白组显著高于中、低蛋白组（$P<0.05$），11 月随日粮蛋白质水平的升高显著升高（$P<0.05$）。

表 2　日粮不同蛋白质水平对养分消化率的影响　%

月份	组别	蛋白质的消化率	能量的消化率	NDF 的消化率	ADF 的消化率	钙的表观消化率	磷的表观消化率
9	低蛋白组	68.59±3.29[b]	64.33±1.15[a]	74.16±3.59	70.96±2.28	43.09±5.31	69.25±7.41
	中蛋白组	78.10±4.00[a]	71.34±2.41[c]	75.70±5.87	72.28±4.72	43.91±6.73	65.77±8.96
	高蛋白组	81.97±3.87[a]	68.45±3.11[b]	75.85±4.16	72.35±2.64	44.28±7.68	66.15±8.71
10	低蛋白组	71.57±5.77[b]	70.28±2.71[a]	75.06±0.74	69.82±1.47	44.91±4.01	68.03±5.03
	中蛋白组	72.04±1.65[b]	73.47±2.55[c]	75.39±0.41	70.64±0.59	44.31±1.22	69.63±6.71
	高蛋白组	77.56±0.40[a]	71.10±1.16[b]	75.70±1.13	72.50±2.60	44.28±3.05	70.08±0.84
11	低蛋白组	68.75±1.96[c]	70.96±2.22[a]	75.00±2.00	70.33±1.53	44.50±2.89	69.25±3.78
	中蛋白组	72.00±1.41[b]	73.57±3.46[c]	75.37±2.52	70.33±1.16	43.25±1.26	71.25±2.50
	高蛋白组	76.33±0.58[a]	71.17±2.81[b]	75.55±3.06	72.32±3.06	44.00±1.73	71.30±2.65
平均	低蛋白组	69.64±3.67[c]	68.52±2.46[a]	74.74±3.59	70.37±3.34	44.17±7.62	68.84±7.79
	中蛋白组	74.05±2.37[b]	72.79±2.64[c]	75.49±3.31	71.08±2.29	43.82±6.64	68.89±9.01
	高蛋白组	78.62±3.31[a]	70.24±3.10[b]	75.70±2.64	72.39±2.85	44.19±7.71	69.17±8.89

注：同列数据肩标不同小写字母表示差异显著（$P<0.05$）。下表同。

各个月份能量消化率中蛋白组显著高于高、低蛋白组（$P<0.05$），高蛋白组显著高于低蛋白组（$P<0.05$），表明中等蛋白水平下能量的消化率最好。

各个月份，NDF、ADF 及钙、磷消化率各个组间差异不显著（$P>0.05$），说明提高绒山羊母羊日粮中蛋白质水平不影响纤维和钙、磷的消化率。

2.2 日粮不同蛋白质水平对繁殖性能的影响

由表 3 可以看出，中蛋白组整个情期发情率为 90.00%，分别高于高、低蛋白组 3.33%和 6.67%，说明中蛋白水平日粮能够促进母羊整个情期的发情。

表 3　日粮不同蛋白质水平对繁殖性能的影响

项目	低蛋白组	中蛋白组	高蛋白组
试验羊只数/只	30	30	30
整个情期发情羊只数/只	25	28	26
整个情期发情率/%	83.33	90.00	86.67
整个情期受胎的羊只数/只	24	27	25
整个情期受胎率/%	96.00	96.43	96.15
产羔数/只	33	40	39
产羔率/%	110.00	133.33	130.00
羔羊初生重/kg	3.67±0.06[a]	3.03±0.26[b]	3.18±0.40[b]
双羔初生重/kg	3.03±0.58	2.85±0.17	2.73±0.26

中蛋白组整个情期受胎率为96.43%，分别稍高于高、低蛋白组0.28%和0.43%，这说明中蛋白水平日粮能够保证母羊整个情期的受胎率。

不同蛋白水平对羔羊初生重有显著影响($P<0.05$)。低蛋白组显著高于中、高蛋白组($P<0.05$)，且随着蛋白水平的提高羔羊初生重有降低的趋势，这是因为随着蛋白水平的提高，双羔率有所增加的原因。双羔的初生重在不同蛋白水平组之间差异不显著($P>0.05$)。一般来讲，单羔初生重较大，随着羔羊数的增加，初生重下降。在产羔数差异不显著的情况下，羔羊初生重差异不显著，但双羔数增加，初生重降低。

2.3 日粮不同蛋白质水平对产绒性能的影响

由表4可以看出，9月份不同蛋白水平组的绒伸直长度差异不显著($P>0.05$)，10、11月份，中、高蛋白组的绒伸直长度显著高于低蛋白组($P<0.05$)，中、高蛋白组之间差异不显著($P>0.05$)，说明增加蛋白水平能够明显提高绒的长度，但到一定的水平后再增加蛋白的摄入并不能够增加绒的长度，其适宜水平为中蛋白水平(10%)。

表4 日粮不同蛋白质水平对产绒性能的影响

项目	低蛋白组	中蛋白组	高蛋白组
9月份伸直长度/cm	3.36±0.64	3.38±0.85	3.76±0.78
10月份伸直长度/cm	3.89±0.61^{a}	5.33±0.90^{b}	5.60±1.23^{b}
11月份伸直长度/cm	5.39±0.85^{a}	6.60±0.18^{b}	6.84±0.76^{b}
9月份绒细度/μm	15.75±1.11^{a}	16.29±1.29^{ab}	17.08±1.06^{b}
10月份绒细度/μm	16.10±1.02^{a}	16.61±1.22^{ab}	17.10±1.26^{b}
11月份绒细度/μm	16.54±0.93^{a}	16.67±1.28^{ab}	17.40±1.05^{b}

绒细度随日粮蛋白水平增加而出现增粗的趋势，各月份高蛋白组显著大于低蛋白组($P<0.05$)；中蛋白组分别与低、高蛋白组差异不显著($P>0.05$)。这与杨成和等[10]的研究结论一致，说明增加日粮蛋白水平不利于绒的细度。

提高绒山羊母羊日粮中的蛋白水平可使绒毛增粗，但综合绒长度的增长可以看出，10%蛋白水平既会促进绒的生长又不会对绒细度有明显的影响。

3 讨论

3.1 日粮蛋白质水平对养分消化的影响

3.1.1 对蛋白质和能量消化率的影响

涂吉华[2]对内蒙绒山羊补饲不同蛋白质水平精料，随日粮蛋白质水平的升高蛋白质消化率有上升趋势，11月份补饲36%蛋白组的蛋白质消化率显著高于补饲24%蛋白组($P<0.05$)。黄现清等[4]通过对新疆美利奴绵羊的研究发现，到达小肠的粗蛋白率随日粮蛋白水平升高而呈线性下降($Y=-8.4326X+197.13, R^2=0.7545$)。与本试验结论一致。

中蛋白组能量消化率高说明，中等蛋白水平下能量的利用效率最好，由于高蛋白水平下消化多余的蛋白质需要额外的能量供应，这也符合动物体对于各种养分的消化首先需要有一定的能量供应，而后其消化产生的能量用于组织内的沉积。

3.1.2 对酸性洗涤纤维消化率的影响

酸性洗涤纤维消化率虽组间差异不显著($P>0.05$)，但随着日粮蛋白水平的升高，酸性洗涤纤维的消化率呈现上升的趋势。Hungate 等[5]认为,低质粗饲料中的纤维物质的消化主要归功于瘤胃微生物,特别是细菌和原虫。随着日粮氮添加量的提高,瘤胃内的氨浓度升高,瘤胃微生物能够利用氨态氮供其生长,其中纤维分解菌浓度的增高有助于纤维的消化,说明以粗饲料为饲喂原料的山羊在给予一个较高的蛋白质水平的同时,本身对粗饲料的消化也有所提高。由于本试验的试验动物辽宁绒山羊母羊与其他试验羊只存在种间差异,并且日采食粗饲料的比例相对较高,通过长期的适应改变了瘤胃内纤维分解菌的数量以及活性已达到充分利用低质日粮的目的,提高纤维的消化率,但其具体的调节机制仍有待进一步的研究。

3.2 日粮不同蛋白质水平对绒山羊发情率和受胎率的影响

3.2.1 对发情率的影响

张海涛等[6]研究表明,营养水平的提高有利于母羊的发情,能够提前母羊产后的发情时间,这与本试验的研究结果中、高蛋白组发情率要高于低蛋白组一致。

3.2.2 对受胎率的影响

本试验与刘月琴[7]在研究日粮营养水平对于萨福克羊受胎率和胚胎成活率时得出的结论一致,营养水平过高或过低都会严重妨碍胚胎的生存和生长。但本试验的 3 个蛋白水平中,12%蛋白组并未显著影响辽宁绒山羊母羊受胎率,而在辽宁绒山羊母羊的日粮蛋白水平达到10%时,就能够保证良好的受胎率,增加日粮的蛋白水平并不会增加母羊的受胎率,出于经济效益考虑可以建议辽宁绒山羊母羊以 10%蛋白质水平为宜。

3.3 日粮不同蛋白质水平对绒伸直长度的影响

孙海洲等[8]对内蒙古阿尔巴斯白绒山羊的研究结果与本试验结果一致,即高蛋白高能日粮可显著提高绒山羊的绒毛伸直长度,但贾志海等[9]研究发现,8%粗蛋白含量的日粮就能满足绒山羊的生绒需要,进一步提高日粮蛋白质水平对绒产量没有影响,这与本试验的结果不同,原因可能是试验环境和试验羊生理特点不同所致。本试验是舍饲条件下进行的,而且所用的试验动物为母羊,这一时期母羊正处于妊娠前期与绒生长的旺盛期,母羊的营养需求增加,其中部分养分首先用于维持胎儿发育,其余养分才用于产绒。

4 结论

绒山羊母羊在配种前期和妊娠前期饲喂 10%蛋白质水平日粮可以提高蛋白质的消化率、能量的消化率,以及表现出整个情期最好的发情率、受胎率和产羔率。所以,建议绒山羊母羊在配种前期和妊娠前期日粮以 10%蛋白质水平为宜。

参考文献

[1] Tyagi P K, Jai K. Influence of levels of protein on nitrogen absorption and excretion rate in cross-bred goats[J]. Indian J Anim Sci, 1983, 53(10): 1098-1103.

[2] 涂吉华. 补饲不同蛋白质水平精料对放牧绒山羊消化及生产性能的影响[D]. 北京: 中国农业大学,2006.

[3] 张丽英. 饲料分析及饲料质量检测技术[M]. 北京: 中国农业大学出版社,2003.

[4] 黄现清,雒秋江,陈勇,等. 绵羊对不同蛋白水平日粮的消化与吸收[J]. 草食家畜,2004, 3(S1): 46-53.

[5] Hungate R E, Reichl J, Prins R. Parameters of rumen fermentation in a continuously fed sheep: evidence

of a microbial rumination pool[J]. Appl Microbiol Biot, 1971, 22(6): 1104-1113.
[6] 张海涛,郑中朝,张力,等. 不同营养水平对超早期断奶母羊发情时间的影响[J]. 甘肃农业大学学报, 2004(4): 390-393.
[7] 刘月琴,张英杰. 日粮营养水平对羊繁殖性能的影响[J]. 中国草食动物, 2007(S1): 76-77.
[8] 孙海洲,侯先志,于志红,等. 日粮蛋白和能量水平对内蒙古阿尔巴斯白绒山羊产绒性能的影响[J]. 内蒙古畜牧科学,1998, 19(3): 5-7.
[9] 贾志海, 安民, Sahlu T, 等. 日粮蛋白质水平对不同品种山羊氮平衡和生产性能影响[J]. 中国农业大学学报,1996, 3(5): 99-105.
[10] 杨成和,朱森阳,孔祥浩,等. 不同营养水平对内蒙古绒山羊生产性能的影响[J]. 中国畜牧杂志,2006(1): 14-16.

补饲不同蛋白质水平精料对放牧绒山羊生产性能的影响

涂吉华[1] 贾志海[1] 那仁巴图[1,2] 欧 斌[1] 张永斌[3]

(1. 中国农业大学动物科技学院，北京 100094；2. 内蒙古农业大学动物科学与医学学院，内蒙古，呼和浩特 010018；3. 内蒙古鄂托克旗阿尔巴斯白绒山羊种羊场，内蒙古，鄂托克旗 06100)

该文发表在《草食家畜》2008，(2)：33-36

摘要 本文旨在研究补饲不同蛋白质水平精料对放牧绒山羊生产性能的影响情况。选用平均体重、上一年平均产绒量相近，2 周岁左右的内蒙古绒山羊羯羊 40 只，随机分为 4 组，每组 10 只，其中 1 组为对照组，另外 3 组为试验组（简称Ⅰ组、Ⅱ组和Ⅲ组），试验组分别补饲 3 种不同蛋白水平（12%、24%和 36%）的混合精料 200 g/d，对照组不补饲。结果表明，产绒量试验组与对照组之间差异不显著（$P>0.05$）、但是，试验组内Ⅰ组（(817.38±36.36) g）显著高于Ⅲ组（(760.25±36.36) g）（$P<0.05$）。绒长度在绒生长旺盛期各月份均以试验Ⅰ组显著高于对照组和其他试验组（$P<0.05$）。绒生长旺盛期的各月份的绒细度和净绒率，各组间差异不显著（$P>0.05$），但是，从数据上可以看出各月份绒细度随着蛋白质水平的增加而增加。绒毛与粗毛重量百分比，绒生长旺盛期的各月份试验组均显著高于对照组（$P<0.05$）。粗毛的长度以试验Ⅱ组最长，试验Ⅰ组最短，但是各组间差异不显著（$P>0.05$）。含绒率 9 月份以试验Ⅰ组显著高于试验Ⅱ组和对照组（$P<0.05$），10 月份和 11 月份各组间差异不显著（$P>0.05$）。试验各组绒山羊各月月末体重变化差异不显著（$P<0.05$）。总增重试验组显著高于对照组（$P<0.05$），试验Ⅰ组最高，对照组最低。（结论）由此，建议绒山羊绒生长旺盛期补饲 200 g 含粗蛋白质 12%混合精料。

关键词 蛋白质水平；混合精料；绒山羊；绒生长旺盛期；产绒性能

Effects of Different Protein Levels of Mixed Concentration on Performance of Grazing Cashmere Goats

TU Ji-hua[1], JIA Zhi-hai[1*], NAREN Ba-tu[1,2], Ou Bin[1], ZHANG Yong-bin[3]

(1. College of Animal Science and Technology, China Agricultural University, Beijing 100094, China; 2. College of Animal Science and Medicine, Inner Mongolia Agricultural University, Huhhot 010018, China; 3. Inner Mongolia Arbas White Cashmere Goat Breeding Farm, Inner Mongolia Etoke county 016100, China)

Abstract In order to study the production performance influence situation of the herding cashmere goats fed supplements by different protein levels, selected 40 Inner Mongolia White Cashmere wethers of two year's old according to age, body weight and cashmere yield of the last year. Then these 40 goats were randomly assigned to one of four groups, each treatment had 10 animals. One of the four groups was control group, the other treatments were added mixed supplements (200 g) containing different levels of protein (12%, 24% and 36%). The results showed: In cashmere production Group I ((817.38 ± 36.36) g) was significantly higher than Group Ⅲ ((760.25 ± 40.34) g) ($P<0.05$), but there were no difference among trial groups and control group ($P>0.05$). Cashmere stretch length of Group Ⅰ was higher significantly than that of other groups ($P<0.05$) every month during the trial period. There were no difference among groups in cashmere diameter and net cashmere rate every month during the period ($P>0.05$), but from the data we could find that cashmere diameter increased with dietary protein level. The weight ratio of cashmere fiber to guard fiber of trial groups were higher than that of control group every month during cashmere fast-growing period ($P<0.05$). The lengths of guard fiber of Group Ⅱ were greatest, and those of Group Ⅰ were lowest, but there no difference among groups ($P>0.05$). In September cashmere content of Group Ⅰ were higher than Group Ⅱ and control group ($P<0.05$), there were no difference in cashmere content among groups in October and November ($P>0.05$). The total body weight gains of Group Ⅰ and Group Ⅱ were higher than that of Group Ⅲ and control group ($P<0.05$).

Key words crude protein level, cashmere goats, mixed supplements, cashmere fast-growing period, cashmere performance

由于山羊绒具有重要的经济价值，山羊绒干物质的 90%～98% 为角蛋白，皮肤毛囊需要大量的氨基酸用于毛纤维合成，内蒙古白绒山羊生活在荒漠半荒漠草原上，生产方式是以放牧为主的，绒毛生长旺盛期正值牧草生长末期，蛋白质营养是否满足放牧绒山羊生产需要目前还未见系统研究，所以，研究补饲不同粗蛋白质水平精料对放牧绒山羊生产性能的影响具有重要的意义。

绒山羊的生产性能对日粮蛋白质水平的反映目前两种截然不同的观点。Leng 等[1]、Johnson 等[2]和 Ash[3]指出，日粮的蛋白质水平对绒山羊的产绒量没有显著影响，但孙海洲等[4]、彭玉麟[5]、甄玉国等[6]和谢实勇[7]等研究发现，国内高产绒山羊在基础日粮基础上补饲蛋白质、硫酸钠与尿素或氨基酸类物质对产绒量有不同程度的影响。Jia 等[8]总结多个试验结果后，认为国外试验使用的绒山羊产绒潜力太低不能使添加的蛋白质发挥作用，而我国绒山羊具有较高的产绒潜力，提高日粮蛋白质水平是否促进绒山羊的生产性能，其适宜蛋白质营养需要值得进一步研究。(切入点)本试验结合现有生产条件，采用放牧加补饲的模式，探讨补饲不同蛋白质水平精料对绒山羊绒生长旺盛期生产性能的影响，(研究目的)旨在确定其适宜的蛋白质水平以指导和组织绒山羊的生产实践。

1 数据库材料与方法

1.1 试验动物以及饲养管理

按年龄、体重和上年度产绒量一致的原则，选用 40 只平均体重((38.65±1.55) kg)、上一年产绒量一致，2 周岁左右的内蒙古白绒山羊羯羊。在内蒙古白绒山羊种羊场牧场进行自然放牧饲养。每天清晨 7:00 出牧，18:00 归牧，试验牧场上设置饮水槽，自由饮水，自由添食混合矿物质盐砖。归牧后试验组以组为单位补饲混合精料。

1.2 试验设计

随机分为四组，每组 10 只，其中 1 组为对照组，完全采食牧草，另外 3 组(Ⅰ组、Ⅱ组和Ⅰ组)分别补饲 3 种不同蛋白水平(12%、24%和 36%)的混合精料，每只每天 200 g，根据所采食牧草的采食量、粗蛋白质含量以及补饲精料中蛋白质的含量，设计出各组日粮的粗蛋白质水平梯度。2006 从 9 月份到 11 月份，测定绒山羊体重变化和羊绒生长长度，2007 年 5 月下旬抓绒，记录产绒性能，并测定绒品质。

1.3 试验日粮

3 种不同蛋白水平的混合精料及 4 种全日粮的组成及营养水平分别见表 1 和表 2。

表 1 混合精料的组成以及营养水平(以干物质为基础)

Table 1 The compositions and nutrient levels of mixed supplements (DM basis) %

项目	Ⅰ组	Ⅱ组	Ⅲ组
玉米/%	75.0	50.0	25.0
豆粕(带皮)/%	0.0	30.0	59.0
小麦麸/%	25.0	20.0	16.0
营养水平(实测值)			
消化能/MJ/kg	11.89	11.83	11.85
干物质/%	85.83	85.95	86.08
有机物/%	96.82	95.34	94.03
粗蛋白质/%	12.00	23.93	36.06
中性洗涤纤维/%	15.44	17.75	18.37
酸性洗涤纤维/%	7.04	5.52	10.59
酸不溶灰分/%	0.31	0.34	0.45
粗灰分/%	2.32	3.88	5.03

注：矿物质和食盐以添砖方式供给。

表 2 全日粮营养价值(以干物质为基础)

Table 2 Nutrients value of total diet of animals during cashmere fast-growing period (DM basis) %

月份	营养水平	对照组	试验组		
			Ⅰ	Ⅱ	Ⅲ
9 月	干物质	1 303.87	1 349.32	1 360.33	1 348.87
	粗蛋白质	11.82	13.37	14.82	16.31
	消化能/(MJ/kg)	11.08	11.74	12.13	12.19
	有机物	87.79	88.94	88.75	87.59
	粗脂肪	6.13	5.89	5.95	5.78
	中性洗涤纤维	49.57	45.62	45.69	45.61
	酸性洗涤纤维	34.85	31.12	31.33	31.75
10 月	干物质	1 309.37	1 430.69	1 368.23	1 305.23
	粗蛋白质	8.72	9.14	10.68	12.24
	消化能/(MJ/kg)	9.95	12.16	11.47	11.66

续表 2

月份	营养水平	对照组	试验组		
			Ⅰ	Ⅱ	Ⅲ
	有机物	89.28	90.19	90.04	89.87
	粗脂肪	7.75	7.34	7.38	7.58
	中性洗涤纤维	53.78	49.54	49.38	51.83
	酸性洗涤纤维	37.78	33.91	33.91	36.09
11 月	干物质	1 656.38	1 630.91	1 723.29	1 779.38
	粗蛋白质	5.57	6.27	7.45	8.59
	消化能/(MJ/kg)	8.34	9.24	8.88	8.86
	有机物	91.33	91.91	91.73	91.59
	粗脂肪	5.50	5.50	5.44	5.35
	中性洗涤纤维	58.95	54.69	54.94	55.04
	酸性洗涤纤维	39.43	35.86	36.19	36.64

1.4 样品采集

试验前在左肩胛骨后缘部 10 cm×10 cm 部位用染发剂染黑绒纤维和毛发，绒生长旺盛期内每月 12 号从染色区域用剪刀紧贴皮肤剪取毛和绒样，记录装袋，保存，用于测定绒长度、绒细度、含绒率和净绒率。

1.5 试验指标测定和样品分析

绒山羊体重：试验期每个月月底连续 3 d 对试验羊进行空腹称重，取平均值；抓绒后以同样的方法称取体重。

产绒量：在 2007 年 5 月下旬，对每只羊分开进行抓绒，测定产绒量。

绒纤维伸直长度测定：采用单纤维测定法，手测。选取四氯化碳洗过的样本，约含绒毛 500～1 000 根，在黑绒布上用钢尺和镊子，测定其伸直长度，每个样测 50 个重复。粗毛长度的测定方法同绒毛长度。

绒纤维细度：细度测试仪器为奥达 2000 动物纤维分析仪，测定值精确到 0.01 μm。测定绒毛纤维细度所得结果，用平均数±标准差表示。

含绒率：将绒毛混合样品的绒和毛进行分离，称重，计算出羊绒重量占总重的百分比。

净绒率：将分离的绒，称重量，再洗净、烘干，然后再称重量，计算两次重量的比值。

1.6 数据统计

试验数据用 Excel 处理后采用 SAS(SAS for Windows，Release 8.01)软件包 STAT 模块中的平衡试验设计方差分析过程(GLM)，多重比较用 Duncan 氏法。

2 结果与讨论

2.1 日粮蛋白水平对绒山羊绒生产性能的影响(表 3)

由表 3 可以看出，产绒量试验组与对照组之间差异不显著($P>0.05$)，但是，试验组内Ⅰ组显著高于Ⅲ组($P<0.05$)，同时，绒生长旺盛期各月份试验Ⅰ组绒长度均显著高于对照组和其他试验组($P<0.05$)。绒生长旺盛期的各月份的绒细度和净绒率，各组间差异不显著($P>$

0.05)，但是，从数据上看，绒细度同组别随着时间的推移而增加，同月份随着蛋白质水平的增加而增加。绒生长旺盛期的各月份的绒毛与粗毛重量百分比，三个试验组均显著高于对照组各组的绒毛重量比均随着时间的推移而增加，其中以试验Ⅰ组增加幅度最大，这可能是绒山羊在绒生长旺盛期绒的生长相对粗毛生长变快，绒山羊摄入适宜的粗蛋白质时，养分消化利用更充分，从而导致更多的营养物质分配到次级毛囊，促进绒生长。孙海洲等[4]和彭玉麟[5]等的研究发现，不同蛋白质水平影响山羊绒每月增长的长度、绒毛粗毛重量百分比和含绒率，但对绒细度影响不显著，随日粮粗蛋白质水平的提高，绒细度有增粗的趋势。本试验结果与之相一致。

表 3 各试验组每月绒生产性能的各指标

Table 3 Effects of different protein levels in diets on cashmere production performance indexes every month

项目	月份	对照组	试验组		
			Ⅰ	Ⅱ	Ⅲ
产绒量/g	5 月	778.75±56.87[ab]	817.38±36.36[a]	781.75±22.19[ab]	760.25±40.34[b]
粗毛长/cm	5 月	17.50±2.44	16.00±2.50	19.44±2.20	18.60±11.58
绒长度/cm	9 月	2.77±0.23[b]	3.10±0.33[a]	2.80±0.16[b]	3.16±0.11[a]
	10 月	3.80±0.30[b]	4.39±0.30[b]	3.83±0.29[b]	3.84±0.28[b]
	11 月	5.40±0.31[b]	5.91±0.25[a]	5.50±0.47[b]	5.19±0.27[b]
绒细度/μm	9 月	15.32±0.95	15.85±0.62	15.79±0.62	15.96±1.09
	10 月	15.45±0.90	15.87±0.80	16.02±0.70	16.10±0.60
	11 月	15.73±0.98	15.89±0.79	16.18± 0.86	16.22±0.71
净绒率/%	9 月	85.26±2.54	86.86±2.17	86.11±3.05	84.91±1.81
	10 月	81.50± 2.09	83.10±1.00	83.83±2.55	82.41±0.87
	11 月	81.19±3.91	82.56±1.64	83.10±2.40	80.95±2.27
绒毛与粗毛重量比/%	9 月	27.08±0.79[b]	34.81±1.17[a]	34.12±1.82[a]	34.12±0.86[a]
	10 月	38.68±0.62[bc]	45.04±2.76[ab]	47.59±1.53[a]	42.88±2.67[b]
	11 月	55.86±2.77[b]	65.74±1.50[a]	65.51±2.27[a]	54.80±5.51[b]
含绒率/%	9 月	22.11±1.16[bc]	25.82±0.65[a]	20.22±4.23[c]	24.57±1.97[ab]
	10 月	27.51±0.89	28.87±0.57	28.10±2.88	29.75±0.89
	11 月	28.48± 1.37	28.65±0.95	28.32±1.95	28.03±0.66

注：同一行数值肩上小写字母不同者为显著($P<0.05$)，大写字母不同者为极显著($P<0.01$)，下同。

粗毛的长度以试验Ⅱ组最长，试验Ⅰ组最短，但是各组间差异不显著($P>0.05$)，该结果与 Russel[9] 和彭玉麟[5]结论相似，即高粗蛋白质水平可促进粗毛生长。

9 月份试验Ⅰ组含绒率显著高于Ⅱ组和对照组($P<0.05$)，10 月份和 11 月份各组间差异不显著($P>0.05$)。Iveya 等[10]研究报道，绒毛占总原绒重的比例(即含绒率)受到日粮粗蛋白质水平的影响，并且认为适宜的蛋白质水平得到高的含绒率，这与本试验结果一致。

2.2 日粮蛋白水平对绒山羊体重的影响(表 4)

由表 4 可以看出，试验期绒山羊总的增重试验组显著高于对照组($P<0.05$)，抓绒后体重各组间差异不显著($P>0.05$)，二者均以Ⅰ组最高，对照组最低。这个结果与 Iveya 等[10]的试验结果是一致的。

表4 试验各组绒山羊月体重及其增加量(kg)

Table 4 Cashmere goats monthly body weight and body weight gain increase of every group /kg

项目	对照组	试验组		
		Ⅰ	Ⅱ	Ⅲ
始重	38.60±1.50	38.50±2.10	38.60±1.69	38.50±2.23
末重	42.05±1.18	44.40±1.89	44.45±1.88	44.25±2.35
增重	3.45±0.60[b]	5.90±0.75[a]	5.85±0.29[a]	5.75±0.39[a]
抓绒后体重	37.80±1.34	39.69±1.59	39.56±2.11	38.10±2.02

虽然9—11月,草场牧草营养价值开始下降,但是,此时期是一年中绒山羊主要抓膘时期,12月份开始掉膘。据朱森阳[11]报道,放牧条件下由于内蒙古在10—11月份温度迅速下降,放牧牧草营养价值随之迅速降低,导致绒山羊从12月份开始体重缓慢下降。Black等[12]研究指出,营养供给随所食牧草中营养成分含量发生季节性变化,从而使放牧绵羊的营养状况以及生产水平呈现季节性波动,特别在冬春季节内,营养缺乏与寒冷应激相互作用,使绵羊生产水平下降。一般地说,与其他反刍动物相比,绒山羊瘤胃内细菌蛋白和挥发性脂肪酸浓度较高,纤维分解菌密度也较高,所以绒山羊瘤胃内微生物发酵活动,更强[13]。在饲料供应受限制时,仍能够维持体重不变[14],这些可能是导致本试验绒山羊的体重虽在各试验组之间表现出差异但变化幅度不大的原因。

3 结论

补饲粗蛋白质精料对山羊绒每月增长的长度、含绒率和绒毛与粗毛重量比有影响,但对产绒量、净绒率和细度影响不明显,绒细度随日粮粗蛋白质水平的提高而呈现变粗的趋势。试验Ⅰ组即补饲粗蛋白质为12%混合精料对绒山羊绒生产性能和增重效果比较理想,因此,建议在绒山羊绒生长旺盛期补饲200 g含粗蛋白质12%的混合精料。

参考文献

[1] Leng R A., Nolan J V. Nitrogen metabolism in the rumen[J]. Journal of Dairy Science, 1984, 67: 1072-1089.

[2] Johnson T J., Rowe J B. Growth and cashmere production by goats in relation to dietary protein supply [J]. Proceedings of the Australian society of Animal Production, 1984, 15: 400-403.

[3] Ash A. J., Norton B W. Productivity of Australian cashmere goats grazing Pangola grass pastures and supplemented with untreated and formal dehy-detreated protein meals [J]. Australian Journal of Experimental Agriculture, 1987, 27: 779-784.

[4] 孙海洲,侯先志,于志红,等. 日粮蛋白和能量水平对内蒙古阿尔巴斯白绒山羊产绒性能的影响[J]. 内蒙古畜牧科学,1998, 19(3):5-7.

[5] 彭玉麟. 不同无机硫对内蒙古白绒山羊消化消化及产绒性能的影响[D]. 北京:中国农业大学,2000.

[6] 甄玉国. 内蒙古白绒山羊氨基酸利用和蛋白质周转规律的研究[D]. 呼和浩特:内蒙古农业大学,2002.

[7] 谢实勇. 不同形式蛋氨酸对绒山羊消化消化及生产性能影响研究[D]. 北京:中国农业大学,2002.

[8] Jia, Z. H. Sahlu, T. Fbmandez, J. M., et al. Effects of dietary protein level on performance of Angora and cashmere-producing Spanish goats [J]. Small Ruminant Research, 1995, 16(2): 113-119.

[9] Russel A. J. F. Current knowledge on the effects of nutrition on fibre production in nutrition and graze ecology of speciality fibre-producing animals [M]. In:Laker, J. P., Russel, A. J. F(Eds), European Fibre Network Publication, Vol, No. 3, Macaulay Land Use Reseach Institute, Aberdeen, 1995, 3-21.

[10] Iveya D. S., Owensb, F. N. Sablua, T., et al. Growth and cashmere production by Spanish goats consuming ad libitum diets differing in protein and energy levels[J]. Small Ruminant Research, 2000, 35: 133-139.

[11] 朱森阳. 不同配种期对内蒙古绒山羊繁殖和产绒性能的影响研究[D]. 北京:中国农业大学,2006.

[12] Black A L, Anand R S, Bruss M L, et al. Partitioning of amino acids in lactating cow: sox-idation to carbon dioxide[J]. Journal of Nutrition, 1990, 120(79):700-710.

[13] 卜登攀. 绒山羊瘤胃能氮同步释放及其对微生物蛋白质合成影响研究[D]. 北京:中国农业大学,2002.

[14] Silanikove N. Interrelationships between feed quality, digestibility, feed consumption, and energy, requirements in desert (Bedouin) and temperate (Saanen) goats [J]. Journal of Dairy Science, 1986, 69: 2157-2162.

包被蛋氨酸对内蒙古白绒山羊氮代谢及产绒性能的影响

谢实勇[1]　贾志海[1]　朱晓萍[1]　卢德勋[2]

（1. 中国农业大学动物科技学院，北京　100094；2. 内蒙古畜牧科学院，呼和浩特　010030）

该文发表在《中国农业大学学报》2003，8(3)：73-76

摘要　选用9只装有瘤胃、十二指肠近端及回肠末端瘘管的内蒙古白绒山羊周岁羯羊，分3组处理（分别在日粮中添加硫酸钠、蛋氨酸和包被蛋氨酸），研究饲喂包被蛋氨酸对绒山羊小肠氨基酸流通量、氮平衡、绒山羊生产性能及羊绒品质的影响。结果表明：包被蛋氨酸、蛋氨酸组的十二指肠蛋氨酸流通量（分别为（5.55±0.45）和（5.12±0.02）$g \cdot d^{-1}$）和消化率（分别为81.98±2.56和82.03±1.34）显著高于硫酸钠组（为（3.86±0.02）和（72.54±2.18）$g \cdot d^{-1}$）（$P<0.05$）。包被蛋氨酸组的氮沉积（3.69±1.73）比硫酸钠组（2.46±1.25）和蛋氨酸组（2.45±1.67）的氮沉积分别提高了31.7%和32.2%（$P<0.05$），但各组氮表观消化率无显著差异（$P>0.05$）。包被蛋氨酸组较硫酸钠组显著提高绒山羊日增重、羊绒生长率、羊绒长度和羊绒中必需氨基酸比例（$P<0.05$），但各组羊绒细度、羊绒含硫量、羊绒总氨基酸及含硫氨基酸比例无显著差异（$P>0.05$）。

关键词　包被蛋氨酸；绒山羊；氮代谢；山羊绒

Effects of Coated Methionine on N Metabolism and Performance of Inner Mongolian White Cashmere Goat

Xie Shiyong[1], Jia Zhihai[1], Zhu Xiaoping[1], Lu Dexun[2]

(1. College of Animal Science and Technology, China Agricultural University, Beijing 100094, China; 2. Inner Mongolian Academy of Animal Science, Huhhot　010030, China)

Abstract　Nine Inner Mongolian White Cashmere Goat wethers aged 1 year old, installed with permanent ruminal, duodenal and ileac cannulas, were used to study the effects of sulfur source on small intestine amino acids flux, N balance, cashmere amino acids profile and qualities. The sulfur sources were coated methionine, methionine and sodium sulfate. The results showed that methionine flux and apparent digestibility were higher for coated methionine group (5.55±0.45, 81.98±2.56) and methionine group(5.12±0.02, 82.03±1.34) than that of sodium sulfate group (3.86±

0.02, 72.54±2.18)($P<0.05$). The coated methionine group (3.69±1.73) increased retention N by 31.7%, 32.2% than those of methionine group (2.45±1.67) and sodium sulfate group (2.46±1.25) respectively, but there was no significant difference ($P>0.05$) in apparent digestibility of N among the three treatments. During cashmere fast-growing period, coated methionine group was significantly increased cashmere growth rate, length and essential amino acid proportion in cashmere than those of sodium sulfate group and methionine group ($P<0.05$), whereas there was no significant difference ($P>0.05$) in cashmere diameter, cashmere sulfur content, sulfur containing amino acid proportion and total amino acids among treatments.

Key words coated methionine, cashmere goat, nitrogen metabolism, cashmere

内蒙古白绒山羊是我国独特的种质资源。近 10 年来随着山羊绒在国际市场上畅销，绒山羊研究成为热点。国内外有关绒山羊营养研究特别是绒山羊营养特殊性报道较少[1]。

硫是绒山羊必需且只能从饲料中获得的一种常量矿物元素，补饲硫化物对其生长有明显促进作用。在无机硫中，硫酸钠生物利用率较高，但比蛋氨酸的利用率低，如果硫酸钠利用率作为 100%，则 L-蛋氨酸为 143%[2]。

本研究拟在王娜[3]研究内蒙古白绒山羊日粮适宜氮硫比和彭玉麟[4]研究不同无机硫对内蒙古白绒山羊消化代谢影响的基础上，比较包被蛋氨酸、蛋氨酸和无机硫对绒山羊氮代谢及产绒性能影响。

1 材料和方法

1.1 试验动物

选用 9 只周岁体重(19.5±1.4) kg 内蒙古阿尔巴斯白绒山羊生长羯羊，安装有永久性瘤胃、十二指肠近端和回肠末端瘘管。

1.2 试验日粮与饲养管理

试验羊基础日粮配制参照美国 NRC[5]山羊饲养标准。代谢能可满足 50 g 日增重需要，试验日粮在基础日粮中分别添加硫酸钠(0.33%)、蛋氨酸 (2 g/d)和包被蛋氨酸 (10 $g\cdot d^{-1}$)。

基础日粮组成和营养水平见表 1。试验羊单笼全舍饲养，试羊每天饲喂混合精料 200 g 和青干草 500 g，分别在早 6:00 和下午 18:00 饲喂，自由饮水。每期试验前后空腹称重。

表 1 基础日粮配方和营养水平(风干样为基础)

Table 1 Basal diet ingredient and nutritional levels (DM based)

原料	w/%	营养成分	营养水平 w/%
青干草	70	计算值	
玉米	18.2	ME/(MJ/kg)	8.07
麸皮	6.6	实测值	
豆粕	3	CP	10.05
尿素	0.36	S	0.22
食盐	1	$w_N:w_S$	7.30:1

续表 1

原料	w/%	营养成分	营养水平 w/%
磷酸氢钙	0.28	Ca	0.38
石粉	0.16	P	0.25
B943 预混料①	0.07		

注:①B943 每千克预混料含:$FeSO_4 \cdot 7H_2O$ 170 g、$CuSO_4 \cdot 5H_2O$ 70 g、$MnSO_4 \cdot 5H_2O$ 290 g、$ZnSO_4 \cdot 7H_2O$ 240 g、维生素 A 162 万 IU、维生素 D_3 32.4 万 IU、维生素 E 540 IU;$CoCl_2 . 6H_2O$ 510 mg、KI 220 mg、Na_2SeO_3 130 mg、维生素 K_3 150 mg、维生素 B_1 60 mg、维生素 B_2 450 mg、维生素 B_{12} 0.9 mg、维生素 B_5 1 050 mg、泛酸钙 750 mg、叶酸 15 mg。

1.3 试验设计

采用单因子完全随机设计,9 只试验羊随机分配为 3 个处理,各处理 3 只羊。氮代谢和食糜流通量的测定同时进行。

1)氮代谢试验　试验羊空腹称重后戴上集粪袋放入代谢笼。预试期 15 d,待采食量恢复正常后进行正式试验,正试期 7 d。每天 6:00 和 18:00 收集粪尿样,6:00 收集剩余料。试验结束时空腹称重。

2)食糜流通量的测定　食糜流通量的测定采用 Cr_2O_3 标记法[6]。

1.4 样品分析方法

按实验室常规方法分析精料、饲草、剩料、粪样 及尿样中的 DM、CP、Ca、P 等指标;羊绒生长速度及品质测定参照养羊学试验指导方法进行;十二指肠和回肠食糜浓度测定根据高民和冯宗慈方法[6];氨基酸分析样品处理参照王洪荣方法[8]。

1.5 数据统计和分析

用 SAS 软件(SAS for windows Release 6.12)中的平衡试验设计的 ANOVA 和非平衡试验设计 GLM 进行方差分析,多重比较采用 Duncan 进行。

2 结果与讨论

2.1 包被蛋氨酸对绒山羊消化道不同部位食糜流量的影响(表 2)

表 2 绒山羊消化道不同部位食糜流量

Table 2 Chyme flux of different parts of alimentary tract of cashmere goat　　$g \cdot d^{-1}$

项目	硫酸钠组	蛋氨酸组	包被蛋氨酸组
干物质进食量	576.08 ± 40.11^b	622.19 ± 41.50^a	615.68 ± 31.41^a
进食氮	9.27 ± 0.65^b	10.02 ± 0.67^a	9.91 ± 0.51^a
瘤胃 Kp/(%/h)	7.65 ± 0.58^a	9.88 ± 0.44^a	7.55 ± 0.37^a
十二指肠氨基酸流量	251 ± 5.38^b	248.75 ± 7.02^b	328.58 ± 6.52^a
十二指肠蛋氨酸流量	3.86 ± 0.02^c	5.12 ± 0.02^b	5.55 ± 0.45^a
回肠氨基酸流量	40.57 ± 2.31^b	44.67 ± 2.58^b	50.69 ± 1.98^b
回肠蛋氨酸流量	0.46 ± 0.03^a	0.92 ± 0.04^b	1.00 ± 0.03^b
十二指肠蛋氨酸表观消化率/%	72.54 ± 2.18^b	82.03 ± 1.34^a	81.98 ± 2.56^a

注:同行数据为差异不显著($P>0.05$),肩标不同字母为差异显著($P<0.05$),下同。

添加蛋氨酸、包被蛋氨酸显著提高了绒山羊日粮干物质及氮的进食量($P<0.05$);瘤胃食糜外流速度常数 Kp 在3种处理间无显著差异($P>0.05$),但蛋氨酸组 Kp 比硫酸钠和包被蛋氨酸组高;十二指肠总氨基酸和蛋氨酸流通量包被蛋氨酸组显著高于其他处理($P<0.05$),且组内变异较小;回肠总氨基酸和蛋氨酸流通量各组间没有显著差异($P>0.05$),但组内变异较大。由此可见,蛋氨酸在小肠表观消化率的变异主要由小肠吸收蛋氨酸数量的变异而引起,而由进入十二指肠蛋氨酸的数量引起的变异较小。Adibi 等[7]报道,蛋氨酸和支链氨基酸(亮氨酸、异亮氨酸、缬氨酸)在小肠吸收比其他氨基酸快,牛、羊小肠中蛋氨酸的消化率最高。本结果显示,十二指肠蛋氨酸的消化率以蛋氨酸组和包被蛋氨酸组为高,分别为82.03%和81.98%,与硫酸钠组(72.54%)存在显著差异($P<0.05$)。本研究与王洪荣[8]用绵羊得出的结果基本一致。

2.2 包被蛋氨酸对氮平衡、氮消化率和绒山羊日增重的影响(表3)

表3 包被蛋氨酸对氮平衡、氮消化率和绒山羊日增重的影响

Table 3 Effects of coated methionine on the digestibilities of nitrogen, balancenitrogen and ADG of cashmere goats

g/d⁻¹

组别	硫酸钠组	蛋氨酸组	包被蛋氨酸组
进食氮	9.27 ± 0.65^{b}	10.02 ± 0.67^{a}	9.91 ± 0.51^{a}
粪氮	3.49 ± 0.73^{a}	3.56 ± 0.37^{a}	3.27 ± 0.44^{a}
尿氮	3.09 ± 1.70^{a}	3.44 ± 1.17^{a}	2.91 ± 0.97^{a}
可消化氮	5.78 ± 0.85^{b}	6.46 ± 0.74^{a}	6.64 ± 0.61^{a}
沉积氮	2.46 ± 1.25^{b}	2.45 ± 1.67^{b}	3.69 ± 1.73^{a}
沉积氮/可消化氮(%)	40.7 ± 9.30^{ab}	35.8 ± 2.50^{b}	54.3 ± 2.50^{a}
氮表观消化率(%)	62.3 ± 7.80^{b}	64.3 ± 4.30^{ab}	66.9 ± 4.60^{a}
日增重	14.86 ± 4.39^{b}	23.55 ± 15.84^{ab}	38.04 ± 9.41^{a}

各试验组粪氮、尿氮排出量无显著差异($P>0.05$),但可消化氮硫酸钠组显著低于蛋氨酸组和包被蛋氨酸组($P<0.05$),这与硫酸钠组氮进食量低有关;沉积氮包被蛋氨酸组显著高于硫酸钠组和蛋氨酸组($P<0.05$),说明包被蛋氨酸中的蛋氨酸有相当一部分是过瘤胃后释放出来在小肠被直接吸收利用,从而增加了氮的沉积[9]。单纯添加蛋氨酸没能促进日粮氮沉积,可能是因为蛋氨酸在瘤胃中被微生物直接分解而改变了蛋氨酸在绒山羊体内的代谢途径[10];同时也说明反刍动物日粮中直接添加蛋氨酸是无效的。沉积氮占可消化氮比例包被蛋氨酸组最高,而且过瘤胃保护性氨基酸有提高氮表观消化率的趋势。在增重方面,包被蛋氨酸组日增重分别是硫酸钠、蛋氨酸组日增重的2.5倍($P<0.05$)和1.6倍($P>0.05$),这与包被蛋氨酸能提高氮沉积的结果相一致。含硫氨基酸提高日增重可能和硫的同化作用有关[11],Reis 和 Chinke[12]发现饲喂低硫日粮的反刍动物瘤胃灌注蛋氨酸可以提高瘤胃细菌蛋白质的合成量,而提高了动物肠道内更多高质量的蛋白供消化利用。本研究中包被蛋氨酸组提供更多的小肠可利用蛋氨酸,增重效果最好。

2.3 包被蛋氨酸对产绒性能的影响(表4)

在羊绒生长旺盛期,试羊日粮添加包被蛋氨酸和蛋氨酸提高了羊绒的生长速度($P<0.05$),而且包被蛋氨酸还显著增加了羊绒长度($P<0.05$),增幅达33%以上。补饲含硫氨基

酸提高了羊毛的生长率，部分地是由于增加了角质蛋白合成原料[13]，这一结论也可推及羊绒的生长。各组间羊绒细度、羊绒含硫量及含硫氨基酸比例没有显著差异($P>0.05$)，但包被组羊绒细度降低、羊绒含硫量和含硫氨基酸的比例增加，这与绒毛越细则含硫量越高[14]结果一致。

表 4　包被蛋氨酸对羊绒生长率、产绒量和羊绒品质的影响

Table 4　Effects of coated methionine on growth rate, yield and qualities of cashmere

羊绒指标	硫酸钠组	蛋氨酸组	包被蛋氨酸组
绒生长率/($mm \cdot d^{-1}$)	0.377±0.045[c]	0.45±0.03[a]	0.433±0.025[b]
抓绒量/g	246.7±47.3[a]	273.3±140.5[a]	325±173[a]
羊绒长度/mm	76.90±15.27[b]	79.21±22.69[b]	102.71±19.05[a]
羊绒细度/μm	13.50±1.47[a]	13.62±1.30[a]	12.75±0.34[a]
含硫量/%	2.920±0.097[a]	2.960±0.12[a]	2.992±0.13[a]
含硫氨基酸/%	11.060±0.368[a]	11.211±0.43[a]	11.325±0.498[a]

2.4　包被蛋氨酸对羊绒氨基酸组成的影响(表 5)

表 5　饲喂包被蛋氨酸对羊绒氨基酸组成的影响

Table 5　The amino acids composition of cashmere

氨基酸名称	硫酸钠组	蛋氨酸组	包被蛋氨酸组
天门冬氨酸	5.443±0.127[a]	5.464±0.028[a]	5.498±0.119[a]
苏氨酸	5.049±0.212[a]	5.240±0.299[a]	5.777±1.147[a]
丝氨酸	7.568±0.203[a]	7.578±0.021[a]	7.744±0.098[a]
谷氨酸	11.688±0.586[a]	11.704±0.087[a]	11.814±0.086[a]
甘氨酸	4.377±0.071[a]	4.334±0.126[a]	4.512±0.146[a]
丙氨酸	2.958±0.144[a]	3.053±0.040[a]	3.032±0.029[a]
胱氨酸	10.423±0.348[a]	10.576±0.475[a]	10.724±0.472[a]
缬氨酸	4.020±0.136[a]	4.057±0.107[a]	4.113±0.036[a]
蛋氨酸	0.637±0.027[a]	0.634±0.079[a]	0.601±0.062[a]
异亮氨酸	2.414±0.064[a]	2.368±0.130[a]	2.412±0.059[a]
亮氨酸	6.143±0.181[a]	6.093±0.130[a]	6.108±0.125[a]
酪氨酸	4.803±0.137[a]	4.771±0.060[a]	4.874±0.164[a]
苯丙氨酸	3.140±0.017[a]	3.147±0.035[a]	3.068±0.158[a]
赖氨酸	2.573±0.091[a]	2.587±0.077[a]	2.594±0.107[a]
组氨酸	0.796±0.022[a]	0.835±0.015[a]	0.832±0.052[a]
精氨酸	7.148±0.152[a]	7.276±0.111[a]	7.316±0.054[a]
脯氨酸	3.329±0.101[a]	3.319±0.196[a]	3.467±0.167[a]
氨	1.503±0.122[a]	1.517±0.234[a]	1.481±0.102[a]
必需氨基酸	43.344±0.882[c]	44.814±0.498[bc]	47.546±0.897[a]
非必需氨基酸	40.759±0.962[a]	39.733±0.685[ab]	38.420± 0.456[bc]
含硫氨基酸	11.060±0.368[a]	11.211±0.434[a]	11.325±0.498[a]
总氨基酸	84.103±1.838[a]	84.546±0.920[a]	85.966±1.353[a]

无论是无机硫还是有机硫对羊绒氨基酸组成都无显著影响，各组间单个氨基酸含量、总氨基酸量和含硫氨基酸量（胱氨酸和蛋氨酸）无显著差异（$P>0.05$），但包被蛋氨酸组比前二处理提高了总氨基酸和含硫氨基酸含量，Bassett[15]在安哥拉山羊上也得到类似的结果。羊绒中高含硫量和二硫键结构（存在胱氨酸中）可以提高产绒量和羊绒的弹性、强度等纺织性能，对羊绒蛋白质分子的化学稳定性和空间构型起着重要的作用。相对于无机硫，添加有机硫显著提高了羊绒中必需氨基酸的比例，尤其以包被蛋氨酸效果最为明显：羊绒中必需氨基酸比硫酸钠组提高了4%（$P<0.05$）。

3　结论

反刍动物日粮蛋白质在瘤胃中的降解是一种低效的营养过程。为了满足某些高产品种（或个体）的蛋白质、特别是限制性氨基酸需要，必须通过日粮额外补给这些物质。但增加蛋白质供给量会减少瘤胃内菌体蛋白合成量，因此实际生产中很难达到理想的效果。在这种情况下，利用过瘤胃氨基酸可较好地解决上述矛盾。

从整个试验结果看，饲喂包被蛋氨酸可以提高绒山羊产绒性能，且具有较好的过瘤胃特性，能有效促进日粮氮沉积、部分改善羊绒品质，效果好于硫酸钠和蛋氨酸。

参考文献

[1] 贾志海，蔡青和．山羊绒生长机制及其营养研究进展[J]．动物营养学报，1999(11)(Suppl.)：97-101.

[2] Goodrich R D, Garrett J E. Sulfur in livestock nutrition [A]. In: Tabatabai M A, ed. Sulfur in Agriculture [C]. Madison, WL 1986: 617.

[3] 王娜．内蒙古白绒山羊日粮适宜氮硫比综合评定[D]．北京：中国农业大学，1999.

[4] 彭玉麟．不同无机硫对内蒙古白绒山羊消化代谢及产绒性能的影响[D]．北京：中国农业大学，2000.

[5] Subcommittee on Goat Nutrition. NRC. Nutrition Requirements of Goat [M]. Washington D C: National Academy Press, 1985.

[6] 高民，冯宗慈．一种改进铬的测定方法[J]．内蒙古畜牧科学，1993(3)：42-45.

[7] Adibi S A, Kim Y S. Peptide absorption and hydrolysis [A]. In: Johnson L R, ed. Physiology of the Gastrointestinal Tract [C]. New York: Raven Press, 1981: 1073-1095.

[8] 王洪荣．生长绵羊限制性氨基酸和理想氨基酸模式的研究[D]．呼和浩特：内蒙古农业大学，1998.

[9] Muramatsu T, Hatano T, Furuse J I. Bio-efficacy of rumen protected methionine in improving nitrogen deposition in goats[J]. Anim Sci Techn, 1991, 62(12): 1153-1155.

[10] Finkelstein J D, Martin J J. Methionine Metabolism in Mammals [J]. J Biolog Chem, 1986, 261(4): 158-1587.

[11] Muramatsu T, Hatano T, Ueda Y, Okumura M. Whole body protein turnover in goats enhanced by supplementing a diet with rumen-protected methionine [J]. Asian Austr J Anim Sci, 1994, 7(2): 279-288.

[12] Reis P J, Schinckel P G. Some aspects of sulfur containing amino acids on the growth and composition of wool [J]. Austr J Biolog Sci, 1963, 16: 218.

[13] Reis P J. The influence of absorbed nutrients on wool growth [A]. In: Rogers G E, Reis P J, Waˆ K A, et al eds. The Biology of Wool and Hair [C], 1989: 185-203.

[14] Reis P J, Tunks D A, Munro S G. Effects of the infusion of amino acids into the abomasums of sheep with emphasis on the relative value of methionine, Cysteine and homo-Cysteine for wool growth [J]. J

Agric Sci Cambridge，1990，114:59-68.

[15] Bassett J W，Baldwin B C Jr，Calhoun-M C，Stobart R H. Plasma methionine and mohair response to dietary rumen-protected methionine in Angora goats，sheep and goat [M]. USA：Wool and Mohair，1981：68-73.

Effects of Rumen-protected Tryptophan on Growth Performance, Fibre Characteristics, Nutrient Utilization and Plasma Essential Amino Acids in Cashmere Goats During the Cashmere Slow Growth Period

Hui Ma[a], Wei Zhang[a], Xiaoping Zhu[a], Weihong Song[b], Jun Liu[c], Zhihai Jia[a]

([a] College of Animal Science and Technology, China Agricultural University, Beijing 100193, P. R. China; [b] Department of Science and Research of Hei longjiang Academy of Land-reclamation Sciences, Jiamusi 154007, P. R. China; [c] The College of Animal Science and Technology of Hei longjiang August First Land-Reclamation University, Daqing 163319, P. R. China)

该文发表在《Livestock Science》2010, 131:227-233

Abstract Tryptophan (Trp) is a limiting amino acid in growing ruminants and supplementation of Trp in a rumen-protected form may be positive effects on performance in ruminants. Trp may affect cashmere fibre growth by regulating plasma melatonin secretion. From December to February, identified as the cashmere slow growth period, cashmere growth rate slows down and plasma melatonin secretion declines. Thus, Trp supplementation may affect cashmere fibre growth positively during this period.

This study was conducted to investigate the effects of rumen-protected tryptophan (RPT) on Cashmere goats during the cashmere slow growth period. Optimal RPT supplementation level was determined. The Thirty-six Liaoning Cashmere goat wethers (41.63 kg±0.37 kg) aged 1.5-year-old were stratified by weight and randomly assigned to the following treatments: without RPT (control), low RPT (LRPT), medium RPT (MRPT) and high RPT (HRPT) at RPT levels of 0, 2.0, 4.0 and 6.0 g per goat per day, respectively. LRPT and MRPT supplementation increased average daily gain ($P<0.05$) and N retention ($P<0.05$). The length and growth rate of cashmere fiber increased both linearly ($P<0.05$) and quadratically ($P<0.05$) with increasing RPT supplementation. Plasma Trp concentration increased linearly ($P<0.05$) with increasing RPT supplementation. Conversely, RPT supplementation decreased plasma isoleucine, valine and total essential amino acid concentrations ($P<0.05$). In conclusion, RPT supplementation potentially enhanced growth performance, cashmere fibre growth and N utilization in Liaoning Cashmere goat wethers. In experimental conditions of the current trial, the optimum RPT supplementation level was 2.0 g per goat per day during the cashmere slow growth period.

Key words Rumen-protected tryptophan, Growth performance, Fibre characteristics, Nutrient utilization, Plasma essential amino acids, Cashmere goats

1 Introduction

For many organisms, including humans, tryptophan (Trp) is an essential amino acid (EAA) required as one of the building blocks for protein biosynthesis. It is also the substrate for the biosynthesis of other key metabolic components, such as serotonin, niacin and melatonin. Trp cannot be synthesized by an organism, that organism must obtain Trp as part of its diet. In monogastric animals, a deficiency of Trp induces depression of feed intake and growth performance (Montgomery et al., 1980; Henry et al., 1992). In contrast, in ruminants, most amino acids (AAs), including Trp, are commonly assumed not to be deficient. This is because ruminal fermentation results in the production of microbial protein, which is supplied to the small intestines and delivers a good quality pattern of both essential and nonessential AAs. The amounts of EAAs supplied by microbes are sufficient to support maintenance and normal, but not maximal, growth and milk production (Virtanen, 1966; Storm and Φrskov, 1984). However, optimal production of meat, milk and wool may be limited by the availability of certain amino acids. Trp appears to be one limiting amino acid (AA) in growing ruminants during the process of non-protein nitrogen (N) utilization (McLaren et al., 1965; Candlish et al., 1970; Nolte et al., 2008).

Methods have now been developed for the production of AAs that are protected against rumen microbial degradation. This allows diet supplementation with specific AAs that will become available for absorption at the intestinal level. Feeding rumen-protected Trp (RPT) has been observed to increase growth performance of lambs (Nolte et al., 2008) and the wool output of sheep (Reis and Colebrook, 1972), as well as to improve nitrogen (N) utilization in goats (McLaren et al., 1965). However, the impact of RPT on performance and nutrient utilization in Cashmere goats are not yet known.

China is the largest producer of cashmere, with 80 million goats producing 163.950 million kg of fibre, accounting for 50% of the world's total production in 2006 (Zhang et al., 2009). The Liaoning Cashmere goat is the major goat breed found in China and is primarily raised for meat and cashmere fibre production. Cashmere, a down fibre produced by secondary follicles, is the finest and softest animal fibre, with an average diameter of 15 μm, and is used exclusively in luxurious textile products. World market demands still exceed the supply, so prices are consistently stable and higher than for wool or mohair.

In recent years, however, the desire to increase cashmere yield has resulted in a coarsening of the cashmere fibre. For this reason, it is necessary to investigate environmental and genetic manipulations that can both increase cashmere yield and improve cashmere fibre characteristics. Trp supplementation has been observed to increase plasma melatonin levels in chickens, rats, ringdoves, heifers and humans (Hajak et al., 1991; Herichova et al., 1998; Jaworek et al., 2003; Cubero et al., 2006; Kollmann et al., 2008). Meanwhile, melatonin is observd to stimulate cashmere fibre growth (Klören and Norton, 1995; Błaszczyk et al.,

2004). Thus, RPT supplementation could be speculated to positively affect cashmere fibre growth.

Requirements for nutrition vary among Cashmere goats. These change along with nutritional conditions because of the seasonal nature of cashmere production. The non-growth period is from March to July, the cashmere fast growth period is from August to November, and the cashmere slow growth period is from December to February. During the cashmere slow growth period, cashmere growth rate slows down and plasma melatonin secretion declines. In this light, Trp supplementation may be utilized to simulate cashmere fibre growth during this period. The objectives of this study were to investigate the effects of RPT supplementation on growth performance, fibre characteristics, nutrient utilization and plasma EAA concentrations in Liaoning Cashmere goats during the cashmere slow growth period, and then the optimal RPT supplementation level was determined.

2 Materials and methods

2.1 Animals and experimental design

The experiments were carried out at the Liaoning Cashmere goats Breeding Centre, China, from December 2008 to February 2009. The animal care, handing and sampling procedures were approved by the China Agriculture University Animal Care and Use Committee.

The experimental period lasted 60 days, including a 10-day adaptation period and a 10-day metabolism trial. Goats were housed in an open-sided barn in individual pens (1.0 m×1.5 m). Hay was offered once a day ad libitum, and concentrate was fed 300 g daily, divided into two equal meals, at 08:00 and 16:00. Fresh water was available throughout the experimental period.

Thirty-six Liaoning Cashmere goat wethers, averaging 1.5 years of age and (41.63±0.37) kg initial body weight (BW), were stratified by weight and randomly assigned to the following treatments: without RPT (control), low RPT (LRPT), medium RPT (MRPT) and high RPT (HRPT) with 0, 2.0, 4.0 and 6.0 g RPT per goat per day, respectively. The RPT (containing 33% L-Trp, purchased from the Beijing Feeding Feed Science Technology Co., Beijing, China) was added to the concentrate diet. Diets consisted of 60% Chinese wildrye hay, 10% alfalfa hay and 30% concentrate (on a dry matter (DM) basis) which was composed of minerals and vitamins (NRC, 2007) (Table 1). The concentrate mixture included corn and wheat bran as energy sources and soybean meal as a protein source. The basal diet (on a DM basis) contained 0.09% Trp. The levels of RPT supplementation were chosen based upon the research of Itabashi et al. (1994). According to the conclusion of these researchers, supplementation at 4.0 g/d was suitable for research on RPT feeding. Based on the differences in weight and breed, we set two levels of 2.0 g/d and 6.0 g/d supplementation, aiming to reveal the most feasible accession.

Table 1 Ingredients and chemical composition of the basal diet

Item	Concentration
Ingredient (%, fed basis)	
Chinese wildrye hay	60.0
Alfalfa hay	10.0
Corn	18.2
Wheat bran	3.00
Soybean meal	7.00
Limestone	0.20
Dicalcium phosphate	0.20
NaCl	1.00
Premix[a]	0.40
Chemical composition (DM basis)[b]	
Metabolizable energy (MJ/kg)	10.1
Crude protein (%)	9.87
Dry matter (%)	91.7
Neutral detergent fibre (%)	50.5
Acid detergent fibre (%)	30.4
Calcium (%)	0.46
Phosphorus (%)	0.30
Tryptophan (%)	0.09

[a] Premix contained the following per kilogram: $FeSO_4 \cdot 7H_2O$, 170 g; $CuSO_4 \cdot 5H_2O$, 70 g; $MnSO_4 \cdot 5H_2O$, 290 g; $ZnSO_4 \cdot 7H_2O$, 240 g; $MgSO_4 \cdot H_2O$ 120 g; Na_2SeO_3, 130 mg; KI, 220 mg; $CoCl_2 \cdot 6H_2O$, 510 mg; vitamin A, 30 500 000 IU; vitamin D, 6 100 000 IU; vitamin E 50 000 IU.

[b] Analyzed values except metabolizable energy. Metabolizable energy was calculated by metabolizable energy in ingredient of the basal diet.

2.2 Collection of data and samples

Daily feed offerings and refusals were measured to obtain feed intake for each goat. BW was determined before the goats were fed in the morning on 2 consecutive days, at the beginning (10 December) and end of the experiment (8 February). Individual goat average daily gain (ADG) and feed efficiency were calculated. During the last 10 days of the experiment, four goats from each treatment, with similar feed intakes, were housed individually in metabolism crates for study of the effects of RPT supplementation on nutrient utilization. After a 5-day adaptation period, the total faeces and urine were collected and the weight recorded for 5 days for each wether. Faecal matter was collected three times daily into faecal collection pans and stored at −20℃. At the end of each collection period all faeces from a goat were thawed, mixed thoroughly, and subsampled for subsequent analysis. Urine was collected into plastic containers containing 50 ml 50% HCl to prevent NH_3 volatilization. Urine volume was measured and recorded daily and a 10% aliquot stored at −20℃ until analysis.

At the end of the experiment (8 February), 10 ml blood samples were collected from a jugular venipuncture into heparinised-trace tubes before the goats were fed in the morning. The blood samples were treated with 100 U sodium heparin/ml of blood and centrifuged at 3 000×g for 20 min at 4℃. The resultant plasma was stored at －20℃ for the analysis of plasma EAA. A 5 cm×5 cm area of fibre on the right scapular area was dyed on 10 December using black commercial hair dye to determine fibre length. On 8 February, fibre samples were collected by stainless steel clippers from the 5 cm×5 cm area. The samples were stored in sealed polythene bags at room temperature for later cashmere fibre characteristic analyses.

2.3 Analytical procedures

All feed, orts, and faeces samples were dried at 55℃ for 72 h in a forced-air drying oven, allowed to air-equilibrate, weighed to determine moisture loss, and then ground in a Wiley mill to pass through a 1 mm screen (FZ102, Shanghai Hong Ji Instrument Co. Ltd, Shanghai, China). Milled samples were analyzed for DM, organic matter (OM) concentrations and Kjeldahl N content. Urine samples were analyzed for Kjeldahl N content (AOAC, 1990). Neutral detergent fibre (NDF) and acid detergent fibre (ADF) were determined according to the methods of Van Soest et al. (1991).

For AA analyses, with the exception of the S-containing AAs and Trp, samples were hydrolyzed with 6 M HCl at 110℃ for 24 h, and AAs were derivatized with ninhydrin and then detected colourimetrically according to the method of Mason et al. (1980) using an automatic AA analyzer (Beckman model 6 300, Beckman Instruments Inc., Palo Alto, CA.). Methionine contents were determined as methionine sulphone, after oxidation with performic acid; the oxidation process was carried out according to AOAC (1984), and the oxidized samples were then hydrolyzed and analyzed in the same manner as for the other AA. Trp analysis was measured using a high-performance liquid chromatography system (LC-10A, HIMADZU, Japan) according to Pastuszewska (2007).

Cashmere fibre samples were washed by soaking overnight in a detergent solution, rinsed thoroughly in deionized water and then dried at 80℃ (Zhang et al., 2007). To calculate cashmere fibre growth, a calliper was used to measure the relaxed length (to the nearest millimetre) of the un-dyed section of the fibres at the end of experiment (8 February), and the diameter of cashmere fibre was measured on a random sample of 100 fibres using an Optic Fibre Diameter Analyse (OFDA) system (IWTO, 1992), as described by Shahabad et al. (1992).

2.4 Statistical analysis

The data were analyzed using the GLM procedure of SAS (1988). The following model was used: $Y_{ij}=\mu+T_i+\varepsilon_{ij}$, where Y_{ij} is the dependent variables; μ is the overall mean; T_i is the effect of RPT supplementation ($i=1, 4$); ε_{ij} is the random error. Duncan's multiple range tests were used to detect statistical significance between treatment groups. In addition, orthogonal polynomial contrasts were used to detect linear and quadratic effects of RPT supplementation.

3 Results

3.1 Growth performance

Effects of RPT supplementation on growth performance are presented in Table 2. There were no differences in initial and final BW among treatments ($P>0.05$). Feed intake, with an averaged 914 g/day, was not affected ($P>0.05$) by treatment. ADG increased quadratically ($P<0.05$), while feed efficiency decreased quadratically ($P<0.05$) with rising RPT supplementation. Meanwhile LRPT and MRPT supplementation improved growth performance ($P<0.05$) compared with the control and HRPT, and no differences were observed between the LRPT and MRPT groups ($P>0.05$).

Table 2 Effect of RPT supplementation on growth performance in Cashmere goats

Item	Treatments[a]					*p*-values	
	Control	LRPT	MRPT	HRPT	S. E. M[b]	Linear	Quadratic
Initial body weight (kg)	41.7	42.0	41.4	41.3	0.37	0.683	0.819
Final body weight (kg)	44.6	45.7	45.1	44.6	0.41	0.730	0.315
Average daily gain (g)	48.3 b	60.5 a	61.1 a	49.4 b	2.30	0.801	0.007
Feed intake (g/day)	936	895	922	903	25.1	0.790	0.852
Feed efficiency[c]	19.5 b	14.8 a	15.2 a	18.5 b	0.97	0.752	0.048

Means within the same row with different letters (a-b) are different ($P<0.05$).

[a] Control, LRPT, MRPT and HRPT at RPT levels of 0, 2.0, 4.0 and 6.0 g per goat per day, respectively.

[b] S. E. M. = standard error of mean.

[c] Feed efficiency was calculated by the formula: Feed intake (g/day)/ Average daily gain (g).

3.2 Cashmere fibre characteristic

Effects of RPT supplementation on cashmere fibre characteristics are presented in Table 3. There were no differences in initial cashmere length and fibre diameter between treatments ($P>0.05$). However, final cashmere length, growth length and growth rate increased both linearly ($P<0.05$) and quadratically ($P<0.05$) with increasing RPT supplementation. No differences were observed among the LRPT, MRPT and HRPT treatment groups ($P>0.05$).

Table 3 Effect of RPT supplementation on cashmere fibre characteristics in Cashmere goats

Item	Treatments[a]					*p*-values	
	Control	LRPT	MRPT	HRPT	S. E. M	Linear	Quadratic
Initial Cashmere length (cm)	4.44	4.62	4.53	4.63	0.04	0.175	0.581
Final Cashmere length (cm)	5.39 b	6.70 a	6.54 a	6.53 a	0.19	0.026	0.037
Cashmere growth length (cm)	0.96 b	2.08 a	2.01 a	1.90 a	0.17	0.044	0.043
Cashmere growth rate (mm/day)	0.16 b	0.35 a	0.34 a	0.32 a	0.03	0.044	0.043
Cashmere fibre diameter (μm)	14.7	14.9	15.0	15.2	0.18	0.681	0.755

Means within the same row with different letters (a-b) are different ($P<0.05$).

[a] Control, LRPT, MRPT and HRPT at RPT levels of 0, 2.0, 4.0 and 6.0 g per goat per day, respectively.

[b] S. E. M. = standard error of mean.

3.3 Nutrient utilization

Effects of RPT supplementation on nutrient utilization are presented in Table 4. Digestibility of DM, OM, crude protein (CP), ADF and NDF was not affected by RPT supplementation ($P>0.05$). Similarly, no differences among the four groups were observed in N intake, faecal N excretion, and absorbed N ($P>0.05$). However, LRPT and MRPT supplementation decreased urinary N excretion ($P<0.05$) and increased N retention ($P<0.05$) compared with the control and HRPT groups. No differences were observed between the LRPT and MRPT groups ($P>0.05$).

Table 4 Effect of RPT supplementation on nutrient utilization in Cashmere goats

Item	Treatments[a]					*p*-values	
	Control	LRPT	MRPT	HRPT	S. E. M[b]	Linear	Quadratic
Nutrient digestibility (%)							
DM	69.0	71.4	72.1	70.8	1.65	0.878	0.617
OM	70.4	71.6	72.4	71.6	1.11	0.894	0.705
CP	70.6	74.3	75.5	72.3	1.23	0.655	0.478
NDF	60.3	61.7	61.8	62.6	0.87	0.821	0.676
ADF	58.1	57.0	57.6	56.0	1.11	0.645	0.501
N utilization							
N intake (g/d)	12.7	12.5	12.6	12.5	0.10	0.691	0.708
Fecal N (g/d)	4.13	3.96	4.10	4.10	0.15	0.876	0.131
N absorbed (g/d)	8.57	8.52	8.66	8.45	0.59	0.588	0.370
Urinary N (g/d)	4.75 a	4.13 b	4.21 b	4.62 a	0.09	0.252	0.001
N retention (g/d)	3.82 b	4.39 a	4.45 a	3.83 b	0.13	0.802	0.001

Means within the same row with different letters (a-b) are different ($P<0.05$).

[a] Control, LRPT, MRPT and HRPT at RPT levels of 0, 2.0, 4.0 and 6.0 g per goat per day, respectively.

[b] S. E. M. = standard error of mean.

3.4 Plasma EAA concentrations

Effects of RPT supplementation on plasma EAA concentrations are presented in Table 5. Plasma Trp concentration increased linearly ($P<0.05$) with increasing RPT supplementation. However, RPT supplementation decreased plasma isoleucine, valine and total EAA concentrations ($P<0.05$), but no differences were observed between the control and HRPT ($P>0.05$) groups. No differences were detected in other plasma EAA concentrations among treatments ($P>0.05$) as well.

Table 5 Effect of RPT supplementation on plasma essential amino acid concentrations in Cashmere goats

Amino Acid, μmol/L	Treatments[a]					*p*-values	
	Control	LRPT	MRPT	HRPT	S. E. M[b]	Linear	Quadratic
Tryptophan	11.5 d	13.0 c	19.7 b	21.3 a	1.29	0.001	0.874
Lysine	191.2	178.1	180.9	193.2	6.78	0.522	0.103
Arginine	151.4	155.4	152.1	145.6	8.54	0.875	0.678
Methionine	21.6	21.7	20.2	22.1	1.48	0.716	0.823

续表 5

Amino Acid, μmol/L	Treatments[a]					p-values	
	Control	LRPT	MRPT	HRPT	S. E. M[b]	Linear	Quadratic
Histidine	165.2	167.6	157.3	155.5	7.52	0.901	0.912
Threonine	178.4	180.1	184.9	182.4	9.01	0.332	0.460
Phenylalanine	87.7	84.9	82.1	80.5	3.14	0.889	0.662
Leucine	221.3	209.9	213.2	200	9.99	0.452	0.234
Isoleucine	147.2 a	119.1 b	125 ab	144.4 a	4.19	0.634	0.005
Valine	297.6 a	246.8 b	256.5 b	275.5 ab	13.10	0.160	0.007
Total EAA	1 473.1 a	1 376.6 b	1 391.9 ab	1 420.5 a	33.07	0.322	0.021

Means within the same row with different letters (a-d) are different ($P<0.05$).

[a] Control, LRPT, MRPT and HRPT at RPT levels of 0, 2.0, 4.0 and 6.0 g per goat per day, respectively.

[b] S. E. M. = standard error of mean.

4 Discussion

4.1 Growth performance

Feed intake in this study was not affected by RPT supplementation. Similar observations have been recorded by Downing et al. (1997), who noted that there was no significant effect on feed intake when Trp was infused at a rate of 4.3 g/d in sheep.

ADG increased with low RPT supplementation, and then declined at the high level of RPT supplementation. These effects were due to the metabolic balance of AAs in vivo, which resulted in a high level of protein synthesis. High Trp supplementation may have had a depressive effect on growth by causing an AA imbalance or an AA antagonism (Peng et al., 1973). Likewise, Trp may have exerted a toxic effect when present in higher than normal quantities (Candlish et al., 1970). Nolte et al. (2008) reported that Trp was the third most limiting AA in growing lambs during the process of non-protein N utilization, and supplementation of Trp in a rumen-protected form had positive effects on growth performance in ruminants. In lambs, Trp supplementation at levels of up to 1% of dietary DM does not alter metabolism in a manner which causes differences in performance, digestion or carcass characteristics (Bachman et al., 1993). Meanwhile, in rats, Trp supplementation has been reported to increase growth rate significantly without altering food intake (Haider et al., 1999). Diets containing high Trp levels have been observed to suppress food intake and to decrease BW in mice (Coskun et al., 2006). The present results indicated that 2.0 g/d RPT supplementation in a Cashmere goat diet can adequately meet optimal dietary requirements; growth performance was not further improved by a higher supply of RPT.

4.2 Cashmere fibre characteristics

Fibre diameter is the major determinant of the price paid for cashmere. Typical cashmere fibre diameter from Mongolia, China and from Iran ranges between 13 and 16 μm (Millar,

1986). Cashmere fibre diameters observed in this experiment were within this range and they were not adversely affected by RPT supplementation. Cashmere fibre length and growth rate increased both linearly and quadratically with RPT supplementation. To our knowledge, similar reports have not been presented in previous studies.

The mechanism by which the growth of cashmere fibre is influenced by RPT is still unknown. One possible explanation could be that the amount of AAs reaching the intestine affects cashmere fibre growth (Hynd and Allden 1985). Besides an effect of the absorbed AA on cashmere fibre growth, another possibility that must be considered is that there are additional effects on AA metabolism, especially in relation to hormone action. Free plasma Trp penetrates through the blood-brain barrier into the brain and into pineal cells, where it is converted to melatonin (Kollmann et al., 2008). Trp supplementation has also been observed to increase plasma melatonin levels (Herichova et al., 1998; Jaworek et al., 2003; Cubero et al., 2006; Kollmann et al., 2008; Hajak et al., 1991), and melatonin is known to stimulate cashmere fibre growth (Klören and Norton, 1995). Based on the present findings, RPT supplementation may be an effective means of improving the cashmere fibre growth during the cashmere slow growth period.

4.3 Nutrient utilization

The digestibility of DM, OM, CP, NDF and ADF were not affected by RPT supplementation during the cashmere slow growth period. This was in agreement with a report by McLaren et al. (1965), who noted that supplementation of the urea-basal ration with 0.8 g L-Trp for an isonitrogenous amount of urea did not influence the apparent digestibility of protein or the digestibility of OM and crude fibre in lambs.

Although RPT supplementation did not affect N intake in this study, the supplementation did have effects on N utilization in the body, as indicated by the increases in N retention and the decreases in urinary N excretion. Similar observations have been recorded by Itabashi et al. (1994), who found that N retention was increased by 4.0 g/d RPT supplementation in Japanese Saanen goats. Nolte et al. (2008) noted that N retention of lambs was limited by inadequate supplies of absorbable Trp, and supplementation of Trp in a rumen-protected form could be beneficial to growing lambs fed diets low in ruminally nondegradable protein. McLaren et al. (1965) also found that retention of absorbed N was increased when 0.8 g L-Trp was substituted for an isonitrogenous amount of urea in a lamb ration. In the present study, N utilization was improved with RPT supplementation until the medium level, and then declined with the high RPT supplementation. This indicated that RPT supplementation may improve AA balance, resulting in greater protein synthesis and decreased N excretion. In contrast, excess Trp may cause an AA imbalance or a reduction in its utilization for protein synthesis, possibly because another AA then becomes limiting. Based on N utilization, it is suggested that the beneficial level of RPT supplementation for Cashmere goat wethers is 2.0 g/d during the cashmere slow growth period.

4.4 Plasma EAA concentrations

AA concentrations in plasma provide a qualitative measure of the postrumenal delivery of EAA from rumen-protected AA products (Blum et al., 1999; Papas et al., 1984a, 1984b). An increase in plasma concentration of an AA may reflect its increased supply. In this experiment, RPT supplementation caused an increase in plasma Trp concentrations, indicating that Trp was well protected from rumenal degradation and was subsequently absorbed. Kollmann et al. (2008) reported similar results when RPT was administered by gavage to heifers and lactating cows.

When EAA provision is below the requirement, AA concentration in plasma may either increase marginally or not at all. However, once the requirement for the AA has been met, plasma concentration will increase more rapidly (Bergen, 1979; Broderick et al., 1974). In the present study, the plasma Trp increased only slowly at 2.0 g/d RPT supplementation, but increased rapidly at 4.0 g/d and 6.0 g/d RPT supplementation. This indicated that the Trp requirements of the Cashmere goats used in the present study were being adequately met by 2.0 g/d RPT supplementation.

When dietary Trp is deficient, plasma EAA accumulate (Montgomery et al., 1980). Total plasma EAA concentrations decrease as dietary level of the limiting AA approaches the requirement, suggesting that plasma EAA are utilized more efficiently for protein synthesis (Bravo et al., 1970; Bergen, 1979). In this experiment, RPT supplementation decreased plasma isoleucine, valine and total EAA concentrations, suggesting that RPT supplementation may improve AA balance, increase incorporation of AA into protein, thus lowering serum AA concentrations.

5 Conclusion

It can be concluded that RPT supplementation enhanced the growth performance and N utilization of Cashmere goats. Further, it may be an effective means of improving the cashmere fibre growth without deleteriously changing cashmere fibre diameter. Based on the present findings, the beneficial level of long-term RPT supplementation for Liaoning Cashmere goat wethers during the cashmere slow growth period must be 2.0 g/d.

Acknowledgement

This work was supported in part by a grant from Wool Cashmere Industry Technology System (No. nycytx-40-2) and National Key Technologies R & D Program (No. 2008BADB2B05).

References

[1] AOAC, 1984. Official Methods of Analysis, 14th ed. Assoc. Off. Anal. Chem., Arlington, VA.
[2] AOAC, 1990. Official Methods of Analysis, 15th ed. Assoc. Off. Anal. Chem., Arlington, VA.
[3] Bachman, S. E., Galyean, M. L., Hallford, D. M., 1993. Influence of supplemental tryptophan and zer-

anol implantation on performance, carcass composition, serum hormones and nutrient utilization by lambs. Small Rumin. Res. 12, 1-11.

[4] Bergen, W. G. 1979. Free amino acids in blood of ruminants-physiological and nutritional regulation. J. Anim. Sci. 49, 1577-1589.

[5] Blum, J. W., R. M. Bruckmaier, and F. Jans. 1999. Rumen-protected methionine fed to dairy cows: Bioavailability and effects on plasma amino acid pattern and plasma metabolite and insulin concentrations. J. Dairy Sci. 82, 1991-1998.

[6] Bravo, F. O., Meade, R. J., Stockland, W. L., Nordstrom, J. W., 1970. Re-evaluation of the isoleucine requirement of the growing pig-plasma free isoleucine as a response criterion. J. Anim. Sci. 31, 1137-1141.

[7] Broderick, G. A., L. D. Satter, and A. E. Harper. 1974. Use of plasma amino acid concentration to identify limiting amino acids for milk production. J. Dairy Sci. 57, 1015-1023.

[8] Candlish, E., Stanger, N. E., Devlin, T. J., 1970. Tryptophan absorption and metabolism in sheep. Can. J. Anim. Sci. 50, 337-344.

[9] Coşkun, Ş., Özer, Ç., Gönüil, B., Take, G., Erdoğan, D., 2006. The effect of repeated tryptophan administration on body weight, food intake, brain lipid peroxidation and serotonin immunoreactivity in mice. Mol. Cell. Biol. 286, 133-138.

[10] Cubero, J., Valero, V., Narciso, D., Rivero, M., Marchena, J. M., Rodríguez, A. B., Barriga, C., 2006. L-Tryptophan administered orally at night modifies the melatonin plasma levels, phagocytosis and oxidative metabolism of ringdove (*Streptopelia roseogrisea*) heterophils. Mol. Cell. Biol. 293, 79-85.

[11] Downing, J. A., Joss, J., Scaramuzzi, R. J., 1997. Ovulation rate and the concentrations of LH, FSH, GH, prolactin and insulin in ewes infused with tryptophan, tyrosine or tyrosine plus phenylalanine during the luteal phase of the oestrous cycle. Anim. Reprod. Sci. 45, 283-297.

[12] Haider, S., Akhtar, N., Kidwai, I. M., Haleem, D. J., 1999. Enhancement of brain serotonin by long term oral administration of tryptophan produces no effect on food intake. Journal of the College of Physicians and Surgeons-Pakistan. 12, 503-506.

[13] Hajak, G., Huether, G., Blanke, J., Blomer, M., Freyerm, C., Poeggeler, B., Reimer, A., Rodenbeck, A., Schulz-Varszegi, M., Ruther, E., 1991. The influence of intravenous L-tryptophan on plasma melatonin and sleep in men. Pharmacopsychiatry. 24, 17-20.

[14] Henry, Y., Seve, B., Colleaux, Y., Ganier, P., Saligaut, C., Jego, P., 1992. Interactive effects of dietary levels of tryptophan and protein on voluntary feed intake and growth performance in pigs, in relation to plasma free amino acids and hypothalamic secretion. J. Anim. Sci. 70, 1873-1887.

[15] Herichova, I., Zeman, M., Vaselovky, J., 1998. Effect of tryptophan administration on melatonin concentration in the pineal gland, plasma and gastrointestinal tract of chicken. Acta. Vet. Brno. 67, 89-95.

[16] Hynd, P. J., Allden, W. G., 1985. Rumen fermentation pattern, postruminal protein flow and wool growth rate of sheep on a high-barley diet. Austr. J. Agric. Res. 36, 451-460.

[17] Itabashi, H., Matsumoto, M., Kobayashi, T., 1994. Effects of rumen-bypass tryptophan and ethanol treatment of soyabeans on digestibility, nitrogen retention, urinary allantoin excretion and plasma free amino acids in goats. Bulletin of National Institute of Animal Industry. 54, 13-20.

[18] Jaworek, J., Leja-Szpak, A., Bonior, J., Nawrot, K., Tomaszewska, R., Stachura, J., Sendur, R., Pawlik, W., Brzozowski, T., Konturek, S. J., 2003. Protective effect of melatonin and its precursor L-tryptophan on acute pancreatitis induced by caerulein overstimulation or ischemia/reperfusion. J. Pineal.

Res. 34, 40-52.

[19] Klören, W. R. L., Norton, B. W., 1995. Melatonin and fleece growth in Australian cashmere goats. Small Rumin. Res. 17, 179-185.

[20] Kollmann, M. T., Locher, M., Hirche, F., Eder, K., Meyer, H. H. D., Bruckmaier, R. M., 2008. Effects of tryptophan supplementation on plasma tryptophan and related hormone levels in heifers and dairy cows. Domest Anim. Endocrin. 34, 14-24.

[21] Mason, V. C., S. Bech-Andersen, and M. Rudemo. 1980. Hydrolysate preparation for amino acid determination in feed constituents. 8. Studies of oxidation conditions for streamlined procedures. J. Anim. Physiol. Anim. Nutr. (Berl.) 43, 146-164.

[22] McLaren, G. A., Anderson, G. C., Barth, K. M., 1965. Influence of methionine and tryptophan on nitrogen utilization by lambs fed high levels of non-protein nitrogen. J. Anim. Sci. 24, 231-234.

[23] Millar, P., 1986. The performance of cashmere goats. Anim. Breed. Abstr. 54, 181-199.

[24] Montgomery, G. W., Flux, D. S., Greenway, R. M., 1980. Tryptophan deficiency in pigs: changes in food intake and plasma levels of glucose, amino acids, insulin and growth hormone. Hormone Metab. Res. 12, 304-309.

[25] Nolte, J. van E., Löest, C. A., Ferreira, A. V., Waggoner, J. W., Mathis, C. P., 2008. Limiting amino acids for growing lambs fed a diet low in ruminally undegradable protein. J. Anim Sci. 86, 2627-2641.

[26] NRC (National Research Council), 2007. Nutrient Requirements of Small Ruminants: Sheep, Goats, Cervids and New World Camelids. National Academy Press, Washington, DC.

[27] Papas, A. M., C. J. Sniffen, and T. V. Muscato. 1984a. Effectiveness of rumen-protected methionine for delivering methionine postruminally in dairy cows. J. Dairy Sci. 67, 545-552.

[28] Papas, A. M., J. L. Vicini, J. H. Clark, and S. Peirce-Sandner. 1984b. Effect of rumen-protected methionine on plasma free amino acids and production by dairy cows. J. Nutr. 114, 2221-2227.

[29] Pastuszewska, B., Tomaszewska-Zaremba, D., Buraczewska, L., Święch, E., Taciak, M., 2007. Effects of supplementing pig diets with tryptophan and acidifier on protein digestion and deposition, and on brain serotonin concentration in young pigs. Anim. Feed Sci. Technol. 132, 49-65.

[30] Peng, Y. S., Gubin, J., Harper, A. E., Vavich M. G., Karrmacr, A. R., 1973. Food intake regulation: amino acid toxicity and changes in rat brain and plasma amino acids. J. Nutr. 103: 608-617.

[31] Reis, P. J., Colebrook, W. F., 1972. The utilization of abomasal supplementations of proteins and amino acids by sheep with special preference to wool growth. Aust. J. boil. Sci. 25, 1057-1071.

[32] SAS, 1988. SAS user's guide, Statistics, SAS Inst. Inc., Cary, NC.

[33] Shahjalal, M. D., Galbraith, H., Topps, G. H., 1992. The effect of changes in dietary protein and energy on growth, body composition and mohair fibre characteristics of British Angora goats. Anim. Prod. 54, 405-412.

[34] Storm, E., Φrskov, E. R. 1984. The nutritive value of rumen micro-organism in ruminants. 4. The limiting amino acids of microbial protein in growing sheep determined by a new approach. Br. J. Nutr. 52, 613-620.

[35] Van Soest, P. J., Roberston, J. B., Lewis, B. A., 1991. Methods for dietary fibre NDF and non-starch polysaccharides in relation to animal nutrition. J. Dairy. Sci. 74, 3583-3597.

[36] Virtanen, A. I., 1966. Milk production of cows on protein-free feed. Science. 153, 1603-1614.

[37] Zhang, W., Wang, R. L., Zhu, X. P., Kleemann, D. O., Yue, C. W., Jia, Z. H., 2007. Effect of dietary copper on ruminal fermentation, nutrient digestibility, and fibre characteristics in cashmere goats.

Asian-Aust. J. Anim. Sci. 12, 1843-1848.

[38] Zhang, W., Wang, R. L., Kleemann, D. O., Gao, M. Y., Xu, J. H., Jia, Z. H., 2009. Effects of dietary copper on growth performance, nutrient digestibility and fibre characteristics in cashmere goats during the cashmere slow-growing period. Small Rumin. Res. 85, 58-62.

Effects of Rumen-protected Tryptophan on Performance, Nutrient Utilization, and Plasma Tryptophan in Cashmere Goats

Hui Ma, Xiaoping Zhu, Zhihai Jia

([a] College of Animal Science and Technology, China Agricultural University, Beijing 100193, P. R. China)

该文已被《African Journal of Biotechnology》接收

Abstract The thirty-six Liaoning Cashmere Goat wethers ((28.72±0.59) kg) were used to determine the effects of rumen-protected tryptophan (RPT) on performance, nutrient utilization and plasma tryptophan (Trp) during the cashmere fast-growing period. The goats were randomly assigned to the following treatments: control (without RPT), LRPT (RPT-low), MRPT (RPT-medium) and HRPT (RPT-high) at RPT levels of 0, 2.0, 4.0 and 6.0 g per goat per day, respectively. Rumen-protected tryptophan-medium supplementation improved average daily gain and feed efficiency ($P<0.05$) compared with the control and HRPT. Rumen-protected tryptophan supplementation increased ($P<0.05$) the length and growth rate of cashmere fiber, whereas no differences were observed among the LRPT, MRPT and HRPT treatment groups ($P>0.05$). Rumen-protected tryptophan-medium supplementation decreased urinary nitrogen (N) excretion and increased N retention compared with other groups ($P<0.05$). Plasma Trp concentration was higher for HRPT treatment group compared with other treatments ($P<0.05$). In conclusion, RPT supplementation potentially improved growth performance, N utilization and cashmere fibre growth in Liaoning Cashmere goats. In the experimental conditions of the current trial, the optimum RPT supplementation level was 4.0 g per goat per day during the cashmere fast-growing period.

Key words Rumen-protected tryptophan, Growth performance, Fibre characteristics, Nutrient utilization, Plasma tryptophan, Cashmere goats

1 Introduction

The essential amino acid tryptophan (Trp) is a required component of protein synthesis, functions in the formation of serotonin and melatonin, and it can be a precursor for nicotinic acid. Deficiency of Trp induces depression of feed intake and growth performance in monogastric animals (Montgomery et al., 1980; Henry et al., 1992). It is commonly assumed that most amino acids including Trp are not deficient in ruminants, because ruminal fermentation leads to production of microbial protein, the rumen microbial protein supply to the small intestines delivers a good quality pattern of essential and nonessential amino acids sufficient to support maintenance and normal, but not maximal, growth and milk production (Virtanen, 1966; Storm and Orskov, 1984). It has been suggested that low supplementation or imbalanced ratio of Trp feeding could result the deficiency of protein nutrition (Corfield and Robson, 1955; Reis and Tunks, 1978), which could lead to the insufficient supplyment for the maximum production (Virtanen, 1966; Storm and Orskov, 1984). Under these conditions supplemental feed sources high in rumen-protected Trp (RPT) can be fed to complement the supply of amino acids from microbial protein and balance the supply of essential amino acids to meet protein synthetic needs. Feeding RPT has been shown to increase growth performance of lambs (Nolte et al., 2008) and the wool output of sheep (Reis and Colebrook, 1972), as well as to improve nitrogen (N) utilization in goats (McLaren et al., 1965). However, the impacts of RPT on performance and nutrient utilization in cashmere goats are not yet known.

The LiaoNing Cashmere Goat is one of the major Cashmere goat in China which takes up 50% of the world's cashmere fiber yields (Zhang et al., 2008). Genetic factors as well as environmental effects had been widely investigated and discussed based on the cashmere fiber traits (Rose et al., 1992) which seldom reports which focused on the nutritional treatments were provided in contrasts (Lvey et al., 2000). Studies have shown that Trp supplementation increases plasma melatonin levels in chickens, rats, ringdoves, heifers and humans (Herichova et al., 1998; Jaworek et al., 2003; Cubero et al., 2006; Kollmann et al., 2008; Hajak et al., 1991), and melatonin can stimulate cashmere fiber growth (Klören and Norton, 1995). Thus, RPT supplementation could be speculated to positively affect cashmere fibre growth. The objectives of this study were to investigate the effects of RPT on growth performance, fibre characteristics, nutrient utilization and plasma Trp in Cashmere goats during the cashmere fiber fast-growing period.

2 Materials and methods

2.1 Animals, diets and feeding

The experiments carried out at the Liaoning Cashmere Goats Breeding Center, China, from August 2008 to November 2008. The animal care, handing and sampling procedures were approved by the China Agriculture University Animal Care and Use Committee.

Thirty-six Liaoning Cashmere Goat wethers, averaging 1.0 years of age and (28.72± 0.59) kg initial body weight (BW), were stratified by weight and randomly assigned to the following treatments: control (without rumen-protected tryptophan), LRPT (rumen-protected tryptophan-low), MRPT (rumen-protected tryptophan-medium) and HRPT (rumen-protected tryptophan-high) with 0, 2.0, 4.0 and 6.0 g RPT per goat per day, respectively. The RPT (containing 33% L-Trp, purchased from the Beijing Feeding Feed Science Technology Co. , Beijing, China) was added to the concentrate diet. The levels of RPT supplementation were chosen based upon the research of Itabashi et al. (1994). According to the conclusion of these researchers, supplementation at 4. 0 g/d was suitable for research on RPT feeding. Based on the differences in weight and breed, we set two levels of 2. 0 g/d and 6. 0 g/d supplementation, aiming to reveal the most feasible accession.

The experimental period lasted 90 days, including a 10-day adaptation period and a 10-day metabolism trial. Goats were housed in an open-sided barn in individual pens (1. 0×1. 5 m). Fresh water was available at all time. Diets consisted of 60% Chinese wildrye hay, 10% alfalfa hay and 30% concentrate (on a dry matter (DM) basis) which was composed of minerals and vitamins (NRC, 2007) (Table 1). The concentrate mixture included corn and wheat bran as energy sources and soybean meal as a protein source. Hay was offered once a day ad libitum, and concentrate was fed 300 g daily, divided into two equal meals at 8:00 and 16:00.

Table 1 Ingredients and chemical composition of the basal diet

Item	Concentration
Ingredient (%, fed basis)	
Chinese wildrye hay	60. 0
Alfalfa hay	10. 0
Corn	18. 2
Wheat bran	3. 00
Soybean meal	7. 00
Limestone	0. 20
Dicalcium phosphate	0. 20
NaCl	1. 00
premix[a]	0. 40
Chemical composition (DM basis)[b]	
Metabolizable energy (MJ/kg)	10. 1
Crude protein (%)	9. 87
Dry matter (%)	91. 7
Neutral detergent fiber (%)	50. 5
Acid detergent fiber (%)	30. 4
Calcium (%)	0. 46
Phosphorus (%)	0. 30
Tryptophan (%)	0. 09

[a] Premix contained the following per kilogram: $FeSO_4 \cdot 7H_2O$, 170 g; $CuSO_4 \cdot 5H_2O$, 70 g; $MnSO_4 \cdot 5H_2O$, 290 g; $ZnSO_4 \cdot 7H_2O$, 240 g; $MgSO_4 \cdot H_2O$ 120 g; Na_2SeO_3, 130 mg; KI, 220 mg; $CoCl_2 \cdot 6H_2O$, 510 mg; vitamin A, 30 500 000 IU; vitamin D, 6 100 000 IU; vitamin E 50 000 IU.

[b] Analyzed values except metabolizable energy. Metabolizable energy was calculated by metabolizable energy in ingredient of the basal diet.

2.2 Collection of data and samples

Daily feed offerings and refusals were measured to obtain feed intake for each goat. BW was obtained before the goats were fed in the morning on two consecutive days at the beginning and end of the experiment. During the last 10 days of the experiment, four goats from each treatment with similar feed intakes were housed individually in metabolism crates for the total collection of feces and urine. After a 5-day adapted period, 5 days of collection of feces and urine was performed. Fecal was collected three times daily into fecal collection pans and stored at −20℃. At the end of each collection period all feces from a goat was thawed, mixed thoroughly, and subsampled for subsequent analysis. Urine was collected into plastic containers containing 50 ml of 50% HCl to prevent NH_3 volatilization. Urine volume was measured and recorded daily and a 10% aliquot stored at −20℃ until analysis.

Blood samples were collected on the day before RPT supplementation (d 0) and d 30, 60, 90 via jugular venipuncture in heparinized-trace tubes before the goats were fed in the morning. Blood samples were immediately chilled to 0℃ on ice and centrifuged at 4℃ for 15 min at 3 000×g, then put into 5 ml polyethylene tubes and frozen at −20℃ for analyses of plasma Trp concentration.

A 5 cm×5 cm area of fiber on the right scapular area was shorn at the beginning of the study. On day 90 fiber samples were collected by stainless steel clippers from the 5 cm×5 cm area. The samples were stored in sealed polythene bags at room temperature for cashmere fiber characteristics analyses.

2.3 Analytical procedures

All feed, orts, and feces samples were dried at 55℃ for 72 h in a forced air-drying oven, allowed to air-equilibrate, weighed to determine moisture loss, and then ground in a Wiley mill to pass through a 1-mm screen (FZ102, Shanghai Hong Ji Instrument Co. Ltd, Shanghai, China). Dry matter, organic matter (OM) concentrations in feeds, orts, and feces samples were analyzed using standard methods (AOAC, 1990). Nitrogen concentrations in feeds, feces and urine samples were determined by the Kjeldahl method (AOAC, 1990). Neutral detergent fiber (NDF) and acid detergent fiber (ADF) were measured according to Van Soest et al. (1991). Tryptophan in feeds was analyzed according to the procedures described by Buraczewska and Buraczewski (1984). Plasma Trp concentration was measured using high-performance liquid chromatography system (LC-10A, HIMADZU, Japan) according to Pastuszewska (2007). Cashmere fibre samples were washed by soaking overnight in a detergent solution, rinsed thoroughly in deionized water and then dried at 80℃ (Zhang et al., 2007). To calculate cashmere fibre growth, a calliper was used to measure the relaxed length (to the nearest millimetre) of the un-dyed section of the fibres at the end of experiment, and the diameter of cashmere fibre was measured on a random sample of 100 fibres using an Optic Fibre Diameter Analyse system (IWTO, 1992), as described by Shahabad et al. (1992).

2.4 Statistical analysis

The data were analyzed using the GLM procedure of SAS (1988). The following model was used: $Y_{ij}=\mu+T_i+\varepsilon_{ij}$, where Y_{ij} is the dependent variables; μ is the overall mean; T_i is the effect of RPT supplementation ($i=1, 4$); ε_{ij} is the random error. Duncan's multiple range tests were used to detect statistical significance between treatment groups.

3 Results

3.1 Performance

The effects of RPT supplementation on growth performance and cashmere fiber characteristics are shown in Table 2. There were no differences in initial and final BW among treatments ($P>0.05$). Feed intake averaged 1 183 g/day and was not affected ($P>0.05$) by treatment. Rumen-protected tryptophan-medium showed the higher average daily gain (ADG) ($P<0.05$) and lower feed efficiency ($P<0.05$) but not significant versus LRPT ($P>0.05$). No differences among the Control, LRPT and HRPT treatment groups ($P>0.05$) were observed in ADG and feed efficiency.

Table 2 Effect of RPT supplementation on growth performance and fibre characteristics of Cashmere goats

Item	Treatments[a]				S. E. M[b]
	Control	LRPT	MRPT	HRPT	
Initial live weight (kg)	28.7	28.8	28.5	28.8	0.24
Final live weight (kg)	38.8	40.3	41.9	38.6	0.43
Average daily gain (g)	111.8 b	127.6 ab	148.9 a	108.9 b	8.62
Feed intake (g/day)	1 126	1 199	1 215	1 190	23.76
Feed efficiency[c]	10.08 a	9.38 ab	8.20 b	11.18 a	0.34
Cashmere length (cm)	3.68 b	4.71 a	4.75 a	4.71 a	0.40
Cashmere growth rate (mm/day)	0.41 b	0.52 a	0.53 a	0.52 a	0.04
Cashmere fiber diameter (μm)	14.6	14.7	14.9	14.7	0.58

Means within the same row with different letters (a-b) are different ($P<0.05$).

[a] Control, LRPT, MRPT and HRPT at RPT levels of 0, 2.0, 4.0 and 6.0 g per goat per day, respectively

[b] S. E. M. = standard error of mean

[c] Feed efficiency was calculated by the formula: Feed intake (g/day)/ Average daily gain (g)

There was no difference in cashmere fibre diameter between treatments ($P>0.05$). However, cashmere growth length and cashmere growth rate were improved significantly ($P<0.05$) by RPT supplementation but no differences among the LRPT, MRPT and HRPT treatment groups ($P>0.05$) were observed.

3.2 Nutrient utilization

The effects of RPT supplementation on digestibility of nutrients and N utilization are presented in Table 3. There were no differences in the digestibility of DM, OM, CP, NDF and ADF among treatments ($P>0.05$). Similarly, RPT supplementation had no influence on N intake and fecal N excretion among treatments ($P>0.05$). However, MRPT supplementation decreased urinary N excretion ($P<0.05$) and increased N retention ($P<0.05$) compared with other groups. LRPT had also less ($P<0.05$) urinary N excretion and higher N ($P<0.05$) retention than HRPT but not significant versus Control, and no differences were found between Control and HRPT group in urinary N excretion and N retention ($P>0.05$).

Table 3 Effect of RPT supplementation on digestibility of nutrients and N utilization of Cashmere goats

Item	Treatments[a]				S. E. M[b]
	Control	LRPT	MRPT	HRPT	
Digestibility (%)					
DM	70.0	71.4	75.1	68.8	1.95
OM	71.2	72.1	75.8	69.1	2.21
CP	71.6	74.3	76.5	70.3	1.69
NDF	64.3	65.7	66.2	64.8	0.78
ADF	60.1	62.0	62.6	60.0	1.00
N utilization (g/day)					
N intake	15.9	16.8	17.0	16.8	0.29
Fecal N	4.67	4.50	3.99	4.91	0.30
Urinary N	5.23 ab	5.04 b	4.01 c	5.92 a	0.21
N retention	5.98 cb	7.27 b	9.01 a	5.94 c	0.48

Means within the same row with different letters (a-c) are different ($P<0.05$).

[a] Control, LRPT, MRPT and HRPT at RPT levels of 0, 2.0, 4.0 and 6.0 g per goat per day, respectively.

[b] S. E. M. = standard error of mean.

3.3 Plasma tryptophan

Effects of RPT supplementation on plasma Trp concentration are shown in Table 4. At the beginning of the experiment there was no difference in plasma Trp concentration among treatments ($P>0.05$). However, Plasma Trp concentrations on day 30, 60 and 90 of the experiment were increased by RPT supplementation and were higher ($P<0.05$) for HRPT group compared with other groups, and no differences among the Control, LRPT and MRPT treatment groups ($P>0.05$) were observed.

Table 4 Effect of RPT supplementation on plasma Trp concentrations of Cashmere goats (μg/mL)

Day	Treatments[a]				S. E. M[b]
	Control	LRPT	MRPT	HRPT	
0	12.02	13.48	12.92	13.12	0.11
30	12.61 b	15.06 b	16.65 b	21.49 a	0.23
60	12.91 b	15.38 b	16.40 b	21.18 a	0.15
90	12.31 b	16.03 b	17.05 b	22.12 a	0.06

Means within the same row with different letters (a-b) are different ($P<0.05$).

[a] Control, LRPT, MRPT and HRPT at RPT levels of 0, 2.0, 4.0 and 6.0 g per goat per day, respectively.

[b] S. E. M. = standard error of mean.

4 Discussion

4.1 Performance

The ADG increased with MRPT supplementation, and then declined at the high level of RPT supplementation. These effects were due to the metabolic balance of amino acid in vivo, which resulted in a high level of protein synthesis. Nolte et al. (2008) found Trp to be the third most limiting amino acid in growing lambs during the process of non-protein N utilization. They also found that supplementation of Trp in a rumen-protected form had positive effects on growth performance in ruminants. However, higher Trp supplementation may have had a depressive effect on growth by causing an amino acid imbalance or an amino acid antagonism (Candlish et al., 1970). The present results indicated that 4.0 g/d RPT supplementation in a Cashmere Goat diet was adequate to meet the optimal dietary requirements; growth performance was not further improved by a higher supply of RPT.

Typical cashmere fiber diameter in Mongolia, China and Iran ranges between 13 and 16 μm (Millar, 1986). Cashmere fiber diameters observed in this experiment are within the range (13～16 μm) and RPT supplementation improved cashmere fiber growth. Rels and Colebrook (1972) found that the additional L-Trp adding to the zein could increase wool yield in sheep. The amount of amino acids reaching the intestine may affect cashmere fiber growth (Hynd and Allden, 1985). Besides the effect of the absorbed amino acid on the cashmere fiber growth, higher Trp availability could have exert an effect also on the endocrine system involved on cashmere fiber growth. In fact it has been observed that free plasma Trp penetrates through the blood-brain barrier into the brain, within pineal cells, it is converted to melatonin (Kollmann et al., 2008). Studies have also shown that Trp supplementation can increase plasma melatonin levels (Herichova et al., 1998; Jaworek et al., 2003; Cubero et al., 2006; Kollmann et al., 2008; Hajak et al., 1991), and melatonin can stimulate cashmere fiber growth (Klören and Norton, 1995). Based on the length and growth rate of cashmere fiber, RPT supplementation may be an effective means of improving the cashmere fiber growth.

4.2 Nutrient utilization

The result demonstrated that the RPT supplementation improved N utilization by increasing N retention. Similar observations have been obtained by Itabashi et al. (1994) that N retention was increased by 4 g/d RPT supplementation to Japanese Saanen Goats. An increased retention of absorbed N was observed by McLaren et al. (1965) when 0.8 g L-Trp was substituted for an isonitrogenous amount of urea in a lamb ration. Nolte et al. (2008) found that N retention of lambs was limited by inadequate supplies of absorbable Trp, and supplementation of Trp in a rumen-protected form could be beneficial to growing lambs fed diets low in ruminally undegradable protein. An increase in N retention was due to less urinary N excretion. Nimrick et al. (1970) reported that all responses in N retention of lambs abomasally administered amino acids resulted from changes in urinary N excretion. In this experiment, the decreased urinary N excretion and the increased N retention when 4.0 g/d RPT was supplemented indicated that RPT supplementation may improve amino acid balance, resulting in greater protein synthesis and decreased N excretion.

4.3 Plasma Trp

Studies have shown that Trp supplementation results in an increase of plasma Trp concentrations under certain experimental conditions. Kollmann et al. (2008) found 125 g/d Trp supplementation caused an increase of plasma Trp levels in heifers and in cows both at daytime and nighttime. Koopmans et al. (2006) indicated pigs fed the Trp supplemented diet had approximately a 2-fold elevation in plasma Trp concentrations on d 4, 5, and 6 after diet introduction. When provision of an essential amino acid is below the requirement, the amino acid concentration in plasma may either increase marginally or not at all. However, once the requirement for the essential amino acid has been met, plasma concentration will increase more rapidly (Bergen, 1979; Broderick et al., 1974). In the present study, the plasma Trp increased only slowly at 4.0 g/d RPT supplementation, but increased rapidly at 6.0g/d RPT supplementation. This indicated that the Trp requirements of the Cashmere Goats used in the present study were being adequately met by 4.0 g/d RPT supplementation.

5 Conclusion

It can be concluded that that RPT supplementation improved the ADG and N utilization of Cashmere goats, and it may be an effective means of improving the cashmere fiber growth. Based on the present findings, the beneficial level of long-term RPT supplementation for Liaoning Cashmere Goat wethers is 4.0 g/d during the cashmere fast-growing period.

Acknowledgement

This work was supported in part by a grant from Wool Cashmere Industry Technology System (No. nycytx-40-2) and National Key Technologies R & D Program (No. 2008BADB2B05).

References

[1] AOAC (1990). Official Methods of Analysis, 15th ed. Association of Official Analytical Chemists, Arlington, Virginia, pp. 40-90.

[2] Bergen WG (1979). Free amino acids in blood of ruminants-physiological and nutritional regulation. J. Anim. Sci. 49:1577-1589.

[3] Broderick GA, Satter LD, Harper AE (1974). Use of plasma amino acid concentration to identify limiting amino acids for milk production. J. Dairy Sci. 57: 1015-1023.

[4] Buraczewska L, Buraczewski S (1984). A note on determination of methionine and tryptophan. In: Zebrowska, T., Buraczewska, L., Buraczewski, S., Kowalczyk, J., Pastuszewska, B. (Eds.), Proceedings of the Sixth International Symposium on Amino Acids, Serock, Poland. Warszawa. Polish Scientific Publishers, pp. 47-50.

[5] Candlish E, Stanger NE, Devlin TJ (1970). Tryptophan absorption and metabolism in sheep. Can. J. Anim. Sci. 50:337-344.

[6] Corfield MC, Robson (1955). The amino acid composition of wool. Biochem. J. 59:62-68.

[7] Cubero J, Valero V, Narciso D, Rivero M, Marchena JM, Rodríguez AB, Barriga C (2006). L-Tryptophan administered orally at night modifies the melatonin plasma levels, phagocytosis and oxidative metabolism of ringdove (Streptopelia roseogrisea) heterophils. Mol. Cell. Biol. 293:79-85.

[8] Hajak G, Huether G, Blanke J. Blomer M, Freyerm C, Poeggeler B, Reimer A, Rodenbeck A, Schulz-Varszegi M, Ruther E (1991). The influence of intravenous L-tryptophan on plasma melatonin and sleep in men. Pharmacopsychiatry. 24:17-20.

[9] Henry Y, Seve B, Colleaux Y, Ganier P, Saligaut C, Jego P (1992). Interactive effects of dietary levels of tryptophan and protein on voluntary feed intake and growth performance in pigs, in relation to plasma free amino acids and hypothalamic secretion. J. Anim. Sci. 70:1873-1887.

[10] Herichova I, Zeman M, Vaselovky J (1998). Effect of tryptophan administration on melatonin concentration in the pineal gland, plasma and gastrointestinal tract of chicken. Acta. Vet. Brno. 67: 89-95.

[11] Hynd PJ, Allden WG (1985). Rumen fermentation pattern, postruminal protein flow and wool growth rate of sheep on a high-barley diet. Austr. J. Agric. Res. 36:451-460.

[12] Itabashi H, Matsumoto M, Kobayashi T (1994). Effects of rumen-bypass tryptophan and ethanol treatment of soyabeans on digestibility, nitrogen retention, urinary allantoin excretion and plasma free amino acids in goats. Bulletin of National Institute of Animal Industry. 54:13-20.

[13] Ivey DS, Owens FN, Sahlu T, Teh TH, Claypool PL, Goetsch AL (2000). Growth and cashmere production by Spanish goats consuming ad libitum diets differing in protein and energy levels. Small Rumin. Res. 35:133-139.

[14] Jaworek J, Leja-Szpak A, Bonior J, Nawrot K, Tomaszewska R, Stachura J, Sendur R, Pawlik W, Brzozowski T, Konturek SJ (2003). Protective effect of melatonin and its precursor L-tryptophan on acute pancreatitis induced by caerulein overstimulation or ischemia/reperfusion. J. Pineal. Res. 34: 40-52.

[15] Klören WRL, Norton BW (1995). Melatonin and fleece growth in Australian cashmere goats. Small Rumin. Res. 17: 179-185.

[16] Kollmann MT, Locher M, Hirche F, Eder K, Meyer HHD, Bruckmaier RM (2008). Effects of tryptophan supplementation on plasma tryptophan and related hormone levels in heifers and dairy cows. Domest Anim. Endocrin. 34:14-24.

[17] Koopmans S J, Guzik A C, Meulen J, Dekker R, Kogut J, Kerr BJ (2006). Effects of supplemental L-tryptophan on serotonin, cortisol, intestinal integrity, and behavior in weanling piglets. J. Anim. Sci. 84: 963-971.

[18] McLaren G A, Anderson G C, Barth KM (1965). Influence of methionine and tryptophan on nitrogen utilization by lambs fed high levels of non-protein nitrogen. J. Anim. Sci. 24: 231-234.

[19] Millar P (1986). The performance of cashmere goats. Anim. Breed. Abstr. 54: 181-199.

[20] Montgomery G W, Flux D S, Greenway RM (1980). Tryptophan deficiency in pigs: changes in food in take and plasma levels of glucose, amino acids, insulin and growth hormone. Hormone Metab. Res. 12: 304-309.

[21] Nimrick K, Haffield E E, Kauimk J, Owens F N (1970). Qualitative assessment of supplemental amino acid needs for growing lambs fed urea as the sole nitrogen source. J. Nutr. 100: 1293.

[22] Nolte J van E, Löest C A, Ferreira A V, Waggoner JW, Mathis C P (2008). Limiting amino acids for

growing lambs fed a diet low in ruminally undegradable protein. J. Anim Sci. 86:2627-2641.

[23] NRC (National Research Council) (2007). Nutrient Requirements of Small Ruminants: Sheep, Goats, Cervids and New World Camelids. National Academy Press, Washington, D C.

[24] Pastuszewska B, Tomaszewska-Zaremba D, Buraczewska L, Święch E, Taciak M (2007). Effects of supplementing pig diets with tryptophan and acidifier on protein digestion and deposition, and on brain serotonin concentration in young pigs. Anim. Feed Sci. Technol. 132: 49-65.

[25] Reis P J, Colebrook WF (1972). The utilization of abomasal supplementations of proteins and amino acids by sheep with special preference to wool growth. Aust. J. boil. Sci. 25:1057-1071.

[26] Reis P J, Tunks D A (1978). Effects on wool growth of the infusion of mixtures of amino acids into the abomasum of sheep. J. Agric. Sci. 90: 173-183.

[27] Rose M, Young R A, Eady S J (1992). Phenotypic and genetic parameters for production characters of cashmere goats in southwest Queensland. Proc. Aust. Soc. Anim. Prod. 19: 266-268.

[28] SAS (1988). SAS user's guide, Statistics, SAS Inst. Inc, Cary, NC.

[29] Shahjalal M D, Galbraith H, Topps GH (1992). The effect of changes in dietary protein and energy on growth, body composition and mohair fiber characteristics of British Angora goats. Anim. Prod. 54: 405-412.

[30] Storm E, Φrskov E R (1983). The nutritive value of rumen micro-organism in ruminants. 1. Large-scale isolation and chemical composition of rumen micro-organism. Br. J. Nutr. 50: 463-470.

[31] Van Soest P J, Roberston J B, Lewis B A (1991). Methods for dietary fiber NDF and non-starch polysaccharides in relation to animal nutrition. J. Dairy. Sci. 74: 3583-3597.

[32] Virtanen AI (1966). Milk production of cows on protein-free feed. Science. 153:1603-1614.

[33] Zhang W, Wang R L, Kleemann D O, Lu D X, Zhu X P, Zhang C X, Jia Z H (2008). Effect of dietary copper on nutrient digestibility, growth performance and plasma copper status in cashmere goats. Small Rumin. Res. 74: 188-193.

[34] Zhang W, Wang R L, Zhu X P, Kleemann D O, Yue C W, Jia Z H (2007). Effect of dietary copper on ruminal fermentation, nutrient digestibility, and fibre characteristics in cashmere goats. Asian-Aust. J. Anim. Sci. 12: 1843-1848.

三、能量需要量研究

能量摄入水平对内蒙古白绒山羊绒生长旺盛期体组成和产绒性能的影响

施立成　贾志海　王润莲　孔祥浩　罗海玲　那仁巴图

（中国农业大学动物科技学院，北京　100094）

论文发表在《中国农业大学学报》2004，9(2)：40-43

摘要　为探讨不同的能量摄入水平对绒山羊体组成和产绒性能的影响，确定舍饲条件下绒山羊适宜的能量供给。本试验在保持蛋白质和其他养分摄入量一致的情况下设高、中、低 3 种能量摄入水平（代谢能摄入量分别为 6.70、5.67、4.46 MJ・d^{-1}），选 9 只内蒙古白绒山羊羯羊，随机均分为 3 组，于绒生长旺盛期进行饲养试验、体组成分析、绒毛品质及产绒量测定。结果表明：提高能量摄入水平对活重、空体重、胴体重和屠宰率（高能量摄入组分别为 24.23、20.19 和 10.65 kg、43.81%）没有显著影响（$P>0.05$），但对体组成、体蛋白分布和去毛空体成分有显著影响（$P<0.05$），胴体脂肪含量显著提高 4.01%～5.41%（$P<0.05$）；不同能量摄入对绒长度（3.37～3.72 cm）和细度（15.74～15.77 μm）没有显著影响（$P>0.05$），但高能量摄入使绒毛密度、绒毛占被毛比例和产绒量分别提高 725 根/cm^2、12.5%、103.42 g（$P<0.05$）。绒山羊在舍饲条件下采用高能量摄入水平有利于羊绒生产。

关键词　绒山羊；能量；体组成；产绒性能

Effect of Dietary Energy Level on Body Composition and Cashmere Production of Inner Mongolian White Cashmere Goats During Cashmere Fast-growing Period

Shi Licheng，Jia Zhihai，Wang Runlian，Kong Xianghao，Luo Hailing，Naren Batu

(College of Animal Science and Technology，China Agriculture University，Beijing 100094，China)

Abstract　A feeding trail using 9 cashmere goats was conducted to study the effect of high

(ME 6.70 MJ/d), middle (ME 5.67 MJ/d), or low (ME 4.46 MJ/d) level of energy intake on body composition and cashmere production of Inner Mongolian White Cashmere Goats during cashmere fast growing period. The results showed that daily energy intake levels had no influence ($P>0.05$) on live body weight, empty body weight, carcass weight and dressing percent, but significantly influence ($P<0.05$) body composition, body protein distribution and fleece-free empty body composition. Compared with middle and low level of energy intake, high energy intake increased 5.41% and 4.01% of carcass fat ($P<0.05$). Although daily energy intake level did not affect cashmere length (ranged from 3.37 to 3.72 cm) and diameter (ranged from 15.74 to 15.77 μm), increasing daily energy intake level resulted in increased 599 and 725 wools/cm^2 of cashmere density ($P<0.05$), 12.50% and 11.21% of cashmere to wool ratio ($P<0.05$) and 103.42 and 80.64 g of cashmere yield ($P<0.05$) compared with those of middle and low level of dietary energy intake. Based on those results, we recommend that high energy level of diet would be used to increase cashmere production in Inner Mongolian White Cashmere Goats during their fast-growing period.

Key words cashmere goat, energy, body composition, cashmere production

充足的能量供应是其他营养素被有效利用的基础,是影响绒山羊生产性能的重要因素。国外的许多研究[1-4]认为,绒山羊的营养水平以保持在维持基础上或使体重略有提高为宜,可保证山羊绒生长处于最佳状态。国内对绒山羊的能量研究甚少[5,6],结果也与国外不同,可能是国内优良绒山羊品种在遗传特点和生产性能上与国外品种有很大差异,对营养的反应不同所致。本试验通过日粮营养含量和采食量的控制,在保持蛋白质和其他养分摄入量基本一致的情况下,研究不同的能量摄入水平对内蒙古白绒山羊绒生长旺盛期的体组成和产绒性能的影响,为舍饲条件下绒山羊适宜的能量供给提供理论依据和技术参考。

1　材料与方法

1.1　试验动物及分组

选择 1.5 岁、体重相近、生长发育良好的内蒙古阿尔巴斯白绒山羊羯羊 9 只,随机均分为 3 组:高(H)、中(M)和低(L)能量摄入组。3 组试验羊体重差异不显著($P>0.05$)。

1.2　试验饲粮

参照 NRC(1981)[7]山羊的饲养标准设计 3 种试验日粮,通过日粮养分含量和采食量控制其能量摄入水平分别为高、中、低 3 个水平,蛋白质及其他养分的摄入量基本保持一致。试验日粮配方、营养水平及每日营养物质摄入量见表 1。

表 1　试验日粮组成、营养水平及每日营养物质摄入量*

Table 1　Composition and nutrient level of diets and daily nutrient intake w/%　　w/%

原料	H 组	M 组	L 组	营养水平	H 组	M 组	L 组
玉米	27.00	10.00	1.00	代谢能/(MJ · kg^{-1})	9.20	8.10	8.11
玉米淀粉	0.00	7.30	12.00	粗蛋白	9.09	9.78	12.50
大豆油	3.00	0.00	0.00	钙	0.30	0.32	0.39
麸皮	1.60	9.50	2.40	磷	0.19	0.22	0.27
豆粕	0.00	0.00	9.80	硫	0.20	0.22	0.28

续表 1

原料	H 组	M 组	L 组	营养水平	H 组	M 组	L 组
盐	0.40	0.40	0.40	ADF	30.39	29.97	29.74
石粉	0.00	0.10	0.00	营养物质摄入量/(g·d^{-1})			
磷酸氢钙	0.25	0.20	0.54	代谢能/(MJ·d^{-1})	6.70	5.67	4.46
尿素	0.00	0.15	0.15	粗蛋白	68.21	68.48	68.73
硫酸钠	0.29	0.35	0.55	钙	2.27	2.24	2.16
预混料	0.09	0.10	0.13	磷	1.46	1.54	1.50
青干草	67.37	71.90	73.03	硫	1.53	1.54	1.54

注：* 营养物质摄入量为实测值。预混料含微量元素(g/kg)：$FeSO_4 \cdot 7H_2O$ 170、$CuSO_4 \cdot 5H_2O$ 70、$MnSO_4 \cdot 5H_2O$ 290、$ZnSO_4 \cdot 7H_2O$ 240、$CoCl_2 \cdot 6H_2O$ 0.51，KI 0.22、Na_2SeO_3 0.13。维生素(IU/kg)：VA 1 620 000、VD_3 324 000、VE 540。

1.3 试验羊饲养与管理

试验在山羊绒生长旺盛期(9—12 月)进行。试验羊免疫和驱虫后入舍，单笼饲养，每日早、晚 2 次饲喂，先粗后精，自由饮水。预饲 2 周，正试期期间根据剩料情况及时调整精、粗料给量，以使每只试验羊基本采食完所给饲料。

1.4 测定项目和方法

试验开始时，对试验羊体右侧部肩胛骨后缘 10 cm×10 cm 面积的绒毛染色，每月紧贴试验羊皮肤剪下被染色的绒毛，测定其长度。试验结束按五点法取绒样测定其细度、密度和产绒量，并按冯宗慈[8]方法将试验羊全部屠宰、制样，进行体组成分析。羊绒长度、细度、密度的测定按照《羊毛分析试验》方法进行。样品常规分析参照国家标准[9]。能量测定用氧弹式测热仪。

1.5 数据统计和分析

采用 SAS 6.12 软件包中的平衡试验设计方差分析过程(ANOVA)，用 Duncan 法进行多重比较。

2 结果与分析

2.1 屠体指标及体组成(表 2)

表 2 屠体指标及体组成

Table 2 Carcass measures and body composition

项目	H 组	M 组	L 组
活重及屠体指标/kg			
活重	24.23±3.07	22.67±3.33	21.27±2.37
空体重	20.19±3.05	18.42±2.88	17.73±2.10
胴体重	10.65±1.90	9.93±1.50	9.55±1.32
屠宰率/%	43.81±2.99	43.83±1.71	44.84±1.58
胴体各部分占空体重比例			
肌肉	29.80±2.88	29.02±1.70	26.26±0.12

续表 2

项目	H 组	M 组	L 组
脂肪	10.38±0.82a	6.37±1.57b	4.97±0.92b
骨	15.30±0.69b	16.12±0.62b	18.49±0.36a
血	3.51±0.39b	4.26±0.41a	3.88±0.12ab
皮	8.72±0.51	8.37±1.09	9.72±0.42
头蹄	8.95±0.41b	9.89±0.39a	10.16±0.39a
内脏	9.49±0.76b	10.54±0.15a	9.69±0.19ab
被毛	3.26±0.29	3.32±0.46	3.70±0.48
去毛空体成分/%			
脂肪	25.47±2.26a	19.82±3.99ab	17.35±4.03b
粗蛋白	16.05±1.06b	17.50±1.05ab	18.08±0.73a
能量/(kJ/g)	14.04±0.66	12.46±1.83	11.23±1.60

注:同行数据字母不同为差异显著($P<0.05$)。下同。

各组活重、空体重、胴体重、屠宰率均差异不显著($P>0.05$)。说明能量摄入水平对胴体指标影响不大。这一结果和 Urbaniak[10] 在杂交公羊(黑头肉羊×波兰美利奴)上的结果一致。就胴体各部分占空体重的比例来看,肌肉、皮、被毛占空体重的比例均差异不显著($P>0.05$);脂肪占空体重的比例 H 组 10.38%,比 M、L 组分别高出 4.01%和 5.41%,显著差异($P<0.05$);骨骼和头蹄占空体比例均随能量摄入水平提高而下降,前者 H、M 组分别为 15.30%和 16.12%,比 L 组显著降低 3.19%和 2.37%($P<0.05$),后者 H 组为 8.95%,比 M、L 组显著降低 0.94%和 1.21%($P<0.05$);血液和内脏占空体比例 M 组最高,分别为 4.26%和 10.54%,比 H 组显著提高 0.75%和 1.05%($P<0.05$),和 L 组差异不显著($P>0.05$)。去毛空体脂肪含量随能量摄入水平的提高而增加,H 组为 25.47%,比 L 组显著提高 8.12%($P<0.05$),粗蛋白含量的变化趋势与脂肪正相反,能量含量组间差异不显著($P>0.05$)。综上结果,能量摄入水平对绒山羊的体组成和去毛空体成分有显著影响。Ash 和 North[1] 对澳大利亚绒山羊的研究表明,不同的营养水平对身体各器官组织的相对比例没有显著影响($P>0.05$),自由采食的绒山羊比限饲的绒山羊胴体中脂肪显著增多;冯宗慈[8] 研究内蒙古细毛羊的结果显示,随营养水平提高去毛空体脂肪含量增加,蛋白含量较稳定。提高能量摄入水平可显著提高绒山羊胴体脂肪含量。

2.2　体蛋白质的分配(表 3)

表 3　不同组织中蛋白质占体蛋白质总量的比例

Table 3　Protein partition in different tissues based on total body protein　%

项目	H 组	M 组	L 组
角	1.27±0.04a	1.19±0.10ab	1.14±0.03b
肌肉	39.28±2.00	37.73±3.03	37.73±3.12
内脏	12.47±1.19b	15.04±0.99a	11.73±0.76b
骨	16.56±2.03	17.60±2.20	18.43±1.50
皮	13.42±0.72ab	12.68±0.44	14.13±0.28a
粗毛	10.64±1.48	11.81±1.15	12.42±2.84
绒毛	6.36±0.27a	3.95±0.50b	4.42±0.38b

能量摄入水平显著影响角、内脏、皮、绒毛蛋白占体蛋白的比例。角蛋白比例 H 组为 1.27%，比 L 组显著提高 0.13%($P<0.05$)；内脏蛋白比例 M 组为 15.04%，比 H、L 组分别高出 2.57%、3.31%，差异显著($P<0.05$)；皮蛋白比例 L 组最高为 14.13%；绒毛蛋白比例 H 组为 6.36%，比 M、L 组显著提高 2.41%和 1.94% ($P<0.05$)。肌肉、骨、粗毛蛋白占体蛋白的比例差异不显著($P>0.05$)。

2.3 产绒性能(表 4)

表 4 羊绒生长率、细度和产绒量

Table 4 Growth rate, diameter and yield of cashmere

项目	H 组	M 组	L 组
月均生长长度/cm	1.16±0.29	1.24±0.11	1.12±0.11
全期生长长度/cm	3.49±0.87	3.72±0.32	3.37±0.33
绒毛生长率/($mm \cdot d^{-1}$)	0.343±0.111	0.349±0.016	0.310±0.033
羊绒细度/μm	15.76±1.52	15.77±1.19	15.74±1.28
羊绒密度/(根·cm^{-2})	2.415±512a	1.690±610b	1.816±563b
绒毛占被毛总重比例/%	37.14±3.65a	24.64±0.95b	25.93±4.83b
产绒量/g	269.94±41.68a	166.52±10.57b	189.30±9.63b

3 组试验羊的羊绒月均生长长度、全期生长长度、生长率和细度分别为 1.12～1.24 cm，3.37～3.72 cm，0.310～0.349 mm/d 和 15.74～15.77 μm，组间差异不显著($P>0.05$)。羊绒密度、绒毛占被毛比例和产绒量均 H 组最高，分别为 2 415 根·cm^{-2}、37.14%和 269.94 g，均显著高于 M、L 组($P<0.05$)，分别比最低值高出 725 根·cm^{-2}，12.5%和 103.42 g，M、L 组间差异不显著($P<0.05$)。随能量摄入水平提高，羊绒长度和细度没有明显变化，但羊绒密度、绒毛占被毛比例和产绒量显著提高。绒长度和细度与 Ivey[11] 在西班牙山羊、Mcgregor[3] 对澳大利亚绒山羊的研究结果类似，绒毛比和产绒量与孙海洲[5] 高能高蛋白提高产绒量的结果一致，达文政[12] 给绒山羊的补饲试验也证实了这一点。相反 Kloren 和 North[13] 认为供给绒山羊维持需要以上营养时，绒山羊产绒量不受影响。Ash 等[2]、Mcgregor[3]、Johnson 等[14] 和 Restall 等[15] 的研究表明，增加日粮蛋白和能量水平可增加产绒量。分析营养水平对绒山羊绒毛生长影响的不同报道，可能与绒山羊品种及其产绒性能有关，对产绒潜力低的绒山羊，改善蛋白质和能量供应对获得最大产绒量作用并不明显，而对高产优质绒山羊(年产绒 450～600 g)，改善日粮营养水平充分满足高产品种对养分的需求，使单位皮肤面积上绒纤维生长的个数显著增加，绒毛占整个被毛的比例提高，从而使产绒量显著增加。

3 结论

内蒙古白绒山羊在绒生长旺盛期内提高能量摄入水平不增加活重、空体重、胴体重和屠宰率，但显著影响体组成、体蛋白分布和去毛空体成分，胴体脂肪含量显著增加。不同的能量摄入水平不影响绒长度和细度，但高能量摄入显著提高绒毛密度、绒毛占被毛比例和产绒量。绒山羊舍饲条件下采用高能量摄入有利于羊绒生产。

参考文献

[1] Ash A J,Norton B W. The effect of protein and energy intake on cashmere and body growth of Australian cashmere goats[J]. Proceedings of the Australian Society of Animal Production,1984,15:247-250.

[2] Ash A J,Norton B W. Studies with the Australian cashmere goat. Ⅱ Effects of dietary protein concentration and feeding level on body composition of male and female goats [J]. Austra J Agric Res,1987,38:971-82.

[3] Mcgregor B A. Effects of different nutritional regimens on the productivity of Australian cashmere goats and the partitioning of nutrients between cashmere and hair growth[J]. Austra J of Exp Agric,1988,28:459-67.

[4] Russel A J. Current knowledge on the effects of nutrition on fiber production[A]. In:Word G M. European Fine Fiber Network[C]. Scotland Aberdeen:Macaulay Land Use Research Institute Occasional Publication,1995,3:33-19.

[5] 孙海洲.日粮蛋白和能量水平对内蒙古阿尔巴斯白绒山羊产绒性能的影响[J].内蒙古畜牧科学,1998,19(3):5-7.

[6] 谢实勇.不同形式蛋氨酸对内蒙古白绒山羊消化代谢和产绒性能的影响[D].北京:中国农业大学,2002.

[7] NRC. Nutrient requirements of goats[M]. Washington D C.:National Academy Press. 1981. 91p.

[8] 冯宗慈,奥德,卢德勋,等.8—10月龄羔羊的体组成和体成分[J].内蒙古畜牧科学,1997(增刊):260-264.

[9] 季之华,王随元.饲料工业标准汇编(上册)[M].北京:中国标准出版社,2002. 511p.

[10] Urbaniak M A,Potkanski A,Frankiewicz G,et al. Productivity and body composition of Black-headed mutton sheep×Polish Merino crossbred rams fed complete pelleted mixtures with different energy concentrations[J]. Journal of animal and feed sciences,2000,9(4):605-614.

[11] Ivey D S,Wen F N. Growth and cashmere production by Spanish goats consuming ad libiturn diets differing in protein and energy levels[J]. Small ruminant research,2000. 35:133-139.

[12] 达文政.山羊绒生长期的测定[J].中国养羊,1991,2:45-46.

[13] Kloren W R,Norton B W. Fleece growth in Australian cashmere goats[J]. Australian Journal of Agriculture Research, 1993, 44:5.

[14] Johnson K A,Johnson D E. Methane emission from cattle[J]. Animal Science,1995,73:2483-2492.

[15] Restall BJ,Restall H,Restall M,et al. Hormonal control of fibre growth and shedding[A]. In: Laker J P, Allain. European Fine Fibre Network[C]. Scotland,Aberdeen: Macanlay Land Use Research Institute. Occasional Publication,1994(2):63-74.

能量摄入水平对放牧绒山羊养分消化和产绒性能的影响

欧　斌[1]　涂吉华[1]　朱晓萍[1]　张永斌[2]　贾志海[1*]

（1. 中国农业大学动物科技学院，北京　100193；2. 内蒙古白绒山羊种羊场，内蒙古鄂尔多斯　016100）

该文发表在《中国畜牧杂志》2009，45(5)：21-24

摘要　试验旨在研究生绒旺盛期内不同能量摄入水平对放牧绒山羊养分消化和产绒性能的影响。选用28只3周岁体重和上年度产绒量相近的内蒙古白绒山羊羯羊，随机分为4组，每组7个重复。试验于绒生长旺盛期（2006年9—11月）进行，羊群白天放牧，晚上归牧后对试验1、2、3组分别补饲3种不同能量水平（1.62、3.16 MJ/kg和4.58 MJ/kg）的日粮，对照组不补饲。换算成全日粮后，时照组和试验1、2、3组的代谢能摄入量分别为714.99、758.32、834.24、904.56 KJ/(kg $W^{0.75}$ · d)。结果表明：提高能量摄入水平对干物质消化率有显著影响（$P<0.05$）；不同能量摄入对产绒量、绒厚度、绒伸直长度、绒占被毛总重比例和净绒率的影响不显著（$P>0.05$），提高能量摄入使绒细度有增粗的趋势，试验2组显著粗于其他组（$P<0.05$）。

关键词　放牧；能量；消化率；产绒性能；绒山羊

Effect of Different Energy Levels of Diet on the Nutrients Digestibility and Cashmere Production of Pastured Cashmere Goats

OU Bin[1], TU Ji-hua[1], ZHU Xiao-ping[1], ZHANG Yong-bin[2], JIA Zhi-hai[1*]

(1. College of Animal Science and Technology, China Agricultural University, Beijing 100193, China; 2. Breeding Farm of Inner Mongolia White Cashmere Goats, Inner Mongolia Eerduosi　016100, China)

Abstract　To study the effects of different energy levels intake on the nutrients digestibility and cashmere production of pastured cashmere goats in the cashmere fast-growing period, 28 three-years-old Inner Mongolia white cashmere goats (IMWCG), with similar body weight (47.57 ± 0.68) kg and yield of cashmere were divided into four groups. One was control, the other three groups were trial groups. The goats were grazed on pastureland in daytime, the trial groups were supplemented different energy levels of diet (1.62, 3.16, 4.58 MJ/kg), and the control was given nothing after grazing. During the whole period average metabolic energy intakes (MEI) of the control and the trial groups were 714.99, 758.32, 834.24 and 904.56 kJ/kg $W^{0.75}$ · d, respectively. The results showed, with different energy levels intake, the average digestibility of DM was significant ($P<0.05$). Diet of the cashmeres which were mated in different energy levels got a significant value ($P<0.05$). Yield of cashmere, cashmere strength length, net cashmere rate and weight ratio of cashmere to hair were not significant among groups ($P>0.05$).

Key words grazing, energy, digestibility, cashmere production performance, cashmere goats

充足的能量供应是动物维持各种活动和其他营养素能被有效利用的基础，也是影响绒山羊产绒性能的重要因素。对于绒山羊的能量营养研究，国外的许多学者研究认为，绒山羊的能量水平以保持在维持基础上或使体重略有提高为宜，可保证山羊绒生长处于最佳状态。在此基础上，提高能量水平对山羊绒生长无显著影响。国内对绒山羊的能量营养研究较少，结果也与国外不完全相同。孙海洲等[1]、施立成等[2]在舍饲条件下研究发现，提高能量水平能显著提高绒产量，杨成和等[3]在放牧和补饲条件下对繁殖母羊进行了试验，发现提高能量水平对产绒没有显著影响。由于国内对绒山羊能量的研究在舍饲和放牧条件下的结果不一样，因此有必要对在放牧条件下绒山羊的能量摄入做进一步的研究。本试验通过对自然放牧条件下的绒山羊进行补饲，保持粗蛋白和其他养分摄入量基本一致的情况下，研究不同能量摄入水平对绒山羊养分消化和产绒性能的影响，为放牧绒山羊适宜的能量供给和合理补饲制度的建立提供理论依据和技术参考。

1　材料与方法

1.1　试验时间和地点

试验于 2006 年 9—11 月在内蒙古自治区鄂尔多斯市鄂托克旗内蒙古白绒山羊种羊场牧场进行。

1.2　试验动物

选用 28 只 3 岁龄、体重(47.57±0.68) kg 和上年度产绒量相近的阿尔巴斯(Arabs)型内蒙古白绒山羊羯羊，随机分为 4 组，每组 7 个重复，1 个对照组，3 个试验组。

1.3　饲养管理

羊群每日 7:00 出牧，18:00 归牧，于试验牧场上设置饮水槽，自由饮水，自由舔食矿物质盐砖。归牧后试验 1、2、3 组每日每只羊分别补饲精料 125、245、360 g，补饲精料试验 1 组玉米 56%，豆粕 44%；试验 2 组玉米 89.8%，豆粕 10.2%；试验 3 组玉米 100%，豆粕为 0，补饲精料营养成分见表 1。

表 1　补饲精料营养成分(干物质基础)

项目	对照组	试验 1 组	试验 2 组	试验 3 组
代谢能/($MJ \cdot kg^{-1}$)	0	12.95	12.89	12.73
补饲代谢能/($MJ \cdot d^{-1}$)	0	1.62	3.16	4.58
粗蛋白/%	0	23.32	11.49	7.90
补饲粗蛋白/($g \cdot d^{-1}$)	0	29.15	28.16	28.43

注：代谢能是实测值.

试验期间对牧草营养价值和放牧采食量(酸不溶灰分法)[4]进行了测定,换算得出全日粮(牧草+补饲精料)的营养成分和摄入量见表 2。

表 2　全日粮营养成分及日摄入量(干物质基础)

项目	对照组	试验 1 组	试验 2 组	试验 3 组
能量水平/(kJ·$kg^{-1}W^{0.75}$)	714.99	758.32	834.24	904.56
代谢能/MJ	14.80	15.51	16.93	18.17
粗蛋白/g	149.26	170.58	168.06	166.02
粗脂肪/g	91.64	90.89	94.88	94.93
中性洗涤纤维/g	1 045.18	997.50	999.37	987.36
酸性洗涤纤维/g	752.80	711.18	711.00	701.77

NRC(1981)山羊饲养标准:50 kg 放牧山羊(维持+中活动量)每天需要的代谢能、粗蛋白质分别为 11.97 MJ 和 110 g;日增重 100 g 所需的代谢能,粗蛋白的量分别为 14.97 MJ 和 138 g。本试验中,各组绒山羊所获得的代谢能和粗蛋白含量高于 NRC 维持标准。

1.4　试验内容与样品采集

每月 9 日开始连续 7 d,在羊只尾后挂粪袋收集粪便,试验期内采用全收粪法收集粪样,每日早、晚收取称重后,混合取 10%的鲜粪,加入 1/4 粪重的 10%的酒石酸溶液固氮,于粪样拌匀后放入 65℃烘箱中连续烘 8 h 至恒重、回潮 24 h,成风干粪样。将风干粪样粉碎过 40 目筛制成分析样品。能量测定用氧弹式测热仪,常规营养指标分析按照《饲料分析及饲料质量检测技术》(第二版)进行测定。试验开始时,对试羊右侧部肩胛骨后缘 10 cm×10 cm 面积的绒毛染色,每月中旬紧贴试验羊皮肤测量绒厚度,剪下被染色的绒毛。试验结束按五点法取绒样,测其长度、细度、净绒率、被毛总重、绒重,计算绒占被毛总重比例,第 2 年 4 月下旬抓绒,记录产绒量,测定方法按照国标 GB 18267—2000 方法进行。试验前后试羊空腹称重,记录体重变化,抓绒后记录其抓绒后体重。

1.5　数据统计

采用 Excel 软件进行原始数据处理,利用 SPSS 软件包(The SPSS for windows Vl1.0)中 ANOVA 过程进行方差分析,多重比较采用 Duncan 氏法。

2　结果

2.1　对营养物质表观消化率的影响

表 3　能量摄入水平对绒山羊营养物质表观消化率的影响　%DM

项目	对照组	试验 1 组	试验 2 组	试验 3 组
干物质	56.41±2.27[b]	55.26±2.75[b]	61.58±1.36[a]	63.92±1.39[a]
粗蛋白	55.60±4.62	61.46±2.36	61.02±2.97	64.05±2.63
粗脂肪	68.05±3.29	66.82±4.50	72.85±3.32	73.73±3.12
中性洗涤纤维	51.49±3.59	47.47±4.84	51.37±3.48	52.38±3.36
酸性洗涤纤维	41.03±4.90	35.20±6.34	41.71±3.05	44.10±4.39

注:同行数据肩标不同小写字母者差异显著($P<0.05$).下表同.

由表 3 可以看出，试验组干物质消化率随能量水平的提高而升高，试验 2 组和试验 3 组显著高于对照组和试验 1 组。粗蛋白、中性洗涤纤维、酸性洗涤纤维消化率随能量水平的上升而上升。

2.2　对产绒性能的影响

从表 4 可以看出，不同能量摄入水平日粮对产绒量、绒厚度、绒伸直长度、绒占被毛总重比例和净绒率的影响不显著($P>0.05$)，对绒细度的影响差异显著，试验 2 组的绒细度最粗，显著高于其他各组($P<0.05$)。

表 4　能量摄入水平对绒山羊产绒性能的影响

项目	对照组	试验 1 组	试验 2 组	试验 3 组
产绒量/g	1 012.14±63.04	968.57±79.90	1 037.86±41.80	988.33±57.89
绒厚度/cm	4.79±0.15	4.93±0.20	5.21±0.21	4.92±0.24
伸直长度/cm	5.27±0.16	5.18±0.13	5.65±0.30	5.11±0.35
细度/μm	15.67±0.26^b	15.74±0.20^b	16.65±0.23^a	15.82±0.20^b
净绒率/%	79.57±1.77	78.49±1.72	79.14±1.96	77.65±1.61
绒占被毛总重比例/%	21.44±1.09	20.71±1.40	23.53±1.60	21.21±1.42

2.3　对体重的影响

从表 5 可以看出，不同能量摄入水平对体重变化的影响不显著，随着能量水平的升高，体增重略有增加($P>0.05$)，对抓绒后体重的影响也不显著($P>0.05$)。

表 5　能量摄入水平对绒山羊体重变化的影响　　kg

项目	对照组	试验 1 组	试验 2 组	试验 3 组
初始体重	47.43±1.56	47.57±1.20	47.71±1.58	47.57±1.44
试验结束体重	57.07±1.84	57.50±1.06	58.14±1.47	57.83±1.65
总增重	9.64±1.69	9.93±1.88	10.43±1.76	11.17±1.81
抓绒后体重	45.33±1.38	46.80±1.71	48.40±1.51	44.60±1.69

3　讨论

Alves[5]报道羊分别在采食代谢能 2.42、2.66 MJ/kg 和 2.83 MJ/kg 饲粮时，随日粮能量水平的增加，全消化道 DM 增加。于玲玲等[6]、张英慧[7]报道，用蛋白水平一致能量含量不同的日粮试验发现，随能量水平增加，羊的 DM 表观消化率升高，本试验结果与上述试验结果一致。

Chowdhury 等[8]、Faix 等[9]研究发现，提高能量水平能促进氮的沉积。本试验的结果符合这一结论，虽然试验组和对照组之间没有显著性差异，但在粗蛋白摄入量上试验组高于对照组，且试验组粗蛋白消化率也均高于对照组，这表明提高能量摄入水平，可促进氮沉积量的增加并提高净蛋白的利用率。

Vldes 等[10]研究结果表明，在粗饲料日粮中加入大量快速发酵的碳水化合物会降低纤维的消化。Rskov[11]试验指出反刍动物的日粮中使用较多的淀粉性谷物常常引起瘤胃 pH 下降，使纤维的消化降低。Mabjeesh 等[12]也提到，日粮中的瘤胃可降解非结构碳水化合物的比例较高时,中性洗涤纤维(NDF)的消化率和消化量降低。本试验结果中,试验组中性洗涤纤维和酸性洗涤纤维消化率依次升高,反映了上述变化。

产绒的能量需要包括合成绒消耗的能量和绒中含有的能量,与绒山羊生理和生产所需能量相比,产绒所需能量占比例很小。本试验中,各组的代谢能摄入量均高于 NRC 标准,能量供应满足放牧绒山羊的各种活动需要,因此对产绒量没有显著影响,Ash 等[13]、McGregor[14]、Restall 等[15]、Wang 等[16]研究反映了上述情况。前人的研究表明,绒山羊的绒毛细度与摄入的营养水平呈反比,较高的能量供给能够使羊绒变粗[13,16,17],本试验结果与上述研究一致。本试验结果与孙海洲等[1]、施立成[2]的研究结果不一致,他们研究表明提高能量水平能显著提高产绒量。原因是他们的研究是在舍饲条件下进行,其能量摄入水平较低,孙海洲试验时高、低能级分别为 8.10 MJ/d 和 11.20 MJ/d,施立成试验时能量摄入高、中、低水平分别为 6.70、5.67、4.46 MJ/d,摄入的能量低于 NRC(1981)山羊饲养标准的维持需要。当能量供应低于维持需要时,部分粗蛋白质作为能源物质提供能量。在这种条件下,提高能量水平,减少了粗蛋白供能,提高了蛋白质转化成绒的效率,从而显著提高产绒量。

综上所述,能量摄入水平对放牧绒山羊干物质消化率影响显著,提高能量摄入水平促进绒山羊的养分消化。能量摄入水平对放牧绒山羊产绒性能的影响不明显,提高能量摄入水平绒细度有增粗的趋势。在生绒旺盛期(2006 年 9—11 月),内蒙古绒山羊在当地的自然放牧条件下所获得的能量满足其活动需要,能量营养方面不需要进行补饲,能量水平以日摄入代谢能 714.99 kJ/kg $W^{0.75}$较佳。

参考文献

[1] 孙海洲,侯先志,于志红,等.日粮蛋白和能量水平对内蒙古阿尔巴斯白绒山羊产绒性能的影响[J].内蒙古畜牧科学,1998, 19(3):5-7.

[2] 施立成.内蒙古白绒山羊能量利用的研究[D].北京:中国农业大学,2003.

[3] 杨成和.不同营养水平对内蒙古白绒山羊繁殖性能及产绒性能的影响[D].北京:中国农业大学,2005.

[4] 奥德,冯宗慈,根登.用 4N 盐酸不溶灰分法对放牧的乌珠穆沁羊放牧采食量的测定[J].内蒙古畜牧科学,1997(S1):78-79.

[5] Alves K S. Dietary energy levels for Santa lnes sheep apparent digestibility[J]. Recista Brasileira de Zoootecnia,2003,32:1962-1968.

[6] 于玲玲,杨在宾.栾玉静,等.不同能量和蛋白水平对生长期肉羊饲料营养成分消化率的影响[J].当代畜牧,2003(12):31-32.

[7] 张英慧.日粮不同能量和蛋白质水平对肉羊消化代谢的影响[D].北京:中国农业大学,2006.

[8] Chowdhury S A, Hovell F D,Φrskov E R, *et al*. Protein utilization during energy undernutrition in sheep sustained on intragastric infusion: effect of changing energy supply on protein utilization [J]. Small Ruminant Res, 1995, 18(3):219-226.

[9] Faix S,Leng L. Effect of diet energy intake on tubular reabsorption of urea in sheep [J]. Paysiol Bohenosloy,1988, 37(6):493-501.

[10] Valdes C, Carro M D, Ranilla M J, *et al*. Effect of forage to concentrate ratio complete diets offered to sheep on voluntary food intake and some disestive parameters [J]. Anim Sci,2000,70:119-126.

[11] Rskov E R. Starch digestion and utilization in ruminants [J]. J Anim Sci, 1986 , 63:1624-1633.

[12] Mabjeesh S J ,Arieli A , Bruckental I ,*et al*. Effect of ruminal degradability of crude protein and nonstructural carbohydrates on the efficiency of bacterial crude proteins synthesis and amino acid flow to the

abomasum of dairy cows[J],J Dairy Sci, 1997, 80:2939-2949.

[13] Ash A J, Norton B W. The effect of protein and energy intake on cashmere and body growth of Australian cashmere goats [J]. Proc Aust Soc Anim Prod, 1984, 15:247-250.

[14] McGregor, B A. Effects of different nutritional regimes on the productivity of Australian cashmere goats and the partitioning of nutrients between cashmere and hair growth [J]. Aust J Exp Agr, 1988, 28:459-467.

[15] Restall B J,Restall H , Restall M, *et al*. Hormonal Control of Fibre Growth and Shedding[D]. Scotland Aberdeen: Macaulay Land Use Research Institute, 1994:63-74.

[16] Wang R J , Teh T H . Genandoy H, *et al*. Melatonin and energy intake had no effect on cashmere growth in wethers with early or late cashmere initiation time[D]. Beijing:1996:388-391.

[17] Kloren W R, Norton B W. Fleece growth in Austrilian cashmere goats [J]. Aust J Agr Res, 1993, 44:5.

四、矿物质需要量研究

反刍动物硫营养研究进展

王　娜　贾志海

（中国农业大学动物科技学院，北京　100094）

该文发表在《中国饲料》1999，6：14-17

硫元素分布于动物体内的各个细胞中，主要以有机硫形式存在于蛋氨酸、胱氨酸及半胱氨酸中，此外，还存在于维生素中的生物素、硫胺素、黏多糖中的硫酸软骨素和硫酸黏液素，以及肝素、辅酶A、纤维蛋白原和谷胱甘肽中。动物的被毛、蹄爪、角等角蛋白中也含有硫元素。这些含硫化合物参与体蛋白和乳蛋白的合成，脂肪代谢和碳水化合物代谢，以二硫键形式存在于多肽链，连接胶原蛋白和结缔组织，还参与酸碱平衡和解毒过程。硫在各组织和器官中的浓度按下列顺序成递降排列：毛发—软骨—肝—骨—肌肉—皮肤—肺 —脑—睾丸—血液。除软骨外，硫在所有组织中都以含硫氨基酸如胱氨酸、半胱氨酸、蛋氨酸的形式存在。硫在动物体内具有重要的生理作用，对硫的营养需要的研究具有重要意义。

1　硫在动物体内的代谢

非反刍动物基本上只能消化吸收无机硫酸盐和有机含硫物质，反刍动物消化道中的微生物能将一切外源硫转变成有机硫。无机硫可被胃肠道内微生物转化成有机硫，因而非反刍动物和反刍动物都能利用无机硫合成黏多糖。

瘤胃细菌对硫源具有选择性，通常硫酸盐是瘤胃细菌最主要的硫源。只有当无机硫缺乏或不能被利用时，才会利用氨基酸含有的硫。在硫化物存在下，将会抑制细菌对硫酸盐的利用。瘤胃细菌所需要的硫来自含硫氨基酸或硫酸盐分解产生的硫化物。反刍动物瘤胃内微生物将硫酸盐转化为硫化物通过两条途径：同化途径和异化途径。同化途径的起始反应包括ATP和SO_4^{2-}，产生硫酸盐的活化形式APS，APS再被另一个ATP磷酸化生成PAPS，以PAPS的形式SO_4^{2-}从一供体蛋白接受两个电子而还原成SO_3^{2-}，SO_3^{2-}也接受六个电子形成硫化物。通过此途径，硫化物能被直接转移到丝氨酸而生成半胱氨酸，不需要自由硫化物的释放。在异化途径中，SO_4^{2-}直接与ATP反应生APS，APS还原酶将APS转化为SO_3^{2-}、AMP，细胞色素C_3可作电子供体，游离SO_3^{2-}可被亚硫酸盐还原酶还原成HS^-（Bray和Till，1975；Church 1979；Moir 1979；Goodrich，1986）。这些疏化物在瘤胃、十二指肠和肠道其他部位吸收，硫化物的硫被微生物利用合成含硫氨基酸。其途径如下：

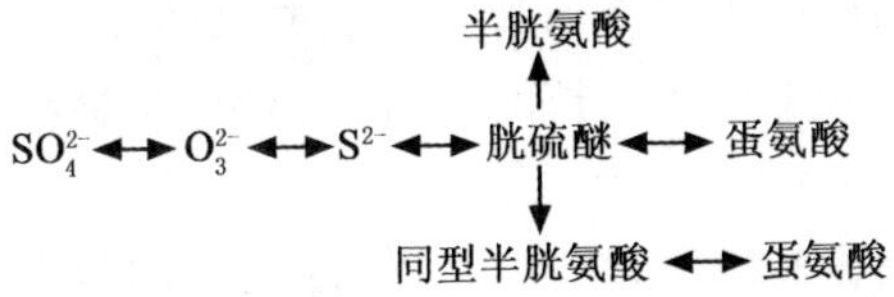

在丝氨酸参与下(不可逆过程)合成半胱氨酸，与乙酰高丝氨酸反应，经过同型半胱氨酸和胱硫醚阶段，水解形成半胱氨酸。同型半胱氨酸经破坏性分解，被变成半胱氨酸，也可以被“活性甲基”和甜菜碱甲基化生成蛋氨酸。当半胱氨酸转化成胱氨酸时，便形成了胱亚磺酸，这个化合物形成了体内氨基酸代谢和碳水化合物代谢之间的链环。这个酸可以被脱羧(形成亚牛黄磺和牛磺酸)、转氨或氧化。磺基丙氨酸经历脱羧过程，生成牛磺酸。

食物和唾液中的含硫化合物，在瘤胃中可被细菌吸收以供合成氨基酸之用。未被细菌吸收的含硫化合物由瘤胃壁迅速吸收，并被氧化成硫酸盐而分布于血浆和体液中。血液中的硫酸盐可以经唾液分泌而重新返回瘤胃，或经循环而到达大肠。在绵羊和牛中，硫酸盐返回瘤胃的数量与血液中硫酸盐水平有关。硫透过瘤胃壁的数量十分有限，硫主要是通过唾液而返回瘤胃(Bray. 1969)。

硫在小肠中吸收，游离氨基酸、硫化物、硫胺素、吡哆醇和生物素不分解就吸收，而蛋白质中的含硫氨基酸则要分解后才能被吸收。无机硫酸盐主要在回肠以易化扩散的方式吸收。氨基酸硫的吸收和同化是由动物饲粮中蛋白质和能量水平决定的，并且是在主动转运机制的帮助下完成的。由饲料摄入的硫酸盐和亚硫酸盐的硫似乎是通过简单扩散吸收的。

硫代谢的主要产物(游离的或酯化硫酸盐、牛磺酸、硫代硫酸盐等)随尿排出。硫以三种形式存在尿中：矿物化、酯化和中性的。矿物部分来源于从饲粮中吸收但却是非同化的硫酸盐，不过主要是源于氧化的氨基酸。SO_4^{2-} 与等量的 Na^+、K^+ 和 NH_4^+ 阳离子一起排泄。如果饲粮中蛋白质水平一定，尿中的氮硫比例是相当恒定的。酯化硫的代表是酚和甲酚硫酸盐或者是吲哚酚和羟基硫酸盐。这些物质是在小肠的细菌分解过程中形成的，它们固定在肝中，被认为是一种脱毒机制(倪可德，1992)。

2　硫与其他营养成分间的关系

2.1　反刍动物的硫需要量

反刍动物的硫需要量通常以氮硫比的形式表示，硫代谢与氮代谢密切相关，Bray(1975)研究发现，氮与硫的沉积量呈线性相关 N＝10.37XS－0.38(r＝＋0.952)，NRC (1988)推荐反刍动物氮硫比为 10∶1，但有些试验结果表明不能满足动物的需要。Qi(1994)研究认为，安哥拉山羊产毛的适宜氮硫比为 7.2∶1。Dwivedi 等(1995)研究认为，适宜的氮硫比值为(7～10)∶1。

2.2　硫与硒、钼、铜、锌、镉的颉颃

许多学者指出，在反刍动物饲粮中加硫酸盐导致幼畜白肌病增多，或亚硒酸盐的疗效被硫酸盐所干扰。硫与硒的颉颃作用已在植物、微生物的研究工作中被证实。日粮硫的水平对尿中的硒的排泄量和血液中硒的浓度有明显影响。硒基蛋氨酸是放牧家畜摄取硒的来源之一。有试验表明：当硫抑制瘤胃代谢时，更多的硒结合到微生物氨基酸中被畜体所吸收。硫在很多

阶段干扰反刍动物的硒营养;干扰细胞的吸收和氨基酸合成;在瘤胃阶段硫化物对硒酸盐和亚硒酸盐有影响。在含硫量低时,微生物将硒基氨基酸或硒的无机化合物结合成微生物的硒基蛋氨酸,然后反刍动物吸收。对于快速生长的家畜如羔羊,若饲粮中硫与硒二者同时缺乏,其后果更加严重。

硫不仅影响钼的吸收,储存和排泄,而且对机体耐受钼的能力及铜的生物学利用有影响。钼酸根与硫酸根在消化道吸收过程中竞争载体系统,硫酸根能促进尿钼排泄。给予反刍动物硫酸盐,可调节其尿中钼的排出量,并因而影响到血液中钼的累积水平。Mills (1970) 证明,硫和钼干扰反刍家畜对铜的吸收和利用。瘤胃细菌将硫酸盐分解并与铜生成硫化铜,硫化铜进一步与钼酸盐反应生成硫钼酸铜络合物,后者为不溶性物质,从而限制了铜的吸收。反刍家畜因缺钼而招致的腹泻,可能与瘤胃中硫钼酸盐的形成有关,其特点是补饲铜后腹泻即可被控制。钼虽可抑制瘤胃微生物对硫酸盐的分解(Huisingh 等,1972),但也可抑制瘤胃以硫化物的吸收。因此,当瘤胃中钼的浓度增高时,硫化物的浓度仍保持高水平。

硫过量会影响锌的吸收。当饲料中钼含量为 3 mg/kg 干物质(DM)时,补饲元素硫 4.5 mg/kg 有机干物质(OMD),会降低血液中锌水平,尽管日粮锌浓度已很高(85 mg/kg DM) (Lamand 1974)。

已有的研究表明:添加硫有助于降低心、肝、肾中镉的含量,防止肝镉过高(White 和 Smith, 1997)。

2.3 硫与单宁、氰和硝酸盐

Mclead(1974)发现,单宁含量与瘤胃总蛋白消化率呈负相关这是由于鞣酸与蛋白质形成复合物而降低了蛋白质的消化率。因为大多数植物中硫是以含硫氨基酸的形式存在于蛋白质中,含鞣酸植物提供的可利用硫量不足。对于自由放牧采食含单宁植物的山羊,硫的补充很重要。Wheeler 等(1985)证实,含氰的豆科牧草也缺硫,采食的牧草消化后可释放氰化氢,而硫可解氰化氢中毒,家畜会由于硫缺乏而加重中毒症状。Spears 等(1977)发现,饲料中硝酸盐使纤维素消化率最佳时,提高了家畜硫的需要量。

3 硫的应用研究

3.1 硫的补充来源

反刍动物蛋白质和能量的主要来源是植物性饲料,但植物性饲料所含氨基酸和无机硫化合物远远不能满足机体的需要。有文献报道,在植物性饲料里能供给的必需氨基酸的含量比需要量缺少 30%~40%,其中含硫氨基酸尤其需要补充。为保证硫对机体的供应,目前采用人工生产的含硫氨基酸和硫酸盐(钠、钙、镁、铵)和元素硫作为硫的补充来源。

硫的吸收随含硫化合物种类的不同而异,例如粉状化合物中硫的吸收率可达 30%,而硫酸钠中的硫大部分均被吸收:硫酸钙中的硫不如硫酸钠中的硫吸收的多。

3.2 研究进展

澳大利亚的 Langland 等(1973) 对美利奴羊硫的沉积情况进行了深入细致的研究。他们对初生到 10 月龄,体重 1.1~52.6 kg 的 50 只绵羊机体的含硫量进行了测定,对所得结果进行了数学分析后,得出如下计算绵羊体内含硫量的多元回归方程:

$Y=0.351X+1.474Z-0.0104X\times Z-0.659$($r=0.98$),$Y$ 为绵羊体内含硫量(克);X 为

绵羊的月龄；Z 为绵羊的体重(kg)。

当根据日粮有机物计算的饲料含硫量低于 0.81 g/kg 时，粪硫的排泄量就会超过饲科硫的采食量。在能量和硫均达到零平衡的情况下，内源硫的平均损失量为 8 mg/d。泌乳母羊可从乳中排出大量的硫。人们已经注意到，母羊乳中的硫浓度与泌乳天数之间存在着线性关系：泌乳天数每增加一天，乳的硫浓度就增加 1 mg。

前苏联的研究人员对绵羊硫的吸收进行了研究。研究结果表明：日粮硫的表观消化率在 50%～60%。通过对 205 个平行试验结果的分析，建立了计算绵羊日粮硫表观吸收量(Y，克)的方程：

$Y=0.844-0.681/X$　X 为每千克日粮有机物的含硫量。

有关绵羊对不同饲料及矿物质来源中硫的真吸收率的资料尚缺乏。据美国专家报道，如果绵羊日粮干物质的含硫量达到 0.14%～0.26%，就可满足其对硫的需要量。

硫是反刍动物所必需的养分中的一种，但硫不能在体内储存，必须由日粮供给。瘤胃细菌可利用日粮中的硫合成含硫氨基酸、维生素等。当瘤胃微生物培养液中加有放射性硫化物时，可发现细菌蛋白的胱氨酸、蛋氨酸及半胱氨酸中存在放射性硫(Whanger, 1972)。瘤胃微生物合成某些氨基酸、维生素及一些酶时都需要硫，瘤胃微生物利用硫酸钠及蛋氨酸合成维生素 B_2 和维生素 B_{12} 的作用，优于胱氨酸和元素硫(Briggs，1964)。Nader 等(1970)报道，蛋氨酸、胱氨酸的硫化物可供形成细菌氨基酸之用。

添加硫对反刍家畜消化饲料中的营养物质以及氮的利用和沉积有良好的作用(Bull, 1979)。Eillot 和 Armstrmg (1982)报道，补充尿素和硫酸盐可以增加绵羊瘤胃微生物蛋白的合成，微生物蛋白生产效率(细菌总氨基酸氮的克数/kg/OM)由 11.2 g/kg/OM 提高到 29.6 g/kg/OM，而且细菌蛋白中含硫氨基酸的含量增加。瘤胃微生物可将日粮蛋白质分解为氨和硫化物，或利用日粮尿素及硫酸盐合成微生物蛋白(Kandylis, 1984a)。日粮适宜硫水平可提高瘤胃细菌蛋白质的合成，改善氨基酸平衡，提高动物生产水平。试验结果表明，日粮含硫量为 0.24%、氮硫比为 9.5∶1 时，日增重最大(Qi, 1992)。添加硫可提高秸秆消化率及瘤胃内挥发性脂肪酸(VFA)的浓度，同时减少甲烷的产生(Hegarty，1994)。在高纤维日粮中添加含硫 0.11%的硫酸盐，可提高日粮体内的消化率；硫添加量为 0.46%时，有机干物质、酸性洗涤纤维、粗蛋白质的表观消化率呈线性增加趋势，瘤胃真菌数目也增多(Gutierrez 等，1996；Weston 等，1988)。有人曾对牛日粮最佳硫含量进行测定，其结果是肥育公犊牛日粮最佳含硫量为 0.13%。用日泌乳 8～37 kg 的母牛做试验发现，当日粮含硫 0.12%时，硫呈现出零平衡状态；但当硫增加到 0.18%时，平均硫平衡量为 4 g。

硫营养供给是羊毛角蛋白合成的限制性因素。Maraton(1935，1948)认为，胱氨酸或半胱氨酸是羊毛角蛋白的限制性氨基酸。补饲含硫氨基酸促进了与蛋白质和能量代谢有关的谷胱甘肽和辅酶 A 的合成，促进了羊毛角蛋白的角质化过程：Reis (1960)发现每日补饲 2 克 L-半胱氨酸可使绵羊单位皮肤的产毛量提高 35%～130%，羊毛的含硫量提高了 24%～35%。用示踪原子 ^{35}S 标记亚硫酸盐和硫酸盐饲喂绵羊，证明无机硫可以促进羊毛的生长。反刍动物饲料中加尿素代替部分粗蛋白质的试验证明，添加尿素而硫不足会影响氮的利用，人工补饲硫可增加体重和羊毛产量(齐侃虎，1988)。Qi 等(1992)研究了安哥拉山羊产毛对硫的需要量，发现添加硫对体增重和采食量没有影响，而马海毛的产量、纤维长度和纤维强度增加，但对纤维细度、含硫量及胱氨酸浓度没有影响。根据回归分析，最适氮硫比为 7.2∶1，含硫量为

0.267%/kg DM。

4 硫缺乏与过量的影响

蛋氨酸是反刍动物饲料中主要的限制性含硫化合物，没有或缺乏都会影响幼畜生长和发育，降低成年动物的生产力。用非蛋白氮(NPN)代替蛋白质饲喂绵羊，同时不补充硫，羊毛的生长率降低。缺硫时牛和羊的增重降低。动物体内长期缺乏硫元素就会出现食欲减退，掉毛，溢泪，失重，且可因体质虚弱而死亡(Kincaid, 1988)。

若硫过量，会降低家畜的采食量。Johnson(1968)发现，饲粮中以 $CaSO_4$ 或 Na_2SO_4 形式添加 0.5%硫会妨碍羔羊的生长，降低采食量，影响饲料转化效率。Bonchand (1973)报道，添加硫高于 0.3%会减少奶牛采食量。Kandylis(1984b)论述了反刍家畜硫过量对采食量、瘤胃消化及蠕动以及生产性能的影响。当日粮硫超过 0.4%时，会引起中毒，严重的甚至死亡。因过量的硫在瘤胃经瘤胃细菌转化成硫化氢，硫化氢比氨更易经瘤胃壁快速吸收，所吸收的硫化物通过抑制过氧化氢酶、脱氢酶等的作用影响氧化代谢。此外，硫化物对颈动脉有直接麻痹效应；硫化物与血红素结合产生血红蛋白，减少血液氧负荷能力，会引起严重的呼吸困难，即发生中毒。硫过量引起的急性中毒，使动物呈现腹泻，肌肉痉挛，严重脱水，呼出硫化物的气味，肺充血(Miller,1979)。

5 结语

综上所述，硫主要通过机体内的各种含硫化合物发挥生理生化功能。目前，国内外对反刍家畜的硫营养研究已经取得了一定的进展。已有的研究结果表明：添加硫可改善体内氮元素和其他营养物质的吸收和利用，促进生长，提高生产性能。但仍有许多问题需进一步研究，如各种饲料中的硫含量、对硫的需要量、硫影响生长的机理、硫对羊毛、绒毛生长的影响等。因此，加强硫营养研究，对改善动物健康、提高生产性能有重要意义。

内蒙古白绒山羊日粮适宜氮硫比的综合评定研究

王　娜[1]　贾志海[1]　卢德勋[2]　李玉荣[2]　牛文艺[2]　娜　仁[2]　任晓萍[2]

（1.中国农业大学动物科技学院，北京　100094；2.内蒙古畜牧科学院，内蒙古呼和浩特　010030）

该文发表在《动物营养学报》1999，增刊：228-235

摘要　在山羊绒生长旺盛期（9—12月），选用12只安装有永久性瘤胃瘘管和十二指肠瘘管的二狼山型白绒山羊，采用完全随机设计研究日粮硫水平为0.15%、0.18%、0.22%、0.28%，其氮硫比为10.55∶1、8.73∶1、7.39∶1、5.68∶1，对绒山羊瘤胃发酵、营养物质消化率、瘤胃微生物蛋白产量、十二指肠食糜流通量及饲料纤维物质降解率的影响。试验结果表明：采食不同的氮硫比日粮的绒山羊，其采食量不受影响（$P>0.1$）；硫的沉积及消化率呈线性增加（$P<0.05$）。日粮硫含量为0.22%，氮硫比为7.39∶1时，DM、ADF、OM的消化率最高（$P<0.05$）；可消化氮、沉积氮、沉积氮占可消化氮的比例显著高于其他组（$P<0.05$）。添加硫使瘤胃液的pH值升高（$P<0.05$），瘤胃液的NH_3-N浓度降低。采食不同氮硫比日粮的绒山羊瘤胃食糜流通速率Kp为4.88%/h～6.29%/h，对其瘤胃总氮流量及总硫流量影响不大（$P>0.05$），但日粮氮硫比为7.39∶1组的瘤胃微生物氮流量、十二指肠微生物氮流量、十二指肠总硫流量高于其他组（$P>0.05$）。添加硫使青干草中DM、ADF的瘤胃有效降解率显著提高（$P<0.05$）。

关键词　绒山羊；氮硫比；瘤胃发酵；氮硫代谢

Comprehensive Evaluation of the Optimal Nitrogen to Sulfur Ratio in Diet of Inner Mongolian White Cashmere Goats

Wang Na[1], JIA Zhi-hai[1], Lu De-xun[2], LI Yu-rong[2], NIU Wen-yi[2], NA Ren[2], REN Xiao-ping[2]

(1. College of Animal Science and Technology, China Agricultural University, Beijing 100094, China; 2. Inner Mongolian Academy of Animal Science, Huhhot 010030, China)

Abstract　During cashmere fast-growing period (Sept.-Nov.), twelve castrated male cashmere goats with permanent ruminal and duodenal cannula were used to evaluate metabolic response of cashmere goats to sulfur supplementation. Goats had ad Librium access to diets containing S 0.15% (basal)、0.18%、0.22%、0.28% and giving N∶S ratios of 10.55∶1、8.73∶1、7.39∶1、5.68∶1.

Feed intakes were not affected ($P>0.1$) by dietary S level. S retention and apparent digestibility exhibited linear increase($P<0.05$). Apparent digestibility of DM、ADF、OM were drastically increased($P<0.05$) by S supplementation; digested N、Retained N、retained N/digestied N of diet containing 0.22% S and N∶S ratio 7.39∶1 were higher than other treatments($P<0.05$). The rumen pH was significantly increased($P<0.05$), but the concentration of rumen ammonia N decreased. There were no significant effect of different N∶S ration diets on ruminal digesta passage rate. Total nitrogen and sulfur flowing out of the rumen were not significantly different among four diets($P>0.05$). Microbial nitrogen and total sulfur flowing into the duodenum of cashmere goats were higher than other treatments($P>0.05$). It was showed that diet containing 0.22% S and N∶S ratio 7.39∶1 was better during cashmere fast-growing period.

Key words cashmere goat, N∶S ratio, sulfur nitrogen, metabolism

硫是反刍动物必需的一种重要矿物元素，对绵羊和牛的饲料采食量、体增重、器官发育和营养物质消化率的重要作用已有报道（Kahlon 等，1975；Slyter 等，1985；Weston 等，1955；Morrison 等，1990；Qi 等，1992）。NRC(1981)推荐的绵羊日粮适宜氮硫比为 10∶1，牛日粮的氮硫比为(13～15)∶1，因对山羊研究较少，还未制定相应的规范。Qi 等(1992)在对安哥拉山羊的研究中发现日粮氮硫比为 7.2∶1 时马海毛生长最快。山羊绒是一种特殊的角蛋白，含硫量高，而目前关于硫对绒山羊营养作用及山羊绒生长所需日粮适宜硫水平及氮硫比的研究基本属于空白。因此，拟通过以下试验综合评定山羊绒生长旺盛期日粮适宜的硫水平和氮硫比，为绒山羊生长提供理论依据。

1 材料与方法

1.1 试验动物与饲养管理

1.1.1 试验动物

选用 12 只 1 岁的内蒙古二狼山型白绒育成羯山羊，统一用“阿维菌素”驱除体内外寄生虫，安装永久性瘤胃瘘管、十二指肠瘘管，待试羊恢复体质后称重，根据体重随机分为 4 组，Ⅰ组（日粮 N∶S=10.55∶1）；Ⅱ组（日粮 N∶S=8.73∶1）；Ⅲ组（日粮 N∶S=7.39∶1）；Ⅳ组（日粮 N∶S=5.68∶1）。

1.1.2 试验日粮

试验日粮配制参照 NRC(1981)山羊饲养标准，以满足维持需要并使其日增重为 50 g 左右。试羊每日饲喂混合精料 150 g，青干草 450 g 左右，自由采食。日粮组成见表 1。

表 1 试羊日粮组成和营养成分（风干样为基础）

Table 1 Diet composition and nutrient level of the tested goats diets

日粮组成 Composition(%)	Ⅰ组	Ⅱ组	Ⅲ组	Ⅳ组
青干草 Hay	73.5	73.5	73.5	73.5
玉米 Corn	16	16	16	16
豆粕 Soybean meal	2	2	2	2
麻饼 Linseed meal	2	2	2	2
麸皮 Wheat bran	3.5	3.5	3.5	3.5

续表 1

日粮组成 Composition(%)	Ⅰ组	Ⅱ组	Ⅲ组	Ⅳ组
尿素 Urea	0.625	0.625	0.625	0.625
食盐 Salt	0.25	0.25	0.25	0.25
磷酸氢钙 Dicalcium phosphate	0.125	0.125	0.125	0.125
石粉 Stone powder	0.5	0.5	0.25	0.1
沸石粉 Zeolite	1.3	0.55	—	—
硫磺 Sulphur	—	0.375	0.625	1.00
硫酸钙 Calcium sulfurate	—	—	0.25	0.425
硫酸铵 Ammonium sulfurate	—	0.375	0.375	0.375
矿物质多维 Minerals and vitamins	0.2	0.2	0.2	0.2
营养成分 Nutrient level(%)				
代谢能 ME(Mcal/kg)	1.94	1.94	1.94	1.94
酸性洗涤纤维 ADF	33.12	33.5	33.58	33.44
粗蛋白 CP	9.81	9.81	9.94	10.01
氮 N	1.57	1.57	1.59	1.6
硫 S	0.15	0.18	0.22	0.28
氮：硫 N：S	10.55：1	8.73：1	7.39：1	5.68：1

① 矿物质：$CuSO_4$ 2 400 mg/ kg，ZnO 3 700 mg/kg，$COCl_2$ 242 mg/kg，碘酸钙（1% KI）1 900 mg/kg，$MnSO_4$ 1 430 mg/kg，Na_2SeO_3（1% Se）130 mg/kg 与沸石粉组成。多维成分：每千克预混料中含维生素 A 5 400 万 IU、维生素 D_3 1 080 IU、维生素 E 18 000 IU、维生素 K_a 5 g、维生素 B_1 2 g、维生素 B_2 15 g、维生素 B_5 35 g；② 营养成分：ME 为计算值，其他为实测值。

1.1.3 饲养管理

试羊单笼饲养，预试期自由采食以测定每天的采食量。试验期根据预饲期的采食量提供精粗料，每日于 06:00 和 18:00 分 2 次饲喂混合精料，粗料 1 次供给，自由饮水，每日记录试羊的采食量。试验前后对试羊空腹称重。

1.2 试验设计(试验于 9—12 月进行)

1.2.1 消化代谢试验

试羊空腹称重后，带上集粪袋，放入代谢笼，预饲 7 天，自由饮水，待采食量恢复正常后进行正式试验。每天 8:00 和 20:00 分 2 次收集全天的粪尿样及试羊的剩料(精料单独称重)，连续收集 7 天。将每次收集的样品称总重后，按排粪量的 10%取样，装入塑料袋内放入冰箱−20℃冷冻保存以备分析。将每次收集的尿液量取总体积后，按排尿量的 10%取样装入棕色瓶内，并在瓶内加入 5%取样量的浓盐酸以防止氨氮挥发，4℃保存以备分析。

1.2.2 消化动态学试验

(1) 食糜流通量及微生物蛋白的测定参照卢德勋等(1991)的方法进行。

(2) 瘤胃发酵的动态监测：在试验期，从早上 7:00 开始每间隔 2 h 采集瘤胃液 30 mL。采集的瘤胃液直接测定 pH，然后用 4 层乳酪布过滤除去食糜残渣，在 3 500 r/min 下离心 10 min，取上清液分析氨氮浓度。

1.3 样品的分析方法

(1)常规营养成分的测定：饲料、粪样、尿样中 DM、OM、ASH、ADF、CP 等用实验室常规方法测定。

(2)总硫的测定——比浊法[2]。

(3)微生物内 RNA 的测定——冯仰廉(1990)的嘌呤法。

(4)瘤胃液中 NH_3-N 浓度的测定——冯宗慈等(1993)的方法。

(5)Cr 浓度的测定——参照高民等(1993)的方法。

1.4 数据统计和分析

用 SAS 软件(1989)进行统计分析(同行数据右肩有相同字母为差异不显著,右肩有不相同字母为差异显著)。

2 结果与讨论

2.1 N 沉积及消化率

表 2 的结果表明:不同氮硫比日粮对氮代谢有影响。硫含量为 0.22%的Ⅲ组山羊可消化氮、氮的沉积量、沉积氮占可消化氮和进食氮的比例显著高于其他试验组($P<0.05$)。各组间氮的进食量及尿氮的排出量差异不显著($P>0.05$),但Ⅲ组山羊氮的进食量高于其他组,粪氮排出量显著低于其他试验组($P<0.05$)。氮的表观消化率亦是Ⅲ组显著高于其他试验组($P<0.05$)。

表 2 不同氮硫比对 N 沉积及消化率的影响

Table 2 Effect of different dietary N:S ratio on N retention nutrient digestibility

	Ⅰ	Ⅱ	Ⅲ	Ⅳ
进食 N Intake N (g/d)	8.064±0.57	8.507±0.06	8.639±0.06	8.584±0.24
粪 N Faece N(g/d)	2.818±0.44[b]	3.071±0.29[b]	2.293±0.26[a]	2.990±0.99[b]
尿 N Urine N(g/d)	2.294±0.78	2.882±0.62	2.490±0.38	2.747±0.33
可消化 N Digested N(g/d)	5.246±0.33[b]	5.436±0.33[b]	6.346±0.32[a]	5.594±0.17[b]
沉积 N Retained N (g/d)	2.958±1.12[b]	2.554±0.43b	3.856±0.17a	2.847±0.37b
沉积 N/可消化 N RN/DN	55.98±15.51[a]	47.35±9.42[a]	62.85±5.92[a]	50.85±6.25[a]
沉积 N/进食 N RN/IN	36.74±10.80[b]	30.45±5.17[b]	45.93±2.48[a]	33.18±4.41[b]
表观消化率 Apparent digestibility (%)	64.23±1.79[b]	63.88±3.64[b]	73.44±3.19[a]	65.16±1.26[b]

由表 2 结果可知,添加硫可以提高氮的沉积量。这一结果与 Kahlon(1975)、Kennedy 和 Siebert(1972)、Bray 和 Hemsla(1969)的研究结果一致。据 Hume 和 Bird(1970)的研究,这可能是由于添加硫使从瘤胃壁吸收的氨减少,增加了进入十二指肠的总氮量的缘故。Allway(1970)认为氮硫比偏高时,动物有调节其适宜氮硫比的能力,会造成氮的浪费。氮的沉积量并不随着硫的添加量呈线性增加,氮硫比适宜时,氮的沉积量及利用率最佳。对于产毛的安哥拉山羊,氮硫比为 6.8∶1 时氮的沉积量最大,显著高于其他试验组($P<0.05$;Qi,1992)。

2.2 不同氮硫比日粮对 S 沉积量的影响

由表 3 结果可见,随着硫添加量的提高和氮硫比的降低,硫的采食量呈线性增加($P<0.05$),硫含量最高组的硫沉积量显著高于其他添加硫组($P<0.05$),极显著高于未添加硫组($P<0.01$);沉积硫占可消化硫和进食硫的比例及硫的表观消化率有相同的趋势。此结果与

Qi 等(1992)在安哥拉山羊上的研究结果相同，即随硫添加量的提高，硫的沉积量、消化率呈线性增加($P<0.05$)。硫含量较高的Ⅲ组和Ⅳ组粪硫的排出量显著高于另外两组，尿硫排出量各组间差异不显著($P>0.05$)。Kennedy(1970)报道，随着硫采食量的增加，粪硫的排出量亦随之增加。这说明动物机体内通过改变粪中硫的排出量来调控硫营养代谢的机制相当强。

表 3　不同氮硫比对 s 沉积的影响

Table 3　Effect of different dietary N:S ratio on S retention

	Ⅰ	Ⅱ	Ⅲ	Ⅳ
进食 S Intake S (g/d)	0.741±0.77	0.972±0.01	1.163±0.01	1.516±0.02
粪 S Faece S(g/d)	0.445±0.04[b]	0.459±0.07[b]	0.605±0.20[a]	0.544±0.03[ab]
尿 S Urine S(g/d)	0.156±0.03[a]	0.150±0.03[a]	0.136±0.30[a]	0.198±0.04[a]
可消化 S Digested S(g/d)	0.296±0.06[c]	0.513±0.07[b]	0.559±0.03[b]	0.971±0.01[a]
沉积 S Retained S (g/d)	0.141±0.04[b]	0.364±0.04[b]	0.423±0.04[b]	0.774±0.05[a]
沉积 S/可消化 S RS/IS	46.51±7.12[b]	64.98±6.93[a]	75.62±5.40[a]	79.59±4.53[a]
沉积 N/进食 S RS/IS	18.64±4.08[c]	37.35±4.20[b]	45.93±2.48[a]	51.09±4.12[a]
表观消化率 Apparent digestibility (%)	39.72±5.23[b]	52.78±6.92[b]	73.44±3.19[a]	64.11±1.70[a]

2.3　不同氮硫比日粮对消化率的影响

表 4　不同氮硫比对 DM、ADF、OM 消化率的影响

Table 4　Effect of different dietary N:S ratio on DM、ADF and OM digestibility

	Ⅰ	Ⅱ	Ⅲ	Ⅳ
进食 S Intake S (g/d)	504.39±5.27	542.66±3.83	534.22±7.01	533.93±14.16
进食 OM(g/d)	467.8±9.18	474.68±2.90	470.71±5.11	466.18±10.31
进食 ADF Intake ADF(g/d)	175.81±4.30	179.97±2.05	174.62±2.39	180.09±2.19
表观消化率 Apparent digestibility(%)				
DM	63.18±5.35[b]	60.52±3.60[b]	70.49±4.15[a]	59.66±2.82[b]
OM	65.58±6.10[b]	60.73±3.93[b]	71.06±5.53[a]	59.92±3.04[b]
ADF	53.03±6.01[b]	52.06±2.96[b]	64.96±1.98[a]	50.47±0.91[b]

许多研究结果表明：添加硫可以显著提高 DM、ADF、OM 的表观消化率(Hume 和 Bird，1970；Bird，1972；Spears 等，1976，1978；Guardiola 等，1980；Weston 和 Armstrong，1988；Morrison 等，1990)。Qi 等(1992)报道，对于安哥拉山羊，日粮中添加硫对 OM、DM、ADF 表观消化率的影响不显著，而奶山羊日粮中 DM、ADF、OM 的消化显著提高，说明不同基础日粮和动物之间有差异。由表 4 结果可见：硫含量 0.22%的Ⅲ组山羊的 DM、ADF、OM 的表观消化率显著高于其他试验组($P<0.05$)。

2.4　瘤胃液中 pH、NH_3-N 浓度的动态变化

由图 1 可见，瘤胃液的 pH 在 5.8～6.6。添加硫使瘤胃液的 pH 升高，其平均值显著高于未添加硫组($P<0.05$)，硫含量为 0.18%的Ⅱ组平均 pH 最高为 6.35±0.08。Qi 等(1992)在安哥拉山羊上的研究也发现添加硫使瘤胃液 pH 显著升高($P<0.05$)，其平均值>6.4。Edmen(1988)认为，pH 为 6.4～6.8 最有利于纤维素的消化。添加硫可提高瘤胃 pH，硫化物由于瘤胃壁吸收损失减少，更多的硫可被瘤胃微生物利用。

Elliotte 和 Armstrong(1982)用碱处理的大麦秸饲喂绵羊，添加尿素使瘤胃 NH_3-N 浓度升高，而添加硫酸盐后，NH_3-N 浓度降低。通过检测血液尿素浓度，发现添加硫使血浆尿素氮的浓度降低，说明促进瘤胃细菌对 NH_3-N 的利用，增加氮沉积。Knenedy 和 Siebert(1972)也观察到瘤胃 NH_3-N 水平的类似变化。本试验结果如图 2 所示，添加硫使瘤胃液 NH_3-N 浓度降低，各组平均值差异不显著($P>0.05$)；未添加硫组(Ⅰ组)为(26.14±6.35) mg/100 mL；Ⅱ组为(21.25±5.38) mg/100 mL；Ⅲ组为(24.21±3.98) mg/100 mL；Ⅳ组为(22.92±4.04) mg/100 mL。Mehre(1977)报道，当瘤胃液 NH_3-N 浓度为 23.5 mg/100 mL 时发酵速度最快。

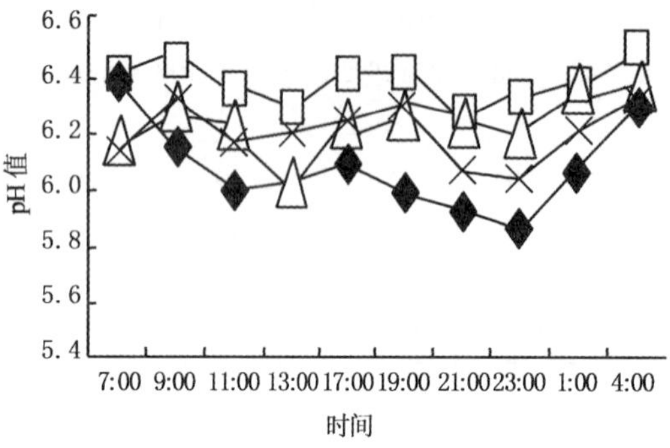

图 1　瘤胃液中各时间点的 pH 值

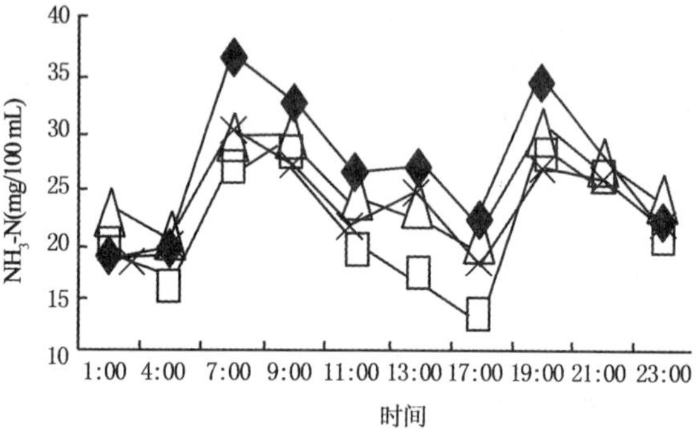

图 2　瘤胃液中各时间点的氨氮浓度

2.5　不同氮硫比日粮对食糜流通量的影响

本试验测得绒山羊瘤胃食糜流通速度常数 Kp 在 4.88%/h～6.29%/h，但各组间差异不显著($P>0.05$)。添加硫组瘤胃总氮流量虽高于未添加硫组，各组间差异不显著($P>0.05$)；硫含量为 0.22%的Ⅲ组山羊瘤胃总硫流量高于其他组，但差异不显著($P>0.05$)。十二指肠总氮流量各组间差异不显著($P>0.05$)，仍是Ⅲ组高于其他组；Ⅲ组山羊十二指肠总硫流量也高于其他组，但各组间差异不显著($P>0.05$)。

由表 5 可以看出，添加硫提高了瘤胃微生物氮流量，其中Ⅲ组山羊瘤胃微生物氮流量显著高于其他各组($P<0.05$)；添加硫亦增加了十二指肠微生物氮流量，Ⅲ组山羊十二指肠微生物氮流量显著高于Ⅰ组($P<0.05$)。说明添加硫刺激微生物蛋白的合成。Elliotte 和 Armstrong(1982)报道，添加无机硫提高微生物蛋白的合成，使进入小肠的总氨基酸氮显著增加。Qi 等(1992)研究发明，安哥拉山羊日粮中硫含量达 0.23%和 0.29%时，微生物生长最快，合成微生物蛋白最多。

表 5　不同氮硫比对食糜流通量的影响

Table 5　Effect of different dietary N∶S ratio on digesta flow

	Ⅰ	Ⅱ	Ⅲ	Ⅳ
进食氮量(g/d)Intake N	8.064±0.57	8.057±0.06	8.639±0.06	8.584±0.12
瘤胃 Kp(% h)Rumen Kp	4.88±0.74[a]	5.77±1.12[a]	5.38±0.73	6.29±0.36[a]
瘤胃总氮流量(g/d)Total N flow in rumen	5.905±0.30[a]	6.77±2.95[a]	6.74±1.32[a]	5.41±0.36[a]
瘤胃总 S 流量(g/d)Total N flow in rumen	0.667±0.15[a]	0.796±0.37[a]	1.094±0.28[a]	0.837±0.27[a]

续表 5

	Ⅰ	Ⅱ	Ⅲ	Ⅳ
十二指肠总氮流量(g/d)Total N flow in dusdenum	3.965±0.49[a]	3.625±0.43[a]	4.28±0.25[a]	4.10±0.33[a]
十二指肠总S硫流量 Total S flow in dusdenum	0.475±0.13[a]	0.540±0.13[a]	0.713±0.22b	0.520±0.07[a]
瘤胃微生物 N R-MN (g/d)	2.83±0.27[b]	3.483±1.08[ab]	4.235±0.45[a]	4.067±1.55[ab]
十二指肠微生物 ND-MN (g/d)	1.32±0.28[b]	2.883±0.662[ab]	3.965±0.35[a]	3.685±0.29[ab]

3　小结

①添加硫可促进瘤胃发酵，提高 pH，降低氨氮浓度；促进纤维物质降解，增加微生物蛋白的合成。

②随着硫的添加，硫的沉积量及消化率呈线性增加($P<0.05$)。

③硫含量为 0.22%，氮硫比为 7.39∶1 的日粮组，DM、ADF、OM 的消化率显著高于其他组($P<0.05$)；瘤胃、十二指肠微生物氮流量也高于其他各组($P<0.05$)，氮沉积量最大($P<0.05$)。

参考文献

[1] 冯仰廉.反刍动物营养学实验指导.北京：北京农业大学出版社，1990.

[2] 冯宗慈，高民.通过比色法测定瘤胃液氨氮含量方法的改进.内蒙古畜牧科学，1993，4：40.

[3] 高民，冯宗慈.一种改进铬的测定方法.内蒙古畜牧科学，1993，3：42-45.

[4] 贾志海.褪黑激素促山羊绒生长机理的研究.北京农业大学博士论文，1994.

[5] 卢德勋，谢崇文.现代反刍动物实验方法和技术.北京：农业出版社，1991.

[6] 土壤农业化学分析手册.北京：农业出版社，P261.

[7] 杨胜.饲料分析与饲料质量检测.北京：农业出版社，1993.

[8] Bird P R. Sulfur metabolism and excretion studies in ruminants IX sulfur, nitrogen and energy utilization by sheep fed a sulfur-deficient and a sulfate-supplemented roughage based diet. Austr. J of Biol. Sci, 1972, 25:1073.

[9] Edman R A. Dietary buffering requirements of the lactating dairy cows: A review. J Dairy Sci. 1988, 71: 3246.

[10] Elliott R, D G Armstrong. The effect of urea and urea plus sodium sulfate on microbial protein production in the rumens of sheep given diets high in alkali-treated barley straw. J Agric. Sci. 1982, 99: 51.

[11] Hume I D, Bird P R. Aust., Agric. Res. 1970, 21: 283.

[12] Kennedy P M. Siebert B D. The utilization of spear grass Ⅱ. The influence of sulfur on energy intake and tureen and blood parameters in cattle and sheep. Austr., Agric. Res. 1972, 23: 45.

[13] Kennedy P M. Siebert B D. The utilization of spear grass Ⅲ. Tile influence of sulfur on the utilization of spear grass by sheep. Aust., J Agric. Res. 1973, 24: 143.

[14] Kennedy P M. Tile utilization and excretion of sulfur in cattle fed tropical roughages. Aust. J Agric. Res, 1974, 25: 1015.

[15] Moir R J. Somers M. Bray A C. Utilization of dietary sulfur and nitrogen by ruminants. Sulfur Insti. J, 1967, 3: 1.

[16] Moir R J. Implications of the N:S ratio and differential recycling. In: O. H. Muth and J. E. Oldfield (Editors). Symposium: Sulfur in Nutrition. A VI Publishing Co. , Westport. CT, 1970, P165.

[17] Moir R J. Basic concepts of sulfur nutrition In: International Minerals Conference. International Minerals and Chemical Mundelein. II. 1979, P93.

[18] Morrison M R. M Murray . A N Bonface. Nutrient metabolism and rumen microorganisms in sheep fed a poor quality tropical grass hay supplemented with sulfate. J Agric. Sci. 1990, 115: 269.

[19] NRC. Nutrient Requirements of Goats: Angora, Dairy and Meat Goats in Temperate and Tropical Countries. National Academy Press. Washington. DC, 1981.

[20] Slyter L L. W Chalupa, R R Oljen. Response to elemental sulfur by calves and sheep fed purified diets, Anim. Sci. 1988, 66: 1016.

[21] Spears J W, Bush L P. Ely D G. Influence of nitrate and molybdenum on sulfur utilization by rumen microorganisms. J dairy Sci, 1977, 60: 1889.

[22] Weston R H. J R Lindsay, D B Purser. G I, R Gordon. P Davis. Feed intake and digestion respose in sheep to the addition of inorganic sulfur to a herbage diet of low sulfur content Austr. , Agric Res. 1988, 39: 1107.

山羊绒生长缓慢期日粮适宜氮硫比的综合评定

王　娜[1]　贾志海[1]　卢德勋[2]　李玉荣[2]　牛文艺[2]　任晓萍[2]　娜　仁[2]

（1. 中国农业大学动物科技学院，北京　100094；2. 内蒙古畜牧科学院，内蒙古 呼和浩特　010030 ）

该文发表在《动物营养学报》2002，(14)2：42-46

摘要　利用9只安装有永久性瘤胃瘘管和十二指肠瘘管的周岁二狼山型白绒山羊，于山羊绒生长缓慢期（1—2月）研究日粮不同硫含量（分别为0.15%、0.23%、0.27 %）以及氮硫比（分别为11.02∶1、7.40∶1、6.03∶1）对绒山羊氮代谢、硫代谢、营养物质消化率、消化道食糜流通量的影响。试验结果表明：在山羊绒生长缓慢期，由日粮中添加无机硫调控氮硫比，氮硫比为7.40∶1组可消化氮、沉积氮、沉积氮/进食氮及氮的消化率均显著高于氮硫比为6.03∶1组（$P<0.05$），亦高于未添加硫组（N/S=11.02），但差异不显著（$P>0.05$）；而沉积氮/可消化氮显著高于其他两组（$P<0.05$）。随着硫的添加，硫的沉积量显著提高，但利用率降低。OM、DM、ADF的消化率以氮硫比7.40∶1组高于另两组，6.03∶1组最低。饲喂不同氮硫比日粮，瘤胃和十二指肠总氮流量各组间无显著差异，总硫流量随硫的添加而提高。在绒生长缓慢期日粮中添加硫使ADF、CP、DM的瘤胃动态降解率降低。根据沉积氮、硫、OM、OM 、ADF的消化率与日粮硫水平之间二次曲线关系得到绒生长缓慢期日粮适宜硫水平为0.213% ，适宜氮硫比为7.80∶1。

关键词　绒山羊；氮硫比；氮硫代谢

Studies on Evaluatinc the Optimal Nitrogen to Sulfur Ratio in the Diet of Innermongolian White Cashmere Goats in Fiber Solw-Growing Period

WANG Na[1], JIA Zhi-hai[1], LU De-xun[2], LI Yu-rong[2], NIU Wen-yi[2], REN xiao-ping[2], NA Ren[2]

(1. College of Animal Science and Technology, China Agricultural University, Beijing 100094 , China; 2. Inner Mongolian Academy of Animal Science, Huhhot　010030, China)

Abstract　Effects of sulfur supplementation on N and S metabolism, nutrient digestibility, digesta flows in the digestive tracts were determined using nine castrated male Er-lang-shan white cashmere goats during fiber slowly-growing period (Jan. 1999 to Feb. 1999). Goats wore fed diets containing 0.15%, 0.23%, 0.27% S (with N/S 11.02, 7.40 and 6.03 respectively) . The apparent digestibility of CP and digestible N, retained N, retained N/digestible N of the goats fed diet with N/S of 7.40 were higher than those of goats fed diet with N/S of 6.03 ($P<0.05$). The apparent digestibility of DM, OM, ADF of the goats fed diet with N/S of 6.03 was lower than other treatments. Supplying S decreased ruminal effective degradability of feed DM, ADF, CP. Sulfur supplementation increased total S flowing into the duodenum. According the quadratic relationship of retained N , the apparent digestibilitise of OM, DM, ADF with dietary S levels, the optimal dietary S level and optimal ratio N/S were 0.213%, 7.80 : 1, respectively.

Key words cashmere goat, N : S ratio, sulfur and nitrogen metabolism, cashmere

山羊绒的生长周期不同于羊毛,是季节性的。由次级毛囊发育形成的山羊绒在日照由长变短时开始生长、随日照长度的递减,其生长速度加快;至冬至以后日照由短变长时,山羊绒的生长缓慢并逐渐停止(McDold,1987;Teh,1990;Jia,1995)。山羊绒的生长规律说明在不同生长阶段对营养物质的需要可能不同,而目前关于营养因素对山羊绒生长影响的研究大多在其生长旺盛期(Ash,1954;Norton,1987;贾志海,1994;孙海洲等,1995),对生长缓慢期的研究几乎没有。因此,拟通过以下试验综合评定在山羊绒生长缓慢期不同氮硫比日粮对绒毛生长的影响。

1 材料与方法

1.1 试验动物及饲养管理

1.1.1 试验日粮

设置了3组不同氮硫比日粮,日粮配方参照NRC(1981)山羊饲养标准。日粮组成及营养成分如表1。

表1 日粮组成和营养成分

Table 1 Composition and nutrient level of the tested goats diets(%)

	Ⅰ组	Ⅱ组	Ⅲ组
原料组成 Composition (%)			
羊草 Hay	73.5	73.5	73.5
玉米 Corn	16	16	16
豆粕 Soybean meal	2	2	2
胡麻饼 Linseed meal	2	2	2
麸皮 Wheat bran	3.5	3.5	3.5
尿素 Urea	0.625	0.625	0.625
食盐 Salt	0.25	0.25	0.25
磷酸氢钙 $CaHPO_4$	0.125	0.125	0.125
石粉 Stone powder	1.6	0.8	0.5
沸石粉 Zeolite	0.3	—	—
硫磺 Sulfur	—	0.3	0.5

续表 1

	Ⅰ组	Ⅱ组	Ⅲ组
硫酸钙 Calcium sulfate	—	0.8	1.1
预混料 Premix	0.1	0.1	0.1
营养成分 Nutrient level(%)			
代谢能 ME(MJ/kg)	8.15	8.15	8.15
粗蛋白 CP	10.38	10.63	10.19
氮 N	1.66	1.70	1.63
硫 S	0.15	0.23	0.27
钙 Ca	2.09	2.11	2.14
磷 P	0.68	0.77	0.76
氮硫比 N∶S	11.02	7.40	6.03

a 每千克预混料包含：$CuSO_4$ 2 400 mg，ZnO 3 700 mg，$COCl_2$ 242 mg，碘酸钙(1% KI) 1 900 mg，$MnSO_4$ 1 430 mg，Na_2SeO_3(1% Se) 130 mg，沸石粉，V_A 5 400 万 IU，V_{D3} 1 080 万 IU，V_E 18 000 IU。b：ME 为计算值，其他为实测值。

1.1.2 试验动物及饲养管理

选取 9 只安装瘤胃瘘管和十二指肠瘘管的 1 周岁二狼山型白绒山羊按体重随机分为 3 组。试验动物单笼饲养，自由饮水，精料在 6:00 和 18:00 分两次饲喂，每天 150 g。粗饲料分 4 次饲喂，每天饲喂 500 g。每天记录试验羊的实际采食量。

1.2 试验设计

1.2.1 消化代谢试验

在山羊绒生长缓慢期(1999 年 1—2 月)，试验羊空腹称重上代谢笼进行消化代谢试验。预饲期 7 天，试验期 7 天。每天 8:00 和 20:00 两次收集粪尿，按 10%比例取样保存分析。

1.2.2 消化动态学试验

食糜流通量的测定以三氮化二铬为标记物，启动投量为 3 g，每天分 4 次投药，每 6 小时投 0.8 g。然后按照一定的时间采集食糜(卢德勋和谢崇文，1991)。

1.3 样品分析方法

①样品中的 CP、DM、ADF、OM、Ca、P 等营养成分按试验室常规方法分析。

②铬的测定：浓硫酸-钼酸钠-过氯酸氧化法(高民和冯宗慈，1993)。

③硫的测定：硫酸钡比浊法。

1.4 数据处理与统计分析

利用 SAS 软件(V6.12，1996)的 ANOVA 和 GLM 过程进行统计分析。

2 结果与讨论

2.1 试验结果

2.1.1 不同氮硫比日粮对氮代谢的影响

表 2 列出了山羊绒生长缓慢期日粮不同氮硫比对氮代谢的影响。随着硫的添加，氮的采食量各组间没有显著差异($P>0.05$)。粪氮排出量及粪氮占进食氮的比例是Ⅱ组<Ⅰ组<Ⅲ组，且Ⅲ组显著高于Ⅱ组。尿氮、尿氮占进食氮的比例低于Ⅰ(未添加硫)组，但各组间差异不

显著($P>0.05$)。可消化氮、沉积氮、沉积氮占可消化氮和进食氮的比例及氮的表观消化率变化趋势相同，均是Ⅱ组显著高于Ⅲ组($P<0.05$)，其他各组间无显著差异。

表 2 不同氮硫比日粮对氮代谢的影响

Table 2 Effect of different dietary N:S rations on N retention and digestibility

	Ⅰ组	Ⅱ组	Ⅲ组
氮进食量 Intake N (g/d)	10.12 ± 0.40^{a}	10.52 ± 0.26^{a}	10.14 ± 0.28^{a}
粪氮 FaeceN (g/d)	3.836 ± 0.16^{a}	3.297 ± 0.46^{a}	4.948 ± 0.53^{a}
尿氮 Urea N (g/d)	2.320 ± 0.54^{a}	1.853 ± 0.03^{a}	2.090 ± 0.19^{a}
可消化氮 Digestible N (g/d)	6.285 ± 0.12^{ab}	7.364 ± 0.36^{a}	5.352 ± 0.48^{b}
沉积氮 Retained N (g/d)	3.961 ± 0.51^{ab}	5.511 ± 0.39^{a}	3.265 ± 0.29^{b}
粪氮/进食氮 FN/IN	37.89 ± 5.08^{ab}	30.89 ± 4.03^{a}	48.01 ± 4.94^{b}
尿氮/进食氮 UN/IN	22.80 ± 5.59^{a}	17.38 ± 0.09^{a}	20.28 ± 1.98^{a}
沉积氮/可消化氮 RN/DN	63.18 ± 4.27^{b}	74.76 ± 1.60^{a}	61.00 ± 0.09^{b}
沉积氮/进食氮 RN/IN	39.40 ± 3.19^{a}	51.74 ± 4.12^{a}	31.71 ± 2.96^{a}
表观消化率 Apparent digestibility (%)	62.12 ± 0.51^{ab}	69.11 ± 4.03^{a}	51.99 ± 4.94^{b}

由上述结果可以看出、在山羊绒生长缓慢期，绒的生长对硫的需要量降低，日粮中添加少量的硫就能提高氮的利用率及沉积量，如Ⅱ组氮的沉积量增加了 28.13%，表观消化率提高了 10.11%；若添加的硫过量，反而影响氮的利用，例如Ⅲ组氮的消化率降低了 16.31%，氮的沉积量减少了 17.57%。在试验中发现，氮的表观消化率和沉积量(Y)与日粮硫水平(X)之间存在显著的二次曲线相关关系，其回归公式如下：

$Y=-14.76+187.59X-430.69X^2$ ($R=0.9160, n=9$ $P=0.0301$)

(Y—氮的沉积量；X—日粮硫水平)

$Y=-71.30+1354.41X-3198.97X^2$ ($R=0.9651, n=9$ $P=0.0106$)

(Y—氮的表观消化率；X—日粮硫水平)

由上式可计算出山羊绒生长缓慢期日粮的适宜硫水平为 0.215%。

2.1.2 不同氮硫比日粮对硫代谢的影响

表 3 列出了日粮不同氮硫比对硫代谢的影响。Kennedy(1974)曾报道，粪硫排泄量随硫采食量的增加而增多，粪硫是硫的主要排泄途径。Qi 等(1992)研究山羊硫需要时也发现，随着硫的添加粪硫和尿硫的排出增加。本试验发现随日粮中无机硫的添加，试羊硫的采食量呈线性增加，粪硫排出量显著增加，而且粪硫占进食硫的比例亦显著高于未添加硫组($P<0.05$)，尿硫的排出量亦增加，但各组间差异不显著。可消化硫和沉积硫随氮硫比的降低而显著增加($P<0.05$)，但沉积硫占可消化硫和进食硫的比例各组间差异不显著($P>0.05$)。硫的表观消化率Ⅰ组显著高于Ⅲ组。由上述试验结果可以看出，当日粮中的硫基本上能够满足动物的需要时。添加过多的硫会从粪尿中排出，硫的利用率也降低。

随着日粮中硫的添加，硫的采食量呈线性增加，硫的沉积最及硫的表观消化率亦呈线性增加。硫的采食量与硫的沉积量及硫表观消化率之间存在显著的相关关系，回归公式如下(3 个组，每组 3 只羊)：

表 3　不同氮硫比日粮对硫代谢的影响

Table 3　Effect of different dietary N∶S rations on S retention

	Ⅰ组	Ⅱ组	Ⅲ组
硫进食量 Intake S(g/d)	0.874±0.04[c]	1.397±0.03[b]	1.660±0.01[a]
粪硫 Faces S(g/d)	0.234±0.01[b]	0.496±0.05[a]	0.628±0.02[a]
尿硫 Urea S(g/d)	0.360±0.05[a]	0.507±0.09[a]	0.416±0.02[a]
可消化硫 Digestible S(g/d)	0.641±0.05[b]	0.902±0.01[a]	1.033±0.03[a]
沉积硫 Retained s(g/d)	0.281±0.01[b]	0.395±0.08[ab]	0.617±0.05[a]
粪硫/进食硫 FS/IS	26.82±2.34[b]	35.41±2.54[ab]	37.81±1.58[a]
尿硫/进食硫 US/IS	41.03±3.87[a]	36.47±4.40[a]	25.07±1.13[b]
沉积硫/进食硫 RS/IS	32.16±1.53[a]	28.12±4.86[a]	37.13±2.70[a]
沉积硫/可消化硫 RS/DS	44.05±3.50[a]	43.90±9.25[a]	59.63±2.84[a]
表观消化率 Apparent digestibility(%)	73.18±2.34[a]	64.59±2.54[ab]	62.19±1.58[b]

$Y=-0.0514+0.3653X$　($R=0.8636, n=9$　$P=0.0266$)　(Y—硫的沉积量;X—硫的采食量)

$Y=84.36-13.68X$　($R=0.9199, n=9$　$P=0.0094$)　(Y—硫的表观消化率;X—硫的采食量)

2.1.3　不同氮硫比日粮对消化率的影响

表 4 为不同氮硫比日粮对 DM、ADF、OM 表观消化率的影响。试验结果表明 OM、DM、ADF 的消化率并未随硫的添加而提高,Ⅱ组>Ⅰ组>Ⅲ组。研究发现 DM、OM、ADF 的消化率与日粮硫水平呈二次曲线相关关系,回归公式如下:

表 4　不同氮硫比日粮对日粮 DM、ADF、OM 消化率的影响

Table 4　Effect of different dietary N∶S rations on DM, ADF and OM digestibility

		Ⅰ组	Ⅱ组	Ⅲ组
采食量 Intake (g/d)	DM	562.75±3.19[a]	568.23±19.89[a]	579.40±20.90[a]
	ADF	176.03±11.82[a]	181.98±7.80[a]	185.11±8.18[a]
	OM	490.63±26.38[a]	491.77±17.23[a]	503.20±18.26[a]
表观消化率 Apparent digestibility(%)	DM	43.86±3.08[ab]	50.78±4.43[a]	29.79±4.01[b]
	ADF	24.30±1.65[ab]	31.11±2.24[a]	15.37±3.40[ab]
	OM	47.66±1.16[ab]	53.87±5.14[a]	32.85±5.78[b]

$Y=-119.83+1673.75X-3991.80X^2$　($R=0.8961, n=9$　$P=0.0582$)

式中:Y—DM 表观消化率;X—日粮硫水平(% kg DM)

$Y=-111.75+1634.22X-3914.69X^2$　($R=0.9023, n=9$　$P=0.0562$)

式中:Y—OM 表观消化率;X—日粮硫水平(% kg DM)

$Y=-157.61+1815.28X-4270.74X^2$　($R=0.8847, n=9$　$P=0.1158$)

式中:Y—ADF 表观消化率;X—日粮硫水平(% kg DM)

由上述公式可计算出山羊绒生长缓慢期有利于 OM、DM、ADF 消化率的日粮适宜氮硫比为 0.211%。与由氮沉积得出的硫水平 0.215%接近。

2.1.4 不同氮硫比日粮对食糜流通量的影响

山羊绒生长缓慢期测得瘤胃食糜外流速率常数 Kp 在(4.57%～6.39%)/h，不同氮硫比日粮之间差异不显著($P>0.05$)。饲喂不同氮硫比日粮，瘤胃总氮流量和十二指肠总氮流量均是Ⅱ组＞Ⅰ组＞Ⅲ组，但各组间无显著差异($P>0.05$)。而瘤胃总硫流量和十二指肠总硫流量随着日粮中硫的添加而增加，其中Ⅲ组显著高于Ⅰ组($P<0.05$)。此试验结果说明在山羊绒生长缓慢期，日粮中的氮硫绝对供给量已基本满足微生物的需要，但氮硫比偏高仍就影响营养物质的利用。日粮中添加硫以得到适宜的氮硫比对瘤胃微生物蛋白的合成有促进作用(王娜，1999)，但若添加过量反而影响微生物对氮、硫的利用，使进入十二指肠总氮流量减少。

表 5 日粮不同氮硫比对消化道食糜流通的影响

Table 5 Effect of different dietary N∶S ratio on digesta flow

	Ⅰ组	Ⅱ组	Ⅲ组
氮进食量 Intake N(g/d)	10.12±0.40[a]	10.52±0.26[a]	10.14±0.28[a]
硫进食量 Intake S(g/d)	0.874±0.05[c]	1.397±0.03[b]	1.660±0.01[a]
瘤胃 Kp Rumen Kp(% h)	5.46±0.09[a]	4.89±0.79[a]	4.57±1.61[a]
瘤胃总氮流量 Total N flow in rumen (g/d)	9.62±0.96[a]	10.38±0.73[a]	10.08±0.93[a]
瘤胃总硫流量 Total S flow in rumen (g/d)	0.580±0.03[b]	0.837±0.09[ab]	0.951±0.06[a]
十二指肠总氮流量 Total N flow in duodenum(g/d)	7.45±1.65[a]	8.51±0.47[a]	6.29±0.31[a]
十二指肠总氮流量 Total S flow in duodenum(g/d)	0.499±0.06[b]	0.686±0.05[ab]	0.772±0.07[a]

2.2 讨论

对于在山羊绒生长的过程中生长缓慢期绒毛对营养物质的利用分配，目前研究很少。本试验对日粮不同氮硫比在山羊绒不同生长阶段营养物质物质利用进行了研究。试验结果表明山羊绒生长缓慢期对硫的需要及营养物质消化代谢不同于生长旺盛期。

表 6 为山羊绒不同生长时期氮表观消化率、氮沉积量、氮的沉积效率、硫的沉积效率、OM、DM、ADF 消化率的对比。在山羊绒生长旺盛期，日粮中添加硫，氮表观消化率、氮沉积量、氮的沉积效率、硫的沉积效率、OM、DM、AOF 消化率均高于未添加硫组，其中氮硫比为 7.39∶1 组的各项指标显著高于其他试验组，日粮适宜硫水平为 0.225%、适宜氮硫比为 7.11∶1；在山羊绒生长缓慢期，氮硫比为 7.40∶1 组也是各项指标显著高于其他组，但添加硫量最高的组各项指标反而低于未添加硫组，其日粮日粮适宜硫水平为 0.213%、适宜氮硫比为 7.80∶1 。造成上述差异可能是因为山羊绒生长旺盛期绒的快速生长对硫的需要量大，消化代谢旺盛，日粮硫不足就显得突出，添加硫后显著提高营养物质的利用率。山羊绒生长缓慢期对硫的需要量低于其生长旺盛期，基础日粮中的氮硫比较高对营养物质的利用仍有影响，但其中的氮硫绝对量已基本可以满足动物需要，因此日粮中添加适量的硫以降低氮硫比显著提高了营养物质的利用率；但添加过量时，由于硫与其他营养物质之间的相互作用，对营养物质的利用率降低。Elliotte 等(1982)报道基础日粮中的氮硫比为 9.2∶1，当添加尿素使氮硫比达 60∶1 时，微生物蛋白合成量及到达小肠的总氨基酸氮均高于基础日粮组。表明基础日粮中氮硫比是适宜的，但氮的绝对量不能满足动物的需要；当继续添加硫酸盐时，微生物蛋白合成量及进入小肠的总氨基酸氮又显著增加。由此可知，在考虑日粮适宜氮硫比的同时，还必须考虑日粮中氮硫绝对量的供给。

表 6　生长旺盛期与生长缓慢期的对比

Table 6　Compare of fast-growing period and slowly-growing period

	生长旺盛期 Past-growing period			生长缓慢期 Slow-growing period		
日粮氮硫比 Dietary N∶S ratio	10.55∶1	7.39∶1	5.68∶1	11.02∶1	7.04∶1	6.03∶1
沉积氮 Retained N	2.386	3.856	2.847	3.961	5.511	3.265
沉积氮/进食氮 RN/IN	31.17	45.93	33.18	39.40	51.74	31.71
氮的表观消化率 N Appar. digest.(%)	63.64	73.44	65.16	62.12	69.11	51.99
沉积硫/进食硫 RS/IS	21.19	38.54	48.70	32.16	28.12	37.13
OM 表观消化率 OM Appar. digest.(%)	60.80	74.06	63.25	47.66	53.87	32.85
DM 表观消化率 DM Appar. digest.(%)	60.18	70.49	59.66	43.86	50.78	29.79
ADF 表观消化率 ADF Appar. digest.(%)	53.03	64.96	50.47	24.30	31.11	15.37
适宜硫水平 Optimal S level		0.225%			0.213%	
适宜氮硫比 Optimal N∶S ratio		7.11∶1			7.80∶1	

参考文献

[1] 冯宗慈，高民．通过比色法测定瘤胃液氨氮含量方法的改进[J]．内蒙古畜牧科学，1993，4：40.

[2] 贾志海．山羊绒生长机理研究进展[J]．国外畜牧科技，1995，(2)：28.

[3] 贾志海．褪黑激素促山羊绒生长机理的研究[D]．北京农业大学，1994.

[4] 卢德勋，谢崇文．现代反刍动物实验方法和技术[M]．北京：农业出版社，1991.

[5] 孙海洲．放牧条件下内蒙古阿尔巴斯白绒山羊绒毛生长规律及营养水平对产绒性能影响的研究[D]．内蒙古农业大学，1995.

[6] 王娜．内蒙古白绒山羊日粮适宜氮硫比的综合评定研究[D]．中国农业大学，1999.

[7] Ash A J, Norton B M. The effect of protein and energy intake on cashmere and body growth of Australian cashmere goats[J], Proceeding, Aust, Soc. of Animal Production, 1984, 15: 247-250.

[8] Kennedy P M. The utilization and excretion of sulfur in cattle fed tropical roughages [J]. Aust, J Agric. Res., 1974, 25: 1015.

[9] McDold B J, Hoey W A, Hopkins P S. Cyclical fleece growth in cashmere goat[J]. Australian J of Agric. Res., 1987, 32: 597.

[10] Morrison M R. M Murray, A N Bonface. Nutrient metabolism and rumen micro-organisms in sheep fed a poor quality tropical grass hay supplemented with sulfate[J]. J Agric. Sci., 1990, 115: 269.

[11] Norton B M. Management of Australian cashmere goats for maximum fleece growth[J]. In Seminar Proc. Cashmere Research, 1991, 5: 23.

[12] Weston R H. J R Lindsay, D B Purser. G L R Gordon, P Davis. Feed intake and digestion response in sheep to the addition of inorganic sulfur to a herbage diet of low sulfur content [J], Austr. J Agric Res, 1988, 39: 1107.

不同无机硫对内蒙古白绒山羊消化代谢的影响

彭玉麟[1]　贾志海[1]　卢德勋[2]　李玉荣[2]　牛文艺[2]　娜　仁[2]　任晓萍[2]

（1. 中国农业大学动物科技学院；2. 内蒙古畜牧科学院）

该文发表在《中国农业大学学报》2001，6(3)：107-112

摘要　选用9只装有瘤胃和十二指肠近端瘘管的内蒙古白绒山羊羯羊（2周岁左右），随机分成3组，分别饲喂氮硫比相同而硫源不同（分别为硫磺、硫化钠和硫酸钠）的3种日粮，进行消化代谢试验和测定食糜流通量，以探讨不同无机硫对氮和硫的沉积量以及硫的流通规律。试验结果表明：硫酸钠组氮的进食量和沉积量均显著高于硫磺组和硫化钠组（$P<0.05$），但各组间氮的表观消化率差异不显著（$P>0.05$）。硫化钠组和硫酸钠组硫的沉积量以及表观消化率均显著高于硫磺组（$P<0.05$）。硫酸盐在瘤胃吸收量很少，主要在肠道被吸收；硫化物在瘤胃和小肠均可被吸收利用；元素硫（硫磺）主要在瘤胃和小肠前段被分解利用，元素硫的生物学效价显著低于硫酸钠和硫化钠（$P<0.05$）。总之，添加硫酸钠对内蒙古白绒山羊的效果好于硫磺和硫化钠。

关键词　绒山羊；氮硫代谢；无机硫；山羊绒

Effects of Different Inorganic Sulfur Sources on Nutrient Digestion and Metabolism in Inner Mongolian White Cashmere Goat

Peng Yulin[1], Jia Zhihai[1], Lu Dexun[2], Li Yurong[2],
Niu Wenyi[2], Na Ren[2], Ren Xiaoping[2]

(1. College of Animal Science and. Technology, CAU; 2. Inner Mongolian Academy of Animal Sciences)

Abstract　Nine Inner Mongolian White Cashmere Goat wethers aged two years old and installed with permanent ruminal and duodenal cannulas, were used to study the effects of different inorganic S sources (sulfur, sodium sulfide and sodium sulfate) on S flux and retention of N and S. The results showed that N intake and retention were higher for sodium sulfate group than those of sulfur group and sodium sulfide group ($P<0.05$), but there was no significant difference ($P>0.05$) in apparent digestibility of N among the three treatments. S retention and apparent digestibility were significantly lower for sulfur group than those of sodium sulfide group and sodium sulfate group ($P<0.05$). Sodium sulfate was absorbed mainly in the intestine, whereas sulfide was absorbed and utilized both in the rumen and intestine. Sulfur were mainly digested and availed in the rumen and the duodenum. Biological value of S was lower than that of sodium sulfate and sodium sulfide ($P<0.05$). The present results suggest that sodium sulfate is a good source of S used as a supplement in the diets of Inner Mongolian White Cashmere Goats compared with sulfur and sodium sulfide.

Key words cashmere goat, nitrogen and sulfur metabolism, inorganic sulfur, cashmere

硫是动物所必需而只能从饲料中获得的一种常量元素。补饲含硫化合物对羊毛(绒)生长有明显的促进作用。有机硫主要以蛋氨酸、胱氨酸形式添加,但因价格昂贵而限制了在反刍动物上的应用。无机硫不仅来源广泛,价格低廉,而且能够被瘤胃微生物分解利用以合成含硫氨基酸。生产中,一般利用含硫氨基酸饲喂单胃动物,而反刍动物可利用无机硫部分替代含硫氨基酸。

在无机硫中以硫酸钠生物利用率较高,能提高畜禽的日增重、产蛋率、产乳量和产毛量。硫酸钙在瘤胃液中容易被合成微生物蛋白。如以硫酸钙的相对利用率为100%,则L-蛋氨酸为143%,硫酸钠为100%,元素硫为47%,DL-蛋氨酸为110%～130%[1]。硫化物是进食硫和内源硫周转以及硫代谢的最主要中间体。日粮中的无机硫和有机硫均可被瘤胃微生物还原为硫化物,然后合成有机硫化合物。

绒山羊是我国特有的品种资源,对其营养需要的研究很少。本试验拟在王娜[2]研究内蒙古白绒山羊适宜氮硫比的基础上,探讨不同无机硫(硫元素、硫化钠、硫酸钠)对内蒙古白绒山羊营养物质消化代谢及利用率的影响。

1 材料与方法

1.1 试验动物

选用9只2周岁(体重17～21 kg)内蒙古白绒山羊羯羊,安装永久性瘤胃瘘管和十二指肠近端瘘管。

1.2 试验日粮与饲养管理

基础日粮配制参照美国NRC山羊饲养标准[3](表1)。代谢能能够满足日增重50 g的需要。试验日粮由基础日粮中分别添加硫磺0.16%、硫化钠($Na_2S \cdot 9H_2O$)1.14%和无水硫酸钠0.66%,并用硅藻土平衡而获得。试验羊每天饲喂混合精料200 g和青干草500 g,6:00和18:00分2次饲喂。试验羊单笼全舍饲饲养,自由饮水。每期试验前、后对试验羊空腹称重。

表1 试验基础日粮配方和营养水平(风干样为基础) ω/%

原料	配方	营养成分②	营养水平
青干草	71.4	ME/($MJ \cdot kg^{-1}$)	8.44
玉米	18.5	CP	11.89
麦麸	2.8	N	1.90
豆粕	2.9	S	0.25
胡麻饼	1.1	N∶S	7.57∶1
尿素	0.9	Ca	0.58

续表 1

原料	配方	营养成分②	营养水平
矿物质和多维①	0.4	P	0.22
食盐	0.4	ADF	30.25
骨粉	0.4		

①矿物质组成($mg \cdot kg^{-1}$):$FeCl_2$ 19 600;$CuSO_4$(含 Cu 25%) 20 800;MnO_z 10 560;$ZnCl_2$ 128 00;5%的 $CaIO_3$ 6 000;1%的 $CoCl_2$ 8 400;1%的 Na_2SeO_3 4 800;N_aMoO_4 232。

多维组成($IU \cdot kg^{-1}$):VA 5.4×10^7;VD_3 1.08×10^7;VE 1 500。

②营养成分中除 ME 为计算值外,其他均为实测值。

1.3 试验设计

本试验采用单因素完全随机设计,9 只试验羊随机分配到 3 个处理中,每个处理 3 个重复。先进行消化代谢试验,再测定食糜流通量。

1.3.1 消化代谢试验

试验羊空腹称重后,带上集粪袋,放入代谢笼。预试期 15 d,自由饮水,待采食量恢复正常后进行正式试验。每天 6:00 和 18:00 分 2 次收集粪尿样,每天 6:00 收集试验羊的剩余料。正试期进行 7 d。代谢试验结束时试验羊空腹称重。

1.3.2 食糜流通量的测定

食糜流通量的测定采用 Cr_2O_3 标记法[4]。

1.4 瘤胃和十二指肠食糜中微生物的分离方法

取 200 mL 瘤胃或十二指肠食糜,加入适量 0.85%的生理盐水,在振荡器上振荡 1 min 后,用 4 层乳酪布过滤,弃掉饲料残渣,取 150 mL 滤液,在 150 $g \cdot min^{-1}$ 下离心 10 min,以除去饲料颗粒和部分原虫,再将上清液于 2×10^4 $g \cdot min^{-1}$ 离心 20 min,弃掉上清液,用 0.85%的生理盐水冲洗沉淀,再于 2×10^4 $g \cdot min^{-1}$ 离心 20 min,重复 2 次,弃掉上清液,将沉淀物(细菌细胞)用蒸馏水冲洗到铝盒内,冷冻干燥后用于分析 RNA 和总氮。

1.5 样品分析方法

常规营养成分 精料、饲草、剩料、粪样及尿样中 DM,OM,CP,ADF,Ca,P 等指标按实验室常规方法测定。

Cr 浓度用高民[4]改进的比色法测定。

总硫的测定用硝酸、高氯酸、盐酸消煮-硫酸钡比浊法[5]。

微生物 RNA 用嘌呤碱基法测定[6]

1.6 数据统计和分析

用 SAS (SAS for Windows,Release6.12)软件包中的平衡实验设计方差分析过程 ANOVA 和非平衡实验设计方差分析过程 GLM,均值的多重比较用 Duncan 法进行。

2 结果与讨论

2.1 氮沉积及消化率(表 2)

不同无机硫对干物质进食量没有显著影响($P>0.05$),但以硫酸钠组最高。硫酸钠组的进食氮显著高于其他 2 组($P<0.05$),这可能与硫化钠、硫磺的适口性差而影响采食量有关。

不同处理间粪氮和尿氮差异不显著($P>0.05$)，在同一氮硫比、同一饲养水平条件下不同无机硫对粪氮和尿氮没有显著影响是正常的。但可消化氮硫磺组和硫酸钠组显著高于硫化钠组($P<0.05$)。沉积氮硫酸钠组显著高于硫磺组和硫化钠组($P<0.05$)，这与许多在基础日粮中添加无机硫导致日粮氮的沉积量增加的试验结果相一致[7,8]。这可能是由于硫酸钠的利用率较高，微生物蛋白的合成量较多的缘故，但各组间氮的表观消化率没有显著差异($P>0.05$)。日粮中添加硫导致瘤胃壁吸收的氨减少，促进瘤胃微生物蛋白合成，增加了十二指肠的总氮流量。当氮硫比偏高时，动物有调节其适宜氮硫比的能力，相对多出的氮就被浪费。添加硫使血浆尿素氮的浓度降低，说明添加硫促进瘤胃氨氮的利用，增加氮沉积[9]。

表 2　不同无机硫对氮沉积及消化率的影响　　$g \cdot d^{-1}$

项目	硫磺组	硫化钠组	硫酸钠组
进食干物质	622.54±10.85a	625.91±11.13a	642.01±2.36a
进食氮	12.72±0.27b	12.97±0.28b	13.36±0.13a
粪氮	3.39±0.25a	3.64±0.52a	3.44±0.30a
尿氮	3.73±0.33a	3.41±0.84a	3.66±0.48a
可消化氮	9.32±0.52ab	9.15±0.35b	9.82±0.18a
沉积氮	5.59±0.43b	5.74±0.35b	6.26±0.41a
表观消化率 ω/%	73.28±2.58a	71.58±3.67a	73.52±2.01a

注：同行数据不同字母表示差异显著($P<0.05$)，下同。

不同无机硫虽然影响氮的进食量和微生物蛋白合成量进而显著影响氮的沉积量，但并没有提高氮的表观消化率。

2.2　日粮不同无机硫对硫代谢的影响(表 3)

表 3　不同无机硫对硫代谢的影响　　$g \cdot d^{-1}$

项目	硫磺组	硫化钠组	硫酸钠组
进食干物质	622.54±10.85 a	625.91±11.13 a	642.01±2.36 a
进食硫	1.032±0.015 a	1.106±0.019 a	1.046±0.011 a
粪硫	0.485±0.07 a	0.371±0.08 ab	0.320±0.09 b
尿硫	0.376±0.091 a	0.380±0.070 a	0.364±0.175 a
可消化硫	0.547±0.075 b	0.730±0.069 a	0.726±0.099 a
沉积硫	0.171±0.042 b	0.356±0.046 a	0.362±0.053 a
表观消化率 ω/%	53.01±7.10 b	66.57±7.28 a	69.35±9.01 a

各组间进食硫差异不显著($P>0.05$)。粪硫以硫磺组>硫化钠组>硫酸钠组，硫磺组和硫化钠组显著高于硫酸钠组($P<0.05$)，这是由于硫磺表观消化率低。各组间尿硫差异不显著($P>0.05$)，这与 Qi 的研究结果一致[10]。硫磺组的可消化硫和沉积硫均显著低于硫化钠组和硫酸钠组($P<0.05$)。以上结果说明，添加硫化钠和硫酸钠组是可消化硫、沉积硫以及硫的表观消化率均高于硫磺组($P<0.05$)，但硫化钠与硫酸钠对硫代谢的影响差异不显著($P>0.05$)。硫化物是瘤胃硫代谢最主要的中间体，不需要经过降解即可被吸收利用；硫酸钠须降解为硫化物后再进入硫代谢途径，硫酸盐在瘤胃几乎不被吸收。从硫代谢的结果来看，硫化钠和硫酸钠的效果明显好于硫磺。

综合考虑氮代谢和硫代谢的结果，以硫酸钠组的效果要好于硫化钠组和硫磺组。

2.3 不同无机硫对食糜流通量的影响(表4)

表4 不同无机硫对食糜流通量的影响

项目	硫磺组	硫化钠组	硫酸钠组
进食氮	12.72±0.27 b	12.97±0.28b	13.36±0.13 a
瘤胃 $Kp/(\% \cdot h^{-1})$	4.36±0.60 a	4.78±0.30 a	5.21±0.38 a
瘤胃总氮流量	17.11±1.66 b	17.47±1.96 b	20.18±1.73 a
瘤胃总硫流量	0.725±0.149 a	0.738±0.128 a	0.819±0.140 a
十二指肠总氮流量	16.93±0.93 b	18.59±0.72a	19.13±1.50 a
十二指肠总硫流量	0.52±0.14 b	0.52±0.02b	0.795±0.04 a
瘤胃微生物氮	6.16±1.55 b	7.32±0.84 b	9.36±1.47 a
十二指肠微生物氮	5.69±0.42 ab	4.99±0.55 b	6.47±0.35 a

本试验测得绒山羊瘤胃食糜流通常数Kp在每小时4.38%～5.21%,各处理间差异不显著($P>0.05$)。瘤胃总氮流量硫酸钠组显著高于硫磺组和硫化钠组($P<0.05$),这可能是硫酸钠组进食氮和瘤胃微生物蛋白合成量显著高于硫磺组和硫化钠组的缘故。硫化钠组和硫酸钠组十二指肠总氮流量显著高于硫磺组($P<0.05$)。各组间瘤胃总硫流量差异不显著($P>0.05$)。但硫酸钠组十二指肠总硫流通量显著高于硫磺组和硫化钠组($P<0.05$),其原因是硫酸盐在瘤胃内几乎不吸收,而部分硫化物能够通过瘤胃壁而吸收。硫酸钠组瘤胃微生物蛋白的产量显著高于硫磺组和硫化钠组($P<0.05$),可能是由于硫酸盐在瘤胃液中溶解而易被利用合成微生物蛋白,这与Goodrich的试验结果一致[1]。十二指肠微生物蛋白产量以硫酸钠组最高,显著高于硫化钠组($P<0.05$)。从上可知,硫酸钠能够显著促进微生物蛋白合成;硫酸盐在瘤胃内吸收很少,而硫化物大部分在瘤胃和十二指肠吸收。

2.4 消化道各段硫的流通规律(图1)

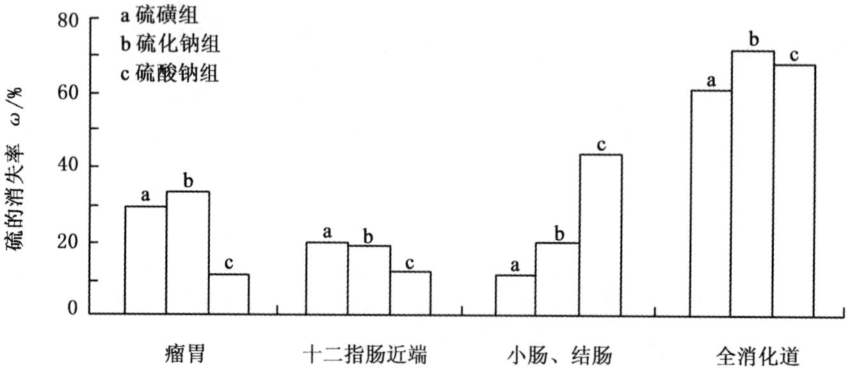

图1 消化道不同部位硫的表观消失率

不同处理的进食硫和瘤胃总硫流量的差异均不显著($P>0.05$)。硫酸钠组的十二指肠总硫流量显著高于硫磺组和硫化钠组($P<0.05$)(表4)。从硫在消化道各段的消失率可以估测硫的吸收率。硫磺主要在瘤胃内被降解吸收,硫化钠在瘤胃内不需要经过降解就能够被瘤胃壁吸收,故硫化钠在瘤胃的消失率最高。硫酸钠也能够在瘤胃内降解,但硫酸盐在瘤胃内的吸收几乎为零,所以硫酸钠在瘤胃内的消失率最低。从瘤胃到十二指肠近端,硫磺组和硫化钠组

的消失率相近，但硫酸钠组的消失率偏低。在十二指肠以后的消化道内，硫磺组的消失率最低，未被降解的硫磺在小肠内不能被吸收；硫化钠组有较高的消失率，证明小肠也是硫化物吸收的主要场所；硫酸盐在这一段的消失率最高，大部分硫酸盐或其降解物在此被吸收利用。从全消化道来看，硫化钠组的消失率最高，硫酸钠组其次，硫磺组最低。

从氮和硫的沉积量以及微生物蛋白合成量来看，不同无机硫对内蒙古白绒山羊的消化代谢均有促进作用，但以添加硫酸钠的效果更明显。本次试验只测定了总硫，未能测定总硫中不同形式的硫，所以对于消失部分中硫的形式无法判断。例如硫酸钠组主要在小肠被吸收，但不能确定到底是以硫酸盐的形式，还是以硫酸盐的降解物（如硫化物）的形式被吸收。本试验中未考虑内源循环硫的影响，硫的内源循环量及其途径尚需要进一步研究。

3　结论

在适宜氮硫比（约 7.6：1）条件下，不同无机硫对内蒙古白绒山羊消化代谢的影响，可归纳如下：

①添加硫酸钠可显著提高氮的沉积量（$P<0.05$），比硫磺组和硫化钠组分别提高 15.50％和 8.63％；硫化钠组和硫酸钠组硫的沉积量以及表观消化率均显著高于硫磺组（$P<0.05$）；硫酸钠组的瘤胃微生物氮和十二指肠微生物氮均显著高于硫磺组和硫化钠组（$P<0.05$）。

②硫酸盐在瘤胃吸收量很少，主要在肠道被吸收；硫化物在瘤胃和小肠均可被吸收利用；元素硫（硫磺）主要在瘤胃和小肠前段被分解利用。硫磺的生物学效价显著低于硫酸钠组和硫化钠组（$P<0.05$）。

参考文献

[1] Goodrich R D, Garrett J E. Sulfur in livestock nutrition. In: Tabatabai M A, ed. Sulfur in Agriculture Madison, W I. 1986. 617.

[2] 王娜. 内蒙古白绒山羊日粮适宜氮硫比综合评定. 北京：中国农业大学学位论文，1999.

[3] NRC. Nutrient Requirements of Goats: Angora, Dairy and meat goats in temperate and tropical countries Washington, DC: National Academy Press. 1985.

[4] 高民，冯宗慈. 一种改进铬的测定方法. 内蒙古畜牧科学，1993(3)：42-45.

[5] 硝酸、高氯酸、盐酸消煮-硫酸钡比浊法. //中国土壤学会农业化学专业编委会编. 土壤农业化学常规分析法. 北京：科学出版社，1983:283，284.

[6] Zinn R A, Owens F N. A rapid Procedure for purine measurement and its use for estimating net ruminal protein synthesis. Can J Anim Sci, 1986, 66:157-166.

[7] Bray A C, Hemsley J A. Sulfur metabolism in sheep: Ⅳ. The effect of a varied dietary sulfur content on some body fluid sulfate levels and on the distribution of sulfur in the ultrafiltrates of blood Plasma. Austr J Res. 1969, 20:759-773.

[8] Kennnedy P M, Siebert B D. The utilization of Spear grass: Ⅱ. The influence of Sulfur on energy intake and rumen and blood Parameters in cattle an sheep. Austr J Agric Res, 1972, 23: 45.

[9] Elliott R, Armstrong D G. The effect of urea and urea plus sodium sulfate on microbial protein production in the rumens of sheep given diets high in alkali-treated barley straw. J Agric Sci, 1982, 99:51.

[10] Qi K H, Lu C D, Owens F N. Sulfate supplementation of alpine goats: effects on milk yield and composition , metabolites, nutrient digestibility and acid-base balance. J Anim Sci, 1992, 70:3541-3550.

反刍动物铜需要量及其影响因素的研究进展

张　微[1]　贾志海[1]　卢德勋[2]

（1.中国农业大学动物科学技术学院，北京　100094；2.内蒙古畜牧科学院，内蒙古呼和浩特　010030）

该文发表在《草食家畜》2005，4，51-55

摘要　微量元素的需要量是指维持动物健康和最佳的生产性能必须从日粮进食的量，它受年龄、性别、生产水平、日粮因素以及个体差异的影响。因此，目前微量元素的需要量将随着一些可用信息的出现而逐渐修改和完善。本文着重介绍了反刍动物铜需要量及其影响因素的研究进展。

关键词　反刍动物；铜；需要量；影响因素

Copper Requirement and Influencing Factors of Ruminants

ZHANG Wei[1]，JIA Zhi-hai[1]，LU De-xun[2]

（1. College of Animal Science and Technology，China Agricultural University，Beijing 100094，China；2. Inner Mongolia Academy of Animal Sciences，Huhehot　010030，China）

Abstract　The trace element requirement of an animal is the dietary intake of the mineral necessary to maintain the animals health and maximal productive performance. Requirements can be influenced by factors such as age，sex，level of productive performance，and dietary factors，as well as individual variation，and therefore the present trace element requirements should be taken as guidelines and revised as more information becomes available. The aim of this article was to reviewed the Copper requirement and influencing factors of ruminants.

Key words　ruminant，copper，requirement，influencing factor

微量元素的需要量是指维持动物健康和最佳的生产性能必须从日粮进食的量，它受年龄、性别、生产水平、日粮因素以及个体差异的影响[1]。多年来，对动物矿物质元素需要量的研究很多，但因影响因素较多，试验条件差异较大，所获得的结果很不一致。因此，讨论矿物质元素需要量及其影响因素是十分必要的。

1　反刍动物铜需要量研究方法

Grace 和 Clark(1991)把微量元素需要量的研究方法归纳为实际饲养试验和计算(由矿物质元素代谢试验获得的数据运用数量关系模型进行计算)两种方法[1]。倪可德等(1995)和杨顺江(1989)归纳为调查法、析因法、平衡试验法、实际饲养试验法和动物体无机成分分析法[2,3]。研究动物矿物质元素需要量的方法往往因元素种类而异,但从本质上可分为剂量反应法和析因法[4]。

1.1　剂量反应法

剂量反应法是测定动物矿物质元素需要量经常采用的方法。它是给动物喂以矿物质元素不等的梯度日粮,拟合敏感指标与饲粮矿物质元素水平的适宜反应曲线,以此确定动物矿物质元素的需要量。

利用剂量反应法测定动物的矿物质元素需要量比较简单,不需要特殊的仪器设备,可以在普通的牧场,也可在试验场进行研究,是一种常用的方法。但是该方法结果受基础饲粮的影响较大,有一定的局限性。

1.2　析因法

析因法是通过研究动物不同生理状态、不同生产类型及不同生产水平中的矿物质元素需要量与不可避免的损失量,再参考同位素技术测得的真吸收率,推算动物对某一矿物质元素的需要量。具体程序如下:

(1)屠宰不同生长期的动物,分析机体中矿物质元素含量,从而获得动物在生长过程中不同阶段矿物质的沉积量(R)。

(2)分析尿中以及利用放射性同位素技术分析粪中矿物质元素量,获得通过消化道及肾脏等内分泌器官矿物质的内源性损失量(E)。

(3)分析不同妊娠期母体的繁殖器官和胚胎体内的矿物质元素含量,获得矿物质在母体繁殖器官及胚胎中的沉积量(B)。

(4)准确计量日产奶量,并分析其中矿物质元素含量,获得随奶排出的矿物质量(L)。

(5)利用放射性同位素技术测定日粮中矿物质元素的真吸收率(Y)。

根据以上资料,可按下列公式推算动物对某一矿物质元素的日需要量(P)。

生长动物:$P=(R+E)/Y$;妊娠动物:$P=(B+E)/Y$;泌乳动物:$P=(L+E)/Y$;对于青年妊娠和泌乳动物还要把生长所需矿物质量考虑进去。

Grace 和 Clark(1991)参考了大量资料综述了绵羊和牛微量元素的需要量,比较确定了析因法的各部分数据。现将关于铜代谢的数据汇于表 1,需要量计算模型如图 1 所示[1]。

表 1　铜代谢数据

项目	绵羊	牛
内源损失 (μg/kg LW)	4	7
生长 (mg/kg LW)	0.77	—
怀孕 (mg/d)	0.63(单羔) 0.74(双羔)	—
泌乳 (μg/kg)	200	120
毛 (mg/kg)	5	5

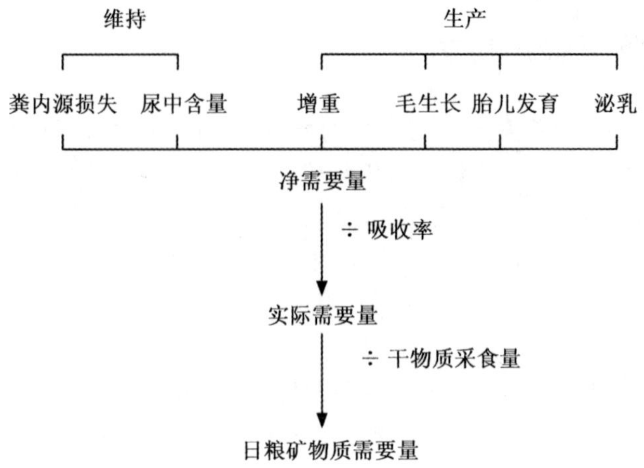

图 1　析因法计算需要量模型示意图

利用此法测定动物矿物质元素需要量的准确性和可靠性主要取决于测定动物对日粮中矿物质真吸收率的准确性。

2　反刍动物铜需要量研究现状

到目前为止，还没有一篇研究报告对反刍动物微量元素的利用率、吸收或存留做充分的数量描述，因此确定反刍动物微量元素的需要量受到了阻碍。饲养标准中铜和锌的需要量是人们对不同来源的大量数据进行评估，并运用析因法进行估计的结果，并不精确，只能作为有更多信息可作参考之前暂时的需要量；其他微量元素的需要量则是人们参考部分关于不同日粮剂量对临床症状和生产性能影响的观察报告，对这些信息做一些主观的分析，对最小总需要量得出的一个粗略估计。

我国肉牛饲养标准（2000）和 NRC（2001）肉牛营养需要推荐铜的需要量分别为 8（范围 4～10）和 10 mg/kg DM，最大耐受量为 100 mg/kg DM。NRC（1981）山羊饲养标准与 NRC（1985）绵羊饲养标准所推荐的微量元素需要量与耐受量都相同，铜的需要量为 7～11 mg/kg DM，最大耐受量为 25 mg/kg DM。绒山羊对铜的需要量为 10～20 mg/kg DM[5]。

刘明祥和弓子敬（1998）报道，在缺铜、锌、硒、碘地区补相应元素后，可提高荷斯坦泌乳牛的产奶量、饲料转化效率，但对采食量和乳脂率无影响；补铜组与其他组相比可促进产后发情[6]。Xin 等（1993）研究经产荷斯坦牛干奶期和泌乳早期铜的需要量时发现，干奶期对照组（含 Cu 5.5 mg/kg DM）肝铜不断下降，分娩时降到最低，日粮含 Cu 10 或 20 mg/kg DM 能防止这种下降[7]。杨正德（2000）报道，西门塔尔杂种肉牛低铜日粮（约 4 mg/kg DM），补加 Cu 5 mg/kg DM 比不补或补 Cu 10 mg/kg DM 组增加了干物质采食量、提高了日增重和饲料转化效率、降低了背膘厚度、提高了眼肌面积[8]，这与 Ward 和 Spears（1997）在肉牛上的结果一致[9]。但 Engle（2001）对泌乳荷斯坦牛日粮不补 Cu、补 Cu 10 和 40 mg/kg DM 2 个月，干物质采食量、日产奶量、乳脂、乳蛋白和体细胞数（somatic cell counts，SCC）是相似的[10]；通过对脂肪酸的分析，认为高产奶牛补铜改变了类脂物质代谢[11,12]。

山羊和绵羊对铜的需要量和耐受量显著不同，山羊对铜的需要量高于绵羊[13,14]。同样，不同生长阶段的山羊对铜的需要量和耐受量也不一样[15]。所以参考绵羊和牛资料而来的NRC山羊铜的推荐需要量可能不能反映山羊真正铜的需要量。

3　影响反刍动物铜需要量的因素

动物的矿物质需要量因动物的种类、年龄、生理状态、生产类型及生产水平而异，还受日粮中其他营养素的影响。

3.1　动物种类

动物的种类不同，其机体代谢的理化过程往往不同，各理化过程所需的铜量也不尽相同，因此动物对铜的需要量就不同。

Adamson 等经对铜中毒绵羊的调查结果说明，生长绵羊所需日粮铜的浓度范围为 20～30 mg/kg DM[16]。早期断奶的荷斯坦公牛饲喂 0～900 mg/kg DM 铜浓度的日粮 98 d，结果对牛的生产性能和健康没有影响，说明牛对铜的需要量要高于绵羊[17]。Solaiman 等研究高铜对生长努比山羊生产性能、健康、血浆铜和酶的影响，结果表明，山羊比绵羊对铜的毒性有更大的抵抗力，这也是第一篇证明山羊和绵羊对铜的需要量和耐受量显著不同的文献[18]。Bengoumi 等比较饲喂相同日粮 6 个月的牛和骆驼的血浆铜、锌浓度和红细胞过氧化物歧化酶，结果表明，牛和骆驼生理上存在差异，骆驼对微量元素的需要量比牛低[19,20]。

3.2　动物的品种、年龄和生理状态

不同品种和不同生理状态的动物对铜的利用率不同，需要量也就不同。绵羊品种间铜的代谢存在差异；牛品种间铜代谢也存在差异，但不如绵羊明显；同一品种不同性别间铜的吸收利用无显著差异[21]。Gooneratne 等(1994)报道，西门塔尔牛胆汁铜的浓度比安格斯牛高($P<0.001$)，说明西门塔尔牛经胆汁排泄的铜比安格斯牛多，这也是关于不同品种牛经胆汁排泄铜量差异的第一次描述[22]。Ward 等(1995)用安格斯、夏洛来和西门塔尔母牛及它们的犊牛喂以相同日粮，研究不同品种牛铜代谢是否存在差异，结果表明，夏洛来和西门塔尔比安格斯牛需铜多，需求的差异与胃肠道铜吸收的差异有关[23]。Mullis 等(2003a，b)的试验结果也证明了西门塔尔牛比安格斯牛对铜的需要量高[24,25]。

一般来说，处于代谢旺盛期的幼龄动物对矿物质元素的需要量高于成年动物；生长前期高于生长后期；妊娠动物高于空怀动物；生产水平高的动物高于生产水平低的动物。反刍前阶段的羔羊对铜的吸收率与单胃动物相似，高于成年动物。在绵羊的瘤胃发育阶段，喂以代乳品，铜的表观吸收率(A)可从出生不久的 0.8～0.9 迅速降为 6 周龄时的 0.2～0.3[26]。Vierboom 等(2003)比较研究了怀孕期与空怀期的安格斯牛和萨福克羊铜和锌表观吸收和存留的差异，发现怀孕牛铜的表观吸收和存留都比空怀牛高，怀孕母羊锌的表观吸收和存留也都比空怀羊高，但是铜的表观吸收和存留是相似的[27]。Ahmed 等(2001)研究了努比青年羊、成年羊、妊娠羊及不同胎次的泌乳羊血浆铜浓度，结果显示，不同年龄及不同生理状态的动物对微量元素有特定的要求，为了达到动物最佳的生产性能，日粮铜的含量要适当[28]。

3.3　日粮铜的来源

$CuSO_4$、CuO、$CuCO_3$、$CuCl_2$ 和 Cu-Lys 是常用的日粮铜源。由于不同来源铜的吸收利用率不同，所以利用不同铜源所测的铜需要量也不同。

很多资料表明，Cu-Lys 和 $CuSO_4$ 作为反刍动物的铜源生物学效价是相似的[29,30,31,32]，蛋

白铜和 $CuSO_4$ 的生物学效价也相同[33]，CuO 基本上不能被利用[30]。Ward 等(1996)报道，当日粮钼不高时，蛋白铜、$CuSO_4$ 和 $CuCO_3$ 有相似的生物学效价[34]；当日粮高钼时，蛋白铜表现出比 $CuSO_4$ 高的生物学效价，$CuCO_3$ 虽能增加或维持血浆 Cu 浓度，但不能在肝中贮存[35]。在高铁日粮(1 000 mg/kg DM，由 $FeSO_4$ 提供)条件下，日粮添加 $CuSO_4$ 和蛋白铜对安格斯和西门塔尔牛的生产性能、血清和肝铜浓度以及铜蓝蛋白酶活性的影响没有差异，说明高铁拮抗时，$CuSO_4$ 和蛋白铜的生物效价相同[36]。也有 Cu-Lys 和蛋氨酸铜比 $CuSO_4$ 生物学效价高的报道，但不多见[37,38,39]。

近年来，碱式氯化铜(TBCC，$Cu_2(OH)_3Cl$)因其经济高效，绿色环保，已经作为一种新铜源，在生产中广泛使用[40]。

尽管饲料级 CuO 不能被有效地吸收利用，但由于针状 CuO(CON，copper oxide needles)和 CuO 丝(COWP，copper oxide wire particles)可以长期停留在瘤胃中缓慢释放铜，现已作为反刍动物饲料铜的添加剂。由于对其加工工艺要求高，国内未见报道，国外多用于放牧的反刍动物。

3.4 日粮中其他营养素

日粮类型以及其他一些矿物质元素也是影响动物对铜的需要量的重要因素。

3.4.1 日粮类型

植物性饲料中微量元素的有效性低于动物性饲料，动物喂以由植物性蛋白饲料所配合的日粮时，对大多数微量元素(包括铜)的需要量均高于以动物性蛋白饲料所配合的日粮；新鲜青绿牧草的铜的可利用性也较干牧草差很多。蛋白质来源影响反刍动物铜需要量是因为饲料中氨基酸作为配位体和铜结合形成络合物，氨基酸的类型、空间结构和络合稳定常数决定了络合物的大小和稳定性，而络合物的大小和稳定性决定了动物对铜的吸收利用率大小[41]。反刍动物对新鲜青绿牧草的铜的利用性较干牧草差，这是由于青绿牧草中的铜是以中性或阴性离子络合物的形式存在，这种络合物稳定性强，不利于动物吸收利用，而加工或自然干燥的牧草中铜的化学形式发生了改变。Ivan 等(1990)分析日粮后指出，是饲料中高铁和高硫导致了阿曼地区饲料含铜正常的山羊和绵羊麻痹综合征，并因新鲜粗饲料中含有可降解粗蛋白而加剧[42]。

3.4.2 矿物质元素

与铜有协同或拮抗作用的矿物质元素都会不同程度地影响铜的吸收代谢，进而影响动物对铜的需要量。

1 日粮硫和钼　通过大量的对反刍动物铜缺乏与铜中毒的研究，学者们已认识到，日粮硫和钼的含量是影响反刍动物铜代谢(铜需要量)的最主要矿物质因素。

自从首次发现无机硫将加剧钼对绵羊铜利用的副作用以后，不断有研究揭示出了一个高度复杂的相互关系。硫会加速钼的清除，而钼将影响硫的瘤胃代谢。硫对铜有拮抗，而钼和铜互相有较强的拮抗作用。在反刍动物中硫对铜代谢的影响是独立发挥作用的[43]，但钼对铜代谢的影响必须有硫的参与，硫可促进钼对铜的拮抗[44,45]。Suttle 和 McLauchlan(1976)总结了 10 个有关绵羊饱和性的试验，试验中铜的真利用率(A)通过 32 个含不同钼和硫的日粮(分别为 0.5～15 mg Mo/kg 和 0.8～4 g S/kg)来测量。结果表明(A)值与日粮中的硫(g/kg DM)和钼(mg/kg DM)含量呈强相关($r=0.93$)，其相关关系可表示为：$\log(A)=-1.153-0.076(S)-0.013(S\times Mo)$[41]。该关系式证实了硫对绵羊铜的利用产生独立的作用，同时也表明硫的作用比对硫有依赖性的钼的作用要强。

日粮钼的含量过高，会引起反刍动物继发性铜缺乏，严重的还会发生钼中毒；日粮中钼的含量过低，铜含量正常，也会引起反刍动物的继发性铜中毒。Ivan 等(1990)分析日粮后指出，是饲料中高铁和硫导致了饲料含铜正常的阿曼地区的山羊和绵羊的麻痹综合征[42]。Pott 等(1999)报道，日粮补钼导致饲喂正常浓度铜和硫的绵羊肌肉铜显著下降，肾铜趋于增加，使机体铜重新分布[46]。Ward 和 Spears(1997)在安格斯牛(基础日粮含 Cu 5 mg/kg)补 Mo 5 mg/kg，降低了机体对铜的吸收[9]。但 Galbraith 等(1997)报道，9 月龄安哥拉山羊(基础日粮含铜 5.5 mg，含钼 0.57 mg)、试验组分别含钼 7.5、15 mg，试验期为 10 周，结果是日粮补钼不影响生长速度、饲料转化效率、屠体重和马海毛产量以及细度[47]。

2 日粮其他矿物质元素　除了硫和钼外，其他如钙、镉、锌、铁、银、铅等都能影响铜的吸收利用，进而影响到动物对铜的需要量，其中关于铁和锌的报道较多。

锌和铁能够影响绵羊对铜的最大耐受量[48]。日粮高铁能够降低牛[49,50,51]、绵羊[52]和荷兰白奶山羊[53]的体铜状况，但是对未反刍的小牛的铜代谢没有影响[54]。关于锌不影响铜的吸收利用的报道也有[55]。钙对铜有拮抗作用，但 Schonewille 和 Beynen(1995)研究报道，日粮高钙没有影响未怀孕的荷兰白奶山羊(Dutch White dairy goat)铜的表观吸收率、血浆铜浓度和血浆铜蓝蛋白的活性[56]。

4 有待于进一步研究的问题

目前研究反刍动物铜需要量主要不足在于缺乏计算所需基本信息，特别是铜的真吸收率。今后研究者们应加强合作攻关力度，规范试验研究，加强反刍动物铜需要量的研究，为我国反刍动物矿物质元素需要量的研究做出开创示范性工作。

参考文献

[1] Grace N D, and R G Clark. Trace element requirements, diagnosis and prevention of deficiencies in sheep and cattle. Proceedings of the seventh international symposium on ruminant physiology[M]. Academic press. 1991, 321-346.

[2] 杨顺江. 动物微量元素营养学[M]. 武汉：湖北科学技术出版社，1989.

[3] 倪可德，等. 农畜矿物质营养[M]. 上海：上海科学技术文献出版社，1995.

[4] 李清宏，罗绪刚. 仔猪和生长肥育猪微量元素营养需要量的研究进展[J]，1999(6)：33-35.

[5] 卢德勋. 绒山羊舍饲技术[M]. 呼和浩特：内蒙古畜牧科学杂志社，1994.

[6] 刘明祥，弓子敬，黄应祥，等. 微量元素铜、锌、硒、碘单因子饲喂荷斯坦泌乳牛的试验[J]. 中国奶牛，1998，(6)：30-32.

[7] Xin Z, Waterman D F, and R W Hemken. Copper status and requirement during the dry period and early lactation in multiparous Holstein cows[J]. Journal of Dairy Science, 1993(76)：2 711-2 716.

[8] 杨正德. 不同铜添加水平对肉牛铜代谢及肥育性能的影响[J]. 中国畜牧杂志，2000(3)：14-16.

[9] Ward J D, and J W Spears. Long-term effects of consumption of low-copper diets with or without supplemental molybdenum on copper status, performance, and carcass characteristics of cattle[J]. Journal of Animal Science, 1997(75)：3 057-3 065.

[10] Engle T E, and J W Spears. Performance, carcass characteristics, and lipid metabolism in growing and fin-

ishing Simmental steers fed varying concentrations of copper[J]. Journal of Animal Science, 2001(79): 2920-2925.

[11] Morales M S, Palmquist D L, and W P Weiss. Effects of fat source and copper on unsaturation of blood and milk triacylglycerol fatty acids in Holstein and Jersey cows[J]. Journal of Dairy Science, 2000a(83): 2105-2111.

[12] Morales M S, Palmquist D L, and W P Weiss. Milk fat composition of Holstein and Jersey cows with control or depleted copper status and fed whole soybeans or tallow[J]. Journal of Dairy Science, 2000b(83): 2112-2119.

[13] Luginbuhl J M, Poore M H, and J W Spears, et al. Effect of dietary copper level on performance and copper status of growing meat goats[J]. Sheep and Goat Research Journal. 2000(16): 65-71.

[14] Solaiman S G, Maloney M A, and M A Qureshi, et al. Effects of high copper supplements on performance, health, plasma copper and enzymes in goats[J]. Small Ruminant Research, 2001(41): 127-139.

[15] Zervas G, Nikolaou E, and A Mantzios. Comparative study of chronic copper poisoning in lambs and young goats[J]. Animal Production, 1990(50): 497-506.

[16] Adamson A H, Valks D A, and M A Appleton, et al. Copper toxicity in housed lambs[J]. Veterinary Research, 1969(85): 368-369.

[17] Feldsman R J, Wise M B, and R W Harvey, et al. Effect of added dietary levels on copper sulfate and an antibiotic on performance and certain blood constituents in calves[J]. Journal of Animal Science, 1973(36): 157-166.

[18] Solaiman S G, Maloney M A, and M A Qureshi, et al. Effects of high copper supplements on performance, health, plasma copper and enzymes in goats[J]. Small Ruminant Research, 2001(41): 127-139.

[19] Bengoumi M, Essamadi A K, and J P Charcornac, et al. Comparative relationship between copper-zinc plasma concentrations and superoxide dismutase activity in camels and cows[J]. Veterinary Research, 1998a(29): 557-565.

[20] Bengoumi M, Essamadi A K, and J C Tressol, et al. Comparative study of copper and zinc metabolism in cattle and camel[J]. Biological Trace Element Research, 1998b(63): 81-94.

[21] Wiener G, Suttle N F, Field A C, J G Herbert, et al. Breed differences in copper metabolism in sheep[J]. Journal of Agricultural Science, 1978(91): 433-441.

[22] Gooneratne S R, Symonds H W, and J V Bailey, et al. Effects of dietary copper, molybdenum and sulfur on biliary copper and zinc excretion in Simmental and Angus cattle[J]. Canadian Journal of Animal Science, 1994(74): 315-325.

[23] Ward J D, Spears J W, and G P Gengelbach. Differences in copper status and copper metabolism among Angus, Simmental and Charolais cattle[J]. Journal of Animal Science, 1995(73): 571-577.

[24] Mullis L A, Spears J W, and R L McCraw. Effects of breed (Angus vs Simmental) copper and zinc source on mineral status of steers fed high dietary iron[J]. Journal of Animal Science, 2003a(81): 318-322.

[25] Mullis L A, Spears J W, and R L McCraw. Estimated copper requirements of Angus and Simmental heifers[J]. Journal of Animal Science, 2003b(81): 865-873.

[26] Suttle N F. Changes in the availability of dietary copper to young lambs associated with age and weaning [J]. Journal Agricultural Science, 1975(84): 255-261.

[27] Vierboom M M, Engle T E, and C V Kimberling. Effects of gestational status on apparent absorption and retention of copper and zinc in mature Angus cow and Suffolk ewes[J]. Asian-Australasian Journal of Animal Sciences, 2003(16): 515-518.

[28] Ahmed M M M, Hamed T F M, and M E S Barri. Variation of zinc and copper concentrations in the plas-

ma of nubian goats according to physiological state[J]. Small Ruminant Research,2001(39):189-193.

[29] Ward J D,and J W Spears. Comparison of copper lysine and copper sulfate as copper sources for ruminants using in vitro methods[J]. Journal of Animal Science,1993(76):2 994-2 998.

[30] Kegley E B,and J W Spears. Bioavailability of feed-grade copper sources (oxide, sulfate, or lysine) in growing cattle[J]. Journal of Animal Science,1994(72):2 728-2 734.

[31] Luo X G,Henry P R,Ammerman C B,and J B Madison. Relative bioavailability of copper in a copper-lysine complex or copper sulfate for ruminants as affected by feeding regimen[J]. Animal Feed Science and Technology,1996(57):281-289.

[32] Chase C R,Beede D K,and H H van Horn,et al. Responses of lactating dairy cows to copper source, supplementation rate,and dietary antagonist (Iron) [J]. Journal of Dairy Science,2000(83):1 845-1 852.

[33] Du Z,Hemken R W,and R J Harmon. Copper metabolism of Holstein and Jersey cows and heifers fed diets high in cupric sulfate or copper proteinate[J]. Journal of Dairy Science,1996(79):1 873-1 880.

[34] Ward J D,Spears J W,and E B Kegley. Bioavailability of copper proteinate and copper carbonate relative to copper sulfate in cattle[J]. Journal of Dairy Science,1996(79):127-132.

[35] Kincaid R L,Blauwiekel R M,and J D Cronrach. Supplementation of copper sulfate or copper proteinate for growing calves fed forages containing molybdenum[J]. Journal Dairy Science,1986(69):160-164.

[36] Mullis L A,Spears J W,and R L McCraw. Effects of breed (Angus vs Simmental) copper and zinc source on mineral status of steers fed high dietary iron[J]. Journal of Animal Science,2003(81):318-322.

[37] Nockels C F,DeBonis J,and J Torrent. Stress induction affects copper and zinc balance in calves fed organic and inorganic copper and zinc sources[J]. Journal of Animal Science,1993(71):2 539-2 545.

[38] Pott E B,Henry P R,and C B Ammerman,et al. Relative b ioavailability of copper in a copper-lysine complex for chicks and lambs[J]. Animal Feed Science and Technology,1994(45):193-203.

[39] 韩博,等.育成牛不同铜源的生物利用率研究[J].东北农业大学学报,1998(2):122-132.

[40] 唐明红.新型饲料添加剂—碱式氯化铜[J].饲料工业,2005(7):43-44.

[41] Underwood E J. Trace elements in human and animal nutrition(4th ed) [M]. Academic press,New York. 1977.

[42] Ivan M,Hidiroglou M,and S I A llsmaily,et al. Copper deficiency and posterior paralysis (Shalal) in small ruminants in the Sultanate of Oman[J]. Tropical Animal Health and Production,1990(22):217-225.

[43] Qi K,Lu C D,and F N Owens. Sulfate supplementation of Angora goats:sulfur metabolism and interactions with zinc,copper and molybdenum[J]. Small Ruminant Research,1993(11):209-225.

[44] Gooneratne S R,Buckley W T,and D A Christensen. Review of copper deficiency and metabolism in ruminants[J]. Canadian Journal of Animal Science,1989(69):819-845.

[45] Ward G M. Acceptable limits of molybdenum for ruminants exist[J]. Feedstuffs,1991(63):15-22.

[46] Pott E B,Henry P R,and M A Zanetti,et al. Effects of high dietary molybdenum concentration and duration of feeding time on molybdenum and copper metabolism in sheep[J]. Animal Feed Science and Technology,1999(79):93-105.

[47] Galbraith H,Chigwada W,and J R Scaife,et al. The effect of dietary molybdenum supplementation on tissue copper concentrations,mohair fibre and carcass characteristics of growing Angora goats[J]. Animal Feed Science and Technology,1997(67):83-90.

[48] Brenmer I B,Young B W,and C F Mills. Protective effects of zinc supplementation against copper toxicosis in sheep[J]. The British Journal of Nutrition,1976(36):551-561.

[49] Humphries W R,Phillippo M,Young B W,and I Bremner. The influence of dietary iron and molybdenum on copper metabolism in calves[J]. The British Journal of Nutrition,1983(49):77-86.

[50] Brenmer I, Humphries W R, and M Phillippo, et al. Iron-induced copper deficiency in calves: dose response relationships and interactions with molybdenum and sulphur[J]. Animal Production, 1987(45): 403-414.

[51] Phillippo M, Humphries W R, and P H Garthwaite. The effect of dietary molybdenum and iron on copper status and growth in cattle[J]. Journal of Agricultural Science, 1987(109): 315-320.

[52] Prabowo A, Spears J W, and L Goode. Effects of dietary iron on performance and mineral utilization in lambs fed a forage-based diet[J]. Journal Animal Science, 1988(66): 2028-2035.

[53] Schonewille J T, Yu S, and A C Beynen. High iron intake depresses hepatic copper content in goats[J]. Veterinary Quarterly, 1995(17): 14-17.

[54] Brenmer I, Humphries W R, and M Phillippo, et al. Iron-induced copper deficiency in calves: dose response relationships and interactions with molybdenum and sulphur[J]. Animal Production, 1987(45): 403-414.

[55] Hatfield P G, Swenson C K, and R W Kott, et al. Zinc and copper status in ewes supplemented with sulfate- and amino acid-complexed forms of zinc and copper[J]. Journal of Animal Science, 2001(79): 261-266.

[56] Schonewille J T, and A C Beynen. High calcium intake does not impair apparent copper absorption in goats[J]. Journal of Animal Physiology and Animal Nutrition, 1995(73): 251-257.

通过瘤胃瘘管投放微量元素营养的可行性研究

张　微　孙江涛　朱晓萍　贾志海*

（中国农业大学动物科学技术学院，北京　100094）

该文发表在《中国畜牧杂志》2006，42(19)：48-50

摘要　将12只1.5周岁的装有永久性瘤胃瘘管的内蒙古白绒山羊半同胞羯羊，按体重随机分为4组，通过瘤胃瘘管按每千克日粮分别投放0、10、20和30 mg的铜，研究投放后各组羊瘤胃液铜浓度变化趋势、投放后不同时间点的瘤胃液pH和血浆铜浓度的组内数据离散程度及各指标随时间的变化趋势。结果表明：通过瘤胃瘘管投放铜后瘤胃液铜浓度变化趋势与对照组一致，特别是各时间点绒山羊瘤胃液pH和血浆铜浓度的变化趋势与对照组一致，且各时间点各组羊组内数据离散程度与对照组一致，故通过反刍动物瘤胃瘘管或随饲喂精料投放微量元素研究其营养的方法是可行的。

关键词　畜牧学；微量元素；铜；pH；羊

微量元素的混合均匀度及从饲料配制到动物采食各环节的损失是研究其营养时研究者最关心的问题，经常担心动物每次采食的微量元素量或多或少，达不到等量进食和规定的进食量，而影响试验研究结果。对于饲料加工厂经混合机械生产的配合饲料不存在这样的担心，但是我们进行短期用料少量的试验时多用铁铲人工配制饲料，就很难保证微量成分充分混匀。本试验的主要目的是通过研究经瘤胃瘘管投放微量元素铜后瘤胃液pH变化趋势，以及不同时间点瘤胃液铜浓度和血浆铜浓度的组内数据离散程度及各指标随时间的变化趋势，探讨通过反刍动物瘤胃瘘管或随饲喂精料投放微量元素研究其营养方法的可行性。

1　材料与方法

1.1　试验动物

选用体况良好，体重相近(28.80±1.02)kg，装有永久性瘤胃瘘管的1.5周岁内蒙古白绒山羊半同胞羯羊12只，统一用“阿维菌素”驱除体内外寄生虫。

1.2　试验日粮

试验羊日粮配置参照NRC(1981)山羊饲养标准，代谢能供给量为1.2倍的维持需要，能够满足50 g日增重的需要。铜源采用天津市北方化玻购销中心产的分析纯硫酸铜($CuSO_4\cdot5H_2O$)。基础日粮组成及营养水平见表1。

1.3　饲养管理

试验羊单笼饲养，680 g日粮分早、晚2次饲喂(07:00、19:00)，先喂粗料后喂精料，自由饮水。

表 1　基础日粮组成及营养成分(风干基础)

日粮组成/%	含量
青干草	70.00
玉米	16.00
麸皮	7.20
豆粕	5.40
石粉	0.16
磷酸氢钙	0.24
食盐	1.00
维生素预混料	0.003
营养成分	
代谢能/($MJ \cdot kg^{-1}$)	8.40
干物质/%	91.22
粗蛋白/%	10.06
中性洗涤纤维/%	50.25
酸性洗涤纤维/%	30.44
硫/%	0.225
钙/%	0.47
磷/%	0.31
钙/磷	1.52
铜/($mg \cdot kg^{-1}$)	7.38

注:①每千克预混料中添加维生素 A 5 400 万 IU,维生素 D_3 1 080 万 IU,维生素 E 18 000 IU,维生素 K_3 5 g,维生素 B_1 2 g,维生素 B_2 15 g,维生素 B_{12} 0.03 g,维生素 B_5 35 g,泛酸钙 25 g,叶酸 0.5 g,抗氧化剂 0.2 g;②除代谢能外其他指标都为实测值;③基础日粮中其他微量元素铁、锌、锰、钼、碘和硒的水平分别为 343.91、39.49、43.94、5.47、1.13 和 0.11 mg/($kg \cdot DM^{-1}$)

1.4　试验设计

将 12 只羊按体重随机分为 4 组,每组 3 只,通过瘤胃瘘管投放不同水平的铜(每千克日粮分别投放铜 0、10、20 和 30 mg)。于试验期第 15 天晨饲后 0、2、4、7、10 和 12 h 快速采集各试验羊的瘤胃液,放置于预先准备的洁净容器内,经 40～60 μm 尼龙布过滤,测定 pH 后制样(4 000 r/min 离心 15 min 取上清液)置于－25℃冰柜冷冻保存。第 30 天晨饲后 0、3、6、9 和 12 h 迅速采集各试验羊颈静脉血液 10 mL 制血浆样品置于－25℃冰柜冷冻保存。

1.5　投放方法

使用万分之一电子分析天平准确称量五水硫酸铜,用定性滤纸包裹成包,当给绒山羊饲喂精料时,打开瘤胃瘘管投入滤纸包,并用 30 cm 的木质筷子将滤纸包推入瘤胃中部。

1.6　测定指标及方法

瘤胃液 pH 采用 PHS-3B 型精密 pH 计(上海雷磁分析仪器厂,E-201-c-g 型塑壳可充式 pH 复合电极)测定。瘤胃液经 1∶4 的高氯酸:硝酸混合酸消化后利用 Z-8 000 型便振塞曼原子吸收分光光度计测定铜浓度。血浆用去离子水稀释(血浆∶去离子水＝1∶2)后直接利用 Z-8 000 型便振塞曼原子吸收分光光度计测定铜浓度。

1.7 数据统计

试验数据统计分析利用 SAS 软件包(SAS for Windows,Release 6.12)中的平衡试验设计方差分析过程(ANOVA),均值的多重比较采用 Duncan 氏法进行,同时采用变异系数分析组内数据的离散程度。

2 结果与讨论

2.1 投放铜对绒山羊瘤胃液铜浓度的影响

由图 1 可以看出,随着投放铜量的提高,瘤胃液中铜浓度升高。本试验结果与 Engle 等[1]报道的结果一致。经计算瘤胃液铜浓度的升高幅度(Ⅱ、Ⅲ和Ⅳ组相对于Ⅰ组的倍数分别为:2.75、4.33 和 6.33)与日粮铜浓度的升高幅度(Ⅱ、Ⅲ和Ⅳ组相对于Ⅰ组的倍数分别为:2.36、3.71 和 5.07)基本一致,且略高于后者,这一方面说明所选用的铜源($CuSO_4 \cdot 5H_2O$)在瘤胃中的溶解性很高[2,3],另一方面也说明由瘤胃投放的铜在各组羊瘤胃代谢是一致的,与通过日粮饲喂效果是一样的,故通过瘤胃瘘管投放铜是可行的[4]。

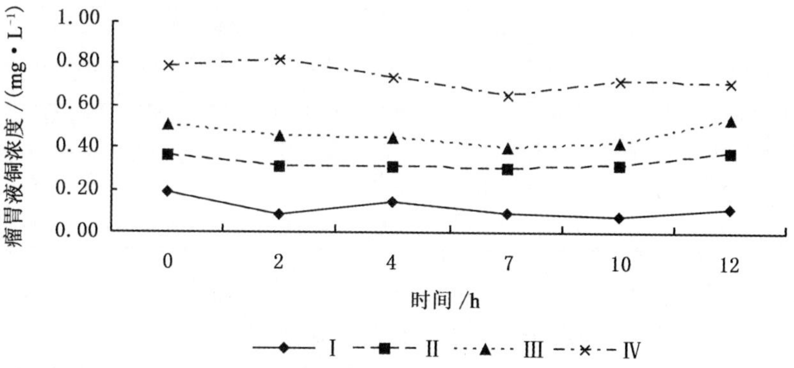

图 1 投放铜对绒山羊瘤胃液铜浓度的影响

2.2 投放铜对绒山羊瘤胃液 pH 的影响

投放不同水平的铜对绒山羊瘤胃液 pH 的影响见表 2。

表 2 投放铜对绒山羊瘤胃液 pH 的影响

采样时间/h	Ⅰ	变异系数/%	Ⅱ	变异系数/%	Ⅲ (cv,%)	变异系数/%	Ⅳ	变异系数/%
0	6.71±0.08	1.19	6.70±0.05	0.75	6.69±0.04	0.60	6.78±0.09	1.33
2	6.27±0.04[bc]	0.64	6.34±0.08[ab]	1.26	6.22±0.01[c]	0.16	6.40±0.11[a]	1.72
4	6.24±0.06	0.96	6.27±0.16	2.55	6.27±0.07	1.12	6.38±0.04	0.63
7	6.22±0.02[c]	0.32	6.32±0.09[b]	1.42	6.35±0.06[b]	0.94	6.48±0.07[a]	1.08
10	6.19±0.18[b]	2.91	6.45±0.08[ab]	1.24	6.35±0.07[ab]	1.10	6.57±0.13[a]	1.98
12	6.43±0.04	0.62	6.43±0.03	0.47	6.37±0.08	1.26	6.61±0.17	2.57
平均	6.34±0.20[c]	3.15	6.42±0.15[b]	2.34	6.37±0.17[bc]	2.67	6.54±0.15[a]	2.29

注:同列数据肩标不同小字母者表示差异显著($P<0.05$),下表同.

由表 2 可以看出，各组试验羊的瘤胃液 pH 均处于正常瘤胃 pH 范围内(6.0～7.0)，平均在 6.3～6.6。除 0、4 和 12 h 三个时间点 pH 值各组之间差异不显著($P>0.05$)外，其他时间点各组间都有显著差异。各组各时间点试验数据的变异系数在 0.16%～3.15%，均小于 5%。

随日粮中铜浓度的增加，瘤胃液 pH 有上升的趋势，特别是当投放铜 30 mg/kg 比投放 10 和 20 mg/kg 组瘤胃液 pH 上升的幅度更大($P<0.05$)，而投放 10 和 20 mg/kg 组之间没有差异($P>0.05$)。

瘤胃 pH 的变动范围一般为 5.5～7.5，正常在 6.0～7.0。虽然投放 30 mg/kg 的铜显著提高了瘤胃液 pH，但还在正常瘤胃 pH 范围内，说明日粮添加 30 mg/kg 的铜影响瘤胃代谢，但还没有破坏瘤胃的微生态。

2.3 投放铜对绒山羊血浆铜浓度的影响

投放不同水平的铜对绒山羊血浆铜浓度的影响见表 3。

表 3 投放铜对绒山羊血浆铜浓度的影响 $\mu g \cdot mL^{-1}$

采样时间/h	Ⅰ	变异系数/%	Ⅱ	变异系数/%	Ⅲ	变异系数/%	Ⅳ(cv%)	变异系数/%
0	0.76 ± 0.02^{b}	2.63	0.93 ± 0.05^{a}	5.38	1.03 ± 0.03^{a}	2.91	0.92 ± 0.06^{a}	6.52
3	0.68 ± 0.01^{b}	1.47	0.91 ± 0.03^{a}	3.30	0.99 ± 0.09^{a}	9.09	0.95 ± 0.06^{a}	6.32
6	0.71 ± 0.05^{c}	7.04	0.89 ± 0.05^{b}	5.62	0.99 ± 0.06^{a}	6.06	0.96 ± 0.05^{a}	5.21
9	0.73 ± 0.01^{b}	1.37	0.93 ± 0.09^{a}	9.68	0.98 ± 0.07^{a}	7.14	0.98 ± 0.04^{a}	4.08
12	0.82 ± 0.08^{b}	9.76	0.93 ± 0.01^{ab}	1.08	1.03 ± 0.10^{a}	9.71	0.98 ± 0.06^{ab}	6.12
平均	0.74 ± 0.05^{d}	6.76	0.92 ± 0.02^{c}	2.17	1.00 ± 0.02^{a}	2.00	0.96 ± 0.02^{b}	2.08

试验Ⅰ组羊血浆铜浓度全天平均值为 0.74 μg/mL，虽然高于 0.7 μg/mL(绵羊血浆铜正常量为 0.7～1.3 μg/mL)[5]，但由于目前没有绒山羊血浆铜浓度的资料，还不能说试验Ⅰ组羊的日粮铜量可以满足绒山羊的需要量。日粮添加铜(投放铜)提高了血浆铜浓度，这与 Mullis 等[6]在 9 月龄西门塔尔小母牛上以及 Engle 等[7]在肥育期西门塔尔阉牛上的试验结果一致。各组各时间点试验数据的变异系数在 1.08%～9.71%，均小于 10%。

各组羊血浆铜浓度变化趋势一致，并且投放铜提高了血浆铜浓度，但添加 10、20 与 30 mg/kg 彼此之间差异不大，与 Engle 等[1]报道的结果一致。这是由于动物体稳衡机制的存在，补充铜并不能再提高血浆铜的浓度[8,9]。

3 小结

通过瘤胃瘘管投放铜后瘤胃液铜浓度变化趋势与对照组一致，特别是各时间点绒山羊瘤胃液 pH 和血浆铜浓度的变化趋势与对照组一致，各时间点各组羊组内数据离散程度与对照组一致。

通过反刍动物瘤胃瘘管投放微量元素研究其营养的方法是可行的。

参考文献

[1] Engle T E,J W Spears. Effects of dietary copper concentration and source on performance and copper sta-

tus of growing and finishing steers [J]. J Anim Sci,2000,78:2446-2451.

[2] Ward J D,J W Spears. Comparison of copper lysine and copper sulfate as copper sources for ruminants using in vitro methods [J]. J Anim Sci,1993,76:2994-2998.

[3] 杨维仁,李淑青,张崇玉,等. 肉牛铜源的选择与生物学利用率的研究[J]. 山东农业大学学报,2000,31:13-18.

[4] 邵凯,徐桂梅,荣威恒,等. 补饲不同锌源对绵羊免疫机能的影响[J]. 内蒙古畜牧科学,1997,(增刊):182-185.

[5] 李光辉,贺普霄. 畜禽微量元素性疾病[M]. 合肥:安徽科学技术出版社,1990.

[6] Mullis L A,Spears J W, McCraw R L. Estimated copper requirements of Angus and Simmental heifers [J]. J Anim Sci,2003,81:865-873.

[7] Engle T E,Spears J W. Performance,carcass characteristics,and lipid metabolism in growing and finishing Simmental steers fed varying concentrations of copper [J]. J Anim Sci,2001,79:2920-2925.

[8] Ward J D,Spears J W. Long-term effects of consumption of low-copper diets with or without supplemental molybdenum on copper status,performance,and carcass characteristics of cattle [J]. J Anim Sci,1997,75:3057-3065.

[9] 杨正德. 不同铜添加水平对肉牛铜代谢及肥育性能的影响[J]. 中国畜牧杂志,2000,36(3):14-16.

Effects of Dietary Copper on Nutrient Digestibility, Growth Performance and Plasma Copper Status in Cashmere Goats

Wei Zhang[a], Runlian Wang[b], David O Kleemann[c], Dexun Lu[d], Xiaoping Zhu[a], Chunxiang Zhang[a], Zhihai Jia [a]

([a] State Key Laboratory for Animal Nutrition, College of Animal Science and Technology, China, Agricultural University, Beijing 100094, P. R. China; [b] Department of Animal Science, Guangdong Ocean University, Zhanjiang 524088, P. R. China; [c] Turretfield Research Centre, South Australian Research and Development Institute, SA 5350, Australia; [d] Inner Mongolia Academy of Animal Sciences, Huhehot 010030, P. R. China)

该文发表在《Small Ruminant Research》2008, 74 (1-3):188-193

Abstract Thirty-six 1.0 year-old wether Inner Mongolian White Cashmere Goats (IMWG) (BW=28.8±1.35 kg) were used to determine the effects of dietary copper (Cu) concentration on growth performance, nutrient digestibility and plasma Cu status during the cashmere non-growing period. Wethers were stratified by weight and randomly assigned to four dietary treatments that contained 0 (control), 10, 20 and 30 mg of supplemental Cu/kg DM. The Cu concentration was 7.38 mg/kg DM in the basal diet. Body weight was recorded on two consecutive days at the start and end of the 60 day experimental period. Blood samples were collected via the jugular vein on day 0, 15, 30, 45 and 60. Average daily gain and gain efficiency were higher ($P<0.01$) in the treatment group supplemented with 10 mg Cu/kg DM compared with other groups, and were lower ($P<0.01$) in the treatment group supplemented with 30 mg Cu/kg DM compared with other groups. The supplement providing 30 mg Cu/kg DM decreased average daily feed intake ($P<0.01$). Copper supplementation had no influence on digestibility of DM and CP ($P>0.05$), however, NDF and ADF digestibility and N retention of the treatment group supplemented with 10 mg Cu/kg DM were higher than that of the treatment group supplemented with 30 mg Cu/kg DM ($P<0.01$). Plasma Cu concentrations were increased ($P<0.05$) by all Cu supplemented treatments on day 15, 30, 45 and 60 of the experiment ($P<0.01$), but did not differ between groups supplemented with Cu ($P>0.05$). In conclusion, supplementation of the basal diet with 10 mg Cu/kg DM (the total dietary Cu level of 17.4 mg/kg DM) in the basal diet enhanced growth performance and improved nutrient digestibility and plasma Cu status of cashmere goats.

Key words Copper, Growth performance, Nutrient digestibility, Plasma copper, Cashmere goats

1 Introduction

Copper (Cu) was first shown to be essential for growth and haemoglobin formation in rats by Hart et al. (1928). This important discovery was soon followed by experimental evidence that Cu is essential for growth and for the prevention of a wide range of clinical and pathological disorders in all types of farm animal (Elvehjem, 1935). Cu is an essential mineral element in ruminants with deficiency and toxicity occurring frequently in many parts of the world. Sheep suffering from Cu deficiency produce "steely" or "stringy" wool which is lacking in crimp, tensile strength, affinity for dyes, and elasticity (NRC, 1975). While Cu deficiency has been reported in dairy (Khan et al., 2007) and range (Ramirez et al., 2004) goats its effect on growth of cashmere goats is unknown. China is the largest producer of cashmere, with yields accounting for 50% the world's total production. The Inner Mongolian White Cashmere Goat (IMWG) and Liao Ning White Cashmere Goat are two of the major Cashmere goat breeds in China.

Studies suggest that dietary Cu may affect growth performance in cattle (Ward and Spears, 1997; Engle and Spears, 2000a; Engle et al., 2000), nutrient digestibility (Reddy and Mahadevan, 1976) and plasma Cu (Ward and Spears, 1997; Engle and Spears, 2001; Engle and Spears, 2000b). However, research with Cu supplementation in cattle has produced conflicting results. Reddy and Mahadevan (1976) reported that Cu supplementation of 43 to 62 mg/day (d) significantly reduced CP digestibility in lactating cows. However, Saxena and Ranjhan (1978) indicated that the digestibility of DM and CP in calves was not affected by dietary Cu. Cu supplementation did not affect performance during the growing phase in Angus steers (Engle and Spears, 2000a) nor during the finishing phase in Simmental steers (Engle and Spears, 2001). Similar results were observed in either breed of Angus and Simmental heifers (Mullis et al, 2003).

Limited research has evaluated the effects of Cu supplementation on productive performance and plasma Cu status in the goat. Luginbuhl et al. (2000) found that average daily feed intake (ADFI), ADG and gain efficiency were not affected by supplemental Cu when fed at levels of 0, 10, and 30 mg /kg DM to growing meat goats. However, Solaiman et al. (2001) reported a 28% improvement in mean ADG when Nubian doe goats were supplemented with Cu at levels of 100～150 mg/d for 23 weeks. Solaiman et al. (2006a) also found that ADG was improved with 100 mg Cu/d intake, ADFI decreased by Cu supplementation, and gain efficiency increased in meat goat kids fed 100 mg Cu/d over 10 weeks. Serum Cu was maintained within the normal physiological range for meat goat kids that received supplemental Cu (100 or 200 mg/d) when compared to the control group (14.5 mg Cu/kg DM) (Solaiman et al., 2006a). Solaiman et al. (2001) also reported no difference in plasma Cu concentration for Nubian doe goats fed high levels (50～600 mg/d) of Cu over a 31 week experimental period.

Nutritional requirement of Cu for goats is 8～10 mg/kg of dietary DM as recommended by the NRC (1981). The optimal dietary levels of Cu in cashmere goats have not been established, and the effects of dietary Cu concentration on nutrient fermentation, metabolism and performance are not understood. In addition requirements for Cu may differ for cashmere goats depending on changing nutritional conditions due to season and depending on the seasonal nature of cashmere production (growing period from August to February, non-growing period from March to July). It is speculated that nutritional status of the Cashmere goat experienced during the non-growing period influences cashmere performance during the growing period.

The objectives of this study were to determine the effects of dietary Cu on growth performance, nutrient digestibility and plasma Cu status in IMWG during the cashmere non-growing period.

2 Materials and methods

2.1 Animals, diets and feeding

Goats were grazed on pasture containing 6.0~7.0 mg Cu/kg DM before the trial. Thirty-six 1.0 year-old IMWG wethers (BW=(28.8±1.35) kg) were stratified by weight and randomly assigned to the following treatments: 0 (control), 10, 20 or 30 mg Cu/kg DM with the basal diet containing 7.38 mg Cu/kg DM. All cashmere goats were fed the basal diet for 14 days, and were then gradually switched to the experimental diets. The experiment lasted for 60 days. The basal diet was formulated to meet or exceed all nutrient requirements for goats with the exception of Cu (NRC, 1981) (Table 1). The basal diet was composed of hay chopped to 4 cm length, powdery concentrate mixture that included corn and wheat bran as energy sources and soybean as a protein source. The basal diet (DM basis) contained 7.38 mg Cu/kg, 144 mg Fe/kg, 39.5 mg Zn/kg, 43.9 mg Mn/kg, 1.13 mg I/kg, 0.11 mg Se/kg, 1.65 mg Mo/kg and 0.23% S. Copper was added as $CuSO_4 \cdot 5H_2O$ to the premix using finely maize flour as a carrier and mixed with concentrate. To avoid wasting feed due to selection by the goats, animals were fed restrictedly with 0.70 kg feed (DM) at 06:00 and 18:00 in equal allotments per day, but were allowed to drink water ad libitum (analyzed less than 0.01 mg Cu /kg).

Table 1 Ingredients and chemical composition of the basal diet

Item	
Ingredient	%[a]
Hay[b]	70.0
Corn	16.0
Wheat bran	7.20
Soybean meal	5.40
Limestone	0.16
Dicalcium phosphate	0.23
Salt[c]	1.00
Vitamin premix[d]	0.01
Chemical composition	

续表 1

Item	
Ingredient	%[a]
Metabolizable energy (MJ · kg^{-1})[e]	8.40
Crude protein	10.1
Dry matter	91.2
Neutral detergent fiber	50.3
Acid detergent fiber	30.4
Calcium	0.47
Phosphorus	0.31
Cu (mg/kg DM)[f]	7.38

[a] As fed basis.

[b] Contained per kilogram of hay: 91.6% DM, 7.41 MJ · kg^{-1} ME, 8.35% CP, 0.43% Ca, 0.17% P, 0.15% S, 1.48 mg Mo /kg DM, 167 mg Fe /kg DM, 31 mg Zn /kg DM, 6.88 mg Cu /kg DM.

[c] Determined according to the level used by local farm of Inner Mongolian White Cashmere Goats.

[d] Contained per kilogram of premix: 54,000,000 IU of vitamin A, 10,800,000 IU of vitamin D, and 18,000 IU of vitamin E.

[e] Analyzed values except metabolizable energy. Metabolizable energy was calculated by metabolizable energy in Ingredient of the basal diet.

[f] Cu was added as $CuSO_4 \cdot 5H_2O$.

2.2 Collection of data and samples

Body weights were obtained before the goats were fed in the morning on two consecutive days at the start and end of the experiment. Individual goat ADG and gain efficiency was calculated. Goats were housed individually in 1.8 m×2.1 m pens, and were allowed 14 days to adjust to the diets supplemented with Cu. On day 30 of the experiment, five goats from each treatment with similar feed intakes were allocated to metabolism crates to study the effects of dietary Cu on nutrient digestibility. After a 5-day acclimatization period total feces and urine were collected and recorded for 5 days for each wether. Feed intakes were recorded daily, and the representative daily hay and concentrate samples were collected every morning. Fecal and urinary samples were collected daily (approximately 10% of the daily output), and 50 mL of 10% sulphuric acid was added to urine samples to prevent nitrogen loss. Samples were immediately labeled and frozen at −20℃ until they were analyzed. Blood samples were collected via the jugular vein in 10 ml vacutainer tubes containing heparin on day 0, 15, 30, 45 and at the termination of the study for plasma Cu. Blood samples were centrifuged at 1,800×g for 30 min, and plasma was removed. Plasma samples were frozen at −20℃ until they were analyzed.

2.3 Analytical procedures

Feeds and fecal samples were dried to a constant weight at 50℃ in a forced-air drying oven, and then ground to pass a 1 mm screen. Urine samples were thawed at room temperature. Dry matter, Ca, P, and nitrogen (N) in feeds and feces, and N in urine were determined as described by AOAC (1990) while the neutral detergent fiber (NDF) and acid detergent fiber (ADF) were measured according to Van Soest et al. (1991). Copper, Fe, and Zn concentrations of the feed and Cu concentrations of the feces, water and plasma were analyzed via atomic absorption spectrophotometry (Model 5100, HGA-600 Graphite Furnace; Perkin-Elmer, USA). Approximately 0.5 g of feed or fecal samples were weighed and dry-ashed for 12 h at 550℃. The dry-ashed samples were then dissolved in 0.6 mol/L hydrochloric acid and brought to 50 mL in volumetric flasks with deionized water. Plasma samples were diluted with deionized water until within the detectable range of the assay. The dilution mixture was vortexed vigorously and then analyzed. Total S concentrations were measured by automatic sequential wavelength dispersive X-ray fluorescence spectrometry (PW1404, Philips, Holland).

2.4 Statistical analysis

Data were analyzed using the GLM procedure of SAS (SAS, 1988). The following model was used:

$Y_{ij} = \mu + T_i + \varepsilon_{ij}$,

Where Y_{ij} are the dependent variables; μ is the overall mean; T_i is the effect of Cu supplementation ($i=1,4$); ε_{ij} is the random error.

Duncan's multiple range tests were used to detect statistical significance between treatment groups.

3 Results

3.1 Growth performance

Effects of dietary Cu on BW, ADFI, ADG and gain efficiency of IMWG are shown in Table 2. There were no differences in initial and final BW among treatments ($P>0.05$). However, supplemental 30 mg Cu/kg DM in the basal diet decreased ADFI ($P<0.01$). ADG and gain efficiency were higher ($P<0.01$) in the treatment group supplemented with 10 mg Cu/kg DM compared with other groups, and were lower ($P<0.01$) in the treatment group supplemented with 30 mg Cu/kg DM compared with other groups. In addition, ADG and gain efficiency did not differ between the control and treatment group supplemented with 20 mg Cu/kg DM ($P>0.05$).

Table 2 Effects of dietary copper supplementation on growth performance of cashmere goats

Item	Added Cu (mg/kg DM)				S. E. M.
	0	10	20	30	
Initial BW (kg)	29.2	28.4	28.9	28.8	0.39
Final BW (kg)	30.9	31.2	30.9	29.6	0.40
ADG (g)	29.2 b	47.2 a	33.6 b	13.2 c	3.77
ADFI (g of DM)	667 a	636 a	649 a	535 b	17.7
Gain:feed	0.044 b	0.075 a	0.052 b	0.025 c	0.0058

Means within the same row with different letters (a-c) are different ($P<0.05$).

3.2 Nutrient utilization

Cu supplementation had no influence on digestibility of DM and CP ($P>0.05$) (Table 3). Neutral detergent fiber and ADF digestibility did not differ between the control and treatment groups supplemented with 10 and 20 mg Cu/kg DM ($P>0.05$), but were higher for the treatment group supplemented with 10 mg Cu/kg DM compared with the 30 mg Cu/kg DM treatment group ($P<0.01$). N retention was highest in animals supplemented with 10 mg Cu/kg DM and lowest in animals supplemented with 30 mg Cu/kg DM.

Table 3 Effects of dietary copper supplementation on nutrient utilization of cashmere goats

Item	Added Cu (mg/kg DM)				S. E. M.
	0	10	20	30	
DM digestibility (%)	60.3	65.3	62.9	59.3	1.01
CP digestibility (%)	66.0	70.2	68.8	67.0	0.89
NDF digestibility (%)	52.9 ab	57.5 a	54.5 ab	44.0 b	1.81
ADF digestibility (%)	47.1 ab	52.1 a	48.5 ab	40.4 b	1.48
N intake (g/day)	10.7 a	10.2 a	10.3 a	9.32 b	0.214
Fecal N (g/day)	3.64	3.04	3.21	3.08	0.113
Urinary N (g/day)	4.88 ab	4.50 b	5.28 a	5.36 a	0.125
Nitrogen balance (g/day)	2.18 ab	2.66 a	1.81 b	0.88 c	0.220
Nitrogen retention (%)	20.4 ab	26.1 a	17.6 b	9.44 c	1.955

Means within the same row with different letters (a-c) are different ($P<0.05$).

3.3 Plasma copper

Effects of dietary Cu on plasma Cu status of IMWG are shown in Table 4. Plasma Cu concentrations were increased ($P<0.05$) by all Cu supplemented treatments on d 15, 30, 45 and 60 of the experiment ($P<0.01$). Plasma Cu concentrations in the control group stayed below 0.8 μg/mL for the duration of the trial, but concentrations in Cu supplemented groups ranged from 0.9 to 1.0 μg/mL.

Table 4 Effects of dietary copper supplementation on plasma copper of cashmere goats (μg/ml)

Day	Added Cu (mg/kg DM)				S. E. M.
	0	10	20	30	
0	0.76	0.71	0.73	0.75	0.011
1	50.70 a	0.93 b	0.98 b	0.95 b	0.034
30	0.71 a	0.91 b	0.95 b	0.95 b	0.032
45	0.73 a	0.94 b	0.97 b	0.99 b	0.033
60	0.75 a	0.95 b	0.98 b	0.98 b	0.030

Means within the same row with different letters (a and b) are different ($P<0.05$).

4 Discussion

The ADFI result was in disagreement with Zervas et al. (1990) who reported that ADFI did not differ between goats fed the basal diet supplemented with 30 or 60 mg Cu/kg DM during a 20 week period. In addition, Luginbuhl et al. (2000) found that ADFI, ADG and feed efficiency were not affected by dietary Cu in crossbred wether kids fed the basal diet (6.2 mg Cu/kg DM) supplemented with 10 or 30 mg Cu /kg DM over 88 days. However, ADFI decreased and feed efficiency increased in wether goat kids fed a basal diet (14.5 mg Cu/kg DM) supplemented with a high level of Cu (100 or 200 mg/d) over 112 days (Solaiman et al., 2006b). These results suggest that low levels of dietary Cu do not change ADFI, ADG and feed efficiency (Zervas et al., 1990; Luginbuhl et al., 2000), but much higher levels may depress ADFI and increase feed efficiency (Solaiman et al., 2006b). An increased ADG in the current study showed that the supplemental level of Cu was in the normal range that goats could tolerate. Furthermore, 20 to 30 mg/kg DM of Cu to the basal diet is likely to cause Cu toxicity in sheep. Signs of toxicity were not observed in cashmere goats in the present experiment, suggesting that cashmere goats are more resistant to Cu toxicity than sheep.

Little is known about the effects of dietary Cu on nutrient utilization in sheep and goats but some information is available for cattle. For example, Reddy and Mahadevan (1976) reported that Cu supplementation (43～62 mg/d) significantly reduced digestibility of CP in lactating cows. However, Saxena and Ranjhan (1978) found that DM and CP digestibility were not affected by dietary Cu in Hariana calves fed the basal diet (6.0 mg Cu/kg DM) supplemented with 6 mg Cu/kg DM, but crude fiber digestibility and N retention were increased. Also, Engle and Spears (2000b) indicated that in vitro DM digestibility was not affected by dietary Cu in Angus steers on a basal diet (4.9 mg Cu/kg DM) supplemented with 10 or 20 mg Cu/kg DM. The present study with cashmere goats suggested that the digestibility of DM and CP was not affected by Cu supplementation, whereas NDF and ADF digestibility was improved by the treatment supplemented with 10 mg Cu/kg DM. Improved NDF and ADF digestibility may be due to either Cu enhanced ruminal fermentation (Engle and Spears, 2000a) or an increase in growth of rumen microorganisms as Saxena et al. (1980) demonstrated that supplemental Cu can have a significant effect on protozoal and bacterial populations (Solaiman et al., 2007). In the present study an increase and reduction in nitrogen retention in animals supplemented with 10 and 30 mg Cu/kg DM, respectively, concurs with the results for ADG and feed efficiency.

Engle and Spears (2001) found that plasma Cu concentrations were higher in Simmental steers fed the basal diet (9.8 mg Cu/kg DM) supplemented with 10 or 40 mg Cu /kg DM by day 56 of the growing phase and remained higher when fed the basal diet (5.1 mg Cu/kg DM) supplemented with 10 or 40 mg Cu /kg DM at all 28 days sampling periods during the finishing phase. Also, Engle and Spears (2000b) indicated that plasma Cu concentrations were higher in Angus steers offered a basal diet (4.9 mg Cu/kg DM) supplemented with 10 or 20 mg Cu/kg DM by d 84 and 112 of the growing phase. However, Solaiman et al. (2006a) observed that serum Cu levels were maintained within the normal physiological range for meat goat kids receiving Cu supplement (100 or 200 mg/d) when compared to the control group (14.5 mg Cu/kg DM). Solaiman et al. (2001) also reported no difference in plasma Cu concentrations for Nubian doe goats fed high levels of Cu (50—600 mg/d) over a 31 week experimental period. Plasma Cu concentrations in control cashmere goats decreased during the present study but remained above concentrations considered to be indicative of Cu deficiency (<0.6 μg/ml; Mills, 1987) throughout the study. Plasma Cu concentrations in the control group stayed below 0.8 μg/ml for the duration of the trial, but remained between 0.90 and 1.00 μg/ml for the Cu supplemented groups, indicating that the optimal supplemental Cu concentration for cashmere goats was 10 mg/kg DM. Furthermore, when Cu is adequate, supplemental Cu would not be expected to increase plasma Cu concentration due to homeostatic mechanisms (Ward and Spears, 1997). Differences observed between these studies might be caused by environmental, genetic, and dietary factors including Cu concentration in the basal diet, level and duration of Cu supplementation (Engle and Spears, 2001). Interactions of Cu with other elements such as Mo, S and Zn may also be implicated (Suttle, 1991).

5 Conclusion

It is suggested that addition of 10 mg Cu/kg DM to the basal diet, containing an endogenous Cu concentration of 7.38 mg/kg DM, will enhance growth performance, nutrient digestibility and plasma Cu status of cashmere goats.

Acknowledgement

This work was supported in part by a grant from National Key Technologies R & D Program (No. 2006BAD14B07).

References

[1] AOAC. Official methods of analysis, 15th ed. Association of official analytical chemists, Arlington, Virginia, 1990, pp. 40-90.

[2] Elvehjem, C. A. The biological significance of copper and its relation to iron metabolism. Physiol. Rev. 1935, 15, 471-507.

[3] Engle, T. E., Spears, J. W. Effects of dietary copper concentration and source on performance and copper status of growing and finishing steers. J. Anim. Sci. 2000a, 78, 2446-2451.

[4] Engle, T. E., Spears, J. W. Dietary copper effects on lipid metabolism, performance, and ruminal fermentation in finishing steers. J. Anim. Sci. 2000b, 78, 2452-2458.

[5] Engle, T. E., Spears, J. W. Performance, carcass characteristics, and lipid metabolism in growing and finishing Simmental steers fed varying concentrations of copper. J. Anim. Sci. 2001, 79, 2920-2925.

[6] Engle, T. E., Spears, J. W., Xi, L., Edens, F. W. Dietary copper effects on lipid metabolism and circulating catecholamine concentrations in finishing steers. J. Anim. Sci. 2000, 78, 2737-2744.

[7] Hart, E. B., Steenbock, H., Waddell, J., Elvehjem, C. A. Iron in nutrition, Ⅳ. Copper as a supplement to iron for hemoglobin building in the rat. J. Biol. Chem. 1928, 77, 797-812.

[8] Khan, Z. I., Hussain, A., Ashraf, M., Ashraf, M. Y., McDowell, L. R., Huchzermeyer, B. Copper nutrition of goats grazing native and improved pasture with the seasonal variation in a semiarid region of Pakistan. Small Rumin. Res. 2007, 67, 138-148.

[9] Luginbuhl, J. M., Poore, M. H., Spears, J. W., Brown, T. T. Effect of dietary copper level on performance and copper status of growing meat goats. Sheep Goat Res. J. 2000, 16, 65-71.

[10] Mills, C. F. Biochemical and physiological indicators of mineral status in animals: copper, cobalt, and zinc. J. Anim. Sci. 1987, 65, 1702-1711.

[11] Mullis, L. A., Spears, J. W., McCraw, R. L. Estimated copper requirements of Angus and Simmental heifers. J. Anim. Sci. 2003, 81, 865-873.

[12] NRC. Nutrient Requirements of Sheep. National Academy Press, Washington, DC. 1975.

[13] NRC. Nutrient Requirements of Goats. National Academy Press, Washington, DC. 1981.

[14] Ramirez, R. G., Haenlein, G. F. W., Garcia-Castillo, C. G., Nunez-Gonzalez, M. A. Protein, lignin and mineral contents and in situ dry matter digestibility of native Mexican grasses consumed by range goats. Small Rumin. Res. 2004,52, 261-269.

[15] Reddy, B. S., Mahadevan, V. Effect of copper supplementation on the digestibility of nutrients and their retention in lactating cows. Indian Vet. J. 1976, 56, 451-455.

[16] SAS. SAS user's guide: Statistics, SAS Inst. Inc., Cary, NC. 1988.

[17] Saxena, K. K., Ranjhan, S. K. Effect of cobalt and copper supplementation, separately and in combination, on the digestibility of organic nutrients and mineral balances in Hariana calves. Indian J. Anim. Sci. 1978, 48, 566-571.

[18] Saxena, K. K., Srivastava, R. V. N., Srivastava, S. K., Ranjhan, S. K. Effect of cobalt and copper supplementation on the ruminal volatile fatty acids concentration and microbial population in Hariana calves. Indian J. Anim. Sci. 1980, 50, 471-475.

[19] Solaiman, S. G., Craig Jr., T. J., Reddy, G., Shoemaker, C. E. Effect of high levels of Cu supplement on growth performance, rumen fermentation, and immune responses in goat kids. Small Rumin. Res. 2007, 69, 115-123.

[20] Solaiman, S. G., Maloney, M. A., Qureshi, M. A., Davis, G., Dandrea, G. Effects of high copper supplements on performance, health, plasma copper and enzymes in goats. Small Rumin. Res. 2001, 41, 127-139.

[21] Solaiman, S. G., Shoemaker, C. E., D'Andrea, G. H. The effect of high dietary Cu on health, growth performance, and Cu status in young goats. Small Rumin. Res. 2006a, 66, 85-91.

[22] Solaiman, S. G., Shoemaker, C. E., Jones, W. R., Kerth, C. R. The effects of high levels of supplemental copper on the serum lipid profile, carcass traits, and carcass composition of goat kids. J. Anim. Sci. 2006b, 84, 171-177.

[23] Suttle, N. F. The interactions between copper, molybdenum and sulphur in ruminant nutrition. Annu. Rev. Nutr. 1991, 11, 121-140.

[24] Van Soest, P. J., Robertson, J. B., Lewis, B. A. Methods of dietary fiber, neutral detergent fiber and non-starch polysaccharides in relation to animal nutrition. J. Dairy Sci. 1991, 74, 3583-3597.

[25] Ward, J. D., Spears, J. W. Long-term effects of consumption of low-copper diets with or without supplemental molybdenum on copper status, performance, and carcass characteristics of cattle. J. Anim. Sci. 1997, 75, 3057-3065.

[26] Zervas, G., Nikolaou, E., Mantzios, A. Comparative study of chronic copper poisoning in lambs and young goats. Anim. Prod. 1990, 50, 497-506.

Effects of Dietary Copper on Growth Performance, Nutrient Digestibility and Fiber Characteristics in Cashmere Goats During the Cashmere Slow-growing Period

Wei Zhang[a], Runlian Wang[b], David O. Kleemann[c], Mingyu Cao[a], Jianhai Xu[a], Zhihai jia[a]

([a] State Key Laboratory for Animal Nutrition. College of Animal Science and Technology. China Agricultural University. Beijing 100094. PR China; [b] Department of Animal Science. Guangdong Ocean University. Zhanjiang 524088. PR China; [c] Turretfield Research Centre. South Australian Research and Development Institute. SA 5350. Australia)

该文发表在《Small Ruminant Research》2009, 85 (1-3):58-62

Abstract Thirty-six 25-year-old wether Inner Mongolian White Cashmere Goats (IMWG) (BW=42.7±3.44 kg) were used to determine the effects of dietary copper (Cu) concentration on growth performance, nutrient digestibility and fiber characteristics during the cashmere slow-growing period. Wethers were stratified by weight and randomly assigned to four dietary treatments, which included a control diet containing 5.60 mg Cu/kg DM, the control diet supplied, respectively, with 10, 20 and 30 mg Cu/kg DM (total dietary Cu level of 5.60, 15.6, 25.6 and 35.6 mg/kg DM). The experiment lasted 50 days including a 10-day preliminary trial and 10-day metabolism trial. Average daily feed intake (ADFI) did not differ among treatment groups ($P>0.05$), except that the supplement providing 30 mg Cu/kg DM decreased average daily gain and gain efficiency ($P<0.05$). Copper supplementation had no influence on digestibility of DM, CP and ADF ($P>0.05$); however, NDF digestibility of the treatment group supplemented with 30 mg Cu/kg DM was lower compared with that of other groups ($P<0.05$). Length and growth rate of cashmere fiber were higher in the treatment group supplemented with 20 mg Cu/kg DM compared with other groups ($P<0.05$), but cashmere diameter was not affected by Cu supplementation ($P>0.05$). In conclusion, supplementation of Cu at the levels of 10, 20 and 30 mg/kg DM to the basal diet containing 5.60 mg Cu/kg DM had no influence on ADFI or nutrient digestibility of DM, CP and ADF in cashmere goats, while 30 mg Cu/kg DM supplementation had a negative effect on growth performance and NDF digestibility. However, 20 mg Cu/kg DM supplementation of the basal diet enhanced cashmere growth. Hence, the appropriate supplemental level during the cashmere slow-growing period is deemed to be 20 mg Cu/kg DM (total dietary Cu level of 25.6 mg/kg DM).

Key words Copper, Growth performance, Nutrient digestibility, Fiber characteristics, Cashmere goats

1 Introduction

Copper (Cu) is an essential element required by sheep and other animals for a number of biochemical functions with deficiency and toxicity occurring frequently in many parts of the world (Davis and Mertz, 1987). Cu is an essential mineral element in ruminants that produce wool. Sheep suffering from Cu deficiency have been found to produce "steely" or "stringy" wool, which is lacking in crimp, tensile strength, affinity for dyes, and elasticity. Depigmentation of the wool has been noted as a sign of severe deficiency (NRC, 1985). Cu deficiency has also been reported in dairy and range goats (Ramirez et al., 2004; Khan et al., 2007). China is the largest producer of cashmere with 80 million goats producing 163.950 million kg of fiber, accounting for 50% of the world's total production in 2006. Most of the fiber is harvested from the Inner Mongolian White Cashmere Goat (IMWG) and the Liao Ning White Cashmere goat breeds. Nutritional Cu requirements of goats, sheep, and beef cattle are 8—10 mg/kg DM (NRC, 1981), 7—11 mg/kg DM (NRC, 1985), and 10 mg/kg DM (NRC, 1996), respectively. Species differ in susceptibility to Cu overload, and it was indicated that sheep are more sensitive to high Cu supplementation than cattle and goats (Underwood and Suttle, 1999). NRC(2007) recommended increasing the Cu requirements of lactating goats to 15 mg/kg DM, mature goats and bucks to 20 mg/kg DM, and growing goats to 25 mg/kg DM. The current recommended Cu levels for cashmere goats are based on observations recorded several decades ago (NRC, 1981). However, both livestock performance and feeding regimes have changed considerably. In addition, requirements for nutrition differ for cashmere goats depending on changing nutritional conditions due to season and depending on the seasonal nature of cashmere production (the fast-growing period from August to November, the slow-growing period from December to February, and then the non-growing period from March to July).

Most research on Cu supplementation has been generated in cattle with results indicating that Cu supplementation may affect animal performance (Ward and Spears, 1997; Engle and Spears, 2000a) and nutrient digestion (Essig et al., 1972; Reddy and Mahadevan, 1976; Saxena and Ranjhan, 1978), but the results are inconsistent. Limited research has evaluated the effects of Cu supplementation on productive performance in meat goats (Luginbuhl et al., 2000; Solaiman et al., 2001, 2006, 2007). Recent research has shown that supplementation with 20 mg Cu/kg DM (basal diet containing 7.46 mg Cu/kg DM) seemed to be the optimal supplemental Cu level for nutrient digestion and cashmere growth in IMWG during the cashmere fast-growing period (Zhang et al., 2007), whereas addition of 10 mg Cu/kg DM enhanced growth performance, improved nutrient digestibility and plasma Cu status during the cashmere non-growing period (Zhang et al., 2008). We are not aware of any studies that have observed the effects of Cu supplementation on the parameters mentioned above (Zhang et al., 2007, 2008) in cashmere goats during the slow-growing period. The objectives of the present study were to determine the optimal dietary Cu level required for body growth, nutrient utilization and fiber characteristics in IMWG during the cashmere slow-growing period.

2 Materials and methods

2.1 Animals, diets and feeding

Thirty-six 2.5-year-old IMWG wethers (BW = (42.7 ± 3.44) kg) were stratified by weight and randomly assigned to the following treatments: 5.60 (control), 15.6, 25.6 and 35.6 mg Cu/kg DM which was supplied by addition of 0, 10, 20 or 30 mg Cu/kg DM to the basal diet containing 5.60 mg Cu/kg DM. All cashmere goats were introduced to the basal diet over a 5-day period, and were then fed the basal diet replaced by 30% of the experiment diets for 2 days, by 60% for 2 days, by 90% for 1 day, and finally switched to the total experimental diets. The experimental diets supplemented with Cu were fed for 40 days. The basal diet was formulated to meet or exceed all nutrient requirements for goats with the exception of Cu (NRC, 1981) (Table 1). The concentration of metabolizable energy was calculated by the metabolizable energy values of Chinese wild ryegrass hay, corn, wheat bran and soybean meal which were based on the feeding standard of meat-producting sheep and goats (NY/T 816-2004). Copper was added as $CuSO_4 \cdot 5H_2O$ to the premix using fine maize flour as a carrier and mixed with concentrate. The basal diet (DM basis) contained 5.60 mg Cu/kg, 156 mg Fe/kg, 41.5 mg Zn/kg, 40.5 mg Mn/kg, 1.02 mg I/kg, 0.10 mg Se/kg, 1.55 mg Mo/kg and 0.21% S. To avoid wasting feed due to selection by the goats, the amount of feed was restricted to 1 kg/day (DM), given at 07:00 and 19:00 h in equal allotments. Animals were allowed ad libitum access to water containing less than 0.01 mg Cu/kg.

Table 1 Ingredients and chemical composition of the basal diet

Item	
Ingredient (%, as fed basis)	
Chinese wild ryegrass hay (*Aneurolepidium Chinese*)[a]	70.0
Corn	16.4
Wheat bran	7.20
Soybean meal	5.40
Limestone	0.16
Dicalcium phosphate	0.23
Salt	0.60
Vitamin premix[b]	0.01
Chemical composition (as dry basis)	
Metabolizable energy (MJ/kg)[c]	9.61
Crude protein (%)	9.82
Neutral detergent fiber (%)	53.4

续表 1

Item	
Acid detergent fiber (%)	29.8
Calcium (%)	0.55
Phosphorus (%)	0.36
Cu (mg/kg)	5.60

[a] Contained per kilogram of hay: 92.0% DM, 7.41 MJ · kg^{-1} ME, 7.69% CP, 0.53% Ca, 0.21% P, 0.15% S, 1.32 mg Mo /kg DM, 158 mg Fe /kg DM, 28 mg Zn /kg DM and 5.05 mg Cu /kg DM.

[b] Contained per kilogram of premix: 54,000,000 IU of vitamin A, 10,800,000 IU of vitamin D and 18,000 IU of vitamin E.

[c] Analyzed values except metabolizable energy.

2.2 Collection of data and samples

BW was determined before the goats were fed in the morning on 2 consecutive days at the start and end of the experiment. Individual goat ADG and gain efficiency were calculated. All goats were housed individually in 1.8 m×2.1 m pens. During the last 10 days of the experiment, five goats from each treatment with similar feed intakes were allocated to metabolism crates to study the effects of dietary Cu on nutrient digestibility. After a 5-day adaptation period, total feces was collected and the weight recorded for 5 days for each wether. Feed intakes were recorded daily, and the representative daily hay and concentrate samples were collected every morning. Fecal samples were collected daily (approximately 10% of the daily output). Samples were immediately frozen at −20℃ prior to analysis. At the start and end of the study, a 3 cm×3 cm patch of white fibers, located over the right scapular, was removed using a conventional hair clipper (Shahjalal et al., 1992) for determination of fiber characteristics.

2.3 Analytical procedures

Fecal samples were thawed at room temperature. Feed and fecal samples were dried to a constant weight at 50℃ for 48 h in a forced-air drying oven, and then ground to pass a 1 mm screen. Concentrations of DM, Ca, P, and nitrogen (N) in feeds and feces were determined as described by AOAC (1990), while neutral detergent fiber (NDF) and acid detergent fiber (ADF) levels were measured according to Van Soest et al. (1991). Concentrations of Cu, Fe, Zn, Mn and Mo in feeds and concentration of Cu in water were analyzed via atomic absorption spectrophotometry (Model 5100, HGA600 Graphite Furnace; Perkin-Elmer, USA). Total S concentrations were measured by automatic sequential wavelength dispersive X-ray fluorescence spectrometry (PW 1404, Philips, Holland). Concentrations of Se and I in feeds were determined using inductively coupled plasma-mass spectrometry (Agilent 7 500c, Agilent Technologies, Co., Ltd., USA). Cashmere fiber samples were washed by soaking overnight in a detergent solution, rinsed thoroughly in deionized water and then dried at 80℃. Length of cashmere was estimated using a scaled ruler. Diameter of cashmere was measured on a random sample of 100 fibers as described by Shahjalal et al. (1992).

2.4 Statistical analysis

Data were analyzed using the GLM procedure of SAS (SAS, 1988). The following model was used: $Yij = \mu + Ti + \varepsilon ij$, where Yij is the dependent variables; μ is the overall mean; Ti is the effect of Cu supplementation (i=1, 4); εij is the random error. Duncan's multiple range test were used to detect statistical significance between treatment groups.

3 Results

3.1 Growth performance

Effects of dietary Cu on BW, average daily feed intake (ADFI), ADG and gain efficiency of IMWG are shown in Table 2. There were no differences in initial and final BW among treatments ($P>0.05$). However, supplemental 20 mg of Cu/kg of DM in the basal diet increased ADG ($P<0.05$), supplemental 30 mg of Cu/kg of DM in the basal diet decreased ADG and gain efficiency ($P<0.05$), and no differences were found in gain efficiency between the control and groups supplemented with 10 or 20 mg of Cu/kg of DM ($P>0.05$).

Table 2 Effects of dietary copper supplementation on growth performance of cashmere goats

Item	Added Cu (mg/kg DM)				S. E. M.
	0	10	20	30	
Initial BW (kg)	42.4	43.9	43.8	42.4	0.52
Final BW (kg)	43.0	44.5	44.6	42.9	0.55
ADG (g)	20.1 b	20.6 b	25.6 a	15.8 c	2.12
Average daily feed intake (g of DM)	890	878	873	857	13.6
Gain: feed	0.023 a	0.024 a	0.029 a	0.018 b	0.002 4

Means within the same row with different letters (a-c) are different ($P<0.05$)

3.2 Nutrient digestibility

The digestibility of DM, CP and ADF was not affected by Cu supplementation ($P>0.05$) (Table 3). NDF digestibility did not differ between the control and treatment groups supplemented with 10 and 20 mg Cu/kg DM ($P>0.05$), but was lower for the treatment group supplemented with 30 mg Cu/kg DM compared with other groups ($P<0.05$).

Table 3 Effects of dietary copper supplementation on nutrient digestibility of cashmere goats

Item	Added Cu (mg/kg DM)				S. E. M.
	0	10	20	30	
DM digestibility (%)	68.3	69.1	67.9	67.4	1.22
CP digestibility (%)	70.2	71.4	71.8	68.8	0.93
NDF digestibility (%)	54.9 a	56.5 a	54.3 a	45.0 b	1.71
ADF digestibility (%)	47.6	50.3	49.7	47.8	1.56

Means within the same row with different letters (a and b) are different ($P<0.05$).

3.3 Fiber characteristics

Effects of dietary Cu on fiber characteristics of IMWG are shown in Table 4. The present results indicated that there were no differences in initial cashmere length between treatments ($P>0.05$). However, final cashmere length, cashmere growth length and cashmere growth rate were higher for the 20 mg Cu/kg DM treated group compared with other treatment groups ($P<0.05$): no differences were observed between the control and groups supplemented with 10 or 30 mg Cu/kg DM ($P>0.05$). Fiber diameter did not differ among treatments ($P>0.05$).

Table 4 Effects of dietary copper supplementation on fiber characteristics of cashmere goats

Item	Added Cu (mg/kg DM)				S. E. M.
	0	10	20	30	
Initial cashmere length (cm)	4.70	4.76	4.71	4.70	0.054
Final cashmere length (cm)	5.07 b	5.21 b	5.50 a	5.10 b	0.062
Cashmere growth length (cm)	0.37 b	0.44 b	0.80 a	0.39 b	0.005
Cashmere growth rate (mm/day)	0.12 b	0.15 b	0.25 a	0.13 b	0.003
Cashmere diameter (μm)	15.2	15.4	15.7	15.1	0.346

Means within the same row with different letters (a and b) are different ($P<0.05$).

4 Discussion

Results of the present study indicated that dietary supplementation of 10 or 20 mg Cu/kg DM had no influence gain efficiency, while 30 mg Cu/kg DM supplementation impaired growth performance in IMWG during the cashmere slow-growing period. Several experiments on Cu addition in animals have been conducted, but the results are inconsistent. Mullis et al. (2003) reported that Cu supplementation at 7 or 14 mg Cu/kg DM did not affect daily gain, feed intake or gain efficiency in Angus and Simmental heifers. Moreover, Cu supplementation at 10～40 mg Cu/kg DM did not affect ADG, ADFI and gain efficiency compared with controls in steers (Engle and Spears, 2000a, 2001). Luginbuhl et al. (2000) also found that ADG, ADFI and gain efficiency were not affected by supplemental Cu at levels of 0, 10 and 30 mg Cu/kg DM in growing meat goats. By contrast, Mondal and Biswas (2007) reported that supplementation of Cu may improve ADG in Black Bengal kids; while Engle and Spears (2000b) indicated that Cu supplementation in finishing steers at either 20 or 40 mg Cu/kg DM decreased ADG, ADFI and gain efficiency relative to controls. It is evident that conflicting results for these parameters exist in cattle, goats and sheep consuming diets supplemented with Cu. It may be attributed to differences in breed (Mullis et al., 2003), supplemental Cu level and the experimental diet (Arthington and Pate, 2002). Recently, Zhang et al. (2007) reported that Cu supplementation had no influence on ADFI, but ADG was highest in animals supplied with 20 mg Cu/kg DM in cashmere goats during the cashmere fast-growing period. Zhang et al. (2008) also found that ADG and gain efficiency were higher in the treatment group supplemented with 10 mg Cu/kg DM compared with other groups, and were lower in the group supplemented with 30 mg Cu/kg DM in goats during the cashmere non-growing period. This result suggests that dietary copper levels of >30 mg Cu/kg DM may suppress ADG and gain efficiency during the cashmere slow-growing period.

Results in the current study indicated that Cu supplementation at 10, 20 or 30 mg/kg DM had no influence on digestibility of DM, CP and ADF, whereas NDF digestibility was reduced by the treatment supplemented with 30 mg Cu/kg DM in IMWG during the cashmere slow-growing period. This is in agreement with a previous study by Zhang et al. (2007) in IMWG during the cashmere fast-growing period, who reported that Cu supplementation had no influence on digestibility of DM, CP or ADF; however, NDF digestibility for groups supplemented with 10 and 20 mg Cu/kg DM was higher than that of the control group. Similar results in digestibility of DM and CP were also observed in the later experiment during the cashmere non-growing period, except that NDF and ADF digestibility of the group supplemented with 10 mg Cu/kg DM were higher than that of the group supplemented with 30 mg Cu/kg DM (Zhang et al., 2008). In summary, these three experiments indicated that Cu supplementation had no influence on digestibility of DM or CP, but resulted in some change in fiber digestion regardless of cashmere growing period (Table 5). These results are consistent with earlier reports for Hariana calves (Saxena and Ranjhan, 1978) and Angus steers (Engle and Spears, 2000b). In addition, reductions in fiber digestion associated with high dietary copper (Table 5) may be due to impaired ruminal fermentation (Engle and Spears, 2000b; Zhang et al., 2007).

Table 5　Summary of responses to supplemental dietary copper in IMCG relative to the control treatment

Item	Current experiment	Zhang et al. (2007)	Zhang et al. (2008)
	Cashmere fiber growing season		
	Slow-growing	Fast-growing	Non-growing
ADFI	_[a]	_	↓ 30[b] mg
DM digestibility	_	_	_
CP digestibility	_	_	_
ADF digestibility	_	_	_
NDF digestibility	↓ 30 mg	↑ 10, 20 mg	_
Nitrogen balance	na[c]	na	↓ 30 mg
BW	_	_	_
ADG	↑ 20 mg, ↓ 30 mg	↑ 20 mg	↑ 10 mg, ↓ 30 mg
Gain: Feed	↓ 30 mg	na	↑ 10 mg, ↓ 30 mg
Cashmere Length	↑ 20 mg	↑ 20 mg	na
Cashmere growth rate	↑ 20 mg	↑ 20 mg	na
Cashmere diameter	_	_	na

a Responses to Cu supplementation (compared to control treatment): (_)no change, (↑) increase, (↓)decrease.

b Supplemented dietary levels of Cu were 10, 20 and 30 mg/kg DM in the current experiment and in those of Zhang et al. (2007, 2008). Basal levels of Cu in the diets of the three experiments were 5.60, 7.46 and 7.38 mg/kg DM, respectively.

c Not available.

Based on the present results, it is suggested that Cu supplementation at the level of 20 mg/kg DM may be beneficial for cashmere growth during the slow-growing period, which was similar to findings in the fast-growing period (Table 5: Zhang et al., 2007). In addition, it is speculated that more dietary Cu was needed for cashmere growth during the cashmere growing period than during the non-growing period (Zhang et al., 2007, 2008).

5 Conclusion

It is concluded that addition of 20 mg Cu/kg DM to the basal diet, containing an endogenous Cu concentration of 5.60 mg/kg DM up to the inclusion levels of 25.6 mg Cu/kg DM, will enhance cashmere performance of cashmere goats. In contrast, 30 mg Cu/kg OM supplementation (the total dietary Cu level of 35.6 mg/kg DM) will reduce growth performance and fiber digestion in IMWG during the cashmere slow-growing period.

Acknowledgement

This work was supported in part by a grant from National Key Technologies R & D Program (No. 2008BADB2B05).

References

[1] Arthington, J. D., Pate, F. M., 2002. Effect of corn- vs. molasses-based supplements on trace mineral status in beef heifers. J. Anim. Sci. 80, 2787-2791.

[2] AOAC, 1990. Official Methods of Analysis, 15th ed. Association of Official Analytical Chemists, Arlington, VA, pp. 40-90.

[3] Davis, K. G., Mertz, W., 1987. Copper. In: Mertz, W. (Ed.), Trace Elements in Human and Animal Nutrition. Academic Press, New York, NY, pp. 301-364.

[4] Engle, T. E., Spears, J. W., 2000a. Effects of dietary copper concentration and source on performance and copper status of growing and finishing steers. J. Anim. Sci. 78, 2446-2451.

[5] Engle, T. E., Spears, J. W., 2000b. Dietary copper effects on lipid metabolism, performance, and ruminal fermentation in finishing steers. J. Anim. Sci. 78, 2452-2458.

[6] Engle, T. E., Spears, J. W., 2001. Performance, carcass characteristics, and lipid metabolism in growing and finishing Simmental steers fed varying concentrations of copper. J. Anim. Sci. 79, 2920-2925.

[7] Essig, H. W., Davis, J. D., Smithson, L. J., 1972. Copper sulfate in steer rations. J. Anim. Sci. 35, 436-439.

[8] Khan, Z. I., Hussain, A, Ashraf, M., Ashraf, M. Y., McDowell, L. R, Huchzermeyer, B., 2007. Copper nutrition of goats grazing native and improved pasture with the seasonal variation in a semiarid region of Pakistan. Small Rumin. Res. 67, 138-148.

[9] Luginbuhl, J. M., Poore, M. H., Spears, J. W., Brown, T. T., 2000. Effect of dietary copper level on performance and copper status of growing meat goats. Sheep Goat Res. J. 16, 65-71.

[10] Mondal, M. K, Biswas, P., 2007. Different sources and levels of copper supplementation on performance and nutrient utilization of castrated black Bengal (*Capra hircus*) kids diet. Asian-Aust. j. Anim. Sci. 20, 1067-1075.

[11] Mullis, L. A, Spears, J. W., McCraw, R. L., 2003. Estimated copper requirements of Angus and Simmental heifers. J. Anim. Sci. 81, 865-873.

[12] NRC, 1981. Nutrient Requirements of Goats: Angora, Dairy, and Meat Goats in Temperate and Tropical Countries. National Academy Press, Washington, DC.

[13] NRC, 1985. Nutrient Requirements of Sheep, 6th rev. ed. National Academy Press, Washington, DC.

[14] NRC, 1996. Nutrient Requirements of Beef Cattle, 7th ed. National Academy Press, Washington, DC.

[15] NRC, 2007. Nutrient Requirements of Small Ruminants. National Academy Press, Washington, DC.

[16] NY/T 816, 2004. Feeding Standard of Meat-producing Sheep and Goats. Ministry of Agriculture of the People's Republic of China, Beijing, China, pp. 17-19.

[17] Ramirez, R. G., Haenlein, G. F. W., Garcia-Castillo, C. G., Nunez-Gonzalez, M. A., 2004. Protein, lignin and mineral contents and in situ dry matter digestibility of native Mexican grasses consumed by range goats. Small Rumin. Res. 52,261-269.

[18] Reddy, B. S., Mahadevan, V., 1976. Effect of copper supplementation on the digestibility of nutrients and their retention in lactating cows. Indian Vet. J. 56, 451-455.

[19] SAS, 1988. SAS User's Guide: Statistics. SAS Inst. Inc., Cary, NC.

[20] Saxena, K. K., Ranjhan, S. K, 1978. Effect of cobalt and copper supplementation, separately and in combination, on the digestibility of organic nutrients and mineral balances in Hariana calves. Indian J. Anim. Sci. 48, 566-571.

[21] Shahjalal, M., Galbraith, H., Topps, J. H., 1992. The effect of changes in dietary protein and energy on growth, body composition and mohair fibre characteristics of British Angora goats. Anim. Prod. 54, 405-412.

[22] Solaiman, S. G., Craig Jr., T. J., Reddy, G., Shoemaker, C. E., 2007. Effect of high levels of Cu supplement on growth performance, rumen fermentation, and immune responses in goat kids. Small Rumin. Res. 69, 115-123.

[23] Solaiman, S. G., Maloney, M. A., Qureshi, M. A., Davis, G., Dandrea, G., 2001. Effects of high copper supplements on performance, health, plasma copper and enzymes in goats. Small Rumin. Res. 41, 127-139.

[24] Solaiman, S. G., Shoemaker, C. E., D'Andrea, G. H., 2006. The effect of high dietary Cu on health, growth performance, and Cu status in young goats. Small Rumin. Res. 66, 85-91.

[25] Underwood, E. J., Suttle, N. F., 1999. The Mineral Nutrition of Livestock, 3rd ed. CAB International, Wallingford, UK.

[26] Van Soest, P. J., Robertson, J. B., Lewis, B. A, 1991. Methods of dietary fiber, neutral detergent fiber and non-starch polysaccharides in relation to animal nutrition. J. Dairy Sci. 74, 3583-3597.

[27] Ward, J. D., Spears, J. W., 1997. Long-term effects of consumption of low-copper diets with or without supplemental molybdenum on copper status, performance, and carcass characteristics of cattle. J. Anim. Sci. 75, 3057-3065.

[28] Zhang, W., Wang, R. L., Zhu, X. P., Kleemann, D. O., Yue, C. W., Jia, Z. H., 2007. Effects of dietary copper on ruminal fermentation, nutrient digestibility and fibre characteristics in cashmere goats. Asian-Aust. J. Anim. Sci. 20, 1843-1848.

[29] Zhang, W., Wang, R. L., Kleemann, D. O., Lu, D. X., Zhu, X. P., Zhang, C. X., Jia, Z. H., 2008. Effects of dietary copper on nutrient digestibility, growth performance and plasma copper status in cashmere goats. Small Rumin. Res. 74, 188-193.

Effects of Dietary Copper on Ruminal Fermentation, Nutrient Digestibility and Fibre Characteristics in Cashmere Goats

Wei Zhang[a], Runlian Wang[b], Xiaoping Zhu, David O Kleemann[c], Chunwang Yue[a] and Zhihai Jia[a]

([a] State Key Laboratory for Animal Nutrition, College of Animal Science and Technology China Agricultural University, Beijing 100094, P. R. China; [b] Department of Animal Science, Guang dong Ocean University, Zhanjiang 524088, P. R. China; [c] Turretfield Research Centre, South Australian Research and Development Institute, SA 5350, Australia)

该文发表在《Asian-Australasian Journal of Animal Sciences》2007, 20 (12):1843-1848.

Abstract Thirty-six 1.5 year-old Inner Mongolian White Cashmere wether goats (body weight 28.14 kg±1.33 kg) were used to determine the effects of dietary copper (Cu) concentration on ruminal fermentation, nutrient digestibility and cashmere fiber characteristics. Wethers were fed a basal diet (containing 7.46 mg Cu/kg DM) that was supplemented with either 0 (control), 10, 20 or 30 mg Cu/kg DM. To ensure full consumption, animals were fed restrictedly with 0.75 kg feed (DM) in two equal allotments per day. The results indicated that: (1) supplemental 10 mg Cu/kg DM in the basal diet significantly ($P<0.05$) decreased ruminal fluid pH value and total VFA concentrations were significantly ($P<0.05$) increased on all Cu treatment groups. (2) Cu supplementation had no influence on DM intake and digestibility of DM, CP and ADF ($P>0.05$); however, NDF digestibility of groups supplemented with 10 and 20 mg Cu/kg DM were significantly higher than that of the control group ($P<0.05$). Apparent absorption and retention of copper were decreased with increasing level of supplementation. (3) 20 mg Cu/kg DM treatment significantly ($P<0.05$) improved cashmere growth rate, but cashmere diameter was not affected by Cu supplementation ($P>0.05$). In conclusion, supplementation of cashmere goats with Cu at the rate of 10 to 20 mg/kg DM in the basal diet resulted in some changed rumen fermentation and was beneficial for NDF digestibility, while supplementation of 20 mg Cu/kg DM improved cashmere growth. Collectively, the optimal supplemental Cu level for cashmere goats during the fibre growing period was 20 mg/kg DM (a total dietary Cu level of 27.46 mg/kg DM).

Key words Copper, Rumen Fermentation, Nutrient Digestibility, Cashmere Fiber Characteristics

1 Introduction

Copper (Cu) is an essential mineral element in ruminants with deficiency and toxicity occurring frequently in many parts of the world. Nutritional Cu requirement of goats, sheep, and beef cattle are 8～10 mg/kg DM (NRC, 1981), 5 mg/kg DM (NRC, 1975), and 10 mg/kg DM (NRC, 1996), respectively. Species differences in susceptibility to Cu overload are high: sheep are extremely intolerant and cattle and goats less intolerant of excess Cu (Underwood and Suttle, 1999). Sheep suffering from Cu deficiency produce "steely" or "stringy" wool which is lacking in crimp, tensile strength, affinity for dyes, and elasticity. Depigmentation of wool has been noted as a sign of severe deficiency (NRC, 1975). While Cu deficiency has been reported in dairy (Khan et al., 2007) and range (Ramirez et al., 2004) goats, its effect on growth of cashmere fiber is unknown. China is the largest producer of cashmere, with yields accounting for 50% the world's total production (Bai et al., 2006). The Inner Mongolian White Cashmere Goat (IMWG) and Liao Ning White Cashmere Goat are two of the major cashmere goat breeds in China.

Some studies suggested that dietary Cu might affect ruminal fermentation (Essig, 1972; Saxena and Ranjhan, 1980; Saxena et al., 1980), nutrient digestibility (Reddy and Mahadevan, 1976) and performance in cattle (Ward and Spears, 1997; Engle and Spears, 2000a; Engle et al., 2000; Dorton et al., 2006). However, research with Cu supplementation in cattle has produced conflicting results. Reddy and Mahadevan (1976) reported that Cu supplementation (daily intake of 43 to 62 mg) significantly reduced CP digestibility in lactating cows. However, Saxena and Ranjhan (1978) indicated that digestibility of DM and CP in calves was not affected by dietary Cu. Copper supplementation did not affect performance during the growing phase in Angus steers (Engle and Spears, 2000a) nor during the finishing phase in Simmental steers (Engle and Spears, 2001). Similar results were observed in Angus and Simmental heifers (Mullis et al., 2003).

Limited research has evaluated the effects of Cu supplementation on productive performance in the goat. Luginbuhl et al. (2000) found that DMI and ADG for 0, 10, and 30 mg supplemental Cu/kg DM in growing meat goats were not affected by dietary Cu level. However, Solaiman et al. (2006) found that average daily feed intake (F) decreased (linear; $P=0.05$), and the ratio of average daily gain: F increased (quadratic; $P=0.02$) in goat kids fed 0, 100 and 200 mg Cu/d (Basal diet contained 13.8 mg Cu/kg DM). Also, more recently Mondal and Biswas (2007) found that Cu supplementation at the level of 10, 20 and 30 mg Cu/kg DM in the basal diet containing 5.7 mg Cu/kg DM improved the performance and nutrient utilization in goats.

The optimal dietary levels of Cu in cashmere goats have not been established, and the effects of dietary Cu concentration on nutrient fermentation, metabolism and cashmere performance are not understood. The objectives of this study were to determine the effects of dietary Cu on ruminal fermentation, nutrient digestibility and fiber characteristics in IMWG.

2 Materials and Methods

2.1 Animals

Thirty-six 1.5 year-old IMWG wethers (body weight 28.14 kg±1.33 kg) were stratified by weight and randomly assigned to the following treatments; 0 (control), 10, 20 or 30 mg Cu/kg DM with the basal diet containing 7.46 mg Cu/kg DM.

2.2 Diets and feeding

All cashmere goats were fed the basal diet for 14 days (d), and were then gradually switched to the experimental diets. The basal diet was formulated to meet or exceed all nutrient requirements for goats with the exception of Cu (NRC, 1981) (Table 1). Cu was added as $CuSO_4 \cdot 5H_2O$ to the premix using fine maize flour as a carrier and mixed with concentrate. To ensure full consumption, animals were fed restrictedly with 0.75 kg feed (DM) at 06:00 and 18:00 in two equal allotments per day, but were allowed to drink water ad libitum (contained less than 0.01 mg Cu /kg). The experiment lasted for 60 days.

Table 1 Ingredients and chemical composition of basal diet[1] (% as-fed basis)

Ingredient	
Hay	70.00
Corn	16.00
Wheat bran	7.20
Soybean meal	5.40
Limestone	0.16
Dicalcium phosphate	0.23
Salt	1.00
Vitamin premix[2]	0.01
Chemical composition	
Metabolizable energy (ME, MJ/kg)	8.40
Crude protein (CP)	9.65
Dry matter (DM)	90.58
Neutral detergent fiber (NDF)	54.19
Acid detergent fiber (ADF)	31.56
Calcium (Ca)	0.47
Phosphorus (P)	0.31
Cu mg/kg DM[2]	7.46

[1] Basal diet contained 7.46 mg Cu/kg DM.

[2] Contained per kilogram of premix: 54,000,000 IU of vitamin A, 10,800,000 IU of vitamin D, and 18,000 IU of vitamin E.

2.3 Sample collection

On d 20 of the experiment, four goats from each treatment with similar feed intakes were used to collect ruminal fluid using a stomach tube, 2 h after feeding. Approximately 80 ml of ruminal contents was sampled and transferred to a prewarmed (approximately 39℃) insulated container, before pH was measured at the laboratory. The ruminal contents were then strained through four layers of gauze prior to acidification of 10 ml of ruminal fluid with

1 ml of a 25% (wt/vol) metaphosphoric acid solution. Samples were stored at −20℃ to allow determination of volatile fatty acids (VFA). On d 35, all goats were allocated to metabolism crates to study the effects of dietary Cu on apparent nutrient digestibility and apparent Cu absorption and retention. After a five-day acclimation period total feces and urine were collected for five days for each wether. Feed intakes were recorded daily. Fecal and urinary samples were collected daily (approximately 10% of the daily output), then added sulphuric acid to prevent nitrogen loss and were immediately labeled and frozen at −20℃ pending analysis.

At the beginning of the study a 10 cm^2 patch of white fibers, located over the right scapular, was dyed black. On day 60 fibers were removed using a conventional hair clipper (Shahjalal et al., 1992).

2.4 Analytical procedures

Ruminal fluid VFA concentrations were determined by GLC (Varian Instruments Model 3800, Wolnut Greek, CA) using a Nikol fused-silica column (15 m, 0.53 mm i.d., and 0.50 um film thickness; Supelco, Bellefonte, PA). The oven temperature program began with an initial temperature of 80℃; followed by an increase of 20℃/min to 140℃, which was held for 2 min. Temperature was then increased to 175℃, where it was held for 1 min to flush the column. Fecal samples were later thawed at room temperature and dried at 60℃ for 48 h in a forced-air drying oven. Urine samples were thawed at room temperature. Fecal and urinary samples were mixed thoroughly for each animal. Feeds and the dried fecal samples were then ground to pass a 1 mm screen. The dry matter (DM) and nitrogen (N) of feeds and fecal samples were determined according to AOAC (1990) and neutral detergent fiber (NDF) and acid detergent fiber (ADF) by the method of Van Soest et al. (1991). Cu concentrations of the feed, feces and cashmere fiber were analyzed by atomic absorption spectrophotometry (Model 5 100, HGA-600 Graphite Furnace; Perkin-Elmer, USA). Approximately 0.5 g of sample was weighed and dry-ashed for 12 h at 550℃. The dry-ashed sample was then dissolved in 0.6 mol/L hydrochloric acid and brought to 50 ml in a volumetric flask with deionized water. Urine samples were diluted with deionized water until within the detectable range of the assay. The diluted mixture was vortexed vigorously and then analyzed. Cashmere fibre samples were washed by soaking overnight in a detergent solution, rinsed thoroughly in deionized water and then dried at 80℃. Length of cashmere was estimated using a scaled ruler. Diameter of cashmere was measured on a random sample of 100 fibers as described by Shahjalal et al. (1992).

2.5 Statistical analysis

Data were analyzed using the GLM procedure of SAS (1988). Duncan's multiple range tests were used to detect the statistical significance between different treatments. The nature of response to incremental additions of Cu was analyzed by polynomial contrasts. The model included linear, quadratic and cubic contrasts for effects of supplemental Cu.

3 Results and Discussion

3.1 Effects of dietary Cu on ruminal fermentation

Table 2 Effects of dietary copper level on ruminal fermentation of cashmere goats

Parameter	Cu supplemental levels (mg Cu/kg DM)				SEM	p-value		
	0	10	20	30		Linear	Quadratic	Cubic
Ruminal pH	6.13a	5.95b	6.08a	6.07a	0.032	0.493	0.039	0.248
Volatile fatty acid concentration (mmol/L)								
Acetate	28.48b	34.75a	35.80a	32.06ab	1.039	0.213	0.015	0.043
Propionate	9.73	10.99	11.54	10.59	0.314	0.276	0.111	0.226
Butyrate	5.71	6.79	6.00	6.95	0.203	0.105	0.276	0.069
Total	43.92b	52.53a	53.34a	49.61a	1.348	0.142	0.015	0.040

Means in the same row with different superscripts differ significantly ($P<0.05$).

SEM=Standard error of the mean.

The results indicated supplementation of the basal diet with 10 mg Cu/kg DM significantly ($P<0.05$) decreased rumen fluid pH when compared with other treatment groups. However, total VFA concentrations were significantly ($P<0.05$) increased on all Cu supplemented treatments. The molar concentrations of acetate was significantly ($P<0.05$) higher in groups supplemented with 10 and 20 mg Cu/kg DM compared with the control, but were not different from those in the treatment group supplemented with 30 mg Cu/kg DM ($P>0.05$). The molar concentration of propionate and butyrate were not significantly affected by the supplements ($P>0.05$). These results suggest that 10 and 20 mg Cu/kg DM treatments had a positive influence on rumen fermentation. These findings were consistent with those of Saxena and Ranjhan (1980) who reported that rumen pH was significantly depressed, but that total VFA concentrations were significantly increased by supplementation of 6 mg Cu/kg DM in a basal diet (containing 6 mg Cu/kg DM) fed to Hariana calves. In addition, Saxena et al. (1980) also indicated that acetic acid concentration was significantly greater in Hariana calves fed the supplemented diet than in control animals, but propionic acid and butyric acid concentrations were not significantly affected by the supplements. By contrast, Angus steers (Essig et al., 1972) fed a high concentrate diet with much higher concentrations of Cu (4.4 g of $CuSO_4 \cdot 5H_2O$ per 100 kg BW) via a bolus had decreased acetic, propionic, butyric and total VFA concentrations ($P<0.05$). Engle and Spears (2000b) also reported that ruminal fluid pH, acetic, propionic, butyric and total VFA concentrations in Angus steers were not affected by supplementation of 10 or 20 mg Cu/kg DM in the basal diet (containing 4.9 mg Cu/kg DM). These experiments in cattle indicated that high levels of Cu may be detrimental to rumen fermentation (Essig et al., 1972), but at lower levels may be beneficial (Saxena and Ranjhan 1980; Saxena et al., 1980). Based on the present study in cashmere goats it is suggested that addition of 10 or 20 mg Cu/kg DM to the basal diet resulted in some change in rumen fermentation.

3.2 Effect of dietary Cu on DMI and nutrient digestibility

Cu supplementation had no influence on DMI and digestibility of DM, CP and ADF ($P>0.05$) (Table 3), but NDF digestibility in groups supplemented with 10 and 20 mg Cu/kg DM was significantly higher than that of the control group ($P<0.05$).

Table 3 Effects of dietary copper level on DMI and nutrient digestibility of cashmere goats

Items	Cu supplemental levels (mg Cu/kg DM)				SEM	p-value		
	0	10	20	30		Linear	Quadratic	Cubic
DM intake (DMI, g/d)	736.88	745.42	750.00	736.88	3.704	0.898	0.374	0.569
DM digestibility (%)	57.41	61.80	61.14	59.79	0.841	0.415	0.163	0.284
CP digestibility (%)	62.21	65.95	63.98	65.01	0.739	0.355	0.453	0.354
NDF digestibility (%)	50.34[b]	56.72[a]	57.16[a]	54.11[ab]	1.159	0.277	0.041	0.121
ADF digestibility (%)	48.37	53.28	53.16	50.09	0.991	0.594	0.102	0.226

Means in the same row with different superscripts differ significantly ($P<0.05$).

SEM=Standard error of the mean.

A number of experiments have indicted that low levels of dietary Cu do not change DMI, but much higher levels may depress intake (Zervas et al., 1990; Luginbuhl et al., 2000; Solaiman et al., 2006). An unchanged DMI in the current study showed that the supplemental level of Cu did not depress the feed intake. Furthermore, it was reported that supplementing 20 or 30 mg Cu/kg DM in the basal diet would cause Cu toxicity in sheep, manifested by excess salivation, mild anemia and slight growth depression (Zervas et al., 1990; Luginbuhl et al., 2000; Solaiman et al., 2001). None of these signs occurred in goats in the present experiment suggesting that cashmere goats are more resistant to Cu toxicity than sheep.

Limited research has been done on the effects of dietary Cu on nutrient digestibility in sheep and goats, but some information is available for cattle in which high levels of dietary Cu may reduce digestibility. For example, Reddy and Mahadevan (1976) reported that Cu supplementation (daily intake of 43 to 62 mg) significantly reduced digestibility of CP in lactating cows. However, Saxena and Ranjhan (1978) indicated that digestibility of DM and CP was not affected by dietary Cu in Hariana calves fed a basal diet (6.0 mg Cu/kg DM) supplemented with 6 mg Cu/kg DM, although the digestibility of crude fiber was increased. Also, more recently Engle and Spears (2000b) found that *in vitro* DM digestibility was not affected by dietary Cu in Angus steers on a basal diet (4.9 mg Cu/kg DM) supplemented with 10 or 20 mg Cu/kg DM. The present study with goats suggested that the digestibility of DM, CP and ADF was not affected by Cu supplementation, whereas NDF digestibility was improved by supplemental 10 and 20 mg Cu/kg DM. The improved NDF digestibility might be due to Cu-enhanced ruminal fermentation (Engle and Spears, 2000a). Differences observed between these studies for nutrient digestibility might be caused by environmental, genetic and dietary factors including Cu concentration in the basal diet and level and duration of Cu supplementation (Engle and Spears, 2001). Interactions of Cu with other elements such as Mo, S and Zn may also be implicated (Suttle, 1991; Yadav et al., 2004).

3.3 Effects of dietary Cu on Cu apparent absorption and retention

Apparent absorption and retention are general indicators of the amount of a specific nutrient absorbed from the gastrointestinal tract and retained in the animal's body, respectively (Vierboom et al., 2003). Fecal Cu increased with increasing Cu intake with the highest concentration found in the 30 mg Cu/kg DM supplementation group (Table 4). However, there was no difference in the concentration of Cu excreted in the urine between all treatment groups ($P>0.05$). Cu retention was improved by Cu supplementation ($P<0.05$), but did not differ between supplemented groups ($P>0.05$). This result concurs with the suggestion that the major route of excretion for Cu is via the feces, with smaller amounts being lost via the urine (Chopra and Harjit, 1989; Vierboom et al., 2003). Fecal Cu excretion is the major mode by which animals fed high dietary Cu sustain normal Cu metabolism without incurring Cu toxicity (Underwood and Suttle, 1999).

Table 4 Effects of dietary copper level on copper apparent absorption and retention of cashmere goats

Items	Cu supplemental levels (mg Cu/kg DM)				SEM	P-value		
	0	10	20	30		Linear	Quadratic	Cubic
Cu intake (mg/d)	5.48^d	13.06^c	20.60^b	27.98^a	2.530	0.000	0.000	0.000
Fecal Cu (mg/d)	4.81^d	11.61^c	19.40^b	26.70^a	2.481	0.000	0.000	0.000
Urinary Cu (mg/d)	0.12	0.06	0.09	0.10	0.013	0.844	0.532	0.624
Cu retention (mg/d)	0.55^b	1.39^a	1.11^a	1.18^a	0.099	0.059	0.008	0.024
Cu apparent absorption rate (%)	12.18^a	11.09^a	5.83^b	4.59^b	1.149	0.001	0.006	0.011
Cu apparent retention rate (%)	10.07^a	10.61^a	5.40^b	4.24^b	1.024	0.005	0.021	0.023

Means in the same row with different superscripts differ significantly ($P<0.05$).

SEM=Standard error of the mean.

3.4 Effect of dietary Cu on growth and cashmere performance

Table 5 Effects of dietary copper level on growth and fiber characteristics of cashmere goats

Items	Cu supplemental levels (mg Cu/kg DM)				SEM	p-value		
	0	10	20	30		Linear	Quadratic	Cubic
Initial weight (kg)	28.27	28.68	27.45	28.17	0.38	0.676	0.906	0.678
Final weight (kg)	30.02	30.57	30.00	29.77	0.34	0.688	0.807	0.689
ADG (g/d)	29.17^b	31.39^b	42.50^a	26.67^b	1.95	0.847	0.048	0.944
Cashmere length (cm)	2.33^b	2.38^b	2.60^a	2.37^b	0.035	0.290	0.041	0.000
Cashmere growth rate (mm/d)	0.39^b	0.40^b	0.44^a	0.40^b	0.006	0.299	0.035	0.000
Cashmere diameter (μm)	14.28	15.34	15.92	14.33	0.316	0.810	0.099	0.185
Cashmere copper (mg/kg)	8.88	8.34	8.70	9.18	0.274	0.631	0.615	0.800

Means in the same row with different superscripts differ significantly ($P<0.05$).

SEM=Standard error of the mean.

There was no difference in final weight between all groups ($P>0.05$), but the ADG was highest in animals supplied with 20 mg Cu/kg DM ($P<0.05$). The present results indicated that length and growth rate of the cashmere fiber was significantly higher in the 20 mg Cu/kg DM treated group compared with other treatment groups ($P<0.05$). There were no differences in fiber diameter and cashmere Cu concentration between treatments ($P>0.05$). No other studies, as far as we are aware, have examined the effects of dietary Cu on cashmere performance. Based on the present results, Cu supplementation at the level of 20 mg/kg DM (a total dietary level of 27.46 mg Cu/kg DM) seemed to be beneficial for cashmere growth.

4 Conclusion

Findings from this study revealed that IMWG fed the basal diet, containing 7.46 Cu mg/kg DM, showed impaired rumen fermentation, lower nutrient digestibility and slower cashmere growth rate compared with Cu supplemented wethers. Supplementation with 10 to 20 mg Cu/kg DM enhanced rumen fermentation and improved nutrient digestibility whereas supplementation with 20 mg Cu increased cashmere growth. It was concluded that the optimal supplemental Cu level for IMWG during the cashmere growing period was 20 mg/kg DM (a total dietary Cu level of 27.46 mg/kg DM).

References

[1] AOAC. 1990. Official methods of analysis. 15th Ed. Association of official analytical chemists. Washington, DC.

[2] Bai, J. Y., Q. Zhang, J. Q. Li, Er-Ji Dao and X. P. Jia. 2006. Estimates of genetic parameters and genetic trends for production traits of Inner Mongolian White Cashmere Goat. Asian-Aust. J. Anim. Sci. 19:13-18.

[3] Chopra, R. C. and Harjit Kaur. 1989. Iron and copper requirements of cross-bred calves. Ind. J. Anim. Nutr. 6:325-328.

[4] Dorton, K. L., T. E. Engle and R. M. Enns. 2006. Effects of trace mineral supplementation and source, 30 days post-weaning and 28 days post receiving, on performance and health of feeder cattle. Asian-Aust. J. Anim. Sci. 19:1450-1454.

[5] Engle, T. E. and J. W. Spears. 2000a. Effects of dietary copper concentration and source on performance and copper status of growing and finishing steers. J. Anim. Sci. 78:2446-2451.

[6] Engle, T. E. and J. W. Spears. 2000b. Dietary copper effects on lipid metabolism, performance, and ruminal fermentation in finishing steers. J. Anim. Sci. 78:2452-2458.

[7] Engle, T. E. and J. W. Spears. 2001. Performance, carcass characteristics, and lipid metabolism in growing and finishing Simmental steers fed varying concentrations of copper. J. Anim. Sci. 79: 2920-2925.

[8] Engle, T. E., J. W. Spears, L. Xi and F. W. Edens. 2000. Dietary copper effects on lipid metabolism and circulating catecholamine concentrations in finishing steers. J. Anim. Sci. 78:2737-2744.

[9] Essig, H. W., J. D. Davis and L. J. Smithson. 1972. Copper sulfate in steer rations. J. Anim. Sci. 35:436-439.

[10] Khan, Z. I., A. Hussain, M. Ashraf, M. Y. Ashraf, L. R. McDowell and B. Huchzermeyer. 2007. Copper nutrition of goats grazing native and improved pasture with the seasonal variation in a semiarid region of Pakistan. Small Rumin. Res. 67:138-148.

[11] Luginbuhl, J. M., M. H. Poore, J. W. Spears and T. T. Brown. 2000. Effect of dietary copper level on performance and copper status of growing meat goats. Sheep Goat Res. J. 16:65-71.

[12] Mondal, M. K. and P. Biswas. 2007. Different sources and levels of copper supplementation on performance and nutrient utilization of Castrated Black Bengal (*Capra hircus*) kids diet. Asian-Aust. J. Anim. Sci. 20:1067-1075.

[13] Mullis, L. A., J. W. Spears and R. L. McCraw. 2003. Estimated copper requirements of Angus and Simmental heifers. J. Anim. Sci. 81:865-873.

[14] NRC. 1975. Nutrient Requirements of Sheep. National Academy Press, Washington, DC.

[15] NRC. 1981. Nutrient Requirements of Goats. National Academy Press, Washington, DC.

[16] NRC. 1996. Nutrient Requirements of Beef Cattle. National Academy Press, Washington, DC.

[17] Ramirez, R. G., G. F. W. Haenlein, C. G. Garcia-Castillo and M. A. Nunez-Gonzalez. 2004. Protein, lignin and mineral contents and *in situ* dry matter digestibility of native Mexican grasses consumed by range goats. Small Rumin. Res. 52:261-269.

[18] Reddy, B. S. and V. Mahadevan. 1976. Effect of copper supplementation on the digestibility of nutrients and their retention in lactating cows. Ind. Vet. J. 56:451-455.

[19] SAS. 1988. Statistical analysis system. SAS user's guide: Statistics, SAS Inst. Inc., Cary, NC.

[20] Saxena, K. K. and S. K. Ranjhan. 1978. Effect of cobalt and copper supplementation, separately and in combination, on the digestibility of organic nutrients and mineral balances in Hariana calves. Ind. J. Anim. Sci. 48:566-571.

[21] Saxena, K. K. and S. K. Ranjhan. 1980. Effect of cobalt and copper supplementation on the ruminal pH, total nitrogen, ammonia and TVFA concentration in Hariana calves. Ind. J. Anim. Sci. 50:21-25.

[22] Saxena, K. K., R. V. N. Srivastava, S. K. Srivastava and S. K. Ranjhan. 1980. Effect of cobalt and copper supplementation on the ruminal volatile fatty acids concentration and microbial population in Hariana calves. Ind. J. Anim. Sci. 50:471-475.

[23] Shahjalal, M., H. Galbraith and J. H. Topps. 1992. The effect of changes in dietary protein and energy on growth, body composition and mohair fiber characteristics of British Angora goats. Anim. Prod. 54:405-412.

[24] Solaiman, S. G., M. A. Maloney, M. A. Qureshi, G. Davis and G. Dandrea. 2001. Effects of high copper supplements on performance, health, plasma copper and enzymes in goats. Small Rumin. Res. 41:127-139.

[25] Solaiman, S. G., C. E. Shoemaker, W. R. Jones and C. R. Kerth. 2006. The effects of high levels of supplemental copper on the serum lipid profile, carcass traits, and carcass composition of goat kids. J. Anim. Sci. 84:171-177.

[26] Suttle, N. F. 1991. The interactions between copper, molybdenum and sulphur in ruminant nutrition. Annu. Rev. Nutr. 11:121-140.

[27] Underwood, E. J. and N. F. Suttle. 1999. The Mineral Nutrition of Livestock. 3rd ed. Wallingford: CAB International.

[28] Van Soest, P. J., J. B. Robertson and B. A. Lewis. 1991. Methods of dietary fiber, neutral detergent fiber and non-starch polysaccharides in relation to animal nutrition. J. Dairy Sci. 74:3583-3597.

[29] Vierboom, M. M., T. E. Engle and C. V. Kimberling. 2003. Effects of gestational status on apparent

absorption and retention of copper and zinc in mature Angus cow and Suffolk ewes. Asian-Aust. J. Anim. Sci. 16:515-518.

[30] Ward, J. D. and J. W. Spears. 1997. Long-term effects of consumption of low-copper diets with or without supplemental molybdenum on copper status, performance, and carcass characteristics of cattle. J. Anim. Sci. 75:3057-3065.

[31] Yadav, P. S., L. C. Sharma, A. B. Mandal and K. R. Sunaria. 2004. Effect of varying levels of dietary minerals on growth and nutrient utilization in lambs. Asian-Aust. J. Anim. Sci. 17:46-52.

[32] Zervas, G., E. Nikolaou and A. Mantzios. 1990. Comparative study of chronic copper poisoning in lambs and young goats. Anim. Prod. 50:497-506.

Effect of Different Levels of Copper and Molybdenum Supplement on Performance, Nutrient Digestibility and Follicle Characteristics in Cashmere Goats

Wei Zhang[a], Yong S. Zhang[a], Xiao P. Zhu[a], Run L. Wang[b], Zhi H. Jia[a]

([a] State Key Laboratory for Animal Nutrition, College of Animal Science and Technology, China Agricultural University, Beijing 100094, PR China; [b] Department of Animal Science, Guangdong Ocean University, Zhanjiang 524088, PR China)

该文已被《Biological Trace Element Research》接收

Abstract A 2×3 factorial arrangements of treatments were used to investigate the effects of different levels of copper (Cu: 0, 19 and 38 mg/kg, DM) and molybdenum (Mo: 0 and 5 mg/kg, DM) supplement and an interaction of these two factors on growth performance, nutrient digestibility, and cashmere and follicle characteristics in cashmere goats. Thirty-six Liaoning cashmere goats (approximately 1.5 year of age; 27.53±1.38 of body weight) were assigned randomly to one of six treatments and fed the Chinese wildrye and alfalfa hay based treatment diets (the basal diet contained 4.72 mg Cu/kg, 1.65 mg Mo/kg, 0.21% S.). Body weight was measured on two consecutive days at the start and the end of the 70-day experimental period. On d 30 the metabolism trial was conducted to study the effects of dietary Cu and Mo on nutrient digestibility. The cashmere and skin samples were collected on d 70. Copper supplementation increased ($P<0.05$) growth performance and fiber digestion, but there were no differences ($P>0.05$) between Cu supplemented groups. Addition of 19 mg Cu/kg DM increased ($P<0.05$) cashmere growth length or growth rate by increasing activity secondary follicle number. Molybdenum supplementation decreased ($P<0.05$) growth, but did not affect ($P>0.05$) nutrient digestion, cashmere and follicle characteristics. There is a tendency or significant interaction effect of Cu and Mo on growth performance ($P=0.057$), cashmere growth ($P=0.076$) or diameter ($P<0.05$) which might be accomplished by changing number of secondary follicle and active secondary follicle, and secondary to primary follicle ratio. In conclusion, the optimal supplemental Cu level for Liaoning cashmere goats fed the basal diet was 19 mg/kg DM (the total dietary Cu level of 23.72 mg/kg DM), while 38 mg Cu/kg DM supplementation were found to be needed when 5 mg Mo/kg was added in the basal diet during the cashmere growing period.

Key words Copper, Molybdenum, Growth performance, Follicle, Cashmere, Goats

1 Introduction

Copper (Cu) is an essential trace mineral which plays an important part in hair growth of the animal [1]. Sheep or goats suffering from Cu deficiency produce "steely" or "stringy" wool which lacks in crimp, tensile strength, affinity for dyes, and elasticity. Wool depigmentation has been noted as a sign of severe deficiency. In contrast, Cu toxicity in sheep may develop through the consumption of feeds with high Cu contents [2]. Selection of the appropriate amount of Cu in the feed was critical for optimal growth performance, nutrient utilization and best fibre characteristics of cashmere goats, both during the cashmere growing and no-growing periods [3, 4, 5].

It has been reported that the development of Cu deficiency or toxicity depends on both the dietary Cu concentrations and the concentrations of antagonists which interfere with its absorption from the gut and subsequent utilization for metabolic processes [2]. Molybdenum (Mo) and sulphur (S) have been identified as the most important antagonists of Cu. Research has demonstrated that Cu toxicity could be reduced by the use of Mo and S supplements, and that low levels of Mo in the feed enhance the deposition of Cu in the liver, leading to Cu excess [6, 7]. Despite numerous studies on the separate and combined effects of Cu, Mo and S on growth performance, minerals stores and fiber characteristics in lambs [8, 9, 10, 11], in goats [12] or in cattle [13, 14, 15], there is no consistent conclusion yet. The information on the effects of Cu and Mo supplement or their interactions on cashmere measurements in cashmere goats appears to be limited.

Cashmere, a down fine fiber mostly grown in goats, is produced by secondary fiber follicles, and has a valuable commercial usage due to used exclusively in luxurious textile products. Increases in secondary fiber production have been managed in cashmere goats through genetic selection, nutritional manipulations and other environmental measurements [16]. A number of studies on supplementary feeding of energy, protein, sulfur amino acids or other trace nutrients for cashmere goats have been conducted [17, 18, 19, 20, 3, 4, 5]. However, there is little information available on the impact of Cu and Mo supplement or an interaction of Cu and Mo on cashmere growth and follicles characteristics in cashmere goats. The present study was thus to investigate the effects of different level of Cu and Mo supplements and interactions of these two factors on growth performance, nutrient digestion, and cashmere and follicle characteristics during cashmere growing period in Liaoning cashmere goats which are major cashmere goat breeds in China and have a high rate of fiber production.

2 Materials and Methods

2.1 Experimental Design and Treatments

A completely randomized design involving a 2×3 factorial arrangement of treatments was used in this study. Two Mo levels were 0 or 5 mg/kg DM, and the supplemental Cu was added to the basal diet at 0, 19 or 38 mg/kg DM respectively. The experiment lasted for 70 days. On d 30 the metabolism trial was conducted to study the effects of dietary Cu and Mo on nutrient digestibility. The cashmere and skin samples were collected for evaluation of cashmere and follicle characteristics on d 70.

2.2 Animals, Diets and Feeding

Thirty-six Liaoning cashmere goats (approximately 1.5 year of age; 27.53±1.38 of body weight) were used in the 70-d experiment. Care, handling, and sampling of the animals were approved by the China Agricultural University Animal Care and Use Committee. Animals were housed individually in 1.5 × 2 m steel pens with slotted plastic floors in an open-sided barn and fed the basal diet (Table 1, basal diet contained 4.72 mg Cu/kg, 1.65 mg Mo/kg, and 0.21% S).

The basal diet was formulated to meet or exceed all nutrient requirements for goats with the exception of Cu[21]. And it was composed of Chinese wildrye hay (Aneurolepidium Chinese) and alfalfa hay chopped as 4 cm long pieces and the powdery concentrate mixture including corn, wheat bran and soybean meal as energy and protein sources.

Table 1 Composition of the Basal Diet for Goats (as-fed basis)

Ingredient	Composition (%)	Composition (%)[c]	Amount
Chinese wildrye hay[a]	50.0	ME (MJ/kg)[d]	8.98
Alfalfa hay	20.0	Crude protein	11.6
Corn	17.6	Calcium	0.43
Wheat bran	5.00	Total phosphorus	0.21
Soybean meal	6.00	Neutral detergent fiber	49.8
Dicalcium phosphate	0.10	Acid detergent fiber	33.3
Salt	1.00	Copper (mg/kg)	4.72
Premix[b]	0.30	Molybdenum (mg/kg)	0.16
Total	100	Sulfur	0.21

[a] Chopped as 3－5 cm. Contained: DM, 91.6%; ME, 7.41 MJ/kg; CP, 8.35%; Ca, 0.43%; P, 0.17%; S, 0.15%; Mo, 1.48 mg/kg DM; Fe, 167 mg/kg DM; Zn, 31 mg/kg DM; Cu, 6.88 mg/kg DM.

[b] Contained per kilogram of premix: vitamin A (as all-trans retinol acetate), 30,500,000 IU; vitamin D, 61, 00,000 IU; vitamin E (as all-rac-α-tocopherol acetate), 50,000 mg; vitamin K (as menadione sodium bisulfate), 2,000 mg; Fe ($FeSO_4 \cdot 7H_2O$), 170 g; Mn ($MnSO_4 \cdot 5H_2O$), 290 g; Zn ($ZnSO_4 \cdot 7H_2O$), 240 g; I (KI), 220 mg; Co($CoCl_3 \cdot 6H_2O$), 510 mg; Se (Na_2SeO_3), 130 mg.

[c] Analyzed values except metabolizable energy.

[d] Value was estimated using data from NRC (1981).

Feeds were offered daily at 07:00 and 17:00 h in two equal portions. To avoid wasting feed due to selection by the goats, animals were fed restrictedly with 1.00 kg (DM) of feed. The forage and concentrate were freshly prepared, respectively, for each lamb before the morning meal. Chinese wildrye hay and alfalfa hay were fed first, and the concentrate was fed 30 min later. All animals had free access to water containing undetectable concentrations of Cu or Mo (analyzed less than 0.01 mg/kg). After 3 weeks adjustment to the experimental feeding system, goats were weighted for two consecutive days, stratified by body weight and assigned randomly to one of six experimental treatments. Copper or Mo was added as $CuCl_2$ or Na_2MoO_3 (analytical purity, Beijing chemical reagents Co.) to the premix using finely maize flour as a carrier and mixed with concentrate. The experimental diets were fed for 70 d.

2.3 Sample Collections and Preparations

Initial body weight (BW) of the goats was obtained prior to the treatments and the final BW was determined at the end of the experiment. The average daily gain (ADG) was calculated. On d 30 of the experiment, five goats from each treatment with similar feed intakes were allocated to individual metabolism crate to study the effects of dietary Cu and Mo on apparent nutrient digestibility. The digestibility trial lasted for 10 days with 5 day adaptation period and subsequent 5 day collection period during which daily feed intake and output of feces were collected and recorded. Feces from each goat was collected using a total collection method in plastic bags, then weighed, sub-sampled with addition of sulphuric acid to prevent nitrogen loss. Animal feeds and feces was dried to a constant weight at 65℃, then ground to pass a 1 mm screen and preserved for further analyses.

In addition, a 10 cm^2 patch of white fibres, located over the right scapular, was dyed black at the start of the study. On day 70, the dyed fibres were removed using a conventional hair clipper for determination of fibre characteristics [22].

At the end of the study, about 1 cm^2 skin patches were excised from the left mid-side of the goats, and fixed in phosphate-buffered formalin (10%). Fixed samples were then processed overnight through graded concentrations of ethanol in an automatic tissue processor, embedded in paraffin polymer wax blocks and sectioned at 7 μm. Section ribbons were floated in a water bath at 38—40℃ and captured on glass slides that were coated with an albumin solution and stained by the Sacpic method [23] to determine the follicle characteristics.

2.4 Sample Analysis

The Cu, Mo concentrations of the feeds and water were analyzed via atomic absorption spectrophotometry (Model 5 100, HGA-600 Graphite Furnace; Perkin-Elmer, USA). Approximately 0.5 g of feed samples were weighed and dry-ashed for 12 h at 550℃. The dry-ashed samples were then dissolved in 0.6 mol/L hydrochloric acid and brought to 50 mL volumetric flasks with deionized water. The dilution mixture was vortexed vigorously and then analyzed. Validations of the Cu and Mo analyses were conducted using Cu and Mo standard reserving solutions (National Institute of Standards and Technology, Beijing, China) as a standard reference. The 0.6 mol/L hydrochloric acid (guaranteed reagent, Beijing chemical reagents Co.) was used to dilute the standard reserving solutions as the working solutions before analysis. Sulfur concentration in feed was measured by X-ray fluorescence spectrometry (Philips PW104 automatic sequential wavelength dispersive spectrometer). Feed and fecal samples were analyzed for dry matter (DM), crude protein (CP) and organic matter (OM) according to AOAC[24]; Neutral detergent fiber (NDF) and acid detergent fiber (ADF) by Van Soest et al[25].

The length of cashmere fiber was estimated using a scaled ruler [4], and the diameter of cashmere fiber was measured on a random sample of 100 fibers as described by Shahjalal et al [22].

Histological assessment was carried out using a microscope. Nine 1 cm^2 fields were examined in each of four slides representing an individual biopsy for determining primary follicle number, secondary follicle number, active secondary follicle number, primary to secondary follicle ratio (S/P) and follicle activity. Primary follicles were calculated directly. Secondary ones were classified as active and non-active and their respective percentages in total follicle population were calculated. Active follicles were characterized by the presence of a distinct bright red-stained inner root sheath and an enlarged bulb with a growing fiber. Non-active follicles were in the absence of the above features and have a quiescent hair germ or a fiber with a brush end. The activity of secondary follicles was expressed as percentage and S/P was estimated from the total count of nine fields. Totally, 10—15 trio follicle groups were counted on serial sections from the level of the sebaceous gland down to the papilla bulb.

2.4 Statistical Analysis

Data were analyzed by least squares analysis of variance using the General Linear Models (GLM) procedure of SAS [26]. The model included the main effect of supplemental Cu and Mo level, and their interaction. Duncan's multiple range tests were used to detect statistical significance between treatment groups. In all cases, $P<0.05$ was considered to be statistically significant.

3 Results

3.1 Growth Performance

Final BW was not affected ($P>0.05$) by added Cu level, Mo level or an interaction between the two factors (Table 2). However, ADG was significantly affected ($P<0.05$) by added Cu level or added Mo level individually but not by their interaction ($P>0.05$). Goats fed 19, 38 mg/kg Cu had a higher ($P<0.05$) ADG than control animals with no differences between Cu supplemented goats ($P>0.05$). By contrast, goats fed 5 mg/kg Mo had a lower ($P<0.05$) ADG than control animals. Simultaneously, the tendency ($P=0.057$) in effects of an interaction of Cu and Mo on animal growth were observed, and goats fed 38 mg/kg Cu tended to increase ADG than goats fed 19 mg/kg Cu when 5 mg/kg Mo was supplied in diets.

Table 2 Effects of Different Levels of Copper and Molybdenum Supplement on Growth and Cashmere Fiber Characteristics of Cashmere Goats (n=6)

Added Mo level (mg/kg)	Added Cu level (mg/kg)	Initial BW (kg)	Final BW (kg)	ADG (g)	Growth length (cm)	Growth rate (mm/d)	Cashmere diameter (μm)
Mo 0	Cu 0	27.8	31.6	55.4	3.99	0.57	17.3^{B}
	Cu 19	28.9	33.3	62.5	4.77	0.66	17.3^{B}
	Cu 38	27.5	31.7	61.1	3.60	0.51	15.0^{A}
Mo 5	Cu 0	28.8	31.3	35.4	3.86	0.55	16.2^{AB}
	Cu 19	25.7	29.5	53.7	4.17	0.59	16.8^{AB}

续表 2

Added Mo level (mg/kg)	Added Cu level (mg/kg)	Initial BW (kg)	Final BW (kg)	ADG (g)	Growth length (cm)	Growth rate (mm/d)	Cashmere diameter (μm)
	Cu 38	26.6	30.7	59.1	4.22	0.60	16.2^{AB}
Effect of Cu	Cu 0	28.3	31.4	43.4^{A}	3.93^{A}	0.56^{A}	16.7
	Cu 19	27.3	31.4	58.1^{B}	4.47^{B}	0.63^{B}	17.0
	Cu 38	27.0	31.2	60.1^{B}	3.91^{A}	0.55^{A}	15.6
Effect of Mo	Mo 0	28.0	32.2	59.7^{B}	4.13	0.59	16.5
	Mo 5	27.0	30.5	49.4^{A}	4.08	0.58	16.4
Pooled SE		0.970	0.967	1.46	0.10	0.01	0.26
P-value							
	Cu	0.862	0.996	0.001	0.047	0.047	0.000
	Mo	0.608	0.381	0.002	0.908	0.908	0.995
	Cu×Mo	0.690	0.754	0.057	0.076	0.076	0.001

A, B Means with different superscripts within a column differ ($P<0.05$)

3.2 Cashmere Fiber Characteristics

As shown in Table 2, added Cu levels affected ($P<0.05$) growth length or growth rate. Goats fed 19 mg/kg Cu had a higher ($P<0.05$) growth length or growth rate than control animals and goats fed 38 mg/kg Cu with no differences ($P>0.05$) between the later two treatments. Added Mo levels had no influence ($P>0.05$) on growth length or growth rate. In addition, an interaction of Cu and Mo tended to affect ($P=0.076$) the growth length or growth rate. Goats fed diets supplemented with 19 mg/kg Cu tended to increase the growth length or growth rate than goats fed diets supplemented with 38 mg/kg Cu when Mo was not supplied in the basal diet, whereas no differences ($P>0.05$) were found in these values between these two groups when Mo was supplied in the diets. Of all treatments, goats fed 19 mg/kg Cu without Mo supplement showed the highest growth length or growth rate, followed by goats fed 38 mg/kg Cu with Mo supplement. There were interaction effects ($P<0.05$) of Cu and Mo on cashmere diameter. Goats fed diets supplemented with 38 mg/kg Cu had a lower ($P<0.05$) cashmere diameter than control animals and goats fed diets supplemented with 19 mg/kg Cu when Mo was not supplied in the basal diet, whereas no differences ($P>0.05$) were found in cashmere diameter between Mo supplemented groups.

3.3 DM intake and Nutrient Digestibility

Supplementation of Cu, Mo or their interaction had no influence ($P>0.05$) on DM intake (DMI) and the digestibility of DM, CP and OM, but addition of Cu, not Mo and interaction of Cu and Mo resulted in the increase of the digestibility of NDF and ADF ($P<0.05$) (Table 3). The digestibility of NDF and ADF of goats fed 19 and 38 mg/kg Cu were higher ($P<0.05$) than those of control animals, and there were no differences ($P>0.05$) in the digestibility of NDF and ADF between Cu supplemented groups.

Table 3　Effects of Different Levels of Copper and Molybdenum Supplement on Nutrient Digestibility of Cashmere Goats (n=6)

Added Mo level (mg/kg)	Added Cu level (mg/kg)	DMI (kg/d)	DM digestibility (%)	CP digestibility (%)	OM digestibility (%)	NDF digestibility (%)	ADF digestibility (%)
Mo 0	Cu 0	0.93	70.8	72.2	73.0	54.5	55.6
	Cu 19	1.03	72.9	75.5	74.8	62.7	57.6
	Cu 38	0.98	71.9	74.6	74.1	59.0	57.3
Mo 5	Cu 0	0.86	65.9	69.3	68.5	46.3	47.6
	Cu 19	0.93	73.3	75.7	75.4	58.6	59.7
	Cu 38	0.97	70.5	70.5	70.9	59.5	59.9
Effect of Cu	Cu 0	0.90	68.4	70.7	70.8	50.4^{A}	51.6^{A}
	Cu 19	0.98	73.1	75.6	75.1	60.7^{B}	58.7^{B}
	Cu 38	0.98	71.2	72.5	72.5	59.3^{B}	58.6^{B}
Effect of Mo	Mo 0	0.98	71.9	74.1	74.0	58.8	56.8
	Mo 5	0.92	69.9	71.8	71.6	54.8	55.7
Pooled SE		0.021	1.08	0.99	0.99	1.27	1.21
P-value							
Cu		0.138	0.225	0.140	0.221	0.007	0.044
Mo		0.091	0.377	0.263	0.239	0.136	0.659
Cu×Mo		0.131	0.605	0.645	0.557	0.408	0.162

^{A,B} Means with different superscripts within a column differ ($P<0.05$)

3.4　Hair Follicle Activity

Table 4　Effects of Different Levels of Copper and Molybdenum Supplement on Hair Follicle Characteristics of Cashmere Goats (6)

Added Mo level (mg/kg)	Added Cu level (mg/kg)	Secondary follicle	Active secondary follicle	Secondary/Primary follicle(%)	Follicle activity (%)
Mo 0	Cu 0	29.3	19.0	9.9	64.7
	Cu 19	31.0	22.0	11.8	71.0
	Cu 38	28.7	15.7	10.2	54.6
Mo 5	Cu 0	28.3	14.3	10.1	50.5
	Cu 19	29.0	18.3	10.2	63.2
	Cu 38	30.0	19.0	10.7	63.3
Effect of Cu	Cu 0	28.8	16.7^{A}	9.98	57.6
	Cu 19	30.0	20.2^{B}	11.0	67.1
	Cu 38	29.3	17.3^{AB}	10.4	59.0
Effect of Mo	Mo 0	29.7	18.9	10.6	63.4
	Mo 5	29.1	17.2	10.3	59.0
Pooled SE		0.30	0.83	0.20	2.41
P-value					
Cu		0.213	0.032	0.155	0.192
Mo		0.297	0.180	0.427	0.298
Cu×Mo		0.054	0.069	0.097	0.117

^{A,B}Means with different superscripts within a column differ ($P<0.05$)

Added Cu level did not affect ($P>0.05$) secondary follicle number, S/P and follicle activity, but affected ($P<0.05$) active secondary follicle number. The active secondary follicle number was higher ($P<0.05$) in goats fed 19 mg/kg Cu than control animals. Added Mo level did not affect ($P>0.05$) follicle measurements. There was a tendency ($P<0.10$) interaction effects of Cu and Mo on secondary follicle number, active secondary follicle number and S/P. Goats fed diets supplemented with 19 mg/kg Cu had a higher ($P<0.05$) secondary follicle number, active secondary follicle number and S/P than goats fed diets supplemented with 38 mg/kg Cu when Mo was not supplied in the basal diet, whereas no differences ($P>0.05$) were found in these values between these two groups when Mo was supplied in the diets. Of all treatments, the highest values were in goats fed 19 mg/kg Cu without Mo supplement, followed by goats fed 38 mg/kg Cu with Mo supplement, and then the other animals.

4　Discussion

4.1　Growth Performance

The present study indicated that supplemental 19 mg Cu/kg in the basal diet (containing 4.72 mg Cu/kg) in the absence of Mo was appropriate for promoting the growth of goats under fiber active period which was similar to the early studies in Inner Mongolian white cashmere goats by Zhang et al.[3, 5], in which they found that supplementation of 20 mg Cu/kg DM in the basal diet (containing 7.46, 5.6 mg Cu/kg DM, respectively) seemed to be the optimal supplemental Cu level for body growth both during the cashmere fast and slow-growing period. However, our results suggested that the supplemental Cu should be increased to the level of 38 mg Cu/kg when 5 mg Mo/kg was supplied in the basal diet (containing 0.16 mg Mo/kg) due to the negative effects of Mo and tendency interaction effects of Cu and Mo on ADG. Multiple studies on the effects of Mo on performance of ruminants have been conducted but the results are still controversial. Galbraith et al.[12] found that supplementation of the control diet (containing 5.5 mg Cu/kg, 0.57 mg Mo/kg and 0.34% S) with increased concentrations of Mo (7.5, 15 mg/d) did not produce effects on growth rate and feed conversion efficiency in Angora goats. Crosby et al[11] also observed the unaffected growth rate by added Mo at the rate of 0, 4 or 8 mg/kg in the basal diet (containing 9.7 mg Cu/kg, 0.92 mg Mo/kg) in finished lambs. However, others observed the depressed growth by Mo supplementation in sheep, beef heifers or beef calves fed diet with low Cu[14, 27, 28, 29]. The conflicting results might be due to the differences of animals, basal diets, Mo supplement level, Cu status or other unknown factors[12, 15].

4.2　Cashmere Fiber Characteristics

As described previously in our laboratory, this study confirmed that Cu supplementation at the level of 19 mg/kg DM without Mo supplement was optimal for cashmere growth during the fast-growing period[3, 5]. The reduced cashmere diameter also suggested that supplement 38 mg/kg Cu was excess of need for goats when Mo was not supplied in the basal diet (containing 0.16 mg Mo/kg), whereas this level of Cu supplement (the total dietary level of 42.72 mg Cu/kg, 5.16 mg Mo/kg and 0.21% S) did not result in significant change in cashmere diameter when 5 mg Mo/kg was supplied. This is possibly due to antagonistic effects of Mo on Cu absorption as observed by early studies [6, 7]. Our data also showed the increased cashmere growth length, growth rate or diameter in Liaoning cashmere goats as compared to Inner Mongolian white cashmere goats, the other major cashmere goat breeds in China [3, 5].

4.3 DMI and Nutrient Digestibility

There are few studies on the effects of an interaction of Cu and Mo on DMI and nutrient digestibility in sheep and goats. Recent works in our laboratory found that Cu supplementation had no influence on animal DMI and the digestibility of DM and CP, but the appropriate Cu supplement at the level of 20 mg Cu/kg DM could enhance fibre digestion [3, 4, 5]. In agreement with previous results, the present study confirmed that Cu supplementation regardless of Mo addition did not affect DMI and the digestibility of DM and CP, but increased the digestibility of NDF and ADF. 19 mg Cu/kg DM appeared to be optimal for fiber digestion. However, Cu supplementation at the level of 38 mg Cu/kg DM did not show the negative influence on NDF digestibility, which was in conflict with the result by Zhang et al. [5], who reported that NDF digestibility was reduced by the treatment supplemented with 30 mg Cu/kg DM during the slow-growing period in Inner Mongolian white cashmere goats. The possible reason for this inconsistency might be due to different species and cashmere growing periods. In the present study, we didn't see any effects of Mo supplementation on DMI and nutrient digestion.

4.4 Hair Follicle Activity

Most goats have an undercoat of fine fiber produced by secondary hair follicles. Cashmere production depends firstly on the number of secondary follicles in the skin, secondly, on the percentage and duration time of active follicles, and finally, on their degree of activity [18]. Our data indicated that supplementation of Cu at the level of 19 mg/kg alone increased the number of active secondary follicles, which might result in increased cashmere growth mentioned above. It was also showed that addition of 19 mg/kg Cu in basal diet containing 4.72 mg/kg Cu was appropriate for cashmere production. In addition, the results showed that Mo level had no influence on the hair follicles characteristics, suggesting that there were no effects of Mo supplementation on cashmere production, in agreement with unchanged cashmere length, length rate or diameter. Similar to results in cashmere characteristics, an interaction of Cu and Mo tended to affect the number of secondary follicles, active secondary follicles and S/P, resulting in the changed cashmere growth or diameter.

5 Conclusion

Overall, the present study in Liaoning white cashmere goats suggested that addition of 19 mg Cu/kg DM alone in the basal diet containing 4.72 mg/kg Cu, 0.16 mg Mo/kg and

0.21% S could enhance growth performance, and improve fiber digestion and cashmere growth. Mo supplementation inhibited growth, but didn't affect nutrient digestion, cashmere and follicle characteristics. There is a tendency or significant interaction effect of Cu and Mo on growth, cashmere and follicle characteristics. The optimal supplemental Cu level should be increased to 38 mg/kg DM with 5 mg Mo/kg supplementation (the total dietary level of 42.72 mg Cu/kg, 5.16 mg Mo/kg and 0.21% S) for cashmere goats during the cashmere growing period.

Acknowledgements

The research was supported by the Key Program of the National Natural Science Foundation of China (project No. 30901032; Beijing, P. R. China), the Research Program of the Key Laboratory of Animal Nutrition (project No. 2004DA125184G0803; Beijing, P. R. China).

References

[1] Underwood E J, Suttle N F (1999) the Mineral Nutrition of Livestock, 3rd ed. Wallingford: CAB International.

[2] Gooneratne S R, Buchley W T, Christensen D A (1989) Review of copper deficiency and metabolism in ruminants. Can. J. Anim. Sci. 69: 819-845.

[3] Zhang W, Wang R L, Zhu X P, Kleemann D O, Yue C W, Jia Z H (2007) Effects of dietary copper on ruminal fermentation, nutrient digestibility and fiber characteristics in cashmere goats. Asian-Aust. J. Anim. Sci. 20:1843-1848.

[4] Zhang W, Wang R L, Kleemann D O, Lu D X, Zhu X P, Zhang C X, Jia Z H (2008) Effects of dietary copper on nutrient digestibility, growth performance and plasma copper status in cashmere goats. Small Rumin Res 74:188-193.

[5] Zhang W, Wang R L, Kleemann D O, Guo M Y, Xu J H, Zhang C X, Jia Z H (2009) Effects of dietary copper on growth performance, nutrient digestibility and fibre characteristics in cashmere goats during the cashmere slow-growing period. Small Rumin Res 85:58-62.

[6] Humphries W R, Phillippo M, Yong B W, Bremner I (1983) The influence of dietary iron and molybdenum on copper metabolism in calves. Br. J, Nutr 49:77-86.

[7] Suttle N F (1991) The interactions between copper, molybdenum and sulphur in ruminant nutrition. Annu Rev Nutr 11:121-140.

[8] Hayes C (1995) Some nutritional factors affecting the performance of early born lambs. Thesis for M Agr Sc, University College Dublin, National University of Ireland, Dublin.

[9] Pott E B, Henry P R, Zanetti M A, Rao P V, Hinderberger E J Jr, Ammerman CB (1999a) Effects of high dietary molybdenum concentration and duration of feeding time on molybdenum and copper metabolism in sheep. Anim Feed Sci Tech 79: 93-105.

[10] Pott E B, Henry P R, Rao P V, Hinderberger E G Jr., Ammerman CB (1999b) Estimated relative bilavailability of supplemental inorganic molybdenum sources and their effect on tissue molybdenum and copper concentrations in lambs. Anim Feed Sci Tech 79: 107-117.

[11] Crosby T F, Quinn P J, Callan J J, O'Hara M (2004) Effects of floor and dietary molybdenum content on the liver copper concentration at slaughter and performance of intensively finished lambs. Livestock

Prod Sci 90:181-190.

[12] Galbraith H, Chigwada W, Scaife J R, Humphries WR (1997) The effect of dietary molybdenum supplementation on tissue copper concentrations, mohair fibre and carcass characteristics of growing Angora goats. Anim Feed Sci Tech 67: 83-90.

[13] Wittenberg K M, Boila R J (1988) Supplementary copper for growing cattle consuming diets high in molybdenum or molybdenum plus sulfur. Can J Anim Sci 68:1143-1154.

[14] Gengelbach G P, Ward J D, Spears J W (1994) Effect of dietary copper, iron and molybdenum on growth and copper status of beef cows and calves. J Anim Sci 72: 2722-2727.

[15] Ward J D, Spears J W (1997) Long-term effects of consumption of low-copper diets with or without supplemental molybdenum on copper status, performance, and carcass characteristics of cattle. J Anim Sci 75:3057-3065.

[16] McGregor B A (1998) Nutrition, management and other environmental influences on the quality and production of mohair and cashmere with particular reference to Mediterranean and annual temperate climate zones: A review. Small Rumin Res 28:199-215.

[17] McGregor B A (1988) Effects of different nutritional regiments on the productivity of Australia cashmere goats and partitioning of nutrients between cashmere and hair growth. Aust J Exp Agric 28:459-467.

[18] Rhind S M, McMillen S R (1995) Seasonal patterns of secondary fiber growth, moulting and hair follicle acitivity in Siberian and Icelandic Scottish feral goats offered high and low levels of dietary protein. Small Rumin Res 16:69-76.

[19] Ivey D S, Owens F N, Sahlu T, Teh T H, Claypool P L, Goetsch A L (2000) Growth and cashmere production by Spanish goats consuming ad libitum diets differing in protein and energy levels. Small Rumin Res 35:133-139.

[20] Galbraith H (2000) Protein and sulfur amino acid nutrition of hair fiber-producing Angora and Cashmere goats. Livestock Production Sci 64:81-93.

[21] NRC (1981) Nutrient Requirements of Goats. National Academy Press, Washington, DC.

[22] Shahjalal M, Galbraith H, Topps J H (1992) The effect of changes in dietary protein and energy on growth, body composition and mohair fibre characteristics of British Angora goats. Anim Prod 54: 405-412.

[23] Nixon A J, Choy V J, Parry A L, Pearson A J(1993) Fiber growth initiation in hair follicles of goats treated with melatonin. J Exp Zool 267: 47-56.

[24] AOAC (1990). Official methods of analysis, 15th Ed. Association of official analytical chemists. Washington, DC.

[25] Van Soest P J, Robertson J B, Lewis B A (1991) Methods of dietary fiber, neutral detergent fiber and non-starch polysaccharides in relation to animal nutrition. J Dairy Sci 74:3583-3597.

[26] SAS (1988) Statistical analysis system. SAS user's guide: Statistics, SAS Inst Inc, Cary, NC.

[27] Ivan M, Veira D M (1985) Effects of copper sulfate supplement on growth, tissue concentration, and ruminal solubilities of molybdenum and copper in sheep fed lowland high molybdenum diets. J Dairy Sci 68: 891-896.

[28] Phillipo M, Humphries W R, Garthwaite P H (1987) the effect of dietary molybdenum and iron on copper status and growth in cattle. J Agric Sci 9:315-320.

[29] Ward J D, Spears J W, Stanko R L (1994) Effects of the copper antagonists molybdenum and iron on performance and somatotropin and IGF-I concentrations in beef heifers. J Anim Sci 72 (suppl 2): 1 (Abstr).

日粮铜水平对绒山羊血浆褪黑激素水平及产绒性能的影响

孙江涛[1,2]　张　微[1]　岳春旺[3]　朱晓萍[1]　贾志海[1]　秦　枫[1]

(1. 中国农业大学动物科学技术学院，北京 100094；2. 延庆县动物卫生监督管理局，北京 102100；3. 河北北方学院动物科学技术学院，河北张家口 075000)

该文发表在《中国农业大学学报》2008，18(2)：53-56

摘要　为探讨微量元素铜促进绒山羊绒毛生长的机理，选择 12 只 1.5 岁的慢速生绒期内蒙古绒山羊半同胞羯羊作为试验动物，对照组饲喂基础日粮含铜 5.61 mg/kg，DM，试验Ⅰ、Ⅱ和Ⅲ组为试验组，在基础日粮基础上分别添加 10、20 和 30 mg/kg(DM)的铜，研究铜对绒山羊血浆褪黑激素(MT)水平及产绒性能的影响。结果表明：试验组夜间血浆 MT 水平显著高于对照组($P<0.05$)，而白天各组间没有差异($P>0.05$)；基础日粮中添加 20 mg/kg 铜的试验组绒毛长度及绒毛生长率(0.45 cm，0.15 mm/d)最高($P<0.05$)，其他各组差异不显著($P>0.05$)；绒毛细度各组间差异不显著($P>0.05$)；羊绒生长速率与血浆 MT 水平的相关关系为：$y=0.001\,4x-0.041\,6$ ($r=0.690\,09$，$P<0.05$)。由此可见，铜提高了夜间 MT 分泌水平是铜促进绒毛生长的途径之一。

关键词　铜；褪黑激素；绒山羊；产绒性能；羊绒细度

Effects of Dietary Copper on Plasma Melatonin and Fiber Characteristics in Cashmere Goats

SUN Jiang-tao[1,2], ZHANG Wei[1], YUE Chun-wang[3], ZHU Xiao-ping[1], JIA Zhi-hai[1], QIN feng[1]

(1. College of Animal Science and Technology, China Agricultural University, Beijing 100094, China; 2. Yanqing Animal Inspection and Administration Bureau, Beijing 102100, China; 3. College of Animal Science and Technology, hebei North University, Zhangjiakou 075000, China)

Abstract　The objective of the experiment was to investigate the mechanism of copper (Cu) supplementation on cashmere growth. Twelve 1.5 year-old wether Inner Mongolian Cashmere Goats in cashmere slow-growing period were used to determine effects of dietary Cu concentration on plasma melatonin and fiber characteristics. Treatments consisted of 0 (control), 10, 20 or

30 mg supplemental Cu/kg DM. The Cu concentration was 5.61 mg/kg DM in the basal diet. The results showed that melatonin (MT) concentration was increased ($P<0.05$) by Cu supplementation at night, but did not differ($P>0.05$) in the day. Cashmere length and growth rate (0.45 cm and 0.15 mm/d) were highest ($P<0.05$) in the treatment group supplemented with 20 mg Cu/kg DM, but cashmere diameter was not affected by Cu supplementation ($P>0.05$). The correlation between cashmere growth and plasma MT at night was $y=0.0014x-0.0416$ ($r=0.69009$, $P<0.05$). In conclusion, copper supplementation affected MT secretion at night, and is one of the pathways promoting cashmere growth.

Key words copper, melatonin, cashmere goats, cashmere fiber characteristics, cashmere diameter

铜是动物必需的微量元素，也与羊毛的生长关系密切。铜缺乏会造成羊毛品质降低，羊毛生长受阻，光泽暗淡，弯曲度下降，形成“直毛”或“钢丝毛”[1]。所以，研究铜对毛用羊的营养作用具有重要意义。

绒山羊绒毛呈周期性生长，澳大利亚和新西兰的学者把光周期作为主要的调控因子进行研究，结果表明绒山羊绒毛生长周期和繁殖周期相一致，都与光周期变化有关[2]。而光照对绒毛生长的调控是通过体内的激素起作用的。光照可以抑制羊松果腺活动，黑暗则促进松果腺活动。一年中长光照和短光照交替，导致松果腺分泌的褪黑激素(MT)呈现明显的周期性变化，山羊绒的生长有这种周期性变化[3]。山羊绒的季节性生长与 MT 的分泌有关，利用外源 MT 诱发一些冬季毛皮动物在春、夏季生长毛试验已经获得成功[4-6]。国内外大量研究证明，MT 是调控山羊绒生长的主要因素。

已有的研究发现[7-8]，在绒山羊快速长绒期基础日粮中添加 20.00 mg/kg，DM 的铜能够极显著促进绒毛生长，铜对绒毛生长的调节是否通过 MT 的分泌来起作用的未见报道。本试验旨在通过测定血液中 MT 水平和山羊绒生长速率，分析铜促进绒毛生长的机理。

1 材料与方法

1.1 试验动物

试验于山羊绒慢速长绒期，在中国农业大学香河养羊学实习基地进行。12 只体况良好、体重相近[平均体重(42.8±3.68) kg] 1.5 岁的内蒙古绒山羊半同胞羯羊作为试验动物。试验前统一用阿维菌素驱除体内外寄生虫。

1.2 试验设计

试验采用单因素完全随机设计，将试验羊按体重随机分为 4 组，每组 3 只，分别饲喂不同铜水平的日粮，铜的添加剂量分别是 0、10、20 和 30 mg/kg，DM(分别称为对照组和试验Ⅰ、Ⅱ、Ⅲ组)。预试期 14 d，正式试验期 30 d。

1.3 试验日粮

试验日粮配制参照 NRC[9] 山羊饲养标准，代谢能供给为 1.2 倍的维持需要，能够满足 50 g 日增重的需要。基础日粮组成及营养水平见表 1。铜源采用天津市北方化玻购销中心生产的分析纯硫酸铜($CuSO_4 \cdot 5H_2O$)。

表 1 试验日粮组成及营养水平

Table 1 Ingredient composition and nutrient levels of basal diet(air-dry basis)

原料	w/%	营养水平②	w/%
青干草	70.00	ME③(MJ/kg)	8.71
玉米	16.40	DM	90.58
麸皮	7.20	CP	8.90
豆粕	5.40	NDF	48.35
石粉	0.16	ADF	26.95
碳酸氢钙	0.23	Ca	0.50
食盐	0.60	P	0.33
维生素预混料①	0.01	S	0.3
		N/S	6.90
		Ca/P	1.77
		Cu/(mg/kg)	5.61

注:①维生素预混料配方:VA,5 400 万 IU/kg;VD3,1 080 万 IU/kg; VE,18 000 IU/kg;VK_3,5 g/kg; VB_1,2 g/kg; VB_2,15 g/kg; VB_{12},0.03 g/kg,VB_5,35 g/kg,叶酸,0.5 g/kg.②为干物质营养水平。③为除代谢能外其他都为实测值。

1.4 饲养管理

试验羊单笼饲养,保持圈舍干燥、温暖和清洁,注意观察试验羊的健康状况。1 000 g 日粮分 7:00 和 19:00 饲喂,自由饮水,在试验始末分别连续 2 d 称羊空腹体重。取其平均值作为体重的度量值。

1.5 样品采集

试验 15 和 30 d 时,分别在 0:00 和 12:00 点采集各试验羊颈静脉血液 10 mL,装进肝素钠抗凝的离心管,3 500 r/min 离心 15 min,分离血浆并置于−25℃冰柜冷冻保存待测。试验正式开始的前 1 d,在试验羊的右侧肩胛骨后缘 10 cm×10 cm 面积上,用染发剂进行染色,在结束时选择染色中心位置紧贴皮肤剪取 3 cm×3 cm 的毛被,分离出山羊绒,用于长度、细度和生长速率的测定。

1.6 测定指标及方法

用放射免疫法测定血浆 MT,试剂盒购买自 Diagnostic System Laboratories (USA);用钢板尺测定绒毛纤维的伸直长度,用显微投影法测定绒毛显微细度。

1.7 数据统计

利用 SAS 软件包(SAS System for Windows V8)中的 ANOVA 过程进行方差分析,用 Duncan 氏法进行多重比较。

2 结果与讨论

2.1 日粮铜水平对绒山羊血浆褪黑激素(MT)水平的影响

由表 2 看出,0:00 时 MT 浓度显著高于 12:00 时($P<0.05$)。在 0:00,试验 15 和 30 d,试验组血浆 MT 浓度显著高于对照组($P<0.05$);试验Ⅱ组显著高于试验Ⅰ和Ⅲ组($P<0.05$),而Ⅰ和Ⅲ组之间差异不显著($P>0.05$)。在 12:00,试验 15 和 30 d,各组间血浆 MT 浓度差异不显著（$P>0.05$）。这说明 MT 夜间分泌多，白天分泌少；基础日粮添加铜促进了绒山羊褪黑激素夜间的分泌，对白天分泌没有影响。

表 2　日粮铜水平对绒山羊血浆褪黑激素水平的影响

Table 2　Effect of dietary copper on plasma MT of cashmere goats

处理天数/d	采样时间	试验处理（Cu/（mg/kg））			
		对照（0）	Ⅰ（10）	Ⅱ（20）	Ⅲ（30）
15	0:00	87.38±2.49[c]	104.94±4.72[b]	120.99±1.69[a]	108.28±7.82[b]
	12:00	57.62±6.72	58.79±2.55	49.88±5.03	58.58±6.76
30	0:00	91.13±2.75[c]	104.10±5.01[b]	116.91±6.11[a]	106.25±5.60[b]
	12:00	56.10±4.86	51.98±6.67	52.64±2.03	55.43±3.41

注：同行数据后字母不同表示差异显著（$P<0.05$）；同行没有字母表示差异不显著（$P>0.5$），下同。

随着昼夜更替及一年中长日照和短日照的交替变化，MT 的分泌呈现明显的周期性变化。MT 黑夜分泌量多，白天分泌量少。夏至后，随着日照由长变短，MT 的分泌量逐渐增加；冬至后，随着日照由短变长，MT 的分泌量逐渐减少。山羊绒的季节性生长规律与光周期变化和褪黑激素的分泌量有关[10]，利用外源 MT 诱发非长绒季节山羊绒生长，可提高羊绒长度和产绒量[5,11-15]；在绒山羊生绒期皮下埋植 MT，山羊绒长度和产绒量提高[14,16]。

2.2　日粮铜水平对绒山羊产绒性能的影响

由表 3 可以看出，试验Ⅱ组绒毛长度和生长率最高（$P<0.05$），其他各组之间差异不显著（$P>0.05$），绒毛细度各组之间也没有差异（$P>0.05$）。该结果与张微[7]在快速生绒期基础日粮（7.46 mg/kg，DM）添加 20 mg/kg，DM 铜促进绒毛生长的结果相一致。这说明基础日粮添加 20 mg/kg，DM 铜能够促进山羊绒在绒毛生长快速期和缓慢期绒的生长。

表 3　日粮铜水平对绒山羊生产性能的影响

Table 3　Effect of dietary copper on cashmere fiber characteristics of cashmere goats

测定项目	试验处理（Cu/（mg/kg））			
	对照（0）	Ⅰ（10）	Ⅱ（20）	Ⅲ（30）
羊绒长度/cm	0.23±0.01[b]	0.29±0.02[b]	0.45±0.13[a]	0.27±0.04[b]
羊绒生长率/（mm/d）	0.08±0.005[b]	0.09±0.009[b]	0.15±0.04[a]	0.09±0.012[b]
羊绒细度/μm	16.92±0.23	16.43±0.39	15.79±0.70	16.31±1.41

有研究证实，山羊对铜的耐受量远高于绵羊[17-19]。试验期间，羊精神状态和身体状况没有发现任何异常和铜中毒症状。快速生绒期绒山羊基础日粮（7.46 mg/kg，DM）添加 30 mg/kg，DM 铜对日粮干物质（DM）、粗蛋白（CP）、中性洗涤纤维（NDF）和酸性洗涤纤维（ADF）消化率，以及日增重（ADG）和山羊绒生长速度都没有影响[8]。非生绒期绒山羊基础日粮（7.38 mg/kg，DM）添加 30 mg/kg，DM 铜 60 d，也未发生铜中毒现象[20]。这些结果说明，在绒山羊羊绒各个生长时期，基础日粮添加铜 30 mg/kg，DM，也在绒山羊对铜的耐受范围之内，不会引起铜中毒症状。

2.3　羊绒生长率与血浆 MT 浓度的关系

羊毛生长率与血浆 MT 浓度之间的关系如图 1。由图 1 可以看出，羊绒生长速率与夜间血浆 MT 的质量浓度存在显著相关，通过 SAS 分析得出 r=0.690 09，$P<0.05$。这说明铜促

进绒毛生长的途径之一,就是通过促进夜间血浆 MT 质量浓度的变化来实现的。

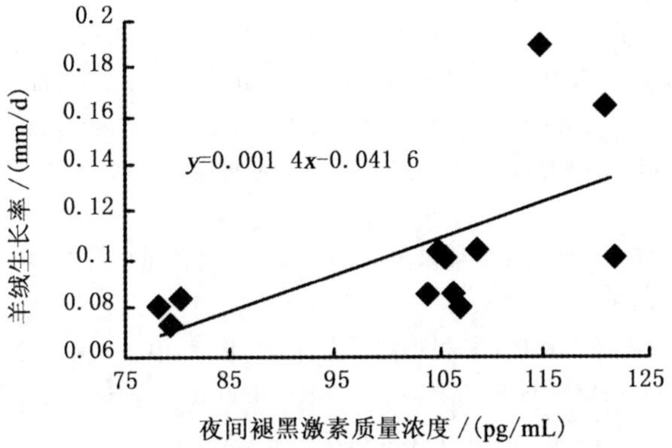

图 1　羊绒生长率与夜间血浆 MT 质量浓度的关系

3　结论

基础日粮中添加铜对绒毛生长缓慢期绒山羊白天褪黑激素的质量浓度没有影响,但促进了夜间 MT 的分泌。基础日粮添加 20 mg/kg,DM 铜($CuSO_4 \cdot 5H_2O$)显著提高绒毛长度和生长率,但对绒毛细度没有影响。山羊绒生长率与夜间 MT 质量浓度存在显著相关性,故在慢速长绒期绒山羊适宜铜添加水平为 20 mg/kg。

参考文献

[1] National Research Council, Nutrient Requirements of Sheep[M]. 6th edit. Washington D C, National Academy Press,1985.

[2] McDonald B J. Effect of photo-translocation fleece growth in cashmere goats[J]. Australian Journal of Agricultural Research, 1987,38:763-773.

[3] Dicks P. The effect of melatonin implants given under different day length regimes on plasma prolactin concentrations and fibre growth and shedding in cashmere goats[J]. Animal Science, 1995,60:239-247.

[4] Rose J, Stormshak F, Oldfield J, et al. Induction of winter fur growth in mink (Mustela vison) with melatonin[J]. Journal of Animal Science, 1984,58 :57-61.

[5] Jia Zhihai, Teh T H, Oden K D. The effects of photoperiod and melatonin on cashmere production[J]. Journal of Animal Science, 1991 ,69:196-199.

[6] 柳建昌,桂荣,赵青山,褪黑素对内蒙阿白山羊在非生绒季节促进绒生长及绒产量的影响[J]. 动物学杂志,1994,29(3):46-50.

[7] 张微,朱晓萍,卢德勋,等. 内蒙古白绒山羊生绒期日粮适宜铜水平研究[J]. 中国农业大学学报,2004,9(3):36-40.

[8] Zhang Wei, Wang Runlian, Zhu Xiaoping, et al. Effects of Dietary Copper on Ruminal Fermentation, Nutrient Digestibility and Fibre Characteristics in Cashmere Goats[J] . Asian-Australia Journal of Animal Science, 2007, 20(12):1843-1848.

[9] National Research Council Nutrient Requirements of Domestic Animals[M]. Washington D C National Academy press, 1981.

[10] 贾志海，安民. 山羊绒生长机理研究进展[J]. 草食家畜，1996(1)：2-6.

[11] Moore R W, Bigham M L, Staples L D. Effect of Regulin implants on spring fertility, lactation and down of cashmere does[J]. Proceedings of New Zealand Society of Animal Production, 1989, 49: 39-41.

[12] Welch R A S, Gurnsey M P, Betteridge K, et al. Goat fiber response to melatonin given in spring in two consecutive years[J]. Proceeding of the New Zealand Society of Animal Production, 1990, 50: 335-338.

[13] 柳建昌，尹协镇，方天祺. 褪黑素对中国绒山羊在非生绒期促绒生长与绒产量的影响[J]. 动物学杂志，1998，33(3)：8-12.

[14] 王林枫，卢德勋，孙海洲，等. 光照和埋植褪黑激素对内蒙古绒山羊氮分配和生产性能影响的研究[J]. 中国农业大学学报，2006，11(1)：22-28.

[15] 岳春旺. 褪黑激素调控绒山羊绒毛生长机理的研究：[D]. 北京：中国农业大学，2007.

[16] Litherland A J, Paterson D J, Parry A L, et al. Melatonin for cashmere production [J], Proceedings of New Zealand Society of Animal Production, 1990, 50: 339-343.

[17] Zervas G, Nikolaou E, Mantzios A. Comparative study of chronic copper poisoning in lambs and young goats[J]. Animal Production, 1990, 50: 497-506.

[18] Luginbuhl J M, Poore M H, Spears J W, et al. Effect of dietary copper level on performance and copper status of growing meat goats [J]. Sheep and Goat Research Journal, 2000, 16: 65-71.

[19] Solaiman S G. , Shoemaker C E, Jones W R, et al. The effects of high levels of supplemental copper on the serum lipid profile, carcass traits, and carcass composition of goat kids [J]. Journal of Animal Science, 2006, 84: 171-177.

[20] Zhang Wei, Wang Runlian, David O K, et al. Effects of dietary copper on nutrient digestibility, growth performance and plasma copper status in cashmere goats [J]. Small Ruminant Research, 2008, 74: 188-193.

日粮铜钼水平对辽宁绒山羊营养物质消化代谢的影响

金艳华[1] 朱晓萍[1] 贾志海[1] 张 微[1] 李洪根[2]

（1. 中国农业大学动物科学技术学院，动物营养学国家重点实验室，北京 100193；2. 辽宁省畜产品安全监察所，沈阳 110003）

该文发表在《中国农业大学学报》2010，15(4)：76-81

摘要 试验研究日粮铜(Cu)钼(Mo)添加水平对辽宁绒山羊营养物质消化代谢的影响。选用18月龄体重相近、安装永久性瘤胃瘘管的辽宁绒山羊羯羊12只，采用完全随机分组试验设计，分为4组，每组3只。试验分为Mo 0期和Mo 5期：Mo 0期日粮为基础日粮中不加Mo，Mo 5期日粮在基础日粮上加Mo(DM) 5 mg/kg；每期设4个Cu水平，在基础日粮中添加的Cu(DM)分别为0、19、28和38 mg/kg。结果表明：1)日粮中添加Cu显著提高了辽宁绒山羊的干物质消化率、ADF和NDF的表观消化率，显著降低了干物质采食量和Cu的表观消化率($P<0.05$)。2)日粮中添加Mo能显著提高ADF、NDF及Cu的表观消化率，但显著降低了氮的表观消化率($P<0.05$)。3)Cu与Mo互作对干物质消化率、ADF和NDF的表观消化率影响差异显著($P<0.05$)。在辽宁绒山羊绒毛快速生长期，日粮中添加Mo(DM) 5 mg/kg，Cu(DM) 19 mg/kg营养物质消化效果最佳。

关键词 绒山羊；铜；钼；消化率

Influence of Copper and Molybdenum Supplementation on Nutrition Digestion and Metabolism in Liaoning Cashmere Goats

JIN Yan-hua[1], ZHU Xiao-pin[1*], JIA Zhi-hai[1], ZHANG Wei[1], LI Hong-gen[2]

(1. College of Animal Science and Technology/State Key Laboratory for Animal Nutrition, China Agricultural University, Beijing 100193, China; 2. Liaoning Province Bureau of Livestock Product Safety Supervision, Shenyang 110003, China)

Abstract This research was conducted to study the influence of adding copper and molybdenum either singly or in combination in diets on nutrient digestion and metabolism in Liaoning cashmere goats during the cashmere growing period. Twelve castrated Liaoning cashmere goats (1.5-year-old) ruminally fistulated were randomly and averagely assigned into four groups and each group has three goats. The trial were assigned into two period, fed a basal diet that was supplemented with either 0 or 5 mg Mo /kg DM, and each period has four different copper level (0、19、28、38 mg Cu /kg,DM) diets. The results indicated that:1) Supplemental different copper level in the basal diet significantly increased dry matter digestibility, ADF and NDF digestibility, but significantly decreased dry matter intake and copper digestibility($P<0.05$). 2)Supplemental molybdenum significantly increased ADF ,NDF and copper digestibility, but significantly decreased nitrogen metabolism($P<0.05$). 3)Collaborate effect of copper and molybdenum on dry matter, ADF,NDF and copper digestibility has significantly changed($P<0.05$). The results suggested that the optimal copper and molybdenum of cashmere goats during the cashmere growing period were Mo (DM) 5 mg /kg and Cu (DM) 19 mg/kg in daily diet.

Key words cashmere goat, copper, molybdenum, digestibility

铜(Cu)与钼(Mo)是反刍动物机体正常生长发育所必需的微量元素。Cu 参与造血、骨骼的构成、被毛色素的沉着和脑细胞及脊髓的质化,并且是多种酶的组成成分和激活剂。Cu 缺乏会出现贫血、腹泻、运动失调、被毛褪色为特征的营养代谢病,导致动物生产性能下降,给生产带来损失。当日粮供给 Cu 量不足或存在影响 Cu 吸收的物质时,就会导致 Cu 缺乏,而 Mo 的含量是影响 Cu 吸收最重要的因素。Mo 是黄嘌呤氧化酶的组成成分,参与和影响机体内多种物质的代谢,是动物必需的微量元素,具有重要的生物学作用[1]。同时,Mo 也是反刍动物消化道微生物的生长因子,被微生物吸收,适量的 Mo 可以促进瘤胃对纤维素的消化。动物一般不出现 Mo 缺乏症,但易出现中毒现象,Mo 中毒主要是由 Cu 与 Mo 拮抗引起 Cu 的缺乏而产生的。

目前,关于 Cu 对羊营养物质消化代谢影响的研究报道很多,但对 Cu、Mo 水平对羊营养物质代谢的研究未见详细报道。本研究拟以辽宁绒山羊为试验动物,探讨 Cu 和 Mo 添加水平对绒山羊的营养物质消化代谢的影响,以期为绒山羊受微量元素影响的研究提供理论依据。

1 材料与方法

1.1 试验设计

选用 18 月龄平均体重(22±1.5)kg,装有永久性瘤胃瘘管的辽宁绒山羊羯羊 12 只,采用完全随机分组设计,分为 4 组,每组 3 只羊。试验分为 Mo 0 期和 Mo 5 期:Mo 0 期,日粮在基础日粮中不加 Mo;Mo 5 期,日粮在基础日粮中加 Mo 5 mg/kg(Mo 和 Cu 含量以饲料样本风干物质为基础测定,全文同),每期日粮设 4 个 Cu 水平,0、19、28 和 38 mg/kg。2 期试验的预饲期各为 12 d,试验期各为 3 d,试验开始前用广谱驱虫药驱虫。

1.2 试验日粮

参照 1981 年美国饲养标准山羊营养需要量配制试验羊的基础日粮,饲养水平为其维持需要的 1.2 倍,营养水平可满足日增重 50 g 的需要。基础日粮组成成分及营养水平见表 1。Cu、Mo 分别以氯化铜、钼酸钠(分析纯)的形式在饲料中添加。

1.3 饲养管理

试验羊全部单栏饲养,每天分别于 8:00 和 17:00 饲喂 2 次,每次每只饲喂羊草 250 g,苜蓿 100 g,混合精料 150 g,自由饮水(水中未检测出 Cu 和 Mo)。

表 1 基础日粮配方及营养水平

Table 1 Ingredient composition and nutrient levels of basal diets

日粮组成	质量分数 w/%	营养成分②	数值
羊草	50.00	ME/(MJ/kg)	8.98
苜蓿干草	20.00	w(CP)/%	11.60
玉米	17.75	w(Ca)/%	0.43
麸皮	4.80	w(P)/%	0.21
豆粕	6.00	w(NDF)/%	49.81
食盐	1.00	w(ADF)/%	33.29
磷酸氢钙	0.15	w(Cu)/(mg/kg)	4.72
预混料①	0.30	w(Mo)/(mg/kg)	0.16

注:①每 kg 预混料成分含 Fe 15 g,Mn 12g,Zn 15 g,1 240 mg,Co 30 mg,Se 30 mg,VA 3 050 万 IU ,VD 610 万 IU ,VE 50 g, VB_1 3 g,VK 2 g,VB_2 5.5 g,VB_6 2.5 g, VB_{12} 12 mg,泛酸钙 13 g,烟酸 32 g,叶酸 1 g,生物素 35 g。

②ME、CP、NDF、ADF 分别为代谢能、粗蛋白、中性洗涤纤维、酸性洗涤纤维。营养成分的测定以饲料样风干物质为基础。除代谢能为计算值外,其他全部为实测值。

1.4 样品采集

按照四分法采集混合颗粒精料、苜蓿、羊草原料样。试验期每天晨饲前收集剩料,将 3 天收集的剩料混合称重后取部分样品粉碎制成剩料样。原料样和剩料样在 65℃下鼓风干燥,粉碎过 40 目筛,制成分析样本待测。

试验期于每天 8:00 和 18:00 收集鲜粪,将每天收集的鲜粪称重后按 10%采集粪样,冷冻保存,3 d 后混匀,65 ℃烘 48 h 后,回潮 24 h 称重,测得初水分并制成分析样本,粉碎待测。

1.5 测定指标及方法

测定饲料样和剩料样的代谢能(ME),以及干物质(DM)、粗蛋白(CP)、钙(Ca)、磷(P)、酸性洗涤纤维(ADF)、中性洗涤纤维(NDF)、Cu 和 Mo 的含量。测定粪中 DM、CP、ADF、NDF 的含量。DM 含量测定参照 GB/T 6435—1986 方法,CP 参照 GB/T6432—1994 方法使用 FOSS 定氮仪测定。Ca 和 P 含量分别参照 GB/T 6436—2002 和 GB/T 6437—2002。ADF 和 NDF 含量采用中国农业大学肉牛中心的纤维袋测定。Cu 含量参照 GB/T 13885—1992,利用 Z-8200 型日立原子吸收光谱分析仪测定。Mo 含量参照王献忠方法[2]采用石墨炉原子吸收法测定。

1.6 数据统计

用 SAS 8.0 的 mix 模块进行方差分析和多重比较,结果用平均值表示,以 $P<0.05$ 作为差异显著性判断标准。

2 结果与分析

2.1 日粮铜钼水平对辽宁绒山羊干物质采食量及干物质消化率的影响

从干物质采食量(表 2)可以看出:Mo0 组组内比较,Cu0 组干物质采食量明显高于 Cu28 组和 Cu38 组($P<0.05$),并随着 Cu 添加水平的提高干物质采食量有下降的趋势。Mo5 组组内比较,添加 Cu 组显著低于未添加 Cu 组,不同水平组间差异不显著。只考虑 Cu 水平的影

响，添加 Cu 显著降低了干物质采食量（$P<0.05$），但日粮中添加不同水平的 Cu 对干物质采食量没有影响。只考虑 Mo 水平的影响，添加 Mo 对干物质采食量影响差异不显著（$P>0.05$）。Cu 与 Mo 互作对干物质采食量影响差异不显著。

从干物质消化率可以看出：Mo0 组组内比较，添加 Cu 组与未添加 Cu 组间差异不显著（$P>0.05$），Cu28 组干物质消化率显著高于 Cu38 组（$P<0.05$）。Mo5 组组内比较，Cu0 组干物质消化率显著低于 Cu19 组（$P<0.05$），与 Cu28、Cu38 组差异不显著，Cu19 组干物质消化率显著高于 Cu28、Cu38 组，Cu28 与 Cu38 组间差异不显著。只考虑 Cu 水平的影响，添加 Cu 可以显著提高干物质消化率（$P<0.05$），不同水平的 Cu 对干物质消化率影响差异不显著，当 Cu 含量超过一定水平，反而降低了干物质消化率。只考虑 Mo 水平的影响，Mo 水平对干物质消化率没有影响（$P>0.05$）。Cu 与 Mo 互作对干物质消化率影响差异显著（$P=0.003$）。

表 2　日粮铜钼水平对辽宁绒山羊消化代谢的影响

Table 2　Effect of dietary copper and molybdenum supplementation on nutrition digestion and metabolism in Liaoning cashmere goats

处理	铜钼水平		干物质采食量/g	干物质消化率/%	氮表观消化率/%	ADF 表观消化率/%	NDF 表观消化率/%	铜的表观消化率/%
铜处理		Cu0	552 a	43.7 b	60.73 a	29.39 b	36.87 b	34.10 a
		Cu19	485 b	49.2 a	61.26 a	37.61 a	44.34 a	24.03 b
		Cu28	483 b	48.1 a	60.18 a	37.37 a	43.75 a	16.58 c
		Cu38	458 b	46.0 ab	57.37 a	38.27 a	43.61 a	13.06 d
钼处理		Mo0	498 a	47.2 a	64.09 a	34.14 b	39.13 b	18.84 b
		Mo5	491 a	46.2 a	55.68 b	37.18 a	45.15 a	25.04 a
铜钼互作	Mo0	Cu0	541 ab	47.5 abc	66.66 a	33.67 cd	40.38 b	29.81 b
		Cu19	503 bc	47.0 bc	63.86 a	31.27 d	37.34 bc	21.04 c
		Cu28	487 cd	49.5 ab	64.20 a	36.05 bcd	40.07 b	14.35 e
		Cu38	463 cd	44.9 c	61.64 ab	35.56 cd	38.75 b	10.16 f
	Mo5	Cu0	564 a	39.9 c	54.79 cd	25.11 e	33.37 c	38.39 a
		Cu19	468 cd	51.4 a	58.65 bc	43.95 a	51.34 a	27.01 b
		Cu28	478 cd	46.8 bc	56.16 cd	38.69 bc	47.43 a	18.81 cd
		Cu38	453 d	47.0 bc	53.10 d	40.97 ab	48.46 a	15.95 de
SEM			5.843	0.467	0.673	0.609	0.522	0.454
P	铜处理		0.001	0.048	0.223	0.001	0.001	<0.001
	钼处理		0.527	0.227	<0.001	0.026	<0.001	<0.001
	铜钼互作		0.467	0.003	0.361	<0.001	<0.001	0.523

注：同一处理同列不同小写字母表示不同水平试验组间差异显著（$P<0.05$）。

本试验研究表明，日粮中添加 Cu 显著降低了干物质采食量，提高干物质消化率。当饲料中 Cu 水平超出动物自身的调节范围，就会抑制羊的饲料干物质采食量和干物质消化率。日粮中添加 Mo 对干物质采食量及消化率没有影响。Cu 与 Mo 互作对干物质采食量没有影响，但可以显著提高饲料干物质的消化率。研究表明在青年母牛饲料中添加 Cu 10 mg/kg，可以提高饲料干物质消化率[3]。内蒙古绒山羊日粮中添加 Cu 30 mg /kg，其干物质采食量显著低于 0、10 和 20 mg/kg 组，日粮中添加 Cu 10、20 mg /kg 可以提高干物质消化率[4]。基础日粮添加 Cu 0、100、200 mg/d，随着 Cu 水平的增加，杂交波尔山羊的平均日进食量下降[5]。其原因是日粮中添加一定量的 Cu，动物自身的稳衡调控不会抑制动物的采食，但当添加量超出动物自身正常的调控范围时，就会抑制动物的采食。大量试验研究报道，低水平的 Cu 对干物质采食量、干物质消化率没有影响，但稍高的 Cu 水平可能抑制采食，并且可能降低干物质消化率[6]，本试验结果与上述试验报道一致，添加稍高水平的 Cu 抑制了辽宁绒山羊的干物质采食量和干物质消化率。

2.2　日粮铜钼水平对辽宁绒山羊氮代谢的影响

从氮的表观消化率可以看出：Mo0 组组内比较，添加不同水平的 Cu 对氮的表观消化率没有影响（$P>0.05$）。Mo5 组组内比较，Cu0 组氮的表观消化率与 Cu19、Cu28、Cu38 组差异不显著，其中 Cu19 组氮的表观消化率最高，显著高于 Cu38 组（$P<0.05$）。只考虑 Cu 水平的影响，不同 Cu 水平氮的表观消化率间差异不显著（$P>0.05$）。只考虑 Mo 水平的影响，添加 Mo 为 5 mg /kg 显著降低了氮的表观消化率（$P<0.05$）。Cu 与 Mo 互作对氮的表观消化率影响差异不显著（$P>0.05$）。

本试验研究表明，添加 Cu 对氮的表观消化率没有影响，添加 Mo 显著降低了氮的表观消化率，Cu 与 Mo 之间没有显著的互作效应。Reddy 研究表明泌乳奶牛日粮中添加 Cu 43～62 mg/kg 能显著降低 CP 的消化率[7]。然而，Saxena 研究表明在肉牛日粮中添加 Cu 6 mg/kg 对 CP 的消化率没有影响[8]。刘强等研究表明日粮中以赖氨酸铜的形式添加 Cu 24 mg/kg 抑制了西门塔尔牛瘤胃微生物对蛋白质的降解和 NH_3 的利用，使得微生物蛋白质合成减少[9]，说明添加一定量的 Cu 对 CP 消化率的影响不确定。

2.3　日粮铜钼水平对辽宁绒山羊粗纤维消化率的影响

反刍动物对纤维物质的利用，实际上是微生物酶将粗纤维水解后消化吸收的。由于微生物酶分解粗纤维的特异性，往往使粗纤维分解不彻底。植物细胞壁越成熟，角质成分含量越高，越不易被微生物消化，纤维物质的利用程度在反刍动物中变化较大。一切影响微生物的因素均可影响粗纤维的利用，而 Cu 和 Mo 对瘤胃微生物有一定的影响。衡量饲料中纤维物质消化率是用 NDF 和 ADF 的消化率来评定。

从 ADF 表观消化率可以看出：Mo0 组组内比较，添加不同水平的 Cu 对 ADF 表观消化率影响差异不显著。Mo5 组组内比较，添加 Cu 组显著高于未添加 Cu 组（$P<0.05$）。只考虑 Cu 水平的影响，添加 Cu 可以显著提高 ADF 消化率（$P<0.05$），但添加不同水平的 Cu 对 ADF 消化率影响差异不显著。只考虑 Mo 水平的影响，日粮中添加 Mo 5 mg/kg 显著提高了 ADF 消化率（$P<0.05$）。Cu 与 Mo 互作对 ADF 消化率影响差异显著（$P<0.01$）。

从 NDF 表观消化率可以看出：Mo0 组组内比较，添加不同水平的 Cu 对 NDF 消化率差异不显著（$P>0.05$）。Mo5 组组内比较，添加 Cu 组显著高于未添加 Cu 组（$P<0.05$），不同水平组间差异不显著。只考虑 Cu 水平的影响，添加 Cu 可以显著提高 NDF 表观消化率（$P<0.05$），但不同水平组间差异不显著（$P>0.05$）。只考虑 Mo 水平的影响，添加 Mo 5 mg/kg 显著提高了 NDF 的表观消化率（$P<0.05$）。Cu 与 Mo 互作对 NDF 消化率影响差异显著（$P<0.001$）。

本试验结果表明，添加 Cu 可以显著提高 ADF 和 NDF 的表观消化率，但不同添加水平间差异不显著，添加 Mo 能显著提高 ADF 和 NDF 的表观消化率，Cu 与 Mo 表现出显著的互作效应。已有研究表明，肉牛日粮中添加高于饲养标准需要量的 Cu 能促进瘤胃微生物对纤维物质的降解作用，提高 ADF 和 NDF 的消化率[8,10]，另有研究表明肉牛日粮中在添加 Cu 会降低 NDF 的消化率[11]。张微研究表明在绒山羊日粮中在添加 Cu 组相对于未添加 Cu 组 NDF 消化率显著提高，但不同 Cu 水平间差异不显著[12]。Mo 是反刍动物瘤胃微生物所必需的微量元素，能通过影响瘤胃微生物的生长来影响纤维物质在瘤胃内的降解，其原理是 Mo 作为亚硫酸盐氧化酶的组成成分，参与瘤胃内饲料硝酸盐的转化，对瘤胃微生物代谢起促进作用。杨在宾研究表明在肉牛中添加 Mo 5.225 mg/kg 组纤维素降解率显著高于 0.225 mg/kg 组[13]。本试验研究表明在辽宁绒山羊日粮中添加 Cu 可以显著提高 ADF 和 NDF 的表观消化率，但不同添加水平间差异不显著，在日粮中添加 Mo 5 mg/kg 可以显著提高 ADF 和 NDF 的表观消化率。

2.4 日粮铜钼水平对辽宁绒山羊铜表观消化率的影响

从 Cu 的表观消化率可以看出：Mo0 组组内比较，随着 Cu 水平的增加，Cu 的表观消化率降低，且不同 Cu 水平间差异显著（$P<0.05$）。Mo5 组组内比较，Cu 的表观消化率降低，且不同 Cu 水平间差异显著（$P<0.05$）。只考虑 Cu 水平的影响，随着 Cu 水平的提高，Cu 的表观消化率显著降低（$P<0.05$）。只考虑 Mo 水平的影响，添加 Mo 5 mg/kg 显著提高了 Cu 的表观消化率（$P<0.05$）。Cu 与 Mo 互作对 Cu 的表观消化率影响差异不显著（$P>0.05$）。

本试验结果表明，随着 Cu 添加水平的增加，Cu 的表观消化率降低，但添加 Mo 5 mg/kg 显著提高了 Cu 的表观消化率。已有研究表明[5]Cu 在动物的胃和小肠中被吸收，大部分的 Cu 与肠壁黏膜内的过氧化物歧化酶及含巯基的金属蛋白结合，主要经血液运至肝脏及全身。日粮未被吸收的 Cu 和内源 Cu 主要随肝脏分泌的胆汁，进入消化道随粪便排出体外，其中粪中排泄的 Cu 量占总排泄量的 95%以上，少量的 Cu 经尿排泄。虽然本试验中高 Cu 组未出现 Cu 中毒现象，但动物 Cu 排泄量剧增。1953 年 Dick 对绵羊的试验中发现 Cu 与 Mo 互作对反刍动物的健康和生产起着重要的作用。Cu 与 Mo 间的生理拮抗影响了 Cu 的生物学利用，其主要原因是 Cu 与硫钼酸根有很强的亲和力，形成一种低溶解度的螯合物——硫代钼酸铜，这种螯合物中的铜不再能被机体所利用，从而降低了 Cu 的利用率[14]。Pott 研究表明日粮添加 Mo 对 Cu 在排泄物中的量没有影响[15]。Hidiroglou 研究表明在 Cu 中毒的绵羊日粮中添加 Mo，粪中排泄的 Cu 量急剧上升[16]。本研究另测得添加 Mo 导致血 Cu 含量及血中铜蓝蛋白的含量下降，说明 Cu 在体内的利用率降低，而本试验结果显示添加 Mo 提高了 Cu 的表观消化率，原因可能是测定 Cu 含量时先利用酸处理将样品中的 Cu 游离出来，而在瘤胃内形成的硫代钼酸铜不溶于酸，形成沉淀，影响了粪中 Cu 含量的测定。

3 结论

(1)日粮中添加 Cu 显著提高了辽宁绒山羊的干物质消化率、ADF 和 NDF 的表观消化率。显著降低了干物质采食量，对氮的表观消化率没有影响。

(2)日粮中添加 Mo 能显著提高 ADF 和 NDF 的表观消化率，但显著降低了氮的表观消化率。

(3)Cu 与 Mo 互作对干物质消化率、ADF 和 NDF 的表观消化率影响差异显著。

(4)在辽宁绒山羊绒毛快速生长期，日粮中添加 Mo(DM)5 mg/kg，Cu(DM)19 mg/kg 组合效果最佳。

参考文献

[1] 杨顺江.动物微量元素营养[M].北京:农业出版社,1996:121.

[2] 王献忠.石墨炉原子吸收光谱法测定土壤中有效钼[J].萍乡高等专科学校学报,2003(4):60-62.

[3] Lopez J M, Satter L D. Effect of copper and cobalt addition on digestion and growth in heifers fed diet containing alfalfa or corn residues[J]. Journal of Dairy Science, 1992, 75:247-256.

[4] Zhang Wei, Wang Runlian, David O K, et al. Effects of dietary copper on nutrient digestibility, growth performance and plasma copper status in cashmere goats [J]. Small Ruminant Research, 2008, 74: 188-193.

[5] Hopkins C E, Solaiman S G. Effect of high dietary copper on growth performance and carcass characteristics in goat kids [J]. Journal of Dairy Science, 2002, 85:295.

[6] Solaiman S G, Shoemaker C E, Andrea G H. The effect of high dietary Cu on health growth performance and Cu status in young goats [J]. Small Ruminant Research, 2006, 66:85-91.

[7] Reddy B S, Mahadevan V. Effect of copper supplementation on the digestibility of nutrients and their retention in lactating cows [J]. Journal of Indian Veterinary, 1976, 56:451-455.

[8] Saxena K K, Ranjhan S K. Effect of cobalt and copper supplementation separately and in combination on the digestibility of organic nutrients and mineral balances in Hariana calves [J]. Indian Journal of Animal Science, 1978, 48:66-571.

[9] 刘强,黄应祥,王聪.赖氨酸铜对西门塔尔牛瘤胃发酵及尿嘌呤衍生物的影响[J].中国畜牧杂志,2006,23(42):33-35.

[10] 高登宏,莫放,黄应祥,等.肉牛日粮添加硫酸铜对粗料纤维和玉米有机物瘤胃降解的影响[J].中国草食动物,2008,5:11-14.

[11] Arthington J D. Effects of copper oxide bolus administration or high-level copper supplementation on forage utilization and copper status in beef cattle [J]. Journal of Animal Science, 2005, 83:2 894-2 900.

[12] 张微,朱晓萍,贾志海,等.内蒙古白绒山羊生绒期日粮适宜的铜水平研究[J].中国农业大学学报,2004,9(3):36-40.

[13] 杨在宾,贾志海,李淑青,等.日粮铜钼水平对肉牛铜生物学利用率和需要量的影响[J].中国农业大学学报,2007,12(2):45-49.

[14] Gawthorne J M, Allen J D, Nader C J. Interactions between copper molybdenum and sulphur in the rumen of sheep[J]. Commonwealth Agricultural Bureaux, 1985, 67:346-350.

[15] Pott E B, Henry P R, Zanetti M A, et al. Effect of high dietary molybdenum concentration and duration of feeding time on molybdenum and copper metabolism in sheep [J]. Animal Feed Science and technology, 1999, 79:93-115.

[16] Hidiroglou M, Heaney D P, Hartin K E. Copper poisoning in a flock of sheep Copper excretion patterns after treatment with molybdenum and sulfur or penicillamine [J]. Journal of Canada Veterinary, 1984, 25:377-382.

日粮铜钼水平对辽宁绒山羊瘤胃发酵指标的影响

金艳华[1,2]　朱晓萍[1*]　贾志海[1]　张　微[1]　李洪根[3]

（1. 中国农业大学动物科技学院，北京　100193；2. 辽宁省种畜禽监督管理站，辽宁沈阳　110161；3. 辽宁省畜产品安全检测站，辽宁沈阳　110003）

该文发表在《中国畜牧杂志》2011，47(3)：41-44

摘要　试验研究日粮铜(Cu)钼(Mo)添加水平对辽宁绒山羊瘤胃发酵指标的影响。选用 18 月龄体重相近，装有永久性瘤胃瘘管的辽宁绒山羊羯羊 12 只，采用完全随机分组试验设计，分成 4 组，每组 3 只。试验分为 Mo0 处理和 Mo5 处理，Mo 0 处理日粮是在基础日粮中不加 Mo，Mo5 处理日粮是在基础日粮中加 Mo(DM) 5 mg /kg，每期设 4 个 Cu 水平，即 0、20、30、40 mg/kg。结果表明：日粮中添加 Mo 5 mg /kg 显著降低了瘤胃液的 pH，而显著提高了氨氮浓度、乙酸和总 VFA 浓度($P<0.05$)；日粮中添加不同水平的铜对瘤胃液 pH 和氨氮浓度影响差异不显著，但显著提高了乙酸、丙酸、总 VFA 的浓度($P<0.05$)；铜钼互作对氨氮浓度、乙酸、丙酸、丁酸及总 VFA 的浓度影响差异显著，对 pH 影响差异不显著。结果显示，当日粮中添加 Mo 为 5 mg/kg，Cu 为 20 mg/kg 时，有最适宜的瘤胃发酵水平。

关键词　铜；钼；瘤胃发酵；辽宁绒山羊

Influence of Copper and Molybdenum Supplementation on Ruminal Fermentation in Liaoning Cashmere Goats

JIN Yan-hua[1,2], ZHU Xiao-ping[1*], JIA Zhi-hai[1], ZHANG Wei[1], LI Hong-gen[2]

(1. College of Animal Science and Technology, China Agricultural University, Beijing 100193; 2. Liaoning Provincial Breeding Animal Supervision Station, Liaoning Shenyang 110161, China; 3. Liaoning Province Bureau of Animal by-Products Safety Inspection, Liaoning Shenyang 110003, China)

Abstract　This research was conducted to study the influence of adding copper and molybdenum either singly or in combination in diets on ruminal fermentation in Liaoning cashmere goats. Twelve castrated Liaoning cashmere goats, aged 18 months, ruminally fistulated, were randomly assigned into four groups and fed four different copper level(0, 20, 30, 40mg Cu /kg DM) diets. The trial was assigned into two period, fed a basal diet that was supplemented with either 0 or 5 mg

Mo/kg DM. And each period was fed with four diets with different copper levels (0, 19, 28, 38 mg Cu /kg, DM). The results indicated that: Supplemental 5mg Mo/kg DM in the basal diet significantly decreased ruminal fluid pH value, significantly increase ruminal ammonia nitrogen concentration, the molar proportions of acetic acid and the total volatile fatty acids ($P<0.05$); Different copper level in the basal had no effect on ruminal fluid pH value and ruminal ammonia nitrogen concentration, but enhanced the molar proportions of acetic acid, propionic acid and the total volatile fatty acids ($P<0.05$); Collaborate effect of copper and molybdenum on ruminal ammonia nitrogen concentration, the molar proportions of acetic acid, propionic acid ,butyric and the total volatile fatty acids has significantly changed($P<0.05$). The results suggested that the optimal copper and molybdenum of Cashmere Goats for ruminal fermentation were 5 mg Mo/kg DM and 20 mg Cu/kg DM of diet.

Key words　copper, molybdenum, ruminal fermentation, Liaoning cashmere goats

铜和钼是反刍动物机体正常生长发育所必需的微量元素，同时参与瘤胃微生物的生长代谢。铜一旦缺乏或过量，会影响瘤胃微生物生长和对纤维的消化，补饲适宜的铜可促进瘤胃微生物的生长，提高纤维消化率。Hubbert 等[1]、Evans 等[2]、Slyter 等[3]的体外研究表明，添加铜可提高瘤胃微生物对纤维的发酵，但过多的铜会抑制纤维的消化。添加铜能影响瘤胃挥发性脂肪酸(VFA)的产量，Zhang 等[4]体内试验研究表明，随铜水平增加，VFA 浓度下降。俞伟辉等[5]将钼作为亚硫酸盐氧化酶的组成成分，刺激了瘤胃微生物的代谢，促进饲料中粗纤维的消化。考虑到铜和钼的重要的生理作用，反刍动物日粮中应添加一定量的铜和钼，但铜与钼之间存在生理拮抗作用，日粮中的钼会干扰铜的吸收，影响了铜的生物学利用。Arthington 等[6]研究表明，适宜的铜钼比值能提高瘤胃微生物的数量，促进瘤胃对营养物质的消化。有关铜钼互作会瘤胃发酵的报道多是利用体外人工瘤胃方法进行研究，而应用体内法研究适宜的铜钼水平对反刍动物体内法瘤胃发酵的影响未见报道。因此，本试验通过研究日粮铜钼水平对绒山羊瘤胃 pH、氨氮浓度和 VFA 产量的影响，探讨铜钼水平对绒山羊瘤胃代谢指标的影响及铜、钼的互作关系，为绒山羊微量元素营养提供理论依据。

1　材料与方法

1.1　试验设计

试验选用装有永久性瘤胃瘘管的 18 月龄平均体重为(22±1.5)kg 辽宁绒山羊羯羊 12 只，采用完全随机分组设计，试验分为 Mo0 处理和 Mo5 处理，分为 4 组，每组 3 只羊。Mo0 处理日粮是在基础日粮中不加 Mo，Mo5 处理日粮是在基础日粮中加 Mo(DM)5 mg/kg，Mo0 和 Mo5 处理日粮分 4 个铜水平，即 0、20、30、40 mg/kg。每期的试验期为 14 d，其中预饲期12 d，试验开始前用广谱驱虫药驱虫。

1.2　试验日粮

参照 NRC(1981)山羊营养需要量配制试验羊的基础日粮，饲养水平为其维持需要的 1.2 倍，营养水平可满足 50 g 日增重的需要，基础日粮组成及营养成分见表 1。铜采用的是北京化工化学纯的氯化铜($CuCl_2 \cdot 2H_2O$)，其中铜的有效含量为 37.52%。钼采用的是北京化工化学纯的钼酸钠($Na_2MoO_4 \cdot 2H_2O$)，其中钼的有效含量为 39.65%。

表 1 基础日粮配方和营养成分(风干物质基础)

项目	含量
日粮组成/%	
羊草	50
苜蓿干草	20
玉米	17.75
麸皮	4.8
豆粕	6
食盐	1
磷酸氢钙	0.15
预混料①	0.3
总计	100
营养成分	
代谢能/(MJ/kg)	8.98
粗蛋白/%	11.60
钙/%	0.43
总磷/%	0.21
中性洗涤纤维/%	49.81
酸性洗涤纤维/%	33.29
铜/(mg/kg)	4.72
钼/(mg/kg)	0.16

注:① 每千克预混料含:铁 15.0 g,锰 12.0 g,锌 15.0 g,碘 240 mg,钴 30 mg,硒 30 mg,维生素 A 30 500 000 IU,维生素 D 6 100 000 IU,维生素 E 50 000 mg,维生素 B_1 3 000 g,维生素 K 2 000 mg,维生素 B_2 5 500 mg,维生素 B_6 2 500 mg,维生素 B_{12} 12 mg,泛酸钙 13 000 mg,烟酸 32 000 mg,叶酸 1 000 mg,生物素 35 000 mg。除代谢能为计算值外,其他均为实测值。

1.3 饲养管理

试验羊全部单栏饲养,每天在 06:00 和 18:00 分 2 次饲喂,自由饮水(水中未检测出铜和钼元素)。

1.4 瘤胃液的采集

在试验期分别在 06:00、09:00、12:00、15:00 4 个时间点采集瘤胃液,采集的瘤胃液置于 500 mL 烧杯中,经 40～60 μm 4 层尼龙布过滤后,用 pH 2-3 型酸度计测定 pH;测定 pH 后制样(3 000 r/min 离心 15 min 取上清液),上清液在－20℃保存待测。

1.5 试验分析方法

氨氮浓度采用冯宗慈等[7]的改进方法测定,挥发性脂肪酸(VFA)采用气相色谱仪(Shimadzu GC-9A PTF),FID 检测器,2mFFAP 填充柱,CDP-4A S 系列色谱数据处理机,参数参照熊本海[8]设置,用于测定 VFA。

1.6 统计分析

用 SAS V8 的 mix 模块对不同处理进行方差分析和多重比较,以 $P<0.05$ 作为差异显著性判断标准,结果表示为平均值±标准误表示。

2　结果

2.1　日粮铜钼水平对绒山羊瘤胃液 pH 的影响

从表 2 看出，各试验组不同时间点 pH 均有相同的变化趋势。饲喂后 pH 先迅速下降，在 3 h 内下降至最低，后随着时间推移缓慢上升。从均值上看，Mo5 处理内比较，Cu30 组的 pH 显著高于 Mo5-Cu0 组（$P<0.05$）。Mo0 与 Mo5 处理间比较，Mo0 处理 pH 显著高于 Mo5 处理（$P<0.05$）。从铜钼互作角度看，铜钼互作对 pH 影响差异不显著。

2.2　日粮铜钼水平对绒山羊瘤胃液氨氮浓度的影响

由表 3 可知，从均值看，Mo5 处理内比较，随着铜水平的增加，氨氮浓度有逐渐上升的趋势，而当铜水平达到 40 mg/kg 时，氨氮浓度有所降低，说明适宜的铜水平可以提高氨氮浓度，而过量的铜会降低氨氮浓度；从铜钼互作角度看，钼及铜钼互作对氨氮浓度影响差异显著（$P<0.05$）。

2.3　日粮铜钼水平对绒山羊瘤胃液挥发性脂肪酸浓度的影响

由表 4 可见，铜、钼及铜钼互作对乙酸浓度影响差异极显著（$P<0.01$）；Mo0 处理和 Mo5 处理内比较，均有随铜水平的增加呈先升高再降低的趋势，且不同铜水平之间差异显著（$P<0.05$）。其中 Mo5-Cu0 组乙酸浓度最大，这也与瘤胃液 pH 所反应的结果一样。

从丙酸浓度的均值看，铜及铜钼互作对丙酸浓度影响差异极显著（$P<0.01$），但钼对丙酸浓度影响差异不显著。从丁酸浓度的均值看，铜和钼对丁酸浓度影响差异不显著，但铜钼互作对丁酸浓度差异极显著（$P<0.01$）。从总 VFA 浓度的均值看，铜水平、钼水平及铜钼互作对总 VFA 影响差异显著（$P<0.01$）。

3　讨论

3.1　日粮铜钼水平对绒山羊瘤胃液 pH 的影响

冯仰廉[9]指出瘤胃液的正常 pH 在 6.0～7.0，本试验结果表明，除了 Mo5-Cu0 组，各试验组瘤胃 pH 均在正常生理值变化范围内，说明添加铜和钼没有影响正常瘤胃缓冲体系和瘤胃的微生态平衡，这有利于纤维等营养物质的发酵和瘤胃微生物生长。

本试验中 Mo0 处理 pH 显著高于 Mo5 处理，说明添加钼能降低瘤胃液的 pH，同时添加适宜水平的铜可以缓解 pH 的下降。Solaiman 等[10]研究表明，山羊补饲铜的试验对瘤胃 pH 没有明显影响；Zhang 等[4]在体外、体内的试验中补饲铜没有改变瘤胃 pH，与本试验结果一致。

3.2　日粮铜钼水平对绒山羊瘤胃液氨氮浓度的影响

氨氮是瘤胃微生物发酵的主要氮源，是影响微生物活性的重要指标，适宜的氨氮浓度是保证微生物蛋白合成效率的首要条件。本试验结果显示，添加适宜水平的铜可以提高氨氮浓度，添加钼也可以提高氨氮浓度，并且铜钼互作效应显著。Satter 等[11]指出，瘤胃适宜的发酵所需氨氮浓度在 5～23 mg/100 mL，从本试验结果看，各试验组瘤胃发酵氨氮浓度都在适宜范围内，尽管目前对氨氮的确切需要量仍存在争议，但氨氮的供给量必须超过微生物的需要量。王茂荣等[12]体外试验指出添加铜有明显促进瘤胃微生物生长，提高了饲料有机物发酵率的作

表 2 日粮铜钼水平对绒山羊瘤胃液 pH 的影响

项目	Mo 0 组				Mo 5 组				P		
	Cu0	Cu20	Cu30	Cu40	Cu0	Cu20	Cu30	Cu40	Cu	Mo	Cu×Mo
06:00	6.36±0.08^{ab}	6.38±0.22^{ab}	6.33±0.17^{ab}	6.53±0.14^{a}	5.99±0.01^{c}	6.23±0.05^{bc}	6.15±0.19^{bc}	6.26±0.11^{bc}	0.24	0.002	0.20
09:00	5.87±0.11^{a}	5.84±0.11^{a}	5.90±0.23^{a}	5.90±0.37^{a}	5.70±0.16^{a}	5.84±0.21^{a}	6.00±0.36^{a}	5.78±0.18^{a}	0.75	0.65	0.80
12:00	6.05±0.12^{ab}	6.06±0.15^{a}	6.07±0.24^{a}	5.99±0.47^{ab}	5.50±0.41^{b}	5.89±0.17^{ab}	6.05±0.32^{ab}	5.89±0.20^{ab}	0.49	0.10	0.54
15:00	6.28±0.08^{a}	6.21±0.13^{a}	6.13±0.11^{ab}	6.21±0.18^{a}	5.94±0.08^{b}	6.12±0.12^{ab}	6.14±0.15^{ab}	6.10±0.10^{ab}	0.89	0.03	0.22
均值	6.14±0.22^{a}	6.12±0.19^{a}	6.08±0.15^{a}	6.16±0.27^{a}	5.78±0.27^{b}	6.02±0.18^{ab}	6.09±0.20^{a}	6.01±0.19^{ab}	0.53	0.03	0.31

注:同行数据肩标不同小写字母表示差异显著($P<0.05$)。

表 3 日粮铜钼水平对绒山羊瘤胃液氨氮浓度的影响 mg/100 mL

项目	Mo 0 组				Mo 5 组				P		
	Cu0 组	Cu20 组	Cu30 组	Cu40 组	Cu0 组	Cu20 组	Cu30 组	Cu40 组	Cu	Mo	Cu×Mo
06:00	7.95±0.89^{a}	7.82±0.58^{a}	9.07±0.44^{a}	9.22±0.56^{a}	13.85±0.97^{b}	13.97±5.87^{b}	14.79±0.42^{b}	12.92±0.64^{b}	0.40	<0.01	0.14
09:00	9.46±0.38^{e}	11.99±0.61^{cd}	11.58±0.26^{d}	11.89±0.38^{cd}	14.20±0.22^{b}	15.57±1.03^{a}	16.59±0.63^{a}	14.48±0.83^{c}	<0.01	<0.01	<0.01
12:00	7.00±0.52^{d}	10.09±0.77^{d}	8.46±0.54^{c}	7.69±0.81^{d}	11.88±0.33^{ab}	11.04±0.37^{bc}	12.65±1.57^{a}	11.37±0.76^{abc}	0.18	<0.01	<0.01
15:00	6.91=0.00^{d}	10.64±0.51^{b}	8.27±0.62^{c}	8.63±1.22^{c}	11.32±0.45^{ab}	11.06±0.29^{b}	12.38±0.09^{a}	11.52±0.32^{ab}	<0.01	<0.01	<0.01
均值	7.83=1.17^{e}	10.13±1.66^{d}	9.34±1.72^{d}	9.36±2.16^{d}	12.81±1.39^{bc}	13.33±2.43^{ab}	14.10±1.94^{a}	12.15±1.34^{c}	0.06	<0.01	0.02

注:同行数据肩标不同小写字母表示差异显著($P<0.05$)。

表 4 日粮铜钼水平对绒山羊瘤胃液挥发性脂肪酸摩尔浓度的影响 mmol/L

项目	Mo 0 组				Mo 5 组				P		
	Cu0 组	Cu20 组	Cu30 组	Cu40 组	Cu0 组	Cu20 组	Cu30 组	Cu40 组	Cu	Mo	Cu×Mo
乙酸	35.92±4.88^{f}	42.18±4.72^{d}	45.51±5.34^{c}	39.16±6.08^{e}	47.75±4.93^{a}	45.82±5.19^{bc}	46.59±2.85^{b}	44.94±3.26^{c}	<0.01	<0.01	<0.01
丙酸	10.18±3.05^{de}	10.87±1.93^{bc}	10.68±1.82^{cd}	11.29±2.84^{b}	13.64±2.00^{a}	10.09±0.86^{de}	9.90±1.05^{e}	9.76±0.92^{e}	<0.01	0.51	<0.01
丁酸	5.53±0.94^{b}	6.27±0.97^{ab}	5.90±1.17^{b}	6.65±1.60^{a}	6.72±0.89^{a}	6.28±1.34^{ab}	5.71±1.09^{b}	5.64±0.59^{b}	0.25	0.99	<0.01
总 VFA	51.63±8.96^{e}	59.32±6.93^{c}	62.09±7.96^{b}	57.10±10.08^{d}	68.12±7.57^{a}	62.24±6.85^{b}	62.20±4.23^{b}	60.35±4.47^{c}	<0.01	<0.01	<0.01

注:表中乙酸、丙酸、丁酸及总 VFA 的浓度为 4 个时间的平均值。

用。本试验单独添加铜与此结果一致，在铜基础上添加钼能进一步促进氨氮浓度的提高，使微生物合成菌体蛋白的能力加强，其中 Mo5-Cu20 组和 Mo5-Cu30 组氨氮浓度最高。

3.3 日粮铜钼水平对绒山羊瘤胃液挥发性脂肪酸浓度的影响

乙酸是微生物慢速发酵饲料中的纤维物质产生的，从乙酸浓度的高低可以看出微生物降解纤维的活性。本试验 Mo5 组乙酸浓度显著高于 Mo0 组，说明添加钼可以促进微生物降解纤维的活性，使纤维降解率提高；张桂国等[13]研究表明添加钼及适宜水平的铜对肉牛纤维物质降解率有极显著的影响，与本试验得到的结果一致，说明日粮中适宜的铜钼水平对瘤胃微生物纤维降解有一定促进作用。铜水平、钼水平及铜钼互作对总 VFA 浓度影响差异显著，此结果与 Zhang 等[4]研究结果一致。

本试验结果表明，添加适宜的铜钼水平对乙酸、丙酸、丁酸和总 VFA 浓度影响显著，综合分析 VFA 各指标，可以得出 Mo5-Cu20 组和 Mo5-Cu30 组为最佳，有最适宜的瘤胃发酵水平。

4 结论

日粮中添加 5 mg/kg 的钼能显著降低瘤胃液的 pH，可以显著提高氨氮浓度、乙酸、总 VFA 的浓度；日粮中添加铜能显著提高乙酸、丙酸、总 VFA 的浓度，对 pH 和氨氮浓度影响差异不显著；铜钼互作对氨氮浓度、乙酸、丙酸、丁酸及总 VFA 的浓度影响差异显著。

参考文献

[1] Hubbe F Jr, Cheng E, Burroughs W. Mineral requirement of rumen microorganisms for cellulose digestion *in vitro* [J]. J Anim Sci, 1958, 17:559-568.

[2] Evans J L, Davis G K. Influence of sulfur, molybdenum, phosphorus and copper interrelationships in cattle upon cellulose digestion in vivo and *in vitro* [J]. J Anim Sci, 1966, 25:1 014-1 018.

[3] Slyter L L, Wolin M J. Copper sulfate-induced fermentation changes in continuous cultures of the rumen microbial ecosystem [J]. Appl Microbiol,1967, 15:1 160-1 164.

[4] Zhang W, Wang R L , Kleemann D O, et al. Effects of dietary copper on nutrient digestibility, growth performance and plasma copper status in cashmere goats [J]. Small Ruminant Res, 2008, 74: 188-193.

[5] 俞伟辉，毛燕杰，郭荣富. 微量元素钼与动物营养的研究进展[J]. 兽药与饲料添加剂，2007，12(2)：20-22.

[6] Anthington J D, Spears J W. Effects of tribasic copper chloride versus copper sulfate provided in corn and molasses-based supplements on forage intake and copper status of beef heifers [J]. J Anim Sci, 2007, 85: 871-876.

[7] 冯宗慈，高民. 通过比色测定瘤胃液氨氮含量方法的改进[J]. 内蒙古畜牧科学，1993，4:40-41.

[8] 熊本海，卢德勋. 绵羊瘤胃 VFA 吸收效率及模型参数的研究[J]. 动物营养学报，1991，11(增刊)：248-255.

[9] 冯仰廉. 反刍动物营养学[M]. 北京：科学出版社，2006.

[10] Solaiman S G, Maloney M A, Qureshi M A, et al. Effects of high copper supplements on performance, health, plasma copper and enzymes in goats [J]. Small Rumin Res, 2001, 41:127-139.

[11] Satter L D, Slyter L L. Effect of ammonia concentration on rumen microbial protein production in vitro [J]. Brit J Nutr, 1974, 32:199-208.

[12] 王茂荣，莫放，岳文斌，等. 无机铜添加对体外瘤胃微生物发酵的影响[J]. 中国农学通报，2008，24(11):19-23.

[13] 张桂国，杨在宾，李淑青. 不同钼铜水平对肉牛纤维物质降解率影响的研究[J]. 动物营养学报，2003，15(3):32-36.

日粮不同铜钼水平对辽宁绒山羊机体抗氧化性能的影响

张 瑜 许建海 朱晓萍 贾志海 张 微*

（中国农业大学动物科技学院，动物营养国家重点实验室，北京 100193）

该文发表在《中国畜牧杂志》2010，46(17)：30-33

摘要 试验选用性别一致、年龄、体重相近的36只健康辽宁绒山羊，研究日粮中添加不同水平的铜(0、19和38 mg/kg DM)和钼(0和5 mg/kg DM)对绒山羊机体抗氧化性能的影响。结果表明：①日粮添加铜可显著增强绒山羊机体抗氧化性能，显著提高血铜浓度、铜蓝蛋白、铜-锌-SOD及谷胱甘肽过氧化物酶活性($P<0.01$)，显著降低丙二醛含量($P<0.01$)，但添加铜19和38 mg/kg DM差异不显著($P>0.05$)。②日粮添加钼5 mg/kg DM显著提高谷胱甘肽过氧化物酶活性($P<0.01$)，对其他指标无影响($P>0.05$)。③铜钼对上述指标无显著互作效应($P>0.05$)，但在铜蓝蛋白、铜-锌-SOD和谷胱甘肽过氧化物酶上存在互作趋势。

关键词 铜；钼；抗氧化；绒山羊

Effect of Dietary Copper and Molybdenum Supplementation on the Function of Anti-oxidation in Cashmere Goats

ZHANG Yu, XU Jian-hai, ZHU Xiao-ping, JIA Zhi-hai, ZHANG Wei*

(College of Animal Science and Technology, State Key Laboratory for Animal Nutrition, China Agricultural University, Beijing 100193, China)

Abstract The experiment was employed with three levels of copper (0、19 and 38 mg/kg DM) and two levels of molybdenum (0 and 5 mg/kg DM) to study the effects of different levels of dietary copper and molybdenum on the function of anti-oxidation in Liaoning cashmere goats. The results indicated that supplementation of dietary copper could enhance the function of anti-oxidation in Liaoning cashmere goats significantly. And the concentration of plasma copper and the activity of serum Cp, Cu/Zn-SOD and GSH-Px increased significantly ($P<0.01$); the concentration of serum MDA decreased significantly ($P<0.01$). But the difference was not evident between the addition levels of copper (19 and 38 mg/kg DM) ($P>0.05$). With the supplementation of dietary molybdenum the activity of GSH-Px increased significantly ($P<0.01$). There was no impact of copper-molybdenum interaction on the function of anti-oxidation ($P>0.05$). However, there was a trend of copper-molybdenum interaction on the activity of serum Cu/Zn-SOD, GSH-Px and Cp ($P<0.10$).

Key words copper, molybdenum, anti-oxidation, cashmere goats

机体新陈代谢过程中产生的氧自由基,能攻击生物膜中的多不饱和脂肪酸,引发脂质过氧化作用,产生的脂质过氧化物其分解产物可引起细胞损伤。铜作为反刍动物必需的微量元素主要通过影响机体抗氧化酶活性、拮抗其他微量元素和有害物质的毒性以及与其他抗氧化物的协同作用来发挥抗氧化作用。动物在缺铜情况下机体内发生的各种病理生理变化与过氧化作用关系密切。

钼作为动物必需的微量元素与铜之间存在拮抗作用。研究表明,日粮钼含量过高会降低铜的利用率,导致继发性缺铜;钼含量过低则导致动物体内出现铜蓄积,甚至发生铜中毒。而铜含量过高也会使钼的吸收减少,尿中钼的排出量增加。张微等[1](2005)在内蒙古绒山羊日粮中添加铜显著提高了血浆铜浓度,且随着日粮铜水平的提高,血浆铜浓度、血清铜蓝蛋白(Cp)和超氧化物歧化酶(SOD)活性上升。吕爱军等[2](2005)在小尾寒羊日粮中添加不同水平的铜和钼研究表明,低钼条件下,提高铜水平不影响血清 Cp 活性;但当日粮中添加 2.5 mg Mo/kg DM 时,提高铜水平可显著增加血清 Cp 活性。而当铜水平一定时,随着日粮钼水平的升高血清 Cp 和血浆 SOD 活性显著降低。当钼水平一定时,提高铜水平并不能显著增加血浆 SOD 活性。李淑青等[3](2007)在肉牛日粮中添加不同水平的铜和钼研究表明,在同一铜水平下,低钼组牛血铜及血清 Cp 和血浆 SOD 活性普遍高于高钼组。在同一钼水平下,随着铜水平的提高,血铜、血清 Cp 和血浆 SOD 活性也随之提高。因此认为,研究铜对辽宁绒山羊机体抗氧化性能的影响时,有必要考虑铜钼的互作效应。

本文旨在研究日粮不同铜钼水平对辽宁绒山羊机体铜状态及抗氧化性能的影响及铜钼的互作效应。

1 材料与方法

1.1 试验动物与日粮

36 只体况良好、体重相近、平均(27.53±1.38) kg、1.5 周岁辽宁绒山羊,选自辽宁省辽宁绒山羊原种场,试验前统一用阿维菌素驱虫。

基础日粮参照 NRC(1981)山羊饲养标准配制,能量为 1.2 倍维持需要,铜、钼分别以氯化铜($CuCl_2 \cdot 2H_2O$)、钼酸钠($Na_2MO_4 \cdot 2H_2O$)(分析纯,分别含铜 99%、钼 99%,购自北京市化学试剂公司)的形式在饲料中添加。基础日粮配方及其营养成分见表 1。

1.2 试验设计

试验采用 2×3 因子完全随机区组设计,试验动物分为 6 组,每组 6 只,在基础日粮中添加 2 个水平 Mo(0 和 5 mg/kg DM)和 3 个水平 Cu(0、19 和 38 mg/kg DM)组成 6 组日粮分别进行饲喂。

1.3 饲养管理

试验羊单栏饲养,每日饲喂精料 300 g、粗料 700 g,分别于早 8:00 和晚 17:00 分两次供给,先粗后精,铜和钼添加在精料中,自由饮水。试验于辽宁绒山羊绒生长旺盛期(8~10 月份)进行,试验期 85 d,其中预试期 15 d,正试期 70 d。

表 1　基础日粮组成及营养成分(风干基础)

项目	含量
组成/%	
羊草	50.00
苜蓿干草	20.00
玉米	17.60
麸皮	5.00
豆粕	6.00
磷酸氢钙	0.10
食盐	1.00
预混料①	0.30
共计	100.00
营养成分	
代谢能/($MJ \cdot kg^{-1}$)	8.98
粗蛋白/%②	11.60
钙/%②	0.43
磷/%②	0.21
铜/($mg \cdot kg^{-1}$) ②	4.72
钼/($mg \cdot kg^{-1}$) ②	0.16

注:①每千克预混料含:维生素 A 3 050 万 IU;维生素 D 3 610 万 IU;维生素 E 50 000 mg;维生素 B_1 3 000 mg;维生素 K_3 2 000 mg;维生素 B_2 5 500 mg;维生素 B_6 2 500 mg;维生素 B_{12} 12 mg;泛酸钙 13 000 mg;烟酸 32 000 mg;叶酸 1 000 mg;生物素 35 000 mg;铁 15 g;锰 12 g;锌 15 g;碘 240 mg;钴 30 mg;硒 30 mg。②均为实测值。

1.4　样品采集与制备

在正试期最后一天晨饲前,颈静脉采血 20 mL,分别置于 2 个 10 mL 离心管中,其中一管加 1%的肝素钠,另一管不加抗凝剂,3 500 r/min 离心 10 min,分离血浆和血清并分装于 1.5 mL 离心管内,−20℃冰箱保存。血浆用于测定血铜浓度,血清用于测定 Cp、Cu/Zn-SOD 和 GSH-Px 活性及 MDA 含量。

1.5　测定指标及方法

血浆铜测定采用 GB/T 13885—92 原子吸收法(PERKIN-ELMER HGA-700 型原子吸收分光光度计,德国)。

血清铜蓝蛋白(Cp)测定采用联大茴香胺法[4];铜-锌-SOD(Cu/Zn-SOD)测定采用黄嘌呤氧化酶法[5];谷胱甘肽过氧化物酶(GSH-Px)测定采用 DTNB 显色法[5];丙二醛(MDA)测定采用 TBA 法[6]。以上试剂盒由南京建成生物工程研究所生产。

1.6　数据统计

试验数据分析采用 SPSS 13.0 统计软件包的 GLM 程序,按 2×3 因子完全随机设计对数据进行 F 值方差分析,以 $P<0.05$ 作为差异显著性判断标准,差异显著时采用 Duncan 氏法进行多重比较。

2　结果

日粮不同铜钼水平对辽宁绒山羊机体铜状态及抗氧化性能的影响结果见表 2。

表 2 日粮不同铜钼添加量对绒山羊机体铜状态及抗氧化特征的影响

项目	不加钼 Mo0			加钼 Mo5			铜的影响 Effect of Cu			钼的影响 Effect of Mo		SEM	P 值 P Value		
	Cu0	Cu19	Cu38	Cu0	Cu19	Cu38	Cu0	Cu19	Cu38	Mo0	Mo5		Cu	Mo	Cu×Mo
Plasma Cu/($\mu g \cdot g^{-1}$)	0.37	0.59	0.64	0.35	0.48	0.68	0.36^{A}	0.54^{B}	0.66^{B}	0.53	0.50	0.024	0.001	0.530	0.469
Serum Cp/($U \cdot L^{-1}$)	24.40	44.98	41.19	17.41	32.62	54.33	20.91^{A}	38.80^{B}	47.76^{B}	36.85	34.78	2.360	0.001	0.668	0.094
Serum Cu/Zn-SOD/($U \cdot mL^{-1}$)	61.68	72.99	64.38	61.40	70.44	72.16	61.54^{A}	71.72^{B}	68.27^{B}	66.35	68.00	0.818	0.001	0.334	0.057
Serum MDA/($nmol \cdot mL^{-1}$)	2.54	2.02	2.24	2.85	2.13	2.02	2.70^{A}	2.08^{B}	2.13^{B}	2.27	2.33	0.068	0.005	0.643	0.304
Serum GSH-Px/($\mu mol \cdot L^{-1}$)	129.46	175.38	159.08	138.21	216.73	256.97	133.84^{A}	196.06^{B}	208.03^{B}	154.64^{A}	203.97^{B}	7.036	0.002	0.004	0.062

注：①同行数据后不同大写字母者表示差异极显著($P<0.01$)；②SEM 为平均数标准误；③Cu 表示铜水平，Mo 表示钼水平，Cu×Mo 表示铜钼互作效应。

由表 2 可见，日粮添加铜可显著增强辽宁绒山羊机体抗氧化性能，显著提高了血铜浓度、Cp、Cu/Zn-SOD 及 GSH-Px 活性（$P<0.01$），显著降低了 MDA 含量（$P<0.01$），但添加 19 和 38 mg Cu/kg DM 差异不显著（$P>0.05$）。日粮添加 5 mg Mo/kg DM 对血铜浓度、Cp、Cu/Zn-SOD 活性及 MDA 含量无影响（$P>0.05$），但显著提高了 GSH-Px 活性（$P<0.01$）。铜钼对上述指标无显著互作效应（$P>0.05$），但在 Cp、Cu/Zn-SOD 和 GSH-Px 上存在互作趋势，统计分析差异不显著，P 值分别为 0.057、0.062、0.094。

3　讨论

3.1　日粮不同铜钼水平对辽宁绒山羊铜状态的影响

铜存在于动物机体的多个组织器官中，Engle 等[7]（2001）报道指出血浆铜、肝脏铜及血清胆固醇含量是监测反刍动物机体铜营养的最佳指标。其中，最常用的是血铜指标。本试验日粮添加铜显著提高了绒山羊血铜浓度，但添加 19 和 38 mg Cu/kg DM 差异不显著，这与张微等[1]（2005）在内蒙古白绒山羊日粮中添加 10、20 和 30 mg Cu/kg DM 提高了血铜浓度，但添加水平之间差异不大结果一致。李淑青等[3]（2007）在利木赞杂交公牛日粮中添加低、中、高三个水平的铜（10、25 和 50 mg/kg DM）研究表明，当日粮中不添加钼时，牛体血铜含量随着铜水平的升高而增加，但差异不显著；当添加 5 mg Mo/kg DM 时，低铜组牛血铜含量显著低于中、高铜组，但中、高铜组之间差异不显著。引起类似结果的原因是当日粮铜水平满足动物机体需要后，由于动物体稳衡机制的存在，随着铜添加量的增加，铜的消化率降低，其中一部分在肝中贮存，一大部分在消化道与胆汁中的氨基酸结合，二者形成复合物随粪便排出体外，从而使血铜含量保持基本恒定[8]。本试验日粮添加钼对血铜浓度无影响，其原因可能是由于绒山羊对日粮钼的耐受力较强。研究证实，不同种类的反刍动物对钼的耐受性差异很大，奶牛与肉牛最敏感，其次是绵羊，山羊耐受性较大。饲料中钼的最高允许剂量奶牛、肉牛为 5 mg/kg DM，绵羊、山羊为 10 mg/kg DM[9]。

3.2　日粮不同铜钼水平对辽宁绒山羊血清 Cp 的影响

血清 Cp 是一种含铜蛋白，其活性可以作为衡量反刍动物铜营养状况的指标。本试验日粮添加铜显著提高了绒山羊血清 Cp 活性，但添加 19 和 38 mg Cu/kg DM 差异不显著。这与张微等[1]（2005）在内蒙古白绒山羊日粮中添加 10、20 和 30 mg Cu/kg DM 得到的结果一致。李淑青等[3]（2007）在利木赞杂交公牛日粮中添加低、中、高三个水平的铜（10、25 和 50 mg/kg DM）研究表明，当日粮不添加钼时，牛体内血清 Cp 活性随铜水平的增加而升高，但差异不显著；添加 5 mg Mo/kg DM 时，低铜组牛血清 Cp 活性极显著低于中、高铜组，但中、高铜组差异不显著。Eckert[10]（1999）给朗布耶尔特绵羊日粮添加 10、20 和 30 mg Cu/kg DM 研究发现，28 d 时添加 30 mg Cu/kg DM 组母羊血浆 Cp 活性显著低于 10 和 20 mg Cu/kg DM 组。直到 73 d 时，这一结果依然存在，但统计分析差异不显著。引起类似结果的原因可能是由于动物体内稳衡机制的存在。本试验日粮添加钼对血清 Cp 活性无影响，这与血铜浓度上得到的结果一致。但铜和钼在血清 Cp 上存在互作趋势（$P=0.094$）。

3.3　日粮不同铜钼水平对辽宁绒山羊血清 Cu/Zn-SOD 的影响

动物体内总 SOD 包括 Cu/Zn-SOD 和 Mn-SOD。其中，Cu/Zn-SOD 是一种广泛存在于生物体内的含铜酶，由于铜是该酶催化中心的组成成分，因此，动物机体 Cu/Zn-SOD 活性可作为反映日粮铜水平的一个灵敏指标。本试验日粮添加铜显著提高了绒山羊血清 Cu/Zn-SOD 活性,添加 19 和 38 mg Cu/kg DM 差异不显著。这与血铜浓度上得到的结果一致。李淑青等[3](2007)在利木赞杂交公牛日粮中添加不同水平的铜和钼也得到类似结果。其原因是可能由于动物体内稳衡机制的存在。柴春彦等[5](2002)研究表明血铜浓度与血清 Cu/Zn-SOD 活性之间存在着极显著正相关。本试验不同钼水平对绒山羊血清 Cu/Zn-SOD 的影响与其对血铜浓度的影响一致。铜和钼在血清 Cu/Zn-SOD 上存在互作趋势($P=0.057$)。

3.4 日粮不同铜钼水平对辽宁绒山羊血清 GSH-Px 的影响

GSH-Px 是哺乳动物体内的一种含硒酶,也是体内重要的抗氧化物酶,其作用是清除 H_2O_2,并将脂质过氧化物 ROOH 还原成相应醇,使活性氧减少,从而减轻细胞膜多不饱和脂肪酸过氧化作用,降低不饱和脂肪酸和脂类被氧化的机会及 ROOH 分解产物引起的细胞损伤。柴春彦等[5](2002)通过研究铜缺乏对乳牛血液抗氧化功能的影响表明,给亚临床铜缺乏组乳牛日粮补加铜能够显著提高 40 d 后乳牛血清 GSH-Px 活性,且与健康组差异不显著。本试验日粮添加铜显著提高了绒山羊血清 GSH-Px 活性,但添加 19 和 38 mg Cu/kg DM 差异不显著,其原因可能是由于铜过量降低抗氧化酶系的活性,导致 O_2^-、H_2O_2 积累。过多的 O_2^-、H_2O_2 使还原型谷胱甘肽(GSH)氧化生成氧化型谷胱甘肽(GSSG),进而反馈抑制了 GSH-Px 活性,使机体清除过氧化物机能减弱而发生脂质过氧化[11]。本试验日粮添加 5 mg Mo/kg DM 显著提高了血清 GSH-Px 活性,其原因可能是由于硒作为 GSH-Px 的组成成分与钼之间存在着协同作用,这一作用在动物实验和细胞培养上已得到证明。且研究表明,饲料中添加钼可使羊血浆硒含量保持较高水平,钼硒合用表现出明显的协同作用,但作用机理尚不清楚[12]。本试验日粮铜钼在血清 GSH-Px 上存在互作趋势($P=0.062$)。

3.5 日粮不同铜钼水平对辽宁绒山羊血清 MDA 的影响

MDA 是脂质过氧化链式反应的终产物,其含量可间接反映自由基的产生情况和机体组织细胞的过氧化程度,是判断自由基损伤的重要指标。本试验日粮添加铜显著降低了绒山羊血清 MDA 含量,原因可能是添加铜提高了血清 Cu/Zn-SOD、GSH-Px 和 Cp 的活性,增强了机体抑制或清除脂质过氧化产生 MDA 的能力,导致血清 MDA 含量下降。本试验日粮添加 19 和 38 mg Cu/kg DM 差异不显著,其原因可能是由于铜过量会降低抗氧化酶系的活性,使机体清除过氧化物机能减弱而发生脂质过氧化[11]。本试验添加钼对血清 MDA 含量无影响,且铜和钼无显著互作效应。

4 结论

在辽宁绒山羊绒生长旺盛期,日粮添加铜可显著提高其机体抗氧化性能,但添加 19 和 38 mg Cu/kg DM 差异不显著。日粮添加 5 mg Mo/kg DM 对血铜浓度和血清 Cp、Cu/Zn-SOD 活性及 MDA 含量无影响,但显著提高了血清 GSH-Px 活性。本试验在血清 Cu/Zn-SOD、GSH-Px 和 Cp 上铜和钼存在互作趋势,统计分析差异不显著,P 值分别为 0.057、0.062、0.094。

参考文献

[1] 张微,朱晓萍,卢德勋,等.日粮铜水平对绒山羊血铜状况的影响[J].中国畜牧杂志,2005(11).

[2] 吕爱军，杨在宾，杨维仁，等. 不同铜钼水平对小尾寒羊血清铜蓝蛋白和血浆过氧化物歧化酶活性的影响[J]. 动物营养学报，2005(01).
[3] 李淑青，曹顶国，杨在宾. 日粮中不同钼铜水平对肉牛血液生化指标的影响[J]. 动物营养学报，2007(04).
[4] 郑建仙. 功能性食品[M]. 北京：中国轻工业出版社，1999.
[5] 柴春彦，刘国艳，石发庆. 铜缺乏对乳牛血液抗氧化功能的影响[J]. 动物科学与动物医学，2002(04).
[6] 齐广海. 生育酚在脂肪酸调控机体中的代谢及其对产品的作用[D]. 北京：中国农业科学院，1995.
[7] Engle T E, Fellner V, Spears J W. Copper status, serum cholesterol, and milk fatty acid profile in Holstein cows fed varying concentrations of copper steers [J]. J Dairy Sci, 2001, 84: 2308-2313.
[8] Mills C F. Biochemical and physiological indicators of mineral status in animals: copper, cobalt and zinc[J]. J Dairy Sci, 1987, 65: 1702-1711.
[9] 张乔，苏晓鸥，钱浩，等. 饲科添加剂大全[M]. 北京：北京工业大学出版社，1994: 115-116.
[10] Eckert G E, Greene L W, Carstens G E, *et al*. Copper status of ewes fed increasing amounts of copper from copper sulfate or copper proteinate[J]. J Dairy Sci, 1999, 77: 244-249.
[11] Meister A. Glutathione[J]. Annu Rev Biochem, 1983, 52: 711.
[12] 杨自军. 豫西地区钼的生态分布与绵羊钼中毒防治研究[D]. 南京：南京农业大学，2007: 38-39.

日粮铜钼水平对绒山羊产绒性能和血液相关激素的影响

张永升[1,2] 张 微[1] 朱晓萍[1] 张国发[3] 贾志海[1] 孙 岩[1]

(1. 中国农业大学动物科技学院，动物营养国家重点实验室，北京 100193；2. 深圳市康达尔养猪有限公司，广东深圳 518122；3. 大庆师范学院生命科学学院，黑龙江大庆 163712)

该文发表在《中国农业大学学报》2009，14(6)：68-72

摘要 研究日粮铜(Cu)钼(Mo)添加水平对快速长绒期绒山羊产绒性能和血液相关激素的影响。采用2×3完全随机试验设计，选取36只1.5周岁辽宁绒山羊，随机分为6组，每组6只，分别在基础日粮中添加3个水平的Cu(0、19和38 mg/kg，DM)和2个水平的Mo(0和5 mg/kg，DM)进行饲喂。结果表明：基础日粮中添加Cu 19 mg/kg绒山羊绒毛长度和绒生长速率明显增加($P<0.05$)，而对绒纤维细度没有影响($P>0.05$)；添加38 mg/kg的Cu有抑制羊绒生长的趋势($P>0.05$)，且显著降低了羊绒细度($P<0.05$)。Cu与Mo的互作对细度的影响极显著($P<0.01$)。日粮Cu、Mo水平对血液褪黑激素(MT)、甲状腺激素(T_3和T_4)水平均无影响($P>0.05$)；在日粮不加Mo和添加5 mg/kg的条件下，添加Cu 19 mg/kg均明显提高血液类胰岛素生长因子-I(IGF-I)的水平($P<0.05$)；低Mo水平下，添加19 mg/kg的Cu，提高血液MT的水平($P>0.05$)。高Mo则抑制IGF-I的分泌($P>0.05$)，且显著降低了催乳素(PRL)($P<0.05$)。未观测到Cu、Mo的互作对血液相关激素的影响($P>0.05$)。在绒山羊长绒期，日粮低Mo水平下，适宜添加19 mg/kg，DM的Cu；高Mo时，添加38 mg/kg，DM的Cu对绒山羊产绒性能效果最好。Cu促进山羊绒生长除与MT分泌有关外，还与IGF-I有关，可能与PRL、T_3和T_4无关。

关键词 绒山羊；铜；钼；激素；产绒性能

Effect of Cu and Mo Supplement Levels on Cashmere Performance and Blood Hormone in Cashmere Goats

ZHANG Yong-sheng[1,2], ZHANG Wei*[1], ZHANG Guo-fa[3], ZHU Xiao-ping[1], JIA Zhi-hai[1], SUN Yan

(1. College of Animal Science and Technology, State Key Laboratory for Animal Nutrition, China Agricultural University, Beijing 100193, China; 2. Shenzhen Kondarl Pig Farm Co. LTD., Shenzhen 518122, China; 3. Department of Life Science, Daqing Normal College, Daqing 163712, China)

Abstract This research was conducted to study the effect of adding copper and molybdenum either singly or in combination in diets on cashmere performance and blood hormone in cashmere goats during the cashmere growing period. A 2×3 factorial completely randomized experiment design was used. Thirty-six (1. 5-year-old) Liaoning cashmere goats were randomly selected by weight into six groups fed with diets at different levels of copper (0, 19 and 38 mg/kg, DM) and molybdenum (0 and 5 mg/kg, DM). The results showed that it significantly increased the length and growth rate of cashmere ($P<0.05$) but no effect on cashmere diameter ($P>0.05$) after adding Cu 19 mg/kg. Adding Cu 38 mg/kg decreased cashmere length ($P>0.05$), and significantly decreased cashmere diameter ($P<0.05$). Cashmere diameter was significantly affected by the interaction of Cu and Mo ($P<0.05$). There was no effect on melatonin (MT) and thyroid hormone (T_3 and T_4) ($P>0.05$). Insulin-like growth factor-I (IGF-I) concentration was increased by Cu supplementation at 19 mg/kg level ($P<0.05$). Adding Cu 19 mg/kg and without Mo increased the concentration of MT ($P>0.05$). High Mo decreased the concentration of IGF-I ($P>0.05$), and it significantly decreased the concentration of Prolactin (PRL) ($P<0.05$). The interaction of Cu and Mo had not been determined in blood hormone ($P>0.05$). The conclusion is that adding Cu 19 mg/kg in low Mo diet, or adding Cu 38 mg/kg in high Mo diet could achieve better performance for the cashmere goats during the cashmere growth period. Cu supplementation promote cashmere growth by increasing MT and IGF-I secretion while not affecting PRL, T_3 and T_4.

Key words Cashmere goat, Copper, Molybdenum, hormone, cashmere, performance

铜是动物必需的微量元素，缺 Cu 可以造成绵羊羊毛的数量和质量下降[1]。钼也是动物必需的微量元素。Mo 与 Cu 的代谢密切相关，日粮中 Mo 含量过高，会降低 Cu 的利用率，导致继发性缺 Cu；相反，Cu 含量过高时，会使 Mo 的吸收减少，尿中 Mo 的排出量增加[2]。因此，研究 Cu 对山羊绒生产以及其他与山羊绒生长相关激素的影响时，应该同时考虑日粮 Mo 的水平。

日粮适宜的微量元素 Cu 水平可以促进山羊绒生长，而且对羊绒细度没有影响[3]，Cu 促进山羊绒生长与褪黑激素（MT）分泌有关[4]。目前已知的与山羊绒生长相关的激素除 MT 外，还有催乳素（PRL）、类胰岛素生长因子-I（IGF-I）和甲状腺激素（T_3、T_4）。但是，Cu 对山羊绒生产的影响和其他与山羊绒生长相关激素 PRL、IGF-I、T_3 和 T_4 的关系尚不明确。本试验旨在研究日粮中 Cu、Mo 添加水平对绒毛快速生长期绒山羊产绒性能及相关激素的关系，为绒山羊微量元素营养的研究提供理论数据。

1 材料与方法

1.1 试验动物及试验日粮

从辽宁省辽宁绒山羊原种场选择体况良好、体重相近（(27.53±1.38) kg）的 1.5 周岁辽宁绒山羊 36 只，试验前统一用阿维菌素驱虫。试验日粮参照 NRC（1981）配制，能量供给为 1.2 倍的维持需要（表 1），Cu、Mo 分别以氯化铜、钼酸钠（分析纯）在日粮中添加，以玉米粉为载体逐级稀释到预混料后再与精料混合。

1.2 试验设计

采用 2×3 随机区组试验设计，随机分为 6 组，每组 6 只，分别在基础日粮中添加不同水平的 Cu、Mo（表 2）。试验于辽宁绒山羊快速长绒期（8—10 月份）进行，试验期 85 d，其中预试期

15 d,正试期 70 d。

表 1　日粮组成及营养水平

Table 1　Dietary composition and nutrient levels (air-dry basis)　%

原料	w	营养水平	w
羊草	50.0	DM	86.68
苜蓿干草	20.0	DE/(MJ/kg)	8.98
玉米	17.6	CP	9.94
麸皮	5.0	Ca	0.49
豆粕	6.0	P	0.29
磷酸氢钙	0.1	Cu/(mg/kg)	4.72
食盐	1.0	Mo/(mg/kg)	0.16
预混料*	0.3		
总计	100		

注：* 每千克预混料含：VA 3 050 万 IU，VD_3 610 万 IU，VE 50 g，VB_1 3 g，VK_3 2 g，VB_2 5.5 g，VB_6 2.5 g，VB_{12} 0.012 g，泛酸钙 13 g，烟酸 32 g，叶酸 1 g，生物素 35 g；$FeSO_4 \cdot 7H_2O$ 170 g，$MnSO_4 \cdot 5H_2O$ 290 g，$ZnSO_4 \cdot 7H_2O$ 240 g，KI 0.22 g，$CoCl_3 \cdot 6H_2O$ 0.51 g，$NaSeO_3$ 0.13 g。

表 2　试验处理日粮铜钼的添加量*

Table 2　Supplementation of copper and molybdenum in experimental diets　mg/kg

添加项目	对照	处理 1	处理 2	处理 3	处理 4	处理 5
Mo	0	0	0	5	5	5
Cu	0	19	38	0	19	38

注：* 为干物质添加量。

1.3　饲养管理

试验羊单笼饲养，每天喂精料 300 g、粗料 700 g，分两次于早 8:00 和晚 17:00 喂给，先喂粗料后喂精料，自由饮水。试验期间，每周根据生长需求调整饲喂量。

1.4　样品采集

在试验最后 1 d 晨饲前，从颈静脉采血 20 mL，分别置于 2 个 10 mL 离心管中，其中一管加抗凝剂(肝素钠)，另一管不加，3 500 r/min 离心 10 min 分离血浆和血清，分离的血浆和血清样品置于－20℃冰箱保存备用。其中血浆样品用于褪黑激素(MT)和催乳素(PRL)的测定，血清样品用于类胰岛素生长因子-I(IGF-I)、甲状腺激素(T_3 和 T_4)测定。

试验正式开始的前 1 d，在试验羊的右侧肩胛骨后缘 5 指处 10 cm×10 cm 面积上，用染发剂沿绒毛丛基部紧贴皮肤进行染色，试验结束时选择染色中心位置紧贴皮肤剪取有色带的绒毛丛，用于长度、生长速率和细度的测定。

1.5　测定指标和方法

1.5.1　血液激素的测定

MT 和 PRL 由北京华英生物研究所采用放射免疫法测定；IGF-I 和 T_3、T_4 的测定在中国农业科学院原子能利用研究所采用放射免疫法进行，所用试剂盒购自天津九鼎医学生物工程有限公司。

1.5.2　绒长和绒细度的测定

用钢板尺测定绒毛纤维的伸直长度，用奥达 2 000 动物纤维分析仪测定绒细度。

1.6　统计分析

所得数据用 Excel 进行处理，分析采用 SAS V8 的 GLM 程序，按 2×3 因子完全随机设计对数据进行 F 方差分析，以 $P<0.05$ 作为差异显著性判断标准。

2　结果与讨论

2.1　日粮不同铜钼添加水平对绒山羊产绒性能的影响

与未添加 Cu 组相比，添加 19 mg/kg 的 Cu 显著促进了羊绒的生长（$P<0.05$），且对绒细度的影响不大（$P>0.05$）；而添加 38 mg/kg 的 Cu 有抑制羊绒生长的趋势（$P>0.05$），且显著降低了羊绒细度（$P<0.05$）。添加 Mo 对羊绒的生长以及细度均没有影响（$P>0.05$）。Cu 与 Mo 的互作对细度的影响极显著（$P<0.01$），在绒长度及生长速率上有一定的互作趋势，但统计不显著（$P=0.076$）（表 3）。

本试验表明，在产绒性能上 Cu 与 Mo 存在互作效应，日粮高 Mo 水平下，以 38 mg/kg 的 Cu 添加效果较好。低 Mo 水平下添加 38 mg/kg 的 Cu 组羊绒细度较低，可能是由于此时 Cu 已经超出绒山羊对铜的耐受量，并且轻微影响到绒山羊机体健康，故会导致羊绒生长速率降低。

Zhang Wei 等研究表明，在绒山羊快速长绒期基础日粮中添加 Cu 20 mg/kg 能够极显著促进绒毛生长，但对羊绒细度没有影响[5]。孙江涛等报道，在基础日粮中添加 Cu 20 mg/kg 能够显著促进绒山羊慢速长绒期绒毛生长[4]。本试验结果与上述研究结果一致。

2.2　日粮不同铜钼添加水平对绒山羊血液相关激素的影响

日粮 Cu、Mo 水平对血液 MT、T_3 和 T_4 水平均无影响（$P>0.05$），日粮中添加 Cu 19 mg/kg 显著提高 IGF-I 水平（$P<0.05$），日粮高 Mo 则抑制 IGF-I 水平，但是差异不显著（$P>0.05$）。在低 Mo 水平下，基础日粮中添加 Cu 19 mg/kg 可提高 MT 水平，但是统计结果无显著差异（$P>0.05$）。基础日粮添加 Cu 对 PRL 无影响，但是高 Mo 显著降低了 PRL 的水平（$P<0.05$）。本试验中，在血液相关激素上未观测到 Cu、Mo 的互作效应（$P>0.05$）（表 4）。

本试验中，添加 Cu 有促进 MT 分泌的趋势，但统计结果差异不显著。孙江涛等研究表明，基础日粮添加 Cu 促进了慢速长绒期绒山羊褪黑激素夜间的分泌，对白天分泌没有影响[4]。主要原因是 MT 的分泌呈现周期性变化，即白天分泌少，夜间分泌多。与前人试验结果的差异可能与本试验测定的是白天 MT 水平有关。另外，当 MT 达到一定量后，由于动物机体自身调节作用，不能使 MT 继续上升，使 MT 浓度维持在正常生理允许范围之内[6]。

国内外大量的试验研究也证实，绒山羊皮下埋植 MT 可以促进山羊绒生长，但是学者们在绒山羊皮肤中并未找到 MT 受体，因此一致推测 MT 可能是通过改变其他激素而达到对山羊绒生长的调控。目前已知的与山羊绒生长相关的激素除 MT 外，还有 PRL、IGF-I、T_3 和 T_4。

本试验中，高 Mo 组的血浆 PRL 水平明显低于低 Mo 组（$P<0.05$），而不同 Cu 添加水平各组之间差异不显著（$P>0.05$）。该结果说明，日粮 Cu 水平对快速长绒期绒山羊血液 PRL 水平没有影响，Cu 促进山羊绒生长可能与 PRL 分泌量无关。此外，日粮 Mo 的水平对 PRL

表 3 日粮不同铜钼添加水平对绒山羊产绒性能的影响

Table 3 Effects of dietary Cu and Mo supplementation on cashmere fiber characteristics of the cashmere goats

项目	加铜/(mg/kg) 低钼(0 mg/kg)			加铜/(mg/kg) 高钼(5 mg/kg)			只加铜(mg/kg)			只加钼(mg/kg)		SEM	P		
	Cu0	Cu19	Cu38	Cu0	Cu19	Cu38	Cu0	Cu19	Cu38	Mo0	Mo5		Cu	Mo	Cu×Mo
绒长度/(cm)	3.99	4.77	3.60	3.86	4.17	4.22	3.93[a]	4.47[b]	3.91[a]	4.13	4.08	0.10	0.047	0.908	0.076
生长速率(mm/d)	0.57	0.66	0.51	0.55	0.59	0.60	0.56[a]	0.63[b]	0.55[a]	0.59	0.58	0.01	0.047	0.908	0.076
绒纤维细度/(μm)	17.25	17.27	14.98	16.24	16.80	16.17	16.74[b]	17.03[b]	15.58[a]	16.51	16.41	0.10	0.000	0.995	0.001

注:SEM 为平均数标准误,Cu 和 Mo 后面数字为添加水平,Cu×Mo 为铜水平与钼水平的互作,同一行比较,数字相同或不标字母的表示差异不显著($P>0.05$),不同字母的表示差异显著($P<0.05$),下同。

表 4 日粮不同铜钼添加水平对绒山羊血液相关激素的影响

Table 4 Effects of dietary copper and molybdenum supplementation on blood hormone in cashmere goats

项目	加铜/(mg/kg) 低钼(0 mg/kg)			加铜/(mg/kg) 高钼(5 mg/kg)			只加铜(mg/kg)			只加钼(mg/kg)		SEM	P		
	Cu0	Cu19	Cu38	Cu0	Cu19	Cu38	Cu0	Cu19	Cu38	Mo0	Mo5		Cu	Mo	Cu×Mo
褪黑激素/(pg/mL)	56.96	69.83	54.49	55.46	56.59	59.40	56.21	63.21	56.94	60.43	57.15	2.17	0.349	0.460	0.228
催乳素/(pg/mL)	0.83	0.76	0.91	0.71	0.51	0.56	0.77	0.64	0.74	0.83[b]	0.59[a]	0.04	0.390	0.009	0.555
类胰岛素生长因子-I/(ng/mL)	37.94	68.10	45.70	40.75	50.53	55.17	39.35[a]	59.32[b]	50.44[ab]	50.58	48.82	3.09	0.049	0.779	0.185
三碘甲状腺原氨酸/(ng/mL)	0.80	1.02	0.85	0.82	0.97	1.03	0.81	0.99	0.94	0.90	0.94	0.04	0.151	0.551	0.476
甲状腺素/(ng/mL)	54.31	62.67	51.20	47.23	60.35	51.53	50.77	61.51	51.37	56.06	53.04	2.61	0.171	0.568	0.851

水平有一定的影响，该结果有待进一步研究。Klören 等研究发现，绒山羊血浆中 PRL 质量浓度与 MT 质量浓度一样存在季节性变化规律，当日照由长逐渐变短，血浆中 PRL 质量浓度逐渐降低，而 MT 质量浓度则逐渐升高，伴随着 PRL 质量浓度降低和 MT 质量浓度升高，羊绒开始萌发，当山羊绒生长进入旺盛期，血浆 PRL 质量浓度降到最低水平[7-8]。目前关于 Cu、Mo 对绒山羊血浆 PRL 水平的影响还未见报道。

本试验表明，补加 Cu 可以促进 IGF-I 的分泌，其中在低 Mo 水平下，添加 19 mg/kg Cu 的分泌量最高；而在高 Mo 水平下，添加 38 mg/kg Cu 的分泌量最高；但是二者没有明显的互作效应。IGF-I 对绒毛的生长具有促进作用，Galbraith 等在绒山羊的体外培养毛囊研究中表现，IGF-I 能够刺激体外培养皮肤组织中初级和次级毛囊的活性升高，表明 IGF-I 对羊毛和羊绒生长均有促进作用[9]。已有资料研究表明，Cu 可以调节促生长类激素的分泌。日粮中添加的促生长剂量的 Cu 能透过血-脑屏障在脑中积累，使脑 Cu 含量增加。脑 Cu 含量增加可能刺激下丘脑释放生长激素释放激素，调控垂体生长激素（GH）基因的表达，也有可能是 Cu 直接调控垂体细胞 GH 基因的表达，产生较多的 GH。血浆 IGF-I 的水平由垂体 GH 调控肝脏合成的，而肝脏正是体内 Cu 贮存的主要部位。程忠刚等报道，高 Cu 可使肝脏中 IGF-I 水平显著升高，血清和肌肉中 IGF-I 水平有升高趋势，血浆 Cu 含量与内源 IGF-I 水平呈极大的正相关[10]。Mo 对动物体内 IGF-I 水平的影响尚未见报道。

本试验表明，日粮 Cu、Mo 水平对血液 T_3 和 T_4 水平均无影响（$P>0.05$），说明 Cu 促进山羊绒生长可能与 T_3、T_4 分泌量无关。有关血液中 T_3、T_4 浓度与山羊绒生长之间关系研究结果不一，有些研究认为绒毛生长与血液中 T_3、T_4 变化有直接关系[11]，而有些研究显示绒毛生长与血液中 T_3、T_4 水平关系不大[12]。已有研究表明，日粮添加 Cu 可增强甲状腺的机能。张苏江等报道，高 Cu 显著提高了猪生长前期游离甲状腺素（FT_4）的分泌[13]。高原等研究表明，日粮中添加 Cu 100～300 mg/kg 能显著促进循环血液中 FT_4、游离三碘甲状腺原氨酸（FT_3）的分泌量[14]。岳春旺等研究证实，甲状腺激素是参与山羊绒萌发与生长的重要激素，皮肤组织中的甲状腺激素（尤其是 T_3）在山羊绒萌发与生长中具有重要的意义[15]。

3　结论

在绒山羊快速长绒期，在产绒性能上 Cu 与 Mo 存在互作效应，日粮低 Mo 水平下，添加 Cu 19 mg/kg；高 Mo 水平下，添加 Cu 38 mg/kg 对山羊绒产绒性能最好。Cu 促进山羊绒生长除与夜间 MT 分泌有关外，还与 IGF-I 有关，但可能与 PRL、T_3 和 T_4 无关。

参考文献

[1] 恩德伍特 E. J. 人和动物营养中的微量元素[M]. 朱宣人，杨诗兴，杨胜，等，译. 北京：畜禽营养研究会，1983.

[2] 杨顺江. 动物微量元素营养学[M]. 武汉：湖北科技出版社，1989.

[3] 张微，朱晓萍，卢德勋，等. 内蒙古白绒山羊生绒期日粮适宜铜水平研究[J]. 中国农业大学学报，2004，9(3)：36-40.

[4] 孙江涛，张微，岳春旺，等. 日粮铜水平对绒山羊血浆褪黑激素水平及产绒性能的影响[J]. 中国农业大学学报，2008，13(2)：53-56.

[5] Zhang Wei, Wang Runlian, Zhu Xiaoping, et al. Effects of Dietary Copper on Ruminal Fermentation, Nutrient Digestibility and Fibre Characteristics in Cashmere Goats. [J]. Asian Australia Journal of Animal Science, 2007, 20(12): 1843-1848.

[6] 岳春旺,张微,孔祥浩,等. 褪黑激素对内蒙古白绒山羊产绒性能的影响[J]. 中国畜牧杂志,2007, 43(7): 32-34.

[7] Klören, W R L, Norton, B W. Fleece growth in Austrilian cashmere goats. II. The effect of pregnancy and lactation [J]. Journal of Agricultural Research, 1993a, 44(5): 1023-1034.

[8] Klören, W R L, Norton, B W, Waters, M J. Fleece growth in Australian cashmere goats. III. The seasonal patterns of cashmere and hair growth, and association with growth hormone, prolactin and thyroxine in blood [J]. Australian Journal of Agricultural Research, 1993b, 44(5): 1035-1050.

[9] Galbraith H, Sims D & Hazlerigs D. The effect of IGF-I on the growth of secondary hair follicles of the postoperative parenterally fed rats [J]. Journal of Parenteral and Enteral Nutrition, 1996, 20: 325-331.

[10] 程忠刚,林映才,许梓荣. 高铜促生长机理综述 [J]. 兽药与饲料添加剂,2001, 6(3): 33-35.

[11] Rhind, S M, McMillen, S R. Seasonal changes in systemic hormone profiles and their relationship to patterns of fibre growth and moulting in goats of contrasting genotypes [J]. Australian Journal of Agricultural Research, 1995, 46(6): 1273-1283.

[12] Klören, W R L, Norton, B W. Melatonin and fleece growth in Australian cashmere goats [J]. Small Ruminant Research, 1995, 17(2): 179-185.

[13] 张苏江,王哲,张光圣,等. 高铜对生长猪生长性能、血清激素水平及酶活性的影响[J]. 中国兽医学报, 2003, 23(2): 199-203.

[14] 高原,刘国文,冯海华,等. 高剂量铜对断乳仔猪血液激素和生长因子水平的影响[J]. 中国兽医科技, 2002, 32(5): 27-30.

[15] 岳春旺,朱晓萍,孔祥浩,等. 甲状腺激素与山羊绒生长关系的研究[J]. 中国农业大学学报,2007, 12(1): 51-55.

Effects of Dietary Zinc on Performance, Nutrient Digestibility and Plasma Zinc Status in Cashmere Goats

Wenbin Jia[a], Zhihai Jia[a], Wei Zhang[a], Runlian Wang[b], Shiwei Zhang[c], Xiaoping Zhu[a]

([a] College of Animal Science and Technology, China Agricultural University, Beijing 100193, P. R. China; [b] Department of Animal Science, Guangdong Ocean University, Zhanjiang 100037, P. R. China; [c] Liaoning cashmere goats breeding center, Liaoyang 111001, P. R. China)

该文发表在《Small Ruminant Research》2008,80(1-3):68-72

Abstract Thirty-six 1.0-year-old Liao Ning Cashmere Goat wethers ($BW=22.01\pm0.59$ kg) were used to determine the effects of dietary zinc (Zn) level on the performance, nutrient digestibility and plasma Zn status during the cashmere fiber growing period. The goats were randomly divided into four groups that were fed a basal diet containing 22.3 mg Zn/kg dry matter (DM) with 0, 15, 30 or 45 mg Zn/kg DM as reagent grade $ZnSO_4 \cdot 7H_2O$. The experiment lasted 60 days including a 7-day metabolism trial. Average daily gain (ADG) and feed efficiency were both improved ($P<0.05$) by Zn supplementation and were higher ($P<0.05$) for the treatment groups supplemented with 30 and 45 mg Zn/kg DM compared with 15 mg Zn/kg DM. Zn supplementation had no influence on the length and diameter of cashmere fiber ($P>0.05$). Digestibility of DM, crude protein (CP), neutral detergent fiber (NDF) and acid detergent fiber (ADF) did not differ among treatments ($P>0.05$). Plasma Zn concentrations were increased ($P<0.01$) by Zn supplementation, and were higher ($P<0.05$) for the treatment groups supplemented with 30 and 45 mg Zn/kg DM compared with the 15 mg Zn/kg DM treatment group. Zn apparent absorption rate and apparent retention rate were decreased ($P<0.05$) by Zn supplementation, but did not differ among Zn supplemented treatments ($P>0.05$). In conclusion, a control diet containing 22.3 mg Zn/kg DM was inadequate for achieving optimal growth performance in Cashmere goats, and the recommended level of dietary Zn for such goats is 52.3 mg /kg DM during the cashmere fiber growing period.

Key words Zinc, Performance, Nutrient digestibility, Plasma Zinc, Cashmere goats

1 Introduction

Zinc (Zn) has been demonstrated to be an essential nutrient for ruminants. It has been reported that low level of dietary Zn could lead to the following symptoms: depraved appetite (Ott et al., 1964), reduced growth performance (Miller et al., 1965; Neathery et al.,

1973), lower feed efficiency (Miller et al., 1965; Ott et al., 1965), loose wool (Ott et al., 1964) and reduced wool growth (Reis and Sahlu, 1994; White et al., 1994). Classical signs of severe Zn deficiency are uncommon in ruminants. However, a marginal Zn deficiency may be a more widespread occurrence (Spears, 1989; Sandoval et al., 1997).

There has been some research concerning effects of Zn supplementation on production performance and plasma Zn status in ruminants, but results from cattle studies have not been consistent. For example, Spears and Kegley (2002) reported increased average daily gain (ADG) in growing steers when a diet with 33 mg Zn/kg dry matter (DM) was supplemented with 25 mg Zn/kg DM. However, Nunnery et al. (2007) reported that heifers fed a diet containing 75 mg Zn/kg DM tended to have lower ADG compared with a control group (containing 52.5 mg Zn/kg DM). Mandal et al. (2007) reported no difference in plasma Zn in calves when dietary Zn was increased from 32.5 to 67.5 mg/kg DM. In contrast, Wright and Spears (2004) found higher plasma Zn in Holstein calves consuming a diet supplemented with 20 mg Zn/kg DM compared with calves consuming a basal diet containing 28 mg Zn/kg DM.

Limited research has evaluated the effects of Zn supplementation on performance, nutrient digestibility and plasma Zn status in goats. Chhabra and Arora (1985) observed that plasma Zn concentrations were higher in goats fed a basal diet (15 mg Zn/kg DM) supplemented with 65 mg Zn/kg DM than the control group. Puchala et al. (1999) found that supplementation of Angora goats consuming a diet with 22 mg Zn/kg DM with 40 mg Zn/day had positive effects on ADG and mohair yield. Salama Ahmed et al. (2003) reported increased digestibility of DM, organic matter (OM) and crude protein (CP) in dairy goats supplemented with 1 g/day organic Zn in their diet.

China is the largest producer of cashmere fiber, with yields accounting for 50% of the world's total production (Zhang et al., 2008). The Liao Ning Cashmere Goat is one of the major Cashmere goat. The currently recommended dietary levels of 10—30 mg/kg DM in goats (ARC, 1980; NRC, 1981) are based on earlier research with grazing animals. However, animal performance and feeding schemes have changed considerably compared to before. The optimal dietary Zn in Cashmere goats has not been properly established, and effects of dietary Zn concentration on growth, cashmere fiber characteristics and nutrient metabolism are not well understood. Therefore, objectives of the present study were to determine effects of dietary Zn level on performance, nutrient utilization and plasma Zn concentration in Liao Ning Cashmere Goats during the cashmere fiber growing period.

2 Materials and methods

2.1 Animals, diets and feeding

Thirty-six Liao Ning Cashmere Goat wethers (approximately 1.0-year-old; 22.01±0.59 kg initial BW) were used for this experiment. The animal care, handing and sampling procedures were approved by the China Agriculture University Animal Care and Use Committee. Goats were housed in individual wooden pens with slotted wooden floors in an open-sided barn. The basal diet was formulated to meet or exceed all the nutrient requirements for goats with the exception of Zn (NRC, 1981) (Table 1). Chinese wildrye hay was offered once a day *ad libitum*, and concentrate (240 g/animal) was supplied in two equal amounts at 08:30 h and 17:00 h. The concentrate mixture included corn and wheat barn as energy sources and soybean meal as a protein source. The basal diet (DM basis) contained 22.3 mg Zn/kg, 7.93 mg Cu/kg, 123 mg Fe/kg and 1.05 mg Mo/kg. After 14 days of adaptation, goats were stratified by weight and randomly assigned to the following treatments: 0 (control), 15, 30 or 45 mg Zn/kg DM added to the premix using finely maize flour as a carrier. The experiment lasted 60 days including a 7-day metabolism trial. Daily feed offerings and refusals were measured to obtain feed intake for each goat. During the experiment period, clean drinking water with no detectable amounts of Zn was provided in plastic barrels.

Table 1　Ingredients and chemical composition of the basal diet

Item	Concentration
Ingredient (%, fed basis)	
Hay[a]	70.0
Corn	19.0
Wheat bran	4.20
Soybean meal	5.40
Limestone	0.10
Dicalcium phosphate	0.30
NaCl	0.99
Vitamin premix[b]	0.01
Chemical composition (DM basis)	
Metabolizable energy (ME) (MJ/kg)[c]	8.43
Crude protein (%)	9.74
Dry matter (%)	90.5
Neutral detergent fiber (%)	50.1
Acid detergent fiber (%)	30.9
Calcium (%)	0.45
Phosphorus (%)	0.30
Zn (mg/kg)	22.3

[a] 92.3% DM, 8.44% CP, 0.51% Ca, 0.20% P, 1.08 mg/kg Mo, 166 mg/kg Fe, 8.53 mg/kg Cu.

[b] 93.7% DM, 54,000,000 IU/kg vitamin A, 10,800,000 IU/kg vitamin D, 18,000 IU/kg vitamin E.

[c] Calculated value (NRC,1981).

2.2　Collection of data and samples

Diets were sampled weekly and stored in plastic bags for chemical analysis. BW was obtained before goats were fed in the morning on three consecutive days at the start and end of the experiment. Blood samples were collected on day 0, 15, 30, 45 and 60 via jugular venipuncture in heparinized-trace tubes before the goats were fed in the morning. Blood samples were centrifuged at 3 000×g for 15 min, then plasma was put into 5 ml polyethylene tubes and frozen at −20℃ until analysis.

A 5×5 cm area of fiber on the right scapular area was shorn at the beginning of the study. On day 60 fiber samples were collected by stainless steel clippers from the 5×5 cm area. The samples were stored in sealed polythene bags at room temperature before cashmere fiber length and diameter analyses.

During the last week of the experiment, four goats from each treatment with similar feed intakes were shifted to metabolic cages for separate collection of faeces and urine. After a 2-day adapted period, total faeces and urine were collected for 5 days for each goat. Total faeces and urine excreted in 24 h were collected into plastic bags and weighted at 08:30 h daily. 10% of the faeces and urine were subsampled into plastic bags. To prevent N loss, 50 ml 10% sulfuric acid was added to the samples. Samples were immediately labeled and frozen at −20℃ until they were analyzed.

2.3 Analytical procedures

DM content of feeds and faeces samples were determined after drying at 105℃ for 24 h in a forced air-drying oven (AOAC, 1990). N contents of feeds, faeces and urine samples were determined by the Kjeldahl method after acid hydrolysis (AOAC, 1990). Neutral detergent fiber (NDF) and acid detergent fiber (ADF) were measured according to Van Soest et al. (1991). P concentration of feed samples was determined by colorimetry (AOAC, 1990). The concentration of Ca was determined by wet ash method (AOAC, 1990). Zn, Cu, Fe and Mo concentrations in feeds and Zn concentration in faeces, water, urine and plasma were analyzed via atomic absorption spectrophotometry (Model 5 100, HGA-600 Graphite Furnace; Perkin-Elmer, USA). The length of cashmere fiber was estimated using a scaled ruler (Zhang et al., 2008), and the diameter of cashmere fiber was measured on a random sample of 100 fibers as described by Shahabad et al. (1992).

2.4 Statistical analysis

The data were analyzed using the GLM procedure (SAS, 1988). The following model was used: $Y_{ij}=\mu+T_i+\varepsilon_{ij}$, where Y_{ij} is the dependent variables; μ is the overall mean; T_i is the effect of Zn supplementation ($i=1, 4$); ε_{ij} is the random error. Duncan's multiple range tests were used to detect statistical significance between treatment groups.

3 Results

3.1 Performance

Data on growth performance and cashmere fiber characteristics are shown in Table 2. Results indicated that there was no difference in DMI among treatments ($P>0.05$). ADG and feed efficiency were both improved ($P<0.05$) by Zn supplementation and were higher

($P<0.05$) for the treatment groups supplemented with 30 and 45 mg Zn/kg DM compared with the 15 mg Zn/kg DM. There were no differences in the length and diameter of cashmere fiber among treatments ($P>0.05$).

Table 2 Effect of dietary zinc supplementation on length and cashmere fiber characteristics of Cashmere goats

Item	Added Zn (mg/kg DM)				S. E. M.
	0	15	30	45	
Dry matter intake (g)	692	696	706	697	6.3
Average daily gain (g)	32.2 c	38.8 b	45.7 a	43.5 a	2.06
Gain: feed	0.047 c	0.056 b	0.065 a	0.062 a	0.0030
Cashmere length (cm)	2.98	3.02	3.02	3.00	0.078
Cashmere growth rate (mm/day)	0.049	0.503	0.503	0.500	0.0131
Cashmere diameter (μm)	14.4	14.7	14.8	15.3	0.55

Means within the same row with different letters (a-c) are different ($P<0.05$).

3.2 Nutrient utilization

There were no differences in digestibility of DM, CP, NDF and ADF among treatments ($P>0.05$) (Table 3). Zn supplementation had no influence on N balance or N retention ($P>0.05$), but excretion of N in urine was lower ($P<0.05$) for the 45 mg Zn/kg DM treatment group than for the control group.

Table 3 Effect of dietary zinc supplementation on nutrient utilization of Cashmere goats

Item	Added Zn (mg/kg DM)				S. E. M.
	0	15	30	45	
DM digestibility (%)	63.6	63.1	62.0	62.2	1.08
CP digestibility (%)	65.4	65.0	67.7	65.8	2.11
NDF digestibility (%)	53.4	51.7	51.0	50.7	1.48
ADF digestibility (%)	51.7	52.5	49.1	50.2	3.97
N intake (g/day)	10.8	10.8	11.0	10.9	0.10
Faeces N (g/day)	3.74	3.80	3.56	3.71	0.237
Urine N (g/day)	3.97 a	3.66 ab	3.71 ab	3.47 b	0.212
N balance (g/day)	3.09	3.40	3.75	3.68	0.308
N retention (%)	28.6	31.3	34.0	33.9	2.83

Means within the same row with different letters (a and b) are different ($P<0.05$).

3.3 Plasma zinc

Effects of dietary Zn on plasma Zn concentration of goats are shown in Table 4. At the beginning of the experiment there was no difference in plasma Zn concentrations among treatment groups ($P>0.05$). However, Plasma Zn concentrations on day 15, 30, 45 and 60 of the experiment were increased ($P<0.01$) by all levels of Zn supplementation and were higher ($P<0.05$) for the treatment groups supplemented with 30 and 45 mg Zn/kg DM compared with the 15 mg Zn/kg DM.

Table 4 Effect of dietary zinc supplementation on plasma zinc of Cashmere goats (mg/l)

Day	Added Zn (mg/kg DM)				S. E. M.
	0	15	30	45	
0	0.85	0.84	0.86	0.83	0.060
15	0.87 c	1.17 b	1.35 a	1.33 a	0.068
30	0.83 c	1.24 b	1.42 a	1.38 a	0.048
45	0.80 c	1.20 b	1.40 a	1.38 a	0.038
60	0.84 c	1.24 b	1.41 a	1.35 a	0.054

Means within the same row with different letters (a-c) are different ($P<0.05$).

3.4 Zn apparent absorption and retention

Faeces Zn excretion ranked ($P<0.05$) 0<15<30<45 mg Zn/kg DM (Table 5). However, there was no difference in urine Zn excretion among treatments ($P>0.05$). Zn apparent absorption rate and apparent retention rate were decreased ($P<0.05$) by Zn supplementation, but did not differ among Zn supplemented treatments ($P>0.05$).

Table 5 Effects of dietary zinc supplementation on zinc apparent absorption and retention of Cashmere goats

Item	Added Zn (mg/kg DM)				S. E. M.
	0	15	30	45	
Zn Intake (mg/day)	15.4 d	25.9 c	36.9 b	46.9 a	0.30
Faeces Zn(mg/day)	11.9 d	21.2 c	30.6 b	40.4 a	0.53
Urine Zn (mg/day)	0.393	0.410	0.415	0.400	0.013 5
Zn retention (mg/day)	3.20 b	4.39 b	5.91 a	6.13 a	0.681
Zn apparent absorption rate (%)	23.3 a	18.5 b	17.1 b	13.9 b	2.15
Zn apparent retention rate (%)	20.7 a	16.9 b	16.0 b	13.1 b	2.15

Means within the same row with different letters (a-c) are different ($P<0.05$).

4 Discussion

4.1 Performance

The result in DMI was in line with the finding of Puchala et al. (1999) that supplementation of a basal diet containing 22 mg Zn/kg DM with 40 mg/day of Zn had no effect on DMI by Angora goats during a 120-day period. Similarly, Garg et al. (2008) indicated that DMI was not affected by adding 20 mg Zn/kg DM to a basal diet with a Zn level of 34 mg Zn/kg DM. Mandal et al. (2007) also did not find any effect on DMI in bulls supplementing with 35 mg Zn/kg DM while consuming a diet containing 32.5 mg Zn/kg DM. However, Malcolm-Callis et al. (2000) found a linear effect of level Zn supplementation (20, 100 and 200 mg Zn/kg DM) in DMI by finishing steers consuming a diet with 70 mg Zn/kg DM. These results indicate that normal dietary Zn concentrations do not influence DMI, but higher concentrations may have a negative on diet palatability (Malcolm-Callis et al., 2000). Dietary levels of Zn in the current experiment were within normal ranges and would not affect diet palatability.

Goats fed the control diet containing 22. 3 mg Zn/kg DM gained less weight than the supplemented goats, suggesting that this level of Zn was inadequate for the normal growth of Cashmere goats. Similar to our results, Puchala et al. (1999) reported that a 40 mg Zn/day addition to a basal diet containing 22 mg Zn/kg DM increased ADG by Angora goats. These results suggest a higher Zn requirement of goats than recommended by NRC (1981) (i. e. , 10 mg Zn/kg DM). In addition, a higher Zn requirement than recommended by NRC (2001) has already been suggested for cattle (Spears and Kegley, 2002; Mandal et al. , 2007). Based on feed efficiency with the different dietary Zn levels of the present experiment, the addition of 30 mg/kg DM Zn to the basal diet containing 22. 3 mg Zn/kg DM is optimal for the growth performance of Cashmere goats.

There has been no research of effects of dietary Zn on cashmere fiber in Cashmere goats, but some research has been conducted with other animals (White et al. , 1994; Puchala et al. , 1999). White et al. (1994) indicated a positive influence of dietary Zn on wool growth in Merino lambs. Moreover, Puchala et al. (1999) found that supplementation of a basal diet containing 22 mg Zn/kg DM with 40 mg/day of Zn improved mohair yield, but did not affect mohair length or diameter of Angora goats. In contrast, Grace and Lee (1992) found that high Zn intake had no effects on fleece weight, fiber length and fiber diameter in sheep. In the current study, cashmere fiber length and diameter were not affected by Zn supplementation. It is suggested that the basal diet with 22. 3 mg Zn/kg DM can support normal cashmere fiber growth in Cashmere goats, and supplementation above that level has no further impact.

4. 2 Nutrient utilization

The results in nutrient digestibility were in agreement with Mandal et al. (2007) who indicated that DM, CP, ADF and NDF digestibility were not affected by dietary Zn in bulls fed a basal diet (32. 5 mg Zn/kg DM) supplemented with 35 mg Zn/kg DM. By contrast, Salama Ahmed et al. (2003) observed that apparent digestibility of DM and CP was higher in dairy goats receiving a diet supplemented with 1g/day of organic Zn. In addition, Garg et al. (2008) found that supplementation of a diet containing 34 mg Zn/kg DM with 20 mg of organic Zn/kg DM improved ADF digestibility in lambs, but DM, CP and NDF digestibility were not affected. A likely reason for observations of no effect on digestibility of Zn supplementation is that Zn requirements of rumen microbes were met by the basal diet.

In the present study, N balance and N retention ($P>0.05$) were not affected by Zn supplementation. Similar to our results, Garg et al. (2008) did not find any effects of Zn supplementation on N balance and N retention in lambs. It appears that the basal diet in the present experiment containing 22. 3 mg Zn/kg DM was sufficient for optimum N metabolism in the Cashmere goats.

4.3 Plasma zinc

The normal plasma Zn range in ruminants is 0.9—1.5 mg/l (ARC, 1980). Results of the present study indicate that control animals were deficient in Zn because the plasma Zn concentration was below 0.9 mg/l. Similar to our results, Chhabra and Arora (1985) found that plasma Zn concentrations were higher in goats fed a basal diet (15 mg Zn/kg DM) supplemented with 65 mg Zn/kg DM than in control goats. Puchala et al. (1999) also noted higher serum Zn concentrations in Angora goats consuming a diet containing 22 mg Zn/kg DM when supplemented with 40 mg/day of Zn. When Zn is adequate, supplemental Zn would not be expected to increase plasma Zn concentration due to homeostatic mechanisms (Lu, 2004), indicating that the optimal supplemental Zn concentration for Cashmere goats was 30 mg/kg DM (total of dietary Zn 52.3 mg/kg DM).

4.4 Zn apparent absorption and retention

Apparent absorption and retention are general indicators of the amount of a specific nutrient absorbed from the gastrointestinal tract and retained in the body, respectively (Vierboom et al., 2003). In the present study, apparent absorption was 23.3, 18.5, 17.1 and 13.9% for supplemental Zn levels of 0, 15, 30 and 45 mg Zn/kg DM, respectively. However, early studies indicate that apparent absorption of Zn ranges from 12.1 to 36.7% in ruminant animals (ARC, 1980; Salama Ahmed et al., 2003; Mandal et al., 2007; Garg et al., 2008). Differences observed between these studies might be caused by animal status and age and dietary factors including Zn concentration in the basal diet, source, and level of supplementation. Interactions of Zn with other minerals such as Fe, Ca and Cd should also be considered. The observed Zn apparent absorption values also confirm findings of Reid et al. (1987) in regards to a decrease in the percentage of absorbed Zn with increasing dietary Zn level (Reid et al., 1987). The treatment effects on faecal but not urine Zn excretion support findings of Reid et al. (1987) that goats regulate Zn balance primarily through faecal Zn output.

5 Conclusion

A diet containing 22.3 mg Zn/kg DM did not meet the Zn requirement of Liao Ning Cashmere Goats during the cashmere fiber growing period. Based on growth performance and plasma Zn status, an addition of 30 mg Zn/kg DM to the diet (total of dietary Zn 52.3 mg/kg DM) will meet the Zn requirement of Cashmere goats.

Acknowledgement

This work was supported in part by a grant from National Key Technologies R & D Program (No. 2006BAD14B07 and 2006BAD01A11).

References

[1] AOAC, 1990. Official Methods of Analysis, 15th ed. Association of Official Analytical Chemists, Arling-

ton, Virginia, pp. 40-90.

[2] ARC, 1980. The Nutrient Requirements of Ruminant Livestock. Commonwealth Agricultural Bureaux, Farnham Royal, London, pp. 258-262.

[3] Chhabra, J. K., Arora, S. P., 1985. Effect of Zn deficiency on serum vitamin A level, tissue enzymes and histological alterations in goats. Livest. Prod. Sci. 12, 69-77.

[4] Garg, A. K., Mudgal, Vishal., Dass, R. S., 2008. Effect of organic zinc supplementation on growth, nutrient utilization and mineral profile in lambs. Anim. Feed Sci. Technol. 144, 82-96.

[5] Grace, N. D., Lee, J., 1992. Influence of high zinc intakes, season, and staple site on the elemental composition of wool and fleece quality in grazing sheep. N. Z. J. Agric. Res. 35, 367-373.

[6] Lu, D. X., 2004. An introduction to systems-nutrition animals. Chinese Agricultural Press, Beijing, pp. 362.

[7] Malcolm-Callis, K. J., Duff, G. C., Gunter, S. A., Kegley, E. B., Vermeire, D. A., 2000. Effects of supplemental zinc concentration and source on performance, carcass characteristics and serum values in finishing beef steers. J. Anim. Sci. 78, 2 801-2 808.

[8] Mandal, G. P., Dass, R. S., Isore, D. P., Garg, A. K., Ram, G. C., 2007. Effect of zinc supplementation from two sources on growth, nutrient utilization and immune response in male crossbred cattle (Bos indicus×Bos taurus) bulls. Anim. Feed Sci. Technol. 138, 1-12.

[9] Miller, W. J., Pitts, W. J., Clifton, C. M., Morton, J. D., 1965. Effects of zinc deficiency per se on feed efficiency, serum alkaline phosphatase, zinc in skin, behavior, greying, and other measurements in the Holstein calf. J. Dairy. Sci. 48, 1 329-1 334.

[10] Neathery, M. W., Miller, W. J., Blackmon, D. M., Pate, F. M., Gentry, R. P., 1973. Effects of long term zinc deficiency on feed utilization, reproductive characteristics, and hair growth in the sexually mature male goat. J. Dairy. Sci. 56, 98-105.

[11] NRC, 1981. Nutrient Requirements of Goats. National Academy Press, Washington, DC. pp. 7.

[12] Nunnery, G. A., Vasconcelos, J. T., Parsons, C. H., Salyer, G. B., Defoor, P. J., Valedz, F. R., Galyean, M. L., 2007. Effects of source of supplemental zinc on performance and humoral immunity in beef heifers. J. Anim. Sci. 85, 2 304-2 313.

[13] Ott, E. A., Smith, W. H., Stob, Martin., Beeson, W. M., 1964. Zinc deficiency syndrome in the young lamb. J Nutr. 82, 41-50.

[14] Ott, E. A., Smith, W. H., Stob, Martin., Parker, H. E., Beeson, W. M., 1965. Zinc deficiency syndrome in the young calf. J. Anim. Sci. 24, 735-741.

[15] Puchala, R., Sahlu, T., Davis, J. J., 1999. Effects of zinc-methionine on performance of Angora goats. Small Rumin. Res. 33, 1-8.

[16] Reis, P. J., Sahlu, T., 1994. The nutritional control of the growth and properties of mohair and wool fibers: a comparative review. J. Anim. Sci. 72, 1 899-1 907.

[17] Reid, R. L., Jung, G. A., Stout, W. L., Ranney, Teal. S., 1987. Effect of varying zinc concentrations on quality of alfalfa for lambs. J. Anim. Sci. 64, 1 735-1 742.

[18] Salama Ahmed, A. K., Cajat, G., Albanell, E., Snch, X., Caslas, R., 2003. Effects of dietary supplements of zinc-methionine on milk production, udder health and zinc metabolism in dairy goats. J. Dairy Res. 70, 9-17.

[19] Sandoval, M., Henry, P. R., Littell, R. C., Cousins, R. J., Ammerman, C. B., 1997. Estimation of the relative bioavailability of zinc from inorganic zinc sources for sheep. Anim. Feed Sci. Technol. 66, 223-235.

[20] SAS, 1988. SAS user's guide: Statistics, SAS Inst. Inc., Cary, NC.

[21] Shahjalal, M. D., Galbraith, H., Topps, G. H., 1992. The effect of changes in dietary protein and energy on growth, body composition and mohair fiber characteristics of British Angora goats. Anim. Prod. 54, 405-412.

[22] Spears, J. W., 1989. Zinc methionine for ruminants: relative bioavailability of zinc in lambs and effects of growth and performance of growing heifers. J. Anim. Sci. 67, 835-843.

[23] Spears, J. W., Kegley, E. B., 2002. Effect of zinc source (zinc oxide vs zinc proteinate) and level on performance, carcass characteristics, and immune response of growing and finishing steers. J. Anim. Sci. 80, 2 747-2 752.

[24] Van Soest, P. J., Roberston, J. B., Lewis, B. A., 1991. Methods for dietary fiber NDF and non-starch polysaccharides in relation to animal nutrition. J. Dairy. Sci. 74, 3 583-3 597.

[25] Vierboom, M. M., Engle, T. E., Kimberling, C. V., 2003. Effects of gestational status on apparent absorption and retention of copper and zinc in mature Angus cow and Suffolk ewes. Asian-Aust. J. Anim. Sci. 16, 515-518.

[26] Wright, C. L., Spears, J. W., 2004. Effect of zinc source and dietary level zinc metabolism in Holstein calves. J. Dairy. Sci. 87, 1 085-1 091.

[27] White, C. L., Martin, G. B., Hynd, P. I., Chapman, R. E., 1994. The effect of zinc deficiency on wool growth and skin and wool follicle histology of male Merino lambs. Br. J. Nutr. 71, 425-435.

[28] Zhang, W., Wang, R. L., Kleemann, David, O., Lu, D. X., Zhu, X. P., Zhang, C. X., Jia, Z. H., 2008. Effect of dietary copper on nutrient digestibility, growth performance and plasma copper status in cashmere goats. Small Rumin. Res. 74, 188-193.

Effects of Source of Supplemental Zinc on Performance, Nutrient Digestibility and Plasma Mineral Profile in Cashmere Goats

Wenbin Jia[a], Xiaoping Zhu[a], Wei Zhang[a], Jianbo Cheng[b], Cuihua Guo[a], Zhihai Jia[a]

([a] College of Animal Science and Technology, China Agricultural University; [b] College of Animal Science and Technology, Anhui Agricultural University, Hefei 230036,P. R. China.)

该文发表在《Asian-Australasian Journal of Animal Science》2009,22(12):1648-1653

Abstract This experiment was designed to evaluate the effects of source of supplemental zinc (Zn) on performance, nutrient digestibility and plasma mineral profile in Cashmere goats during the cashmere fiber growing period. Twenty-seven Liao Ning Cashmere goat wethers (9—10 month of age; initial BW=19.31±0.32 kg) were fed a basal diet (containing 22.3 mg Zn/kg DM) with no supplemental Zn (control) or 20 mg of supplemental Zn/kg of DM from Zn sulfate ($ZnSO_4$) or Zn methionine (ZnMet) for 60 days including a 10-day metabolism trial. Average daily gain (ADG) ($P<0.05$) and gain: feed (G/F) ($P<0.05$) were increased by Zn supplementation, but no differences were noted between Zn sources ($p>0.05$). The length and diameter of cashmere fiber did not differ among treatments ($p>0.05$). Zn supplementation had no influence on digestibility of DM, CP, EE and NDF ($P>0.05$). However, ADF digestibility in the group supplemented with ZnMet was significantly higher than that in other treatments ($P<0.05$). Plasma Zn was increased ($P<0.05$) and Cu tended to be decreased ($P=0.057$) by Zn supplementation, but no differences were found between Zn sources ($P>0.05$). Plasma alkaline phosphatase activity (AKP) was improved by Zn supplementation ($P<0.05$) and was higher in $ZnSO_4$ than ZnMet group ($P<0.05$). Zn retention was increased ($P<0.05$) and apparent absorption rate was decreased ($P<0.05$) by Zn supplementation. Results indicate that supplementation of 20 mg Zn/kg DM either $ZnSO_4$ or ZnMet in the basal diet containing 22.3 mg Zn/kg DM can improve the growth performance in Cashmere goat, and effectiveness of the two sources is similar in performance measurements.

Key words Cashmere goat, Nutrient digestibility, Performance, Plasma mineral profile, Zinc

1 Introduction

Zinc (Zn) is an essential element required by ruminants for a number of biochemical functions. Early work suggests that Zn deficiencies can affect growth, reproduction, immune system and gene expression in ruminants (Underwood and Suttle, 1999). In recent years, use of organic Zn for supplementation of ruminant diets has increased but whether organic forms are more effective than inorganic forms remains controversial. For example, Garg et al. (2008) observed significantly improved ADG and feed efficiency in lambs given ZnMet compared to $ZnSO_4$ supplemented group. Puchala et al. (1999) found ADG were greater for Angora goats supplemented with ZnMet compared to ZnO group. In contrast, Nunnery et al. (1996) reported that ADG by steers supplemented with $ZnSO_4$ was 7.4% greater than those supplemented with ZnMet, but feed intake and efficiency were similar. Droke et al. (1998) reported no differences in ADG and gain: feed (G/F) in lambs fed ZnO or ZnMet. Similar results were also observed in Angus and Hereford×Angus heifers (Spears and Kegley, 2002).

China is the largest producer of cashmere fiber, accounting for 50% of the world's total production (Bai et al., 2006). The Inner Mongolian White Cashmere goat and Liao Ning White Cashmere goat are two of the major Cashmere goat breeds in China (Zhang et al., 2007). There is no information available regarding supplementary effects of different Zn sources in Cashmere goats. Therefore, the objective of the current study was to investigate effects of dietary supplementation with ZnMet or $ZnSO_4$ on cashmere fiber growth, nutrient digestibility and plasma mineral profile in Liao Ning Cashmere goats.

2 Materials and methods

All procedures were approved by the China Agricultural University Institutional Animal Care and Use committee.

2.1 Animals, diets and feeding

Twenty-seven Liao Ning Cashmere goat wethers (9—10 month of age, 19.31±0.32 kg mean BW) were housed in individual wooden pens (1.8 m×2.1 m) with ad libitum access to a diet consisting of 70% hay (Chinese wildrye) and 30% concentrate. Ingredient and chemical composition of the basal diet are shown in Table 1. The basal diet was formulated to meet nutritional requirements of goats gaining 50 g/d (NRC, 1981). Feeds were offered daily at 08:30 and 17:00 h in two equal portions. Goats had ad libitum access to water (less than 0.01 mg Zn/L, other minerals undetectable) throughout the study except during BW measurements.

All Cashmere goats were fed the basal diet for 14 d, then stratified by BW and assigned randomly to one of three experimental treatments (n=9 goats per treatment): 1) control (no supplemental Zn), 2) 20 mg Zn/kg DM from $ZnSO_4$, and 3) 20 mg Zn/kg DM from ZnMet. Zn was added to the premix using finely ground maize as a carrier and mixed with concentrate. The experiment lasted 60 days including a 10-d metabolism trial.

Table 1　Ingredients and chemical composition of the basal diet

Item	Concentration
Ingredient (%, as fed basis)	
Hay[a]	70.0
Corn	19.0
Wheat bran	4.20
Soybean meal	5.40
Limestone	0.10
Dicalcium phosphate	0.30
Salt	0.99
Vitamin premix[b]	0.01
Chemical composition (DM basis)	
Crude protein (%)	9.74
Dry matter (%)	90.5
Neutral detergent fiber (%)	50.1
Acid detergent fiber (%)	30.9
Calcium (%)	0.45
Phosphorus (%)	0.30
Zn (mg/kg)	22.3
Cu (mg/kg)	7.93
Fe (mg/kg)	256.3
Mn (mg/kg)	15.8

[a] 92.3% DM, 8.44% CP, 0.51% Ca, 0.20% P, 1.08 mg/kg Mo, 166 mg/kg Fe, 8.53 mg/kg Cu.

[b] Provided per kilogram of diet: 54,000,000 IU of vitamin A, 10,800,000 IU of vitamin D, 18,000 IU of vitamin E.

2.2 Sample collection

Daily feed offerings and refusals were recorded prior to the morning feeding to obtain feed intake for each goat. BW was obtained before the goats were fed in the morning for three consecutive days at the start and end of the experiment. Blood samples were collected on d 60 via jugular venipuncture in heparinized-trace tubes prior to the morning feeding. Blood samples were centrifuged at 3 000×g for 15 min and plasma was frozen at −20℃ in 5 ml polyethylene tubes until analysis.

Goats were shorn a 10 cm^2 patch of fibers on the right scapular at the beginning of the study. On d 60 fiber samples were removed using stainless steel clippers from the 10 cm^2 patch. The samples were stored in sealed polythene bags at room temperature until analysis.

On d 35, all goats were allocated to metabolic cages to study the effects of Zn source on apparent nutrient digestibility. After a 7-d adaptation period, total faeces and urine were collected from each goat for 3 d. Faeces and urine in 24 h were collected into plastic bags and weighted at 08:30 h daily. Approximately 10% of the faeces and urine were sub-sampled into plastic bags. To prevent N loss, 50 ml of 10% sulfuric acid was added to the samples. Samples were immediately labeled and frozen at −20℃ until analysis.

2.3 Analytical procedures

DM content of feeds and faeces samples were determined after drying at 105℃ for 24 h in a forced air-drying oven (AOAC, 1990). N contents of feeds, faeces and urine samples were determined by the Kjeldahl method (AOAC, 1990). Neutral detergent fiber (NDF) and acid detergent fiber (ADF) were measured according to Van Soest et al. (1991). Ether extract (EE) was determined by the Soxhlet method after extraction with petroleum ether (AOAC, 1990). Ca and P concentrations of feed samples were determined by wet ash method (AOAC, 1990) and colorimetry (AOAC, 1990), respectively. Zn, Cu, Fe and Mn concentrations of the feeds and plasma, Zn concentrations of fecal, water and urine were analyzed via atomic absorption spectrophotometry (Model 5100, HGA-600 Graphite Furnace; Perkin-Elmer, USA). Plasma AKP was measured using an alkaline phosphatase kit (Nanjing Jiancheng Bioengineering Institute, China). The length of cashmere fiber was estimated using a scaled ruler (Zhang et al., 2007), and its diameter measured on a random sample of 200 fibers as described by Shahjalal et al. (1992).

2.4 Statistical analysis

The data were analyzed using the GLM procedure (SPSS, 1996). The following model was used: $Y_{ij}=\mu+T_i+\varepsilon_{ij}$, where Y_{ij} is the dependent variables; μ is the overall mean; T_i is the effect of Zn supplementation ($i=1, 3$); ε_{ij} is the random error. Duncan's multiple range tests were used to detect statistical significance between treatments.

3 Results and Discussion

3.1 Performance and nutrients digestibility

Table 2 Effects of source of supplemental Zn on growth performance and cashmere fiber characteristics of Cashmere goats

Item	Treatment diet			SEM	P-value
	Control	$ZnSO_4$	ZnMet		
DMI (g/d)	702	706	707	2.5	0.780
ADG (g)	35.7^b	41.3^a	42.7^a	1.27	0.037
G/F (g/g)	0.051^b	0.059^a	0.060^a	0.006	0.044
Cashmere length (cm)	3.02	3.05	3.03	0.083	0.895
Cashmere growth rate (mm/d)	0.50	0.51	0.51	0.138	0.895
Cashmere diameter (μm)	14.33	14.58	14.75	1.001	0.864

Means in the same row with different superscripts differ significantly ($P<0.05$).

SEM=Standard error of the mean.

Zn supplementation, regardless of source, increased ADG and G/F ($P<0.05$) during the experiment (Table 2), but no differences were noted between Zn sources ($P>0.05$). Limited research has evaluated the effects of Zn supplementation on growth performance in the goat. Similar to our results, Jia et al. (2008) found that ADG and G/F were increased when 15—45 mg Zn/kg DM were supplemented to a basal diet containing 22 mg Zn/kg DM in Liaoning Cashmere goats. Puchala et al. (1999) found Zn supplementation significantly improved ADG in Angora goats.

No differences were observed in ADG between two Zn sources. Results of previous studies indicated that growth performance did not differ in cattle supplemented with different Zn sources at the similar concentration that used in the present study. Spears et al. (1991) reported no differences in ADG in calves supplemented with 25 mg Zn/kg DM of either Zn-Met or ZnO. The addition of 25 mg of Zn/kg from Zn proteinate did not improve performance of steers fed a corn silage-based diet relative to ZnO-supplemented steers during the growing phase (Spears and Kegley, 2002). However, when Zn was supplemented at a relatively high level (120 mg Zn/d), goats fed the ZnMet had higher ADG than those fed inorganic Zn (Puchala et al., 1999). These results corroborate with the findings of Wright and Spears (2004) who observed no differences between organic and inorganic Zn sources when Zn was supplemented at a relatively low level.

As shown in Table 2, DMI was not affected by Zn supplementation ($P>0.05$), which is in agreement with Puchala et al. (1999). They found that DMI of Angora goats was unaffected by Zn supplementation. Similarly, supplementation of Zn to a basal diet containing more than 25 mg Zn/kg DM had no effect on DMI in dairy goats (Salama Ahmed et al., 2003), growing lambs (Garg et al., 2008) and beef steers (Mandal et al., 2007).

Data on cashmere fiber characteristics are present in Table 2. No differences ($P>0.05$) were observed among treatments for the length and diameter of cashmere fiber. Research evaluating the effect of Zn supplementation on fiber growth is limited, and results are not consistent. Jia et al. (2008) indicated that Zn supplementation did not affect the length and diameter of cashmere fiber in Liaoning Cashmere goats. However, different result was observed by Puchala et al. (1999) who found that supplementation with 40 mg Zn/d (the basal diet containing 22 mg Zn/kg DM) improved mohair yield but did not affect mohair length and diameter in Angora goats. In addition, wool growth was increased in Merino sheep fed on a diet containing 17 mg Zn/kg compared with 10 mg Zn/kg (White et al., 1994). In the current study, the cashmere fiber growth and diameter were not affected by Zn supplementation. It is speculated that the level of Zn in the basal diet can support normal cashmere fiber growth in Cashmere goat, and supplementation above that level has no further impact.

No differences were noted in digestibility of DM, CP, EE and NDF among the treatment groups ($P>0.05$) as displayed in Table 3, however, ADF digestibility in the group supplemented with ZnMet was significantly higher than that in other groups ($P<0.05$). The unchanged digestibility of DM, CP, EE and NDF in the present study was not consistent with the results in dairy goats (Salama Ahmed et al., 2003) which showed that Zn supplementation at 1 g/d (ZnMet) increased digestibility of DM, OM and CP. However, Mandal et al. (2007) and Garg et al. (2008) did not observe any effect on digestibility of DM, CP, EE and

NDF due to Zn supplementation from organic and inorganic in steers and lambs, respectively. In agreement with the current experiment, the increase in digestibility of ADF was also found in previous study in Muzaffarnagari male lambs (Garg et al., 2008), although the reason was not clear.

Table 3 Effects of source of supplemental Zn on nutrient digestibility of Cashmere goats (%)

Item	Treatment diet			SEM	P-value
	Control	$ZnSO_4$	ZnMet		
DM	63.5	63.6	62.6	1.55	0.676
CP	66.6	63.0	65.9	5.95	0.696
EE	60.1	59.2	62.1	3.45	0.762
NDF	53.3	52.5	51.4	2.61	0.637
ADF	51.4^{b}	50.9^{b}	54.6^{a}	0.01	0.030

Means in the same row with different superscripts differ significantly ($P<0.05$).

SEM=Standard error of the mean.

3.2 Plasma mineral profile and AKP

Plasma Zn was increased ($P<0.05$) and Cu tended to be decreased by Zn supplementation ($P=0.057$), but no differences were found between Zn sources ($P>0.05$) (Table 4). Concentrations of Mn and Fe in plasma were not affected ($P>0.05$) by dietary treatments.

Table 4 Effects of source of supplemental Zn on plasma mineral profile and APK of Cashmere goats

Item	Treatment diet			SEM	P-value
	Control	$ZnSO_4$	ZnMet		
Zn (mg/L)	0.87^{b}	1.14^{a}	1.17^{a}	0.15	0.001
Cu (mg/L)	0.84	0.69	0.70	0.03	0.057
Mn (mg/L)	10.51	11.28	11.12	0.56	0.239
Fe (mg/L)	39.87	42.93	43.86	5.33	0.587
APK (U/L)	140.42^{c}	171.75^{a}	156.23^{b}	156.13	0.008

Means in the same row with different superscripts differ significantly ($P<0.05$).

SEM=Standard error of the mean.

It was shown that plasma Zn concentration was increased by Zn supplementation. Chhabra and Arora (1985) reported that plasma Zn concentrations were higher in goats fed a basal diet (15 mg Zn/kg DM) supplemented with 65 mg Zn/kg DM than in control goats. Similarly, Garg et al. (2008) found that plasma Zn concentrations were higher in growing lambs fed a basal diet (34 mg Zn/kg DM) supplemented with 20 mg Zn/kg DM ($ZnSO_4$ or ZnMet) than those in control lambs. In contrast, Greene et al. (1988) measured serum Zn of heifers fed no supplemental Zn or supplemental Zn (360 mg/d) from ZnO or ZnMet in a basal diet containing 81 mg/kg DM on d 1, 28, 56, 84 and 112, and reported no difference among treatments on sampling data. Different responses to Zn supplementation may be related to the differences of initial Zn status. Dietary Zn contents for control (15 to 34 mg/kg

DM) in these studies was lower than the 81 mg/kg DM used for steers in the study of Greene et al. (1988).

Cu is considered to be a major Zn antagonist. In previous studies (Mandal et al., 2007; Garg et al., 2008) supplementing 20 to 35 mg/kg DM of Zn to diets containing 32.5 to 34 mg of Zn/kg DM did not affect plasma Cu concentrations in beef steers and lambs. However, in the present study plasma Cu concentrations tended to be higher in control group compared with goats supplemented with 20 mg of Zn/kg DM. It was probably due to the fact that the level of Cu (7.93 mg/kg DM) in the basal diet was lower than that in the above studies (15.1 to 18.5 mg/kg DM).

Zn supplementation had no effect on plasma Fe and Mn contents. This is in agreement with findings in calves (Kincaid et al., 1997) and lambs (Garg et al., 2008). Kincaid et al. (1997) reported no difference in serum Fe of Holstein calves as affected by supplemental Zn source and level. Garg et al. (2008) did not find any effect on serum Mn levels in the lambs on supplementation of 20 mg Zn/kg through different sources (ZnMet or $ZnSO_4$) in the basal diet containing 34 mg Zn/kg DM.

In our study, plasma AKP was improved by Zn supplementation ($P<0.05$) and was higher ($P<0.05$) in $ZnSO_4$ group than ZnMet group. Blood AKP has been used as an indication of animal Zn status. Khandaker and Telfer (1990) reported higher plasma AKP in Zn-adequate than Zn-deficient sheep. Spears (1989) showed that ZnO and ZnMet supplementation improved plasma AKP compared to control lambs and steers. The current results indicate plasma AKP is greater in $ZnSO_4$ group than ZnMet group. This agrees with Hatfield et al. (2001) who noted serum AKP tended to be greater in sulfate- than in complex-supplemented ewes. These results indicate that organic Zn may be metabolized differently than inorganic forms.

3.3 Zn apparent absorption and retention

Table 5 Effects of source of supplemental Zn on Zn apparent absorption and retention of Cashmere goats

Item	Treatment diet			SEM	P-value
	Control	$ZnSO_4$	ZnMet		
Zn intake (mg/d)	15.66[b]	29.84[a]	29.90[a]	7.00	0.001
Fecal Zn (mg/d)	11.84[b]	24.47[a]	24.62[a]	6.34	0.001
Urine Zn (mg/d)	0.41	0.41	0.39	0.41	0.087
Zn retention (mg/d)	3.41[b]	4.96[a]	4.88[a]	1.05	0.044
Zn apparent absorption rate (%)	24.40[a]	18.03[b]	17.65[b]	4.17	0.016

Means in the same row with different superscripts differ significantly ($P<0.05$).

SEM=Standard error of the mean.

Data on Zn metabolism are presented in Table 5. The intake and fecal Zn were significantly higher ($P<0.05$) and apparent absorption rate was significantly lower ($P<0.05$) in both Zn supplementation treatment groups as compared to the control group, but no differences were noted between Zn sources ($P>0.05$). Similar to our results, Spears (1989) supplemented lambs fed a semi-purified diet with 5 mg of Zn/kg DM from ZnO or ZnMet and noted a similar apparent absorption of Zn for the two Zn sources and a low urinary excretion of Zn in lambs receiving ZnMet. In the same study, when 20 mg Zn/kg from ZnO or ZnMet was added to an orchardgrass hay-based diet containing 30 mg Zn/kg, apparent absorption and retention of Zn was similar for both treatments, but urinary Zn was lower in lambs receiving ZnMet (Spears, 1989). These results indicate $ZnSO_4$ and ZnMet may be metabolized differently in the body.

4 Implications

The results of this study indicate that $ZnSO_4$ and ZnMet are of similar availability based on performance in Liaoning Cashmere goats. Zn supplementation to a diet containing 22.3 mg Zn/kg DM diet increased growth performance in Cashmere goat during the cashmere growing period. Further research is needed to determine the Zn requirements of Cashmere goats.

References

[1] AOAC, 1990. Official Methods of Analysis, 15th ed. Assoc. Offic. Anal. Chem., Arlington, VA.

[2] Bai, J. Y., Q. Zhang, J. Q. Li, E. J. Dao and X. P. Jia. 2006. Estimates of genetic parameters and genetic trends for production traits of Inner Mongolian White Cashmere goat. Asian-Aust. J. Anim. Sci. 19:13-18.

[3] Chhabra, J. K and S. P. Arora. 1985. Effect of Zn deficiency on serum vitamin A level, tissue enzymes and histological alterations in goats. Livest. Prod. Sci. 12:69-77.

[4] Droke, E. A., G. P. Gengelbach and J. W. Spears. 1998. Influence of level and source (inorganic vs organic) of zinc supplementation on immune function in growing lambs. Asian-Aust. J. Anim. Sci. 11:139-144.

[5] Garg, A. K., M. Vishal and R. S. Dass. 2008. Effect of organic zinc supplementation on growth, nutrient utilization and mineral profile in lambs. Anim. Feed Sci. Technol. 144:82-96.

[6] Greene, L. W., D. K. Lunt, F. M. Byers, N. K. Chirase, C. E. Richmond, R. E. Knutson and G. T. Schelling. 1988. Performance and carcass quality of steers supplemented with zinc oxide or zinc methionine. J. Anim. Sci. 66:1818-1823.

[7] Hatfield, P. G., C. K. Swenson, R. W. Kott, R. P. Ansotequi, N. J. Roth and B. L. Robinson. 2001. Zinc and copper status in ewes supplemented with sulfate- and amino acid-complexed forms of zinc and copper. J. Anim. Sci. 79:261-266.

[8] Jia, W. B., Z. H. Jia, W. Zhang, R. L. Wang, S. W. Zhang and X. P. Zhu. 2008. Effects of dietary zinc on performance, nutrient digestibility and plasma zinc status in Cashmere goats. Small Rumin. Res. 80:68-72.

[9] Kincaid, R. L., B. P. Chew and J. D. Cronrath. 1997. Zinc oxide and amino acids as sources of dietary zinc for calves: Effects on uptake and immunity. J. Dairy. Sci. 80:1381-1388.

[10] Khandaker, Z. H and S. B. Telfer. 1990. Treatment of zinc deficiency in sheep by zinc containing bolu-

ses. Asian-Aust. J. Anim. Sci. 3:53-59.

[11] Mandal, G. P., R. S. Dass, D. P. Isore, A. K. Garg and G. C. Ram. 2007. Effect of zinc supplementation from two sources on growth, nutrient utilization and immune response in male crossbred cattle (Bos indicus×Bos taurus) bulls. Anim. Feed Sci. Technol. 138:1-12.

[12] National Research Council, 1981. Nutrient requirements of goats. National Academy Press, Washington, DC.

[13] Nunnery, G. A., G. E. Carstens and L. W. Greene. 1996. Feedlot performance and carcass characteristics in steers fed different sources and levels of supplemental zinc. J. Anim. Sci. 74(Suppl. 1):294. (Abstr.).

[14] Puchala, R., T. Sahlu and J. J. Davis. 1999. Effects of zinc-methionine on performance of Angora goats. Small Rumin. Res. 33:1-8.

[15] Salama Ahmed, A. K., G. Cajat, E. Albanell, X. Snch and R. Caslas. 2003. Effects of dietary supplements of zinc-methionine on milk production, udder health and zinc metabolism in dairy goats. J. Dairy Res. 70:9-17.

[16] Shahjalal, M. D., H. Galbraith and G. H. Topps. 1992. The effect of changes in dietary protein and energy on growth, body composition and mohair fiber characteristics of British Angora goats. Anim. Prod. 54:405-412.

[17] Spears, J. W. 1989. Zinc methionine for ruminants: relative bioavailability of zinc in lambs and effects of growth and performance of growing heifers. J. Anim. Sci. 67:835-843.

[18] Spears, J. W., R. W. Harvey and T. T. Brown. 1991. Effects of zinc methionine and oxide on performance, blood characteristics, and antibody titer response to viral vaccination in stressed feeder calves. J. Am. Vet. Med. Assoc. 199, 1731-1733.

[19] Spears, J. W and E. B. Kegley. 2002. Effect of zinc source (zinc oxide vs zinc proteinate) and level on performance, carcass characteristics, and immune response of growing and finishing steers. J. Anim. Sci. 80:2747-2752.

[20] SPSS, 1996. Statistical Packages for Social Sciences, Version 7.5. SPSS Inc., Chicago, IL, USA.

[21] Underwood, E. J., and N. F. Suttle. 1999. In: The mineral nutrition of livestock, 3rd ed. CABI Publishing, CAB International, Wallingford, Oxon, U K.

[22] Van Soest, P. J., J. B. Roberston and B. A. Lewis. 1991. Methods for dietary fiber NDF and nonstarch polysaccharides in relation to animal nutrition. J. Dairy. Sci. 74:3583-3597.

[23] White, C. L., G. B. Martin, P. I. Hynd and R. E. Chapman. 1994. The effect of zinc deficiency on wool growth and skin and wool follicle histology of male Merino lambs. Br. J. Nutr. 71:425-435.

[24] Wright, C. L and J. W. Spears. 2004. Effect of zinc source and dietary level on zinc metabolism in Holstein calves. J. Dairy. Sci. 87: 1085-1091.

[25] Zhang, W., R. L. Wang, X. P. Zhu, D. O. Kleemann, C. W. Yue and Z. H. Jia. 2007. Effect of dietary copper on ruminal fermentation, nutrient digestibility and fiber characteristics in cashmere goats. Asian-Aust. J. Anim. Sci. 20:1843-1848.

Effects of Dietary Iodine and Selenium on Nutrient Digestibility, Serum Thyroid Hormones, and Antioxidant Status of Liaoning Cashmere Goats

Feng Qin[a], Xiaoping Zhu[a], Wei Zhang[a], Jiaping Zhou[a], Shiwei Zhang[b], Zhihai Jia[a]

(1. State Key Laboratory for Animal Nutrition, College of Animal Science and Technology, China Agricultural University, Beijing 100193, P. R. China; 2. Liaoning cashmere goats breeding center, Liaoyang 111001, PR China)

该文已被《Biological Trace Element Research》接收

Abstract Forty-eight two-year-old Liaoning Cashmere goats (body weight=38.0±2.94 kg) were used to investigate the effects of dietary iodine (I) and selenium (Se) supplementation on nutrient digestibility, serum thyroid hormones, and antioxidant status during the cashmere telogen period to learn more about the effects of dietary I and Se on nutrition or health status of Cashmere goats. The goats were equally divided into six groups of eight animals each that were treated with 0, 2, or 4 mg of supplemental I/kg dry matter (DM) and 0 or 1 mg of supplemental Se/kg DM in a 2×3 factorial arrangement of treatments. The six treatments were I_0Se_0, I_2Se_0, I_4Se_0, I_0Se_1, I_2Se_1, and I_4Se_1. The concentrations of I and Se in the basal diet were 0.67 and 0.09 mg/kg DM, respectively. The study started in March and proceeded for 45 days. Supplemental I or Se alone had no effect on nutrient digestibility and nitrogen metabolism. However, the interaction between I and Se was significant regarding the digestibility of ADF ($P<0.05$), and compared with group I_4Se_1, the digestibility of acid detergent fiber (ADF) was significantly increased in group I_4Se_0 ($P<0.05$). Selenium supplementation did not affect serum triiodothyronine (T_3) or thyroxine (T_4) concentrations. However, the concentration of serum T_4 but not that of T_3 was significantly increased with I supplementation ($P<0.05$). In addition, serum superoxide dismutase (SOD) activity was not affected ($P>0.05$), but serum glutathione peroxidase (GSH-Px) activity was significantly decreased by I supplementation ($P<0.05$). The antioxidant status was improved by Se supplementation, and the activities of SOD and GSH-Px were significantly increased ($P<0.05$).

Key words Iodine, Selenium, Nutrient digestibility, Thyroid hormone, Antioxidant status, Cashmere goat

1 Introduction

As a structural component of thyroid hormones, iodine (I) is necessary for thyroid hormone synthesis. Thyroid hormones have multiple functions, e. g. , regulation of cell activity (energy metabolism) and growth, and they are important factors during brain development. Most iodine in the body accumulates in the thyroid gland, but few reports about the effects of iodine on animals have been published. Iodine deficiency negatively influences the health of animals. Goiter, diminished growth, mental retardation and skeletal deformations are the most apparent consequences of a deficient iodine supply [1, 2]. Iodine deficiency disorders have also been found in ruminants. In growing male lambs, an I deficiency results in hypothyroidism, leading to growth retardation, reduced wool production, and disruptions in sexual maturity [3]. Severe iodine deficiency reduces fetal brain weight and body weight (BW) in gestating ewes [4].

Selenium also plays an important role in regulating thyroid hormone metabolism, and Se deficiency is associated with impaired growth, fertility, and health in farm livestock[5]. Burk and Hill[6] reported more than 100 types of selenoproteins in mammals. Selenium is a component of glutathione peroxidase (GSH-Px) [7], which reduces H_2O_2 and lipid hydroperoxides via reduced glutathione [8], and thereby protects tissues from oxidative damage [8, 9, 10]. Selenium is also a component of enzyme type I deiodinase, which is required for the conversion of thyroxine (T_4) into the more active triiodothyronine (T_3) hormone [11].

China is the largest producer of cashmere fiber, accounting for 50% of the world's total production [12]. The Inner Mongolian white Cashmere goat and Liao Ning white Cashmere goat are major Cashmere goat breeds in China [13]. Reports concerning the effects of I and Se in animals are very few, especially cashmere goats. Se deficiency can exacerbate the hypothyroidism associated with I deficiency in rats [14]. Interactions between Se and I that affect animal performance would have important implications for livestock grazing forages with low concentrations of both of these trace elements. Therefore, the objective of our current study was to investigate the effects of dietary supplementation with I and Se and the interaction between the two trace elements on nutrient digestibility, serum thyroid hormones, and antioxidant status in Liaoning Cashmere goats.

2 Materials and methods

2.1 Animals, diets, and feeding

Forty-eight Liaoning cashmere goats (two years old, 38.0±2.94 kg mean BW) were housed in individual wooden pens (1.8 m×2.1 m) and were fed a diet consisting of 70% hay (Chinese wildrye) and 30% concentrate. The ingredients and chemical composition of the basal diet are shown in Table 1. The basal diet was formulated according to the nutritional requirements of goats [15]. Feed was offered daily at 08:30 and 17:00 in two equal portions. Animals were allowed free access to tap water throughout the experimental period.

Table 1 Ingredients and chemical composition of the basal diet

Item	
Ingredient	%[a]
Hay[b]	70.0
Corn	17.5
Wheat bran	5.0
Soybean meal	6.0
Dicalcium phosphate	0.40
Salt	0.60
Premix[c]	0.50
Chemical composition	
Metabolizable energy ($MJ \cdot kg^{-1}$)[d]	8.29
Crude protein	10.05
Dry matter	89.02
Neutral detergent fiber	69.6
Acid detergent fiber	31.6
Calcium	0.43
Phosphorus	0.38
I (mg/kg DM)	0.67
Se (mg/kg DM)	0.09

[a] As fed basis.

[b] Per kilogram of hay: 90.5% DM, 7.29 $MJ \cdot kg^{-1}$ ME, 7.56% CP, 0.43% Ca, 0.17% P.

[c] Per kilogram of premix: $FeSO_4 \cdot H_2O$ 18 000 mg, $CuSO_4 \cdot 5H_2O$ 22 400 mg, $MnSO_4 \cdot H_2O$ 8 815 mg, $ZnSO_4 \cdot H_2O$ 12 000 mg, $CoCl_2 \cdot 6H_2O$ 107 mg, 54 000 000 IU of vitamin A, 10 800 000 IU of vitamin D.

[d] Analyzed values except metabolizable energy. Metabolizable energy was calculated as the metabolizable energy of the ingredients in the basal diet.

The trial was designed using a 2×3 factorial arrangement of treatments. All animals were fed the basal diet for 14 days, then stratified by BW and randomly assigned to one of six experimental treatments (n=8 goats per treatment) consisting of 0, 2, or 4 mg of supplemental I/kg dry matter (DM) and 0 or 1 mg of supplemental Se/kg DM (Table 2). Iodine and selenium were added to the premix using finely ground maize as a carrier and mixed with concentrate. The experiment lasted 45 days including a 12-day metabolism trial.

Table 2 Levels of dietary I and Se in the treatment groups

Group	I_0Se_0	I_2Se_0	I_4Se_0	I_0Se_1	I_2Se_1	I_4Se_1
I (mg/kg DM)	0	2	4	0	2	4
Se (mg/kg DM)	0	0	0	1	1	1

I was added as KI; Se was added as Na_2SeO_3

2.2 Sample collection

Daily feed offerings and refusals were recorded prior to the morning feeding to obtain feed intake of each goat. Body weight was recorded before morning feedings on the first two days. Blood samples were collected into test tubes on day 70 via jugular venipuncture in the morning before feeding and watering. To separate the serum, test tubes were stored slanted for 45 min and then centrifuged at 3 000×g for 15 min. Serum samples were frozen at −20℃ in 5 ml polyethylene tubes.

On day 25, all goats were allocated to metabolism cages to study the effects of I and Se on apparent nutrient digestibility. After a 7-d adaptation period, samples of mixed feces and urine were collected from each goat for 5 d. Feces and urine excreted over 24 h were collected into plastic bags and weighed at 08:30 daily. Approximately 10% of the feces and urine were transferred to plastic bags. To prevent nitrogen loss, 50 ml of 10% sulfuric acid was added into the samples, which were immediately frozen at −20℃.

2.3　Analytical procedures

Dry matter content of feed and feces samples were determined after drying at 105℃ for 24 h in a forced air-drying oven[16]. Nitrogen contents of feed and feces/urine samples were tested with the Kjeldahl method [16]. Neutral detergent fiber (NDF) and acid detergent fiber (ADF) were measured according to [17]. Calcium and P concentrations of feed samples were determined with the wet ash method[16] and colorimetry[16], respectively. Concentrations of T_3 and T_4 hormones in serum samples were estimated with radioimmunoassay kit reagents (Atomic Energy Research Institute, China). Serum superoxide dismutase (SOD) activity was measured using superoxide dismutase kit reagents (Nanjing Jiancheng Bioengineering Institute, China). Serum glutathione peroxidase (GSH-Px) activity was measured using glutathione peroxidase enzyme kit reagents (Nanjing Jiancheng Bioengineering Institute).

2.4　Statistical analysis

Data were analyzed as a 2×3 factorial arrangement of treatments and a completely randomized design using the GLM procedure of SAS [18]. The model included iodine level (0, 2 and 4 mg/ kg DM), selenium level (0 and 1 mg/kg DM), and their interactions. When the effect of I or Se or the interaction between I and Se was significant ($P<0.05$), the protected least significant differences test was used to compared the least squares means.

3　Results

3.1　Nutrient digestibility

The effects of dietary I and Se on nutrient digestibility in Liaoning Cashmere goats are shown in Table 3. No effect was observed on N intake, fecal N, urinary N, N balance, or N retention with I or Se supplementation ($P>0.05$). No significant effects were seen on dry matter intake (DMI) or nutrient digestibility with I or Se supplementation ($P>0.05$). However, interactions between I and Se were found regarding the digestibility of ADF ($P<0.05$), and compared with group I_4Se_1, the digestibility of ADF was significantly increased in group I_4Se_0 ($P<0.05$). In addition, the digestibility of DM, NDF had an increased tendency in group I_4Se_0 compared with group I_4Se_1.

Table 3 Effects of dietary I and Se supplementation on nutrient digestibility of cashmere goats

Item	Se (0 mg)			Se (1 mg)			SEM	effect, P-value		
	I (0 mg)	I (2 mg)	I (4 mg)	I (0 mg)	I (2 mg)	I (4 mg)		I	Se	Interaction
DMI (g/d)	797.9	775.2	764	878.8	824.7	733.7	53.3	0.28	0.45	0.59
DM digestibility (%)	60.3	58.5	62.8	58.9	60.4	54.0	2.6	0.89	0.27	0.13
CP digestibility (%)	71.9	71.9	74.8	69.7	72.2	69.1	1.9	0.78	0.12	0.31
NDF digestibility (%)	65.0	63.2	67.0b	63.3	64.5	58.8	2.3	0.86	0.15	0.14
ADF digestibility (%)	46.4ab	49.1ab	54.6b	52.2ab	50.2ab	40.7a	3.8	0.85	0.47	0.05
N intake (g/day)	16.7	16.4	16.2	17.7	17.0	15.8	0.69	0.28	0.45	0.59
Fecal N (g/day)	4.65	4.60	4.10	5.38	4.76	4.89	0.39	0.43	0.09	0.65
Urinary N (g/day)	5.19	5.29	4.59	4.96	4.59	4.56	0.42	0.49	0.36	0.7
Nitrogen balance (g/day)	12.0	11.8	12.1	12.3	12.3	10.9	0.58	0.55	0.79	0.31
Nitrogen retention (%)	41.1	39.2	46.2	41.8	45.0	40.5	3.4	0.86	0.93	0.26

Means within the same row with different letters (a, b) are significantly different ($P<0.05$), and the same letters are not significantly different ($P>0.05$).

3.2 Serum thyroid hormones

There were no effects on the serum concentrations of T_3 or T_4, or the $T_4 : T_3$ ratio with Se supplementation (Table 4). The serum T_3 concentration was not affected by I supplementation ($P>0.05$). However, the serum T_4 concentration and the $T_4 : T_3$ ratio were significantly increased by I supplementation ($P<0.05$). No interactions between I and Se were observed for thyroid hormone concentrations.

Table 4　Effects of dietary I and Se supplementation on serum thyroid hormones in cashmere goats

Item	Se (0 mg)			Se (1 mg)			SEM	effect, P-value		
	I (0 mg)	I (2 mg)	I (4 mg)	I (0 mg)	I (2 mg)	I (4 mg)		I	Se	Interaction
T_3 (ng/ml)	1.74	1.64	1.65	1.78	1.68	1.71	0.09	0.53	0.56	0.99
T_4 (ng/ml)	54.1a	64.4b	65.3b	58.8ab	61.2ab	62.4ab	3.00	0.04	0.86	0.33
$T_4 : T_3$	32.2a	39.5b	40.1b	33.4ab	36.9ab	36.7ab	2.43	0.05	0.43	0.59

Means within the same row with different letters (a, b) are significantly different ($P<0.05$), and the same letters are not significantly different ($P>0.05$).

3.3 Antioxidant status

The effects of dietary I and Se on the antioxidant status of Liaoning Cashmere goats are shown in Table 5. Serum SOD activity was not affected by I supplementation ($P>0.05$), but serum GSH-Px activity was significantly decreased by I supplementation ($P<0.05$). The activities of SOD and GSH-Px were significantly increased by Se supplementation ($P<0.05$).

Table 5　Effects of dietary I and Se supplementation on serum antioxidant status in cashmere goats

Item	Se (0 mg)			Se (1 mg)			SEM	effect, P-value		
	I (0 mg)	I (2 mg)	I (4 mg)	I (0 mg)	I (2 mg)	I (4 mg)		I	Se	Interaction
GSH-Px (μmol/L)	807.0b	739.3ab	720.5a	892.5c	814.1b	806.1b	28.2	0.01	0.001	0.98
SOD (U/ml)	75.4a	73.9a	74.9a	87.3b	79.2ab	77.0ab	3.71	0.30	0.04	0.42

Means within the same row with different letters (a, b, c) are significantly different ($P<0.05$ or $P<0.01$), and the same letters are not significantly different ($P>0.05$).

4 Discussion

4.1 Nutrient digestibility

That there was no effect on DMI of Liaoning cashmere goats with I supplementation agrees with previous studies. DMI was not affected when goats were fed a mustard (*Brassica juncea*) cake containing concentrate in addition to I supplementation [19]. Meyer et al. [20] reported that I supplementation did not significantly influence the DMI of bulls being fattening. In addition, Franke et al. [21] found that average daily feed intake (ADFI) was not affected by dietary I supplementation in pig hybrids during the trial period. These results suggested that normal levels of dietary I do not change ADFI. However, excessive I may cause hyperthyroidism, and ADFI is depressed in this status [22]. Decuypere et al. [23] reported that feed intake was lower for broiler chickens with hyperthyroidism than those with normal thyroids. The absence of an effect by Se on DMI in our trial was in agreement with [24] who reported that the DMI of lambs given supplemental Se was not significantly affected.

Little is known about the effects of dietary I and Se on nutrient digestibility in sheep and goats, and other animals were. In our trial, no significant effect was observed regarding nutrient digestibility with I or Se supplementation ($P>0.05$). However, the I×Se interaction significantly affected the digestibility of ADF ($P<0.05$). In addition, the digestibility of DM, NDF had an increased tendency in group I_4Se_0 compared with group I_4Se_1. It is concluded that a high I level may positively influence the degradation of crude fiber, whereas, a high Se level may negatively influence the degradation of crude fiber when adding I. Thus, an interaction may exist between I and Se regarding nutrient digestibility. Further experiments are needed to test this idea.

The dietary levels of I and Se did not affect N intake, N excretion, or N retention by cashmere goats during the trial. Similar to our current study, Schone et al. [25] reported no effect of supplemental I on N retention by pigs fed a rapeseed meal diet. Supplemental I also had no significant effect on N metabolism in goats [26, 19]. Iodine or Se supplementation did not appear to affect the N metabolism of cashmere goats in our current experiment.

4.2 Serum thyroid hormones

In this trial, the concentration of T_4 but not that of T_3 was significantly increased by I supplementation, which is in agreement with the data of [27] who reported that T_4 but not T_3 levels were significantly enhanced by supplemental I in rat serum. However, Pattanaik et al. [19] reported that the concentrations of T_3 and T_4 are significantly greater when adding 0.075 mg I per animal per day. Wichtel et al. [28] reported that supplementation with I alone significantly increases concentrations of T_4 and decreases those of T_3 in the plasma of angora goats. Yang et al. [29] also found that total serum T_4 levels are increased and total serum T_3 levels are decreased significantly in dams when the I dose reaches 3 000 $\mu g/L$.

Selenium is an essential trace element that is found in thyroid hormones. He et al. [30] reported that the plasma T_3 concentration is significantly increased and the plasma T_4 concentration is significantly decreased by dietary Se supplementation in broiler chickens. The same result was reported by Wichtel et al. [31] who found that dietary Se supplementation increases the plasma T_3 concentration and decreases the plasma T_4 concentration in dairy calves. However, Wichtel et al. [28] reported that the T_4 but not the T_3 concentration significantly decreased in the plasma of angora goats when supplemented with only Se. In our trial, the T_3 and T_4 concentrations were not influenced by supplemental Se alone in agreement with Kumar et al. [24] who reported that the concentrations of T_3 and T_4 were not influenced by Se supplementation in lambs. Nazifi et al. [32] found no significant correlation between Se and thyroid hormone levels in the serum of Iranian fat-tailed sheep. These results are in contrast to those of Bik [27] who found a significant positive correlation between the concentrations of

Se and T_3 ($P<0.05$, $r=0.667$) and Se and T_4 ($P<0.05$, $r=0.737$).

In our study, no interaction was observed between I and Se regarding thyroid hormone metabolism. The different results between our study and others may be due to several reasons. The Liaoning Cashmere goat is a Cashmere goat breed. The goats stayed in cashmere during the telogen period of the trial, and fiber growth stopped during this period, leading to relatively low nutrient requirements. Protein and energy metabolism was stable, and proteins and energy were only used to maintain the animal. In addition, the metabolism of thyroid hormones is very complex and is influenced by multiple known and unknown factors.

4.3 Antioxidant status

Scholz and Hutchinson[33] observed a linear relationship ($r=0.958$) between blood GSH-Px activity and blood Se levels. In our current study, the serum GSH-Px activity was significantly improved by Se supplementation ($P<0.05$). Similarly, Rowntree et al. [34] observed increased ($P<0.01$) erythrocyte GSH-Px activity in Hereford cows drenched weekly with 20 mg of Se as sodium selenite. Mudgal et al. [35] found that erythrocyte GSH-Px activity was increased in buffalo calves fed 0.3 mg Se/kg DM. Likewise, Wang et al. [36] reported that GSH-Px activity was significantly improved in the plasma and liver of broiler chickens fed sodium selenite or selenium yeast. Zhou et al. [37] also reported that GSH-Px activity was significantly improved ($P<0.05$) in the plasma and liver of carp given Se supplementation compared with that of the control group.

In this trial, serum SOD activity was also significantly improved by Se supplementation, suggesting that the antioxidant status and immunity of cashmere goats may be improved by Se supplementation. However, in this study, serum SOD activity was not affected by I supplementation ($P>0.05$), although serum GSH-Px activity was significantly decreased ($P<0.05$). Few studies have been performed investigating the relationship between antioxidant status and iodine. Excessive iodine may lead to oxidative damage especially to the thyroid gland owing to production of excessive free radicals during the metabolism of thyroid hormones. Therefore, more experiments are needed to investigate the role of iodine on antioxidant status.

5 Conclusion

In this study, we showed that I or Se supplementation alone did not affect the digestibility of DM, NDF, or ADF in Cashmere goats. However, an interaction between I and Se was observed regarding ADF digestibility. Adding I or Se individually or together did not affect N metabolism. Serum T_3 and T_4 concentrations in Cashmere goats were not influenced by Se supplementation. The serum T_4 but not the T_3 concentration was significantly increased by I supplementation. The antioxidant status of Cashmere goats was improved by Se supplementation, and the activities of SOD and GSH-Px were significantly increased. However, the serum GSH-Px activity was significantly decreased by I supplementation, Thus, a high iodine level may lead to oxidative damage.

Acknowledgments

This work was supported by the earmarked fund for Modern Agro-industry Technology Research System and was supported in part by a grant from Key Technologies R & D Program of Liaoning province (No. 2009BADA5B04).

References

[1] Delange F (1994) The disorders induced by iodine deficiency. Thyroid 4:107-128.

[2] Kotwal A, Priya R, Qadeer I (2007) Goiter and other iodine deficiency disorders: a systematic review of epidemiological studies to deconstruct the complex web. Arch Med Res 38: 1-14.

[3] Sokkar S M, Soror A H, Ahmed Y F, Ezzo O H and Hamouda M A (2002) Pathology and biochemical studies on experimental hypothyroidism in growing lambs. J Vet Med Infect Dis Vet Public Health 47: 641-652.

[4] Potter B J, Mano M T, Belling G H, McIntosh, Hua C, Gragg B G, Marshall J, Wellby M L and Hetzel B S (1982) Retard fetal brain development resulting from severe dietary iodine deficiency in sheep. Neuropathol Appl Neurobio 8: 303-313.

[5] Weiss W P, Todhunter D A, Hogan J S, Smith K L (1990) Effect of duration of supplementation of selenium and vitamin E on periparturient dairy cows. J Dairy Sci 73: 3187-3194.

[6] Burk R F and Hill K E (1993) Regulation of selenoproteins. Ann Rev Nutr 13: 65-81.

[7] Rotruck J T, Pope A L, Ganther H E, Swanson A B, Hafeman D G, Hoekstra W G (1973) Selenium, biochemical component of glutathione peroxidase. Science 179: 588-590.

[8] MacPherson A (1994) Selenium, vitamin E and biological oxidation. In: Garnsworthy, P C, Cole, DJA (Eds.), Recent Advances in Animal Nutrition. Nottingham University Press, Nottingham, pp 3-30.

[9] Awad J A, Morrow J D, Hill K E, Roberts II L J, Burk R F (1994) Detection and localization of lipid peroxidation in selenium and vitamin E-deficient rats using F_2-isoprostanes. J Nutr 124: 810-816.

[10] Levander O A, Ager A L, Beck M A (1995) Vitamin E and Se, contrasting and interacting nutritional determinants of host resistance to parasitic and viral infections. Proc Nutr Soc 54: 475-487.

[11] Beckett G J, Beddows S E, Morrice P C, Nicol F, Arthur J R (1987) Inhibition of hepatic deiodination of thyroxine is caused by selenium deficiency in rats. Biochem J 248: 443-447.

[12] Bai J Y, Zhang Q, Li J Q, Dao E J, Jia X P (2006) Estimates of genetic parameters and genetic trends for production traits of Inner Mongolian White Cashmere goat. Asian-Aust J Anim Sci 19: 13-18.

[13] Zhang W, Wang R L, Zhu X P, Kleemann DO, Yue C W and Jia Z H (2007) Effect of dietary copper on ruminal fermentation, nutrient digestibility and fiber characteristics in cashmere goats. Asian-Aust J Anim Sci 20: 1843-1848.

[14] Beckett G J, Nicol F, Rae PWH, Beech S, Guo Y, Arthur J R (1993) Effects of combined iodine and selenium deficiency on thyroid hormone metabolism in rats. Am J clin Nutr Supp 57: 240-243.

[15] NRC (2007) Nutrient Requirements of Small Ruminants: Sheep, Goats, Cervids, and New World Camelids. National Academy Press, Washington, DC.

[16] AOAC (1990) Official methods of analysis, 15th ed Association of official analytical chemists, Arlington, Virginia, pp 40-90.

[17] Van Soest P J, Robertson J B, Lewis B A (1991) Methods of dietary fiber, neutral detergent fiber and non-starch polysaccharides in relation to animal nutrition. J Dairy Sci 74: 3583-3597.

[18] SAS (1988) SAS User's Guide, Statistics. SAS Inst. Inc. , Cary, NC.

[19] Pattanaik A K, Khan S A, Varshney V P, Bedi SPS (2001) Effect of iodine level in mustard (Brassica juncea) cake-based concentrate supplement on nutrient utilization and serum thyroid hormones of goats. Small Rumi Res 41: 51-59.

[20] Meyer U, Weigel K, Schöne F (2008) Effect of dietary iodine on growth and iodine status of growing fattening bulls. Livest Sci 115: 219-225.

[21] Frankle K, Schöne F, Berk A (2008) Influence of dietary iodine on the iodine content of pork and the distribution of the trace element in the body. Eur J Nutr 47: 40-47.

[22] Puchala R, Prieto I, Banskalieva V, Goetsch AL (2001) Effects of bovine somatotropin and thyroid hormone status on hormone levels, body weight gain, and mohair growth of angora goats. J Anim Sci 79: 2913-2919.

[23] Decuypere E, Buyse J, Scanes C G, Huybrechts L, and Kuhn ER (1987) Effect of hyper- or hypothyroid status on growth, adiposity and levels of growth hormone, somatomedin C and thyroid metabolism in broiler chickens. Reprod Nutr Dev 27: 555-565.

[24] Kumar N, Gard A K, Dass R S, Chatturvedi V K (2009) Selenium supplementation influences growth performance, antioxidant status and immune response in lambs. Anim Feed Sci Tech 153: 77-87.

[25] Schone F, Ludke H, Gruhn K, Hennig A (1986) Effect of iodine, copper and zinc supplements to diets with a high proportion of rapeseed meal on growth and function of thyroid gland in fattening pigs. 2 Effect of supplemental iodine on digestibility of nutrients and protein and energy retention. Arch Anim Nutr 36: 361-369.

[26] Bedi SPS, Pattanaik A K, Khan S A, Kumar A (2000) Effect of grade levels of iodine supplementation on the performance of Barbari goats. Indian J Anim Nutr 16: 135-139.

[27] Bik DE (2003) Influence of selenium and iodine supplementation on thyroid hormone concentrations in the blood serum of sheep. Bull Vet Institute Pulawy 59: 1126-1129.

[28] Wichtel J J, Craigie A L, Freeman D A, Varela-Alvarez H, Williamson N B (1996) Effect of selenium and iodine supplementation on growth rate and on thyroid and somatotropic function in dairy calves at pasture. J Dairy Sci 79: 1865-1872.

[29] Yang Xue F, Xu Jian, Hou Xiao H, Guo Huai L, Hao Li P, Yao Ping, Liu Lie G, Sun Xiu F (2006) Developmental toxic effects of chronic exposure to high doses of iodine in the mouse. Reprod Toxicol 22: 725-730.

[30] He Jianhua, Akira Ohtsuka, Kunioki Hayashi (2000) Selenium influences growth via thyroid hormone status in broiler chickens. Brit J Nutr 84: 727-732.

[31] Wichtel J J, Thompson K G, Craigie A L, Williamson N B (1996) Effects of selenium and iodine supplementation on the growth rate, mohair production, and thyroid status of Angora goat kids. New Zeal J Agr Res 39: 111-115.

[32] Nazifi S, Saeb M, Abangah M, Karimi T (2008) Studies on the relationship between thyroid hormones and some trace elements in the blood serum of Iranian fat-tailed sheep. Vet Arhiv 78: 59-165.

[33] Scholz R W, Hutchinson L J (1979) Distribution of glutathione peroxidase activity and selenium in the blood of dairy cows. Am J Vet Res 40: 245-249.

[34] Rowntree J E, Hill G M, Hawkins D R, Link J E, Rincker M J, Bednar G W, Kreft Jr M J (2004) Effect of Se on selenoprotein activity and thyroid hormone metabolism in beef and dairy cows and calves. J Anim Sci 82: 2995-3005.

[35] Mudgal V, Garg A K, Dass R S, Varshney V P (2008) Effect of selenium and copper supplementation

on blood metabolic profile in male buffalo (*Bubalus bubalis*) calves. Biol. Trace Element Res 121: 31-38.

[36] Wang Yan-Bo, Xu Bao-Hua (2008) Effect of different selenium source (sodium selenite and selenium yeast) on broiler chickens. Anim Feed Sci Tech 144: 306-314.

[37] Zhou Xuxia, Wang Yanbo, Gu Qing, Li Weifen (2009) Effects of different dietary selenium sources (selenium nanoparticle and selenomethionine) on growth performance, muscle composition and glutathione peroxidase enzyme activity of crucian carp (Carassius auratus gibelio). Aquaculture 291: 78-81.

日粮不同碘、硒水平对绒山羊血液中绒生长相关激素及酶的影响

秦　枫[1,2]　朱晓萍[1]　张　微[1]　周佳萍[1]　宋先忱[2]　贾志海[1*]

(1.中国农业大学动物科学技术学院,北京　100193;2.江苏农业科学院畜牧研究所,南京　210014;3.辽宁绒山羊育种中心,辽宁辽阳　111001)

该文已被《中国农业大学学报》接收

摘要　为探讨日粮添加不同水平的碘和硒对辽宁绒山羊非产绒期和产绒期血液中褪黑激素(MT)、催乳素(PRL)、类胰岛素生长因子(IGF-I)、生长激素(GH)、甲状腺过氧化物酶(TPO)以及脱碘酶(DIO)的影响,选择36只体况良好、体重相近((38.0±2.94) kg)的2周岁辽宁绒山羊作为试验动物,采用2×3完全随机试验设计,随机分为6组。分别在基础日粮中添加3个水平的碘(0、2和4 mg/kg,DM)和2个水平的硒(0和1 mg/kg,DM)进行饲喂。试验结果表明:1)非产绒期,日粮添加碘显著提高了血液中GH和IGF-1的浓度,降低了血浆MT的浓度($P<0.05$),对PRL、TPO和DIO浓度没有显著影响($P>0.05$)。添加硒对血液MT、PRL、GH、IGF-I和TPO没有影响,但是显著提高了DIO的浓度($P<0.05$)。2)产绒期,日粮添加碘极显著提高了血液中IGF-I的浓度($P<0.01$),对MT、PRL、GH、TPO和DIO浓度没有影响。添加硒则显著提高了DIO的浓度($P<0.05$),对血浆MT、PRL、GH、IGF-1和TPO没有影响。通过2个阶段的比较,综合碘促绒生长作用,推断碘或甲状腺激素促进山羊绒生长的机制可能是通过调控IGF-I分泌途径实现的;硒仅提高了血液中脱碘酶的浓度。

关键词　碘;硒;血液激素;酶;绒生长;辽宁绒山羊

Effects of Dietary Iodine and Selenium on Serum Hormones and Enzymes Related with Cashmere Growth of Liaoning Cashmere Goats

QIN Feng[1,2], ZHU Xiao-ping[1], ZHANG Wei[1], ZHOU Jia-ping[1], SONG Xian-chen[2], JIA Zhi-hai[1*]

(1. College of Animal Science and Technology, China Agricultural University, Beijing 100193, China; 2. Institute of Animal Science, Jiangsu Academy of Agricultural Sciences, Nanjing　210014, China; 3. Liaoning cashmere goats breeding center, Liaoyang　111001, China)

Abstract　Thirty-six two-year-old Liaoning Cashmere goats (body weight=(38.0±2.94)kg) were used to investigate the effects of dietary iodine (I) and selenium (Se) supplementation on the concentration of Melatonin (MT), Prolactin (PRL), Insulin-like growth factor-I (IGF-I), Growth hormone (GH), Thyroid peroxidase (TPO) and Deiodinase(DIO). The goats were equally divided into six equal groups that were treated with 0, 2, or 4 mg of supplemental I/kg dry matter (DM) and 0 or 1 mg of supplemental Se/kg DM in a 2×3 factorial arrangement of treatments. Results show: 1) In cashmere non-growth period, the concentrations of GH and IGF-1 were significantly increased, and the concentration of MT was decreased with iodine supplementation ($P<0.05$), no effect was found on the concentrations of PRL, TPO, DIO with iodine supplementation ($P>0.05$). Selenium supplementation did not affect serum MT, PRL, GH, IGF-I, TPO concentrations, but the concentration of DIO was significantly increased ($P<0.05$). 2) In cashmere growth period, the concentration of IGF-1 was higher increased ($P<0.01$), but no effect was found on the concentrations of MT, PRL, GH, TPO, DIO with iodine supplementation ($P>0.05$). Selenium supplementation did not affect serum MT, PRL, GH, IGF-1, TPO concentrations, but the concentration of DIO was significantly increased by supplemental 1 mg Se/kg DM ($P<0.05$). Compared two periods, and basing iodine promoting cashmere growth, It may conclude that the mechanism of iodine or thyroid hormones stimulating the cashmere fiber growth may be through the regulating the IGF-1 secretion. Selenium supplementation can improve the concentration of serum DIO only.

Key words iodine, selenium, hormones, enzymes, cashmere growth, Liaoning Cashmere goats

绒山羊被毛生长是一个复杂的生理过程,主要受遗传、环境和营养 3 种因子的影响。遗传是被毛生长主要的调控因子,内分泌在被毛生长中起重要作用,血液激素的变化是在一定程度上反映了动物机体内分泌的状况;环境、营养等因素最终也要通过神经和内分泌系统调节体内生理变化来发挥作用。蛋白质和能量是绒山羊绒生长的基础,研究报道较多[1-2]。目前,与内分泌相关的微量元素铜、钼、锌以及褪黑激素(MT)前体物色氨酸在绒山羊上研究也逐渐展开,对绒山羊绒生长具有一定的调控作用[3-6]。因此,在绒山羊生产上,对激素有调控作用的营养素研究就显得非常重要。

碘和硒是动物体内必需的微量元素,碘在体内的生理作用主要通过甲状腺激素来完成的,而硒也是甲状腺激素代谢的重要调节因子。甲状腺激素是动物体内重要的代谢调节激素,特别是角质蛋白(毛、绒成分)的代谢,探明甲状腺激素对绒山羊的调控机理对绒山羊生产具有重要的意义。研究发现,甲状腺激素是诱导换毛,参与羊毛、羊绒萌发与生长的重要激素[7-9],尤其是 T_3 在山羊绒萌发与生长中有重要的影响。但碘或甲状腺激素对绒山羊绒生长的调控是否是通过调控血液相关激素分泌来完成的,至今国内外未见报道。本研究通过添加碘、硒研究甲状腺激素对辽宁绒山羊血液中与绒生长相关激素及酶的影响,旨在探讨碘、硒或甲状腺激素对绒毛生长的激素调节机理。

1 材料与方法

1.1 试验动物

选择 36 只体况良好、体重相近((38.0±2.94) kg)的 2 周岁辽宁绒山羊作为试验动物,试验前统一用阿维菌素驱虫。试验地点在辽宁省畜牧科学研究院辽宁绒山羊科技示范场。

1.2 试验设计

本试验采用 2×3 完全随机试验设计，将 36 只辽宁绒山羊随机分为 6 组，每组 6 个重复；添加 3 个水平的碘(0、2 和 4 mg/kg，DM)和 2 个水平的硒(0 和 1 mg/kg，DM)。添加水平的选择基于 AFRC(1998)[10]饲养标准以及中国肉羊饲养标准(2004)[11]。试验时间为 2009-03—04，即辽宁绒山羊处于非产绒期，试验期 45 d，其中预试期 15 d，正试期 30 d；2009-08—11，即辽宁绒山羊处于产绒旺盛期，试验期 90 d，其中预试期 20 d，正试期 70 d。

1.3 试验日粮

试验日粮配制参照 NRC(1981)[12]山羊饲养标准，代谢能供给量为 1.2 倍的维持需要。碘、硒分别以碘化钾、亚硒酸钠的形式在日粮中添加。基础日粮组成及营养水平见表 1。

表 1　日粮组成(风干基础)和营养水平(DM 基础)

Table 1　Ingredient composition (air-dry basis) and nutrient levels (DM basis) of diets

原料	质量分数/%	营养水平	含量
干草	70.0	w(干物质)/%	89.02
玉米	17.5	代谢能②/(MJ/kg)	8.29
小麦麸	5.0	w(粗蛋白)/%	10.05
豆粕	6.0	w(中性洗涤纤维)/%	69.6
石粉	0.00	w(酸性洗涤纤维)/%	31.6
磷酸氢钙	0.40	w(钙)/%	0.43
食盐	0.60	w(总磷)/%	0.38
预混料①	0.50	w(碘)/(mg/kg,DM)	0.67
合计	100	w(硒)/(mg/kg,DM)	0.09

注：①每千克预混料含：一水硫酸亚铁 18.0 g，五水硫酸铜 22.4 g，一水硫酸锰 8 815 mg，一水硫酸锌 12.0 g，六水氯化钴 107 mg，VA 54 000 kIU，VD 10 800 kIU。②估计值(NRC，1981)。

1.4 饲养管理

试验羊为单栏饲养，分别在早上 08:30 和下午 17:00 饲喂 2 次，先喂粗料，以羊草为主，后喂精料，精料为玉米-豆粕型，自由饮水。

1.5 样品采集

在正试期即非产绒期的第 30 d，产绒期第 70 d 所有试验动物于早饲前采集血液样品，从试验羊颈静脉采血 20 mL，分别盛入 10 mL 离心管(需要分离血浆的则加入 0.01 mg/mL 的肝素钠)中，在 30 min 内，于室温下 3 500 r/min 离心 10 min 分离血液样本，置于−25℃保存，待测血液中 MT、PRL、IGF-I 和 GH 的浓度。

1.6 测定指标和方法

血清 IGF-I 浓度在中国农业科学院原子能利用研究所采用放射免疫法进行测定，所用试剂盒购自天津九鼎医学生物工程有限公司；血清 PRL、MT、GH 由北京华英生物研究所采用放射免疫法测定。血清 TPO、DIO 由北京华英生物研究所采用酶联免疫法(ELISA)进行测定。

1.7 统计分析

利用 SAS 软件包中的 GLM 过程进行两因素有互作的最小二乘方差分析。

2 结果与分析

2.1 碘、硒水平对非产绒期绒生长相关血液激素的影响

表 2 为非产绒期绒山羊血液其他相关激素的数据变化，日粮添加碘显著提高了血液中生长激素(GH)和类胰岛素生长因子(IGF-I)的浓度($P<0.05$)，显著降低了血液中褪黑激素(MT)的浓度($P<0.05$)，对催乳素(PRL)的浓度没有影响，但数值有所提高。补硒则对血液中 GH、IGF-I、MT 和 PRL 都没有影响。碘硒之间未存在互作效应。

表 2 碘、硒水平对非产绒期绒生长相关血液激素的影响

Table 2 Effects of dietary iodine and selenium on serum hormones related with cashmere growth in cashmere non-growth period

指标	低硒 (0 mg) 碘添加量/(mg/kg)			高硒 (1 mg) 碘添加量/(mg/kg)			SEM	P		
	0	2	4	0	2	4		I	Se	I×Se
MT/(pg/mL)	78.8	67.9	63.0	76.9	63.5	65.8	4.81	0.02*	0.77	0.75
GH/(ng/mL)	1.27	1.42	1.65	1.39	1.46	1.55	0.10	0.02*	0.78	0.52
PRL/(pg/mL)	8.75	9.46	9.26	8.45	8.15	8.87	0.51	0.66	0.12	0.55
IGF-I/(ng/mL)	66.1	71.1	76.0	63.8	64.4	72.3	3.41	0.03*	0.14	0.80

注：* 为差异显著($P<0.05$)。下表同。

2.2 碘、硒水平对产绒期绒生长相关血液激素的影响

产绒期绒山羊血液其他相关激素的数据见表 3。日粮添加碘极显著提高血液中 IGF-I 的浓度($P<0.01$)，对 MT、PRL 和 GH 浓度没有影响。补硒则对血液中 GH、IGF-I、MT 和 PRL 都没有影响。

表 3 碘、硒水平对产绒期绒生长相关血液激素的影响

Table 3 Effects of dietary iodine and selenium on serum hormones related with cashmere growth in cashmere growth period

指标	低硒 (0 mg) 碘添加量/(mg/kg)			高硒 (1 mg) 碘添加量/(mg/kg)			SEM	P		
	0	2	4	0	2	4		I	Se	I×Se
MT/(pg/mL)	81.3	76.7	75.0	76.0	79.1	77.7	4.26	0.86	0.99	0.57
GH/(ng/mL)	3.07	3.37	3.09	2.98	2.85	3.30	0.25	0.78	0.54	0.38
PRL/(pg/mL)	17.1	15.8	18.3	16.6	18.7	16.2	1.55	0.96	0.94	0.29
IGF-I/(ng/mL)	50.3	61.4	69.8	57.0	58.0	61.9	3.41	0.004**	0.59	0.10

注：** 为差异极显著($P<0.01$)。下表同。

2.3 碘、硒水平对非产绒期绒山羊血液甲状腺过氧化物酶与脱碘酶浓度的影响

表 4 为非产绒期辽宁绒山羊血液甲状腺过氧化物酶(TPO)及脱碘酶(DIO)浓度的数据变化，日粮添加碘对血液中 TPO、DIO 浓度没有影响($P>0.05$)。但是添加硒能够显著提高辽宁绒山羊血液中的 DIO 浓度($P<0.05$)。但对 TPO 浓度没有影响($P>0.05$)。碘和硒之间

未出现互作效应。

表 4　碘、硒水平对非产绒期绒山羊血液 TPO、DIO 的影响

Table 4　Effects of dietary iodine and selenium on concentrations of serum TPO and DIO in cashmere non-growth period of Cashmere goats

指标	低硒 (0 mg) 碘添加量/(mg/kg)			高硒 (1 mg) 碘添加量/(mg/kg)			SEM	P		
	0	2	4	0	2	4		I	Se	I×Se
TPO /(U/L)	104.8	96.7	102.3	103.6	102.5	111.5	4.62	0.30	0.22	0.53
DIO/ (U/L)	49.0	53.0	57.8	65.5	57.1	59.7	3.76	0.62	0.03*	0.13

2.4　碘、硒水平对产绒期绒山羊血液 TPO、DIO 浓度的影响

日粮添加碘对产绒期辽宁绒山羊血液中 TPO、DIO 浓度没有影响($P>0.05$)(表 5)。但是添加硒能够显著提高辽宁绒山羊血液中的 DIO 浓度($P<0.05$)。TPO 浓度有提高的趋势($P=0.05$)。碘和硒之间未出现互作效应。

表 5　碘、硒水平对产绒期绒山羊血液 TPO、DIO 的影响

Table 5　Effects of dietary iodine and selenium on concentrations of serum TPO and DIO in cashmere growth period of Cashmere goats

指标	低硒 (0 mg) 碘添加量/(mg/kg)			高硒 (1 mg) 碘添加量/(mg/kg)			SEM	P		
	0	2	4	0	2	4		I	Se	I×Se
TPO /(U/L)	73.3	75.6	70.6	85.1	80.3	80.1	5.63	0.76	0.07	0.83
DIO /(U/L)	37.7	33.9	31.1	44.5	39.6	40.3	3.17	0.21	0.01**	0.85

3　讨论

3.1　碘、硒水平对非产绒期和产绒期绒生长相关激素的影响

碘研究主要集中于甲状腺激素的研究，对其他激素的影响未见报道。碘或甲状腺激素能够促进动物毛发或绒的生长。研究碘或甲状腺激素对绒调控作用，就需研究其对绒生长相关的调节因子的影响。MT 目前是研究最多的绒调节因子，许多研究证明埋植 MT 能够增加绒山羊的产绒量[13-15]，添加 MT 前体物色氨酸也可以提高绒山羊的产绒量[6]。而 PRL 则是另一调节因子，高浓度 PRL 对于处于休止期的次级毛囊来讲是一种活动信号，它能促使休止的次级毛囊进入夏季的绒纤维生长阶段[16-17]。血液循环系统中 PRL 与 MT 浓度都存在季节性变化规律且存在一定的联系。当日照由长逐渐变短血浆中 PRL 浓度逐渐降低，而 MT 浓度则逐渐升高，同时伴随着 PRL 浓度降低和 MT 浓度升高羊绒开始萌发，当山羊绒生长进入旺盛期血浆 PRL 浓度降到最低水平[18]。日粮添加碘在非产绒期能显著降低血液中 MT 的浓度，对 PRL 浓度影响却不显著；在产绒期，对血液中 MT 的浓度没有影响，说明碘不影响产绒期 MT 的分泌和 MT 促绒生长作用，但是对非产绒期 MT 的分泌有抑制作用。非产绒期和产绒期绒山羊处于两个不同的生理状态，添加碘使血液中 MT 浓度降低，其原因及作用尚不清楚，还需要进一步的研究。

GH 和 IGF-I 都具有促生长作用,促进体内蛋白质的合成,同时也是绒生长的调节因子。研究表明,GH 处理可以减小绵羊的毛纤维直径、刺激绒山羊次级毛囊的生长[19-20]。Dicks 等[21]研究表明 IGF-I 有可能直接参与山羊绒毛生长,Villar 等[20]用牛生长激素处理绒山羊时发现次级毛囊活性提高与处理组血液 IGF-I 浓度升高有直接的关系。许多学者研究证明了 IGF-I 可以显著促进体外培养毛囊的生长[22-23],影响毛囊的形态发育[24]。本次试验发现添加碘可以显著提高非产绒期和产绒期血液中 IGF-I 的浓度,推测碘或甲状腺激素调控绒山羊的绒生长的途径之一可能是通过调控 IGF-I 的分泌来实现的。非产绒期 GH 浓度的提高对绒毛萌发有什么作用,目前尚不清楚,需要进一步研究。

目前对硒的研究主要集中于动物的促生长,添加硒能够显著地提高生长期动物日增重;也有研究报道补硒可以提高生长激素的分泌[25-26],这可能是促生长或提高产量的原因。对 IGF-I、MT 和 PRL 的影响未见报道。此次试验中,日粮补硒对非产绒期和产绒期血液 GH、IGF-I、MT、PRL 都没有影响,这可能与添加量、动物品种及用途有关,有关硒对绒山羊的影响还需作系统的研究。

3.2 碘、硒水平对产绒期绒山羊血液 TPO、DIO 浓度的影响

甲状腺过氧化物酶(TPO)是一种糖基化血红素蛋白,跨于甲状腺细胞顶缘的细胞膜上,伸向充满胶质滤泡腔的部分具有催化活性。TPO 在甲状腺激素的生物合成中参与 2 种不同的反应：1）酪氨酸残基的碘化。2）甲状腺珠蛋白上 2 个碘酪氨酸残基的氧化偶联。TPO 是甲状腺激素合成的关键酶,调节甲状腺激素的合成,是反映甲状腺激素代谢的重要指标,目前其研究也仅限于甲状腺激素代谢。本次试验日粮添加碘对血液中 TPO 浓度没有影响。有研究显示,高碘能够抑制甲状腺内 TPO 的活性,从而影响甲状腺激素的合成。两试验阶段羊都处于健康状态,未出现异常的精神状况,因此碘添加量没有对绒山羊造成毒害作用,且对甲状腺激素的合成有促进作用。日粮补硒对绒山羊血液中 TPO 浓度也没有影响。也间接反映了绒山羊机体的健康状态。

脱碘酶(DIO)是甲状腺激素代谢的另一个关键酶,其发现,较为科学的解释了硒与甲状腺激素代谢理论,其主要作用是维持机体甲状腺代谢的动态平衡,能将低活性的 T4 转化为高活性的 T3,还能使甲状腺激素降解为低活性或无活性的形式。研究显示脱碘酶与山羊绒生长有一定的联系[9,15,26]。高碘对甲状腺及其外周组织 5′-脱碘酶活性有抑制作用,碘缺乏时,甲状腺及垂体 5′-脱碘酶活性升高,肝肾 5′-脱碘酶活性下降,机体自身调节 DIO 的分泌来维持甲状腺激素代谢的动态平衡。两试验阶段添加碘对绒山羊血液中 DIO 的浓度没有影响,添加硒则显著提高了血液中 DIO 的浓度。结果表明适宜碘对 DIO 的影响不大,而 DIO 是含硒酶,硒对其调节有直接的作用,研究报道也较多。Hotz 等[27]报道大鼠低硒采食条件下,其肾脏,肝脏中 I 型脱碘酶的活性显著低于正常组。熊莉等[28]研究发现缺硒仔猪肝组织 I 型脱碘酶受到显著影响,显著低于各硒添加组水平($P<0.05$),这与夏枚生等[29]在肉鸡上发现的结果相同。以上研究表明添加硒能够提高脱碘酶的活性。在研究大鼠碘过量时也发现,脱碘酶活性的降低可以通过补硒来干预[30],但是补硒要注意适宜的添加量。

4 结论

在非产绒期和产绒期,日粮添加碘显著提高血液 IGF-I 的浓度,推测碘或甲状腺激素调控

绒山羊绒生长的途径之一可能是通过调控 IGF-I 的分泌来实现的；碘对非产绒期血液中 MT、GH 浓度的影响原因及作用具体还需进一步研究。补硒仅提高了产绒期与非产绒期血液中脱碘酶的浓度，对绒生长相关激素没有影响。

参考文献

[1] 施立成. 内蒙古白绒山羊能量利用的研究[D]. 北京：中国农业大学，2003.

[2] 刘书广，贾文彬，贾志海，等. 日粮蛋白质水平对绒山羊公羊养分消化和精液品质的影响[J]. 中国农业大学学报，2009，14(2):92-97.

[3] 孙江涛，张微，岳春旺，等. 日粮铜水平对绒山羊血浆褪黑激素水平及产绒性能的影响[J]. 中国农业大学学报，2008，13(2):53-56.

[4] 张永生. 日粮不同铜钼水平对绒山羊产绒性能的影响及机理研究[D]. 北京：中国农业大学，2009.

[5] 贾文彬. 辽宁绒山羊锌生物学利用率及需要量的研究[D]. 北京：中国农业大学，2009.

[6] 马慧. 过瘤胃保护色氨酸对绒山羊产绒性能的影响及调控机制[D]. 北京：中国农业大学，2010.

[7] Hynd P I. Follicular determinants of the length and diameter of wool fibres. 2. Comparison of sheep differing in thyroid hormone status[J]. Aust J Agr Res，1994，45：1 149-1 157.

[8] Rhind S M，McMillen S R. Seasonal changes in systemic hormone profiles and their relationship to patterns of fibre growth and moulting in goats of contrasting genotypes[J]. Aust J Agr Res，1995a，46：1 273-1 283.

[9] Villar D，Rhind S M，Dicks P，et al. Effect of propylthiouracil-induced hypothyroidism on thyroid hormone profiles and tissue deiodinase activity in cashmere goats[J]. Small Ruminant Res，1998，29：317-324.

[10] AFRC. The Nutrition of goats. AFRC（Agricultural and Food Research Council）Technical Committee on Responses to Nutrients，Report no. 10，CAB International，1998.

[11] 中华人民共和国农业部. NY/T 816-2004 肉羊饲养标准[S]. 北京：中国标准出版社，2004.

[12] NRC. Nutrient requirements of goats：Angora，Dairy and Meat Goats in Temperate and Tropical Countries[M]. Washington，DC：National Academy Press，1981.

[13] O'Neill K T，Litherland A J，Hamilton G. Melatonin for cashmere production in breeding does[J]. Proceedings of the New Zealand Society of Animal Production，1992，52：161-164.

[14] 王林枫，卢德勋，孙海洲，等. 光照和埋植褪黑激素对内蒙古绒山羊氮分配和生产性能影响的研究[J]. 中国农业大学学报，2006，11(1):22-28.

[15] 岳春旺，张微，孔祥浩，等. 褪黑激素对内蒙古白绒山羊产绒性能的影响[J]. 中国畜牧杂志，2007，43(7):32-34.

[16] Litherland A J. The role of plasma prolactin concentration in seasonal fibre growth cycles in down-producing goats and Wiltshire sheep[J]. Physiol Rev，1996，80:1 523-1 631.

[17] Dicks P，Williams L M. The localization and characterization of endocrine and growth factor receptors in cashmere goat skin and hair follicles using in vitro autoradiography. In：Hormonal Control of Fibre Growth and Shedding[J]. European Fine Fibre Network，1994，149-157.

[18] Klören W R L，Norton B W，Waters M J. Fleece growth in Australian cashmere goats. III. The seasonal patterns of cashmere and hair growth，and association with growth hormone，prolactin and thyroxine in blood[J]. Aust J Agr Res，1993a，44：1 035-1 050

[19] Wynn P C，Wallace A L，Kirby A C，et al. Effects of growth hormone administration on wool growth in Merio sheep[J]. Aust J Biol Sci，1988，41：177-187.

[20] Villar D, McMillen S R, Dicks P, et al. The effects of bovine somatotropin on hair follicle activity and cashmere fibre growth in goats[J]. Aust J Agr Res, 1999, 50:1 365-1 373.

[21] Dicks P, Morgan C J, Morgan P J, et al. The localisation and characterization of insulin-like growth factor-I (IGF-I) receptors and the investigation of melatonin receptors on the hair follicles of seasonal and non-seasonal fibre-producing goats[J]. J Endocrinol, 1996, 151: 55-63.

[22] Phipott M P. Effects of Insulin and Insulin-like Growth Factors on Cultured Human hair follicles; IGF-1 at Physiologic Concentrations Is an Important Regulator of Hair Follicles growth In Vitro[J]. J Invest Dermatol, 1994, 102(6): 857-61.

[23] Bhora F Y, Dunkin B J, Batzri S, et al. Effect of growth factors on cell proliferation and epithelialization in human skin. J Surg Res, 1995, 59: 236-44.

[24] Rudman S M, Phipott M P, Thomas G A, et al. The role of IGF-I in human and its appendages morphogen as well as mitogen[J]. J Invest Dermatol, 1997, 109(6): 770-777.

[25] 张春香，岳文斌，董文甫，等. 纳米硒对山羊生长、血清抗氧化酶生长激素和胰岛素的影响[J]. 激光生物学报，2007,16(5):583-588.

[26] Villar D, Nicol F, Arthur J R, et al. Type II and type III monodeiodinase activities in the skin of untreated and propylthiouracil-treated cashmere goats [J]. Research in Veterinary Science, 2000b, 68: 119-123.

[27] Hotz C S, Fitzpatrick D W, Trick K D, et al. Dietary iodine and selenium interact to affect thyroid hormone metabolism of rats[J]. J Nutr, 1997, 127(6): 1 214-1 218.

[28] 熊莉，胡彩虹，夏枚生，等. 不同硒添加剂对仔猪生长肝脱碘酶 I 活性和血清甲状腺激素水平的影响[J]. 中国兽医科技，2004, 34(10): 29-33.

[29] 胥保华，胡彩虹，夏枚生. 纳米硒对肉鸡肝脏谷胱甘肽过氧化物酶和脱碘酶 I 活性的影响[J]. 浙江大学学报:农业与生命科学版，2005, 31(5): 633-637.

[30] 徐健，杨雪锋，候晓晖，等. 硒对大鼠高碘性 I 型脱碘酶损伤的干预作用[J]. 中华内分泌代谢杂志，2006,22(2):136-138.

第三部分

绒山羊饲料营养价值评价

五、饲料营养价值评价

辽宁绒山羊常用饲料营养价值评定

李建云[1,2]　朱晓萍[1,2]　张　微[1,2]　贾志海[1,2]

(1. 中国农业大学动物科技学院,北京　100193; 2. 中国农业大学动物科技学院动物营养重点实验室,北京　100193)

摘要　采集辽宁绒山羊常用饲料 17 种 23 个样品,应用康奈尔净碳水化合物-蛋白体系(CNCPS)提出的原理和方法对饲料营养价值进行评价。测定饲料原料常规营养成分以及非蛋白氮(NPN)、可溶性蛋白(SCP)、酸性洗涤不溶蛋白(ADFIP)、中性洗涤不溶蛋白(NDFIP)及酸性洗涤纤维(ADF)、中性洗涤纤维(NDF)、木质素(LIGNIN)和淀粉,并对饲料原料的蛋白质和碳水化合物进行分类分析。结果表明:CNCPS 体系分析方法测定指标较多,分类划分细致,更好地反映了饲料的特性,为合理利用绒山羊饲料资源提供了基础数据。

关键词　畜牧学;营养评价;CNCPS;辽宁绒山羊

Nutritive value Evaluation of some Feed for Liaoning Cashmere Goat

LI jian-yun[1,2], ZHU Xiao-ping[1,2], ZHANG Wei[1,2], JIA Zhi-hai[1,2*]

(1. College of Animal Science and Technology, China Agricultural University, Beijing 100193 China; 2. state key laboratory of animal nutrition, China Agricultural University, Beijing　100193)

Abstract　This Thesis made the nutrition evaluation of 23 feeds of Liaoning cashmere goat based on the principles and methods of Cornell Net Carbohydrate and Protein system(CNCPS). A-nalysis of convention nutrition ingredients NDF、ADF、LIGNIN、NPN、SCP、NDFIP 、ADFIP. The classification of feed protein components PA、PB1、PB2、PB3、PC and carbohydrate components

CA、CB1、CB2、CC are calculated according to the CNCPS and analyzed the distribution characteristic. CNCPS is suggested have a good evaluation of feed nutritive values which combing chemical analysis with the digestion and utilization of ruminants were and more indexes make the results have reference value.

Key words animal science, CNCPS, nutritive value, Liaoning Cashmere goat

饲料化学成分分析主要有 Weende[1] 体系和 Van Soest[2] 粗饲料分析方案等。但 Weende 体系和 Van Soest 体系是都属于静态的表观指标，并不能说明动物对饲料的消化利用情况。不能很好地反应饲料的营养价值。20 世纪 90 年代，美国康乃尔大学经过近 10 年的研究提出了净碳水化合物-蛋白质体系（Cornell Net Carbohydrate and Protein System，CNCPS）[3]。CNCPS 体系根据饲料在瘤胃中的降解速率将饲料的碳水化合物分为 4 部分，饲料蛋白质分为 3 部分，能将饲料化学成分分析与反刍动物的消化利用结合起来，测定指标多，分析结果更有参考价值，在美国和加拿大已得到广泛应用。辽宁绒山羊是我国培育的优良地方品种，被誉为"国宝"。但目前仍没有公开发表的辽宁绒山羊的饲养标准，本研究采集辽宁绒山羊饲料原料，利用 CNCPS 体系进行营养价值评定，为辽宁绒山羊饲养标准建立和饲料资源合理利用提供部分基础数据和理论依据。

1 材料与方法

1.1 样品来源与采集方法

在辽宁绒山羊辽宁省盖县典型放牧场地设置样地，记录绒山羊可食饲料资源生物量。选择 20 只体重相近绒山羊作采食选择性记录。根据当地放牧饲料资源和绒山羊的食性选择采集主要放牧饲料 7 种，采集时间为 2009 年 7 月中旬；从辽宁省辽宁绒山羊育种中心饲料场采集舍饲饲料 12 种 16 个样品。所有饲料样品风干粉碎过 1 mm 网筛以备分析。

1.2 CNCPS 分类方法

CNCPS 根据饲料在瘤胃中的降解速率将碳水化合物分为 4 部分：CA 为糖类，为快速降解部分；CB1 为淀粉，为中速降解部分；CB2 为可利用纤维成分，为慢速降解部分；CC 为不可利用的纤维，为木质素×2.4 倍[4]。蛋白质分为 3 部分：PA 为非蛋白氮（NPN），PB（真蛋白）和 PC（结合蛋白质）[2,5]。其中真蛋白又可分为 PB1、PB2 和 PB3，PA 和 PB1 缓冲液中可溶解[6]，在瘤胃中快速降解。PC 含有与木质素结合的蛋白质、丹宁蛋白质复合物和其他高度抵抗微生物和哺乳类酶类的成分[7-8]，在瘤胃中不能被瘤胃细菌降解，在瘤胃后消化道也不能被消化。PB3 在酸性洗涤剂中溶解，不溶于中性洗涤剂，可在瘤胃中缓慢降解。缓冲液不溶蛋白质减去 NDFIP，剩余部分为 PB2，部分 PB2 在瘤胃中可被发酵，部分进入到后肠道中。

1.3 分析方法

干物质（DM）、粗蛋白（CP）、粗灰分（ASH）和粗脂肪（EE）按照 AOAC 法进行[9]；NDF、ADF、和木质素、中性洗涤不溶蛋白和酸性洗涤不溶蛋白分析按照 Van Soest[2] 的方法进行；可溶性蛋白质的分析按照 Krishnamoorthy 等的方法[8] 进行。淀粉的分析按照 AACC 法进行[10]。

1.4 计算方法

饲料总可消化养分含量（TDN）估算采用 Weiss[11] 等的方法进行；饲料中碳水化合物组成

的划分和计算根据 Sniffen 等的方法[3]。

1.4.1　CNCPS 体系对蛋白质的分类

PA(%CP)=NPN(%SCP)×0.01SCP(%CP);

PB1(%CP)=SCP(%CP)−PA(%CP)

PB3(%CP)=NDFIP(%CP)−ADFIP(%CP)

PC(%CP)=ADFIP(%CP)

PB2(%CP)=100−PA(%CP)−PB1(%CP)−PB3(%CP)−PC(%CP)

其中:CP 为粗蛋白质;NPN 为非蛋白氮;SCP 为可溶性蛋白;NDFIP 为中性洗涤不溶粗蛋白;ADFIP 为酸性洗涤不溶粗蛋;PA 为非蛋白氮;PB1(%CP)为快速降解蛋白;PB2(%CP)为中速降解蛋白;PB3 为慢速降解蛋白;PC 为结合蛋白质。单位(%CP)表示组分占粗蛋白百分比。

1.4.2　CNCPS 体系对碳水化合物的分类

CHO(%DM)=100−CP(%DM)−EE(%DM)−ASH(%DM)

CC(%CHO)=100×[NDF(%DM)×0.01 ×LIGNIN(%NDF)×2.4]/CHO (%DM)

CB2(%CHO)=100[(NDF(%DM)−NDFIP(%CP)×0.01×CP(%DM)−NDF(%DM)×0.01×LIGNIN(%NDF)×2.4]/CHO(%DM)

NSC(%CH0)=100−CB2(%CHO)−CC(%CHO)

CB1(%CHO)=STRACH(%NSC) ×(100−CB2(%CHO)−CC(%CHO))/100

CA(%CHO)=(100−STARCH(%NSC)) ×(100−CB2(%CHO)−CC(%CHO)/100

其中 CHO 为碳水化合物; NSC 为非结构性碳水化合物; LIGNIN 为木质素;STRACH 为淀粉;CA 为糖类;CB1 为淀粉;CB2 为可利用纤维;CC 为不可利用纤维。单位(%DM)表示组分占干物质百分比,(%CHO)表示组分占碳水化合物百分比。

2　结果与分析

2.1　绒山羊饲料原料营养成分特点(表 1)

表 1 可以看出,除棉粕外,精饲料总可消化养分含量总体大于粗饲料,这符合精饲料能值高和易于消化等特点。灌木类饲料总可消化养分含量 51.67%~71.25%,高于干草和秸秆类饲料的 44.71%~53.45%。秸秆类饲料整体纤维含量高,尤其玉米秸和豆秸纤维含量都大于 70%,而蛋白质含量低为 4%~6%,且较难被动物消化利用的酸性洗涤纤维(ADFIP/CP)含量高。动物以此类秸秆饲料为主要饲料来源时,能量和蛋白都不能满足动物的营养需要,需搭配消化性较高的粗饲料或蛋白能量较高的精饲料才能满足其需求。三种苜蓿由于刈割和存储时间不同,蛋白含量有较大差异,但平均蛋白含量为 12.57%,高于羊草和秸秆类饲料。灌木类饲料中只有山楂树营养价值较差,纤维(NDF/DM)含量以及不可消化纤维(LIGNIN/NDF)含量高,分别为 63.79%和 17.78%,而蛋白质含量较低为 7.64%。红杏树、柞树和山枣树纤维含量较低为 40%左右,蛋白质含量较高为 16.32%~18.32%,为较优质粗饲料。柠条、刺槐、椿树纤维含量和木质素含量为 54.73%~58.52%和 12.10%~14.95%,三者的纤维和不可消化纤维含量较红杏树等高,饲料的总可消化养分含量较红杏树相对较低。

与豆粕和 DDGS 相比,棉粕纤维含量(NDF/DM)和木质素含量(%NDF)高分别为 50.01%和20.64%,而豆粕和 DDGS 的木质素含量(%NDF)低于 6%,木质素本身属于不可消

表 1 饲料原料营养成分测定结果

饲草类别	水分	EE①	CP①	NDF①	ADF①	ASH①	Lignin①	STAR①	CHO①	LIG/NDF	NDFIP②	ADFIP②	NPN%/SCP	SCP②	TDN③
干草类															
羊草	8.88	3.14	8.34	66.33	35.08	8.11	7.44	3.56	80.41	11.22	47.00	32.97	97.06	20.38	51.43
羊草	9.12	2.34	9.13	68.34	38.19	7.69	6.85	3.14	80.84	10.02	47.54	22.02	84.36	23.11	50.40
苜蓿	9.04	2.18	14.58	64.17	39.28	7.49	6.15	1.95	75.75	9.58	33.74	26.61	89.19	15.23	53.45
苜蓿	9.77	3.08	13.24	62.12	34.77	9.24	7.88	1.04	74.44	12.69	36.71	20.02	86.61	8.46	50.84
苜蓿	10.65	1.10	9.74	67.71	43.39	6.44	9.07	4.31	82.72	13.40	43.84	33.16	57.82	21.66	44.71
秸秆类															
花生秧	9.40	1.66	5.67	63.60	47.81	14.38	6.08	2.19	78.29	9.56	42.86	28.40	94.12	23.99	44.81
豆秸	9.33	1.16	6.01	74.81	55.72	3.34	10.16	3.98	89.49	13.58	52.08	33.11	93.97	19.30	44.78
大豆荚	8.17	0.45	6.27	71.84	47.16	6.17	8.89	4.74	87.11	12.37	56.62	17.22	92.35	29.19	48.69
玉米秸	9.97	0.37	5.16	73.44	42.15	5.66	8.54	1.69	88.81	11.63	53.49	16.47	62.37	37.60	44.90
玉米秸	10.46	0.20	4.81	75.39	47.39	4.51	7.00	2.57	90.48	9.29	58.00	30.15	92.00	15.59	48.49
灌木类④															
柠条	12.65	4.50	19.45	58.52	31.89	5.00	7.24	1.76	71.05	12.37	36.92	19.64	94.30	31.57	61.18
刺槐	12.29	3.66	16.43	56.44	29.00	6.58	6.83	1.44	73.33	12.10	43.15	15.28	76.49	33.29	57.57
椿树	10.49	3.15	12.33	54.73	29.00	4.70	8.18	1.80	81.82	14.95	34.63	19.71	95.11	18.25	55.52
红杏树	11.39	6.41	16.53	41.90	19.06	7.16	5.33	1.93	71.90	12.72	49.24	9.86	78.57	15.25	71.25
山枣树	14.24	4.18	18.32	44.61	38.56	6.38	5.08	0.26	71.12	11.39	34.83	12.94	97.48	32.48	67.69
柞树	12.35	4.88	16.32	45.09	23.70	7.43	6.12	2.14	73.37	13.90	37.64	11.58	81.34	26.59	63.43
山楂树	12.65	4.27	7.64	63.79	18.93	3.08	11.34	5.89	85.01	17.78	39.66	19.50	72.73	44.63	51.67
能量饲料															
大豆皮	10.94	1.03	11.39	70.78	44.90	3.68	0.63	2.04	83.90	0.89	30.73	21.60	37.65	28.45	67.29
玉米	13.11	3.99	7.65	16.13	4.44	1.23	0.46	58.77	87.13	2.85	13.20	9.28	85.71	10.07	88.33
玉米	13.43	3.48	7.10	18.99	3.64	1.01	0.38	54.19	88.41	2.00	28.17	10.70	86.25	11.27	87.37
蛋白饲料															
豆粕	11.44	0.11	44.55	34.00	12.07	5.96	0.28	5.90	49.38	0.82	28.57	5.50	4.97	10.84	79.77
DDGS	10.70	3.08	30.12	47.52	21.65	3.41	2.80	4.89	63.39	5.89	25.30	19.69	14.39	9.46	72.78
棉粕	9.50	0.43	33.07	50.01	40.74	5.04	10.32	2.34	61.46	20.64	54.22	46.96	36.61	18.17	61.83

注:①为占干物质的质量分数;②为占粗蛋白的质量分数;③为 1 倍维持营养水平计算值;④灌木类饲料为绒山羊放牧饲料。

化纤维，且饲料在木质化过程中还会结合蛋白质形成结合蛋白，结合蛋白不能被动物所利用，导致棉粕的可消化性显著低于豆粕和 DDGS。

2.2　绒山羊饲料原料蛋白质和碳水化合物成分特点(表 2)

从表 2 饲料原料的碳水化合物组成来看，蛋白质饲料中棉粕不可利用纤维含量(CC/CHO)为 40.30%，豆粕和 DDGS 的 CC %CHO 为 1.36%和 10.6%，棉粕的 CC/CHO 显著高于豆粕和 DDGS，这与赵广永[12]试验结果表明棉粕的 CC/CHO 含量较高相似，说明棉粕不可利用纤维含量较高，动物可消化利用率较低。从蛋白质的组成来看：棉粕可溶性蛋白(SCP/CP)和 NPN/SCP 为 18.17%和 36.61%，DDGS 和豆粕 SCP/CP 相近为 9.46%～10.84%，豆粕 NPN/SCP 最低为 4.97%。从以上结果可以看出：三种蛋白质饲料 SCP/CP 不高，且 SCP 主要为真蛋白，NPN 含量较少。棉粕不可利用蛋白质含量(PC/CP)为 46.96%，DDGS 为 19.69%，豆粕为 5.50%。真蛋白组成中，豆粕慢速降解蛋白(PB3/CP)含量最高，较前两种可以为反刍动物提供更多的过瘤胃蛋白。从可利用纤维、可利用蛋白质及其组成总体评价三种蛋白质饲料，豆粕最优、DDGS 次之、棉粕较差。

能量饲料玉米的主要成分为淀粉，属高能饲料。豆皮蛋白质含量为 11.39%，非结构性碳水化合物含量(NSC/CHO)和 CC/CHO 都较低分别为 19.81%和 1.80%，慢速降解纤维成分(CB2%CHO)为 78.38%占大多数。两种玉米 SCP/CP 结果相近为 10.07%和 11.27%，NPN/SCP 分别为 85.71%和 86.25%，说明玉米 SCP 主要为 NPN，真蛋白含量少。

粗饲料 NPN/SCP 含量也都较高，大部分都大于 80%，说明大多数粗饲料中 SCP 主要为 NPN，真蛋白较少，这与赵广永(1999)报道粗饲料的可溶性蛋白质主要为 NPN 结果相似[12]。灌木类粗饲料 PC% CP 为 9.86%～19.71%，干草和秸秆类饲料 PC% CP 为 16.47%～34.16%，从粗蛋白含量和可利用蛋白质方面看，所采集灌木类饲料的粗蛋白含量和可利用蛋白质含量都高于干草和秸秆类饲料。山楂树的 CC/CHO 和 PC%CP 较其他灌木饲料高，这主要与山楂树含有较高含量的木质素有关。从碳水化合物的组成来看：灌木类粗饲料 NSC%/CHO 为 27.74%～51.70%，糖类含量(CA%CHO)为 21.60%～47.51%，干草、秸秆等粗饲料 NSC%/CHO 为 19.76%～23.31%，CA%CHO 为 15.68%～21.68%，以上结果说明所灌木类粗饲料 NSC%/CHO 高于干草和秸秆等粗饲料，且主要为快速降解的糖类含量比秸秆和干草等粗饲料高。糖类在瘤胃内快速降解，能较好维持绒山羊瘤胃发酵功能，为瘤胃微生物蛋白合成及时提供足量优质的碳架。干草和秸秆等舍饲粗饲料 CB2/CHO 为 50.38%～61.67%，比灌木类粗饲料 30.00%～47.80%高。CB2 主要是可利用细胞壁成分，在反刍动物瘤胃内降解缓慢，大部分流入到肠道，而肠道对纤维的利用率不高，不能及时为绒山羊等反刍动物提供足够能量。从营养物质含量以及易被动物消化营养物质含量方面看：灌木类粗饲料的营养价值要高于干草和秸秆等舍饲粗饲料。其主要原因所采集灌木类饲料主要是放牧饲料，采集时间为七月中旬，此时的木质化程度低，养分含量较高。说明饲料营养价值除与本身特性有关之外，刈割时间，成熟度和存储时间对饲料养分含量的影响也较大。

3　结论

所采集灌木类饲料纤维含量低，蛋白质含量高，可利用蛋白质、快速降解糖类含量高于秸秆和干草粗饲料，慢速降解细胞壁成分含量低于秸秆和干草等粗饲料，对绒山羊瘤胃发酵和能

表 2　绒山羊饲料原料蛋白质和碳水化合物组成

饲草类别	PA/CP	PB1/CP	PB2/CP	PB3/CP	PC/CP	CC/CHO	CA/CHO	CB1/CHO	CB2/CHO	NSC/CHO	STA/NSC
干草类											
羊草	19.78	0.60	32.61	14.03	32.97	22.21	17.96	4.43	55.41	22.39	19.78
羊草	19.50	3.61	29.35	25.52	22.02	20.34	16.95	3.88	58.83	20.83	18.65
苜蓿	13.58	1.65	51.03	7.13	26.61	19.49	19.21	2.57	58.73	21.78	11.82
苜蓿	7.33	1.13	54.83	16.69	20.02	25.41	21.68	1.40	51.52	23.08	6.05
苜蓿	12.53	9.14	34.50	10.68	33.16	26.32	18.10	5.21	50.38	23.31	22.35
秸秆类											
花生秧	22.57	1.41	33.16	14.46	28.40	18.64	19.07	2.80	59.49	21.87	12.79
豆秸	18.14	1.16	28.62	18.97	33.11	27.25	15.68	4.45	52.63	20.13	22.10
大豆荚	26.95	2.23	14.19	37.39	17.22	24.49	16.16	5.44	53.90	21.60	25.19
玉米秸	23.45	14.15	8.91	37.02	16.47	23.08	18.51	1.90	56.51	20.41	9.32
玉米秸	14.35	1.25	26.40	27.86	34.30	18.57	16.92	2.84	61.67	19.76	14.37
灌木类											
柠条	29.77	1.80	31.52	17.28	19.64	24.46	25.26	2.48	47.80	27.74	8.93
刺槐	25.44	7.85	23.55	27.88	15.28	22.35	30.74	1.96	44.94	32.70	6.01
椿树	17.36	0.89	47.12	14.92	19.71	24.60	34.53	2.26	38.62	36.78	6.13
红杏树	11.98	3.27	35.51	39.38	9.86	18.30	47.51	4.19	30.00	51.70	8.11
山枣树	31.66	0.82	32.70	21.89	12.94	17.14	45.88	0.37	36.61	46.25	0.79
柞树	21.63	4.96	40.38	21.45	11.58	20.58	41.38	3.00	30.84	48.58	6.17
山楂树	32.46	12.17	15.71	20.16	19.50	32.02	21.60	6.93	39.46	28.53	24.29
能量饲料											
豆皮	10.71	17.73	40.83	9.13	21.60	1.80	17.38	2.43	78.38	19.81	12.27
玉米	8.63	1.44	76.73	3.92	9.28	1.27	15.20	67.45	16.09	82.65	81.61
玉米	9.72	1.55	60.56	17.46	10.70	1.03	21.75	59.03	18.18	80.79	73.07
蛋白质饲料											
豆粕	0.54	10.30	60.58	23.08	5.50	1.36	44.98	11.95	41.71	56.92	20.99
DDGS	1.36	8.10	65.24	5.61	19.69	10.60	29.35	7.71	52.34	37.06	20.81
棉粕	6.65	11.52	27.61	7.26	46.96	40.30	44.00	3.81	11.90	47.80	7.96

量供应有益。粗饲料可溶性蛋白质主要是 NPN,真蛋白含量少,而三种蛋白质饲料可溶蛋白主要是真蛋白,NPN 含量少。豆粕营养成分含量和组成优于 DDDG 和棉粕,棉粕的不可消化纤维和不可消化蛋白质含量高,可消化利用性较差。豆皮的蛋白质含量较低,主要是慢速降解纤维成分占绝大多数。

CNCPS 体系对饲料营养价值评价是在大量研究反刍动物瘤胃发酵规律基础上用化学分析方法分析饲料营养价值。测定结果区分了非蛋白氮、真蛋白质、淀粉和糖类,测定指标多,更好地反映了饲料的特性,为饲料的合理利用提供了基础参数。

参考文献

[1] Morrism F B. Feeds and feeding (22nd ed) [M]. Clinton IA: Morrism Publishing Co, 1956.

[2] Van Soest P J, Sniffen C J, Mertens D R, et a1. net protein system for cattle:The rumen submodel for nitrogen[M]. Owens F Ned Protein. Requirements for Cattle:Proceedings of an International Symposiuin. Stillwater:Div of Agric, Oklahoma State Univ. MP-109,1981:265.

[3] Sniffen C J,O'Connor J D, Van Soest P J, et al. A net carbohydrate and protein system for evaluating cattle diets:II. Carbohydrate and protein availability. [J]. Anima Sci,1992,(70):3 562-3 577.

[4] Smith L W, Goering H K, Gordon C H. Relationships of forage corn-positions with rates of cell wall digestion and indigestibility of cell walls[J]. Dairy Sci,1972,(55):1 140.

[5] Pichard D G, Van Soest P J. Protein solubility of ruminant feeds[M]. Ithaca NY:Proc Cornell Nutr Conf, 1977.

[6] Roe M B,Sniffen C J, Chase L E. Techniques for measuring protein fractions in feedstuffs[M]. Ithaca NY: Proc Cornell Nutr Conf,1990. 81.

[7] Krishnamoorthy U C, Muscato T V, Sniffen. et al. itrogen fractions in selected feedstuffs [J]. Dairy Sci, 1982,(65):217.

[8] Krishnamoorthy U C, Sniffen C J, Stern M D, et al. Evaluation of mathematical model of digest a and in vitro simulation of rumen proteolysis to estimate the rumen undergraded nitrogen content of feedstuffs[J]. Br J Nutr, 1983, 50(3): 555-568.

[9] AOAC. Official Method of Analysis (13th Ed) [M]. Washington D C: Association of Analytical Chemists,1980.

[10] American Association of Cereal Chemists (AACC.). Approved Methods of the AACC [M]. St. Paul MN: The Associations, 1976.

[11] Weiss W P, Conrad H R, Pierre N R, et al. A theoretically model for predicting total digestible nutrient values of forage and concentrates [J]. Animal Feed Science Technology,1992(39):95-110.

[12] 赵广永. 用净碳水化合物-蛋白质体系评价反刍动物饲料营养价值[J]. 中国农业大学学报(增刊),1999:72-76.

日粮不同NDF水平对辽宁绒山羊瘤胃挥发性脂肪酸浓度及其比例的影响

贾　光[1]　贾志海[1]　朱晓萍[1]　张世伟[2]　宋先忱[2]　张　微[1]

（1. 中国农业大学动物科技学院，北京　100193；2. 辽宁省畜牧科学研究院，辽宁辽阳　111000）

摘要　试验选择带有永久瘤胃瘘管的辽宁绒山羊羯羊9只，随机分为3组，每组3只，研究日粮NDF水平（59.5%、54.6%、49.69%）对绒山羊瘤胃挥发性脂肪酸浓度及比例的影响。结果表明：辽宁绒山羊瘤胃挥发性脂肪酸中乙酸最多，其次是丙酸、丁酸，这三种酸在总挥发性脂肪酸中占到98%。随着NDF水平的降低，乙酸浓度显著性升高（$P<0.05$），丙酸浓度显著性升高（$P<0.05$），乙酸比例显著性降低（$P<0.05$），丙酸的比例显著性升高（$P<0.05$）。丁酸浓度和丁酸的比例没有显著性变化（$P>0.05$）。各种酸浓度及其比例与NDF水平有着比较好的线性回归关系：乙酸浓度＝16.21－17.99NDF（$N=9$，$R^2=0.55$，$P<0.05$），丙酸浓度＝33.39－43.97NDF（$N=9$，$R^2=0.68$，$P<0.01$），乙酸比例＝51.77＋51.61NDF（$N=9$，$R^2=0.52$，$P<0.05$），丙酸比例＝29.09－31.06（$N=9$，$R^2=0.49$，$P<0.05$）。多种挥发酸浓度的变化遵循着一个规律，即进食后瘤胃中VFA浓度急剧上升，进食后逐渐下降，下一次进食后再次上升。日粮NDF水平适度的降低，可以提高乙酸和丙酸的浓度，但会降低乙酸在总挥发酸中的比例，提高丙酸在挥发酸中的比例。辽宁绒山羊日粮NDF水平在50%左右的时候瘤胃的发酵效果最好。

关键词　瘤胃；挥发性脂肪酸；NDF

Influence of the Daily Ration NDF Level on the Concentration of the VFA and its Ratio

JIA Guang[1], JIA Zhi-hai[1*], ZHU Xiao-ping[1], ZHANG Shi-wei[2], SONG Xian-chen[2], ZHANG Wei[1]

(1. College of Animal Science and Technology, China Agriculture University, Beijing 100193; 2. The Institute of Animal Husbandry of Liaoning Province, Liaoyang 111000, China)

Abstract　The trail is divided into three groups A、B、C, the NDF are 59.5%, 54.6%, 49.69%. Nine Liaoning cashmere goats emasculation with fistula on the rumen are chosen. Each group has three goats. The result is: in the three groups, acetic acid concentration is the highest in the rumen volatile fatty acid. Propionic acid is lower and then the butyric acid. These three acids' concentrations are taken ninety-eight percent. As the decrease of the level of NDF, acetic acid concentration is significantly rising($P<0.05$), propionic acid concentration is significantly rising($P<0.05$), acetic acid ration is significantly reduced($P<0.05$), propionic ration is significantly rising ($P<0.05$). There are no significant differences between butyric acid concentration and between its ration($P>0.05$). The VFA concentration and its ration have a good regression with NDF: acetic acid concentration $=16.21-17.99$NDF($N=9$, $R^2=0.55$, $P<0.05$), propionic acid concentration $=33.39-43.97$NDF($N=9$, $R^2=0.68$, $P<0.01$), acetic acid ration $=51.77+51.61$NDF($N=9$, $R^2=0.52$, $P<0.05$), propionic ration $=29.09-31.06$($N=9$, $R^2=0.49$, $P<0.05$)。The discipline of the rumen volatile fatty acid in a day is that The VFA concentration is the lowest before breakfast, the concentration is suddenly rising after the breakfast, and then getting lower, and rising after supper, and getting lowing again. The proper decrease of the level of NDF can rise acetic acid, propionic acid concentration. At the same time, it reduce acetic acid ration, rise propionic ration. It is the best for rumen fermentation when the NDF of the daily ration at about 50%.

Key words rumen, VFA, NDF

瘤胃挥发性脂肪酸是反刍动物提供自身能量需要的主要形式，并且是其合成乳脂肪和体脂肪的原料[1]。目前关于瘤胃挥发性脂肪酸方面的研究主要以绵羊和阉牛作为试验动物，在山羊上的研究极少。影响瘤胃挥发性脂肪酸产量和比例的因素与有机物的进食量、外流速度以及饲料的加工工艺有关[2]，但主要是日粮组成。前人的大部分有关日粮组成的研究主要集中在精粗比上，但无法反应日粮的营养成分。本试验旨在填补挥发性脂肪酸浓度及其比例在辽宁绒山羊中的空白，并探讨日粮 NDF 组成与各种挥发性脂肪酸及其比例的线性关系，为快速准确预测绒山羊不同日粮的瘤胃 VFA 浓度及其比例提供参考。

1 材料和方法

1.1 试验设计

试验分为 A、B、C 三组，A 组精粗比为 2∶8，B 组为 3∶7，C 组为 4∶6，NDF 水平分别为 59.5%，54.6%，49.69%。每组 3 只瘘管羊羯羊，每只羊为一个重复，年龄在 1.5～2 岁，体重 20～25 kg。预饲期 10 天后，进入正试期。试验日粮见表 1 和表 2。

1.2 样品的采集与测定

从早上 8:00 开始，每隔 3 h 采集瘤胃内容物 20 g，瘤胃液 20 ml，采集一天。每次采样后，立即用 4 层纱布过滤瘤胃液，然后取一部分瘤胃液装塑料瓶中在 4℃下低温保存以备测定挥发性脂肪酸浓度[3]。

测定方法参照闫利芳的中国农业大学硕士论文[4]。

1.3 饲养管理

瘘管羊全部在代谢笼中单笼饲养，预饲期 10 天，正试期 1 天。每天早 7:00，晚 15:30 饲喂，按照先粗后精的顺序，共饲喂 0.7 kg 日粮，粗料为优质干羊草，精料为玉米-麦麸-豆粕混合饲料。在饲喂后喂水。

1.4 数据处理

采用 SAS V8 软件进行数据处理，试验数据以平均值±标准差表示，以 $P<0.05$ 为差异性显著标准。

表 1 三种日粮组成及营养水平(风干基础)

日粮	羊草(%)	精料(%)	NDF(%)	总能量(MJ/kg)	OM(%)	NDF/OM(%)
A	80	20	59.5	17.83	89.79	66.26
B	70	30	54.6	17.65	88.69	61.56
C	60	40	49.69	17.46	87.59	56.73

表 2 精料组成及营养成分

原料/%	含量	营养成分(DM)	含量
玉米	71	ME/(MJ/kg)	10.81
小麦麸	13	CP(%)	12.44
大豆粕	11	NDF(%)	20.27
磷酸氢钙	1.33	Ca(%)	0.61
石粉	0.67	P(%)	0.62
食盐	2		
预混料	1		
	100		

注：每千克微量元素预混料含：维生素 A 3 050 万 IU，维生素 D 610 万 IU，维生素 E 50 000 mg，维生素 K 2 000 mg，维生素 B_1 3 000 mg，维生素 B_2 5 500 mg，维生素 B_6 2 500 mg，维生素 B_{12} 12 mg，泛酸钙 13 000 mg，烟酸 32 000 mg，叶酸 1 000 mg，生物素 35 000 mg，铁 15 000 mg，锰 12 000 mg，锌 15 000 mg，碘 240 mg，钴 30 mg，硒 30 mg。

2 结果与讨论

2.1 三组挥发性脂肪酸浓度和比例的差异

从表 3 可以看出，乙酸浓度最高，其次是丙酸和丁酸，三种酸占到总挥发酸的 98%左右。许多文献说明挥发性脂肪酸中乙酸、丙酸、丁酸占总挥发酸的 95%，但挥发性脂肪酸在不同动物体内其比例和数量不同[5]。从表中可以看出随着 NDF 水平的降低，乙酸浓度 C 组比 A 组显著性升高($P<0.05$)，而 C 组与 B 组、B 组与 A 组之间差异不显著($P>0.05$)，乙酸比例 C 组显著低于 A 组($P<0.05$)，而 C 组与 B 组、B 组与 A 组之间差异不显著($P>0.05$)；丙酸浓度和比例 C 组比 A、B 组显著性升高($P<0.05$)，而 A 和 B 组之间差异不显著($P>0.05$)；丁酸浓度和比例各组直接无差异($P>0.05$)；乙酸比例 C 组比 A、B 组显著性降低($P>0.05$)，丙酸浓度 C 组比 A、B 组显著性升高($P>0.05$)。乙酸浓度随着 NDF 水平的降低而升高，但乙酸比例却随着 NDF 的降低而降低，这点主要是因为精饲料在瘤胃中发酵率很高，所以产生的乙酸以及挥发酸总量较高，并且丙酸的浓度随着 NDF 水平的降低而升高的幅度比较大。这与冯仰廉的《反刍动物营养》中关于瘤胃中挥发酸产生量的论述是相符的，即当日粮中精料比例提高时，乙酸的比例降低而丙酸的比例升高[6]。

表 3 三组挥发酸浓度及其比例

组	乙酸浓度(mmol/L)	丙酸浓度(mmol/L)	丁酸浓度(mmol/L)	乙酸比例(%)	丙酸比例(%)	丁酸比例(%)
A	56.61±3.87[a]	7.71±0.71[a]	3.56±0.39[a]	82.18±0.63[a]	11.20±0.91[a]	5.18±0.59[a]
B	61.81±1.61[ab]	8.44±1.32[a]	5.45±1.42[a]	80.56±2.75[ab]	10.95±1.18[a]	7.04±1.45[a]
C	64.98±4.91[b]	12.02±1.53[b]	5.86±1.48[a]	77.12±2.99[b]	14.24±1.37[b]	6.94±1.72[a]

注:同列数据不同小写字母为差异显著($P<0.05$)。

2.2 挥发酸浓度和比例与日粮 NDF 水平的回归关系

由于测定瘤胃挥发性脂肪酸的浓度和比例除需要瘘管动物外,还需要气相色谱等仪器,故本试验中用 NDF 与各种挥发酸浓度及其比例做线性回归,预期为快速准确预测绒山羊不同日粮的瘤胃挥发性脂肪酸浓度及其比例提供参考。相应的回归关系如下:

乙酸浓度(mmol/L)=16.21−17.99NDF(%)($N=9$,$R^2=0.55$, $P<0.05$);

丙酸浓度(mmol/L)=33.39−43.97NDF(%)($N=9$,$R^2=0.68$, $P<0.01$);

丁酸浓度(mmol/L)=17.73−23.4NDF(%)($N=9$,$R^2=0.44$, $P<0.05$);

乙酸比例(%)=51.77+51.61NDF(%)($N=9$,$R^2=0.52$, $P<0.05$);

丙酸比例(%)=29.09−31.06NDF(%)($N=9$,$R^2=0.49$, $P<0.05$);

丁酸比例(%)=16.21−17.99NDF(%)($N=9$,$R^2=0.27$, $P>0.05$)。

其中乙酸比例与 NDF 成正比,丙酸比例与 NDF 成反比。这个结果与韩继福(1996)用阉牛体内法的结果相似[7]。不过韩继福先生使用的是乙酸比例与 NDF/OM 的线性回归。本试验中也尝试了这种线性回归,笔者发现使用 NDF 与 NDF/OM 这两种变量线性回归模型基本相似。

2.3 挥发酸浓度在一天中的变化

三种挥发酸一天的浓度变化基本上都遵循着这样的规律:在早晨饲喂前,各种挥发酸浓度都达到一天中的最低值,当晨饲后 3 小时各种挥发酸浓度迅速升高,达到最高值,但很快又下降,在下午饲喂后各种挥发性脂肪酸的浓度再次上升,而后再次下降。这是因为,在反刍动物进食日粮后,各种营养物质迅速转化为各种挥发性脂肪酸,使得其浓度迅速升高,同时各种挥发性脂肪酸的渗透压也迅速升高,加速了瘤胃上皮对挥发酸的吸收[8],用于提供能量和合成身体所需的营养物质,这样瘤胃中各种酸的浓度会下降,下一次进食后各种酸的浓度再次升高。这符合瘤胃挥发酸产生和吸收的一般规律。而且我们可以看到,C 组的各种挥发酸的值都比较高,这说明了当日粮 NDF 值在 50%左右的时候瘤胃发酵的状态最好。这与周为琴,赵健雅从体外发酵试验中得出的当日粮精粗比在 2∶8,4∶6 时提高瘤胃微生物活性的研究结果相符[9]。

3 结论

本试验结果表明,在日粮 3 个 NDF 水平下,辽宁绒山羊瘤胃挥发性脂肪酸中乙酸最多,其次是丙酸、丁酸,这三种酸在总挥发性脂肪酸中占到 98%。日粮 NDF 水平适度的降低,可以提高乙酸和丙酸的浓度,但会降低乙酸在总挥发酸中的比例,提高丙酸在挥发酸中的比例。当日粮 NDF 水平在 50%~60%范围内时,丙酸比例与 NDF 值成反比,乙酸比例与 NDF 成正比。NDF 值在 50%左右的时候瘤胃的发酵效果最好。

参考文献

[1] 李兵，王中华，宋伟. 反刍动物挥发性脂肪酸的研究进展. 饲料广角，2003(22)：29.

[2] 杨红建，冯仰廉. 有机物进食量和外流速度对瘤胃 VFA 产生量及比例的影响. 中国饲料，2000(22)：5-6.

[3] 郑晓中，冯仰廉，莫放，等. 日粮中添加豆油对肉牛瘤胃发酵及营养物质消化率影响的研究. 中国粮油学报，1999，14(4).

[4] 闫利芳，张晓明. 尿素日粮中添加乙酰氧肟酸对绵阳瘤胃发酵和氮代谢的影响. 中国农业大学硕士论文. 2006，6.

[5] 李伟中，单安山. 挥发性脂肪酸在动物体内的作用. 中国饲料，2003(12)：23-24.

[6] 冯仰廉. 反刍动物营养学. 北京：科技出版社，2004.

[7] 韩继福，冯仰廉，张晓明，等. 日粮类型和羊草细度对肉牛瘤胃挥发性脂肪酸比例与能量转化效率的影响. 畜牧兽医学报，1998，29(2)：97-104.

[8] 熊本海，卢德勋，高俊. 绵阳瘤胃 VFA 吸收效率及模型参数的研究. 动物营养学报，1999(12)：248-255.

[9] 周为琴，赵健雅，等. 不同精粗比底物对体外发酵 pH 值和发酵产物 VFA 的影响. 家畜生态学报，2005(7).

六、粗饲料利用

日粮不同纤维水平和精粗比对绒山羊瘤胃内中性洗涤纤维和酸性洗涤纤维消失率的影响

那仁巴图[1,2]　贾志海[1]　孙海洲[3]　张　微[1]　程建波[3]

(1.中国农业大学动物科学技术学院,北京　100094; 2.内蒙古农业大学动物科学与医学学院,呼和浩特　010018; 3.内蒙古农牧业科学院,呼和浩特　010000)

该文发表在《中国畜牧杂志》2008, 44(1):21-24

摘要　选用18只、2.5岁、体重25 kg左右的安装永久性瘤胃瘘管的内蒙古白绒山羊羯羊,用尼龙袋法测定了3个精粗比(分别为30∶70,20∶80,10∶90)6个中性洗涤纤维(NDF)水平(分别为49%、52%、59%、55%、62%和65%)日粮中的中性洗涤纤维和酸性洗涤纤维2、4、6、8、12、24、48和72 h的消失率。结果表明:NDF水平为52%时,绒山羊日粮中的中性洗涤纤维和酸性洗涤纤维消失率较高。精粗比例为30∶70、20∶80和10∶90时,绒山羊日粮中的中性洗涤纤维和酸性洗涤纤维消失率受影响不同,精粗比20∶80日粮2～72 h NDF和ADF消失率较高,其中2、72 h时NDF和ADF消失率明显高于30∶70和10∶90日粮。由此可以得出,绒山羊配合饲料中纤维素水平为52%,精粗比例为20∶80较适宜。

关键词　纤维水平;精粗比;中性洗涤纤维;酸性洗涤纤维;消失率;绒山羊

Effect of Dietary Fiber Concentration and Concentrate to Roughage Ratio on NDF and ADF in Situ Ruminal Disappearance in Cashmere Goats

Narenbatu[1,2], Zhihai Jia[1], Haizhou Sun[3], Wei Zhang[1], Jianbo Cheng[1,3]

(1. College of Animal Science and Technology, China Agricultural University, Beijing 100094, China; 2. College of Animal Science and Animal Medicine, Inner Mongolia Agricultural University, Hohhot　010018, China; 3. Academy of Inner Mongolia Agricultural Science, Hohhot　010030 China)

Abstract　Eighteen castrated Inner Mongolia White Cashmere Goats, aged 2.5 years, ruminally fistulated, weighted 25 Kilogram, were randomly and averagely assigned into six groups and used nylon bag technique to determined the in situ ruminal disappearance (ISRD) of neutral detergent fiber (NDF) in three different concentrate to roughage ratio (30 : 70, 20 : 80, 10 : 90) and six levels (49%、52%、55%、59%、62% and 65%) of diets. The incubation periods were 2 h, 4 h, 6 h, 8 h, 12 h, 24 h, 48 h and 72 h. The results indicted that 52% NDF diet had higher ISRD of NDF. ISRD of NDF and acid detergent fiber (ADF) in diets of cashmere goats fed three kinds of concentrate to roughage ratio diets were affected and the 20 : 80 diet had higher ISRD during the period of 2—72 h than 30 : 70 and 10 : 90. It was concluded that the optimal level of NDF and concentrate to roughage ratio 52% and 20 : 80.

Key words level of fiber, cashmere goat, neutral detergent fiber, acid detergent fiber, disappearance

绒山羊除了具有反刍动物能消化粗饲料的特点以外，还表现出对结构性碳水化合物很高的消化能力[1,2]。在低水平补饲、自由采食粗饲料条件下和单纯自由采食粗饲料条件下，绒山羊对劣质粗饲料中纤维物质的利用率明显高于绵羊[3]。这种独有的特点吸引了国内外研究者的注意。随着我国绒山羊存栏数量的增加，绒山羊养殖由传统的放牧饲养模式转化为舍饲和半舍饲的饲养模式。舍饲和半舍饲养条件下为使绒山羊生产性能得到最大程度的发挥，需要科学的日粮配合技术作保障。而 NRC[4] 山羊营养需要是山羊日粮配制的主要参考依据，作为绒山羊的营养需要还缺乏纤维素依据。反刍动物对饲料纤维的消化主要依赖于其瘤胃发酵。研究山羊瘤胃内中性洗涤纤维(neutral detergent fiber, NDF)和酸性洗涤纤维(acid detergent fiber, ADF)消失率是一种重要的研究手段。用尼龙袋技术研究牛羊日粮中性洗涤纤维 NDF 和酸性洗涤纤维 ADF 消化的报道较多。目前还未见在绒山羊方面的研究报道。因此，本研究的目的在于探索不同纤维水平和精粗比例日粮纤维在绒山羊瘤胃内的纤维消失率，为合理配制绒山羊日粮提供理论依据。

1 材料与方法

1.1 试验动物与试验设计

选用 18 只、2.5 岁、体重 25 kg 左右的内蒙古白绒山羊羯羊，安装永久性瘤胃瘘管。采用完全随机单因素设计方法，随机分成 6 个 NDF 组(每组 3 只)的再分为 3 个精粗比组(每组 6 只)。经统计分析，各试验组间体重无显著差异($P>0.05$)。

1.2 试验日粮

基础日粮由 78%青干草、16%玉米、7.2%麸皮、5.4%豆粕、0.16%石粉、0.24%磷酸氢钙、1%食盐和 0.003%维生素预混料组成。参照 NRC[4] 山羊营养需要，代谢能供给量为 1.2 倍的维持需要，配制试验羊口粮，能够满足 50 g 日增重的需要。试验用日粮组成及营养水平见表 1。

1.3 饲养管理

单笼饲养试验羊，每日分别于 6:00 和 18:00 分 2 次饲喂混合精料和青干草，自由饮水。

表 1 试验日粮组成及营养成分(风干基础)

项目	组别					
	Ⅰ	Ⅱ	Ⅲ	Ⅳ	Ⅴ	Ⅵ
配比/%						
干草	23.95	54.72	40.66	72.32	3.85	37.96
苜蓿	25.90	2.78	28.44	0.00	39.75	16.51
玉米秸	20.15	12.50	10.90	7.68	46.40	35.53
玉米	26.44	20.01	17.82	8.53	6.55	0.00
麸皮	0.62	0.62	0.00	2.50	0.00	0.00
大豆粕	0.00	5.74	0.00	6.79	1.25	1.38
棉籽粕	0.12	0.83	0.00	0.00	0.00	4.27
菜籽粕	0.62	0.62	0.00	0.00	0.00	2.27
石粉	0.69	0.68	0.68	0.67	0.70	0.58
磷酸氢钙	0.00	0.00	0.00	0.00	0.00	0.00
食盐	0.50	0.50	0.50	0.50	0.50	0.50
复合添加剂	1.00	1.00	1.00	1.00	1.00	1.00
合计	100	100	100	100	100	100
营养成分						
消化能/(MJ/kg)	10.95	10.88	10.95	10.55	9.13	9.13
粗蛋白/%	10.00	10.00	10.50	10.00	10.19	10.00
钙/%	0.26	0.26	0.26	0.26	0.26	0.25
磷/%	0.22	0.24	0.21	0.24	0.22	0.26
中性洗涤纤维/%	49.00	52.00	55.00	59.00	62.00	65.00
酸性洗涤纤维/%	30.62	31.34	34.00	35.12	38.77	39.84
精粗比	30∶70	30∶70	20∶80	20∶80	10∶90	10∶90

注:①维生素预混料使用的是北京万宁兽药研制开发有限公司生产的北京多维:维生素 A,5 400 万 IU/kg;维生素 D_3,1 080 万IU/kg;维生素 E,18 000 IU/kg;维生素 K_3,5 g/kg;维生素 B_1,2 g/kg;维生素 B_2,15 g/kg;维生素 B_{12},0.03 g/kg;维生素 B_5,35 g/kg;泛酸钙,25 g/kg;叶酸,0.5 g/kg;抗氧化剂,0.2 g/kg;基础日粮中其他微量元素铁、锌、锰、钼、碘和硒的水平分别为 343.91、39.49、43.94、5.47、1.13 和 0.11 mg/kg DM。②除代谢能外其他指标都为实测值。

1.4 尼龙袋制作和样品采集

选择孔径为 300 目的尼龙布,制成 8 cm×12 cm 的尼龙袋,标号,自来水浸泡,冲洗,烘干恒重备用。称取 2.0 g 左右的试验日粮放入一个尼龙袋中,用橡皮筋拴在一根长约 15 cm 的半软性塑料管上。

在早晨饲喂后 2 h 投入瘤胃腹囊处,管的另一端用尼龙线挂在瘘管塞上。每只羊瘤胃内放 2 根管,共 4 个袋,尼龙袋在瘤胃内培养时间为 2、4、6、8、12、24、48、72 h,每个时间点取出 2 个平行袋,放入塑料盆内洗涤 10 min,再在中等流速的自来水下漂洗 1 min,松开尼龙袋,在 65℃烘箱烘 48 h,用来测定 NDF 和 ADF。

1.5 NDF 和 ADF 测定

用美国 Ankom 公司滤袋技术(Filter Bag Technology, FBT) 测定 NDF 和 ADF。

1.6 NDF 和 ADF 含量计算

$$w(\%) = \frac{m_3 - m_1 + m_4}{m_2 - m_1} \times 100$$

式中，$w(\%)$为中性洗涤纤维或酸性洗涤纤维百分比，m_1 为 F57 滤袋质量(g)，m_2 为滤袋＋样品质量(g)，m_3 为滤袋＋残渣质量(g)，m_4 为空白滤袋质量(g)。

1.7 数据统计

各处理平均数用 SAS 8.01 的 Anova 过程进行方差分析，多重比较用 Duncan 法。

2 结果

2.1 不同纤维水平对日粮 NDF 和 ADF 在绒山羊瘤胃内消失率的影响

1)不同纤维水平对日粮 NDF 在绒山羊瘤胃内消失率比较

不同纤维水平对日粮 NDF 在绒山羊瘤胃内消失率比较见表 2。从表 2 可以看出，日粮在瘤胃内消化 6 h 之内，Ⅲ组日粮 NDF 消失率最高，除 2 h 外，与Ⅵ组日粮有明显差异($P<0.01$)。8 h 时Ⅱ组日粮消失率最高，与Ⅲ组日粮差异不显著($P>0.05$)。12 h 消化后，Ⅲ组日粮 NDF 消失率最高，但与Ⅰ、Ⅱ、Ⅳ、Ⅴ组日粮差异不显著($P>0.05$)，与Ⅵ组日粮间差异极显著($P<0.01$)。24h，Ⅲ组消失率与Ⅰ组差异极显著($P<0.01$)，与Ⅵ组差异显著($P<0.05$)。48h 后Ⅱ组日粮 NDF 消失率高于Ⅳ和Ⅴ组($P>0.05$)，显著高于Ⅵ组($P<0.01$)，Ⅲ、Ⅳ、Ⅴ组间日粮 NDF 消失率差异明显($P>0.05$)。经过 72 h 培养，各日粮中 NDF 消失率达到了较高水平，其中Ⅲ组日粮 NDF 消失率最高，与Ⅱ组和Ⅴ组日粮差异不显著($P>0.05$)，与Ⅵ组日粮差异极显著($P<0.01$)。

表 2 不同纤维水平对日粮 NDF 在山羊瘤胃内消失率的影响 %

培养时间/h	组别						*SEM*	*P* 值
	Ⅰ	Ⅱ	Ⅲ	Ⅳ	Ⅴ	Ⅵ		
2	17.93^{d}	28.67^{acd}	33.45^{a}	29.44^{ac}	32.27^{ac}	21.44^{cd}	1.74	0.006 9
4	34.47^{a}	25.11^{a}	36.93^{a}	33.68^{a}	28.46^{a}	28.21^{a}	1.63	0.288 7
6	35.43^{bc}	38.40^{ac}	39.11^{a}	38.95^{ac}	33.91^{ac}	32.92^{c}	1.58	0.037 4
8	38.03^{ab}	43.06^{a}	43.05^{a}	38.18^{ab}	37.87^{ab}	33.35^{b}	1.16	0.126 2
12	49.14^{a}	52.52^{a}	52.64^{a}	50.90^{a}	44.29^{ab}	34.19^{c}	1.50	0.000 2
24	41.95^{c}	55.98^{ab}	61.43^{a}	52.54^{abc}	57.31^{ab}	48.01^{bc}	1.95	0.042 1
48	69.15^{b}	81.10^{a}	71.98^{ab}	68.84^{b}	70.87^{ab}	57.61^{c}	1.82	0.005 7
72	76.81^{bc}	92.94^{ab}	95.24^{a}	77.61^{bc}	88.93^{abc}	71.85^{c}	2.77	0.007 7

注：表中同行相同字母表示差异不显著($P>0.05$)，相邻字母表示差异显著($P<0.05$)，相间字母者差异极显著($P<0.01$)，下表同。

2)不同纤维水平对日粮 ADF 在绒山羊瘤胃内消失率的影响

不同纤维水平对日粮 ADF 在绒山羊瘤胃内消失率的影响见表 3。从表 3 看出，Ⅲ组日粮各时间的 ADF 消失率最高，与Ⅴ组日粮差异不显著($P>0.05$)。4 h 时与其他各日粮差异不显著($P>0.05$)。同样 2、6 h 时日粮Ⅲ组日粮 ADF 消失率与Ⅴ组日粮没有显著差异($P>0.05$)，6 h 时Ⅲ组日粮和Ⅱ组日粮差异显著($P<0.05$)，与Ⅴ组日粮差异不显著($P>0.05$)。

8 h 的瘤胃液中Ⅲ组日粮 ADF 消失率最高，与Ⅵ组日粮差异极显著（$P<0.01$），与其他日粮组差异不显著（$P>0.05$）。12 h Ⅲ组日粮 ADF 消失率最高，与Ⅳ组日粮、Ⅵ组日粮差异极显著（$P<0.01$），与Ⅰ组日粮、Ⅱ组日粮和Ⅴ组日粮差异不显著（$P>0.05$），Ⅳ组日粮和Ⅵ组日粮差异显著（$P<0.05$），Ⅰ组日粮、Ⅱ组日粮和Ⅴ组日粮差异不显著（$P>0.05$）。24 h 时，Ⅲ组日粮 ADF 消失率最高，与Ⅰ组日粮和Ⅵ组日粮差异极显著（$P<0.01$），与Ⅱ组、Ⅳ组、Ⅴ组日粮差异不显著（$P>0.05$），Ⅴ组日粮与Ⅰ、Ⅵ组日粮差异极显著（$P<0.01$）。48 小时，Ⅲ组日粮 ADF 消失率与Ⅴ组日粮间无显著差异（$P>0.05$），这两组与Ⅱ组日粮差异显著（$P<0.05$），与Ⅵ组日粮差异极显著（$P<0.01$），Ⅰ组日粮和Ⅳ组日粮间差异不显著（$P>0.05$）。72 h 时Ⅱ组日粮的 ADF 消失率最高，与Ⅰ、Ⅲ、Ⅴ组差异不显著（$P>0.05$）；与Ⅵ差异极显著（$P<0.01$），与Ⅳ组日粮差异显著（$P<0.05$）。

表 3　不同纤维水平对日粮 ADF 在山羊瘤胃内消失率的影响　　%

培养时间/h	组别						SEM	P 值
	Ⅰ	Ⅱ	Ⅲ	Ⅳ	Ⅴ	Ⅵ		
2	17.90^{bc}	23.20^{bc}	24.80^{a}	23.96^{b}	23.40^{a}	13.90^{c}	1.75	0.000 2
4	26.70^{a}	19.30^{a}	27.40^{a}	30.40^{a}	29.05^{a}	27.40^{a}	1.47	0.340 0
6	32.57^{cd}	31.48^{bcd}	39.46^{a}	29.86^{cd}	36.05^{ab}	28.22^{d}	1.65	0.004 3
8	36.14^{ac}	34.13^{ac}	44.70^{a}	35.41^{ac}	42.91^{ac}	28.34^{c}	1.13	0.056 7
12	46.70^{ab}	45.50^{ab}	52.69^{a}	42.71^{cd}	50.90^{ab}	40.36^{d}	1.13	0.005 3
24	43.70^{d}	57.26^{ab}	66.74^{a}	56.31^{ab}	63.83^{a}	41.56^{cd}	2.21	0.000 4
48	69.61^{ab}	69.50^{b}	77.68^{a}	63.95^{bd}	76.65^{a}	54.16^{f}	1.98	0.001 2
72	83.99^{ab}	90.97^{a}	90.60^{a}	71.15^{bc}	88.78^{a}	65.01^{c}	3.10	0.000 5

2.2　不同精粗比对日粮 NDF 和 ADF 在绒山羊瘤胃内消失率的影响

1）不同精粗比对日粮 NDF 在绒山羊瘤胃内消失率的影响

表 4　不同精粗比对日粮 NDF 在山羊瘤胃内消失率的影响　　%

培养时间/h	精粗比例			SEM	P 值
	30∶70	20∶80	10∶90		
2	26.86^{ab}	33.45^{a}	23.30^{b}	1.74	0.049 8
4	29.79^{a}	35.30^{a}	28.33^{a}	1.63	0.185 2
6	44.03^{a}	36.78^{a}	36.45^{a}	1.58	0.076 5
8	40.55^{a}	40.62^{a}	35.61^{a}	1.16	0.129 5
12	51.77^{a}	50.83^{a}	39.24^{c}	1.50	0.000 2
24	58.97^{a}	59.18^{a}	50.33^{a}	1.95	0.068 9
48	69.85^{ac}	76.54^{a}	63.38^{c}	1.82	0.008 9
72	84.87^{ac}	95.09^{a}	74.73^{c}	2.77	0.007 6

由表 4 可以看出，3 种精粗比日粮的 NDF 在 2、48、72 h 的消失率不同（$P<0.05$），其中 2 h 时，精粗比为 20∶80 日粮 NDF 的消失率显著高于（$P<0.05$）精粗比为 10∶90 日粮 NDF 消失率，48 h、72 h 时精粗比 20∶80 日粮 NDF 消失率极显著（$P<0.01$）高于精粗比为 10∶90 日粮 NDF 消失率，但精粗比 30∶70 日粮和精粗比 10∶90 日粮间差异不显著（$P>0.05$）。除

2、48、72 h 的培养时间点外，其余各试验时间点间上 3 种精粗比日粮的 NDF 均无显著差异($P>0.05$)。

2)不同精粗比对日粮 ADF 在绒山羊瘤胃内消失率的影响

不同精粗比对日粮 ADF 在山羊瘤胃内消失率的影响结果见表 5。2、6 h 时精粗比 20∶80 日粮 ADF 消失率比精粗比 30∶70 日粮 ADF 消失率高($P<0.05$)。72 h 时精粗比 20∶80 日粮 ADF 消失率比其他 2 种日粮 ADF 消失率高($P<0.05$)，其他各时间点 3 个精粗比日粮 ADF 消失率差异不显著($P>0.05$)。

表 5 不同精粗比对日粮 ADF 在绒山羊瘤胃内消失率的影响 %

培养时间/h	精粗比例			*SEM*	*P* 值
	30∶70	20∶80	10∶90		
2	18.62^{b}	29.43^{a}	25.69^{ab}	1.75	0.032 0
4	23.04^{a}	28.94^{a}	28.25^{a}	1.47	0.205 2
6	28.50^{b}	39.43^{a}	31.99^{ab}	1.65	0.112 6
8	33.81^{a}	35.73^{a}	33.90^{a}	1.13	0.746 3
12	44.70^{a}	49.12^{a}	45.63^{a}	1.13	0.250 0
24	47.98^{a}	63.06^{a}	53.20^{a}	2.21	0.176 2
48	66.78^{a}	77.68^{a}	65.41^{a}	1.98	0.107 5
72	80.88^{ab}	94.32^{a}	76.90^{b}	3.10	0.051 2

3 讨论

3.1 不同纤维水平对日粮 NDF 和 ADF 在绒山羊瘤胃内消失率的影响

纵观各日粮的降解情况，除了Ⅱ(8 h)、Ⅳ(8 h)、Ⅴ(2 h)外，其他日粮的消失率均说明了这一点。日粮Ⅲ12 h 前 NDF 降解范围为 33.45%～52.64%，其他日粮则降解较慢，6 h 时有较高降解率(Ⅵ，32.92%)，该结果与 Hélène[6]报道的揉碎苜蓿、梯牧草(Timothy，*Phleum Pratense Richmond*)和 Odgen[7]报道的马唐草(Crabgrass，*Digitaria Ciliaris*)、百慕大草(Bermudagrass，*Cynodon Dactylon*)NDF 消失率较接近(37.4%～54.3%)。通常饲料纤维性成分在羊瘤胃内的消失率随着滞留时间延长会增加，因为瘤胃中纤维分解微生物如细菌[8]和真菌[9]在适宜的碳水化合物和蛋白质条件下分解作用增强。

3.2 不同精粗比对日粮 NDF 和 ADF 在绒山羊瘤胃内消失率的影响

精粗比例是一个传统的日粮中纤维成分表示方法，在生产实际中有较高的使用价值，但不能准确反映反刍动物日粮中的纤维水平。目前反刍动物生产和研究中衡量日粮或饲料中的纤维水平时，普遍采用中性洗涤纤维和酸性洗涤纤维指标[10]。从本试验结果看，随着 3 个试验日粮精粗比例的下降，NDF 水平从 51%～52%上升到 63%～64%，NDF 消失率则没有出现下降的趋势，48 h 和 72 h 时精粗比为 20∶80 日粮 NDF 的消失率较高，这种结果与 Poor[11]报道一致。通常，在以粗饲料为主的日粮中添加高比例的淀粉时，NDF 消失率会下降[12,13]，但是谷物粗饲料比例增加时，NDF 消失不受影响[10,14,15]。Cole 等[14]发现，日粮中精饲料比例增加到 90%时，ADF 消失率不受影响，他们认为这与改变纤维来源有关。Urias[16]报道，精料纤维有较高的潜在消化率，但在本试验条件下，山羊日粮中的大部分纤维是来自粗饲料，精饲料比例小于30%时，山羊是否仍然有较高的纤维消化能力，有待进一步探讨。

4　结论

中性洗涤纤维水平在52%时，绒山羊日粮中的中性洗涤纤维和酸性洗涤纤维消失率较高。不同精粗比对绒山羊日粮中的NDF和ADF消失率有影响，精粗比20∶80日粮2～72 h NDF和ADF消失率较高，其中2、72 h时NDF和ADF消失率明显高于30∶70和10∶90日粮。

参考文献

[1] Landau S, Perevolotsky A, Bonfil D, et al. Utilization of low quality resources by small ruminants in Mediterranean agro-pastoral systems: the case of browse and aftermath cereal stubble[J]. Livest Prod Sci, 2000, 64:39-49.

[2] Silanikove H. The physiological basis of adaptation of goats to scarcity of food and water in harsh environments [J]. Small Ruminant Res, 2000, 35: 181-193.

[3] 甄玉国，马宁. 绵羊、山羊采食不同种类多纤维饲料时瘤胃发酵参数的比较研究[J]. 吉林农业大学学报，1998, 3:66-70.

[4] NRC. Nutient Requirements of Goats: Angora, Dairy, and Meat Goats in Temperate and Tropical Countries [M]. Washington D. C: National Academy Press, 1981:56-87.

[5] 张丽英，李德发，等. 饲料分析及饲料质量检测技术[M]. 北京：中国农业大学出版社，2003.

[6] Hélène, Petit V, Savoie P et al. Intake, digestibility, and ruminal degradability of shredded hay[J]. J Dairy Sci, 1994, 77:3 043-3 050.

[7] Ogden R K, Coblentz W K, Coffey K P. et al. Ruminal in situ disappearance kinetics of dry matter and fiber in growing steers for common crabgrass forages sampled on seven dates in northern Arkansas[J]. J Anim Sci, 2005, 83:1 142-1 152.

[8] 冯仰廉. 反刍动物营养学 [M]. 北京：科学出版社，2004:307-392.

[9] 霍鲜鲜. 瘤胃厌氧真菌在纤维降解中的作用及其与细菌、原虫的关系[D]. 呼和浩特：内蒙古农业大学，2003.

[10] Bines J A, Davey A W F. Voluntary intake, digestion. rate of passage, amount of material in the alimentary tract and behaviour in cows receiving complete diets containing straw and concentrates in different proportions[J]. Bri J Nutr, 1970, 24:1 013-1 028.

[11] Poor M H, Moor J A, Swingle R S. Differential passage rates and digestion of neutral detergent fiber from grain and forage in 30, 60 and 90% concentrate diets fed to steers [J]. J Anim Sci, 1990, 68: 2 965-2 973.

[12] Chappell G L M, Fontenot J P. Effect of level of readily available carbohydrate in purified sheep rations on cellulose digestibility and nitrogen utilization [J]. J Anim Sci, 1968, 27:1 709-1 716.

[13] Mulholland J B, Coombe L B, McManus W R. Effect of starch on the utilization by sheep of a straw diet supplemented with urea and minerals [J]. Aust J Agr Res, 1976, 27:139-153.

[14] Cole N A, Johnson R R, Owens F N. Influence of roughage level and corn processing method on the site and extent of digestion by beef steers [J]. J Anim Sci, 1976, 43:490-496.

[15] deFaria V P, Huber J T. Effect of dietary protein and energy levels on rumen fermentation in Holstein

steers[J]. J Anim Sci, 1984, 58:452-459.

[16] Urias A R. Effect of dietary concentrate levels on in situ dry matter disappearance, neutral detergent fiber disappearance, and digestion of alfalfa hay, wheat straw and steam processed and flaked mill grain [D]. Tucson. University of Arizona, 1986.

不同纤维水平日粮对内蒙古白绒山羊瘤胃发酵的影响

那仁巴图[1,2] 贾志海[1] 卢德勋[3] 朱晓萍[1] 于玲玲[1]

(1. 中国农业大学动物科学技术学院，北京 100193；2. 内蒙古农业大学动物科学与医学学院，呼和浩特 010018；3. 内蒙古农牧业科学院，呼和浩特 010000)

该文发表在《中国畜牧杂志》2008，44(3)：27-30

摘要 选用2.5岁，体重相近(25±2 kg)，安装永久性瘤胃瘘管的内蒙古白绒山羊羯羊18只，采用完全随机单因素设计，随机分成6组，每组3只。分别饲喂中性洗涤纤维(NDF)水平为49%、52%、55%、59%、62%和65%日粮，预试期14天，正试期4天，正试期内每天6:00、10:00、13:00和18:00采集瘤胃液，测定pH、氨态氮浓度、瘤胃微生物蛋白(MCP)和挥发性脂肪酸含量。试验结果表明：各处理组绒山羊瘤胃pH在10:00和13:00时显著下降($P<0.05$)，日粮不同NDF水平对瘤胃pH有影响；各处理组绒山羊瘤胃氨氮浓度在10:00时达到最高值，日粮NDF水平为52%和55%时适于微生物蛋白合成所需氨氮浓度；不同时间点间各处理组绒山羊瘤胃MCP浓度差异不显著($P>0.05$)，日粮NDF水平为52%和55%时MCP浓度最高；各处理组绒山羊瘤胃中乙酸、丙酸和丁酸浓度18:00都达到最低值，不同时间点各处理组VFA浓度无较大变化。结果表明内蒙古白绒山羊日粮NDF水平为52%和55%时有最适宜的瘤胃发酵水平。

关键词 纤维水平；日粮；瘤胃发酵；绒山羊

Effects of Dietary Fiber on Ruminal Fermentation in Inner Mongolia Cashmere Goats

Narenbatu, Zhihai Jia*, Dexun Lu, Xiaoping Zhu, Lingling Yu

Abstract Castrated eighteen Inner Mongolia White Cashmere goats, aged 2.5 years, ruminally fistulated, weighted 25±2 Kilogram, were randomly and averagely assigned into six groups and fed six different neutral detergent fiber(NDF) levels(49%、52%、55%、59%、62% and 65%) diets. The trial periods were consisted of 14 days of adaptation and 4 days of sample collection. For sampling period, ruminal fluids were collected at 06:00, 10:00, 13:00 and 18:00 and measured for pH, ammonia nitrogen, microbial protein and volatile fatty acid(VFA). The results indicted that pH were decreased at 10:00 and 13:00($P<0.05$) and NDF concentration in diet had an effect on ruminal fluid pH. Ruminal ammonia nitrogen concentration moved up to peak value at 10:00. Proper

NDF concentrations in diet for ruminal microbial synthesis were 52% and 55%. No differences were observed in the concentration of MCP in ruminal fluid from the same diet in various sampling time, but the ruminal MCP concentration reached a climax when NDF concentration in diet were 52% and 55%. The ruminal VFA concentration were lowest at 18:00 but there were no significant difference among the concentration of VFA in the goats fed with different dietary NDF diet. In general, the optimum levels of NDF for ruminal fermentation of Inner Mongolia cashmere goats were 52% and 55%.

Key words fiber level, diet, cashmere goat, ruminal fermentation

纤维素是饲料原料的一个组成成分，在反刍动物瘤胃微生物的作用下分解形成挥发性脂肪酸，经瘤胃壁吸收，到达肝脏，通过一系列糖代谢作用，形成丙酮酸，为反刍动物提供营养[5]。饲料中性洗涤纤维(neutral detergent fiber, NDF)的另一个重要功能就是对瘤胃发酵的调控作用，因为 NDF 的浓度、消化速度和程度均会对瘤胃中酸的生成量有影响。日粮中 NDF 浓度较高时，瘤胃难以消化，使瘤胃中酸的产量减少，pH 升高[5]。NDF 还能影响瘤胃中微生物蛋白的产量。Russell 等[8]报道日粮中 NDF 下降 1%，细菌数量减少 2.5%。同样绒山羊也需要适宜的日粮 NDF 来维持其瘤胃功能，但目前使用的 NRC[7]山羊营养需要并未确定 NDF 的需要量，因此本试验旨在研究舍饲条件下就不同 NDF 水平日粮对内蒙古白绒山羊瘤胃发酵的影响，以期寻找最佳的绒山羊日粮纤维水平，为在舍饲和半舍饲生产中合理配制绒山羊日粮提供科学依据。

1 材料与方法

1.1 试验动物与试验设计

选用 2.5 岁体重为 25±2 kg，安装有永久性瘤胃瘘管的内蒙古白绒山羊羯羊 18 只，采用完全随机单因素设计，随机分成 6 组，每组 3 只。

1.2 试验日粮

试验日粮分为 6 个中性洗涤纤维(NDF)水平，分别为 49% NDF(Ⅰ组)、52% NDF(Ⅱ组)、55% NDF(Ⅲ组)、59% NDF(Ⅳ组)、62% NDF(Ⅴ组)和 65% NDF(Ⅵ组)。试验日粮其他营养水平配制参照 NRC(1981)[5]山羊营养需要，代谢能供给量为 1.2 倍的维持需要，满足 50 g 日增重的需要。试验日粮组成及营养水平见表 1。

1.3 饲养管理

试验羊单笼饲养，每日 6:00 和 18:00 分 2 次饲喂混合精料和青干草，自由饮水。

1.4 测定指标及方法

正试期于每天的 6:00、10:00、13:00 和 18:00 采集瘤胃液。瘤胃在绒山羊瘤胃内上、下、左、右不同位点进行采样。采集的瘤胃液置于 50 mL 烧杯中，然后经 40～60 μm 四层尼龙布过滤后，用 pH 2-3 型酸度计测定 pH；取 10 mL 瘤胃液，3 000 r/min 离心 15 min，－30℃保存待测氨态氮及挥发性脂肪酸(VFA)浓度。氨态氮浓度测定采用冯宗慈等[2]的方法，VFA 测定采用张微[4]的方法。按照陈喜斌[1]方法测定瘤胃内容物微生物蛋白(MCP)。

1.5 数据统计

各处理平均数及其标准差用 Microsoft Excel 的 Average 函数和 Stdev 函数计算，以 $\bar{x}$±

SD 表示。各处理平均数用 SAS 9.0 的方差分析模型进行方差分析，多重比较采用 Duncan 法。

表 1 试验日粮组成及营养水平(风干基础)

项目	组别					
	Ⅰ	Ⅱ	Ⅲ	Ⅳ	Ⅴ	Ⅵ
日粮组成/%						
干草	23.95	54.72	40.66	72.32	3.85	37.96
苜蓿	25.90	2.78	28.44	0.00	39.75	16.51
玉米秸	20.15	12.50	10.90	7.68	46.40	35.53
玉米	26.44	20.01	17.82	8.53	6.55	0.00
麸皮	0.62	0.62	0.00	2.50	0.00	0.00
大豆粕	0.00	5.74	0.00	6.79	1.25	1.38
棉籽粕	0.12	0.83	0.00	0.00	0.00	4.27
菜籽粕	0.62	0.62	0.00	0.00	0.00	2.27
石粉	0.69	0.68	0.68	0.67	0.70	0.58
磷酸氢钙	0.00	0.00	0.00	0.00	0.00	0.00
食盐	0.50	0.50	0.50	0.50	0.50	0.50
复合添加剂	1.00	1.00	1.00	1.00	1.00	1.00
合计	100	100	100	100	100	100
营养水平						
DE/(MJ/kg)	10.95	10.88	10.95	10.55	9.13	9.13
CP/%	10.00	10.00	10.50	10.00	10.19	10.00
Ca/%	0.26	0.26	0.26	0.26	0.26	0.25
P/%	0.22	0.24	0.21	0.24	0.22	0.26
NDF/%	49.00	52.00	55.00	59.00	62.00	65.00

2 结果与讨论

2.1 不同 NDF 水平日粮对内蒙古白绒山羊瘤胃 pH 的影响

各试验组山羊瘤胃 pH 在饲喂后 4 h，除Ⅱ组外都极显著下降($P<0.01$)，Ⅱ组显著下降($P<0.05$)。在 18:00 时，各组 pH 又都升高。反刍动物在采食后，饲料在瘤胃中被微生物发酵，产生大量的 VFA，使 pH 下降，随着时间的推移，产生的 VFA 逐渐被瘤胃吸收，又使 pH 回升。正常情况下，瘤胃液 pH 在 5.0～7.5[2]，本试验结果来看，各日粮组绒山羊的瘤胃 pH 均在正常生理值变化范围之内，说明本试验所设 6 个 NDF 水平没有影响瘤胃的正常发酵。早饲前(6:00)各试验组绒山羊瘤胃 pH 差异不显著($P>0.05$)(见表 2)，但饲喂 4 h 后(10:00)Ⅰ、Ⅱ和Ⅳ组与Ⅲ、Ⅴ和Ⅵ组间差异显著($P<0.05$)，但是Ⅵ组与Ⅰ、Ⅱ、Ⅳ组间差异极显著($P<0.01$)。饲喂 7 h 后(13:00)Ⅱ组最低，12 h 后(18:00)Ⅲ、Ⅴ、Ⅵ组之间差异不显著($P>0.05$)，同样Ⅰ、Ⅱ、Ⅳ组间也差异不显著($P>0.05$)，Ⅰ组与Ⅲ组间差异极显著($P<0.01$)。由此可见，饲喂不同 NDF 水平日粮，对内蒙古白绒山羊瘤胃 pH 没有规律性影响，这可能是由于

绒山羊每天饲喂 2 次，使瘤胃的 pH 处于较大的波动状态，对不同日粮处理试验动物的 pH 进行比较困难。

表 2 不同 NDF 水平日粮对内蒙古白绒山羊瘤胃 pH 的影响

处理组	采样时间			
	6:00	10:00	13:00	18:00
Ⅰ	6.61±0.06^{aA}	6.02±0.15^{cD}	6.01±0.15^{bdD}	6.11±0.16^{dC}
Ⅱ	6.58±0.16^{aA}	6.01±0.06^{cB}	5.90±0.12^{dC}	6.19±0.08^{bdB}
Ⅲ	6.63±0.10^{aA}	6.17±0.02^{abE}	6.15±0.01^{abcF}	6.37±0.02^{aC}
Ⅳ	6.51±0.14^{aA}	6.01±0.07^{cCD}	5.99±0.10^{bdD}	6.12±0.10^{dC}
Ⅴ	6.58±0.09^{aA}	6.21±0.07^{abD}	6.16±0.07^{abD}	6.34±0.05^{abcC}
Ⅵ	6.53±0.06^{aA}	6.29±0.03^{aCD}	6.23±0.08^{aD}	6.31±0.07^{abC}

注：肩标字母相同者差异不显著（$P>0.05$），肩标字母相邻者差异显著（$P<0.05$），肩标字母相间者差异极显著（$P<0.01$）；同列小写字母表示不同组间差异，同行不同大写字母表示不同时间间差异，下表同。

2.2 日粮不同 NDF 水平对内蒙古白绒山羊瘤胃氨浓度的影响

由表 3 可见，饲喂 6 组日粮绒山羊其氨氮浓度随时间点的变化都趋于一致，其最高点都出现在早饲后 4 h(10:00)，随后又逐渐降低，在饲喂后 12 h，即 18:00，降低至最低值。这种变化趋势与 Rotger[7] 报道结果一致。早饲后 4 h(10:00)，氨氮浓度Ⅰ、Ⅳ、Ⅴ和Ⅵ组显著高于Ⅱ组和Ⅲ组（$P<0.05$）。13:00 时，Ⅰ、Ⅱ和Ⅲ组氨氮浓度显著高于Ⅴ和Ⅵ组（$P<0.05$），极显著高于Ⅳ组（$P<0.01$）。18:00 时，氨氮浓度Ⅱ、Ⅳ、Ⅴ和Ⅵ组显著高于Ⅰ和Ⅲ组（$P<0.05$）。瘤胃适宜的发酵所需的氨氮浓度在 5～23 mg/100 mL，最大的微生物蛋白合成效率所需氨氮浓度为 5～8 mg/100 mL[9]，当氨氮的产生速率超过微生物的利用速率时，会造成氮的排出和合成尿素的能量损失。本试验在绒山羊饲喂精料 4 h 后，氨氮浓度出现最高值，只有Ⅱ组和Ⅲ组的氨氮浓度在 Satter 等[9] 报道的范围内。因此通过本试验研究，可得出饲喂Ⅱ组和Ⅲ组日粮使绒山羊瘤胃发酵产生了最适合的氨氮浓度。

表 3 不同 NDF 水平日粮对绒山羊瘤胃液氨氮浓度的影响 mg/100 mL

处理组	采样时间			
	6:00	10:00	13:00	18:00
Ⅰ	5.51±1.65^{aB}	9.22±1.01^{aA}	6.62±2.82^{aB}	1.92±0.28^{bC}
Ⅱ	4.77±1.09^{aC}	7.57±2.32^{bA}	6.33±0.77^{aB}	3.05±1.20^{aC}
Ⅲ	4.67±0.56^{aB}	8.02±0.40^{bA}	6.32±1.60^{aB}	2.57±0.39^{bC}
Ⅳ	4.24±1.06^{aC}	10.79±1.67^{aA}	4.56±1.46^{cB}	2.88±0.50^{aD}
Ⅴ	5.04±1.46^{aB}	9.60±1.83^{aA}	5.29±0.89^{bB}	3.25±1.32^{aC}
Ⅵ	4.30±0.55^{aCD}	10.35±3.72^{aA}	5.66±1.02^{bBC}	3.65±2.28^{aD}

2.3 日粮不同 NDF 水平对内蒙古白绒山羊瘤胃 MCP 含量的影响

饲喂 6 个 NDF 水平日粮绒山羊瘤胃微生物蛋白浓度各时间点间差异不显著（$P>0.05$），说明瘤胃微生物蛋白的产量较为恒定。Ⅱ组和Ⅲ组各时间点微生物蛋白浓度均高于其他四组（$P<0.05$），其他四组间差异不显著（$P>0.05$）。瘤胃 MCP 是反刍动物最重要的氮源供应者，它可以满足宿主 40%～80% 的蛋白需要量[2]，瘤胃 MCP 合成受诸多因素影响，其中 pH

为一个重要因素，虽然本试验中各处理组 pH 随不同时间点变化，但瘤胃 MCP 浓度却无变化。冯宗慈等[2]报道当瘤胃 pH 为 6.5～7.0 时，参与瘤胃 MCP 合成过程的相关酶的活性最佳，而本试验各处理组 pH 都在 6.5 左右，这可能是各处理组瘤胃 MCP 各时间点间无差异的原因。另外最大的微生物蛋白合成效率所需氨氮浓度为 5～8 mg/100 mL[9]，Ⅱ组和Ⅲ组绒山羊瘤胃发酵有最佳的氨氮浓度，因此有最大的 MCP 产量。

表 4　不同 NDF 水平日粮对绒山羊瘤胃液中 MCP 浓度的影响　　mg/mL

处理组	采样时间			
	6:00	10:00	13:00	18:00
Ⅰ	1.47 ± 0.22^{bA}	1.29 ± 0.18^{cA}	1.24 ± 0.16^{bA}	1.49 ± 0.04^{bA}
Ⅱ	1.62 ± 0.19^{aA}	1.77 ± 0.65^{aA}	1.57 ± 0.27^{aA}	1.66 ± 0.15^{aA}
Ⅲ	1.67 ± 0.37^{aA}	1.64 ± 0.05^{aA}	1.54 ± 0.22^{aA}	1.67 ± 0.13^{aA}
Ⅳ	1.35 ± 0.18^{bA}	1.39 ± 0.11^{cA}	1.33 ± 0.23^{bA}	1.25 ± 0.40^{bA}
Ⅴ	1.46 ± 0.15^{bA}	1.22 ± 0.04^{cA}	1.36 ± 0.16^{bA}	1.46 ± 0.04^{bA}
Ⅵ	1.43 ± 0.18^{bA}	1.54 ± 0.18^{bA}	1.36 ± 0.14^{bA}	1.37 ± 0.01^{bA}

2.4 不同 NDF 水平日粮对内蒙古白绒山羊瘤胃 VFA 浓度的影响

表 5　不同 NDF 水平日粮对绒山羊瘤胃 VFA 浓度的影响

VFA	采样时间	处理组					
		Ⅰ	Ⅱ	Ⅲ	Ⅳ	Ⅴ	Ⅵ
乙酸/(mmol/100 L)	6:00	21.03 ± 2.76^{aB}	16.56 ± 3.58^{bB}	21.09 ± 2.30^{aB}	19.23 ± 0.83^{aB}	20.60 ± 0.22^{aC}	20.03 ± 1.70^{aC}
	10:00	25.66 ± 3.13^{aA}	23.79 ± 2.77^{bA}	25.35 ± 1.07^{aA}	26.80 ± 2.66^{aA}	28.46 ± 1.77^{aA}	28.73 ± 2.03^{aA}
	13:00	26.20 ± 3.80^{aA}	22.77 ± 6.10^{bA}	24.25 ± 1.55^{aA}	24.99 ± 1.48^{aA}	24.23 ± 3.27^{aB}	25.73 ± 2.38^{aA}
	18:00	18.65 ± 2.07^{aB}	19.74 ± 3.06^{aB}	20.81 ± 1.77^{aC}	20.07 ± 0.79^{aB}	21.61 ± 2.24^{aC}	21.11 ± 2.18^{aC}
丙酸/(mmol/100 L)	6:00	9.34 ± 1.98^{aC}	8.30 ± 0.94^{aC}	9.10 ± 0.35^{aC}	9.44 ± 1.04^{aB}	10.26 ± 0.60^{aB}	9.37 ± 0.97^{aC}
	10:00	11.53 ± 1.05^{aAB}	12.25 ± 1.41^{aA}	11.62 ± 0.40^{aA}	12.87 ± 1.36^{aA}	13.49 ± 0.42^{aA}	13.08 ± 1.04^{aA}
	13:00	14.03 ± 1.22^{aA}	12.31 ± 0.84^{aA}	11.93 ± 0.83^{aA}	13.44 ± 5.41^{aA}	12.01 ± 1.40^{aA}	12.86 ± 1.22^{aA}
	18:00	9.91 ± 1.50^{aBC}	10.37 ± 1.03^{aB}	9.78 ± 0.81^{aC}	10.79 ± 0.93^{aB}	10.13 ± 0.77^{aB}	9.58 ± 1.29^{aC}
丁酸/(mmol/100 L)	6:00	5.00 ± 1.42^{aB}	4.16 ± 0.49^{aB}	5.06 ± 0.25^{aB}	4.59 ± 0.88^{aB}	4.65 ± 0.22^{aC}	5.18 ± 0.38^{aB}
	10:00	6.46 ± 1.01^{aA}	5.79 ± 1.69^{aA}	6.22 ± 0.27^{aA}	6.34 ± 0.54^{aA}	7.62 ± 0.85^{aA}	6.68 ± 0.96^{aA}
	13:00	7.09 ± 0.70^{aA}	5.88 ± 0.43^{aA}	6.10 ± 0.72^{aA}	6.93 ± 0.76^{aA}	6.18 ± 1.29^{aA}	6.39 ± 0.39^{aA}
	18:00	4.78 ± 0.12^{aB}	4.80 ± 0.27^{aB}	4.82 ± 0.93^{aB}	5.04 ± 0.40^{aB}	5.38 ± 0.32^{B}	5.29 ± 0.31^{aA}
乙酸/丙酸	6:00	2.25 ± 0.41^{aA}	2.00 ± 0.22^{aA}	2.32 ± 0.28^{aA}	2.04 ± 0.14^{aA}	2.01 ± 0.14^{aA}	2.15 ± 0.28^{aA}
	10:00	2.23 ± 0.45^{aA}	1.94 ± 0.14^{aA}	2.18 ± 0.16^{aA}	2.08 ± 0.19^{aA}	2.11 ± 0.11^{aA}	2.20 ± 0.08^{aA}
	13:00	1.87 ± 0.39^{aA}	1.85 ± 0.48^{aA}	2.03 ± 0.20^{aA}	1.78 ± 0.25^{aA}	2.02 ± 0.07^{aA}	2.00 ± 0.02^{aA}
	18:00	1.89 ± 0.19^{aA}	1.91 ± 0.12^{aA}	2.13 ± 0.06^{aA}	1.87 ± 0.11^{aA}	2.13 ± 0.22^{aA}	2.20 ± 0.23^{aA}

注：肩字相同者差异不显著（$P>0.05$），肩字相邻者差异显著（$P<0.05$），肩字相间者差异极显著（$P<0.01$），同行小写字母表示不同组间差异水平，同列不同大写字母表示不同时间间差异水平。

瘤胃液 VFA 是饲料碳水化合物在瘤胃中发酵的产物，其含量、组成和比例与日粮组成、瘤胃环境、微生物区系及活性、瘤胃的发酵状态有着密切的关系，是一种衡量反刍动物瘤胃发酵状态的主要指标。由表 5 可知,本试验各处理组绒山羊瘤胃中乙酸、丙酸和丁酸浓度在饲喂前都达到最低值(6:00 和 18:00)($P<0.05$)。饲喂后 4～7 h 间,瘤胃中可发酵底物增加,产生较多 VFA。从试验结果看,饲喂各组 VFA 浓度均有不同程度的上升,但 10:00 和 13:00 时Ⅲ组与Ⅱ组乙酸浓度差异显著($P<0.05$),与其他各组间差异不显著($P>0.05$)。与乙酸相比较,各日粮组山羊瘤胃液丙酸、丁酸浓度和乙酸丙酸比例(乙酸/丙酸)在 4 个观察时间点上各日粮组间无显著差异($P>0.05$),但是饲喂后 4～7 h 间 VAF 浓度均会达到一个较高浓度,这种绒山羊在早晚 2 次饲喂饲养制度下出现的 VAF 变化规律与张微[4]研究结果一致,但乙酸浓度比较低,其原与日粮用原料和纤维水平有关,至于绒山羊瘤胃液最佳 VFA 水平有待于进一步研究。

3 结论

(1)各处理组绒山羊瘤胃 pH 在早饲 4～7 h 后下降,然后在下一次饲喂前有所上升。日粮不同 NDF 水平对瘤胃 pH 有一定影响。

(2)各处理组绒山羊氨氮浓度在早饲后 4 h 达到最高值,随后逐渐下降。NDF 水平为 52%和 55%日粮组氨氮浓度在发酵最高峰时(10:00)有最大的微生物蛋白合成效率所需氨氮浓度。

(3)各处理组绒山羊瘤胃 MCP 浓度不同时间点间无差异。NDF 水平为 52%和 55%日粮组在各时间点有最高的 MCP 浓度。

(4)各处理组绒山羊瘤胃中乙酸、丙酸和丁酸浓度在饲喂前都达到最低值。饲喂后 4～7 h 间VAF 浓度达到一个较高水平。

参考文献

[1] 陈喜斌. 不同氮源日粮在瘤胃发酵和消化规律的研究[D]. 北京:中国农业大学,1994.

[2] 冯宗慈,高民. 通过比色测定瘤胃液氨氮含量方法的改进[J]. 内蒙古畜牧科学,1993, 4:40-41.

[3] 高民,冯宗慈,等. 影响瘤胃微生物蛋白合成主要因素的灰色关联分析[J]. 内蒙古畜牧科学, 1994, 2: 18-22.

[4] 张微. 绒山羊微量元素铜需要量研究[D]. 北京:中国农业大学, 2004.

[5] NRC. Nutient Requirements of Goats: Angora, Dairy, and Meat Goats in Temperate and Tropical Countries [M]. Washington, D. C: National Academy Press, 1981.

[6] NRC. Nutrient Requirements of Dairy Cattle (10th Ed.). Washington, DC: National Academy Press. 2001.

[7] Rotge A, Ferret A, Calsamiglia S, Manteca X. Changes in ruminal fermentation and protein degradation in growing Holstein heifers from 80 to 250 kg fed high-concentrate diets with different forage-to-concentrate ratios [J]. J Anim Sci, 2005, 83:1616-1624.

[8] Russell J B, O'Connor J D, Van Soest P J, Sniffen C J. A net carbohydrate and protein system for evaluating cattle diets. Ⅰ. Ruminal fermentation [J]. J Anim Sci, 1992, 70: 3551-3561.

[9] Satter L D, Slyter L L. 1974. Effect of ammonia concentration on rumen microbial protein production in vitro [J]. Br J Nutr, 32:199-208.

豆秸加工方式和用量对辽宁绒山羊日粮营养物质消化代谢的影响

包布和　贾志海　张　微　朱晓萍

（中国农业大学动物科技学院，动物营养学国家重点实验室，北京　100193）

该文发表在《中国畜牧杂志》2011，47(5)：54-57

摘要　试验选用24只2.5岁，体况良好，体重相近（36.02±1.62 kg）的辽宁绒山羊公羊，采用2×3因子设计，研究了豆秸加工方式（揉搓5～7 cm，揉搓1～3 cm）和添加量（豆秸占粗饲料比例为30%，50%，70%）对辽宁绒山羊日粮营养物质消化和氮代谢的影响。结果表明：随着豆秸添加量的增加，粗饲料干物质采食量显著降低（$P<0.05$），NDF摄入量显著降低（$P<0.01$），NDF消化率显著降低（$P<0.01$），食入氮显著降低（$P<0.01$），可消化氮显著降低（$P<0.01$），沉积氮显著降低（$P<0.01$）；揉碎豆秸组氮表观消化率、氮的总利用率显著高于揉切豆秸组（$P<0.05$），不同加工方式的可消化氮、氮沉积和NDF消化率均无显著差异（$P>0.05$）。加工方式和豆秸添加量对食入氮、可消化氮的互作效应显著（$P<0.01$），表现为30%揉碎豆秸组的食入氮和可消化氮低于50%揉碎豆秸组。豆秸添加量的增加，降低了粗饲料干物质采食量、纤维消化率、氮沉积；揉搓粒度1～3 cm提高了氮表观消化率和氮的总利用率，但倾向于降低食入氮，对可消化氮、沉积氮和纤维物质消化率无显著影响。

关键词　大豆秸；添加量；加工方式；绒山羊

Processing and Inclusion Level of Soybean Straw on Nutrient Digestion and Metabolism in Liaoning Cashmere Goats

BAO Buhe, JIA Zhi-hai, ZHANG Wei, ZHU Xiao-ping*

(State Key Laboratory of Animal Nutrition, College of Animal Science and Technology, China Agricultural University, Beijing　100193, China)

Abstract　Twenty-four male Liaoning Cashmere goats (aged 2.5 years; body weight=36.02±1.62 kg) were allotted randomly to six groups in a 2×3 factorial design to study the effect of processing (rolling and cutting size 1−3 cm, 5−7 cm) and inclusion level (30%, 50%, 70% of forage) of soybean straw (SBS) in hay-based forage on nutrient digestion and nitrogen metabolism in

Liaoning Cashmere goats. The results showed that: As inclusion level of SBS increasing, dry matter intake ($P<0.05$), NDF intake ($P<0.01$), NDF digestibility ($P<0.01$), Nitrogen intake ($P<0.01$), digestible Nitrogen ($P<0.01$), Nitrogen retention ($P<0.01$) decreased significantly. Rolling and cutting size 1－3 cm had higher Nitrogen apparent digestibility ($P=0.04$) and Nitrogen utilization ($P=0.046$) but had no difference in Nitrogen retention and NDF digestibility ($P>0.05$). Processing and inclusion level of SBS had significant interaction on Nitrogen intake ($P<0.01$) and digestible Nitrogen ($P<0.01$) as the treatment of 30% inclusion level and 1－3 cm processing of SBS had lower Nitrogen intake and digestible Nitrogen than the treatment of 50% inclusion level and 1－3 cm processing of SBS.

Key words soybean straw, inclusion level, processing, cashmere goats

我国大豆秸秆产量较大，其粗蛋白质含量和可消化能均比玉米秸、小麦秸高[1]，但作为单一饲料仍难以满足动物的营养需要，因此目前主要用作燃料和食用菌类栽培底物。制约秸秆消化利用的最主要的因素是高纤维含量、粗蛋白缺乏以及高木质化程度。加工处理可以减少木质化对秸秆消化的影响，但其效果仍有限。研究表明，优质禾本科干草和低质粗饲料在合理配比的情况下，可以提高采食量和营养物质的消化率，产生正组合效应[2]。因此，本试验拟通过对不同加工方式大豆秸以不同比例与羊草混合（豆秸占粗饲料比例为 30%，50%，70%），考察羊草和豆秸组合日粮对辽宁绒山羊日粮营养物质消化代谢的影响，为绒山羊舍饲半舍饲营养体系和合理利用饲草资源提供参考依据。

1　材料与方法

1.1　试验动物

选用 2.5 岁，体况良好，体重相近（36.02±1.62 kg）的辽宁绒山羊公羊 24 只，随机分为 6 组，每组 4 只。试验开始前用广谱驱虫药驱除体内外寄生虫。

1.2　试验设计与日粮

试验采用 2×3 因子设计，豆秸加工方式（揉搓后粒度 5～7 cm，简称揉切；揉搓后粒度 1～3 cm，简称揉碎）和豆秸添加量（豆秸占粗料比例 30%，50%，70%与羊草混合）为两个主效应，共六个处理组。大豆秸秆购自辽宁省，为大豆收割后的秸秆晒制而成，营养物质含量为：干物质：89.85%，有机物：84.81%，粗蛋白：5.20%，中性洗涤纤维：60.67%，酸性洗涤纤维：49.78%。六组粗饲料自由采食，等量补饲精料。补饲精料配制参照 NRC（1981）山羊饲养标准。日粮组成及营养水平见表 1 和表 2。

1.3　饲养管理

试验在辽宁畜牧科学院辽宁绒山羊科技示范场进行，试验羊代谢笼单笼饲养，预试期 15 d，正试期 7 d，粗饲料自由采食，少量勤添，每日补饲 300 g 精料，于 8:00、17:00 分 2 次等量饲喂，自由饮水。

1.4　测定指标、样品采集及分析方法

正试期每天晨饲前收集剩料、粪尿，将 7 天收集的剩料混合称重后取样粉碎制成剩料样。将每天收集的鲜粪样称重后按 10%采样混合，冷冻保存。记录每天总排尿量后按 10%取样，加入尿样体积 1/10 的硫酸后制成混合样，冷冻保存备用。按实验室常规方法[3]测定日粮、剩

料、粪样的干物质，有机物，酸性洗涤纤维，中性洗涤纤维，氮含量以及尿样的氮含量。

表 1　精料组成

精料原料	玉米	豆粕	麦麸	磷酸氢二铵	磷酸氢钙	食盐	预混料	合计
含量/%	41.50	11.67	39.50	1.33	1.67	3.33	1.00	100.00

注：每千克微量元素预混料含：$FeSO_4\cdot 7H_2O$，170.0 g；KI，220 mg；$MnSO_4\cdot 5H_2O$，290.1 g；$ZnSO_4\cdot 7H_2O$，240.4 g；$CoCl_3\cdot 6H_2O$，509.8 mg；Na_2SeO_3，130.3 mg；$CuCl_2\cdot 2H_2O$，33.8 g；$Na_2MoO_4\cdot 2H_2O$，420.4 mg。

表 2　日粮组成及营养水平（干物质基础）

项目	豆秸加工方式					
	揉搓 5～7 cm（揉切）			揉搓 1～3 cm（揉碎）		
	30%	50%	70%	30%	50%	70%
日粮组成/%						
大豆秸占粗饲料比例/%	30	50	70	30	50	70
羊草占粗饲料比例（DM）	70	50	30	70	50	30
粗饲料采食量/($g\cdot d^{-1}$)	751.52	707.58	665.55	669.85	723.58	663.15
精料采食量/($g\cdot d^{-1}$)	264.31	264.31	264.31	264.31	264.31	264.31
营养成分						
代谢能摄入量/($MJ\cdot d^{-1}$)	9.28	8.79	8.34	8.61	8.92	8.32
维持需要倍数	1.38	1.30	1.24	1.28	1.32	1.23
粗蛋白摄入量/($g\cdot d^{-1}$)	107.30	99.33	96.53	99.43	103.67	93.61
中性洗涤纤维摄入量/($g\cdot d^{-1}$)	615.63	563.55	514.07	561.95	577.15	513.44
钙摄入量/($g\cdot d^{-1}$)	6.49	8.11	9.40	5.97	8.26	9.38
总磷摄入量/($g\cdot d^{-1}$)	5.09	5.16	5.20	4.94	5.19	5.19
粗蛋白含量/(%)	10.56	10.22	10.38	10.64	10.49	10.09
中性洗涤纤维含量/(%)	60.60	57.99	55.29	60.16	58.42	55.36

注：除代谢能为计算值（参照国家肉羊饲养标准 NY/T 816—2004）外，其他营养成分均为实测值。

1.5　统计分析

用 SAS8.2 的 GLM 模型对数据进行两因子方差分析。模型包括粗饲料豆秸比例、加工方式及二者的互作。

2　结果与分析

2.1　豆秸加工方式和添加量对绒山羊采食量的影响

由表 3 可知，70%豆秸组显著低于 30%和 50%豆秸组（$P<0.05$），日粮 NDF 摄入量显著降低（$P<0.01$），其中 70%豆秸组极显著低于 30%和 50%豆秸组（$P<0.01$），日粮粗蛋白摄入量显著降低（$P<0.01$），其中 70%豆秸组显著低于 30%和 50%豆秸组（$P<0.01$）。

2.2　豆秸加工方式和添加量对绒山羊营养物质表观消化率的影响

由表 4 可知，各组日粮对绒山羊的有机物、干物质全消化道表观消化率的影响差异不显著。不同加工方式对粗蛋白消化率影响差异显著，其中揉碎组显著高于揉切组（$P<0.05$）。不同加工方式对酸性洗涤纤维 ADF 消化率的影响差异不显著，但揉碎有提高 ADF 消化率的趋势（$P=0.06$）。豆秸添加量对 NDF 消化率的影响显著（$P<0.01$），30%和 50%豆秸组显著

高于 70%豆秸组($P<0.01$,$P<0.05$)。

2.3 豆秸加工方式和添加量对绒山羊氮代谢的影响

由表 5 可见,70%豆秸组食入氮显著低于 30%和 50%豆秸组($P<0.01$);30%和 50%豆秸组可消化氮极显著高于 70%豆秸组($P<0.01$);氮表观消化率无显著变化($P>0.05$);随着豆秸添加量的增加,沉积氮极显著降低($P<0.01$),其中 30%豆秸组显著高于 50%和 70%豆秸组($P<0.05$,$P<0.01$),50%豆秸组显著高于 70%豆秸组($P<0.05$);随着豆秸添加量的增加,氮的总利用率有降低的趋势($P=0.06$)。不同加工方式,揉碎组的食入氮有低于揉切组的趋势($P=0.10$);粪氮排出显著低于揉切组($P<0.05$),氮表观消化率和氮总利用率均显著高于揉切组($P<0.05$);可消化氮和沉积氮均无显著差异($P>0.05$)。加工方式和豆秸比例对进食氮和可消化氮的互作效果显著($P<0.01$)。

3 讨论

饲草中细胞壁的含量、蛋白质含量是影响粗饲料采食量的重要因素[4]。NDF 含量高的饲草通常限制了动物的采食量,但由于 NDF 品质的不同,NDF 含量高的日粮采食量可能高于 NDF 含量低的日粮[5]。本试验测得豆秸 NDF 含量低于羊草(豆秸 60.67%、羊草 65.41%),但 ADF 含量高于羊草(豆秸 49.78%、羊草 40.16%)表明豆秸 NDF 的半纤维素含量低于羊草,加之豆秸木质化程度高[6],其 NDF 品质不及羊草。另外,豆秸粗蛋白含量低于羊草(豆秸 5.20%、羊草 6.33%),因此豆秸占粗料 70%组的采食量极显著低于 30%和 50%组。豆秸加工方式对采食量的影响不显著,但揉碎组(粒度为 1~3 cm)有降低采食量的趋势。可能由于山羊具有很强的择食性,而揉碎组加工粒度过细,在一定程度上限制了其择食行为,从而降低采食量。由于豆秸的 NDF 品质较差,本试验中 70%豆秸组 NDF 消化率显著低于 30%和 50%豆秸组,这与卢焕玉等[7]用豆秸和玉米秸饲喂绵羊的对比试验结果较一致。不同豆秸比例的食入氮、可消化氮以及沉积氮均为 30%、50%豆秸组高于 70%豆秸组,随着豆秸添加量的增加,氮的总利用率有降低的趋势。可能由于羊草的可消化能高于豆秸,因此提高羊草比例可以改善能氮同步性,从而提高氮沉积和氮总利用率[8]。豆秸揉碎降低了粪氮排出量,提高了日粮氮表观消化率和氮总利用率,可能由于较细的揉搓粒度减少了木质素对蛋白质消化的阻碍作用,同时趋向于提高 ADF 消化率,从而增加日粮可消化能,改善了能氮同步性。随着豆秸添加量的增加,采食量显著下降,进食氮和可消化氮也随之显著降低,但 30%揉碎豆秸组的食入氮和可消化氮却低于 50%揉碎豆秸组,出现了组合效应,可能的原因是过细的豆秸揉搓粒度一定程度上限制了绒山羊的择食性,而此组的高比例羊草(70%)和低比例揉碎豆秸(30%)显著加强了绒山羊挑食羊草的择食性,由于本试验采用粗饲料自由采食,少量勤添,因而此组采食量下降,进食氮和可消化氮也随之下降。

4 结论

豆秸比例的提高,降低了粗饲料干物质采食量、纤维消化率、氮沉积,30%豆秸组具有最高的氮沉积;揉搓粒度 1~3 cm 提高了氮表观消化率和氮的总利用率,但倾向于降低食入氮,对可消化氮、沉积氮和纤维物质消化率无显著影响。

表 3　豆秸加工方式和添加量对绒山羊营养物质采食量的影响

g·d^{-1}

项目	5～7 cm(揉切)			1～3 cm(揉碎)			加工方式的影响		添加量的影响			P			
	30%	50%	70%	30%	50%	70%	揉切	揉碎	30%	50%	70%	*SEM*	加工	添加量	互作
粗料 DM	751.52	707.58	665.55	669.85	723.58	663.15	708.22	685.53	710.69^{a}	715.58^{a}	664.35^{b}	20.11	0.18	0.04	0.06
NDF	615.63	563.55	514.07	561.95	577.15	513.44	564.42	550.85	588.79^{a}	570.35^{a}	513.76^{b}	15.51	0.30	<0.01	0.10
CP	107.30^{a}	99.33^{bc}	96.53^{cd}	99.43^{bc}	103.67^{ab}	93.61^{d}	101.06	98.90	103.37^{a}	101.50^{a}	95.07^{b}	1.51	0.10	<0.01	<0.01

注:同行数据后不同字母者表示差异显著($P<0.05$)。

表 4　豆秸加工方式和添加量对绒山羊营养物质表观消化率的影响

%

项目	5～7 cm(揉切)			1～3 cm(揉碎)			加工方式的影响		添加量的影响			P			
	30%	50%	70%	30%	50%	70%	揉切	揉碎	30%	50%	70%	*SEM*	加工	添加量	互作
有机物	62.41	63.49	63.49	64.07	63.31	61.99	63.13	63.12	63.24	63.40	62.74	1.42	0.99	0.89	0.55
干物质	61.38	61.45	62.10	63.58	62.63	61.80	61.64	62.67	62.48	62.04	61.95	1.54	0.42	0.94	0.72
粗蛋白	71.67	70.64	69.33	73.04	72.89	71.54	70.55^{b}	72.49^{a}	72.36	71.77	70.44	1.06	0.04	0.20	0.89
中性洗涤纤维	53.27	52.20	50.73	55.37	53.43	49.01	52.07	52.61	54.32^{a}	52.82^{a}	49.87^{b}	1.25	0.60	<0.01	0.30
酸性洗涤纤维	44.60	45.78	45.58	47.31	47.10	47.75	45.32	47.38	45.95	46.44	46.66	1.28	0.06	0.85	0.86

注:同行数据后不同字母者表示差异显著($P<0.05$)。

表 5　豆秸加工方式和添加量对绒山羊氮代谢的影响

项目	5～7 cm(揉切)			1～3 cm(揉碎)			加工方式的影响		添加量的影响			P			
	30%	50%	70%	30%	50%	70%	揉切	揉碎	30%	50%	70%	*SEM*	加工	添加量	互作
食入氮/(g·d^{-1})	17.17^{a}	15.89^{bc}	15.45^{cd}	15.91^{bc}	16.59^{ab}	14.98^{d}	16.17	15.83	16.54^{a}	16.24^{a}	15.21^{b}	0.24	0.10	<0.01	<0.01
粪氮/(g·d^{-1})	4.87	4.91	4.57	4.29	4.49	4.27	4.78^{a}	4.35^{b}	4.58	4.70	4.42	0.20	0.02	0.39	0.78
可消化氮/(g·d^{-1})	12.30^{a}	10.98^{bc}	10.87^{c}	11.62^{ab}	12.09^{a}	10.71^{c}	11.39	11.47	11.96^{a}	11.54^{a}	10.79^{b}	0.24	0.67	<0.01	<0.01
尿氮/(g·d^{-1})	4.57	4.32	4.49	4.21	4.63	4.16	4.46	4.33	4.39	4.47	4.33	0.21	0.46	0.78	0.21
沉积氮/(g·d^{-1})	7.74	6.67	6.38	7.41	7.47	6.54	6.93	7.14	7.57^{a}	7.07^{b}	6.46c	0.24	0.30	<0.01	0.09
氮表观消化率/%	71.67	70.64	69.33	73.04	72.89	71.54	70.55^{b}	72.49^{a}	72.36	71.77	70.44	1.06	0.04	0.20	0.89
氮的总利用率/%	45.12	41.96	41.22	46.57	44.98	43.72	42.77^{b}	45.09^{a}	45.85	43.47	42.47	1.33	0.046	0.06	0.84

注:同行数据后不同字母者表示差异显著($P<0.05$)。

参考文献

[1] 单洪涛,吴跃明,刘建新.氨化处理对豆秸营养价值的影响[J].中国饲料,2007,8:37-38.

[2] 刘洁,张英杰,刘月琴,等.豆秸对绵羊体重和能量、蛋白及脂肪消化率的影响[J].黑龙江畜牧兽医,2009,11:45-46.

[3] 张丽英.饲料分析及饲料质量检测技术[M].北京:中国农业大学出版社,2003:46-75.

[4] 王旭,卢德勋,胡明,等.沙打旺、羊草、玉米秸和谷草 GI 指数的测定[J].动物营养学报,2005,17(4):26-30.

[5] NRC. Nutrient Requirements of Dairy Cattle[S]. 7th Revised, National Research Council. National Academy Press, Washington, DC, 2001.

[6] 程颖颖,赵晋铭,盖钧镒,等.大豆秸秆粗纤维含量的测定及摘荚对其饲用品质的影响[J].大豆科学,2008,27(5):774-776.

[7] 卢焕玉,李杰.大豆秸秆作为粗饲料的营养价值评定[J].中国畜牧杂志,2010,46(3):36-38.

[8] O. Franci, M. Antongiovanni, A. Acciaioli, et al. Response surface analyses of the associative effects of lucerne hay, wheat straw and maize gluten feed on growing lambs[J]. Animal Feed Science Technology, 1997(67): 279-299.

第四部分

绒山羊绒毛生长机理研究

七、绒山羊绒毛生长规律

山羊绒生长机理研究进展

贾志海　安　民

（北京农业大学动物科技学院　100094）

该论文发表在《草食家畜》1996，1：2-6

引言

绒山羊是重要的经济动物，其产品绒、肉、皮、毛具有重要经济价值，特别是山羊绒，其纤维细而柔软，轻而保暖，是任何纤维不能替代的，因此受到越来越多消费者的欢迎。

绒山羊主要饲养在亚洲的中国及其相邻的蒙古、阿富汗、伊朗等少数国家。山羊绒生长是季节性的，产量低，因此远不能满足市场需要。在美国一磅山羊绒到达消费者手中高达500美元。近十几年来，世界上掀起一股山羊绒热，澳大利亚、新西兰、美国、英格兰等国家也相继开发和建立绒山羊基地，并引起畜牧学家对绒山羊研究兴趣，探讨山羊绒生长机理及提高山羊绒产量的途径。

一、绒山羊选育

任何生物，在其繁殖过程中都要发生遗传和变异，这种遗传和变异是生物种族延续和进化的基本内在因素。不同山羊品种产绒量及绒毛品质有很大差异（如细度和长度），因此，推断遗传基因是控制山羊绒生长和品质特性的重要因素。但同一品种不同个体间产绒量和绒毛品质特性也存在差异，而这种差异可能是基因变异的结果。通过选育把这些优秀个体保存下来，提高山羊绒产量是目前世界上最广泛应用的技术之一。

Pattie等（1987，1989），Giffor等（1990a），Couchman等（1987），Baker等（1991），Bigham等（1993）先后报道了1岁绒山羊一些主要性状的遗传力，其中体重遗传力为0.22－0.39，产绒率0.23－0.99，绒重0.36－0.62，绒细度0.47－0.99，绒长度0.57－0.67。虽然这些性状具有较高遗传力，但不同人所测结果变异范围较大。从父系半同胞资料分析的遗传相关和表型相关结果看，体重与产绒率，体重与绒重呈负相关，而毛纤维总重与绒重、产绒率和绒毛细度呈正相关，产绒率与绒重和细度、绒重与绒细度和长度呈正相关，但变异范围较大。卢子荣等(1992)报道，辽宁绒山羊体重、产绒量和绒毛细度属中等遗传力($h^2<0.3$)，绒毛长度属低遗传力($h^2<0.1$)，体重与产绒量呈正相关，其他与国外报道一致。绒山羊这些性状的高遗传力，为绒山羊选育提供了基础。据 Bigam(1993)报道，通过选育每代绒产量可提高 15 克。澳大利亚、新西兰绒山羊是从野化山羊(Feral goat)选育而来，这些山羊不同个体体重与产绒量差异较大。颜色较杂，直径较粗，且繁殖率低。因此，这些国家对绒山羊选育的主要性状包括：体重、繁殖力、绒重、绒细度和颜色。而我国绒山羊选育方向对颜色不太强求，因为大部分品种本身就是白色。在细度上，纺织工业要求绒毛直径只要在 16.5 微米以内，都属优质山羊绒，而我国大部分品种绒细度都在 16.5 微米以下。因此，选育目标应在提高产绒量上下功夫。

提高绒山羊生产性能另一途径是杂交改良。我国新疆、内蒙古、山西、河北、陕西等地利用辽宁绒山羊做父本，与当地山羊进行杂交，能显著提高绒产量。据蒋英等(1989)报道，陕西子午岭母羊平均产绒 115 克，杂交 1 代、2 代和 3 代分别提高到 282 克、332 克和 355 克，分别提高 148%、186%和 208%。国外有些生产者利用安哥拉山羊和绒山羊杂交来提高山羊绒产量，这种杂交后代产生的开士哥拉(Cashgroa)毛纤维，纤维较粗，失去了山羊绒的特性。通过这种方法提高山羊绒产量，美国福特山羊绒有限公司总裁 Forte 认为是一种投机忘义行为，不应当提倡。

McDonald 等(1987)，Nixon 等(1991b)和 Teh 等(1992)发现，有些产绒山羊不同于一般山羊，这些山羊绒毛生长时间较长，在春季绒毛仍能生长。他们试图通过选育把他们保留下来，使山羊绒生长期延长，达到全年长绒的可能性。

二、气候对山羊绒生产的影响

山羊绒生长周期不同于粗毛和绵羊毛，山羊绒生长是季节性的，而粗毛和绵羊毛是全年连续性的生长。山羊绒生长是在夏至后当日照由长变短开始生长，随日照长度递减，山羊绒生长加快。冬至后，日照由短变长，山羊绒生长缓慢并逐渐停止生长。光周期变化由长到短，或由短变长是逐渐的，自然状态下的山羊已经适应了光照这种周期性变化，绒毛生长与光周期变化有关。一般说来，光周期的变化与气温变化相平行，或气温变化稍落后于光周期变化。但是绒毛生长是否与环境温度有关，尚未见详细报道。

中国绒山羊主要分布在北方和西北部山区和高原，这里年日照和温差变化较大，气候干旱，绒山羊这种地带性分布可能与气候因素有关，但是否低温促使绒毛生长还缺乏足够的理论根据。辽宁绒山羊现已引进到全国十多个省、市区，这些新地区气候与原产地已有些变化，但尚未见辽宁绒山羊在新产地绒产量和绒品质特性与原产地有显著变化的报道。

贾志海等在北京对辽宁绒山羊的研究发现，辽宁绒山羊绒纤维生长主要出现在秋季和初冬，最大生长量是在 9 月。经测定，到 9 月中旬绒毛生长占总生长量的 50%，到 12 月中旬绒毛生长量占总生长量的 85%，而在随后到抓绒的 3 个多月的时间绒毛生长量只占总生长量的 15%。在最大生长期的 9 月，北京地区的摄氏温度在 10－28℃之间，而温度最低是在 1 月份，此时绒的生长已基本停止。他们在另外研究中，把山羊饲养在 25℃恒温中，光照缩短为每天 8 小时，或把光照延长到 16 小时埋植褪黑激素，都能诱发山羊绒生长。并未发现温度对山羊绒生长造成影响。达文政等(1991)也报道类似结果，在宁夏引进的辽宁绒山羊 6 月份绒毛开始萌发，7 月份生长，最大生长期在 9 月份；而内蒙古绒山羊 8 月份绒毛开始生长；宁夏本地山羊

9 月份绒毛开始生长。不同品种在同一气候条件下绒毛开始生长时间不同，但结果生长时间基本一致，都在第二年 2 月份。绒毛不同生长期使绒产量具有显著差异。以上这些结果说明，绒毛最适宜生长期都不是出现在最寒冷的月份，低温并非能促进绒毛生长，而绒毛生长是为了防御低温。然而，Doolings 1988 年从澳大利亚引进 200 只绒山羊到美国蒙大拿州的狄龙(Dillon)，他们发现在蒙大拿州气候条件下，这些羊着生的毛被和绒毛比在原产地厚，山羊绒占毛纤维总重 28%，平均产绒量达 180 克，高于原产地平均 120 克的水平。贾志海等发现，1994 年北京地区的辽宁绒山羊到 8 月上旬仍未发现山羊绒萌发生长，埋植褪黑激素的山羊已长出的绒毛 7 月底也全部脱掉，这可能与该年北京夏季持续高温、多雨湿度大有关。有些报道认为，绒山羊不能忍受高热、潮湿气候条件。关于气候对山羊绒生长的影响尚需进一步研究。

三、日粮营养水平对山羊绒生长的影响

有关日粮营养水平对山羊绒生长的研究在国外已有不少报道。贾志海等(1991)在山羊绒生长季节，研究不同蛋白质水平日粮对绒产量和品质的影响，并把安哥拉山羊作为同一试验处理进行比较。试验日粮由两种蛋白质水平构成，一种含有 8%粗蛋白质和 65% TDN，另一种日粮含 16%粗蛋白质和 65% TDN。

通过 6 周试验结果表明，两个品种山羊采食量是相似的，但采食 16%蛋白质水平日粮山羊采食量显著高于采食 8%蛋白质水平日粮，日粮高蛋白质水平能促进山羊的采食量。饲喂高蛋白质水平日粮山羊日增重显著高于低蛋白质水平日粮山羊。同时发现，饲喂相同蛋白质水平日粮，在采食量相似的情况下，绒山羊的平均日增重显著高于安哥拉山羊，饲料转化效率也有显著差异。

采食高蛋白质日粮，马海毛净毛率提高 31.3%，毛纤维产量增加伴随直径变粗；绒山羊采食高蛋白质水平日粮毛纤维总重和粗毛有所增加，但差异不显著，而两种不同蛋白质水平日粮对山羊绒产量没有任何影响，山羊绒长度和细度也未因日粮蛋白质水平增加而变化。这种结果与 Ash 等(1984,1987)，Johnson 等(1984)的结果是一致的，即产绒山羊日粮蛋白质水平达到维持以上，山羊绒产量将不会因日粮蛋白质水平的增加而提高。Restall(1993)也报道，不同营养水平日粮对产绒的影响。试验期间低水平日粮山羊平均失重 6.1 千克，维持日粮保持山羊体重平衡，高水平日粮使山羊体重平均增重 6.9 千克。经 10 天试验结果表明，维持日粮组和高水平日粮组山羊的总毛重、粗毛和绒毛重以及绒毛长度显著高于低水平日粮组山羊，但维持日粮组和高水平日粮组之间总毛重、绒毛重和绒毛长度无显著差异。这种结果与 Norton (1991)，McGregor(1988)的结果一致，即绒山羊营养在维持需要以上，不会增加山羊绒产量。Mcgregor 报道了日粮高于维持需要时山羊绒产量为 221 克，而饲喂维持日粮的 0.8 时，绒产量为 146 克。日粮在维持水平以下，山羊绒产量显著下降。他们认为，要使绒山羊保持较高的产绒量并合理的利用饲料，绒山羊的营养水平应保持在维持基础上，或使体重略有增加，而不应过高或过低。

四、光周期和褪黑激素对山羊绒生长的影响

虽然山羊绒生长机理尚不清楚，但发现山羊绒生长季节与山羊繁殖季节相平行。在自然

条件下山羊的繁殖季节也发生在日照由长变短季节。一些研究发现，日照由长变短，褪黑激素分泌增加。山羊等小反刍动物的繁殖与血液褪黑激素浓度有关。光照是调节松果腺活动的始发因素，光照刺激抑制松果腺活动。随昼夜光周期和一年中长日照和短日照交替，褪黑激素分泌呈现明显周期性变化，在山羊繁殖季节血液中褪黑激素浓度明显增高。由于光周期影响松果腺褪黑激素的分泌，在自然状况下，血液中褪黑激素含量的多少与光周期变化是一致的，山羊绒的生长也随这种周期变化而出现生长、休眠和脱落。山羊绒季节生长可能与短光照周期和褪黑激素分泌量有关。

澳大利亚科学家曾有把绒山羊饲养在连续光照下促使山羊绒生长报道，但通过改变光照周期促使山羊绒生长在生产中有很大局限性，很难在生产中推广。

鉴于外源褪黑激素诱发一些季节性毛皮动物在夏季，春季生长冬季毛皮，一些科学家用外源褪黑激素对绒山羊进行研究。

贾志海等(1991)在山羊非长绒季节(2—6 月)对杂交 F_1 绒山羊进行了两次各 60 天的试验，研究不同光周期和外源褪黑激素对山羊绒生产及其品质的影响。试验采用 2×2×2 因子等分法设计。处理分为每日 8 小时光照，16 小时光照，褪黑激素埋植和对照，光照强度为 20 支光，舍内保持恒定的摄氏 25℃和 50%湿度。试验日粮含有 15%粗蛋白质和 65% TDN，家畜自由采食和饮水。结果每日光照缩短到 8 小时或每日延长到 16 小时光照并埋植褪黑激素，60 天内 96%个体都长绒，其中试验 1(2—4 月)有 92%个体长绒，试验 2(4—6 月)100%个体长绒，但不同个体开始长绒时间不同。在非产绒季节每日 8 小时光照，不论埋植褪黑激素与否，山羊都能长绒；每日 16 小时光照不埋植褪黑激素，则不能长绒。这种结果说明，山羊绒生长受光照和褪黑激素所控制。

从毛纤维产量上，每日 8 小时光照和褪黑激素处理显著提高毛纤维总重，而毛纤维总重的增加主要是山羊绒增加，不同处理粗生长并无显著差异。粗毛生长不受光照和褪黑激素处理影响。Welch 等(1990)报道，春季长日照期间，对产绒山羊进行褪黑激素处理，山羊从春到夏都能长绒；Moore 等(1989)也报道了褪黑激素能促使山羊绒生长。但 Chemineau 等(1988)指出，对山羊实施外源褪黑激素处理，首先要使山羊在长日照下暴露一段时间，否则，山羊对外源褪黑激素不会发生反应。

山羊绒质量主要取决于绒毛长度和细度，长度低于 35 毫米将失去纺织价值，细度超过一定范围，如大于 16.5 微米将降低其质量。一些研究表明，埋植褪黑激素在提高山羊绒产量的同时，绒的长度和细度相应增加(Jia，1991；Moore，1989)。但也有报道褪黑激素处理不影响山羊绒细度。

五、其他方面研究

国外草地畜牧业发达国家(澳大利亚、新西兰、美国)正在把山羊毛纤维生产和山羊肉生长纳入传统的绵羊和肉牛放牧系统，并通过放牧山羊来控制牧场杂草灌木，管理草场。据美国蒙大拿商业新闻报道，绒山羊更喜欢采食野草灌木，牧场放牧山羊以后牧场看起来好像高尔夫球场一样，没有任何杂草。他们计划进一步扩大山羊数量，用来管理草场。这些国家的经验是，不论是集约的还是粗放的草场放牧系统，山羊和其他家畜共同放牧能更有效利用和管理草场。

另外在澳大利亚和新西兰，曾对绒山羊进行过一年剪两次绒的试验。一年剪两次绒，产绒量稍有增加，但绒长度降低，而且花费双重剪毛时间，在经济上并不合算，没有推广价值。

参考文献

[1] Ash A. J. and B. W. Norton 1987. Studies with the Australian cashmere goat. I, Growth and digestion in male and female goats in protion Content and Energy level Aust J. Agric. Res. 38:957-969.

[2] Bigham, M. 1993, Biology and genetic means of influencing fiber growth Natoional Symposium on goat fiber production, Processing and marketing Ok, USA. P77-100.

[3] Chemineau P., J. Pelletier., Y. Guerin, G. Colas, J., Thimonier, R., Ortavant., 1988. Photoperiodic and melatonin traitment for the control of seasonal reproduction in sheep and goats. Reprod. Nutr. Develop 28:409-422.

[4] Jia, Z. H., T. Sahlu, J. M. Fernandez, T. H. Teh and M. J. Potchoiba, 1991. Dietary protein utilization by Angroa and cashmere-producing goats J. Anim. Sci. Vol. 69, Scpp. 1:497.

[5] Jiang Ying & AnMin, 1989, Cashmere Production in china and measures for further development, small Ruminants in china.

[6] Johnson, T. J. and Rowe, J. B., 1984. Growth and cashmere production by goats in relation to dietry protein supply, Aust. Soc. Anim. Prod. 15:400-403.

[7] Mcdonald, B. J., Hoey, W. A., Hopkins. P. S. 1987. Cyclical fleece growth in cashmere goats. Australian Journal of agricultual research. 38: 597-609.

[8] McGregor, B., 1993. Recent developments in cashmere goat research and production. National symposium on goat fiber production. Processing and marketing, OK. USA. P. 112.

[9] Moore, R. W., M. L. Bigham and L. D. Staples. 1989. Effect of regulin implants in spring fertlity, Lactation and down growth of cashmere goats. Proc. of the New Zealand Society of Animal Production. 49: 39-42.

[10] Nixon, A. J., Gurnsey, M. P., Betteridge, K. Mitchell, R. J., Welch, R. A. S, 1991. Seaconal hair follicle activity and fiber growth in some New Zealand cashmere-bearing goats. J. of Zoology (London). 242: 589-598.

[11] Pybum, E., April 15, 1994. Montana cashmere farm, plant-biggest in Nation Business Journal. MT. USA.

[12] Restall, B. et al., 1993. Nutrition and cashmere growth. National symposium on goat fiber production, processing and marketing. OK. USA. P. 63.

[13] Teh, T. H., Jia, Z. H., K. Odgen & G. R. Newton. 1991. Photoperiod and Melatonin on cashmere production. The 83rd ASAS annual meeting.

[14] Welch, R. A. S., M. P. Gurnsey, K. Betteridge and R. J. Mitchell. 1990. Goat fiber response to melatonin given in spring in two consecutive years. Proc. of the New Zealand Society of Animal Production. 50:335.

[15] 达文政，等. 山羊绒生长时期的测定. 中国养羊，1991，2:45.

内蒙古白绒山羊年龄与绒毛生产性能的关系

刘海英[1,2,3]　贾志海[1,2]　岳春旺[1,2]　于玲玲[1,2]　贾存灵[4]　朱晓萍[1,2]

(1. 中国农业大学动物科技学院，北京　100094；2. 动物营养国家重点实验室，北京　100094；3. 沈阳农业大学，沈阳　110161；4. 西北农林科技大学，动物科技学院，陕西杨陵　712100)

本论文发表在《中国农业大学学报》2007，12(3)：37-40

摘要　为研究年龄对内蒙古白绒山羊生产性能和绒毛品质的影响，通过对不同年龄(1～8 岁)内蒙古白绒山羊生产性能与绒毛品质性状的统计分析，结果表明：1)年龄对产绒量、绒长度、毛长、体重、绒纤维细度和伸直长度均有极显著影响($P<0.01$)；2)产绒量、绒长度和绒纤维伸直长度在 2 岁时达到最大(655.01 g、6.18 cm 和 9.80 cm)，2～4 岁保持稳定(分别在 655.01～596.89 g、6.18～5.82 cm 和 9.80～8.77 cm)；4～6 岁下降；6 岁后显著下降，与 2 岁时相比分别下降了 21%～31%、11%～13%和 17%～22%；3)周岁羊绒毛细度最小(13.79 μm)，随年龄增加而变粗，5 岁到达最大(15.21 μm)，之后下降；4)毛长在 3 岁时达到最大 18.11 cm，之后小幅度下降至 6 岁(17.91～17.58 cm)，6 岁后又呈现增加(17.96～18.19 cm)；4)体重随年龄增长增加，4 岁体重 37.54 kg，之后保持平稳，在 38.24～39.34 kg；5)年龄对绒毛重量比和含绒率没有显著影响($P>0.05$)。由此可见，内蒙古白绒山羊 2～4 岁生产性能和绒毛品质处于最佳阶段，5～6 岁时产绒性能下降，6 岁后生产性能大幅下降，绒毛品质明显降低。

关键词　内蒙古白绒山羊；年龄；产绒性能；绒毛品质；特点

Study on the Traits of Cashmere Production and Quality at Different Ages of Inner Mongolia White Cashmere Goats

Liu Haiying[1,2], Zhu Xiaoping[1,2], Yue Chunwang[1,2], Yu Lingling[1,2], Jia Cunling[3], Jia Zhihai[1,2]

(1. College of Animal Science and Technology, China Agricultural University, Beijing 100094, China; 2. State Key Laboratory of Animal Nutrition, Beijing 100094, China; 3. College of Animal Science and Technology, Northwest A & F University, Yangling 712100, China)

Abstract　The experiment aimed at studying the effect of different ages on cashmere productive performance and quality by analysis of the data on cashmere traits in Inner Mongolia white cashmere goats. Cashmere traits data included cashmere weight, cashmere length, hair length, cashmere fibre diameter and stretched length, ratios of cashmere and hair weight, cashmere rate. Results showed that different ages had highly significant effect on the cashmere weight, cashmere length, guard hair length, body weight, cashmere fibre diameter and stretched length ($P<0.01$). Cashmere weight, cashmere length and cashmere fibre stretched length came the largest at 2 years of old (655.01 g, 6.18 cm and 9.80 cm); stabilized from 2 to 4 years of old (ranged from 655.01 to 596.89 g, 6.18 to 5.82 cm and from 9.80 to 8.77 cm); following declined at 5 and 6 years of old; significantly decreased after 6 years of old, compared with 2 years old, decreased 21%～31%, 11%～13% and 17%～22% respectively. There is the smallest cashmere fibre diameter at one years old (13.79 μm), increasing to largest at 5 years old (15.21 μm), following declined. Guard hair length came the highest (18.11 cm) at 3 years of old, following slightly declined (from 17.91 to 17.58 cm) till 6 years of old, but had a trend of increasing (from 17.96 to 18.19 cm) after 6 years of old. Body weight increased by ages and came to 37.54 kg at 4 years of old, ranged from 38.24 to 39.34 kg after 4 years of old. Different ages had not significant effect on ratios of cashmere and hair weight, cashmere rate ($P>0.05$). In conclusion, Inner Mongolia white cashmere goats came to optimal cashmere production from 2 to 4 years of old, declined from 5 to 6 years of old, significantly descended after 6 years old.

Key words　Inner Mongolia white cashmere goats, age, cashmere productive performance, cashmere fibre quality, trait

内蒙古白绒山羊的绒纤维纤细而柔软、强丝光、强力大、净绒率高[1-2]。产绒量是衡量绒山羊产绒性能的重要指标；羊绒细度和长度是衡量山羊绒品质的重要指标，决定绒纤维纺织价值。研究年龄对这些生产性能和绒毛品质性状的影响，揭示内蒙古白绒山羊被毛生长特性，对指导绒山羊生产具有重要实践意义。

绒毛性状受遗传、营养和光照、温度素等环境因素的影响。近年来绒山羊头数增加迅速，与此同时草原环境恶化，提高个体单产，改善羊绒品质已成为解决这一矛盾的关键。内蒙古绒山羊已有绒毛性状的遗传参数[3-4]研究，营养水平[5-6]、微量元素[7～9]、光照[10]、褪黑激素[10-11]、季节性生长模式[10]等对绒毛性状和品质影响的研究。但绒山羊饲养者只注重产绒量提高，养大羊、养老羊，而对绒毛品质和产量变化规律研究不够，导致绒山羊饲养经济效益低，群体产绒潜力不能充分发挥。本研究旨在分析内蒙古白绒山羊主要经济性状随年龄变化的情况，揭示各性状的生长发育规律，进而利用这些规律有效地发挥绒山羊的生产性能，提高绒山羊饲养的经济效益，为评定个体终身生产性能，合理调整羊群年龄结构，建立经济有效的群体结构，确定适时淘汰制度，指导生产实践提供参考。

1　材料与方法

1.1　试验动物和饲养管理

内蒙古白绒山羊种羊场位于内蒙古鄂尔多斯市鄂托克旗西部，东经 107°08′07″～107°23′00″，北纬 39°07′41″～39°15′24″，海拔 1 250～1 300 m；年平均气温 6.3℃，最高气温 35℃，最低气温－32.4℃；无霜期 120～150 d，年平均降水量 276 mL，蒸发量 2 150 mL。植被主要为荒漠半荒漠草原，以藏锦鸡为主，局部地区狭叶锦鸡、沙蒿成为优势种群，灌木还有红纱、珍珠等[12]。草本植物有一年生和多年生的，也有少量短命植物。

羊场每年春季统一免疫、灌药、药浴、驱虫。每年 4～5 月间全场统一在同一地点抓绒，并称量个体产绒量，精确到 0.1 g；抓绒前在其左侧肩胛骨后缘处测量绒和粗毛长度，精确到 0.1 cm。抓绒后称量体重并记录。

1.2 试验数据及样品采集

2005 年 4 月下旬，在内蒙古鄂托克旗白绒山羊种羊场于抓绒当天在绒山羊左侧肩胛骨后缘贴皮肤剪取绒毛样品 3～5 g，随机采集 696 只母羊（1～8 岁）羊绒样品，用于绒毛重量比、含绒率、绒纤维细度和伸直长度测定。产绒量、绒长、毛长和体重数据来自该场 1998—2005 年间的生产记录，共收集包括采样羊在内的 2 836 只母羊数据。

1.3 绒毛样品分析方法

将所采集个体绒毛样品称重后分离绒毛和粗毛，去掉皮屑、砂等杂质，分别称量绒毛和粗毛重量，计算绒毛重量比和含绒率：

绒毛重量比＝（绒毛重/粗毛重）×100％

含绒率＝（绒毛重/绒样品重）×100％

绒纤维伸直长度测定：采用单纤维测定法，手测。选取四氯化碳洗过的样本，含绒毛500～1 000 根，在黑绒布上用钢尺和镊子，测定其伸直长度，每个样测 50 个重复。

绒纤维细度测定：奥达 2000 动物纤维测定仪测定绒纤维直径，每个样品测定根数不少于 1 000 根，测定值精确到 0.01 μm。

1.4 统计分析

利用 SAS 软件包（The SAS System for Windows V8.2）中的最小二乘分析（GLM）过程进行最小二乘均数的多重比较分析。

2 结果与分析

2.1 产绒量变化

产绒量是衡量绒山羊生产性能的重要指标，产绒量高是内蒙古白绒山羊重要特征之一。对各年龄绒山羊产绒量统计结果表明，年龄对产绒量有显著影响（$P<0.01$），并呈规律性变化（图 1），2 岁时产绒量最高（655.01 g），比周岁羊产绒量提高 55 g，显著高于其他各年龄阶段（$P<0.01$）2～4 岁间产绒量保持平稳（655.01～596.89 g）；之后呈下降趋势，产绒量在 586.11～556.89 g 范围内；6 岁后下降幅度明显加大，产绒量显著低于其他各年龄段（$P<0.01$），与 2 岁母羊相比下降幅度达 21％～31％。

2.2 绒长度和绒纤维伸直长度变化

年龄对绒山羊绒长度和绒纤维伸直长度均有显著影响（$P<0.01$）（图 2）。绒长在 2 岁时达到最大值 6.18 cm，显著高于其他各年龄阶段（$P<0.01$），与周岁羊相比增加了 0.35 cm；3 岁保持平稳直到 6 岁，其绒长在 5.88～5.75 cm 间；6 岁后显著下降（$P<0.01$），与 2 岁绒长相比下降了 11％～13％。

由图 2 可知，绒纤维伸直长度和绒长变化规律一致。2 岁时伸直长度 9.80 cm，显著高于其他各年龄阶段（$P<0.01$），2～3 岁呈下降趋势；在 3～4 岁时又有增加，之后保持平稳到 6 岁；6 岁之后呈现明显下降趋势。总体来看，各年龄绒山羊绒伸直长度均在 8 cm 以上，6 岁以

下绒伸直长度在 8.13～9.80 cm,7 和 8 岁伸直长度分别为 8.09 和 7.96 cm。

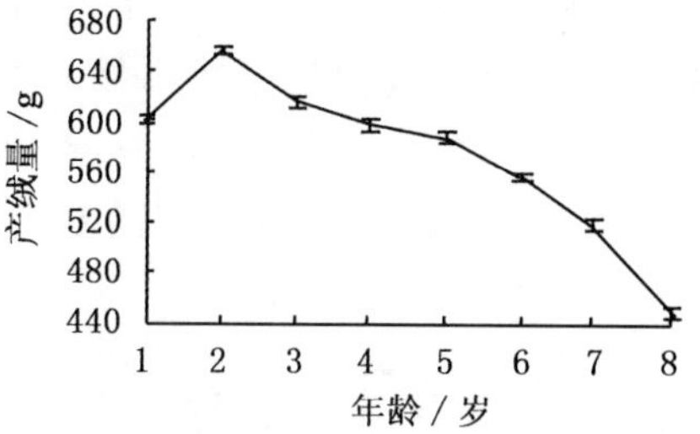

图 1 1～8 岁绒山羊产绒量变化

Fig. 1 Change of cashmere weight in 1 to 8 years of old cashmere goats

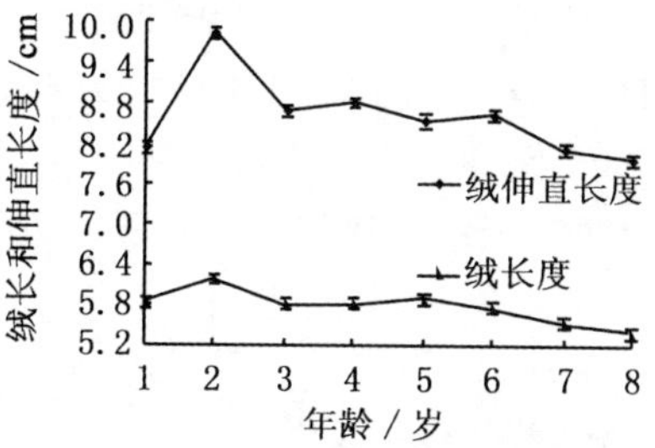

图 2 1～8 岁绒山羊绒长度和绒纤维伸直长度变化

Fig. 2 Change of cashmere length and cashmere fibre stretched length in 1 to 8 years of old cashmere goats

2.3 绒纤维细度和毛长度变化

绒纤维细度是绒山羊最重要的经济性状,决定绒毛品质优劣,也是决定绒毛价格的最主要因素。本研究表明年龄对绒纤维细度有显著影响($P<0.01$),并呈现规律性变化。由图 3 可知,周岁母羊绒纤维细度最小,随年龄增长呈上升趋势,5 岁时达到最大,之后下降。周岁绒纤维细度为 13.79 μm,显著低于 5 岁母羊(15.21 μm)($P<0.01$),8 岁绒毛细度降低到 14.79 μm。总体来看,绒毛细度保持在 15 μm 左右,属于优质绒。

从图 4 可以看出毛长度 1～3 岁呈增加趋势,3 岁时达到最大,之后下降,6 岁后随年龄增长又有上升趋势。绒山羊毛长在 3 岁时的最大值为 18.11 cm,显著高于周岁母羊(16.14 cm)($P<0.01$),与 2 岁羊(17.64 cm)相差不大;4～6 岁毛长分别为 17.87、17.91 和 17.58 cm;7、8 岁分别为 17.96 和 18.19 cm。

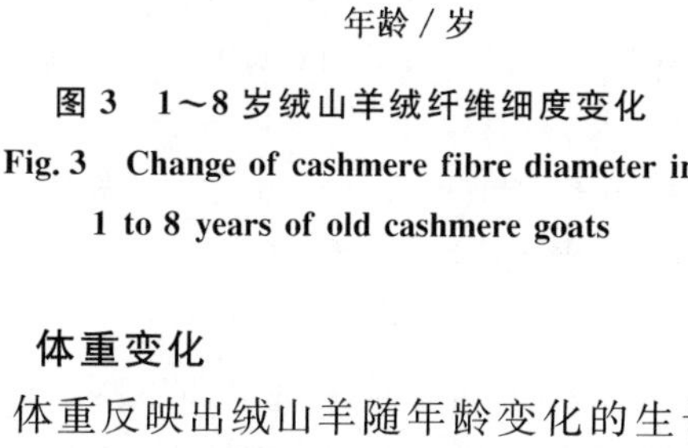

图 3 1～8 岁绒山羊绒纤维细度变化

Fig. 3 Change of cashmere fibre diameter in 1 to 8 years of old cashmere goats

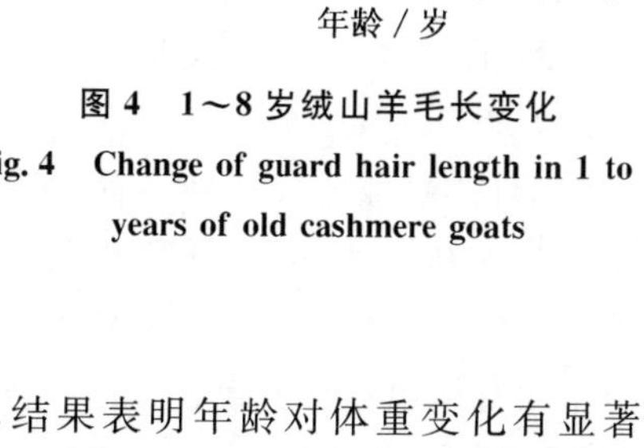

图 4 1～8 岁绒山羊毛长变化

Fig. 4 Change of guard hair length in 1 to 8 years of old cashmere goats

2.4 体重变化

体重反映出绒山羊随年龄变化的生长发育状况,结果表明年龄对体重变化有显著影响($P<0.01$)。由图 5 可知,随年龄增长体重呈现出稳定上升趋势。1～2 岁时增幅最大,2～4 岁体重增加幅度渐减,4 岁时体重达到 37.54 kg,之后保持平稳状态,说明 4 岁绒山羊母羊已达到成年体重。2 岁体重为 32.03 kg,与周岁母羊相比增加了 25%($P<0.01$),3 岁与 2 岁母羊相比增加了 10%($P<0.01$),4 岁比 3 岁母羊体重增加了 6%($P<0.01$),之后体重保持在 38.24～39.34 kg 之间。

2.5 绒毛重量比和含绒率变化

绒毛重量比反映了绒纤维和粗毛之间的比例关系，由图 6 表明，1～3 岁母羊绒毛重量比呈增加趋势，3 岁绒毛重量比最大为 1.27，随年龄增加呈下降趋势，6 岁后下降明显。含绒率反映了绒毛在原绒中所占的比例，1～3 岁含绒率增加，之后随年龄增长呈下降趋势，即成年后随年龄增加，绒纤维比例逐渐降低。但年龄对这两性状的影响未达到统计上的显著水平($P>0.05$)。

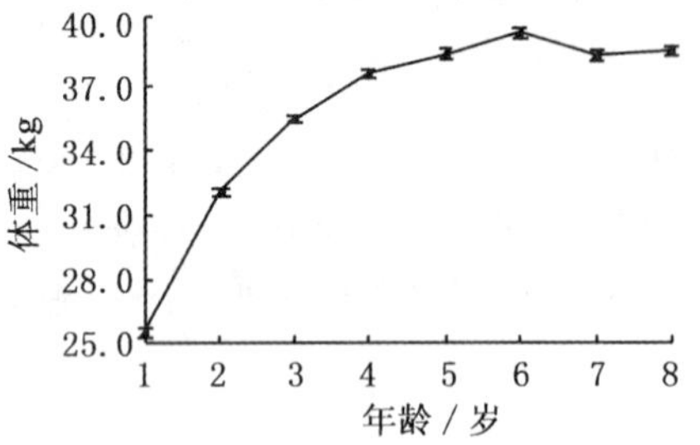

图 5　1～8 岁绒山羊体重变化

Fig. 5　Change of body weight in 1 to 8 years of old cashmere goats

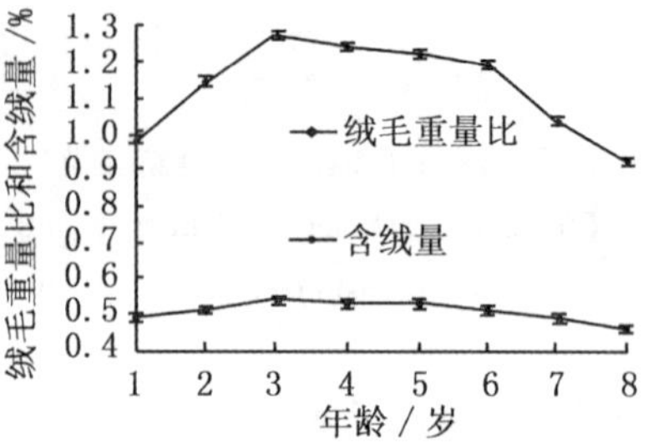

图 6　1～8 岁绒山羊绒毛重量比和含绒率变化

Fig. 6　Change of ratios of cashmere and hair weight and cashmere rate in 1 to 8 years of old cashmere goats

3　讨论

不同年龄山羊，绒毛产量和质量不同[13]。本研究表明：内蒙古白绒山羊产绒性能和绒毛品质表现出明显的年龄变化规律，幼龄绒山羊产绒量、绒长、细度、体重等性状随年龄增长而增加，4 岁时已达成年状态，之后各性状表型值有所下降，6 岁后生产性能和绒毛品质显著降低。这是由于随年龄的增长，山羊消化代谢、血液循环等系统生理功能逐步健全完善，生态适应性增强，饲草料利用能力和长绒酶系统的活力加强，次级毛囊自身发育机能不断健全，对绒纤维的营养作用和生长绒能力不断加强，羊绒生产性能和绒毛品质随之提高。但随着年龄的继续增大，山羊消化代谢等生理机能和长绒酶系统的活力逐渐减弱，羊绒产量下降，羊绒品质下降。中卫羊、辽宁绒山羊、察布绒山羊均反映出相似的变化规律[14-16]。利用这一表型性状生长规律，结合皮肤毛囊发育、营养代谢特点、采用分子遗传标记等技术手段是高绒山羊生产性能是必要的手段。

从国内外羊绒业的发展趋势看，加工企业广泛需求绒纤维细度在 15 μm 以下，长度 4 cm 以上的羊绒，在国际市场，羊绒细度成为决定羊绒价格的主要因素[17]。研究表明，羊绒纤维直径与产绒量、羊绒长度、体重呈强正相关[18-20]。本研究中，成年绒山羊绒纤维细度达 15 μm，与 10 年前相比有增粗趋势。盲目提高产绒量而忽略羊绒细度，必将造成羊绒品质下降。因此，在选育过程中，坚持选择绒细或细度不变的前提下提高产绒量是绒山羊选育的重点。内蒙古白绒山羊母羊绒长和产绒量在 2 岁达到最大，但绒纤维直径在 5 岁时才达到最大，在早期选种过程中，要综合考虑绒毛生长的这一规律。绒山羊 4 岁已达到成年体重，之后趋向衰老，生产性能随之下降。从经济效益上，综合考虑其生产性能、绒毛品质和繁殖性能，老龄羊均差于幼龄羊且饲养老龄羊增长时代间隔，不利于选育的遗传进展。

4　结论

内蒙古白绒山羊2～4岁生产性能和绒毛品质处于最佳阶段，5～6岁时产绒性能和品质有所下降，6岁后生产性能大幅下降，绒毛品质也明显降低。因此建议内蒙古白绒山羊群体结构，应以2～4岁母羊为主体，适当减少5～6岁母羊在群体中所占比例，6岁后应予以淘汰。

参考文献

[1] 贾志海. 现代养羊生产[M]. 北京：中国农业大学出版社，1997：119-120.

[2] 贾志海，彭玉麟，富俊才. 中国绒山羊育种现状及展望[J]. 中国畜牧杂志，1999，35(4)：55-57.

[3] 李金泉，王峰，尹俊，等. 内蒙古白绒山羊若干数量性状遗传参数的研究[J]. 遗传，2001，23(3)：211-216.

[4] 李金泉，李玉荣，乌兰巴特尔，等. 内蒙古白绒山羊产绒量遗传参数的估计[J]. 中国草食动物，2000，2(4)：3-4.

[5] 彭玉麟 贾志海，卢德勋，等. 不同蛋白质水平的日粮对内蒙古白绒山羊消化代谢的影响[J]. 畜牧兽医学报，2002，33(4)：321-326.

[6] 杨成和，朱森阳，贾志海，等. 不同营养水平对内蒙古绒山羊生产性能的影响[J]. 中国畜牧杂志，2006，42(1)：14-16.

[7] 王娜，贾志海，卢德勋，等. 内蒙古白绒山羊日粮适宜氮硫比的综合评定研究[J]. 动物营养学报，1999，11(增刊)：228-235.

[8] 彭玉麟，贾志海，卢德勋，等. 不同无机硫对内蒙古白绒山羊消化代谢的影响[J]. 中国农业大学学报，2001，6(3)：107-112.

[9] 张微，朱晓萍，贾志海，等. 内蒙古白绒山羊生绒期日粮适宜铜水平研究[J]. 中国农业大学学报，2004，9(3)：36-40.

[10] 牛一兵，贾志海，卢德勋，等. 放牧条件下绒山羊绒毛季节性生长变化规律的研究[J]. 动物营养学报，2005，17(2)：33-37.

[11] 王林枫，卢德勋，孙海州，等. 光照和埋植褪黑激素对内蒙古绒山羊氮分配和生产性能影响的研究[J]. 中国农业大学学报，2006，11(1)：22-28.

[12] Zhou H M，Allain D，Li J Q，et al. Effects of non-genetic factors on production traits of Inner Mongolia cashmere goats in China[J]. Small Rumin Res，2003，47：85-89.

[13] Restall B J，Pattie W A. The inheritance of cashmere in Australian goats. 1. characteristics of the Base population and the effects of environmentaL factors，Livestock production Science[J]. 1989，21：157-172.

[14] 周占琴. 中卫山羊绒绒毛主要品质性能的研究[C]. 兰州：甘肃农业大学，1983：39-44.

[15] 曲永年，王薇，高文波，等. 多绒山羊和辽宁绒山羊毛被特征比较研究[J]. 中国养羊，1996，1：38-39.

[16] 王志新，吉尔嘎拉，斯琴巴图，等. 察布绒山羊及其生产性能的研究和分析. 内蒙古农业大学学报，2006，1：51-53.

[17] Díaz C，Toro M A，Rekaya R. Comparison of restricted selection strategies：an application to selection of cashmere goats[J]. Livest Prod Sci，1999，60：89-99.

[18] Pattie W A and Restall B J. The inheritance of cashmere in Australian goats. 2. Genetic parameters and breeding values[J]. Livest Prod Sci 1989，21：251-261.

[19] Bigham M L，Morris C A，Southey B R，et al. Heritabilities and genetic correlations for live weights and fibre traits in New Zealand cashmere goats[J]. Livest Prod Sci 1993，33：91-104.

[20] Bishop S C and Russel A J F. The inheritance of fibre traits in a crossbred population of cashmere goats [J]. Anim Sci，1996，63：429-436.

年份对内蒙古白绒山羊体重和产绒性能影响的研究

刘海英　张　微　岳春旺　于玲玲　朱晓萍　贾志海

（中国农业大学动物科技学院，北京　100094）

该文发表在《草食家畜》2007，1：48-50

摘要　为研究内蒙古白绒山羊不同年份生产性能变化状况，本试验采集了 1998—2005 年 8 年间 2 863 只内蒙古白绒山羊的产绒量、绒长度、毛长度和体重数据，对其进行统计分析。结果表明：绒山羊产绒量、绒长度、毛长度和体重随年份不同呈现显著变化（$P<0.01$）；除个别年份，产绒量、绒长度和体重随年份推进呈增加趋势；2000 年后各性状表型值较 1998 年、1999 年有较大提高。因此，本品种选育工作效果显著，各表型性状得到稳定提高，在保持绒毛品质的基础上加强产绒性状选育，可进一步提高内蒙古白绒山羊的产绒性能。同时，根据各年度放牧场牧草生长状况，调整载畜量，禁止重牧；较差年景进行适度补饲，弥补绒山羊不足养分，降低年际效应对绒山羊生产性能的影响，是提高绒山羊产绒性能的必要手段。

关键词　畜牧学；年份；产绒性能；内蒙古白绒山羊

Effect of Different Years on Body Weight and Cashmere Production Performance of Inner Mongolia White Cashmere Goats

LIU Hai-ying, ZHANG Wei, YUE Chun-wang, YU Ling-ling, ZHU Xiao-ping, JIA Zhi-hai

(College of Animal Science and Technology, China Agricultural University, Beijing 100094. China)

Abstract　The experiment aimed at studying the effect of different years on cashmere production performance of Inner Mongolia white cashmere goats. The data were analyzed on cashmere weight, cashmere length, guard hair length and body weight of 2 863 cashmere goats from 1998 to 2005. The results showed that different years had significant effect on cashmere weight, cashmere length, guard hair length and body weight ($P<0.01$). Cashmere weight, cashmere length and body weight had increased from 1998 to 2005 except very few years. After 2000 these traits had higher improved compared with 1998 and 1999. Therefore, the work of breeding selection have much enhanced and phenotypic traits have been increased. Keeping the cashmere quality performance and enhancing the selection of cashmere production, may be farther increase the cashmere performance of Inner Mongolia white cashmere goats. According the grass of pasturage adjusted the number of goats, forbidding over pasture. It is important that add forage to make up for the lacked nutrition of goats in baddish year and reduce the effect of different years on production performance.

Key words Animal science, Years, Cashmere production performance, Inner Mongolia white cashmere goats

内蒙古白绒山羊是我国著名的绒山羊品种，具有产绒量高、绒毛品质好的特点，其纤维具有细、质地柔软、轻而保暖等优点[1]。绒山羊被毛生长是一个复杂的生理过程，受环境、营养和遗传三个因子的影响。不同品种、不同个体表现出周期性生长的差异表明，遗传是调控毛被生长的最主要的因子。日照、季节等气候环境因素对绒山羊的产绒性能均有不同程度的影响[2]。气候的变化可直接影响牧草的生长，牧草营养价值的改变势必会对以放牧为主的绒山羊生长产生显著的影响。对以放牧为主的饲养方式，年份是集选育程度、自然环境、生态条件、饲养管理条件、群体状况于一体的复杂综合效应[3]，往往对产绒性状有较大影响[4,5]，有研究表明年份显著地影响羔羊体重和各周岁被毛性状[6]。

内蒙古绒山羊饲养量为 1 700 余万只，是全国绒山羊总头数的 21%，年产绒近 6 000 吨，占全国总产量的近 40%[7]。随着国内外山羊绒市场的发展，内蒙古白绒山羊存栏量也逐年提高，但绒山羊整体产绒性能以及绒毛品质随年份变化是否发生变化的相关研究较少。本研究利用内蒙古白绒山羊 1998—2005 年各年份生产性状资料，分析其性状随年份变化的关系，为发展绒山羊业、提高山羊绒生产的经济效益、指导生产实践，提供科学依据。

1　材料与方法

1.1　试验动物、饲养管理和数据采集

内蒙古白绒山羊种羊场位于内蒙古鄂尔多斯市鄂托克旗西部，植被主要为荒漠、半荒漠草原，绒山羊终年自然放牧饲养。每年春季统一免疫、灌药、药浴、驱虫；4—6 月间全场统一在同一地点抓绒，并按要求进行性能测定，记录抓绒量、毛长、绒厚，抓绒后称量体重。该场从建场开始一直坚持本品种选育，从未导入外血。在选种方面一直沿用个体表型选择的方法。

试验数据来自该场 1998—2005 年 8 年间的生产记录，共收集 2 863 只母羊的产绒量、绒长度、毛长度和体重数据。

1.2　分析方法

根据所分析的性状，本研究采用最小二乘方差分析模型来分析年份与性状的关系。模型为：

$$y_{ij} = \mu + A_i + Y_j + e_{ij}$$

y_{ij} 是各性状的观察值（分别为产绒量、绒长度、毛长度和体重）；μ 是各性状的群体均值；A_i 是第 i 个年龄的固定效应（$i = 1,2,\cdots,8$）；Y_j 是第 j 个年份的固定效应（$j = 1998,1999,\cdots,2005$）；$e_{ij}$ 是随机残差效应。采用 SAS 统计分析软件（The SAS System for Windows V8.2）中

的最小二乘分析(GLM)过程进行最小二乘均数的多重比较分析。

2 结果与讨论

表 1 是绒山羊母羊连续 8 年各年份性状统计的表型值及标准差。

表 1 内蒙古白绒山羊各年份产绒性状的平均值

年份	产绒量	绒长度	毛长度	体重
1998	429.76±19.50^eE^	5.43±0.11^D^	18.09±0.57^A^	31.86±0.57^AC^
1999	437.95±12.35^eE^	5.59±0.07^D^	17.34±0.36^BCD^	32.99±0.29^A^
2000	611.15±9.95^aA^	5.73±0.06^CD^	17.79±0.30^AC^	35.38±0.37^F^
2001	577.18±8.38^bB^	5.84±0.05^BC^	18.05±0.25^A^	37.08±0.25^B^
2002	603.83±7.14^aA^	5.66±0.04^D^	18.06±0.21^AB^	30.84±0.21^C^
2003	683.69±6.41^cCD^	6.07±0.04^A^	17.51±0.19^BC^	38.31±0.19^D^
2004	568.72±6.15^bB^	5.89±0.03^BC^	16.44±0.18^D^	39.92±0.18^E^
2005	666.41±5.84^dD^	5.98±0.03^AB^	17.12±0.17^C^	38.58±0.17^D^

注:同列数据小写字母不同为差异显著($P<0.05$);大写字母不同为差异极显著($P<0.01$)。

2.1 年份对产绒量影响

产绒量是绒山羊选育工作的主要经济指标之一,与不同年份饲养状况、风沙大小、抓绒时间和抓绒技术等密切相关。年份间内蒙古白绒山羊产绒量有显著差异($P<0.01$)(见表 1)。图 1 是不同年份 1～5 周岁内蒙古白绒山羊产绒量变化的情况。除 2000 年和 2004 年外,1998—2005 年间产绒量呈现逐年递增趋势。2000 年后各年份产绒量与 1998 年和 1999 年相比,提高量均在 130 g 以上。内蒙古白绒山羊产绒量遗传力为中等(0.26～0.45),适合进行个体表型选择[8]。因此,产绒量不断提高,说明该场对这一性状选育效果明显,使得绒山羊的遗传潜力不断提高。其次,近年来实施适度放牧和轻度放牧,在不同季节进行禁牧、轮牧等科学的饲养管理方式,使得放牧草场状况得到恢复和改善,牧草质量和供给得到提高;枯草期、繁殖季节适度补饲等,这些不断改进的饲养方式使得绒山羊的饲养状况得到提高,也是产绒量升高的因素之一。

2000 年的产绒量显著高于($P<0.01$)邻近两年份,而 2004 年产绒量显著($P<0.01$)低于邻近的两年份(表 1 和图 1)。这可能与当年的气候条件、牧草生长或疾病状况及抓绒时气候状况等因素有关。对以放牧为主的内蒙古白绒山羊,年份对绒山羊产绒量有显著影响,其最主要原因是每年的降雨量在变化,因而放牧场在牧草质量和供给存在年际波动,造成绒山羊产绒量变化。对于干旱、半干旱地区,饲草生产的年际变化可达到 4～6 倍[9,10],因而干旱年份家畜生产性能有可能降低。

由图 1 可以看出,2 周岁绒山羊产绒量达最高,2 岁后绒山羊产绒量呈下降趋势,4～5 岁绒山羊产绒量明显下降。利用这一生长规律,开展早期选育。

2.2 年份对绒长度和毛长度影响

绒长度和毛长度是绒山羊重要的性状指标,绒长与产绒量呈极显著正相关,增加绒长度可提高产绒量[11-13]。绒长度直接关系着纺织性能,在纺织工业中,绒纤维长度与纺织价值密切相关。表 1 数据表明，除 2002 年外，绒长度随年份逐年增长($P<0.01$)，长度增加了 0.64 cm。与 1995 年“八五”白绒山羊选育达标母羊高度(5 cm 以上)提高了近 1 cm。绒长度遗传力中等(0.33～0.55)[8]，个体表型选择可提高其性状值。图 2 是 1～5 岁绒山羊在不同年份绒长度变化情况。图 2 可以看出，周岁母羊绒长度在不同年份间变化波动较大($P<0.01$)，2 周岁母羊绒长度高于其他各年龄阶段，且受年份影响相对较小($P=0.014$)。因此在早期选种中要综合考虑年龄、环境等因素，确定优秀个体的选择。

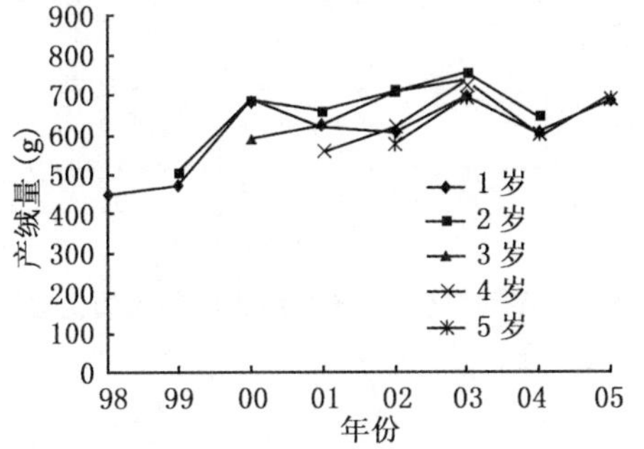

图 1　不同年份 1～5 岁绒山羊产绒量的变化

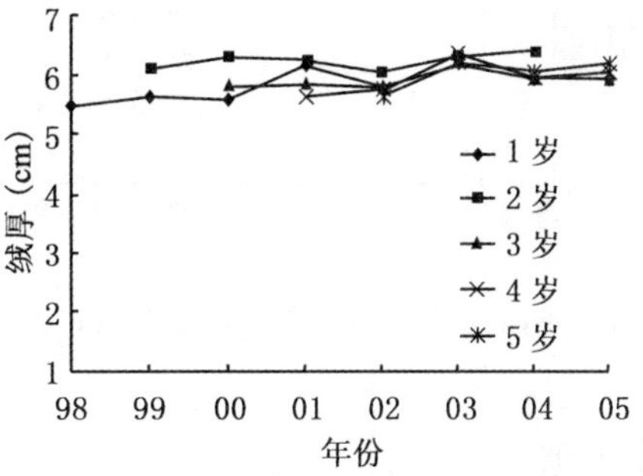

图 2　不同年份 1～5 岁绒山羊绒长度的变化

不同年份毛长度有显著变化($P<0.01$)，但其没有一定的规律性，这可能是粗毛本身价值很低，因而没有对此性状进行选择。从图 3 可知，毛长度随年龄增长呈增加趋势，在 3 岁时达到最大。

2.3　年份对体重影响

体重是内蒙古白绒山羊选育工作中的指标之一，其遗传力偏低(0.16～0.36)[8]。表 1 数据表明，随年份变化，内蒙古白绒山羊体重有显著变化($P<0.01$)。1998—2001 年随年份变化绒山羊体重逐年增加，2001 年后体重保持在 37.08～39.92 kg 的较高范围内(图 4)。2001 年后体重平均增加了 5.22 kg，表明体重遗传潜力得到了较大提高。2002 年绒山羊体重下滑，显著低于除 1998 年外的其他各年份($P<0.01$)。绒山羊常年放牧饲养，体重能敏感地反映出绒山羊对其所处生态环境尤其是牧草营养和供给的年际波动。这可能是该年份降雨较少，放牧场牧草质量和供给不充分，以及饲养管理等因素所造成。研究表明在干旱、半干旱地区，由于每年的降雨量变化，造成饲草生产的年际变化很大[9,10]，这样的变化对于营养成分的摄入和在此基础上的动物生产有显著的影响。因此，在干旱年份，增重和羊毛生产都可能降低[10]。轮牧、枯草季节禁牧等饲养管理措施，草场植被得到恢复，牧草年季变化和饲料供给可得到改善；适度放牧制度和在枯草期和繁殖期进行补饲，使绒山羊获取充分营养，降低年份效应影响。

图 4 同时表明，随年龄增长，绒山羊体重稳定增加，但增加幅度递减，4 岁后体重基本保持稳定，说明 4 岁绒山羊已达成年状态。

3　结论

绒山羊产绒量、绒长度、毛长度和体重随年份不同呈现显著变化($P<0.01$)；除个别年份外，产绒量、绒长度和体重随年份推进呈增加趋势；2000 年后各性状表型值较 1998 年、1999 年有较大提高。表明本品种选育工作效果显著，各表型性状得到稳定提高，在保持绒毛品质的基

础上加强产绒性状选育，可进一步提高内蒙古白绒山羊的产绒性能。同时，根据各年度放牧场牧草生长状况，调整载畜量，禁止重牧；枯草期和较差年景进行适度补饲，弥补绒山羊不足养分，降低年份效应对绒山羊生产性能的影响，是提高绒山羊产绒性能的必要手段。

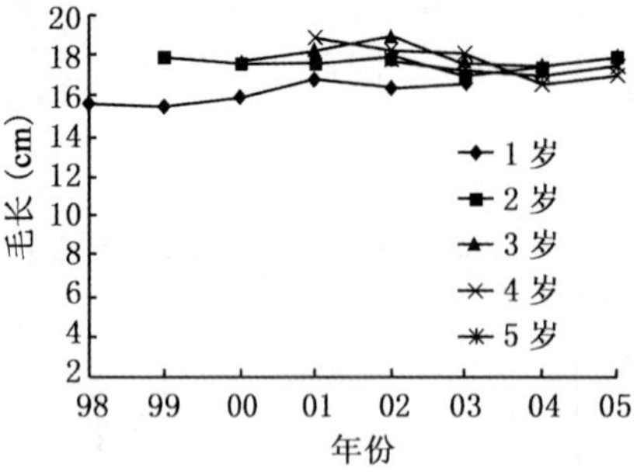

图 3　不同年份 1～5 岁绒山羊毛长度的变化

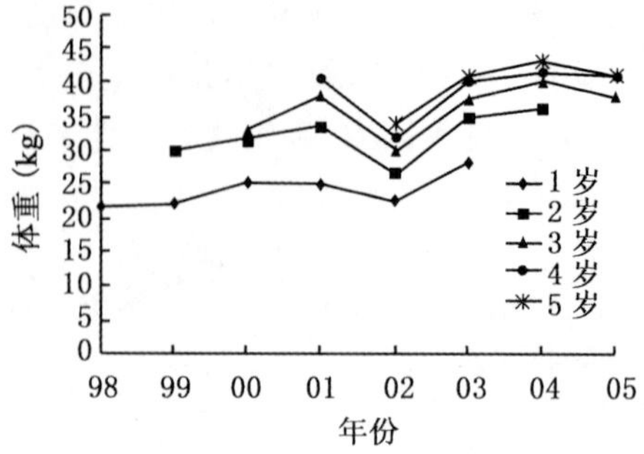

图 4　不同年份 1～5 岁绒山羊体重的变化

参考文献

[1] 贾志海，彭玉麟，富俊才. 中国绒山羊育种现状及展望[J]. 中国畜牧杂志，1999，5:55-57.

[2] McDonald B J, Hoey W A, Hopkins P S. Cyclical fleece growth in cashmere goats[J]. Australian Journal of Agricultural Research, 1987, 38:579-609.

[3] 刘文忠. 安哥拉山羊主要性状的遗传分析与选种方法研究[D]. 北京：中国农业大学，2001.

[4] 刘寿东，冯秀蚤. 中国山羊生物气候规律的研究[J]. 家畜生态，1993，14(2):10-15.

[5] Ariturk E. Genetic and environmental aspects of Angora production. 1. General performance levels and the effects of some measurable environmental factors on the production traits[J]. Fac Vet Med Univ Istanbul, 1979, 5:1-17.

[6] Gifford D R, Environmental effects on fleece and body traits of South Australian Angora goats[J]. Small Rumin Res, 1990, 4:293-302.

[7] 中国农业年鉴编辑委员会编. 中国农业年鉴[M]. 北京：中国农业出版社，2005，26:209-214.

[8] 李金泉，王峰，尹俊，等. 内蒙古白绒山羊若干数量性状遗传参数的研究[J]. 遗传，2001，23(3):211-216.

[9] Harrington G N, Herbivore diet in a semi-arid *Eucalyptus populnea* woodland. 1. Merino sheep[J]. Austrilia Journal of Experimental Agriculture, 1986, 26, 413-421.

[10] Freudenberger D, Wilson A, Palmer R. The effects of perennial grasses, stocking rate and rainfall on sheep production in a semiarid woodland of eastern Australia[J]. Rangelands Journal, 1999, 21:199-219.

[11] 贺晓宏，张涛，张亚妮，等. 绒山羊体尺、绒毛性状与经济性状的多元统计分析[J]. 2004，1:86-88.

[12] 刘鉴渊，姚敏，张淑琴. 辽宁绒山羊主要经济性状相关研究报告[J]. 中国养羊，1982，3:24-26.

[13] 张文生. 对绒山羊体重和被毛性状研究[J]. 中国畜牧杂志，1993，29 (4) :23-24.

放牧条件下绒山羊绒毛季节性生长变化规律的研究

牛一兵[1]　贾志海[2]　卢德勋[3]　郭宝林[2]　孔祥浩[2]　王润莲[2]

(1.河北科技师范学院动物科学系,河北秦皇岛　066600;2.中国农业大学动物科技学院,北京　100094;3.内蒙古畜牧科学院,内蒙古呼和浩特　010030)

该文章发表在《动物营养学报》2005,17(2):33-37

摘要　本试验研究放牧条件下绒山羊绒毛季节性生长变化的规律。选择体重及产绒性能相近的2.5岁内蒙古白绒山羊羯羊10只,随机均分为2组,分别接受自然光照和短光照处理,短光照组每天的光照时间比自然光照组减少2小时,两组试羊在同一草场放牧。结果表明,放牧条件下,随牧草营养值下降(CP含量13.9%～6.0%)和光照递减(14.6～9.4 h/d),绒毛生长呈慢—快—慢增长模式,主要的生长期在9月下旬至12月上旬,11月份为高峰期;减少光照可刺激绒毛生长,使快速生长的时间提前至8月下旬,绒毛长度增加10.9%,但生长模式不变。绒毛细度(14.6～14.9 μm)和强度(6.9～5.9 g)不受季节影响,但绒毛伸度下降54.3%;减少光照不改变绒毛强度和伸度,但绒毛细度增加5.6%、产绒量提高12.5%。

关键词　牧草养分;光照;绒山羊;生产性能

Study on Dynamic Change of Cashmere Growth of Grazing Cashmere Goats

NIU Yi-bing[1], JIA Zhi-hai[2], LU De-xun[3], GUO Bao-lin[2], KONG Xiang-hao[2], Wang Run-lian[2]

(1. Animal Science Department, Hebei Normal University of Science and Technology, Qinhuangdao　066600, China; 2. College of Animal Science and Technology, China Agriculture University, Beijing　100094, China; 3. Inner Mongolia Academy of Animal Science, Hohhot　010030, China)

Abstract　An experiment was conducted to study on dynamic change of cashmere growth of grazing Inner Mongolian White Cashmere goats. The goat, aged two and half years old, were randomly divided into 2 groups and treated with the natural photoperiod and short photoperiod which was 2 hours less lighting time than natural photoperiod. AU goats were grazed on the same grassland and given same supplement. The results showed that grass nutritive value (CP content 13.9—6.0%) and lighting time (14.6～9.4 h/d) were decreased from July to December. Cashmere length performed as slow-quick-slow growing model; the main growing period was from November to December, the fastest period was October (3. 5 cm). Cashmere growth was proceeded 1 month and cashmere length was improved 10. 9% when photoperiod was shortened, but cashmere growth model remained the same. There was no significant difference both cashmere diameter (14. 6 ~ 14. 9 μm) and cashmere strength (6. 9 ~ 5. 9 g) among the months ($P > 0.05$), but cashmere stretched length was significantly decreased 54. 3% from July to December ($P < 0.05$). Cashmere strength and cashmere stretched length were not changed, but cashmere diameter and cashmere yield were increased 5. 6%, 12. 5% respectively when photoperiod was shortened.

Key words grass nutrient, photoperiod, cashmere goats, productive performance

自然条件下,绒山羊绒毛生长表现出明显的季节性,并形成绒毛生长的固定模式(贾志海,1996)。山羊绒90%以上由角蛋白组成,牧草中的粗蛋白质、矿物质等养分是山羊绒生长的物质基础(贾志海,1999;甄玉国等,2000),此外光照因素对绒毛的季节性生长产生重要影响(贾志海,1995)。本试验旨在研究在放牧条件下,绒山羊放牧采食量、牧草营养成分及光照不同对绒山羊绒毛生长、绒毛品质和产绒量的作用规律,为绒山羊舍饲提供理论依据和技术参考。

1 材料与方法

1.1 试验时间和地点

试验于2002年7—12月在内蒙古鄂托克旗内蒙古白绒山羊种羊场进行。

1.2 试羊分组和饲养管理

选择体重和产绒性能相近的2.5岁阿尔巴斯白绒山羊阉羊10只,随机均分为2组,分别接受自然光照(NL)和短光照(SL)处理。自然光照组天亮出牧,短光照组晚2小时出牧,晚出牧组补饲相当于2小时放牧的牧草,两组试羊于傍晚同时归牧,分别圈养于门窗用黑布遮光的羊舍,两组试羊的采食量和营养水平一致。

1.3 放牧采食量和牧草养分含量的测定

利用酸不溶灰分法(奥德等,1997)测定绒山羊放牧采食量。试羊从每月中旬开始,在肛门处挂一集粪袋,连续收集7天粪便,早晚各一次并称重,取10%鲜粪制风干样,同时采集牧草样,按国家标准(季之华和王随元,2002)测定牧草营养成分、牧草和粪中酸不溶灰分含量,计算采食量和养分摄入量。

1.4 绒毛取样和测定

待肩部绒毛长出皮肤后,将羊体右侧肩胛骨后缘10 cm×10 cm面积上的绒毛染色,而后每月中旬剪下绒毛,按《羊毛标准与检验》方法(郑世清等,1998)测定绒毛长度、细度、强度和伸度。试验前后称试羊体重并测定粗毛增长量,次年4月份抓绒测定产绒量。

1.5 数据统计和分析

采用SAS6.12软件包中的平衡试验设计方差分析过程(ANOVA),用Duncan法进行多重比较。

2 结果与分析

2.1 放牧条件下牧草营养成分、采食量及光照变化(表1)

牧草中粗蛋白(CP)含量7月份最高为13.9%,而后逐渐下降,12月份下降到6.0%,粗

表 1　放牧条件下牧草营养成分、采食量及光照变化

Table 1　Seasonal change of grass composition, feed intake and photoperiod under grazing system

项目	7 月 July	8 月 August	9 月 September	10 月 October	11 月 November	12 月 December
牧草养分含量 Grass composition(%)						
粗蛋白 CP	13.9 ± 1.1^{a}	11.7 ± 1.0^{b}	9.3 ± 1.3^{c}	8.8 ± 0.9^{c}	6.6 ± 0.7^{d}	6.0 ± 0.9^{d}
无氮浸出物 NFE	46.8 ± 3.6^{a}	43.8 ± 5.0^{a}	41.1 ± 6.0^{ab}	34.6 ± 5.0^{bc}	34.4 ± 0.2^{bc}	28.6 ± 0.8^{c}
粗纤维 CF	30.2 ± 1.2^{d}	35.3 ± 3.1^{c}	39.4 ± 3.3^{bc}	42.7 ± 2.3^{b}	47.5 ± 2.0^{a}	50.2 ± 2.4^{a}
粗脂肪 EE	2.6 ± 0.3^{ab}	3.0 ± 0.1^{a}	2.5 ± 0.3^{b}	3.0 ± 0.3^{ab}	2.8 ± 0.2^{ab}	2.6 ± 0.2^{ab}
粗灰分 ASH	6.5 ± 1.0^{c}	6.2 ± 0.9^{c}	7.7 ± 1.1^{c}	10.9 ± 1.5^{ab}	8.6 ± 1.3^{bc}	11.8 ± 2.2^{a}
采食量 Feed intake(g/d)	$1\,562.0\pm43.0^{a}$	$1\,523.0\pm80.0^{a}$	$1\,521.5\pm21.2^{ab}$	$1\,479.2\pm58.7^{ab}$	$1\,466.9\pm124.5^{ab}$	$1\,420.5\pm87.0^{b}$
养分摄入量 Nutrient intake(g/d)						
粗蛋白 CP	216.6	178.5	141.3	130.3	97.6	84.7
无氮浸出物 NFE	731.6	666.6	625.5	512.5	505.2	406.5
粗纤维 CF	471.3	537.2	598.8	631.0	697.1	712.5
粗脂肪 EE	41.2	46.2	38.3	43.9	40.5	37.1
粗灰分 ASH	101.2	94.6	117.5	161.1	126.6	167.2
光照 Photoperiod						
自然光照组 NL(h)	14.6	13.8	12.5	11.2	10.0	9.4
短光照组 SL(h)	12.6	11.8	10.5	9.2	8.0	7.4

注：同行数字肩标字母不同为差异显著（$P<0.05$），下表同。

纤维(CF)含量7月份最低为30.2%,而后逐月上升,12月份表1 放牧条件下牧草营养成分、采食量及光照变化上升到50.2%;无氮浸出物(NFE)含量7月份最高为46.8%,而后逐渐下降,12月份下降到28.6%;粗脂肪(EE)含量没有明显的季节变化;粗灰分(ASH)含量7—9月份较低,10—12月份较高。牧草总营养价值随季节而下降。

绒山羊采食量7、8月份最高,分别为1 562.0 g,1 523.0 g;12月份最低,为1 420.5 g。显著低于7、8月份($P<0.05$),但9、10、11月份之间差异不显著($P>0.05$)。采食量下降的原因一是供动物采食的植被数量减少,二是牧草营养价值降低造成适口性下降。从7—12月份,CP摄入量由216.6 g下降到84.7 g、CF由471.2 g增加到712.5 g、NFE由731.6 g下降到406.5 g、ASH由101.2 g增加到167.2 g。11月份的CP摄入量接近维持需要量,12月份的CP摄入量明显低于NRC(1981)维持需要量。

自然光照每天的光照时数7月份为14.6小时,从7到11月份,日照由长变短,每天光照时数每月递减约1小时,11至12月份递减0.6小时,到12月份下降到9.4小时;12月份冬至后日照由短变长。短光照组每天的光照时数比自然光照组减少2小时。

2.2 放牧条件下绒毛季节性生长的变化规律(图1)

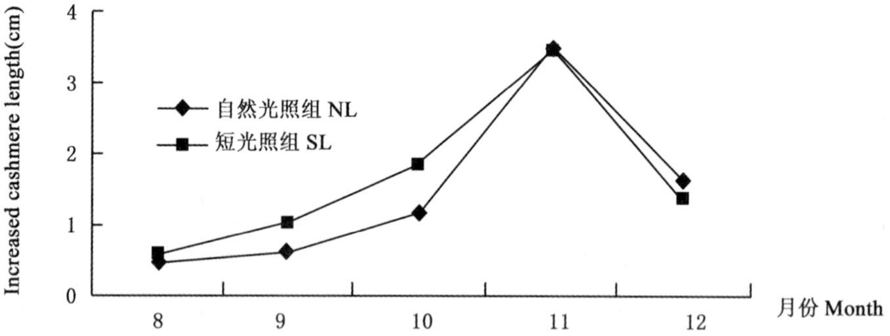

图1 放牧条件下绒山羊绒毛生长规律

Fig.1 Cashmere growing model of grazed goats

放牧条件下,随牧草营养价值下降和光照递减,自然光照组的绒毛生长从8—11月份逐渐上升,从0.5 cm上升到3.5 cm,11月份最快(3.5 cm),12月份下降至1.6 cm,呈慢—快—慢增长模式,主要的生长期在9月下旬—12月份上旬,高峰期为11月份;短光照组绒毛生长模式与自然光照组相同,但快速生长的时间提前至8月下旬。McDonald等(1987)、贾志海(1995)、达文政(1991)、曲永年(1995)、高文厚(1996)等研究表明,光周期是影响山羊绒季节性生长的主要因素,绒毛的主要生长期在8—11月份,高峰期为9月份,缩短光周期可显著增加绒纤维长度。本试验自然光照组的光照时间从8—11月份逐渐下降,所以绒毛生长从8—11月份逐渐加快,12月冬至后日照由短变长,其生长速度下降;短光照组相对自然光照组每天减少2小时光照,刺激了绒毛生长,因此绒毛快速生长的时间相对自然光照组提前。试验得出的绒毛生长模式和前人的结果基本一致,但绒毛快速生长期和高峰期均推迟1—2个月,且高峰期的增长量低于McDonald等(1987)和施立成(2003)的结果,分析原因可能是营养因素和光照以外的环境因素所致。孙海洲等(1998)和彭玉麟(2000)对内蒙古白绒山羊的研究指出:日粮蛋白质水平显著影响山羊绒的生长速度,试羊从7—12月份摄入的CP越来越少,11月份接近维持需要(108 g),12 月份明显低于维持需要,养分摄入量不足抑制和延迟了绒毛生长。另外试验期气候干燥、降雨量少可能也有一定影响。

2.3 放牧条件下绒毛细度、强度和伸度的变化规律(表 2)

表 2 放牧条件下绒毛细度、强度和伸度的变化

Table 2 Change of cashmere diameter, strength and stretched length of grazed cashmere goats

指标 Item	组别 Group	9 月 September	10 月 October	11 月 November	12 月 December
细度 Cashmere diameter (μm)	自然光照组 NL	14.6±0.5	14.8±0.5	14.8±0.4	14.9±0.3
	短光照组 SL	14.8±0.4[b]	15.0±0.6[b]	15.3±0.5[ab]	15.7±0.5[*a]
强度 Cashmere strength(g)	自然光照组 NL	6.9±1.3	6.7±1.1	6.3±1.1	5.9±0.9
	短光照组 SL	6.7±1.2	6.5±1.0	6.2±0.8	5.8±0.9
伸度 Cashmere length(mm/cm)	自然光照组 NL	11.8±1.3[a]	10.2±1.2[ab]	8.4±0.9[b]	5.4±0.7[c]
	短光照组 SL	11.6±1.0[a]	10.4±1.0[ab]	8.8±0.6[b]	5.6±0.2[c]

注:* 表示相同月份短光照组和自然光照组差异显著($P<0.05$)。

自然光照组 9—12 月份的绒毛细度(14.6—14.9 μm)差异不显著($P>0.05$),说明绒毛细度不受季节影响;短光照组的细度随季节变化逐渐增大,12 月份(15.7 μm)显著大于 9、10 月份(分别为 14.8 和 15.0 μm)($P<0.05$),比自然光照组 12 月的结果显著提高 5.6%($P<0.05$)。可见,季节变化和牧草养分含量下降对绒毛细度影响不大,但减少光照对绒毛细度有影响。McGregor(1988)、孙海洲等(1998),彭玉麟(2000)等研究表明能量和蛋白质水平不影响细毛细度。这一结果和本试验绒毛细度未受牧草营养价值下降的影响结果基本一致。贾志海(1995)和 Moore(1989)报道缩短光照可增加绒毛直径。本试验短光照组比自然光照每天减少 2 小时光照,从而刺激绒毛直径增加,使短光照组绒毛细度出现季节性变化,这也是短光照组和自然光照组绒毛细度结果出现差异的主要原因。两组的绒毛强度(分别为 6.9—5.9 g、6.7—5.8 g)月份间差异不显著($P>0.05$),说明绒毛强度不受季节影响。关于绒毛强度季节性变化的研究很少,只见孙海洲等(1998)的报道,指出能量和蛋白质水平对绒毛强度没有显著影响。所以随季节变化和牧草养分含量下降,绒毛强度没有变化。自然光照组的绒毛伸度 9 月份最高(11.8 mm/cm),12 月份最低(5.4 mm/cm),随季节变化而下降;短光照组呈类似规律变化,说明减少光照不影响绒毛伸度的季节性变化。由此可进一步推测,绒毛伸度季节性下降的主要原因是牧草营养价值下降和养分摄入量减少。

2.4 减少光照对绒山羊增重、粗毛生长和产绒量的影响(表 3)

表 3 光照对绒山羊增重、粗毛生长和产绒量的影响

Table 3 Effect of photoperiod on weight gain, guard hair growth and cashmere yield of cashmere goats

组别 Group	7—12 月份增重 Weight gain from July to December(g)	7—12 月份粗毛增长 Guard hair growth from July to December(cm)	7—次年 4 月产绒量 Cashmere yield from July to April(next year)(g)
自然光照组 NL	5 462.1±1.7	7.3±1.3	610.2±44.2[b]
短光照组 SL	5 917.6±1.1	6.6±1.8	686.7±48.8[a]

注:产绒量为产绒期结束后抓取的污绒重。

自然光照组和短光照组 7—12 月份的增重差异不显著($P>0.05$),但有升高趋势。这可能是由于山羊在黑暗中生活时间较长,活动减少,降低了消耗。7—12 月份的粗毛增长量组间

差异不显著($P>0.05$)，说明减少光照不影响粗毛生长。短光照组的产绒量显著高于自然光照组($P<0.05$)，产绒量的增加(12.5%)是短光照刺激绒毛快速生长使长度增加和细度增大的结果。对上述指标，贾志海(1995)，Mitchell(1991)等的试验曾得出近似结果。

3 结论

放牧条件下从7－12月份，牧草CP、NFE含量逐渐下降，CF、ASH含量逐渐上升，EE含量变化不明显，牧草总体营养价值降低；绒山羊采食量逐渐下降，摄入的有效养分量相应减少。每天自然光照时间逐月减少，每月递减约1小时。随营养和光照的季节性变化，绒毛生长呈慢—快—慢增长模式，主要的生长期在9月下旬至12月上旬，11月份为生长高峰期。减少光照可促进绒毛生长，使快速生长的时间提前至8月下旬，绒毛长度增加10.9%，但绒毛生长模式不变。绒毛细度、强度没有明显的季节性变化，但伸度下降54.3%；减少光照不改变绒毛强度和伸度，但绒毛细度增加5.6%、产绒量提高12.5%。

参考文献

[1] 奥德，冯宗慈，根登. 1997. 用4N盐酸不溶灰分法对放牧的乌珠穆沁羊放牧采食量的测定[J]. 内蒙古畜牧科学院，(增刊)：260-264.

[2] 达文政. 山羊绒生长期的测定[J]. 中国养羊，1991，2：45-46.

[3] 高文厚. 对二狼山白绒山羊被毛脱换的探讨[J]. 中国养羊，1996，2：42-43.

[4] 贾志海. 山羊绒生长机理研究进展[J]. 草食家畜，1996，1：2-6.

[5] 贾志海. 山羊绒生长机理研究进展[J]. 动物营养学报，1999，11(增刊)：97-102.

[6] 贾志海. 不同光周期和褪黑激素对绒山羊生产性能影响[J]. 中国畜牧杂志，1995，4：8-10.

[7] 季之华，王随元. 饲料工业标准汇编(下册)[M]. 北京：中国标准出版社，2002，65-263.

[8] 彭玉麟. 不同无机硫对内蒙古白绒山羊消化代谢及产绒性能的影响[D]. 中国农业大学，2000.

[9] 曲永年. 辽宁山羊绒生长规律的研究[J]. 中国养羊，1995，4：37.

[10] 施立成. 内蒙古白绒山羊能量利用的研究[D]. 中国农业大学，2003.

[11] 孙海洲，侯先志，于志红，等. 日粮蛋白和能量水平对内蒙古阿尔巴斯白绒山羊产绒性能的影响[J]. 内蒙古畜牧科学，1998，19(3)：5-7.

[12] 甄玉国，卢德勋，马宁. 绒山羊生绒机理及其营养研究进展[J]. 内蒙古畜牧科学，2000，21(4)：1-5.

[13] 郑世清，关宝良，何航升. 羊毛标准与检验[M]. 北京：农业出版社，1998，35-195.

[14] McDonald B J, Hoey W A, Hopkins P S. Cyclical fleece growth in cashmere goats[J]. Australian Journal of Agriculture Research, 1987，38：597-773.

[15] Mcgregor B A. Effects of different nutritional regimens on the productivity of Australian cashmere goats and the partitioning of nutrients between cashmere and hair growth[J]. Australian Journal of Agriculture Research, 1988，28：459-467.

[16] Moore R W. Effect of regulation, implants in spring fertility, lactation and down growth of cashmere does[J]. Proceedings of the New Zealand Society of Animal Production, 1989，49(3)：39-42.

[17] Michell R J. Fiber growth of cashmere bearing goats given melatonin in late autumn and winter[J]. New Zealand journal of Agriculture Research, 1991，34：419-425.

[18] NRC. Nutrient Requirements of Goats[S]. Washington, D C.: National Academy Press, 1981，1-92.

八、光照与褪黑激素对绒毛生长的调控

不同光周期和褪黑激素对绒山羊生产性能的影响

贾志海

（北京农业大学动物科技学院　100094）

T. H. Teh. K. Odgen and G. R. Newton

（International Dairy Goat Research Center Prairie View，TX）

该文发表在《中国畜牧杂志》1995，31(4)：8-10

摘要　本研究在山羊非长绒季节(2—6月)，在人工控制环境条件下，通过改变光周期和褪黑激素处理，探讨对绒山羊生产性能的影响，研究结果表明：每日8小时光照，不论褪黑激素处理与否，山羊都能长绒；每日16小时光照，经褪黑激素处理，可诱使山羊长绒，随产绒量增加，绒纤维长度和细度显著变化。光周期和褪黑激素是影响山羊绒生长的主要因素。

关键词　山羊绒；光周期；褪黑激素

Effect of Photoperiod and Melatonin on Cashmere Production

Jia，Zhihai. et al.

（Beijing Agricultural University　100094）

Abstract　Fifty-eight cashmere goats(24 bucks and 24 does，average age 20 months) were used in Two replicates to investigated the effects of photoperiod and melatonin administration on cashmere fiber production. The goats were sheared after the natural cashmere growing season and blocked by sex and randomly assigned to one of four environmental chamber，which were maintained at constant temperature (25℃) and humidity (50%). With two chambers programmed for 8 hours of light，and the others two for 16 hours of light. Three goats in each chamber received a subcutaneous Regulin implant containing 150 mg of slow release melatonin. The goats were fed a complete mixed ration and libitum consisting of 15% crude protein and 65% TDN and free access to water. The results demonstrate that body weight was affect by photoperiod and sex ($P<0.05$). Total fleece, cashmere yield(%), cashmere length and diameter were significantly by photoperiod and melatonin, cashmere yield was increased 94% by photoperiod, and increased 151.8% by melatonin implant. However, guard hair was not effect by treatment, it appears that cashmere production and quality can be influenced by photoperiod and melatonin implant.

Key words Cashmere, Photoperiod, Melatonin

前言

山羊绒是由次级毛囊形成的无髓毛，其平均细度不超过 19 μm，光周期变化是影响季节性毛纤维生长的主要因素。长日照刺激毛囊活动，短日照毛囊活动降低。随光周期变化毛纤维出现生长、脱毛和再生(Ryder 等，1996)。山羊绒生长不同于绵羊毛和粗毛，夏至当日照由长变短时。山羊绒开始生长；冬至日照由短变长时，山羊绒生长缓慢并逐渐停止生长。最高生长期在 9－11 月。

褪黑激素由松果腺产生。光照是调节松果腺活动的主要因素，光照刺激抑制松果腺活动，而黑暗则刺激松果腺的活动。随昼夜光照和黑暗的更替，长日照和短日照交替。褪黑激素产生出现周期性变化。而山羊绒的生长周期与褪黑激素生产周期变化相平行。山羊绒季节性生长可能与短日照和褪黑激素生产有关(贾志海，1994)，(Mcdonald 等，1987)，Foldes(1990)曾研究改变光周期和利用外源褪黑激素对山羊绒生产的影响，这些研究是在环境条件各异的情况下进行的，其结果也不尽一致。本研究是在环境条件一致并充分满足家畜营养需要的情况下，探讨非产绒季节，通过改变光周期和外源褪黑激素处理对绒山羊生产性能的影响。

1 材料和方法

1.1 试验处理

试验由 48 只 20 月龄(澳大利亚绒山羊×田纳西山羊)组成，性别比例为 1∶1。试验开始时剪掉在自然环境条件下生长的毛纤维，分两次进行各 60 天的试验。

试验采用 2×2×2 因子等分法设计。处理分为每日 8 小时光照(短光照)、16 小时光照(长光照)、褪黑激素处理和对照。其中两组每组接受 8 小时光照，16 小时黑暗；另两组每天接受 16 小时光照，8 小时黑暗。光照强度均为 20 支光，每组各有 3 只羊皮下埋植 150 mg 褪黑激素，使其缓慢释放。第一次(24 只)在 2－4 月，第二次(24 只)在 1－6 月进行。试验羊舍为密闭自动控制温度和湿度，羊舍昼夜保持恒温(25℃)和恒湿(50%)，并保持通风换气。

试验日粮含有 15%粗蛋白质和 65%TDN，试验期间可自由采食和饮水，每日定时饲喂和清理粪便。

1.2 分析方法

试验动物分别在试验开始和结束时称重，每日饲喂日粮以组为单位进行称重，并计算平均采食量。

试验开始和结束时全部剪毛，测定毛纤维总重，并从不同部位取混合样品测定山羊绒产量、绒长度和细度。毛纤维分析方法按美国试验材料协会（ASTM）方法进行。

数据统计分析采用SAS(1985)线性模型程序。模型包括褪黑激素、光周期、性别和各主要因素交互作用。平均值提交最小二乘法。

2　结果分析与讨论

2.1　体重

试验期间羊的体重普遍增加。在采食相同日粮情况下，短日照组山羊体重增长速度高于长日照组($P<0.05$)；公羊体重增长高于母羊($P<0.05$)；褪黑激素处理对体重没有显著影响(表1)。山羊体重的普遍增长，出于日粮含有较高的营养并自由采食及良好的环境。日粮营养已超NRC(1981)制定的日增重100 g的标准。短日照山羊体重增长高于长日照，可能是山羊在较长黑暗中生活，活动减少，降低消耗。这种结果与先前MeGregor (1988)的研究结果是一致的。公羊增长速度高于母羊，由于公羊每日采食最高于母羊(分别为1.29 kg和1.12 kg干物质)，采食量的增加促进体重增长。Foldes等(1990)在绵羊和Mitchell等(1991)在绒山羊的研究中都报道了褪黑激素处理不影响体重生长，与本研究取得一致结果。

表1　不同光周期和褪黑激素对山羊体重的影响

项目	光周期		褪黑激素		短光照		长光照		性别	
	短光照	长光照	处理	对照	处理	对照	处理	对照	公	母
始重(kg)	31.2	30.6	30.1	1.8	31.1	31.6	29.2	32.0	35.4	26.3
结束体重(kg)	39.0	37.3	37.2	9.0	38.8	39.5	35.7	38.5	45.6	30.6
日增重(g/天)	130	112*	118	20	128	132	108	108	170	72**

注：* 表示 $P<0.05$，** 表示 $P<0.01$，*** 表示 $P<0.005$，处理指埋植褪黑激素，下同。

2.2　产绒山羊数量

通过缩短光周期和褪黑激素处理，试验羊都能长绒，但不同个体绒毛长出时间不同，表现个体间的差异。在非长绒季节，光照缩短到每日8小时，不论褪黑激素处理与否，山羊都能长绒。每日光照延长16小时，经褪黑激素处理，则诱使山羊绒生长。而不经褪黑激素处理，山羊则不长绒。这种结果说明山羊绒的生长是受光周期和褪黑激素所控制。Welch等(1990)报道，春季长日照期间，对产绒山羊进行褪黑激素处理，所有试验羊从春到夏都能长绒，而未经褪黑激素处理的山羊则生长粗毛，很可能是这种额外激素的释放被山羊认为短光照信息出现，光周期和褪黑激素对不同性别山羊产绒数量没有显著差异(表2)。

表2　光周期和褪黑激素对产绒山羊数量影响

项目	光周期		褪黑激素		短光照		长光照		性别	
	短光照	长光照	处理	对照	处理	对照	处理	对照	公	母
试验羊(只)	24	24	21	24	12	12	12	12	24	24
产绒羊(只)	24	14	21	13	12	12	12	1	20	19
产绒占试验(%)	100	58.3	100	54.3	100	100	100	8.3	83.8	79.2

2.3 山羊绒产量

短光周期和褪黑激素处理显著提高毛纤维产量，产量增加幅度从19%到76%，然而毛纤维的增加主要是山羊绒的增加，不同处理粗毛生长并无显著差异，粗毛生长下受光照和褪黑激素影响。Milchell 等(1991)的试验与本研究取得一致的结论。

光周期和褪黑激素显著影响山羊绒产量，山羊在短光周期比长光周期产绒量提高 94%，褪黑激素处理比对照组提高 154.8%，差异极显著($P<0.01$)。在短光周期，山羊经褪黑激素处理比对照组提高 66.8%；长光周期经褪黑激素处理山羊绒产量占毛纤维总重的 31.7%，而不经褪黑激素处理，仅有 1 只山羊绒，其产量仅占 13.2%。短光周期褪黑激素处理比长光周期褪黑激素处理的山羊绒提高 41%，表明光周期和褪黑激素的交互作用显著影响山羊绒生长。其他因素间的交互作用对山羊绒生产则无显著影响(表 3)。利用外源褪黑激素促使山羊绒生长国外已有一些报道。Betterideg 等(1987)和 Welch 等(1990)曾先后报道过山羊经褪黑激素处理不同程度提高山羊绒生长。而对绵羊进行褪黑激素处理，羊毛产量和净毛率不受影响，说明绵羊毛生长机制不同于山羊绒(Foldes，1990)。

表 3 光周期和褪黑激素对山羊绒产量及其品质影响

项目	光周期		褪黑激素		短光照		长光照		性别	
	短光照	长光照	处理	对照	处理	对照	处理	对照	公	母
毛纤维总重(g)	123.8	103.5*	128.8	88.9*	138.6	109.0*	117.0	66.3***	115.9	111.3
山羊绒产量(%)	29.5	15.2**	32.1	12.6**	44.7	26.8*	31.7	13.2**	38.1	28.7
羊绒长度(%)	1.57	0.99*	1.57	1.04	1.59	1.04*	1.49	0.99**	1.45	1.35
羊绒细度(μm)	17.9	17.0*	17.9	16.9*	18.8	17.5*	17.7	16.7*	17.9	17.2

2.4 山羊绒质量

山羊绒的质量主要取决于山羊绒的长度和细度。长度低于 3.5 cm 将失去其纺织工业价值。山羊绒细度超过一定范围，如大于 16.5 μm 将降低其质量。本研究结果表明，通过缩短光周期和褪黑激素处理，在提高山羊绒产量的同时，山羊绒的长度和直径相应增加($P<0.05$)(表 3)。山羊绒长度的增加提高了山羊绒质量，但直径变粗，降低了其纺织价值。这种结果与 Moore 等(1989)的研究结果是一致的，即对山羊实施外源褪黑激素处理提高了产绒量，山羊绒细度也随之变粗。但 Liltierland 等(1990)的试验认为，褪黑激素处理不影响山羊绒细度。

在非长绒季节对绒山羊缩短光周期或褪黑激素处理，可促使山羊长绒，表明山羊绒季节性生长是光周期变化所影响，这种季节性变化可通过外源褪黑激素调节，使血液中褪黑激素浓度与自然生长季节状态下的浓度相一致。因此，利用外源褪黑激素促使山羊在非产绒季节长绒从理论上是可行的。但一些专家认为，对山羊实施外源褪黑激素处理促使其长绒，山羊须经过一段长日照过程。否则，褪黑激素将不会对山羊绒生长产生作用(Witchell 等 1991)。有关褪黑激素在绒山羊生长中的应用需进一步深入研究。

参考文献

[1] 贾志海. 中国畜牧杂志，1994(1)：57-59.
[2] ASTM . 1989. D548-90. Annual Book of ASTM standards method D2720-77.
[3] Betteridge, K. 1987. proceedings of the Second International Cashmere conference.
[4] Folder. A. 1990 Proc. Aust. Sci. Anim. Prod Vol 18：208-211.

[5] McGregor B A. 1989 Aust. J. Exp. Agric. 159- 167.
[6] Mcdonald B J. et al. 1987 Aust. Agic-Res. 38:597-609.
[7] Milchell, R J. , et al. 1991. New Zealand J Agric Res. Vol. 34: 119-25.
[8] Moore. 1989. Proce, New Zealand Soc. Anim. Prod. , 49:39-42.
[9] Ryder, M. L. 1966 Anim. Prod. 8: 289-302.
[10] Welch. R. A. S. 1990 Proc. of the New Zealand Society of annual production Vol. 50:335-338.

褪黑激素在毛皮动物生产中的研究应用

贾志海

（北京农业大学动物科技学院　100094）

该文发表在《国外畜牧科技》1995，(22)：2：28-31

褪黑激素(melatonin)是一种吲哚类(indole)激素，由松果腺(pineal gland)分泌。光照是调节松果腺活动的原始因素。光照抑制松果腺活动，黑暗则刺激松果腺产生褪黑激素。随着一昼夜光照和黑暗的交替及一年中长日照和短日照的交替，褪黑激素的分泌呈现明显的周期性变化。动物血液中褪黑激素白天含量低，夜间含量高；长日照期间褪黑激素的分泌少，短日照期间分泌增多。Rollag 等(1976)报道了绵羊一昼夜 24 小时褪黑激素分泌的规律，白天血液中褪黑激素的含量 10～30 pg/mL，夜间含量上升到 100～300 pg/mL。

褪黑激素是近年来才受到重视的一种生殖激素。毛皮动物的一些与季节变化有关的生理活动，如繁殖和毛纤维的季节变化都与松果腺和褪黑激素有关(Bittman 等，1983；Mcdonald 等，1987；Rose 等，1984；Rougeou 等，1984；Simth 等，1987)。

1　褪黑激素在动物繁殖中作用的研究

光线通过动物视神经传到上交叉神经核(superior chiasmal nucleus)，经交叉神经核调节，传到颈上神经节(super. cervical ganglion)，再传至松果腺，松果腺便分泌褪黑激素。褪黑激素刺激下丘脑分泌促性腺激素释放激素，促进脑下垂体分泌促黄体素、促卵泡素，引起动物发情排卵(Blaxter,1981；Nuti,1992)。绵羊、山羊、红鹿等小反刍动物季节性发情是由短日照光周期诱发松果腺褪黑激素分泌增加所致。试验将绵羊切除松果腺或颈上神经节，结果血液中褪黑激素含量昼夜间都低于 20 pg/mL，而正常情况下夜间显著高于白天(Kennaway,1983)。因为这样的切除，消除了光周期诱发促性腺激素、催乳素和丙酸睾酮分泌变化的作用(Lincoln 等，1980)。

Kennaway 等(1983)研究了褪黑激素不同处理方式(皮下埋植、注射、饲喂)和模拟短日照光周期对绵羊繁殖及血液中相关激素含量的影响。结果埋植或注射褪黑激素的绵羊，白天血液中褪黑激素含量显著上升，保持在 90～120 pg/mL，而饲喂或模拟短日照光周期的绵羊每天只有 2～3 小时短暂上升。褪黑激素浓度上升抑制了催乳素生成，说明光照变化引起催乳素的变化是受松果腺和褪黑激素支配的。但这些不同处理效果与自然状态下绵羊的配种时间、怀孕期和产羔率无显著不同。Ronayne 等(1989)的研究结果表明，每天下午 4：00 给母绵羊饲喂 3 mg 褪黑激素，2 个月后 100％排卵，而对照组只有 41.7％排卵，试验羊子宫重量也显著高于对照组($P<0.01$)。利用外源褪黑激素能显著提前绵羊的繁殖期。Nett 等(1982)利用外源褪黑激素对季节乏情的母羊进行试验，结果乏情母羊血液中褪黑激素的含量达到短日照期间水

平而发情。Rodway 等(1985)报道,在自然放牧条件下的绵羊一般于 10 月份开始周期发情。这时褪黑激素的含量显著上升,到繁殖季节中期又恢复到发情前水平。Jordan 等(1990)在冬至后对绵羊进行褪黑激素处理试验,结果试验羊血液褪黑激素含量升高,卵巢活动提前,但排卵期和排卵中止期与对照组没有显著差异。Tamanini (1987)对处女羊的研究也获得类似结果,血液褪黑激素水平的升高抑制了催乳素的分泌,繁殖季节提前,但不影响繁殖率。

Robinson 等(1991)观测到,下午 3:00 喂给绵羊 3 mg 褪黑激素,1 小时后血液褪黑激素的浓度相当于自然状态下黑暗开始后 7 小时的水平,但第二天早晨血液中褪黑激素浓度恢复到与对照相同水平。他们在北纬 57℃ 自然光照下,研究褪黑激素处理对绵羊发情的影响,结果 7 月6 日处理的母羊开始发情活动平均提前 50 天(血液中孕酮含量 1 ng/mL),而对照为 70 天;经褪黑激素处理并让母羊每天与输精管结扎的公羊接触一次,结果母羊发情活动平均提早 29 天。不经褪黑激素处理,每天只与公羊接触一次,发情活动平均提早 34 天。另外他们还在试验中,对绵羊进行褪黑激素处理以后,使绵羊接受两种不同能量日粮水平(代谢能分别为 5.8 MJ 和 11.6 MJ),结果 6 月份开始的试验,母羊每天饲喂 5.8 MJ 的日粮开始发情平均提早 74 天,饲喂 11.6 MJ 日粮开始发情平均提早 85 天。在随后 7 月份进行的试验中,母羊的发情期分别提前 13 天(饲喂 5.08 MJ 代谢能)和 7 天 (饲喂 11.6 MJ 代谢能)。褪黑激素处理还增加了母羊排卵速度和产羔数。经褪黑激素处理,饲喂低能量日粮母羊,排卵速度和产羔率优于饲喂高能量日粮的母羊。对山羊进行褪黑激素处理,发情期可提前一周(Prandi 等,1987)。Fish 等(1990)对一岁母鹿进行不同时间褪黑激素处理与上述 Robinso (1991)对母绵羊的研究结果基本一致。褪黑激素不同处理日期对母畜的发情时间有显著差异,10－11 月进行褪黑激素处理的母鹿(red deer)在自然繁殖季节前都开始发情;而 12－1 月处理的母鹿,只有 60% 对褪黑激素有反应。在自然条件下,母鹿换毛、冬毛再生、体重停滞生长一般都发生在秋季,但是经褪黑激素处理,这些生理反应可提前 4 周发生。自然条件下,母鹿 5 月份催乳激素的分泌量显著上升,从 10 ng/mL 增加到 40 ng/mL,到 7 月底一直稳定在 30～40 ng/mL,8 月底下降到 0～7 ng/mL。而经褪黑激素处理的母鹿,21 天后催乳激素的含量便达到 8 月底的最低水平。经褪黑激素处理,空怀母鹿发情提早 35 天,哺乳母鹿提早 38 天,仔鹿的生长不受褪黑激素处理影响(Adam,1989)。

Asher 等(1990)对 37 只初情期(puberty)红鹿(cervus elaphus)分别在冬至后 100、140 和 170 天进行褪黑激素皮下埋植。试验分为 3 组,分别从 10 月 2 日、11 月 17 日和 12 月 30 日开始试验,试验期分别为 180、140 和 120 天。试验期间每 30 天埋植更换一次。结果白天血液中褪黑激素的含量在 100 Pz/mL 以上,并持续 30 天以上。其中有 26 只(93%)初情期排卵,有 25 只(89%)怀孕。未经褪黑激素处理的只有 5 只(56%)排卵,4 只(44%)怀孕。试验母鹿的初情期显著提前。第一组(10 月 2 日开始处理)发情期、受胎、产仔时间比对照分别提前 54、50 和 48 天;第二组(11 月 17 日)处理的分别提前 46、41 和 38 天;第三组(12 月 30 日)处理的分别提前 22、22 和 20 天。褪黑激素处理对幼鹿生长没有影响。他们认为利用褪黑激素可以有效地使母鹿的初情期和产仔时间提早。

2　褪黑激素促使动物毛纤维生产的研究

利用外源褪黑激素促使毛皮动物绒毛生长的试验最早是对貂、狐等毛皮动物进行的。Allain 等(1980)、Martinet 等(1981,1984)、Rose 等(1985)对水貂实施褪黑激素处理,结果抑制了催乳素的产生,推迟了换毛或使貂在夏季生长(冬季)绒毛,继而在生产中推广应用。据黑龙江省科学院自然资源所(1992)资料,对貉用外源褪黑激素处理,毛皮成熟提前,饲料成本降低。

Smith 等(1987)用不同剂量褪黑激素对蓝狐进行皮下埋植,一年后屠宰分析毛皮成熟度、绒毛质量和毛皮质地结构。结果,蓝狐在炎热夏季仍着冬季绒毛,其中 5 只的毛皮特征与冬季自然生长状态下的一样,绒毛质量、密度和毛皮质地结构也无任何差别,只有 1 只有一斑块呈未成熟状态。另外不同剂量对毛皮质量无显著差异。

Foldes 等(1990)研究了褪黑激素与羊毛(wool)生长的关系。他们将试验羊分为短期处理(一次性褪黑激素处理),一年内每隔 6 周处理一次的连续性褪黑激素处理和对照。结果 3 种处理的羊血液褪黑激素的含量差异高度显著。处理组羊血液催乳素的含量下降,但甲状腺素和三碘甲腺原氨酸无显著差异。不同处理的羊毛各月的生长高峰不同,但一年羊毛的总产量无显著差异,分别为 3.8±0.2 kg、3.9±0.2 kg 和 3.9±0.1 kg。净毛率、羊毛细度和体重都不受褪黑激素处理影响。

绒山羊的绒毛生长周期不同于绵羊。山羊绒虽然和细绵羊毛一样都是由次级毛囊形成的无髓毛,但绒毛的生长时间是夏至以后日照开始由长变短时。冬至当日照由短变长时,绒毛生长缓慢,并逐渐停止。最高生长期在 9～11 月份。虽然山羊绒这种季节性生长的机理还不十分清楚,但无疑与自然光周期有密切关系。

由于光周期变化会影响松果腺褪黑激素的分泌,因此血液中褪黑激素含量的多少与光周期变化是一致的。山羊绒的生长也随这种周期性变化而生长、休眠和脱落。山羊绒的季节性生长可能与褪黑激素的分泌有关。鉴于利用外源褪黑激素诱发一些冬季毛皮动物在春、夏季生长冬季毛皮试验已经获得成功,一些科学家便试图利用外源褪黑激素促使山羊非季节产绒。

Batteridge 等(1987)于初冬对产绒山羊进行外源褪黑激素处理,43 天后发现,处理的山羊毛纤维总重和羊绒产量显著提高。123 天后测定,绒毛产量增长幅度更大。Moore 等(1989)研究了褪黑激素对干乳期和泌乳期山羊产绒的影响,从 9 月 1 日起(南半球)每隔 8 周分 3 次对山羊进行褪黑激素处理,第二年 1 月份作剪毛测定。结果干乳期山羊绒产量提高 90%,泌乳期山羊产绒量提高 43%,羔羊哺乳、断奶重和存活率也未受影响。

Litherland 等 (1990) 报道了一年内褪黑激素不同处理时期和长期处理对山羊绒产量的影响。试验将 180 只山羊分为 11 组,1 个组作为对照,9 个组按顺序每隔 6 周有 1 组接受褪黑激素处理,另 1 组在其他组处理时也接受处理。每次每只剂量为 18 mg。经 1 年研究结果表明,一年中连续 9 次接受褪黑激素处理的 1 组,羊绒生产与对照组没有显著差异。其余 9 组只有 10 月 10 日处理的那的 1 组绒毛产量比对照组提高 30%以外,其余各组与对照组均无显著差异,但绒毛生长高峰由于不同月份的处理而有差异。褪黑激素处理对绒毛细度也无显著影响。

Welch 等(1990)连续两年在春季对产绒母山羊进行不同方式褪黑激素处理(皮下埋植或注射)。皮下埋植的两个月更新一次药物。直至绒毛生长停止;皮下注射是含有褪黑激素的微囊剂,使其在体内缓慢释放 100 天以上。两种处理的褪黑激素剂量为每千克体重 1.86 mg。结果两种处理的山羊在 11—3 月(南半球)都能长绒,绒毛长度 12～55 mm,其中 65%个体绒毛长度超过 30 mm。第二个绒毛生长期便又恢复到秋冬季节生长,但绒毛生长开始时间、生长高峰期和剪毛时间推迟了 4～8 周。他们认为，剪毛期的推迟可以减少早春寒冷气候对山羊的威胁。在连续两年的试验中，50%～80%同一个体在春季都能长绒。Oneill (1991)报道，对山羊进行外源褪黑激素处理，一年可剪两次绒，并 80%个体绒毛长度都能达到纺织工业所要求的 4 cm 长度。

贾志海等(1991)在美国所做的研究结果也表明，外源褪黑激素能促使山羊绒生产。试验在恒温(25℃)、恒湿(50%)和充分满足各种营养需要的条件下进行。在每日 16 小时光照下(人工光照)，经皮下埋植褪黑激素处理，结果所有被处理山羊在 60 天内都能长绒；在每日 8 小时光照下，不论褪黑激素处理与否，山羊在 60 天内都能长绒。长日照(16 小时)下，绒毛纤维占毛纤维总重 30%；短日照下，经褪黑激素处理，绒毛产量提高 50%，随绒毛产量提高，绒毛长度和细度也增加。

利用外源褪黑激素促进山羊绒生长的研究是近几年开始的，目前取得的结论并不完全一致。Mittchell 等(1991)在 5—8 月份(南半球)分 4 次对山羊进行褪黑激素试验。经褪黑激素处理，28 天后血液褪黑激素的浓度显著增加，白天达 149.9±35 pg/mL，56 天后仍达 47.3±16.3 pg/mL，而对照低于 2 pg/mL。但绒毛生长并没有因血液中褪黑激素含量的增加而提高，而与对照无显著差异。他们认为，出现这种现象是山羊在实施褪黑激素处理前没有经过一段长日照照射。这种结果支持了 Chemineau 等(1988)的论点，即山羊如果不经过一段长日照过程，外源褪黑激素将不会对绒毛生长产生影响。

利用外源褪黑激素促进山羊产绒在理论和生产上都有重要意义，并已取得了重要研究进展，但要在生产中推广应用，还需要进行深入研究。

参考文献

[1] Atmeida O F X et al, 1982. Biol. Repord. 27:1062-1075.
[2] Asher G W, 1990. Anim. Reprod. Sci., 22:145-149.
[3] Batteridge K et al, Proc. of the zed International cashmere conference, Lincoln college P158.
[4] Couehman R C et al, 1983. J. Anim. Prod., 36:317.
[5] Fisher M W et al, 1990. Anim. Reprod. Sci., 23:41-48.
[6] Foldes A et al, 1990. Proc. Aust. Soc. Anim. prod., Vol. 18:208.
[7] Jla Z H et al, 1991. J. Anim. Sci, 69:496.
[8] Jordan B T et al, 1990. Anim. Reprod. Sci., 23:42-48.
[9] Kennaway D J et al, 1983. Anim. Prod. Sci., 5:287-294.
[10] Litherland A J et al, 1990. Proc. of the New Zealand Soc. of Anim. Prod., Vol. 50:339.
[11] Mcdonald B J et al, 1987. J. of Agrie. Res., 38:597.
[12] Mitchell R J et al, 1991. New Zealand J. Agric. Res., Vol 34:419.
[13] Nuti L, 1992. National Symposium on Dairy production and Marketing. Ok. P148.
[14] Oneill K et al, 1991. Fiber News. August/September P27.
[15] Robinson S et al, 1991. Anim. Reprod., 26:73-9.
[16] Rodway R G et al, 1985. Anim. Reprod., 8:241-246.
[17] Rollag M D et al, 1976. Endocrinol 98:482.
[18] Ronayne E et al, 1989. Anim. Reprod., 18:13-24.
[19] Smith A J et al, 1987. J. Reprod. and Fertility 79: 357.
[20] Welch R A S et al, 1990. Pyoc. of the New Zealand Soc. of Anim. prod., Vol. 50:335.

同一营养水平不同光照对舍饲绒山羊生产性能的影响

牛一兵[1] 贾志海[2] 郭宝林[2] 孔祥浩[2] 卢德勋[3]

（1. 河北科技师范学院动物科学系，河北秦皇岛 066600；2. 中国农业大学动物科技学院，北京 100094；3. 内蒙古畜牧科学院动物营养所，内蒙古呼和浩特 010030）

该文发表在《中国畜牧杂志》2004，40(5)：28-30

摘要 本试验研究舍饲条件下，同一营养水平（1.2 倍维持需要）、不同光照处理对绒山羊生产性能的影响。试验选用 12 只 1.5 岁体重和产绒性能相近的内蒙古白绒山羊羯羊，随机分成 3 组，每组 4 个重复，分别为自然光照组（NL），长光照组（LL，16 h）和短光照组（SL，8 h）。结果表明：NL，LL 和 SL 的产绒量分别为 517±46.32(g)、492±65.48(g) 和 607±23.34(g)；绒纤维长度分别为 7.52±0.48(cm)、7.29±0.33(cm) 和 8.95±0.23(cm)；绒纤维直径分别为 13.38±0.56(μm)、14.50±0.20(μm) 和 15.70±0.24(μm)。短光照可以显著提高产绒量、绒纤维长度和直径增加（$P<0.05$）；绒毛强度、伸度和粗毛长度无显著差异（$P>0.05$），自然光照组与短光照组绒山羊体重无显著差异（$P>0.05$），但长光照组体重明显低于自然光照组（$P<0.05$）。

关键词 畜牧学；生产性能；光照；舍饲；营养；绒山羊

内蒙古白绒山羊为我国特有的种质资源，在我国羊绒生产中占有举足轻重的地位。近年来，由于饲养绒山羊可获得较高的经济效益，绒山羊饲养量急剧增加，加剧了草地生态系统的恶化[1]。内蒙古白绒山羊主要分布于内蒙古自治区西部地区的荒漠、半荒漠化草原，草地生态系统脆弱[2]。从生态保护和经济发展考虑，绒山羊舍饲成为必然趋势。因此，研究舍饲条件下，在满足产绒营养需要的基础上，如何通过光照调控提高绒山羊的生产性能，是绒山羊舍饲成功与否的关键之一。本研究通过对阿尔巴斯型内蒙古白绒山羊在产绒季节的舍饲试验，探讨同一营养水平、不同光照处理对绒毛产量、绒毛品质及体重的影响。

1 材料和方法

1.1 试验动物

选取体重和产绒量相近的 1.5 岁阿尔巴斯（Arbas）型内蒙古白绒山羊羯羊 12 只。

1.2 试验处理

采用单因子完全随机化设计，将试验羊分为 3 组，饲养于密闭遮光的不同羊舍。接受人工光照，分别为自然光照（NL 为当地每日的自然光照长度，8，9，10，11 和 12 月份的日均光照分别为 13.77，12.50，11.22，10.03 和 9.41 h）、长光照（LL 为每日 16 h 光照＋8 h 黑暗）和短光照（SL 为每天 8 h 光照＋16 h 黑暗）处理，各组的光源均为白炽灯泡，光照强度为 20 lx。

1.3　试验日粮与饲养管理

参照 NRC (1981)山羊饲养标准配制日粮，营养水平为 1.2 倍维持需要。日粮配方及营养成分见表 1 。

表 1　基础日粮配方与营养水平

日粮名称	日粮组成(%)	营养成分	营养水平
青干草	71	ME(MJ/kg DM)	8.12
玉米	18.3	CP(%)	10.27
麸皮	6.7	Ca(%)	0.34
豆粕	2.8	P(%)	0.26
尿素	0.31		
食盐	0.45		
磷酸氢钙	0.28		
石粉	0.16		

注：ME 为计算值，其余为实测值。

对试验羊驱虫、分组，进行 2 周的预饲，以适应舍饲环境，试验期内每只羊每天饲喂混合日粮 750 g，在 8:00 和 14:00 分两次进行，自由饮水。

1.4　时间和地点

2002 年 7 月～2003 年 4 月，在内蒙古白绒山羊种羊场进行。

1.5　测定指标与方法

试验开始后，待绒纤维长出后，用黑色染发剂将试验羊的左侧肩胛骨后缘固定 10 cm×10 cm 面积的绒毛染色，片刻后用水清洗染色部位，防止绒毛粘连。每月定期将染色部位的绒毛剪下，测量绒毛长度、细度、强度、伸度和粗毛长度[3]，对试验羊称重。

1.6　数据统计分析

采用 SAS(SAS for windows，Release8.01)软件包 STAT 模块中的平衡试验设计方差分析过程(ANOVA)，多重比较用 Duncan 法进行。

2　结果与分析

2.1　产绒量

抓绒时(2003 年 4 月)，自然光照组、常光照组和短光照组的平均产绒量分别为(517±46.32)g、(492±65.48)g 和(607±23.34)g。统计分析表明，短光照组产绒量显著高于其他二组($P<0.05$)；长光照组低于自然光照组，但差异不显著($P>0.05$)。短光照组的产绒量比自然光照组提高 17.41%，表明短光照对绒山羊绒毛生长具有明显的促进作用。

2.2　绒毛长度

见表 2。

不同光照处理绒毛长度在 8，9 月份并无显著差异($P>0.05$)；从 10 月份到次年 4 月份，短光照组的绒毛长度显著高于自然光照组和长光照组($P<0.05$)，但自然光照组和长光照组

无显著差异（$P>0.05$）。短光照组绒毛长度比自然光照和长光照分别提高 19.02%和 22.77%，表明舍饲条件下，满足 1.2 倍维持营养需要，短光照可以明显增加绒毛的长度。

表 2 同一营养水平不同光照对绒山羊绒毛长度的影响 cm

项目	光照	8 月	9 月	10 月	11 月	12 月	次年 4 月
累积	NL	1.21±0.10	2.40±0.21	3.54 ± 0.25^{b}	5.20 ± 0.38^{b}	6.43 ± 0.56^{b}	7.52 ± 0.48^{b}
	LL	1.37±0.16	2.34±0.31	3.60 ± 0.41^{b}	5.19 ± 0.62^{b}	6.30 ± 0.51^{b}	7.29 ± 0.33^{b}
	SL	1.18±0.12	2.75±0.27	4.57 ± 0.32^{a}	6.33 ± 0.66^{a}	7.77 ± 0.34^{a}	8.95 ± 0.23^{a}
月增	NL	0.67 ± 0.07^{bC}	1.19 ± 0.12^{abB}	1.14 ± 0.21^{bB}	1.66 ± 0.27^{aA}	1.23 ± 0.23^{aB}	—
	LL	0.72 ± 0.09^{abC}	0.97 ± 0.33^{bBC}	1.26 ± 0.25^{bAB}	1.59 ± 0.29^{aA}	1.11 ± 0.26^{aBC}	—
	SL	0.80 ± 0.04^{aB}	1.57 ± 0.27^{aA}	1.82 ± 0.37^{aA}	1.75 ± 0.40^{aA}	1.44 ± 0.36^{aA}	—

注：同一列数值上标具有不同小写字母者差异显著（$P<0.05$），同一行数值上标具有不同大写字母者差异显著（$P<0.05$）。以下各表相同。

自然光照组绒毛长度月增长量高峰期在 11 月份，显著高于其他各月份（$P<0.05$），长光照组和短光照组的绒毛月增长量变化规律与自然光照组相似，只是短光照组生长高峰提前到 10 月份；自然光照和长光照组的各月绒毛增长量无显著差异，而短光照组在 8—10 月份明显高于自然光照组和长光照组，11、12 月份略高于自然光照和长光照组。

2.3 绒毛细度、强度和伸度

见表 3。

表 3 同一营养水平不同光照对绒山羊绒毛细度、强度和伸度的影响

指标	光照	9 月	10 月	11 月	12 月	次年 4 月
细度（μm）	NL	13.63 ± 0.18^{b}	13.49 ± 0.23^{b}	13.56 ± 0.49^{b}	13.68 ± 0.55^{b}	13.86 ± 0.56^{c}
	LL	14.27 ± 0.14^{a}	14.41 ± 0.34^{a}	14.32 ± 0.40^{a}	14.13 ± 0.45^{b}	14.50 ± 0.20^{b}
	SL	14.51 ± 0.22^{a}	14.76 ± 0.41^{a}	14.98 ± 0.48^{a}	15.33 ± 0.20^{a}	15.70 ± 0.24^{a}
强度（g）	NL	6.85±0.44	6.12±0.60	5.48±0.65	4.64±0.46	4.31±0.20
	LL	6.72±0.45	6.29±0.45	5.48±0.36	4.44±0.10	4.19±0.48
	SL	6.91±0.19	6.46±0.30	5.64±0.57	4.89±0.23	4.21±0.22
伸度（mm/cm）	NL	10.94±0.59	9.22±0.65	8.29±0.79	6.39±0.77	5.34±0.44
	LL	10.36±0.47	9.74±0.77	8.53±0.72	6.41±0.88	5.29±0.25
	SL	10.21±0.53	9.13±0.28	8.10±0.24	6.03±0.81	5.46±0.36

9—11 月份短光照组和长光照组绒毛纤维直径无显著差异（$P>0.05$），但都显著高于自然光照组（$P<0.05$）。但在 12 月份和次年 4 月份，短光照组的绒毛纤维直径显著高于自然光照组和长光照组（$P<0.05$），分别增加 13.28%和 8.28%。可见在营养水平为维持需要 1.2 倍的条件下，短光照可显著增加绒纤维直径。

不同光照处理，各组各月份绒毛强度、伸度均无显著差异（$P>0.05$）；各组从 9 月份到次年 4 月份绒毛强度、伸度逐渐下降。

2.4 粗毛长度

见表 4。

不同光照处理对绒山羊粗毛生长无显著影响（$P>0.05$）。

2.5 体重

见表5。

表4 同一营养水平不同光照对绒山羊粗毛长度的影响 cm

光照	7月	次年4月	7~4月增量
NL	0.95±0.69	13.57±2.41	7.62±2.34
LL	5.03±0.76	13.90±1.54	8.87±1.64
SL	5.41±0.43	12.32±2.64	6.91±2.46

表5 同一营养水平不同光照对舍饲绒山羊体重影响 kg

光照	7月	8月	9月	10月	11月	12月	次年4月
NL	30.14±1.46^{a}	31.25±1.23^{a}	32.88±0.79^{a}	33.75±1.77^{a}	34.25±1.96^{a}	34.55±2.33^{a}	39.75±2.02^{a}
LL	28.72±1.39^{a}	29.63±1.64^{b}	31.25±1.71^{ab}	30.50±1.65^{b}	31.25±1.94^{b}	31.85±0.96^{a}	35.88±1.11^{b}
SL	28.63±1.49^{a}	29.00±1.43^{b}	30.13±1.35^{b}	30.63±1.72^{b}	31.63±1.87^{ab}	32.23±1.49^{a}	37.25±2.22^{ab}

抓绒时(次年4月份),短光照组体重与其他两组无显著差异($P>0.05$)。长光照组体重明显低于自然光照组。

3 结论

本试验表明,舍饲条件下,在满足绒山羊维持需要的基础上,缩短光照时间可以明显提高绒山羊的产绒量。这与 McDonald(1987)、Teh 等(1991)和贾志海(1994)的研究结果是一致的[4-6]。

参考文献

[1] 贾志海,富俊才. 如何协调绒山羊发展与生态环境矛盾[J]. 中国畜牧杂志,2001,37(4): 3-4.

[2] 税世荣. 内蒙古绒山羊分布及其绒量绒质与生态条件的关系[J]. 内蒙古畜牧科学,1994,2:14-17.

[3] 郑世清,关宝良,何航升. 羊毛标准与检验[M]. 北京:农业出版社,1982,201-209.

[4] McDonald B J. Effect of photo-translocation on fleece growth in cashmere goats in Australia [J]. J Agric., Res., 1987,38:763-773.

[5] Teh T H, Jia Z H, Oden K D. The effects of photoperiod and melatonin on cashmere production[J]. J Anim Sci, 1991,69:196-199.

[6] 贾志海. 褪黑激素促山羊绒生长机理的研究[D]. 中国农业大学,1994.

褪黑激素对内蒙古白绒山羊产绒性能的影响

岳春旺[1,2]　张　微[1]　孔祥浩[2]　刘海英[1]　贾志海[1]

(1. 中国农业大学动物科技学院,北京　100094; 2. 河北北方学院,河北张家口　075100)

该文发表在《中国畜牧杂志》2007,43(7):32-34

摘要　试验选用 24 只,平均年龄(15±1.5)月龄、平均活重(32.92±2.33) kg 半同胞羯羊,随机分为 4 组,分别埋植 0、2、4、8 mg/kg BW 褪黑激素(MT),研究 MT 对内蒙古白绒山羊生绒期产绒性能的影响。结果表明:绒萌发前约一个月(夏至)埋植 MT 显著提高了血浆 MT 浓度,使羊绒萌发时间提前,绒长度增加、产绒量提高,而对绒纤维细度和粗毛生长没有影响,同时确定 MT 适宜剂量为 2 mg/kg BW。

关键词　褪黑激素;绒山羊;生绒期;产绒性能

Effect of Melatonin on Cashmere Performance in Inner Mongolia White Cashmere Goats

YUE Chun-wang[1,2], ZHANG Wei[1], KONG Xiang-hao[2], LIU Hai-yin[1], JIA Zhi-hai [1*]

(1. College of Animal Science and Technology, China Agricultural University, Beijing 100094, China; 2. College of Animal Science and Technology, Hebei North University, Hebei, Zhangjiakou　075000, China)

Abstract　The experiment was aimed to study the effects of melatonin on cashmere performance in Inner Mongolia white cashmere goats during the cashmere growing. Twenty-four half-sib castrated male goats (15±1.5) months, (32.92±2.33) kg were divided randomly into 4 groups and subcutaneously implanted respectively with melatonin implants 0, 2, 4, and 8 mg/kg WB. The results showed that treatment with melatonin implants clearly increased plasma melatonin concentration about one month before cashmere growing (the summer solstice), ahead of time cashmere growing, prolong cashmere and increase production. But it is no effect on guard hair length and cashmere diameter. And besides, the appropriate dose of melatonin was confirmed that was 2 mg/kg WB.

Key words　Melatonin, Cashmere goat, Period of the cashmere growing, Performance of the cashmere fibre

已有研究发现，山羊绒生长不受所采食蛋白水平影响[1]，但能被外源褪黑激素(MT)所调控。MT主要是由动物松果体分泌的吲哚类激素，它是色氨酸在色氨酸羟化酶（PTH）作用下转变成5-羟基色氨酸，再由5-羟色氨酸脱羧酶（5-HTPDC）催化为5-羟色胺（5-HT），在N-乙酰基转移酶（NAT）作用下转变为N-乙酰-5-羟色胺，最后由羟基吲哚甲基转移酶（HONT）转变为MT[2]。MT能够刺激体外培养的山羊次级毛囊纤维生长[3]。活体组织学研究表明，MT处理后开始启动绒生长[4]。在生绒期和非生绒期MT都能促进当地山羊绒纤维生长，并增加产绒量[4~6]。国内已有MT能够刺激内蒙古白绒山羊非生绒期长绒的报道[7,8]，但是在生绒期MT对该品种产绒性能有何影响，如果加大MT剂量能否继续提高产绒量到目前没有相关研究报道。本试验在绒自然萌发前一个月(夏至)埋植MT，以探明MT对我国内蒙古白绒山羊生绒期产绒性能的影响，为MT调控羊绒生长提供理论依据，为其在生产上应用奠定基础。

1 材料与方法

1.1 试验时间与地点

试验时间为2005年6月21日至11月21日(绒毛开始萌发至生长旺盛期)；试验地点在内蒙古自治区鄂托克旗内蒙古白绒山羊场(纬度39°06；经度107°59)。

1.2 试验动物与饲养管理

选择24只半同胞内蒙古白绒山羊羯羊，平均年龄(15±1.5)月龄、平均体重(32.92±2.33)kg；所有试验羊维持自然光照，在自然草场上放牧，并在试验开始前(6月21日)在体侧中部区域(大约10 cm×10 cm)用染发剂将毛被贴根染成黑色。

1.3 试验材料与设备

MT埋植剂及埋植枪由东北林业大学提供；褪黑激素ELISA试剂盒购于德国汉堡(IBL，Cat.-No：RE 54021)；染色剂使用人的染发剂(CCP-N6，温州)；64R低温高速离心机(BECKMAN公司生产，美国)；BIO-RAD-680酶标仪(BIO-RAD公司生产，美国)；奥达2000纤维细度分析仪(圣奥达科公司生产，河北)。

1.4 试验设计

按照随机分组设计将24只试验羊随机分为4组，每组6只，分别为对照组、处理Ⅰ组、处理Ⅱ组和处理Ⅲ组，各组分别于耳后皮下埋植0、2、4、8 mg/kg BW的MT(6月21日初次埋植，以后间隔2个月埋植一次，共3次)。

1.5 样品采集与记录

试验期间，所有试验羊每个月采集血液样品一次，每次在上午10:00通过静脉穿刺采集，血样(乙二胺四乙酸抗凝，EDTA)采集后立即4 000 r/min离心15 min，吸取血浆并保存在−20℃备用；同时每月用直尺测量未被染色(新长出的)绒和毛长度；试验结束(11月21日)，在同一部位(体测中部)剪取所有试验羊同等面积(10 cm×10 cm)的绒毛样。

1.6 样品分析

测定血浆MT浓度前，先用ELISA试剂盒中专用提取柱提取血浆中MT，然后按照ELISA试剂盒说明书中描述步骤进行测定；用奥达2000纤维分析仪测定绒纤维细度。

1.7 统计分析

利用 SAS 8.1 软件包(The SAS System for Windows V8)中的 ANOVA 过程进行方差分析,采用邓肯氏法进行多重比较。

2 结果与讨论

2.1 血浆 MT 浓度

MT 埋植前(6 月 21 日)各组试验羊血浆中 MT 浓度没有差异($P>0.05$);处理后血浆 MT 浓度在 7 月份、8 月份和 9 月份各处理组显著高于对照组($P<0.01$),但三个处理组之间没有显著差异($P>0.05$);在 10 月份和 11 月份各组间差异均不显著($P>0.05$)(见表 1),这可能是因为自然条件下内蒙古绒山羊血浆 MT 在 10 月份和 11 月份已上升到较高水平,由于机体自身调节作用,外源 MT 不能使血浆 MT 继续升高,故埋植 MT 在 7 月份、8 月份和 9 月份能提高血浆 MT 浓度,在 10 和 11 月份对血浆 MT 没有影响。以前研究显示,用 150 mg/只[6]、70 mg/只[4]及 1.86 mg/kg BW [8] MT 处理绒山羊均可提高血浆 MT 浓度和羊绒产量,但由于试验羊品种、试验地点及测定时间不同,结果不一致。本试验结果表明,当 MT 达到一定量(2 mg/kg BW)后再提高埋植剂量不能使血浆 MT 浓度再度提高,即各处理组之间没有显著性差异($P>0.05$),这可能是动物机体为维持体内激素系统平衡启动了负反馈调控机制,抑制了循环系统中 MT 继续上升,使浓度维持在保持正常生理允许范围之内。

表 1 不同时间各组血浆 MT 浓度 pg/mL

组别	6 月 21 日	7 月 21 日	8 月 21 日	9 月 21 日	10 月 21 日	11 月 21 日
对照组	19.88±1.81	21.89±1.70^a	31.49±4.55^a	43.10±4.21^a	51.71±8.03	52.74±10.45
处理Ⅰ组	20.51±1.68	49.80±7.06^b	63.22±3.56^b	56.62±5.35^b	59.24±13.37	65.24±13.29
处理Ⅱ组	21.47±3.39	55.06±6.76^b	59.03±6.57^b	55.99±9.31^b	64.33±7.04	62.22±5.28
处理Ⅲ组	18.36±2.64	55.63±4.94^b	53.32±8.74^b	61.82±10.25^b	62.26±15.31	66.43±14.69

注:同列数据肩标相同字母为差异不显著($P>0.05$),肩标不同字母为差异极显著($P<0.01$)。显著性为组间比较结果。

2.2 绒长度

表 2 不同时间各组羊绒自然长度 mm

组别	6 月 21 日	7 月 21 日	8 月 21 日	9 月 21 日	10 月 21 日	11 月 21 日
对照组	0.00±0.00	0.83±1.33^a	5.33±2.25^a	11.67±1.97^a	22.67±2.50^a	36.83±3.97^a
处理Ⅰ组	0.00±0.00	3.67±1.21^c	15.17±2.93^c	23.83±4.12^c	32.67±3.01^c	47.33±4.84^b
处理Ⅱ组	0.00±0.00	4.00±1.41^c	14.67±3.14^c	24.00±4.60^c	33.17±4.36^c	48.33±5.28^b
处理Ⅲ组	0.00±0.00	3.83±0.75^c	13.00±1.26^c	22.17±2.48^c	31.83±3.49^c	46.67±5.16^b

注:同列数据肩标字母相邻为差异显著($P<0.05$),肩标字母相间为差异极显著($P<0.01$)。显著性为组间比较结果。下表同。

内蒙古白绒山羊大约 7 月末羊绒开始萌发,翌年 2 月停止生长,4 月份开始脱落,主要生长时期在 9—12 月份。试验期间测得各组羊绒的自然长度结果见表 2。试验开始(6 月 21 日)所有试验羊均没有绒纤维长出,从埋植 MT 1 个月(7 月 21 日)至以后,各处理组与对照组相比差异极显著($P<0.01$)(7 月 21 日对照组 6 只羊中只有 2 只长出绒纤维，而各处理组所有羊都长出绒纤维)，但是不同剂量处理组之间差异不显著($P>0.05$)。试验结果表明，在绒自然萌发之前(大约一个月)用外源 MT 对绒山羊进行处理，能够使绒纤维提前萌发，进入生绒期，并使绒纤维长度始终高于对照组，但绒的长度不受 MT 剂量的影响。因此，在绒山羊绒自然萌发前一个月(夏至)用外源 MT 处理可使山羊提前进入生绒期，并能提高绒长度，MT 适宜埋植剂量是 2 mg/kg BW。

2.3 毛长度

由不同时间点测得毛长度结果(表 3)看，不同时间各处理组与对照组之间毛的长度均没有差异($P>0.05$)，可见在生绒期用 MT 调控羊绒生长过程中对粗毛生长没有影响，已有的研究也得出了类似结果[6, 10]。这有可能是 MT 直接或间接调控绒毛生长过程中对初级毛囊或次级毛囊发挥的作用有差异，使山羊的绒或粗毛生长对 MT 调控敏感度不同，导致 MT 埋植对绒的生长产生了作用，而对毛的生长没有影响。

表 3　不同时间测得各组毛长度　mm

组别	6 月 21 日	7 月 21 日	8 月 21 日	9 月 21 日	10 月 21 日	11 月 21 日
对照组	0.00±0.00	15.17±2.14	29.17±2.32	37.67±4.68	53.50±5.72	61.50±5.24
处理Ⅰ组	0.00±0.00	17.83±2.48	31.00±3.69	38.33±2.58	49.00±4.15	61.67±4.50
处理Ⅱ组	0.00±0.00	15.33±1.63	26.33±5.28	34.50±4.85	47.67±4.81	55.00±4.73
处理Ⅲ组	0.00±0.00	16.17±2.04	29.83±2.48	38.00±4.86	51.17±3.76	59.17±7.57

2.4 绒细度、局部产绒量及总抓绒量

由表 4 可见，各处理组与对照组绒纤维细度差异不显著($P>0.05$)，这一结果与贾志海[6]报道一致，但与王林枫等[8]在非生绒期 MT 对绒细度影响的结果不一致，有可能 MT 具有降低绒细度的作用，但这一作用在生绒期不如非生绒期明显。各处理组与对照组区域产绒量差异均显著($P<0.05$)，但各处理组之间差异不显著($P>0.05$)，说明当 MT 达到一定量后，再增加埋植剂量也不能继续提高产绒量。从翌年 4 月末所有试验羊总抓绒量结果看，3 个 MT 处理组羊的产绒量均高于对照组($P<0.05$)，但各处理组之间差异不显著($P>0.05$)。从这一结果看，接近在国外山羊品种上的研究报道[9, 10]，但低于在内蒙古白绒山羊非生绒期的增产量[8]。虽然非生绒期 MT 调控能够增加一个生绒过程，而收获这些绒需耗费人、财和物力，在生产上难于推广。而在生绒期选择合适时间埋植 MT，既保持了绒山羊原有的绒生长周期又增加了产绒量，适宜实际生产中应用和推广。

表 4　试验结束各组绒细度和区域绒毛量

项目	对照组	处理Ⅰ组	处理Ⅱ组	处理Ⅲ组
细度/μm	15.31±0.21	14.73±0.85	14.96±0.45	14.83±0.79
区域产绒量/g	2.84±0.24[a]	3.63±0.33[b]	3.72±0.58[b]	3.62±0.55[b]
翌年总抓绒/g	758.67±25.34[a]	817.5±24.61[b]	810.00±20.98[b]	820.33±35.65[b]

注：同行肩标不同字母为差异显著($P<0.05$)。显著性为组间比较结果。

3 结论

夏至(绒自然萌发前约一个月)用外源 MT 埋植剂处理内蒙古白绒山羊，可以使羊绒提前

萌发,并能增加绒长度、提高产绒量,同时确定 MT 适宜埋植剂量为 2 mg/kg BW。

参考文献

[1] Jia Z H, Sahlu T, Fernandez J M, et al. Effects of dietary protein level on performance of Angora and cashmere-producing Spanish goats [J]. Small Rumin Res, 1995, 16: 113-119.

[2] Dubbels R, Reiter R J, Klenke E, et al. Melatonin in edible plants identified by radio-immunoassay and by high performance liquid chromatography-mass spectrometry [J]. J Pineal Res, 1995, 18:28-31.

[3] Ibraheem M, Galbraith H, Scaife J, et al. Growth of secondary hair follicles on the Cashmere goat in vitro and their response to prolactin and melatonin [J]. J Anat, 1994, 1: 135-142.

[4] Nixon A J, Choy V J, Parry A L, et al. Fiber growth initiation in hair follicles of goats treated with melatonin [J]. J Exp Zool, 1993, 1: 47-56.

[5] Litherland A J, Paterson D J, Parry A L, et al. Melatonin for cashmere production [J]. Proc NZ Soc of Anim Prod. 1990, 50: 339-343.

[6] 贾志海. 不同光周期和褪黑激素对绒山羊生产性能影响[J]. 中国畜牧杂志, 1995, 31 (4): 8-10.

[7] 柳建昌, 尹协镇, 方天祺. 褪黑素对中国绒山羊在非生绒期促绒生长与绒产量的影响[J]. 动物学杂志, 1998, 33 (3): 8-12.

[8] 王林枫, 卢德勋, 孙海洲, 等. 光照和褪黑激素对内蒙古绒山羊氮分配和产绒性能的影响[J]. 中国农业科学, 2006, 39 (5): 1004-1010.

[9] Jia Z H, Teh T H, An M. Effects of exogenous melatonin on the productivity of cashmere goats. Vi International Conference on Goats, International Academic Publishers, 1996, 2: 890-893.

[10] Santiago-Moreno J, López-Sebastián A, Campoa del A, et al. Effect of constant-release melatonin implants and prolonged exposure to a long day photoperiod on prolactin secretion and hair growth in mouflon (Ovis gmelini musimon) [J]. Dom Anim En, 2004, 26: 303-314.

甲状腺激素与山羊绒毛生长关系的研究

岳春旺[1,2] 朱晓萍[1] 孔祥浩[2] 张 微[1] 于玲玲[1] 贾志海[1]

（1. 中国农业大学动物科学技术学院，北京 100094；2. 河北北方学院动物科学技术学院，河北张家口 075000）

该文发表在《中国农业大学学报》2007，12(1)：51-55

摘要 为探讨甲状腺激素对羊绒生长的影响，挑选 12 只（平均年龄（15±1.5）月龄、平均活重（33.14±2.29）kg）内蒙古白绒山羊半同胞羯羊随机分为 2 组。用外源褪黑激素（MT）调控羊绒生长，通过皮肤组织中脱碘酶（MD）活性变化，研究皮肤组织中甲状腺激素（T3、T4）与绒毛生长的关系。结果表明：1）埋植 MT 使绒纤维生长率增加（$P<0.05$），而对粗毛生长率没有影响（$P>0.05$）；2）绒纤维生长率与血浆 MT 质量浓度有关（$P<0.01$），而与血浆 T3 和 T4 质量浓度无关（$P>0.05$）；3）绒纤维生长率与皮肤组织中Ⅱ型脱碘酶（MDⅡ）活性呈正相关关系（$P<0.05$），而与Ⅲ型脱碘酶（MDⅢ）无相关关系（$P>0.05$）。分析试验结果显示，绒纤维在萌发、生长过程中需要有更多的三碘甲腺原酸（T3），说明皮肤组织中甲状腺激素（尤其 T3）在绒山羊绒纤维萌发和生长过程中具有重要生理意义。

关键词 山羊；脱碘酶；甲状腺激素；褪黑激素；绒纤维

The research of relation between thyroxin and growing cashmere fibre

Yue Chunwang[1,2], Zhu Xiaoping[1], Kong Xianghao[2], Zhang Wei[1], Yu Lingling[1], Jia Zhihai[1]

(1. College of Animal Science and Technology, China Agricultural University, Beijing 100094, China; 2. College of Animal Science and Technology, Hebei North University, Zhangjiakou 075000, China)

Abstract The experiment was aimed to study the correlation of thyroxin and cashmere growth in cashmere goats. Twelve half-sib wethers of Inner Mongolia white cashmere goats ((15±1.5) months, (33.14±2.29) kg) were allocated randomly to two groups (6/group). Subcutaneously implanted with melatonin in order to increase cashmere fibre growth rate. Researched the correlation between cashmere fibre growth rate and thyroxin by the change of the skin deiodinase activity. The results showed that treatment with melatonin clearly increased cashmere fibre growth rate ($P<0.05$), but guard hair growth rate could not ($P>0.05$). There was a significant correlation between plasma melatonin concentration and cashmere fibre growth rate ($P<0.01$), and plasma thyroxin had not ($P>0.05$). There was also a significant positive correlation between cashmere fibre growth rate and monodeiodinase type Ⅱ (MDⅡ) activity of skin ($P<0.05$), but monodeiodinase type Ⅲ (MDⅢ) activity was not ($P>0.05$). In conclusion, it needed a lot of triiodothyronine (T3) during a period of initiating and growing of cashmere fibre, and thyroxin (especially T3) may play an important role in skin of cashmere goats.

Key words Goats, deiodinase, thyroxin, melatonin, cashmere fibre

探讨体内相关激素与羊绒生长关系是近年来国内外研究羊绒生长机理的重要途径。由于体内激素生理机制较复杂,导致研究激素调控羊绒生长具有一定难度[1]。有研究显示,血浆褪黑激素(MT)浓度升高、催乳素(PRL)浓度降低能促进羊绒生长[2-3],但是对甲状腺激素说法不一,至今尚未定论。探明甲状腺激素与羊绒生长的关系有助于完善羊绒生长的激素调控理论,为研究羊绒生长机理提供理论依据。

早在 20 世纪 70 年代就有关于甲状腺激素不能促进羊毛生长的报道[4],但 90 年代学者发现,由于甲状腺激素不足引起毛囊中细胞分裂率降低,导致羊毛生长率下降和产量减少[5]。Klören 1993 年报道甲状腺激素对绒山羊产绒性能没有影响[6],但 Rhind 1995 年研究结果显示羊绒生长率与血浆甲状腺激素(T3、T4)浓度呈正相关[7]。这些不一致研究结果正是由于激素调控机理复杂性所致。值得注意的是,20 世纪 90 年代末 Villar 证实了绒山羊皮肤中有脱碘酶(MD)存在[8],随后研究结果证实了山羊皮肤是甲状腺激素代谢的主要部位,而甲状腺激素的代谢又与 MD 的活性有直接关系,因此推测皮肤中 MD 活性可能和羊绒的生长有关联[1]。最近 Rhind 研究表明,长光照时(7 月)Ⅱ型脱碘酶(MDⅡ)的活性最低,Ⅲ型脱碘酶(MDⅢ)的活性最高;短光照(12 月)MDⅡ的活性最高,MDⅢ的活性最低[9];这一现象恰好与羊绒生长规律类似。所以,探讨皮肤 MD 活性能直接反应局部甲状腺激素特征,从而揭示皮肤中甲状腺激素(T3、T4)与绒毛生长的关系。(切入点)前人主要从血液水平研究甲状腺激素质量浓度与绒毛生长关系,得出了不一致的结果,而通过绒毛生长所依赖的皮肤组织中 MD 活性探讨甲状腺激素与绒毛生长关系未见报道。(研究目的)本试验利用外源 MT 调控羊绒生长,通过测定皮肤组织中 MD 活性,评价皮肤组织中甲状腺激素生理特点,结合绒毛生长率探讨甲状腺激素与绒毛生长的关系,为研究激素调控羊绒生长提供理论依据。

1 材料与方法

1.1 试验时间与地点

2005-06-21—08-21 在内蒙古自治区鄂托克旗的白绒山羊场开展试验(纬度 39°06′;经度 107°59′)。

1.2 试验动物与饲养管理

选择 12 只半同胞内蒙古白绒山羊羯羊,平均年龄(15±1.5)月龄、平均活重(33.14±2.29) kg;试验羊在自然草场上放牧,并于试验开始前(6 月 21 日)用染发剂将体侧中部(约 10 cm×10 cm)毛被贴根染成黑色。

1.3　试验材料与设备

MT 埋植剂及埋植枪由东北林业大学提供；褪黑激素 ELISA 试剂盒购于德国汉堡（IBL，Cat.-No：RE 54021）；染色剂使用人的染发剂（CCP-N6，温州）；64R 低温高速离心机（BECKMAN 公司生产，美国）；BIO-RAD-680 酶标仪（BIO-RAD 公司生产，美国）。

1.4　试验设计

按照随机分组设计，将 12 只试验羊随机分为 2 组，每组 6 只，分别为对照组和处理组，处理组在 6 月 21 日用专用埋植枪耳后皮下埋植 2 mg/kg · body weight 的 MT 埋植剂。

1.5　样品采集与记录

试验期间，所有试验动物间隔一个月在同一时间（上午 10：00）通过静脉穿刺采集血液样品，血样采集后（乙二胺四乙酸抗凝，EDTA）立即 4 000 r/min 离心 15 min，吸取血浆保存在 −20℃。每月同一时间用直尺测量未被染色（新长出）的绒和毛长度，7、8 月份羊绒生长率计算方法为：本月羊绒生长率（mm/d）=（本月羊绒长度（mm）−上月羊绒长度（mm））/30（d）；粗毛生长率采用同样方法计算。在未染色的另一侧体中部采取皮肤样品（大约 1 cm^2），采集区局部麻醉（盐酸普鲁卡因，批号 H1402212，河北），采集后皮样迅速冷冻于液氮中，然后保存在 −70℃。

1.6　样品分析

用 ELISA 试剂盒中专用提取柱提取血浆中 MT，然后按照 ELISA 试剂盒说明书中的步骤进行测定。甲状腺素（总 T3、T4）使用商用固相 ^{125}I 放射免疫分析试剂盒（诊断产品，北京北方生物技术研究所，北京）进行测定，T4 和 T3 分析内参变异系数分别为 4.2% 和 9.1%，分析灵敏度分别为 2.6 和 0.11 ng/mL。

脱碘酶活性的测定：先用冷冻冲压装置将皮样制成粉末，并立即在含有 10 mmol/L 二硫苏糖醇（DTT）的 5 mL 磷酸钠盐缓冲溶液（125 mmol/L，pH 7.4）中匀浆。匀浆液 4℃ 1 000 g 离心 5 min，上清液保存在 −70℃，用于酶活性分析[1]。用考马斯亮蓝 G-250 试剂（Sigma-Aldrich Corp. USA）和紫外分光光度计（Shimadzu UVmini-1240，Japan）测定皮肤匀浆上清液蛋白浓度。测定 MDⅡ活性反应液中（终体积 200 μL）含有 1 μmol/L $^{[125I]}$rT3（反 T3）、2 nmol/L rT3、10 μL 皮肤匀浆液（大约含 1～100 μg 蛋白）、5 mol/L m DTT 和 1mmol/L PTU；测定 MDⅢ活性反应液中（终体积 200 μL）含有 5 mol/L m DTT、1 mmol/L EDTA、125 mmol/L 磷酸钠缓冲溶液（pH 7.4）、1 nmol/LT3 和 10 μL 皮肤匀浆液。2 种反应液分别在 37℃条件下培养 1 h，用 400 μL 冷乙醇（4℃）终止反应[8]。MDⅡ活性值是通过上清液中游离的 ^{125}I 数量进行评价；MDⅢ活性值是通过结合到特定绵羊抗体上的乙醇提取物中 [^{125}I]T3 的量来评价[1]。

1.7　统计分析

利用 SAS 8.1 软件包（The SAS System for Windows V8）中的 T-Tests 过程进行非配对 t 检验；以个体为单位，采用皮尔逊矩相关系数（Pearson's correlation coefficient）方法进行相关分析。

2　结果与讨论

2.1　绒毛生长速度

试验初期（6 月）2 组试验羊的羊绒均没有萌发，7、8 月的羊绒生长率和粗毛生长率结果见

表1。MT埋植1个月(7月)后羊绒生长率显著高于对照组($P<0.05$),埋植后2个月(8月)羊绒生长率极显著高于对照组($P<0.01$),这与以前研究结果一致:外源性MT能够刺激山羊绒萌发并提高生长速度、增加产绒量[2-3]。该试验结果显示,埋植MT对绒山羊粗毛生长率没有影响,本结果与国外在绒山羊[10]和绵羊[11]上的研究结果较一致:外源MT对绒山羊粗毛生长率和绵羊毛生长率没有影响。本试验在生绒之前埋植MT,刺激绒毛提前萌发并提高了绒纤维生长率。

表1 MT处理后绒纤维和粗毛生长率

Table 1 Rate of cashmere fibre and guard hair following melatonin administration mm/d

处理	7月		8月	
	绒生长率	毛生长率	绒生长率	毛生长率
对照组	0.03±0.04a	0.51±0.07	0.15±0.03 A	0.47±0.08
处理组	0.12±0.04b	0.59±0.08	0.36±0.09 B	0.44±0.15

注:同列数据小写字母不同为差异显著($P<0.05$);大写字母不同为差异极显著($P<0.01$)。下同。

2.2 血浆MT、T3和T4质量浓度

试验期间2组试验羊各月平均MT质量浓度结果见表2。MT埋植前(6月)2组间血浆MT浓度差异不显著($P>0.05$),而皮下埋植MT缓释剂后血浆MT质量浓度出现极显著差异($P<0.01$),这与国内外报道一致,皮下埋植MT明显增加血液循环系统中MT的质量浓度[12-13]。

表2 试验期间血浆褪黑激素(MT)质量浓度

Table 2 Plasma melatonin (MT) concentrations during the experiment pg/mL

处理	6月(埋植前)	7月	8月
对照组	19.88±1.81	21.89±1.70A	31.49±4.55A
处理组	20.51±1.68	49.80±7.06B	63.22±3.56B

不同月份试验羊血浆甲状腺激素(T3、T4)结果见表3。血浆中T3和T4在MT处理前后没有显著差异($P>0.05$),这一结果与国外研究报道结果相类似[14]。根据试验结果可知,绒纤维的生长速度发生显著变化后血浆中T3、T4质量浓度没有出现明显变化。这可能是由于血浆中甲状腺激素主要是为了保证机体其他系统生理功能正常,启动了自身反馈调节机制,使血浆甲状腺激素质量浓度维持在相对稳定的水平,所以通过其血浆质量浓度评价甲状腺激素与绒毛生长的关系不太可靠。

表3 试验期间血浆T3和T4质量浓度

Table 3 Plasma concentrations T3 and T4 during the experiment ng/mL

处理	6月(埋植前)		7月		8月	
	T3	T4	T3	T4	T3	T4
对照组	1.38±0.19	67.66±9.04	1.37±0.35	67.70±8.11	1.60±0.13	66.40±5.63
处理组	1.46±0.32	68.68±8.56	1.21±0.20	64.90±8.13	1.37±0.39	64.38±9.83

2.3 皮肤MD活性

从表4显示的皮肤组织中MD(MDⅡ、MDⅢ)活性结果看,MDⅡ活性在绒纤维萌发前的

6 月份差异不显著($P>0.05$),但在绒纤维快速生长时期(7、8 月)出现显著差异($P<0.05$),而 MDⅢ在绒纤维快速生长的处理组虽然有降低趋势,但是没有统计学上的差异($P>0.05$)。由此可见,绒纤维生长速度加快,皮肤组织中 MDⅡ活性增加,而 MDⅢ活性没有发生变化。MDⅡ的功能是将低生理活性的 T4 转换为高生理活性的 T3,MDⅢ的功能是将 T3 转换成 T2 和将 T4 转换为反 T3 (rT3)[15]。皮肤组织中 MDⅡ活性增加而 MDⅢ又没有发生变化,这一结果能够导致皮肤组织中具有高活性的 T3 增加,说明在快速生绒过程中需要在皮肤组织中有较多的 T3 来维持,绒山羊的绒纤维生长可能与皮肤组织中甲状腺激素(尤其是 T3)的生理功能有密切关系。

表 4　试验期间皮肤脱碘酶 (MD) 活性

Table 4　Skin deiodinase (MD) activity during the experiment

fmol I / h / mg. protein

处理	6 月份(埋植前)		7 月		8 月	
	MDⅡ	MDⅢ	MDⅡ	MDⅢ	MDⅡ	MDⅢ
对照组	10.07±4.52	146.51±69.66	13.79±4.29a	143.67±41.52	17.08±6.65a	146.29±23.92
处理组	9.02±1.32	148.81±7.71	21.78±6.82b	130.69±34.70	24.65±5.64b	127.87±29.01

2.4　MD 活性与绒毛生长率相关性分析

以每只试验动物为单位进行绒纤维生长速度与皮肤组织中 MDⅡ活性进行相关分析。结果显示,对照组 7 月绒纤维生长率与皮肤 MDⅡ活性没有相关性,8 月存在显著相关 $r=0.89$ ($P<0.05$)(图 1);处理组 7、8 月均存在显著相关,相关系数分别为 $r=0.96$ ($P<0.05$)和 $r=0.55$ ($P<0.05$),绒纤维生长率与皮肤中 MDⅡ活性相关趋势图及回归公式见图 2 和图 3。

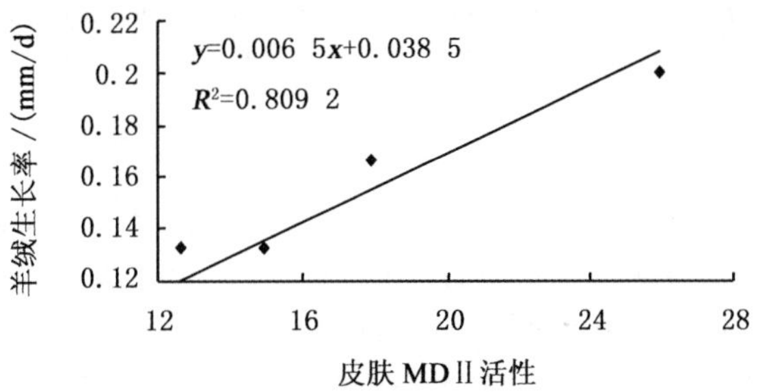

图 1　8 月份对照组羊绒生长率与 MDⅡ活性关系

Fig. 1　Relation between MDⅡ activity and cashmere fibre growth rate in August on the control group goats

由相关性分析结果,并结合回归曲线趋势图和回归方程的拟合度(R^2)可知,绒纤维生长与皮肤组织中 MDⅡ活性存在正相关关系,从而揭示了绒山羊的绒纤维生长与甲状腺激素有紧密联系,尤其是在绒纤维快速生长过程中 MDⅡ活性显著升高,表明组织需要较多 T3 来完成生理过程。通过评价羊绒纤维生长率与皮肤组织中 MDⅡ活性关系的结果,表明甲状腺激素参与了绒纤维生长的生理过程,其可能是调控绒纤维快速生长主要激素之一。

3　结论

绒纤维在萌发、生长过程中需要更多的三碘甲腺原酸(T3),表明皮肤组织中甲状腺激素

(尤其是 T3)在山羊绒萌发和生长过程中具有重要生理意义,故而证实甲状腺激素是参与山羊绒萌发和生长的重要激素。

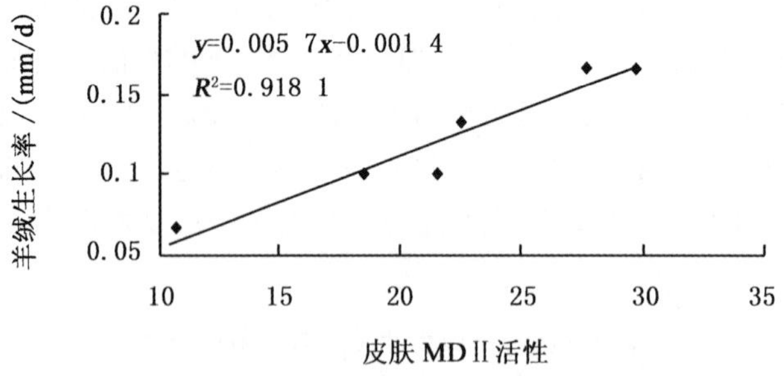

图 2　7 月份处理组羊绒生长率与 MDⅡ活性关系

Fig. 2　Relation between MDⅡ activity and cashmere fibre growth rate in July on the treatment group goats

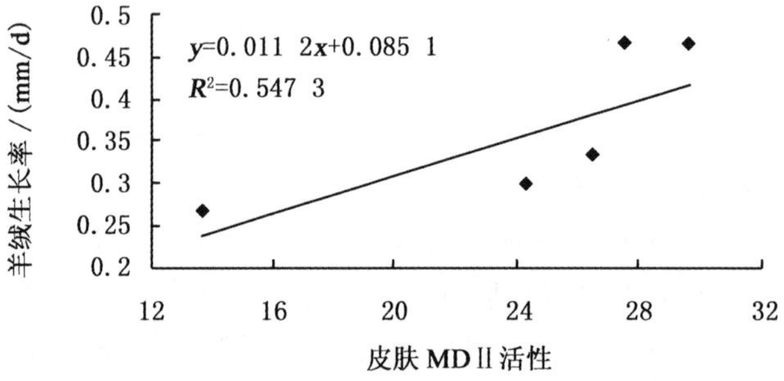

图 3　8 月处理组羊绒生长率与 MDⅡ活性关系

Fig. 3　Relation between MDⅡ activity and cashmere fibre growth rate in August on the treatment group goats

参考文献

[1] Villar D, Nicol F, Arthur J R, et al. Type Ⅱ and Type Ⅲ monodeiodinase activities in the skin of untreated and propylthiouracil-treated cashmere goats [J]. Res Vet Sci, 2000, 68: 119-123.

[2] Klören W R L, Norton B W, Waters M J. Fleece growth in Australian cashmere goats. Ⅲ. The seasonal patterns of cashmere and hair growth, and association with growth hormone, prolactin and thyroxine in blood [J]. Aust J Agric Res,1993, 44: 1035-1050.

[3] 贾志海, Teh T H, Odgen K, 等. 不同光照周期和褪黑激素对绒山羊生产性能的影响[J]. 中国畜牧杂志, 1995, 31(4): 8-10.

[4] Ryder M L. A note on the failure of thyroxine to restore wool growth to inactive follicles [J]. Anim Prod, 1973, 16 (3): 319-321.

[5] Hynd P I. Follicular determinants of the length and diameter of wool fibres. 2. Comparison of sheep differing in thyroid hormone status [J]. Aust J Agric Res,1994, 45 (6): 1149-1157.

[6] Klören W R L, Norton B W. Melatonin and fleece growth in Australian cashmere goats [J]. Small Rumin Res,1995, 17: 179-185.

[7] Rhind S M, McMillen S R. Seasonal changes in systemic hormone profiles and their relationship to patterns of fibre growth and moulting in goats of contrasting genotypes [J]. Aust J Agric Res,1995, 46 (6): 1273-1283.

[8] Villar D, Rhind S M, Dicks P. et. al. Effect of propylthiouracil-induced hypothyroidism on thyroid hormone profiles and tissue deiodinase activity in cashmere goats [J]. Small Rumin Res,1998, 29: 317-324.

[9] Rhind S M, Kyle C E, Duff E I. Effects of season and of manipulation of circulating prolactin concentrations on deiodinase activity in cashmere goat skin [J]. Aust. J. Agric. Res [J]. 2004. 55: 2, 211-221.

[10] Wuliji T, Litherland A, Goetsch A L, et al. Evaluation of melatonin and bromocryptine administration in Spanish goats I. Effects on seasonal cashmere growth, yield and fiber characteristics of does [J]. Small Rumin Res,2003, 49: 41-49.

[11] Abecia J A, Valares J A, Forcada F. The effect of melatonin treatment on wool growth and thyroxine secretion in sheep [J]. Small Rumin Res,2005, 56: 265-270.

[12] Nixon A J, Choy V J, Parry A L, et al. Fiber growth initiation in hair follicles of goats treated with melatonin [J]. J Exp Zool, 1993, 1: 47-56.

[13] 王林枫，卢德勋，孙海洲，等. 光照和褪黑激素对内蒙古绒山羊氮分配和产绒性能的影响[J]. 中国农业科学，2006，39：1004-1010.

[14] Dicks P, Morgan C J, Morgan P J, et al. The localisation and characterisation of insulin-like growth factor-I (IGF-I) receptors and the investigation of melatonin receptors on the hair follicles of seasonal and non-seasonal fibre-producing goats[J]. Journal of Endocrinology,1996, 151: 55-63.

[15] Beckett G J, Arthur J R. The iodothyronine deiodinases and 5'-deiodination [J]. Baillière's Clin Endocr Metab,1994, 8: 285-304.

皮肤组织脱碘酶活性与山羊绒毛生长关系的研究

岳春旺[1,2] 杜立新[3] 张 微[1] 贾志海[1] 朱晓萍[1*]

（1. 中国农业大学动物科技学院，北京 100094；2. 河北北方学院，张家口 075100；
3. 中国农业科学院北京畜牧兽医研究所，北京 100094）

该文发表在《中国畜牧杂志》2007，43（9）：33-35

摘要 试验选用8只平均(15±2)月龄、平均体重（32.08±3.12)kg半同胞内蒙古白绒山羊羯羊，研究自然条件下绒山羊生绒期皮肤脱碘酶(MD)活性与绒毛生长的关系，从酶活性途径探讨绒山羊绒毛生长机理。结果表明，绒毛开始萌发到绒毛生长旺盛期，羊绒生长速度与粗毛生长速度呈高度负相关($r=-0.92$，$P<0.05$)；羊绒生长速度与皮肤二型脱碘酶(MDⅡ)活性呈正相关($r=0.95$，$P<0.05$)；羊绒生长速度与皮肤三型脱碘酶(MDⅢ)活性($r=-0.90$，$P<0.05$)及MDⅢ/MDⅡ比值($r=-0.91$，$P<0.05$)呈负相关；粗毛生长速度与MDⅡ活性存在高度负相关($r=-0.98$，$P<0.01$)，与MDⅢ活性($r=0.90$，$P<0.05$)及MDⅢ/MDⅡ比值($r=0.97$，$P<0.01$)呈现正相关。因此，皮肤组织中MD活性与绒山羊绒毛生长的生理过程具有相关关系。

关键词 脱碘酶；绒山羊；皮肤组织

The Research of Relation Between Hair Fibre and Skin Deiodinase in Cashmere Goats

YUE Chun-wang[1,2], DU Li-xin[3], ZHU Xiao-ping[1], ZHANG Wei[1], JIA Zhi-Hai[1,*]

(1. College of Animal Science and Technology, China Agricultural University, Beijing 100094, China; 2. College of Animal Science and Technology, Hebei North University, Zhangjiakou 075000, China; 3. Institute of Animal Sciences, Chinese Academy of Agricultural Sciences, Beijing 100094, China)

Abstract The experiment was aimed to study the correlation of skin deiodinase and cashmere growth and guard hair under natural condition in cashmere goats. Eight half-sib wethers of Inner Mongolia white cashmere goats ((15±2) months, (32.08±3.12) kg) were picked out. The results showed that there was a significant negative correlation between cashmere fibre growth rate and guard hair growth rate ($r=-0.92$, $P<0.05$) from cashmere fibre initiated to the fast growing. During this period, there was a significant positive correlation between cashmere fibre growth rate and monodeiodinase type Ⅱ (MDⅡ) activity of skin ($r=0.95$, $P<0.05$); and there were significant negative correlations between cashmere fibre growth rate and monodeiodinase type Ⅲ (MDⅢ) activity ($r=-0.92$, $P<0.05$) and the ratio of MDⅢ and MDⅡ ($r=-0.91$, $P<0.05$); and there was a significant negative correlation between guard hair growth rate and MDII activity of skin ($r=-0.98$, $P<0.01$); and there were also significant positive correlations between guard hair growth rate and MDⅢ activity ($r=0.90$, $P<0.05$) and the ratio of MDⅢ and MDⅡ ($r=0.97$, $P<0.01$). Therefore, there was an important correlation between skin MD activity and physiological process of hair fibre growing in cashmere goats.

Key words　Deiodinase, cashmere goats, skin

山羊绒生长有明显季节性，当日照由长变短皮肤次级毛囊开始生长，随着日照缩短，绒生长加快；冬至以后，当日照由短变长，绒毛生长变慢，并逐渐停止[1]。研究表明，光照影响山羊绒生长是通过光信号作用于山羊神经系统，使松果体分泌褪黑激素(MT)发生变化，影响了绒的生长[2]，但绒山羊皮肤中不存在 MT 受体[3]，它可能是通过皮肤中其他生理途径来调控的[4,5]。研究发现，山羊皮肤存在二型单克隆脱碘酶(MDⅡ)和三型单克隆脱碘酶(MDⅢ)活性[6]。最近 Rhind 等[7]研究表明，山羊皮肤中脱碘酶(MD)活性表达呈现出明显季节性变化规律，MDⅡ在长光照季节活性较低，在短光照季节活性高；MDⅢ活性变化与 MDⅡ相反，在长光照季节最高，在短光照季节最低，这些变化与羊绒生长规律具有紧密联系。国外依据西伯利亚山羊(Siberian goats)和苏格兰绒山羊(Scottish cashmere goats)皮肤 MD 活性研究结果推断，皮肤 MD 活性表达对羊绒纤维生长可能有直接影响[8]。目前，国内还未见皮肤 MD 活性与山羊绒毛生长相关的研究报道。探明山羊皮肤中 MD 活性与绒毛生长之间关系，有望从皮肤酶活性途径揭示山羊绒生长机理，为提高绒山羊个体产绒量奠定理论基础。

1　材料与方法

1.1　试验时间与地点

试验时间为 2005 年 6 月 21 日至 12 月 21 日(绒毛开始萌发至生长旺盛期)；试验地点在内蒙古白绒山羊场(纬度 39°06′，经度 107°59′)。

1.2　试验动物与饲养管理

选择 8 只半同胞内蒙古白绒山羊羯羊，平均年龄(15±2)月龄、平均体重 (32.08±3.12)kg；试验羊维持自然光照，在天然草场上放牧。试验开始(6 月 21 日)在体侧中部区域(大约10 cm×10 cm)使用黑色染发剂(CCP-N6，温州)将试验羊毛被贴根染成黑色。

1.3　样品采集与记录

试验期间，每月同一时间(21 日)用直尺测量未被染色(新长出的)绒和毛长度；羊绒生长速度计算方法为：本月羊绒生长速度(mm/d)=(本月羊绒长度 (mm) －上月羊绒长度(mm))/30(d)；粗毛生长速度采用同样方法计算。同时，每月(6—11 月份)在未染色的另一侧体中部采皮肤样品(大约 1 cm^2)，采集区刮去绒和毛，并用盐酸普鲁卡因(批号 H1402212，河北)局部麻醉，采集后皮样迅速冷冻于液氮中，然后保存在－70℃备用。

1.4 脱碘酶活性测定

将皮样从−70℃冰箱取出后在液氮中低温冷冻，用冷冻冲压装置将冷冻的皮样制成粉末后在含有 10 mmol/L 二硫苏糖醇(DTT)的 5 mL 磷酸钠盐缓冲溶液(125 mmol/L，pH 7.4)中匀浆。匀浆液 4℃ 1 000×g 离心 5 min，上清液用于酶活性分析[6]。测定 MDII 活性反应液(终体积 200 μL)含有 1 μmol/L[^{125}I] rT3、2 nmol/L rT3、10 μL 皮肤匀浆液(含 1～100 μg 蛋白)、5 mmol/L DTT 和 1 mmol/L PTU；测定 MDⅢ活性反应液(终体积 200 μL)含有 5 mmol/L DTT、1 mmol/L EDTA、125 mmol/L 磷酸钠缓冲溶液 (pH 7.4)、1 nM T3、和 10 μL 皮肤匀浆液。两种反应液分别在 37℃条件下培养 1 h，用 400 μL 预冷的乙醇(4℃)终止反应[9]。MDⅡ活性值是通过上清液中游离的^{125}I 数量进行评价；MDⅢ活性值是通过结合到特定绵羊抗体上的乙醇提取物中[^{125}I] T3 的量来评价[6]。用考马斯亮蓝 G-250 试剂 (Sigma-Aldrich Corp. USA) 和紫外分光光度计(Shimadzu UVmini-1240，Japan) 测定皮肤匀浆上清液蛋白浓度。

1.5 统计方法

利用 SAS 8.1 软件包(The SAS System for Windows V8)中的 ANOVA 过程进行方差分析，采用邓肯氏法(Duncan's multiple range test)进行多重比较。以平均数为单位，采用皮尔逊矩相关系数(Pearson's correlation coefficient)方法进行相关分析，用 Microsoft Excel 做相关趋势图、回归方程及拟合度 R2 计算。

2 结果与讨论

2.1 羊绒及粗毛生长速度

自然条件下内蒙古白绒山羊绒纤维 7 月份开始萌发，翌年 2 月停止生长，4 月份开始脱落，主要生长期在 9—12 月份。本试验测得绒纤维及粗毛生长速度见表 1，7—11 月份羊绒生长速度逐渐增加，各月份生长速度出现不同显著性差异，总的趋势是从 7 月份绒纤维生长速度逐渐上升，11 月份达到最大生长速度，12 月份绒的生长速度有所下降，但与 11 月份比差异不显著(P>0.05)，这一结果与前人在内蒙古白绒山羊上的研究报道较一致[10]。粗毛生长速度规律与绒纤维生长速度相反，从 7—12 月份粗毛生长速度呈逐渐下降趋势，但在不同月份出现不同的差异显著性。由此可见，自然条件下内蒙古白绒山羊进入生绒期之后，绒纤维生长速度逐渐增加而粗毛生长速度则逐渐降低。

表 1 自然条件下 7—12 月份内蒙古白绒山羊绒纤维及粗毛生长速度 mm·d^{-1}

	月份					
	7	8	9	10	11	12
羊绒生长速度	0.03±0.04^{a}	0.15±0.03^{b}	0.21±0.05^{b}	0.37±0.04^{c}	0.47±0.11^{d}	0.43±0.09^{cd}
粗毛生长速度	0.51±0.07^{a}	0.47±0.08^{ab}	0.37±0.08^{c}	0.38±0.07^{bc}	0.33±0.05^{c}	0.35±0.11^{c}

注：同行肩标有相同字母为差异不显著(P>0.05)；肩标字母相邻为差异显著(P<0.05)；肩标字母相间为差异极显著(P<0.01)。下表同

2.2 MDⅡ、MDⅢ活性及其比值

绒山羊皮肤组织中 MDⅡ、MDⅢ活性及 MDⅢ与 MDⅡ的比值见表 2，从 6 至 11 月份(生

绒之前到生绒旺盛期)皮肤 MDⅡ活性逐渐增加,MDⅢ活性逐渐降低,结果与国外报道的西伯利亚和苏格兰绒山羊皮肤 MD 活性变化规律类似(长光照季节 MDⅡ活性低,MDⅢ活性高;短光照季节中 MDⅡ活性高,MDⅢ活性低)[7,8]。由 MDⅢ/MDⅡ结果可见,随着绒纤维生长速度加快,MDⅢ/MDⅡ值由高到低大幅度下降,不同月份之间出现不同的差异性。由于 MDⅡ的功能是将低生理活性的甲状腺素(T_4)转换为高生理活性的三碘甲腺原氨酸(T_3),MDⅢ与 MDⅡ功能相反,是将高活性 T_3 转换成 T_2 和将 T_4 转换为反 T_3(rT_3),来减少 T_3。通过 MDⅢ/MDⅡ值降低,可说明随着绒纤维生长速度提高、粗毛生长速度降低皮肤组织中所需要 T_3 量发生变化。

表 2　不同月份皮肤中 MD 活性及 MDⅢ/MDⅡ比值　($fmol \cdot h^{-1} \cdot mg^{-1}$)

	月份					
	6	7	8	9	10	11
MDⅡ活性	10.07±4.52[a]	13.79±4.29[ab]	17.08±4.82[b]	27.55±6.65[c]	31.19±2.80[cd]	34.16±4.12[d]
MDⅢ活性	146.51±69.66[a]	143.67±41.52[a]	146.29±23.92[a]	112.02±37.55[ab]	89.71±16.85[b]	94.96±19.34[b]
MDⅢ/MDⅡ	16.01±5.58[a]	11.06±3.25[b]	9.05±2.53[b]	4.12±1.00[c]	2.87±0.48[c]	2.76±0.42[c]

2.3　相关性分析

2.3.1　羊绒生长速度与粗毛生长速度

统计结果显示,羊绒生长速度与粗毛生长速度在 7—12 月期间存在高度负相关关系($r=-0.92$, $P<0.05$),回归方程 $y=-2.2219x+1.1691$,拟合度 $R^2=0.8401$。由羊绒生长速度与粗毛生长速度从绒毛开始萌发到绒毛生长旺盛期相关性结果可见,随着羊绒生长速度提高,粗毛生长速度开始降低。通过回归公式的拟合度更进一步说明这一结果的可靠性。

2.3.2　羊绒生长速度与 MDⅡ活性

羊绒生长速度与 MDⅡ活性统计表明,随着皮肤中 MDⅡ活性增加,羊绒纤维生长速度加快,二者从绒毛开始萌发到绒毛生长旺盛期(7—11 月)表现出高度正相关关系($r=0.95$, $P<0.05$)。两者之间回归方程 $y=0.0187x-0.2157$,拟合度 $R^2=0.8982$。因为拟合度(R^2)较高,说明该回归方程较为可靠,进而表明了羊绒生长速度与皮肤中 MDⅡ活性存在必然联系。

2.3.3　羊绒生长速度与 MDⅢ活性

由羊绒生长速度与 MDⅢ活性统计可见,从生绒初期(7 月)至生绒旺盛期(11 月)二者间存在负相关关系($r=-0.90$, $P<0.05$),回归方程 $y=-0.0059x+0.9404$,拟合度 $R^2=0.8061$。结果表明,皮肤组织中 MDⅢ与 MDⅡ活性呈现出相反规律,随着羊绒生长速度加快皮肤中 MDⅢ活性降低。

2.3.4　羊绒生长速度与 MDⅢ/MDⅡ比值

从生绒初期至生绒旺盛期(7—11 月)羊绒生长速度与 MDⅢ/MDⅡ比值统计结果可知,羊绒生长速度与 MDⅢ/MDⅡ比值存在高度负相关($r=-0.91$, $P<0.05$),回归方程 $y=-0.0414x+0.4933$,拟合度 $R^2=0.8206$。结果表明,羊绒纤维从萌发到缓慢生长再到快速生长,绒毛生长生理发生了改变,皮肤组织中 MD 活性发生了相应变化。

2.3.5　粗毛生长速度与 MDⅡ、MDⅢ活性及 MDⅢ/MDⅡ比值

结果统计可见,从绒毛开始萌发到绒毛生长旺盛期(7—11 月),粗毛生长速度与 MDⅡ活性存在高度负相关关系($r=-0.98$, $P<0.01$),回归方程 $y=-0.0083x+0.6163$,及拟合

度 $R^2=0.9596$。从相关系数及回归公式的高拟合度可说明，随着皮肤 MDⅡ活性逐渐升高，粗毛生长速度开始降低，并且得回归方程较为可靠。而粗毛生长速度与 MDⅢ活性及 MDⅢ/MDⅡ比值呈现出高度正相关，相关系数、回归方程及拟合度分别为 $r=0.90$ ($P<0.05$)、$y=-0.0026x+0.1128$、$R^2=0.8171$，$r=0.97$ ($P<0.01$)、$y=-0.019x+0.2984$、$R^2=0.946$。结果表明，绒纤维开始萌发至绒纤维生长最旺盛期粗毛生长速度与皮肤组织中 MD 活性存在必然的相关关系，我们可以通过测定皮肤 MD 活性来推断粗毛生长速度，或通过测定粗毛生长速度来推断皮肤组织中 MD 活性。

3 结论

绒毛开始萌发到绒毛生长旺盛期，羊绒生长速度与粗毛生长速度呈负相关关系；羊绒生长速度与皮肤组织中 MDⅡ活性呈正相关关系；羊绒生长速度与皮肤 MDⅢ活性及 MDⅢ/MDⅡ比值呈负相关关系；粗毛生长速度与皮肤 MDⅡ活性存在高度负相关关系，与皮肤 MDⅢ活性及 MDⅢ/MDⅡ比值为正相关关系。

参考文献

[1] 贾志海．不同光照周期和褪黑激素对绒山羊生产性能的影响[J]．中国畜牧杂志，1995，31(4):8-10.

[2] Teh T H, Jia Z H, Odgen K D, *et al*. The effects of photoperiod and melatonin implant on cashmere production [J]. J Anim Sci, 1991, 69: 496.

[3] Dicks P, Morgan C J, Morgan P J, *et al*. The localisation and characterisation of insulin-like growth factor-I (IGF-I) receptors and the investigation of melatonin receptors on the hair follicles of seasonal and non-seasonal fibre-producing goats [J]. J Endocr, 1996, 151: 55-63.

[4] Villar D, McMillen S R, Dicks P, *et al*. The effects of bovine somatotropin on hair follicle activity and cashmere fibre growth in goats [J]. Aust J Agric Res,1999, 50: 1365-1373.

[5] Villar D, McMillen S R, Dicks P, *et al*. The roles of thyroid hormones and prolactin in the control of fibre moult and associated changes in hair follicle activities in cashmere goats [J]. Aust J Agric Res, 2000, 51: 407-414.

[6] Villar D, Nicol F, Arthur J R, *et al*. Type II and type III monodeiodinase activities in the skin of untreated and propylthiouracil-treated cashmere goats [J]. Res Vet Sci, 2000, 68: 119-123.

[7] Rhind S M, Kyle C E, Duff E I, *et al*. Effects of season and of manipulation of circulating prolactin concentrations on deiodinase activity in cashmere goat skin [J]. Aust J Agric Res, 2004, 55: 211-221.

[8] Rhind S M, Kyle C E. Skin deiodinase profiles and associated patterns of hair follicle activity in cashmere goats of contrasting genotypes [J]. Aust J Agric Res, 2004, 55: 443-448.

[9] Villar D, Rhind S M, Dicks P. *et. al*. Effect of propylthiouracil-induced hypothyroidism on thyroid hormone profiles and tissue deiodinase activity in cashmere goats [J]. Small Rumin. Res. 1998, 29: 317-324.

[10] 牛一兵，贾志海，卢德勋，等．放牧条件下绒山羊绒毛季节性生长变化规律的研究[J]．动物营养学报，2005，17 (2): 33-37.

Skin Deiodinase Profiles after Melatonin Manipulated in Chinese Inner Mongolia Cashmere Goats

Chunwang Yue[1,2], Lixin Du[3], Xiaoping Zhu[1], Xianghao Kong[2], Wei Zhang[1] and Zhihai Jia[1]

(1. College of Animal Science and Technology, China Agricultural University, Beijing 100094, P. R. China)

该文发表在《Asian-Australasian Journal of Animal Sciences》2007,20(10):1496-1502

Abstract The roles of melatonin in the control deiodinase (MD) activity in cashmere goat skin and associated cashmere fibre growth were investigated. Eighteen half-sib Chinese Inner Mongolia cashmere wethers were allocated randomly to two groups (n=9/group). One group was implanted subcutaneously with the melatonin implants (2 mg/kg BW) at three 2-monthly intervals while the other group served as a control. All goats were maintained under natural photoperiodic conditions and were grazed on natural pasture. The plasma melatonin concentration showed significant differences ($P<0.01$) between the implant group (M) and the control group (C) but plasma T4 (or T3) showed no significant differences ($P>0.05$). The monodeiodinase type II (MDII) activity in skin tended to increase gradually from the summer solstice to November. During July and August, the activity of MDII for the M group was higher ($P<0.05$) than that of the C group; also during this period, there was a significant positive correlation between MDII activity of skin and cashmere fibre growth rate. The monodeiodinase type III (MDIII) activity and the ratio of MDⅢ and MDII tended to decrease from the summer solstice to November. The ratio of MDⅢ and MDII for the M group was lower ($P<0.05$) than that of the C group in July and August. The cashmere fibre growth rate of the M group was significantly greater than that of the C group in July ($P<0.01$), August ($P<0.001$) and September ($P<0.05$). The cashmere fibre diameters and guard hair and body weight were not influenced ($P>0.05$) by melatonin implantation. The results demonstrate that melatonin plays an important role in the regulation of skin MD activity. Simultaneously the melatonin stimulated cashmere fibre elongation may result from enhanced MDII activity during a period of two months after melatonin treatment.

Key words Deiodinase, Melatonin, Goats, Cashmere Fibre, Thyroid Hormone

1 Introduction

In cashmere goats, the pattern of growth and moult of the cashmere is seasonal, with growth generally beginning after the longest day (the summer solstice) and moult occurring after the shortest (the winter solstice) (Klören et al., 1993; Santiago-Moreno et al., 2004). The performance of Chinese Inner Mongolia cashmere goats was described in a previous report (Chen et al., 2001; Zhou et al., 2003; Bai et al., 2006). Research has shown marked changes of the concentration several hormones that are related to follicle activity, fibre growth, and moult (Dicks et al., 1994). However, subsequent investigations suggest that follicle activity is not directly controlled by changes in hormone concentrations (Villar et al., 1999, 2000a), and that other physiological processes are involved.

The expression of deiodinase (MD) has been investigated; the monodeiodinase type II (MDII) and the monodeiodinase type III (MDIII) were shown to be present in the skin of cashmere goats. However, the monodeiodinase type I (MDI) was not detected (Villar et al., 2000b). In Scottish cashmere goats, Rhind et al. (2004a) found seasonal variation in MD expression, with a lower level of activity of MDII during periods of long daylength (July and April) and a higher level in December. These authors postulated that differences between individual and genotype in hair follicle activity and cashmere fibre growth were partially dependent on the pattern of expression of MD in the skin.

Exogenous melatonin can initiate growth of cashmere fibre (Nixon et al., 1993). Melatonin also stimulated fibre elongation of secondary follicles in vitro (Ibraheem et al., 1994), and histological examination of skin also showed that fibre growth was initiated by melatonin treatment (Nixon et al., 1993). However, melatonin receptors were not detected in the hair follicles of goats (Dicks et al., 1996). Therefore, the mechanism by which melatonin stimulates the cashmere fibre growth is not clear, and the relationship between skin MD activity and cashmere fibre growth is also unknown.

The first aim of this study was to investigate the roles of melatonin in the control of MD activity expression associated with cashmere fibre growth. The second aim was to determine the seasonal patterns of activity of MD in high-yielding Inner Mongolian cashmere goats from June (the summer solstice) to November.

2 Materials and methods

2.1 Animals and treatment

The study was performed at the stock farm of Inner Mongolia in China (latitude 39°06′ N, longitude 107°59′E). Eighteen half-sib wethers were used, that had a mean (±SD) age of 15±2.5 months and an initial mean (±SD) body weight of 33.1±2.3 kg. They were allocated randomly to two groups (n=9/group). One group was subcutaneously implanted with the melatonin implants (2 mg/kg BW; Northeast Forest University, China) at the base of the ear at three 2-monthly intervals commencing in June 2005 (the summer solstice). The other group served as the control. During the experiment period, all goats were maintained under natural photoperiodic conditions and were grazed on natural pasture. The composition of vegetation in this area has been described (Zhou et al., 2003).

2.2 Sample collections, recording and measurement

The fibre on the mid-side of each goat was dyed using human hair dye (CCP-N6, Jingxi Chemica Company, China) at the beginning of the study. The relaxed lengths of undyed cashmere fibre and guard hair were recorded monthly. Cashmere fibre growth rate were calculated according to the method of Rhind et al. (1995). At the beginning (21 June) and end (21 December) of the experiment, fibre samples from measured areas (2 cm × 2 cm) were clipped at skin level, and were separated manually into cashmere fibre and guard hair. Each of which was weighed using an electronic balance (AUW220D, Shimadzu, Japan). The cashmere fibre diameters were measured using an optical fiber diameter analyser (Auda 2000, Shenaoda Technology Company, China). The mean diameter was calculated on >200 fibres per sample. Body weight of each goat was also recorded monthly throughout the study.

Blood samples were collected at 10:00 a.m. from all experimental goats by jugular venepuncture at one-monthly intervals throughout the study. The blood (EDTA anticoagulant) was immediately centrifuged, and the plasma frozen at −20℃ until assayed. Skin samples (approximately 1 cm^2) were cut monthly from the mid-side region under local anaesthesia (Procaine hydrochloride, Huabei Medicine Company, China), snap frozen in liquid nitrogen and then stored at −70℃ for subsequent determination of MD activity.

2.3 Hormone assays

Plasma melatonin concentration was determined using the Melatonin ELISA kit (RE 54021, Immuno-Biological Laboratories GmbH of Hamburg, Germany). The assay procedure was done according to the instructions for use. Plasma thyroid hormone (total T_4 and T_3) were determined using the commercial solid phase ^{125}I radioimmunoassay kit (Diagnostic Products, Beijing North Institute of Biological Technology, China). Intra-assay coefficients of variation were 4.2% and 9.1% for T_4 and T_3, respectively. The respective sensitivity of the assay was 2.6 ng/ml and 0.11 ng/ml for T_4 and T_3. The assay procedure according to the protocols described (Rajendran et al., 2001; Lohakare et al., 2006).

2.4 Enzyme activity assays

The MD determinations were conducted according to the protocols previously described (Villar et al., 2000b; Hans et al., 2004). A portion of skin was first disrupted using a freezer mill (6750-230 Freezer/mill, Spex Company, USA) and the fine powder was homogenized immediately in 5 ml of sodium phosphate buffer (125 mM, pH 7.4) containing 10 mM dithiothreitol (DTT). The homogenate was centrifuged at 1,000 g for 15 min at 4℃, and the supernatants were subsequently stored at −70℃ for analysis of enzyme activities.

The protein concentration of skin homogenate was determined using a Coomassie brilliant blue G-250 reagent (Sigma-Aldrich Corp., USA) and an UV-Vis Spectrophotometer (UVmini-1240, Shimadzu, Japan).

The reaction mixture (200 μl of final volume) for the measurement of MDII activity contained 1 μM $^{[125I]}rT_3$, 2 nM rT_3, 10 μl skin homogenate (approximately 1−100 μg protein), 5 mM DTT, and 1 mM PTU. The reaction mixture (200 μl of final volume) for the measurement of MDIII activity contained 5 mM DTT, 1 mM EDTA, 125 mM sodium phosphate buffer (pH 7.4), 1 nM T_3, and 10 μl skin homogenate. Both reaction mixtures were incubated for 1 h at 37℃, and the reaction was terminated by the addition of 400 μl cold ethanol (4℃) (Rhind et al., 2004b). The MDII activity was estimated by the amounts of free ^{125}I in the supernatant; the MDⅢ activity was estimated using $^{[125I]}$ T_3 present in the ethanol extract that was quantified by binding to a specific sheep ant-T_3 antibody (Villar et al., 2000b).

2.5 Statistical analysis

Data were analyzed using the t-test and ANOVA procedure of SAS (SAS, 1999). Significant means were separated using Duncan's multiple range test. Because the data exhibited a skewed distribution, the data of MDII, MDIII and MDIII/MDII were $\log_{10}$ transformed before analysis. Correlation coefficients for the MD activity and the cashmere fibre growth rate were calculated using Pearson's correlation coefficient, with animal as the experimental unit.

3 Results

3.1 Plasma hormone concentration

Results showed no significant difference between groups before administration of melatonin in June ($P>0.05$) but there were significant differences ($P<0.001$) after administration in July, August and September. There were also significant differences ($P<0.01$) in October and November (Figure 1a).

The results of T_4 (Figure 1b) show that the mean plasma T_4 concentration was not consistent with seasonal changes, and there were no significant differences ($P>0.05$) between the M and C groups in each month. The plasma T_3 concentration exhibited a similar pattern (Figure 1c), however no significant differences ($P>0.05$) were detected between the two groups.

3.2 MD activity

The mean level of MDII activity was higher in the M compared with C group ($P<0.05$) in July and August, but there was no significant difference during other months. MDII activity in skin exhibited marked seasonal variation (Figure 2a), and that was a trend towards increasing MDII activity from the summer solstice to November for both M and C. There was a significant positive correlation between cashmere fibre growth rate and MDII activity of skin in July ($r=0.79$, $P<0.05$), August ($r=0.67$, $P<0.05$), and September ($r=0.61$, $P=0.08$) in the M group, and in July ($r=0.71$, $P<0.05$) and in August ($r=0.68$, $P<0.05$) in the C group, but there were no significant correlation in other months.

MDIII activity also exhibited marked seasonal variation (Figure 2b), gradually decreasing from the summer solstice to November for both M and C. There was no significant correlation between cashmere fibre growth rate and MDIII activity.

The result of MDIII/MDII ratios (Figure 2c) showed a seasonal variation that decreased

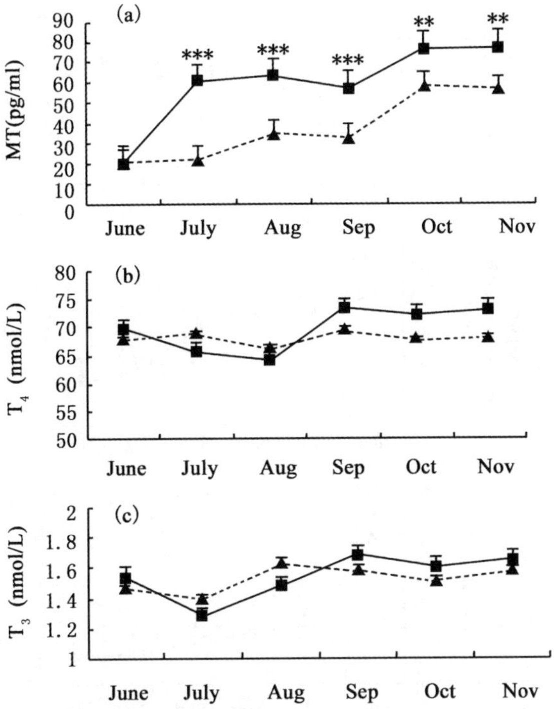

Figure 1　Both of melatonin implant groups (■) and control groups (▲) mean plasma melatonin (MT) concentration (pg/ml) (a), mean plasma thyroxine (T_4) concentration (nmol/L) (b) and triiodothyronine (T_3) (nmol/L) at monthly intervals (The samples of June was sampling before implants of melatonin) from 21 June (the summer solstice) to 21 November. Values of melatonin implant groups superscribed with * are significant difference ($P<0.001$) to control groups (** $P<0.01$).**

for both the M and C groups from July to November. Of importance is the ratio of MDIII/MDII which differed significantly ($P<0.05$) between M and C in July and August. There was no significant correlation between cashmere fibre growth rate and MDIII/MDII ratio.

3.3　Profiles of body weight, cashmere fibre and guard hair

Body weight steadily increased from June to December (Table 1) but there were no significant differences ($P>0.05$) between the M and C groups. In both groups, guard hair length increased continuously each month from June to December but there were no significant differences ($P>0.05$) between the M and C groups (Table 1). The data for cashmere fibre length in the M and C groups from June to December (from the summer solstice to the winter solstice) are also presented in Table 1. There was no cashmere fibre growth before administration of melatonin on 21 June but the cashmere fibre length of the M group was significantly higher ($P<0.01$) than that of the C groups in July (C: three of the nine goats cashmere fibre outgrowth; M: the entire nine goats cashmere fibre outgrowth), August, September, October, November and December.

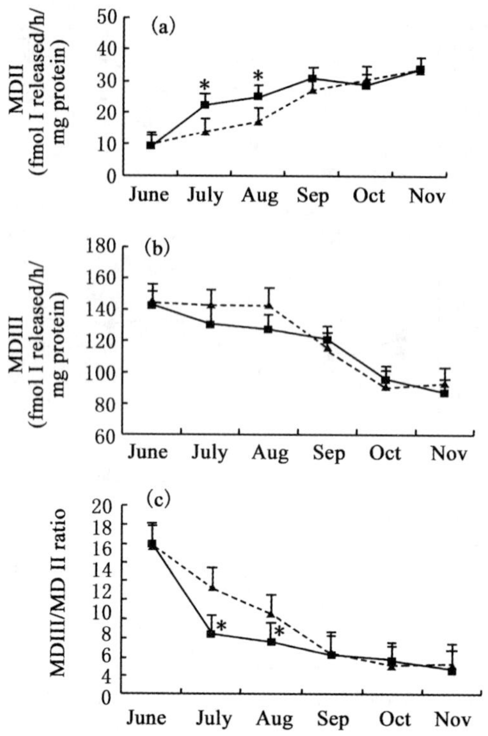

Figure 2 Both of melatonin implant groups (■) and control groups (▲) mean the monodeiodinase type II (MDII) activity (a), and the monodeiodinase type III (MDIII) activity (fmol iodine released/h/mg protein) (b), and mean MDIII/MDII ratios (c) in homogenization of the entire skin sample at monthly intervals (The samples of June was sampling before implants of melatonin) from 21 June (the summer solstice) to 21 November. Values of melatonin implant groups superscribed with * are significant difference ($P<0.05$) to control groups.

Table 1 The data of body weight, guard hair length and cashmere accumulative length during experiment

Dates	Body weight (kg)		Guard hair length (mm)		Cashmere length (mm)	
	M	C	M	C	M	C
21 Jun	33.6 ± 1.6^{c}	32.7 ± 2.9^{d}	0.0 ± 0.0^{g}	0.0 ± 0.0^{g}	0.0 ± 0.0^{f}	0.0 ± 0.0^{f}
21 July	35.0 ± 5.4^{c}	35.5 ± 3.8^{d}	18.7 ± 3.6^{f}	15.4 ± 1.8^{f}	$4.0\pm1.7^{f,**}$	0.8 ± 1.2^{f}
21 Aug	38.9 ± 2.8^{b}	40.7 ± 3.3^{c}	28.7 ± 5.7^{e}	29.0 ± 2.1^{e}	$14.3\pm3.2^{e,***}$	5.2 ± 2.1^{e}
21 Sep	43.4 ± 1.8^{a}	$42.2\pm3.4^{b,c}$	36.2 ± 4.8^{d}	37.4 ± 3.8^{d}	$23.4\pm4.6^{d,***}$	11.6 ± 1.9^{d}
21 Oct	44.6 ± 1.7^{a}	$43.8\pm3.8^{b,c,a}$	47.2 ± 4.5^{c}	51.9 ± 4.8^{c}	$34.0\pm4.2^{c,***}$	22.9 ± 2.7^{c}
21 Nov	45.3 ± 2.2^{a}	$45.0\pm3.6^{b,a}$	57.3 ± 7.4^{b}	60.3 ± 5.7^{b}	$47.9\pm5.2^{b,***}$	36.3 ± 4.1^{b}
21 Dec	45.8 ± 2.3^{a}	45.8 ± 3.3^{a}	68.1 ± 8.5^{a}	70.7 ± 6.8^{a}	$61.6\pm7.3^{a,***}$	49.0 ± 3.6^{a}

M: the melatonin implant groups; C: the control groups; Means with different letters (^{a,b,c,d,e,f,g}) within columns are significant differences ($P<0.05$).

** Significant differences ($P<0.01$) to the control groups; *** Significant differences ($P<0.001$) to the control groups; all the values of body weight, guard hair length and cashmere length were mean±SD.

The M cashmere fibre growth rate was markedly greater than that of the C group in July ($P<0.01$), August ($P<0.001$) and September ($P<0.05$). There was no significant difference between the M and C groups in October, November and December ($P>0.05$) (Figure 3). The cashmere fibre weight, guard hair weight and cashmere fibre diameters are presented in Table 2. Only the cashmere fibre weight of the M group is significant difference ($P<0.01$) to the C group. However, the others are no significant differences ($P>0.05$) (Table 2).

Table 2　The data of cashmere weight, guard hair weight and cashmere diameter from measured areas (2 cm×2 cm) at the beginning and end of the experiment

Item	Cashmere weight (mg)		Guard hair weight (mg)		Cashmere diameter (μm)
	21 Jun	21 Dec	21 Jun	21 Dec	21 Dec
M (Mean±SD)	0	162.6±13.**	101.9±11.1	195.9±30.4	15.2±0.7
C (Mean±SD)	0	132.1±20.4	108.9±10.2	206.3±35.2	14.8±0.6

M: the melatonin implant groups; C: the control groups; Means of M superscribed with ** within columns are significant difference ($P<0.01$) to C.

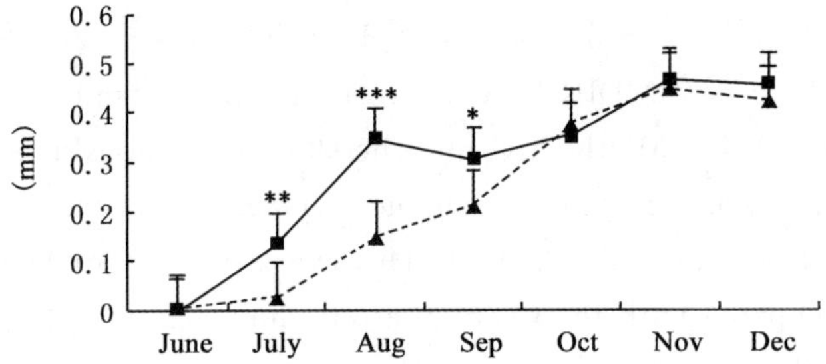

Figure 3　Both of melatonin implant groups (■) and control groups (▲) mean cashmere fibre growth rate (mm/d) at monthly intervals from July to December. Values of melatonin implant groups superscribed with * are significant difference ($P<0.001$) to control groups (** $p<0.01$; * $P<0.05$).**

4　Discussion

An important role of melatonin is to mediate the regulation of seasonal rhythms by photoperiod in mammals, with melatonin production decreasing during long photoperiods (such as in summer) and increasing during short photoperiods (Vanecek, 1998). Our results show that, in Chinese Inner Mongolia cashmere goats, there were seasonal variations in plasma melatonin concentration with increasing from the June solstice to November (from long daylight to short daylight) for both groups. The data show that there were significantly enhanced plasma melatonin concentrations as a consequence of the melatonin implants. These results are similar to previous reports (Nixon et al., 1993; Santiago-Moreno et al., 2005).

Studies have already indicated that exogenous melatonin has a positive role on cashmere growth, resulting in increased cashmere production in some breeds (Teh et al., 1991; Jia,

1996); the consistent conclusion was obtained in Chinese Inner Mongolia cashmere goats (Wang et al., 2006). Our experiment supports the viewpoint that melatonin has an effect on cashmere fibre growth, especially during the three-month period after melatonin treatments. Histological examination of skin showed that structural reorganization of follicles began between days 6 and 12 after melatonin treatment, and cashmere fibres sprout by day 24; whereas untreated goats remained in the quiescent phase (Klören et al., 1993). So far, a primary cause of the initiation cashmere fibre growth and increased cashmere production after administration of melatonin is thought to be plasma prolactin concentration reduce (Dicks et al., 1995; Santiago-Moreno et al., 2004). Previous studies showed that goats skin was an active site of thyroid hormone metabolism (Villar et al., 2000b). However, the initiation and quick elongation of the cashmere fibers following exogenous melatonin administration was not associated with differences in MD activity as previously reported. In this study, the relationship between MD activity and cashmere fibre growth rate was observed from 21 June (the summer solstice) to 21 November (from proanagen to anagen) (Nixon et al., 1993).

Previous report indicated that the MDI activity was not detected in the goats skin but both MDII and MDIII activity could be detected (Villar et al., 2000b). The function of MDII is to convert T_4 to T_3, MDIII is to converts T_3 to T_2, and T_4 to reverse T_3 (rT_3) (Beckett and Arthur, 1994). MDII activity in the skin of Chinese Inner Mongolia cashmere goats exhibits seasonal variation from the summer solstice to November, which is consistent with a previous report (Rhind et al., 2004a). However, the level of MDII activity was higher in the M group compared with the C group after administration of melatonin in July and August, suggesting that the increase in MDII activity might be responsible for increased growth and elongation of cashmere fibre, especially during a period of two months after implantation. In addition, the correlation between cashmere fibre growth rate and MDII activity of skin indicates a close association. Therefore, it is likely that MDII plays an important role in initiating cashmere fibre growth, and this result supported the postulation of Rhind (2004a). The mechanism of melatonin stimulation on cashmere fibre elongation was possibly implemented, at least partly through enhanced MDII activity.

MDIII activity in skin is consistent with a previous report (Rhind et al., 2004a). However, the MDIII activity of the M group was lower than that of the C group in July and August, but the difference was not statistical significant ($p>0.05$), indicating that melatonin might inhibit MDIII activity during the initial stage of cashmere fibre growth.

The decreasing ratio of MDIII/MDII would regulate the change of T_3 and T_4 concentration within the skin, resulting in the enhanced skin T_3 concentration and reduced T_4 concentration. In the present research, the MDIII/MDII ratio presented a significant seasonal variation. This trend is consistent with previous report (Rhind et al., 2004a). However, this variation was in contrast to the seasonal change in melatonin concentration at the same stage. In particular, the ratio of MDIII/MDII differed significantly between the M and C groups after administration of melatonin. This difference may be necessary for the maintenance of T_3

bioactivity and cashmere fibre growth at that time; otherwise melatonin maybe have a important physiological function on expression of MD during the first two months after melatonin treatment. The declining MDIII/MDII ratio is consistent with increasing T_3 concentration but a previous report confirmed that melatonin treatment had no effect on plasma T_3 and T_4 concentration in goats (Dicks et al., 1995). Both T_3 and T_4 plasma concentration also showed no significant differences ($P>0.05$) in between the M and C groups within this study. However, there was a decreasing trend in plasma T_3 and T_4 concentrations after the first two months and afterwards increasing compared with M to C, but this was not statistically significant ($P>0.05$). This result suggest that plasma T_3 (or T_4) concentration maybe not be coincided with skin tissue T_3 (or T_4) concentration; the plasma T_3 (or T_4) concentration was mostly for other physiological systems.

The body weight no significant differences between the M and C groups. Previous reports also confirmed this viewpoint (Dicks et al., 1995; Jia et al., 1996). The gradual increase in body weight was possibly consistent with the increasing stage of maturity and seasons but has not been related with melatonin treatments.

Guard hair length and weight for both groups increased during experiment, but there were no significant differences between M and C; this result was consistent with previous reports (Jia et al., 1996). At the end of the experiment (21 December), the cashmere fibre accumulative length and the cashmere production of M were significant increased than that of C, as a result of melatonin treatments. Simultaneously the cashmere fibre diameters are no significant differences ($P>0.05$), which is consistent with a previous report (Wang et al., 2006).

Implanted melatonin showed the differences in MDII activity and ratio of MDIII/MDII between M and C only in July and August, but no differences after September. The possible reason was that cashmere fibre grew fast in C group after August and physiology of goats in this period changed to increase the skin MDII activity and decrease the ratio of MDIII/MDII. Therefore, there were no differences between M and C in September, October and November. However, the correlations between circulating hormones, melatonin profile, MD activity and cashmere fibre growth are complex. Further studies are necessary to determine the mechanism of melatonin action on cashmere fibre growth and MD activity; including an investigation of the profiles of T_3 (or T_4) concentration and the site (or expression) of T_3 (or T_4) receptor in goat skin.

5 Conclusions

This study indicates that the skin MD activity showed a seasonal variation in Chinese Inner Mongolia cashmere goats, with the MDII activity increasing and the MDIII and MDIII/MDII ratio decreasing from June (the summer solstice) to November.

The results of this research demonstrate that melatonin played an important role in the regulation of skin MD activity. Therefore, it is hypothesized that the melatonin stimulates cashmere fibre elongation, by enhanced MDII activity during a period of two months after melatonin treatments.

Acknowledgement

The authors thank Kleemann D. O. of Turretfield Research Centre of South Australian Research and Development Institute and Chanda E. and Jenny G. of South Dakota State University of USA for lingual correction. Simultaneously the authors thank staffs of the stock farm of Inner Mongolia for technical help and cooperation.

Refferences

[1] Bai, J. Y., Q. Zhang, J. Q. Li, E. J. Dao and X. P. Jia. 2006. Estimates of Genetic Parameters and Genetic Trends for Production Traits of Inner Mongolian White Cashmere goat. Asian-Aust. J. Anim. Sci. 19:13-18.

[2] Beckett, G. J. and J. R. Arthur. 1994. The iodothyronine deiodinases and 5'-deiodination. In: (Ed. M. C. Sheppard and P. M. Stewart). Baillière's Clin. Endocr. Metab. 8:285-304.

[3] Chen, S. L., M. H. Li, Y. J. Li, S. H. Zhao, C. Z. Yu, M. Yu, B. Fan and K. Li. 2001. RAPD Variation and Genetic Distances among Tibetan, Inner Mongolia and Liaoning Cashmere Goats Asian-Aust. J. Anim. Sci. 14:1520-1522.

[4] Dicks, P., A. J. F. Russel and G. A. Lincoln. 1994. The role of prolactin in the reactivation of hair follicles and the spring moult in goats. J. Endocr. 143:441-448.

[5] Dicks, P., A. J. F. Russel and G. A. Lincoln. 1995. The effect of melatonin implants administered from December until April, on plasma prolactin, triiodothyronine and thyroxine concentrations and on the timing of the spring moult in cashmere goats. Anim. Sci. 60:239-247.

[6] Dicks, P., C. J. Morgan, P. J. Morgan, D. Kelly and L. M. Williams. 1996. The localisation and characterisation of insulin-like growth factor-I (IGF-I) receptors and the investigation of melatonin receptors on the hair follicles of seasonal and non-seasonal fibre-producing goats. J. Endocr. 151:55-63.

[7] Hans, W. and N. K. Duong. 2004. Effects of Ensiled Cassava Tops on Rumen Environment Parameters, Thyroid Gland Hormones and Liver Enzymes of Cows Fed Urea-treated Fresh Rice Straw. Asian-Aust. J. Anim. Sci. 17:936-941.

[8] Ibraheem, M., H. Galbraith, J. Scaife and S. Rwen. 1994. Growth of secondary hair follicles on the Cashmere goat *in vitro* and their response to prolactin and melatonin. J. Anat. 1:135-142.

[9] Jia, Z. H., T. H. The and M. An. 1996. Effects of exogenous melatonin on the productivity of cashmere goats. International Academic Publishers, Vi International Conference on Goats. 2:890-893.

[10] Klören, W. R. L., B. W. Norton and M. J. Waters. 1993. Fleece growth in Australian cashmere goats. III. The seasonal patterns of cashmere and hair growth, and association with growth hormone, prolactin and thyroxine in blood. Aust. J. Agric. Res. 44:1035-1050.

[11] Lohakare, J. D., A. K. Pattanaik and S. A. Khan. 2006. Effect of Dietary Protein Levels on the Performance, Nutrient Balances, Metabolic Profile and Thyroid Hormones of Crossbred Calves. Asian-Aust. J. Anim. Sci. 19:1588-1596.

[12] Nixon, A. J., V. J. Choy, A. L. Parry and A. J. Pearson. 1993. Fiber growth initiation in hair follicles of goats treated with melatonin. J. Exp. Zool. 1:47-56.

[13] Rajendran, D. , A. K. Pattanaik, S. A. Khan and S. P. S. Bedi. 2001. Iodine Supplementation of Leucaena leucocephala Diet for Goats. II. Effects on Blood Metabolites and Thyroid Hormones. Asian-Aust. J. Anim. Sci. 14:791-796.

[14] Rhind, S. M. and S. R. Mcmillen. 1995. Seasonal patterns of secondary fibre growth, moulting and hair follicle activity in Siberian and Icelandic×Scottish feral goats offered high and liw levels of dietary protein. Small Rumin. Res. 17:69-76.

[15] Rhind, S. M. , C. E. Kyle and E. I. Duff. 2004a. Effects of season and of manipulation of circulating prolactin concentrations on deiodinase activity in cashmere goat skin. Aust. J. Agric. Res. 55:211-221.

[16] Rhind, S. M. and C. E. Kyle. 2004b. Skin deiodinase profiles and associated patterns of hair follicle activity in cashmere goats of contrasting genotypes. Aust. J. Agric. Res. 55:443-448.

[17] Santiago-Moreno, J. , A. López-Sebastián, A. Campoa, A. González-Bulnes, R. Picazo and A. Gómez-Brunet. 2004. Effect of constant-release melatonin implants and prolonged exposure to a long day photoperiod on prolactin secretion and hair growth in mouflon (*Ovis gmelini musimon*). Dom. Anim. En. 26: 303-314.

[18] Santiago-Moreno, J. , A. Gómez-Brunet, A. González-Bulnes, A. Toledano-Díaz, B. Malpaux and A. López-Sebastián. 2005. Differences in reproductive pattern between wild and domestic rams are not associated with inter-specific annual variations in plasma prolactin and melatonin concentrations. Dom. Anim. En. 28:416-429.

[19] SAS. 1999. SAS/STAT User'guide, (Release 8. 2). SAS Inst. Inc. , Cary, NC.

[20] Teh, T. H. , Z. H. Jia, K. D. Odgen and G. I. Newton. 1991. The effects of photoperiod and melatonin implant on cashmere production. J. Anim. Sci. 69:496 (Abstr).

[21] Vanecek, J. 1998. Cellular Mechanisms of Melatonin Action. Physiol. Rev. 78:687-721.

[22] cashmere fibre growth in goats. Aust. J. Agric. Res. 50:1365-1373.

[23] Villar, D. , S. R. McMillen, P. Dicks and S. M. Rhind. 2000a. The roles of thyroid hormones and prolactin in the control of fibre moult and associated changes in hair follicle activities in cashmere goats. Aust. J. Agric. Res. 51:407-414.

[24] Villar. D. , F. Nicol, J. R. Arthur, P. Dicks, A. Cannavan, D. G. Kennedy and S. M. Rhind. 2000b. Type II and type III monodeiodinase activites in the skin of untreated and propylthiouracil-treated cashmere goats. Res. Vet. Sci. 68:119-123.

[25] Wang, L. F. , D. X. Lu, H. Z. Sun, X. Y. Zhao and D. San. 2006. Effects of photoperiod and melatonin on nitrogen partitioning and cashmere growth in Inner Mongolia White Cashmere Goats. Agric. Sci. Chin. 39:1004-1010 (Chinese).

[26] Zhou, H. M. , D. Allain, J. Q. Li, W. G. Zhang and X. C. Yu. 2003. Effects of non-genetic factors on production traits of Inner Mongolia cashmere goats in China. Small Rumin. Res. 47:85-89.

九、绒山羊绒毛生长的分子调控机制

Effect of the Polymorphisms of Keratin Associated Protein 8.2 Gene on Fibre Traits in Inner Mongolia Cashmere Goats

Haiying Liu[1], Ning Li[1,2], Cunling Jia[3], Xiaoping Zhu[1] and Zhihai Jia[1]

([1] College of Animal Science and Technology, China Agricultural University, Beijing 100094, P. R. China; [2] State Key Laboratory of Biotechnology, China Agricultural University, Beijing 100094, P. R. China; [3] College of Animal Science and Technology, Northwest A & F University, Yangling 712100, P. R. China)

该论文发表在《Asian-Australasian Journal of Animal Science》2007, 20(6):821-826

Abstract The aim of the experiment was to detect polymorphisms in the keratin-associated protein 8.2 (KAP8.2) gene to determine associations between the genotype and fibre traits in Chinese Inner Mongolia cashmere goats. The fibre traits data investigated were cashmere fibre diameter, combed cashmere weight, cashmere fibre length and guard hair length. Five hundred and forty-two animals were used to detect the polymorphisms in the complete coding sequence of the hircine KAP8.2 gene by means of PCR-SSCP. The results showed that six genotypes, AA, BB, DD, AB, AD and BD were identified coded for by three different alleles A, B and D. Two SNPs in the coding region were confirmed by sequencing, which were A214G and T218C respectively. The relationships between the genotypes and cashmere fibre diameter, combed cashmere weight, cashmere fibre length and guard hair length were analyzed. There were significant differences ($P<0.01$) between the associations of the different genotypes with cashmere fibre diameter, cashmere weight and hair length. Cashmere length was the only trait that was not associated with the genotypes. The genotype AA (0.73) was found to be predominant in Inner Mongolia cashmere goats and the animals with this genotype had the thinnest cashmere fibre diameter compared with the other genotypes. These results suggested that the polymorphisms in the hircine KAP8.2 gene may be a potential molecular marker for cashmere fibre diameter in cashmere goats.

Key words Inner Mongolia Cashmere Goats, Keratin Associated Protein 8.2, Polymorphisms, Fibre Traits, PCR-SSCP

1 Introduction

Cashmere fibre diameter and cashmere weight are quantitative traits of economic importance in the cashmere goat industry. Fibre diameter is the most important factor to define the value per unit weight of cashmere fleece. Increasing cashmere production and maintaining lower cashmere fibre diameter are typically associated with higher economic returns to cashmere producers. Thus, selection strategies are needed to maximize the quantity of the fibre without affecting the fibre quality.

The high glycine-tyrosine (HGT) proteins in fibre vary significantly both within and between species ranging from 1% to 12% in sheep wool, 18% in mouse hair to more than 30% in echidna quill (Frenkel et al., 1974; Gillespie, 1990). The wide range in the content of these proteins in wool and hair raises intriguing questions concerning the regulation and function of these proteins in the matrix structure of the fibre. They are subjected to variation by a variety of genetic, nutritional and physiological factors (Gillespie, 1990). The keratin-associated protein 8.2 (KAP8.2) is one member of the HGT proteins that belong to one of the three classes of KAP proteins (Kuczek and Rogers, 1987; Fratini et al., 1992; Aoki et al., 1997). The KAP8.2 gene has a coding sequence of 192 bp, which lacks introns and mainly is expressed in the wool follicle cortex. The KAP8 gene has been mapped to ovine chromosome 1 (Wood et al., 1992). Genes encoding HGT proteins have been located on chromosome 21q22.1 (Rogers et al., 2002) in humans. It has been reported that allelic variation at the KAP8 locus and fibre diameter was significant associated in sheep (Parsons et al., 1994). This suggests that the KAP8 gene may play an important role in determining the phenotypes for different cashmere quality and production traits.

The cashmere fibre from goats (*Capra hircus*), is the finest and softest animal fibre, with an average diameter of 15 μm, and is used exclusively in luxurious textile products (McCcrthy, 1998). World market demands still exceed the supply, so prices are consistently stable and higher than wool and mohair. China is the largest world producer of cashmere. About 30% of the total production comes from the Inner Mongolian population of cashmere goats that vary in production traits among individuals and flocks (Zhou et al., 2003). It is one of the major cashmere goat breeds in China (Chen et al., 2001; Bai et al., 2006), which has significant characteristics of fine cashmere performance quality, including well brightness, white color, big elasticity and average diameter under 15 μm. A number of genes having major effects on traits of the skin and fleece were identified in sheep (McLaren et al., 1997; Henry et al., 1998; Parsons et al., 1999; Bray et al., 2002; Arora and Bhatia, 2006). However, few candidate genes for cashmere production traits have been reported in cashmere goats. The objective of this study was to identify polymorphisms in the KAP8.2 gene and to evaluate the association of these polymorphisms with cashmere fibre characteristics.

2 Materials and methods

2.1 Animals and DNA samples

The blood samples of 542 female goats were collected from the breeding cashmere goat farm in the southwest of the Inner Mongolia region of China. The animals were kept extensively on a desert pasture all year round with similar rearing and feeding conditions. Genomic DNA was extracted from blood samples using the phenol-chloroform method.

2.2 Collection of cashmere phenotypic data

The fibre data including combed cashmere weight, cashmere fibre length and guard hair length, were collected from farm records during the period 1998 to 2005.

Moulted cashmere was harvested once a year by combing in late April, and weighed using an electronic scale. Cashmere and guard hair lengths were measured prior to combing on the same side of the shoulder without stretching the fibre. Patch samples of 10 cm^2 moulted cashmere on the side of the shoulder were obtained before combing in 2005. Hairs in the samples of moulted cashmere were separated and the cashmere samples were washed in ether solution to remove contaminants such as soil and grease. The cashmere fibre diameters were measured using an Auda 2000 optical wool fiber gauging instrument (Shenaoda Technology Company, Shijiazhuang China) in the Wool Analysis Laboratory of the Liaoning Cashmere Breeding Center.

2.3 PCR amplification and SSCP analysis

PCR was performed to amplify sequences fragments of KAP8.2. Three pairs of PCR primers (Table 1) were designed using the software Oligo 6.0, according to the mRNA sequence of KAP8.2 (GenBank accession no. AY510123). The three overlapping PCR fragments covered the complete coding region and the 3' un-translated region of the hircine KAP8.2 gene. The 25-μl PCR volume included 50 ng DNA template, 0.2 mM dNTP, 1.5 mM $MgCl_2$ and 0.5U TaqDNA polymerase (Dingguo Biotechnology Company, Beijing, China). The PCR protocol was 94℃ for 5 min followed by 35 cycles of 94℃ for 30 s, annealing (Table 1) for 30 s, 72℃ for 30 s and a final extension at 72℃ for 10 min. The PCR products were then directly genotyped by SSCP. PCR product (1 μl) of each individual was mixed with 5 μl denaturing buffer (98% formamide, 0.05% xylene, cyanole FF and 0.05% bromophenol blue) and denatured at 98℃ for 5 min, followed by a rapid chill on ice for 10 min. The denatured PCR products were electrophoresed for 16 h at 8 V/cm on 12% acrylamide gels (Jia et al., 2005). DNA bands on the gel were visualized by the silver staining technique.

2.4 Cloning and sequencing of PCR products to confirm mutation

The PCR products of individuals that showed different conformation patterns were purified using the DNA Fragment Quick Purification/Recover Kit (Dinggou Biotechnology Company, Beijing, China), and cloned into pGEM-T Easy Vector Kit (Promega, Madison, WI,

USA), then sequenced using an 3 730 sequencer (Applied Biosystems 3 730 xl DNA Analyzer).

Table 1 PCR primers used for characterization of the hircine KAP8. 2 gene

Primers	Sequence	Starting nucleotide position (GenBank no. AY510123)	Fragment length (bp)	Annealing temperature (℃)
1	5'-CCAGGAAACGGGGTCTTTG-3'	3	193	60
	5'-AAGCCACCATATCCGTATCC-3'			
2	5'-AGCACCTATTCCCCAGTGG-3'	146	271	65
	5'-GGCTTCAGTTACAGTTCAGTTC-3'			
3	5'-TTGAACTGTGCAAAGTAGA-3'	359	194	51
	5'-GGGTTAAGGTATATTTATTAGAAT-3'			

2.5 Statistical analysis

All data were subjected to general linear models analysis using the SAS software package (version 8.2). The mixed linear model was as follows:

$$Y_{ijkl} = \mu + G_i + Y_j + A_k + S_l + e_{ijkl}$$

Where Y_{ijkl} is an observation of the dependent variable (cashmere fibre diameter, combed cashmere weight, cashmere fibre and guard hair length); μ is the population mean for the variable; G_i is the fixed effect of ith genotype (i=1 (AA), 2 (AB), 3 (AD), 4 (BB), 5 (BD), 6 (DD)); Y_j is the fixed effect of jth year (j=1, 2, …, 8); A_k is the fixed effect of kth age (k=1, 2, …, 8); S_l is the random effect of 1 sire and e_{ijkl} is the random residual term. Treatments comparisons were made using least square means by p-values for differences options (SAS version 8.2).

The allele and genotype frequencies were calculated and Hardy-Weinberg equilibrium was tested by comparing expected and observed genotype frequencies using a Chi-square test.

3 Results

3.1 The analysis of polymorphism

Three fragments, amplified by PCR using the primers described in Table 1, showed the expected lengths. The polymorphisms of the PCR products in all individuals were analyzed by PCR-SSCP. Only the products of primer 2 exhibited polymorphisms. In the primer 2 fragment, six conformation patterns were identified, denominated AA, AB, AD, BB, BD and DD genotypes by analyzing the SSCP results (Figure 1).

3.2 Nucleotide sequence

The nucleotide sequence analyses of the six genotypes revealed that three different alleles, A (A-T), B (A-C) and D (G-T), which contained two unreported SNPs (Figure 2) were identified in the KAP8.2 mRNA sequence (GenBank accession no. AY510123). Using allele A as a reference, the allele B had a T→C transition at the 218th position of the nucleotide sequence. Allele D had a silent mutation (A→G) at the 214th position of the nucleotide sequence.

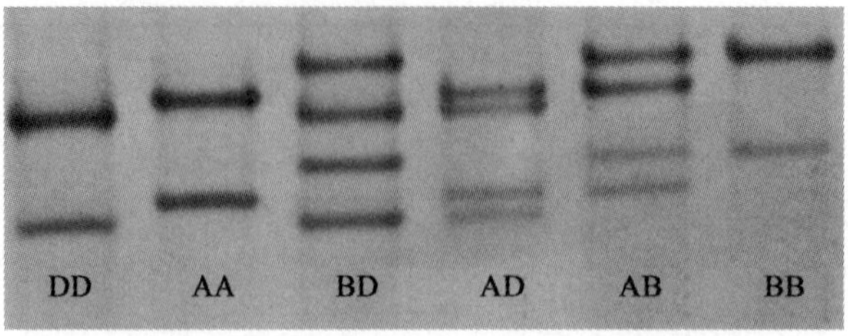

Figure 1 Genotypes of SSCP in the hircine KAP8.2 gene.

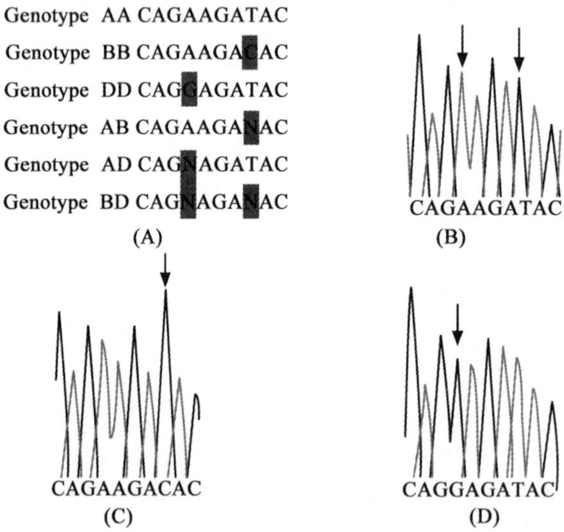

Figure 2 Nucleotide sequence comparison of the PCR products amplified by primer 2. (A) BLAST results of the nt sequence of the six genotypes in this study with nt sequence in GenBank; (B) nt sequence of genotype AA (arrows' positions are consistent with nt sequence in GenBank); (C) and (D) nt sequence of genotype BB and DD (the arrow pointed to the mutation site). AA genotype contains two 214A218T single strands (allele A); BB genotype contains two 214A218C single strands (allele B); DD genotype contains two 214G218T single strands (allele D); AB genotype contains one 214A218T single strand and one 214A218C single strand; AD genotype contains one 214A218T single strand and one 214G218T single strand; BD genotype contains one 214A218C single strand and one 214G218T single strand.

3.3 Association between genotypes and fibre traits

Five hundred and forty-two cashmere goats were used to estimate the frequencies of the alleles and genotypes (Table 2). The frequency of genotype AA was the highest, followed by AB, AD and DD, while BD and BB were the lowest in the population. The allele A was the most frequent allele and the allele B was the least frequent in the population.

Table 2　Genotype and allele frequencies of hircine KAP8.2 gene

Item	Genotypes						Alleles		
	AA	AB	AD	BB	BD	DD	A (A-T)	B (A-C)	D (G-T)
No. of animals	298	99	94	7	16	28			
Frequency	0.55	0.18	0.17	0.013	0.03	0.05	0.73	0.12	0.15

Statistical analyses showed that the different genotypes were significantly associated with cashmere fibre diameter ($P<0.01$), cashmere weight ($P<0.01$) and hair length ($P<0.01$) except for cashmere length ($P>0.05$) (Table 3). Goats with genotype AA exhibited the thinnest fibre diameter (<15 μm) when compared with those from animals with other genotypes ($P<0.01$). The mean difference was about 0.5 microns in fibre diameter between genotype AA and other genotypes. Genotypes with allele D or B had significantly increased fibre diameter. The cashmere goats with genotype BB had the highest cashmere weight than the others genotypes ($P<0.01$). The goats with genotype BB had over 145 gram more than other genotypes in cashmere weight ($P<0.0001$). The goats with genotype AA exhibited the longer hair length ($P<0.01$), while those with genotype BB had the shortest hair length ($P<0.01$) when compared with the other genotypes.

Table 3　Associations between the genotypes of the KAP8.2 gene and cashmere fibre traits (LSM±SE)

Genotype	Fibre diameter (μm)	Cashmere weight (g)	Cashmere length (cm)	Hair length (cm)
AA	14.74 ± 0.13^{aA}	575.69 ± 19.26^{aA}	5.76±0.092	16.64 ± 0.56^{ab}
AB	15.22 ± 0.15^{bB}	576.54 ± 20.45^{aA}	5.75±0.097	16.19 ± 0.60^{b}
AD	15.19 ± 0.14^{bB}	570.40 ± 20.31^{aA}	5.69±0.097	16.98 ± 0.59^{a}
BB	15.28 ± 0.32^{abAB}	733.91 ± 40.39^{bB}	6.02±0.202	14.21 ± 1.42^{c}
BD	15.37 ± 0.25^{bB}	588.55 ± 29.25^{aA}	5.81±0.135	16.03 ± 0.92^{b}
DD	15.19 ± 0.20^{bB}	566.73 ± 23.70^{aA}	5.69±0.117	17.43 ± 0.69^{a}

Mean within a column with no common superscript capital letters differed significantly ($P<0.01$) and mean within a column with no common superscript lowercases differed significantly ($P<0.05$).

4　Discussion

The KAP genes that code for the structural proteins of the wool fibre may be candidate genes with major effects on wool production variations. Wood et al. (1992) reported CA repeat variation at the KAP8 locus in sheep. It was also indicated that the allelic variation at the KAP8 locus and fibre diameter was significant associated (Parsons et al., 1994). In addition, Rogers et al. (1994) found DNA polymorphisms in the B2 high-sulfur proteins. These results suggest that the KAPs genes may be candidates for wool QTLs.

In the current study, six genotypes and three alleles were identified by SSCP in the

KAP8.2 gene (Figure 1). The present results revealed that the frequency of genotype AA was the predominant in Inner Mongolia cashmere goats, up to 55%, whereas genotype BB was the least, only about 1.3%. The allele frequencies was A>D>B. The distribution of allele and genotype frequencies in our sample significantly deviated from the Hardy-Weinberg equilibrium ($x^2=26.80$, $p<0.01$) indicating that the locus is under selection pressure. The differences between genotypes and alleles are possibly due to long-term artificial fertilization and selection towards thin fibre diameter.

The current results suggested that the polymorphisms of KAP8.2 were associated with cashmere fibre diameter, cashmere weight and hair length (Table 3). The goats with genotypes AA had over 3.1% thinner fibre diameter (<15 μm) than those of other genotypes. The animals with genotype BB had the thicker fibre diameter in the population, higher by 0.54 μm than genotype AA. However, this difference did not reach significance level ($P=0.07$) which might be caused by the population containing less homozygous mutation BB. The goats with genotype BB had distinctly largest cashmere weight and significantly shortest hair length in the population. This implies that the hircine KAP8.2 gene could be a potential candidate gene affecting fibre quality and performance. Further studies in larger populations and other breeds are needed to confirm this result.

The animals with genotype AA had the thinnest fibre diameter and lower cashmere weight; whereas, the animals with genotype BB had the highest cashmere weight and the thicker fibre diameter. Therefore, being of genotype AA might have an important effect on cashmere quality while genotype BB mainly affected production. Fibre diameter and fibre quantity are very highly and positively correlated, and genetic correlations between fibre diameter and fibre weight range from 0.62 to 0.83 (Pattie and Restall, 1989; Bigham et al., 1993; Bishop and Russel, 1996). In Inner Mongolia, cashmere phenotype, once the individual was high in cashmere production, was usually thick in fibre diameter and short in hair length. There existed a few individuals which had high cashmere production, thick cashmere fibre diameter and short hair length in the Inner Mongolia cashmere population. In the present study, the goats with different genotypes followed this rule. These genetic correlations may indicate that multiple genes, and complex and subtle interactions between the genes, are responsible for fleece phenotype (Adelson et al., 2002).

Since the small number of observations on the genotype BB, BD and DD might not yield convincing statistical inference, we attempted to combine the allele B and D and analysed the association between genotypes and cashmere traits. The statistical results are given in Table 4 and suggested that the genotype AA was significantly associated with cashmere fibre diameter, which is consistent with the results in Table 3. Therefore, the genotype AA may be the most advantageous genotype for cashmere fibre diameter. Inner Mongolia cashmere goat is famous for its fine cashmere fibre diameter; in long-term artificial fertilization and selection the excellent trait is always primarily preserved.

Table 4　Associations between the genotypes of the KAP8.2 gene and cashmere fibre traits (LSM±SE)

Genotype	Fibre diameter (μm)	Cashmere weight (g)	Cashmere length (cm)	Hair length (cm)
AA	14.74±0.13[aA]	577.09±19.48	5.75±0.095	16.60±0.56
AC	15.20±0.14[bB]	576.72±19.57	5.72±0.096	16.56±0.56
CC	15.25±0.17[bB]	575.43±22.25	6.01±0.112	16.90±0.65

Mean within a column with no common superscript capital letters differed significantly ($P<0.01$) and mean within a column with no common superscript lowercases differed significantly ($P<0.05$).

The sequencing results showed that two unreported mutations, A214G and T218C were identified in the KAP8.2 gene. A214G did not change the amino acid, while T218C led to an amino acid change from the neutral amino acid tyrosine to the basic amino acid histidine at residue 57. These two mutations at different positions of the nucleotide sequence of a gene significantly associated with cashmere fibre diameter, indicated that they could be important functional sites for KAP8.2 and further studies are needed to investigate them. Investigations are required on the gene function at the cellular level and its interactions with other candidate genes.

5　Conclusions

Three alleles and six genotypes of the KAP8.2 gene were identified in Inner Mongolia cashmere goats. The study showed that the KAP8.2 gene was strongly associated with cashmere fibre diameter, cashmere weight and hair length. The genotype AA was found to be predominant in the population and the animals with this genotype had the thinnest cashmere fibre diameter, indicating that the polymorphisms in the hircine KAP8.2 gene may be a potential molecular marker for cashmere fibre diameter in cashmere goats.

Acknowledgement

This project was supported by National Key Technologies R & D Program (No. 2006BAD01A11), P. R. China. We thank Saoqing Liu, Yongbing Zhang and other staff at the Inner Mongolia cashmere goat breeding farm for the collection of blood samples and production trait data. We also thank the faculty of the Liaoning cashmere breeding center for measurement of cashmere fibre diameter.

References

[1] Adelson, D. L., D. E. Hollis and G. H. Brown. 2002. Wool fibre diameter and follicle density are not specified simultaneously during wool follicle initiation. Aust. J. Agric. Res. 53:1003-1009.

[2] Aoki, N., K. Ito and M. Ito. 1997. Isolation and characterization of mouse high-glycine/tyrosine proteins. J. Biol. Chem. 272:30512-30518.

[3] Arora, R. and S. Bhatia. 2006. Genetic Diversity of Magra Sheep from India Using Microsatellite Analy-

sis. Asian-Aust. J. Anim. Sci. 19(7):938-942.

[4] Bai, J. Y., Q. Zhang, J. Q. Li, Er-Ji Dao and X. P. Jia. 2006. Estimates of genetic parameters and genetic trends for production traits of Inner Mongolian White Cashmere goat. Asian-Aust. J. Anim. Sci. 19(1):13-18.

[5] Bigham, M. L., C. A. Morris, B. R. Southey and R. L. Baker. 1993. Heritabilities and genetic correlations for live weights and fibre traits in New Zealand cashmere goats. Livest. Prod. Sci. 33:91-104.

[6] Bishop, S. C. and A. J. F. Russel. 1996. The inheritance of fibre traits in a crossbred population of cashmere goats. Anim. Sci. 63:429-436.

[7] Bray, A. R., D. O'Connell and D. J. Saville. 2002. Genes with major effects on wool traits detected in Finn cross sheep. Proc. NZ. Soc. Anim. Prod. 62:65-68.

[8] Chen, S. L., M. H. Li, Y. J. Li, S. H. Zhao, C. Z. Yu, M. Yu, B. Fan and K. Li. 2001. RAPD Variation and Genetic Distances among Tibetan, Inner Mongolia and Liaoning Cashmere Goats. Asian-Aust. J. Anim. Sci. 14(11):1520-1522.

[9] Jia C. L., N. Li, X. B. Zhao, X. P. Zhu and Z. H. Jia. 2005. Association of single nucleotide polymorphisms in exon 6 region of BMPIP gene with litter size traits in sheep. Asian-Aust. J. Anim. Sci. 18(10):1375-1378.

[10] Fratini, A., B. C. Powell and G. E. Rogers. 1992. Sequence, expression, and evolutionary conservation of a gene encoding a glycine/tyrosine-rich keratin-associated protein of hair. J. Biol. Chem. 265:4511-4518.

[11] Frenkel, M. J., J. M. Gillespie and P. J. Reis. 1974. Factors influencing the biosynthesis of the tyrosine-rich proteins of wool. Aust. J. Biol. Sci. 27:31-38.

[12] Gillespie, J. M. 1990. The proteins of hair and other hard α-keratins. In: Cellular and Molecular Biology of Intermediate Filaments (Ed. R. D. Goldman and P. M. Steinert). Plenum Press, New York. pp. 95-128.

[13] Henry, H. M., K. G. Dodds, T. Wuliji, Z. A. Jenkins, A. E. Beattie and G. W. Montgomery. 1998. A genome screen for QTL for wool traits in a Merino × Romney backcross flock. Wool Tech. 46:213-217.

[14] Kuczek, E. S. and G. E. Rogers. 1987. Sheep wool (glycine+ tyrosine)-rich keratin genes: A family of low sequence homology. Eur. J. Biochem. 166:79-85.

[15] McCarthy, B. J. 1998. Specialty animal fibres. Textiles. 1:6-8.

[16] McLaren, R., G. Rogers, K. Davies, J. Maddox and G. Montgomery. 1997. Linkage mapping of wool keratin and keratin-associated protein genes in sheep. Mamm. Genome. 8:938-940.

[17] Parsons, Y. M., D. W. Cooper and L. R. Piper. 1994. Evidence of linkage between high-glycine-tyrosine keratin gene loci and wool fibre diameter in a Merino half-sib family. Anim. Genet. 25:105-108.

[18] Parsons, Y. M., M. R. Fleet and D. W. Cooper. 1999. Isolation of the ovine agouti coding sequence. Pigment Cell Res. 12:394-397.

[19] Pattie, W. A. and B. J. Restall. 1989. The inheritance of cashmere in Australian goats. 2. Genetic parameters and breeding values. Livest. Prod. Sci. 21:251-261.

[20] Rogers, G. R., J. G. H. Hickford and R. Bickerstaffe. 1994. Polymorphism in two genes for B2 high sulfur proteins of wool. Anim. Genet. 25:407-415.

[21] Rogers, M. A., L. Langbein, H. Winter, C. Eemann, S. Praetzel and J. Schweizer. 2002. Characterization of a first domain of human high glycine-tyrosine and high sulfur keratin-associated protein (KAP) genes on chromosome 21q22.1. J. Biol. Chem. 277:48993-49002.

[22] SAS. 2001. User's Guide: Statistics. Version 8.2, Cary, NC, USA.

[23] Wood, N. J., S. H. Phua and A. M. Crawford. 1992. A dinucleotide repeat polymorphism at the glycine-rich and tyrosine-rich keratin locus in sheep. Anim. Genet. 23:391.

[24] Zhou, H. M., D. Allain, J. Q. Li, W. G. Zhang and X. C. Yu. 2003. Effects of non-genetic factors on production traits of Inner Mongolia cashmere goats in China. Small Rumin. Res. 47:85-89.

*FGF*5 基因对内蒙古绒山羊绒毛性状的影响

刘海英[1]　杨桂芹[1]　张　微[2]　朱晓萍[2]　贾志海[2]

（1. 沈阳农业大学畜牧兽医学院，沈阳　110161；2. 中国农业大学动物科技学院，农业部动物营养重点开放实验室，北京　100193）

该文发表在《遗传》2009,31(2):175-179

摘要　根据 *FGF*5 基因已知 DNA 序列设计了 2 对引物，采用 PCR-SSCP 和 PCR-RFLP 技术，在内蒙古绒山羊[1] 群体中进行基因多态性检测，结果发现 *FGF*5 基因外显子 1 存在限制性内切酶 *Bgl* Ⅰ 多态位点，对其不同基因型个体 PCR 回收产物进行测序。测序结果发现该 SNP 是由碱基序列 C→T 的突变而引起的。基因型和基因频率统计，该试验群体以等位基因 *A* 具有明显的优势，χ^2 检验表明该 SNP 位点的基因频率处于 Hardy-Weinberg 平衡状态；对该 SNP 与绒毛性状关联分析，表明该 SNP 对绒纤维伸直长度($P<0.01$)和含绒量($P<0.05$)有显著影响，而对其他各绒毛性状的影响不显著($P>0.05$)。*AB* 基因型个体绒纤维伸直长度($P<0.01$)和含绒量($P<0.05$)显著高于 *AA* 基因型个体。

关键词　内蒙古绒山羊；*FGF*5；PCR-RFLP；PCR-SSCP；绒毛性状

Effects of *FGF*5 Gene on Fibre Traits on Inner Mongolian Cashmere Goats

LIU Hai-Ying[1], YANG Gui-Qin[1], ZHANG Wei[2], ZHU Xiao-Ping[2], JIA Zhi-Hai[2]

(1. College of Animal Science and Veterinary Science, Shenyang Agricultural University, Shenyang　100161, China; 2. The Key Laboratory of Animal Nutrition of the Ministry of Agriculture, College of Animal Science and Technology, China Agricultural University, Beijing　100193, China)

Abstract　Two pairs primers were designed base on the known sequence for amplification of *FGF*5 gene in the Inner Mongolian cashmere goats herd. It was found that a restrict fragment length polymorphism within the exon 1 of *FGF*5 gene from the second pair of primers using PCR-SSCP and PCR-RFLP. PCR products after recovered and purified, were, sequenced that randomly selected from different genotypes. It was revealed a synonymous single base mutation (C→T) for the *AB* genotype. The allete *A* was found to be predominant in Inner Mongolian cashmere goats and the allele and genotype frequencies in our sample coincident with the Hardy-Weinberg equilibrium. When analyzed for the association with fibre traits, this *FGF*5 SNP was found to have significant effect on cashmere fibre stretched length ($P<0.01$) and cashmere rate ($P<0.05$), but have slightly effect on others fibre traits ($P>0.05$). Cashmere fibre stretched length ($P<0.01$) and cashmere rate ($P<0.05$) in individuals of genotype *AB* was significantly higher than in individuals of genotype *AA*.

Key words　Inner Mongolian cashmere goat, *FGF*5, PCR-RFLP, PCR-SSCP, fibre traits

内蒙古绒山羊是我国优秀的绒山羊品种，山羊绒产品是内蒙古地区农牧民重要的经济来源，其产量占全国总产量的40%。绒长度和毛长度是绒山羊的重要经济性状，决定绒纤维的价值和绒毛品质。经过多年的选育，该性状得到一定程度的提高，随着分子生物学的发展，从分子水平研究影响绒毛长度的候选基因和相关分子遗传标记，发掘有效分子标记，对加快提高绒山羊绒毛品质的遗传进展具有重要理论价值。绒山羊绒毛长度相关研究，国内外还未见系统的分子生物学实验和报道。

绒毛性状的形成与毛囊生长密切相关。哺乳动物毛囊生长具有周期性，经过生长期(Anagen)、退行期(Catagene)和休止期(Telogen)，然后重新开始下一个生长周期[1]。O'Shaughnessy 和 Christiano[2]从分子水平对哺乳动物皮肤表型性状进行研究，发现了一些在毛囊生长和分化过程中关键性的调控子。Hebert 等[3]研究显示，*FGF*5 基因敲除鼠毛发生长周期的生长Ⅵ期延长，导致这些鼠被毛变长。Sundberg 等[4]进一步研究揭示，安哥拉鼠(Angora)常染色体隐性突变表现出躯干被毛过度生长，是由于鼠成纤维细胞生长因子 5(*FGF*5)基因大约 2 kb 核苷酸缺失导致退行期的延迟。

Housley 和 Venta[5]进行了狗常染色体隐性遗传分离试验，推测长毛性状是由于 *FGF*5 基因错义突变引起。Drögemüller 等[6]也报道了 *FGF*5 基因上的突变与猫的毛长度相关联。高爱琴等[7]克隆了山羊 *FGF*5 基因的 cDNA 编码序列，并首次对该基因在山羊群体中多态性进行检测[8]，但未进行绒毛性状的关联分析。本试验旨在对 *FGF*5 基因进行多态性检测，确定群体中是否存在有意义的多态位点以及突变位点与绒毛性状的连锁关系。

1　材料和方法

1.1　材料

以内蒙古绒山羊为研究对象，样品来自内蒙古绒山羊种羊场。采集 534 只内蒙古绒山羊的耳组织样，保存于70%乙醇溶液中，以酚仿抽提法提取基因组 DNA。

1.2　方法

1.2.1　引物设计与合成

根据文献[7]提供的引物序列进行 PCR 扩增，扩增片段为 *FGF*5 基因编码区的外显子 1 区段。引物如下：第一对引物 Pf：5′-TTCCCCGAGGCTATGT- CCAC-3′，Pr：5′-ACACGGTGCTACTGCTGCTC-3′；第二对引物 Pf：5′-AGCAGTAGCACCGTGTCTTC- 3′，Pr：5′-AGCCATTGACTTTGCCATCC-3′。引物由上海生工生物工程技术服务有限公司合成。

1.2.2　SNP 检测

以内蒙古绒山羊的 DNA 为模板，分别用 2 对引物进行 PCR 扩增。PCR 反应体系

(25 μL)为：100～500 ng 基因组 DNA，2.5 μL 10×PCR buffer(100 mmol/L Tris-HCl (pH 8.0)，500 mmol/L KCl，10 mmol/L $MgCl_2$ 和 0.1%明胶)，2 μL dNTP(200 μmol/L)，每种引物(10 pmol/L)各 1 μL，2 U *Taq* 酶(以上试剂均由中国农业大学农业生物技术重点实验室提供)。第一对引物的反应条件为：94℃ 5 min，接着是 35 个循环：94℃ 30 s；58℃ 30 s；72℃，30 s。结束后 72℃延伸 7 min；第二对引物的反应条件除退火温度为 61℃外其余均相同。2%琼脂糖凝胶电泳检测 PCR 产物。

第一对引物用 14%的聚丙烯凝胶电泳检测单核苷酸多态性(SNP)。第二对引物用 RFLP 方法检测多态性，酶切反应体系(20 μL)为：5 μL PCR 产物，2 μL 10×buffer，1 μL 内切酶 *Bgl* Ⅰ(以上试剂均由中国农业大学农业生物技术重点实验室提供)。反应步骤为：酶切反应体系在 37℃水浴 3～4 h，之后用 3%琼脂糖凝胶电泳，8 V/cm 电泳 30 min，紫外成像系统下检测电泳条带，判断基因型并拍照，记录基因型。

1.2.3 多态性片段的测序

若通过以上方法检测到 SNP，则对其不同基因型个体的 PCR 产物进行回收纯化(DNA 凝胶回收试剂盒)，纯化后的目的片段直接测序。

1.2.4 统计分析

绒毛性状包括产绒量、绒纤维长度、毛长度、绒纤维细度。本研究构建了最小二乘分析模型对所发现多态位点与绒毛性状的关系进行统计分析。考虑的固定效应包括：年份、年龄、公羊和基因型效应，其模型为：

$$Y_{ijkl} = \mu + G_i + Ys_j + A_k + S_l + e_{ijkl}$$

其中，Y_{ijkl}是绒毛性状的观察值；μ 是绒毛性状的群体均值；G_i 是第 i 个基因型的固定效应(i=1 (AA)，2 (AB))；Ys_j 是第 j 个年份的固定效应 (j=1，2，…，8)；A_k 是第 k 个年龄的固定效应 (k=1，2，…，8)；S_l 是家系效应；e_{ijkl}是随机残差效应。

由于样本数据的非均衡性，采用 SAS 软件包(8.2 版)的 GLM 模块进行分析。

2 结果与分析

2.1 PCR-RFLP 检测结果

2 对引物的 PCR 产物经 2%琼脂糖凝胶电泳检测都有较好的效果，与预计的扩增片段大小一致，分别为 289 bp 和 193 bp，且没有非特异条带，可直接用于 PCR-SSCP 和 PCR-RFLP 分析。在第二对引物上用 *Bgl* Ⅰ内切酶进行酶切消化，检测到一个 SNP，群体中检测到两种不同基因型，分别命名为 *AA* 型和 *AB* 型(图 1)。

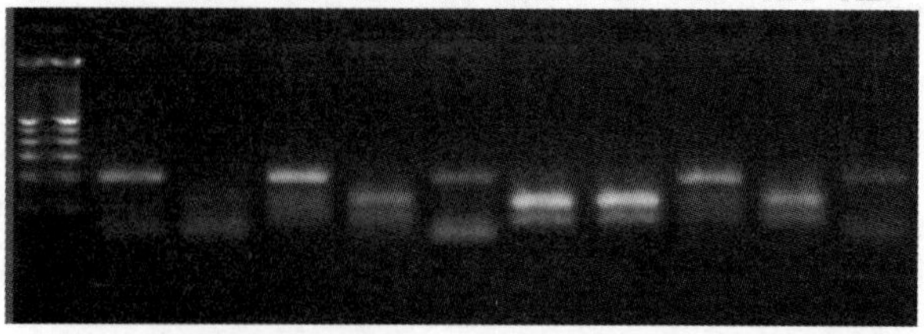

图 1 *FGF5* 基因第二对引物的 *Bgl* Ⅰ酶切检测结果

统计不同的基因型，并计算基因型频率和基因频率（表 1）。从表 1 中可以看出，内蒙古绒山羊群体基因型呈偏态分布，*AA* 型占绝对优势，而未检测到纯合 *BB* 基因型个体，使得 *A* 等位基因的分布频率远远高于 *B* 等位基因的分布频率。卡方检验表明群体处于 Hardy-Weinberg 平衡状态。

表 1　*FGF5* 基因不同基因型和等位基因频率的分布

类别	基因型		等位基因		χ^2	*P*
	AA	*AB*	*A*	*B*		
频数	476	58	1010	58	1.76	0.1845
频率(%)	89.14	10.86	94.57	5.43		

2.2　测序结果与分析

不同基因型测序结果（图 2）表明：在第二对引物扩增出的 PCR 产物的 GCCGGACCGGC 处，检测到一碱基突变 C→T，使该处碱基序列由 GCCGGACCGGC 突变为 GCCGGACCG-GT，从而使该处 *Bgl* Ⅰ 酶切位点消失。这个突变位点没有改变氨基酸序列，为同义突变。当 386 nt 处为 C 时，可被 *Bgl* Ⅰ 内切酶识别，消化为 121 bp/71 bp 两个片段，即为 *AA* 基因型；当 386 处出现 C→T 突变时，*Bgl* Ⅰ 酶切位点消失，192 bp 片段不能被切开；该位点如为杂合则部分片段被切开，出现 192 bp/121 bp/71 bp 3 个片段，即为 *AB* 基因型（图 1），测序结果证明这一基因座位确实为杂合（图 2）。

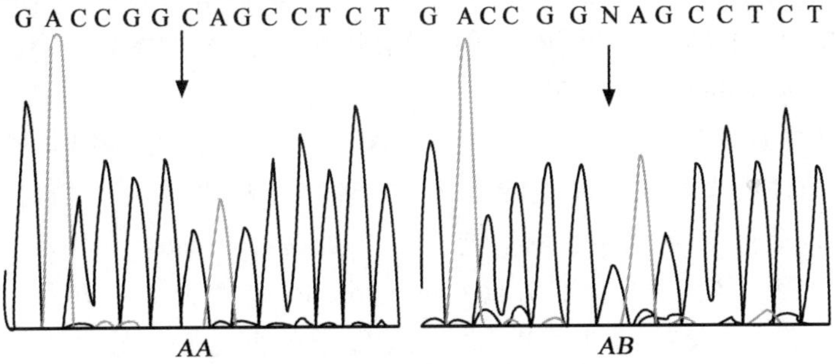

图 2　不同基因型的测序峰图

2.3　*FGF5* 基因多态性与绒毛性状的连锁分析

利用最小二乘分析方法对 *FGF*5 基因外显子上所发现的多态位点与所有个体绒毛性状的关系进行了统计分析，结果如表 2 所示。结果表明，不同基因型个体在绒纤维长度（$P<0.01$）和含绒量（$P<0.05$）上存在极显著和显著差异，而在其他性状上差异均不显著（$P>0.05$）。*AB* 基因型绒纤维伸直长度极显著高于（$P<0.01$）*AA* 基因型，*AB* 基因型含绒量显著高于 *AA* 基因型（$P<0.05$）。遗憾的是该群体中未检测到纯合突变 *BB* 基因型个体。

表 2　*FGF5* 基因型与绒毛性状的关联分析（最小二乘均数±标准误）

基因型	绒细度(μm)	绒毛重量比	含绒量	产绒量(g)	绒纤维伸直长度(cm)	绒长度(cm)	毛长度(cm)
AA	15.03±0.14	1.18±.010	0.51±0.015^a	590.37±18.74	8.52±0.16^A	5.83±0.09	17.01±0.52
AB	14.96±0.18	1.35±0.13	0.055±0.021^b	578.83±20.65	9.23±0.18^B	5.88±0.11	17.53±0.58

3 讨论

鼠上的研究表明，多种基因突变影响被毛形态，许多突变对被毛的长度无影响，有些使被毛变短，到目前为止只有一种突变(angora 鼠，最初命名为 *go* 基因突变)引起被毛变长[4]，这种长毛基因的自然突变与 *FGF*5 外显子 1 以及其部分上游序列的大量缺失相对应[3,4]。与鼠相似，兔的长毛基因突变会导致其毛发生长Ⅵ延长[9]。进一步用基因打靶方法使鼠成纤维细胞生长因子(*FGF*5)[3,4]缺失，会导致其长出长毛。长毛基因隐性突变会导致长毛的现象在很多动物上出现，如鼠、兔、山羊、狗和猫。

本实验利用 PCR-RFLP 技术，在内蒙古绒山羊 *FGF*5 基因外显子 1 上检测到 C→T 突变，该结果与高爱琴等[8]在山羊群体中发现的结果一致，李春笑等[14]在兔 *FGF*5 基因外显子 1 也检测到多态位点。该突变未引起氨基酸序列的改变，但导致 *Bgl* Ⅰ 酶切位点消失。通过对群体 *FGF*5 基因突变位点的等位基因和基因型频率分析发现，*AA* 基因型和 *A* 等位基因在群体中具有显著优势。卡方检验结果表明，试验群体在该位点的基因频率处于 Hardy-Weinberg 平衡状态(群体 χ^2 小于 $\chi^2_{0.05}$)，说明该群体处于随机交配状态。在高爱琴等[8]研究中，辽宁绒山羊、内蒙古绒山羊和文登山羊 3 个群体中突变基因型频率和突变等位基因频率均高于本试验群体，这可能是由于试验群体品种或产地不同和样本容量限制等因素造成。

本研究采用的多态性检测方法与高爱琴等的不同。他们采用的是 PCR-SSCP 法，而本研究采用的 PCR-RFLP 法同 PCR-SSCP 法相比具有操作简单、灵敏度高和 *Bgl* Ⅰ 内切酶价格低廉等优点，而得到的结果也是一致的。

*FGF*5 基因对被毛的影响在鼠上已研究得很深入，并已证实该基因对被毛的长度有显著影响。试验表明 *FGF*5 基因在皮肤毛囊有表达，体外注射其蛋白产物研究进一步验证了 *FGF*5 蛋白产物对不同时期毛囊生长的影响[10~13]。近期，Housley 和 Venta[5]报道狗的长毛性状可能是由于 *FGF*5 基因错义突变引起。Drögemüller 等[6]报道了 *FGF*5 基因上的突变与猫的毛长度相关联。李春笑等[14]也报道兔 *FGF*5 基因外显突变与兔的产毛量相关联。本实验进行 SNP 位点与绒毛性状关联分析表明，该多态位点对绒纤维伸直长度和含绒量有显著影响，*AB* 基因型个体绒纤维伸直长度和含绒量高于 *AA* 基因型个体，有 *AB*＞*AA* 基因型的趋势。

从以上分析我们可以得到如下结论：本研究在 *FGF*5 基因上发现的 C→T 单碱基突变对本研究群体绒纤维伸直长度和含绒量有显著影响，但对其他绒毛性状没有显著影响。由于本研究样本含量不是很大，未涉及其他品种，*BB* 基因型个体未检测到，因此还需扩大样本含量和增加品种数量对二者之间的相关性进行进一步的验证。

参考文献

[1] Ryan AF. The cell cycle and the development and regeneration of hair cells. *Current Topics in Developmental Biology*, 2003, 57: 449-466.

[2] O'Shaughnessy RF, Christiano AM. Inherited disorders of the skin in human and mouse: from development to differentiation. Int. *J Devel Biol*, 2004, 48(2-3): 171-179.

[3] Hebert JM, Rosenquist T, Gotz J, Martin GR. *FGF*5 as a regulator of the hair growth cycle: evidence

from targeted and spontaneous mutations. *Cell*, 1994, 78 (6): 1017-1025.

[4] Sundberg JP, Rourk MH, Boggess D, Hogan ME Sundberg BA, Bertolino AP. Angora mouse mutation: altered hair cycle, follicular dystrophy, phenotypic maintenance of skin grafts, and changes in keratin expression. *Veterinary Pathology* (Vet Pathol), 1997, 34 (3): 171-179.

[5] Housley DJ, Venta PJ. The long and the short of it: evidence that *FGF*5 is a major determinant of canine 'hair'-itability. *Animal Genetics*, 2006, 37 (4): 309-315.

[6] Drögemüller C, Rüfenacht S, Wichert B, Leeb T. Mutations within the FGF5 gene are associated with hair length in cats. *Animal Genetics*, 2007, 38, (3): 218-221.

[7] GAO Ai-Qin, LI Ning, LI Jing-Quan, ZHAO Xing-Bo, ZHANG Yan-Jun. The cDNA clone of goat *FGF*5 gene and sequence analysis. *Acta Scientiarum Naturalium Universitatis NeiMongol*, 2006, 37 (2): 179-183.

[8] 高爱琴，李宁，李金泉，等. 山羊 *FGF*5 基因 cDNA 分子克隆及序列分析. 内蒙古大学学报(自然科学版)，2006，37 (2)：179-183.

[9] GAO Ai-Qin, LI Ning, LI Jing-Quan, ZHAO Xing-Bo. Analysis on single nucleotide polymorphisms of *FGF*5 gene in different goat breeds. *Acta Agriculturae Boreali-Sinica*, 2006, 21 (3): 71-76.

[10] 高爱琴，李宁，李金泉，等. 山羊 *FGF*5 基因单核苷酸多态性群体遗传学分析. 华北农学报，2006，21 (3)：71-76.

[11] Rougeot J, Thebault RG. Seasonal-variations in pelage composition and structure with special reference to angora rabbit. *Annales De Zootechnie*, 1983, 32 (3): 287-314.

[12] Petho-Schramm A, Muller HJ, Paus R. *FGF*5 and the murine hair cycle. *Arch Dermatol Res*, 1996, 288 (5-6): 264-266.

[13] Suzuki S, Kato T, Takimoto H, Masui S, Oshima H, Ozawa K, Suzuki S, Imamura T. Localization of rat FGF-5 protein in skin macrophage-like cells and FGF-5S protein in hair follicle: possible involvement of two *Fgf*-5 gene products in hair growth cycle regulation. *J Invest Dermatol.*, 1998, 111 (6): 963-972.

[14] Suzuki S, Ota Y, Ozawa K, Imamura T. Dual-mode regulation of hair growth cycle by two *Fgf*-5 gene products. *J Invest Dermatol*, 2000, 114 (3): 456-463.

[15] Ota Y, Saitoh Y, Suzuki S, Ozawa K, Kawano M, Imamura T. Fibroblast growth factor 5 inhibits hair growth by blocking dermal papilla cell activation. *Biochem Biophys Res Commun*, 2002, 290 (1): 169-176.

[16] LI Chun-Xiao, JIANG Mei-Shan, CHEN Shi-Yi, LAI Song-Jia. Correlation analysis between single nucleotide polymorphism of *FGF*5 gene and wool yield in rabbits. *Hereditas(Beijing)*, 2008, 30(7): 893-899.

[17] 李春笑，蒋美山，陈仕毅，等. 兔成纤维细胞生长因子(*FGF*5)基因 SNP 及其与产毛量的相关分析. 遗传，2008，30(7)：893-899.

Expression of Prolactin Receptor mRNA after Melatonin Manipulated in Cashmere Goats Skin during Cashmere Growth

Yue, C. W., L. X. Du, X. P. Zhu, X. H. Kong, W. Zhang and Z. H. Jia.

(1. College of Animal Science and Technology, China Agricultural University, Beijing 100094, China)

此论文发表在《Asian-Australasian Journal of Animal Sciences》2010, 23(10): 1291-1298

Abstract The aim of this research was to investigate the dynamic changes of the level of total prolactin receptor (PRLR) mRNA and the short form prolactin receptor (S-PRLR) mRNA in skin of cashmere goats from the initiation of cashmere fibre growth to active growth. Eighteen half-sib wethers were allocated randomly to two groups. Melatonin implants were used in order to initiate growth of cashmere fibre before the normal time and reduce blood plasma prolactin (PRL) concentration. Real-time reverse transcription quantitative polymerase chain reaction (real-time PCR) was used to determine PRLR mRNA expression levels of skin from June to November. The results showed that, in Chinese Inner Mongolia cashmere goats, there were seasonal variations in expression of total PRLR mRNA in skin with levels decreasing from June to October. Synchronously, the cashmere fibre growth rate gradually increased during this period, but the expression levels of S-PRLR mRNA did not decrease along with seasonal variation from initiation to active growth of cashmere fibre. These results suggest that expression levels of S- PRLR mRNA might be involved in the process of cashmere growth. It was also possible that the change of alternative splicing of PRLR occurred in the skin of cashmere goats from proanagen to anagen.

Key words Prolactin Receptor, Real-time RT-PCR, Melatonin, Prolactin, Cashmere Fibre, Cashmere Goats

1 Introduction

Studies have already indicated that changes in the concentration of several hormones are related to hair follicle activity, cashmere fibre growth and moulting (Klören et al., 1993; Dicks et al., 1994; Santiago-Moreno et al., 2005). Prolactin (PRL) is believed to mediate seasonal cues entraining reproductive and hair follicle growth cycles (Choy et al., 1997). Research has shown that peak levels of plasma PRL are associated with the initiation of cashmere growth and active growth which occurs as levels decline (Klören et al., 1993). Previous studies showed that PRL acts directly on growth-controlling cells in the wool follicles of Wiltshire sheep (Nixon et al., 1998). In isolated hair follicles, PRL supplementation of follicle cultures did not significantly affect wool production rate (Winder et al., 1995), but acted directly on the secondary hair follicle to stimulate elongation of the cashmere fibre *in vitro* (Ibraheem et al., 1994). However, when the skin of Angora goats was inf-used with PRL synthesis of mohair fiber decreased (Puchala et al., 2003).

The actions of PRL are initiated through an interaction with specific cell surface highaffinity PRL receptors (PRLR) (Shin and Friesen, 1974; Huang et al., 2006; Omelka et al., 2008). The PRLR is a single membrane-bound protein that belongs to class 1 of the cyto-kine receptor superfamily (Marc et al., 2000). Bignon et al. (1997) reported the full-length coding sequences for short and long ovine PRL receptors (long form PRL receptor, L-PRL R; short form PRL receptor, S-PRLR), and via PCR experiments on ovine genomic DNA showed that the 39 bp insert was directly linked to the downstream exon. The same resultwas found in bovine and caprine genomes (Bignon et al., 1997). PRLR immunoreactivity has been identified in ovine skin, and western blotting analysis showed major bands corresponding to molecular weights of 87 and 71 kDa in New Zealand Wiltshire ewes (Choy et al., 1997) and in Inner Mongolia cashmere goats (Sun et al., 2003).

Although there are no differences in hormone binding activity between L-PRLR and S-PRLR, the two forms of the PRLR may have distinct signaling pathways (Nixon et al., 2002). As circulating PRL began to rise from low levels, PRLR mRNA in the skin initially-fell in ovine skin (Nixon et al., 2002), but has not been investigated in cashmere goats during fibre growth. Exogenous melatonin can initiate growth of cashmere fibre (Nixon et al., 1993; Wuliji et al., 2003; Yue et al., 2007) and reduce plasma PRL concentration (Emesih et al., 1993; Dicks et al., 1995; Santiago-Moreno et al., 2004).

Melatonin implants were used in this research which aimed to investigate dynamic changes in the level of total PRLR mRNA and S-PRLR mRNA in skin of cashmere goats during the period from initiation of fibre growth to active growth (from the summer solstice to November).

2 Materials and methods

2.1 Animals and treatment

The study was performed at the white cashmere goat stock farm of Inner Mongolia inChina (latitude 39°06′N, longitude 107°59′E and at altitude of 1,500 m). Eighteen half-sib wethers (mean (±SD) age of 15±2.5 months and an initial body weight of 33.1±2.3 kg) were allocated randomly to two groups (n=9/group). One group (M) was subcutaneously implanted with melatonin (2 mg/kg BW; Northeast Forest University, China) at the base of the ear on three occasions at 2-monthly intervals commencing in June (the summer solstice). The other group (C) served as the control. During the experimental period, all goats were maintained under natural photoperiodic conditions and were grazed on natural pasture. The composition of vegetation in this area has been described by Zhou et al. (2003).

2.2 Sample collections, recording and measurement

Blood samples were collected into EDTA anticoagulant at 10:00 a.m. from all experimental goats by jugular venepuncture at one-monthly intervals throughout the study. The blood was immediately centrifuged, and the plasma frozen at −20℃ until assayed.

The fibre on the mid-side of each goat was dyed using human hair dye (CCP-N6, Jin-gxi Chemica Company, China) at the beginning of the study. The crimping frequency and the crimp amplitude are the same in the same cashmere goat variety, at the same age an-din the same determination spot. Therefore, we used the relaxed length to replace the stra-ight length according to the method of Rhind et al. (1995). The relaxed length of undyed cashmere fibre was recorded monthly on the right mid-side region. Cashmere fibre growth rate was calculated according to the method of Rhind et al. (1995).

Skin samples (approximately 1 cm^2) were cut monthly from the left mid-side region under local anaesthesia (Procaine hydrochloride, Huabei Medicine Company, China), snap frozen in liquid nitrogen and then stored at −70℃ for subsequent extraction of total RNA.

2.3 Hormone assays

Plasma melatonin concentration was determined using the Melatonin ELISA kit (RE 54021, Immuno-Biological Laboratories GmbH of Hamburg, Germany) according to the instructions for use. Intra-assay and inter-assay coefficient of variation was 7.2% and 12.9%, respectively. Plasma PRL concentrations were determined by radioimmunoassay (RIA) as described by McNeilly and Andrews (1974). Sensitivity was 0.1 ng/ml; intra-assay and inter-assay coefficient of variation was 8.6% and 11.3%, respectively.

2.4 Extraction of total RNA and reverse transcription

Each sample of skin was first disrupted using a freezer mill (6750-230 Freezer/mill, Spex Co., NJ, USA) and total RNA was extracted from the fine powder using an RNA ult-ra Kit (Tiangen Biotech Co., Beijing, China) according to the manufacturer's instructions. RNA was purified from the total RNA using a Purification Kit (TaKaRa Biotechnology Co., Ltd., Dalian China) according to the manufacturer's instructions. RNA concentration was measured by spectrophotometry at 260 nm and RNA integrity was verified by agarose gel electrophoresis.

Reverse transcription was carried out in a 50 μl final volume containing the total RNA (approximately 3 μg) solution, 200 U M-MLV reverse transcriptase (Promega Co., Madison, Wisconsin, USA), 25U recombinant ribonuclease inhibitor (RNasin) (TaKaRa Biotechnology Co., Ltd., Dalian China), 5 ng oligo (dT) 18 primer (Promega Co., Madison, Wisconsin, USA) and 2 μl dNTP mix (10 mM) according to the manufacturer's instructions. The transcribed cDNA was inspected by PCR using paired primers of housekeeping gene (glycerol-aldehyd-3-phosphate-dehydrogenase gene, GAPDH). Reaction cycles consisted of an initial denaturing step at 95℃ for 3 min, followed by 33 cycles of denaturing at 95℃ for 15 s, annealing at 62.7℃ for 30 s and extension at 72℃ for 30 s, followed by extension at

72℃ for 7 min and 4℃ for ever. The PCR products were inspected by gel electrophoresis.

Oligonucleotide primers were designed using Primer Premier 5. 00 software (Premier Co. , Santa Cruz, CA) for PRLR, S-PRLR and GAPDH. The primers were synthesised by a professional company (Sangon Biotech Co. , Shanghai, China). The difference of cDNA sequences between S-PRLR and L-PRLR are shown in Figure 1 together with the positions of designed real-time quantitative PCR primers.

……………aaaatctggttggttcagtatccagtacgaaattcgattaaaacctgaga
aagcaactgactgggagactcattttgctccaaagctgactcagcttaagattttcaac
ttatatccaggacagaaataccttgtgcagattcgatgcaagccagaccatggatactg
gagtgagtggagcccagagagcttcatccagatacctaatgacttcccagtgaaggata
caagcatgtggatctttgtgggcgtcctttctgctgtcatctgtttgattatggtctgg
gcagtggctttgaagggctatagcatggtgacctgcatcctcccaccagttccagggcc
aaaaataaaaggatttgatattcatctgctggagatatcacagccttctcgccttgtgt
ctgtgttttaatagaagggcaagtccgaagaacttctgagagctctggaaagccaagac
ttccttcccacttctgactgcgaggatttgctgatggaattcatagaggt……………

Figure 1　Partial sequence for the difference between L-PRLR and S-PRLR. The only difference between S-PRLR and L-PRLR coding sequences was, respectively, the presence or absence of a 39 bp insert (in the fra-med box), and the other sequences were common for L-PRLR and S-PRLR. The real-time quantitative PCR primers were designed at the positions with subscript "____" for S-PRLR in order to determine S-PRLR m-RNA levels, and at the positions with subscript "____"for PRLR in order to determine total PRLR mRN-A levels.

2.5　Real-time quantitative PCR

Fluorescent real-time quantitative PCR was used to determine mRNA expression levels of skin for total PRLR and S-PRLR from the initiation of cashmere fibre growth to active growth.

Primer concentrations were optimized and absence of primer-dimers was verified before-actual mRNA quantification. PCR reactions for each gene were conducted in a final volume of 20 μl that contained 10 μl of SYBR Green PCR Master Mix (Applied Biosystems, Foster City, CA, USA), optimal primer concentrations (0. 4 μl each, 200 nM) and 2 μl cDNA using a Prism 7000 Real time PCR system (ABI Co. , Foster City, California, USA). Real-time PCR procedure was performed according to the manufacturer's instructions. The real-time PCR primer sequences are shown in Table 1. Relative efficiencies of amplification of PRLR, S-PRLR and GAPDH were validated as approximately equal by running a serial dilution of highly concentration cDNA. Calibrated and non-template controls were include in each assay. Each sample was run in duplicate. SYBR Green dye intensity was analysed using the ABI prism 7000 SDS software (ABI Co. , Foster City, California, USA). All results were normalized to the GAPDH (an unaffected housekeeping gene).

Table 1 Real-time PCR primer sequences and PCR product size for GAPDH, PRLR and S-PRLR

Gene	Primers (5'→3')	Product (bp)	Genbank
GAPDH	Forward: GCAAGTTCCACGGCACAG	249	AJ431207
	Reverse: GGTTCACGCCCATCACAA		
PRLR	Forward: TATCCAGGACAGAAATACC	147	AF041257
	Reverse: AGAAAGGACGCCCACAAA		
S-PRLR	Forward: GCAGTGGCTTTGAAGGGCTAT	113	AF041979
	Reverse: AGGCGAGAAGGCTGTGAT		

2.6 Statistical analysis

Fibre growth rate was analyzed using the t-test and plasma hormone concentration and mRNA expression levels were analyzed using the ANOVA procedure of SAS (SAS, 1999). Significant means were separated using Duncan's multiple range test.

3 Results

3.1 Hormone concentrations

Plasma melatonin concentration showed no significant difference between both groups before administration of melatonin in June ($P>0.05$) but there were significant differences after administration (Figure 2a). There were significant effects in July and August ($P<0.01$), and in September ($P<0.05$) on plasma PRL concentration after administration (Figure 2b). There was also marked seasonal variation and a trend towards decreasing plasma PRL concentration from the summer solstice to November for both M and C groups.

3.2 Cashmere fibre growth rate

The cashmere fibre growth rate of M group was markedly greater than that of C group in July ($P<0.01$) (C group: three of the nine goats cashmere fibre outgrowth; M group: the entire nine goats cashmere fibre outgrowth), August ($P<0.001$) and September ($P<0.05$). There was no significant difference between M and C groups in October, November and December ($P>0.05$) (Figure 3). There was a trend towards increasing cashmere fibre growth rate from July to October in C group ($P<0.05$).

3.3 Expression levels of PRLR mRNA

The result of total RNA integrity verified by agarose gel electrophoresis is indicated in Figure 4. All RNA samples had A260/A280 ratios between 1.7 and 1.9, indicating pure and clean RNA isolates. Primer specificity was analyzed by a comparison of PCR products (Figure 5) using agarose gel electrophoresis. The results showed that the primers of GAD PH, PRLR and S-PRLR were practicable and optimum for real-time quantitative PCR; sizes of PCR products matched the theoretically designed length. Dissociation curve plots (melting temperature analysis) showed only one peak for each product, thus indicating that specific amplification formation had occurred during the PCR. Linearity and efficiency of PCR amplification were deduced from the given standard curves ($R^2 \geq 0.995$) by ABI Prism 7000 SDS software (ABI, USA).

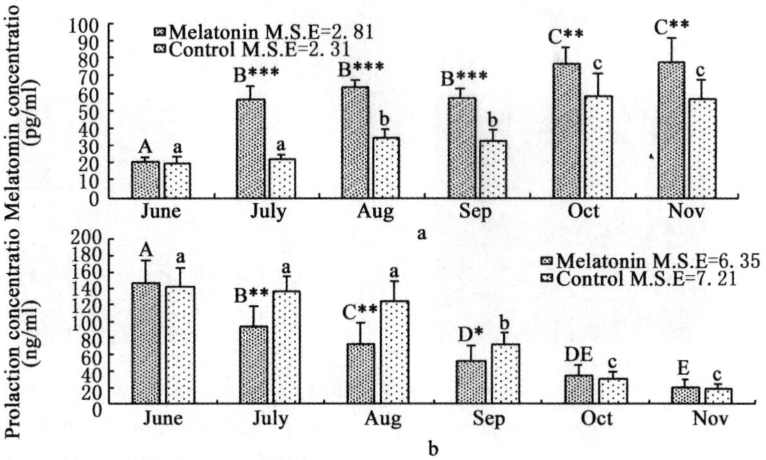

Figure 2　Melatonin implant (M) and control (C) group mean plasma melatonin concentration (pg/ml) (a) and prolactin (PRL) concentration (ng/ml) (b) at monthly intervals (samples for June were taken before implantation of melatonin) from June to November. Values with different capital letters show significant differences ($P<0.05$) in M group; values with different small letters show significant differences ($P<0.05$) in C group. The M group values super scribed with * are significantly different ($P<0.05$) to C group ($P<0.01$; *** $P<0.001$).**

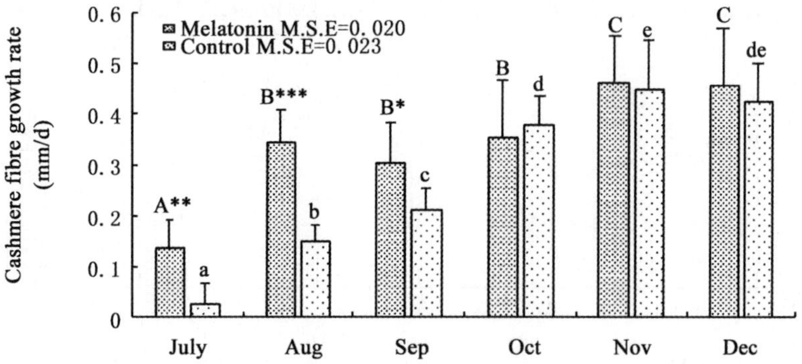

Figure 3　Melatonin implant and control group mean cashmere fibre growth rate (mm/d) from July to December. Values with different capital letters are significantly different ($P<0.05$) in M group; values with different small letter are significantly different ($P<0.05$) in C group. The M group values with * are significantly different ($P<0.05$) to C group ($P<0.01$; *** $P<0.001$).**

The results indicated that the expression levels of total PRLR mRNA decreased gradually in skin of cashmere goats from the summer solstice (June) to September (Figure 6a) for both groups. The total PRLR mRNA level of M group was significantly different ($P<0.05$) to C group in July (one month after melatonin implant). The S-PRLR mRNA in skin did not gradually decrease along with seasonal variation (Figure 6b), but it was higher in October than in July and August in C group. S-PRLR mRNA levels of M group were sig-nificantly higher ($P<0.05$) than those of C group in July, August and September (Figure 6b). However, the S-PRLR/total PRLR ratio (Figure 6c) gradually increased from June to October for

M group and from August to October for C group. In M group, the ratios of S-PRLR/total PRLR were significantly higher than C group in July ($P<0.05$) and August ($P<0.01$).

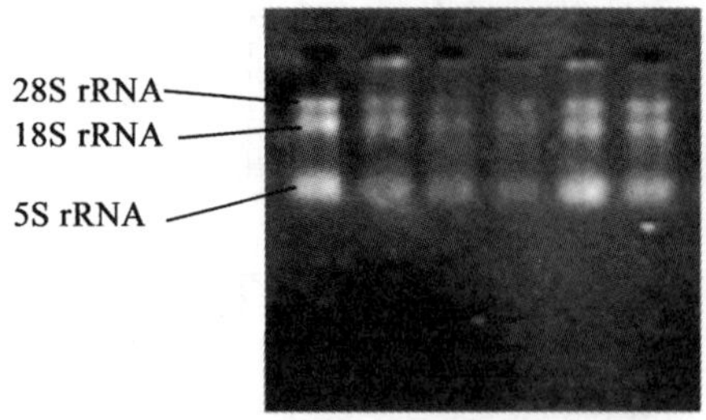

Figure 4 Result of agarose gel electrophoresis of total RNA from skin of cashmere goats.

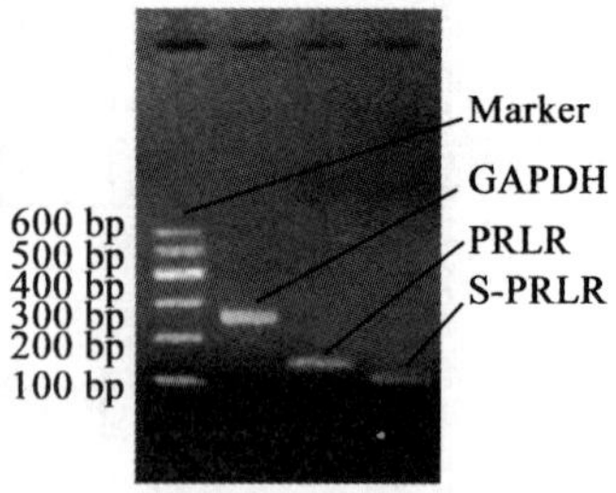

Figure 5 Identification of real-time PCR products. Sizes of PCR products for GADPH (249 bp), PRLR (147 bp) and S-PRLR (113 bp) were validated using agarose gel electrophoresis.

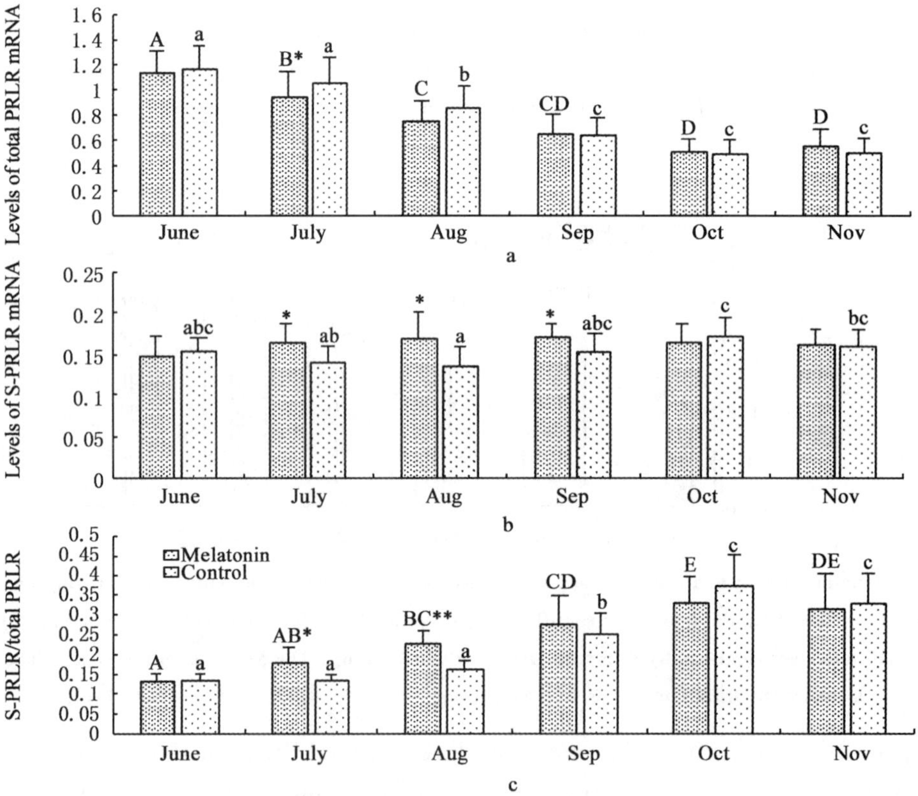

Figure 6 The expression levels of total PRLR mRNA (a) and S-PRLR mRNA (b) and the ratios of S-PRLR/total PRLR (c) in skin of cashmere goats at monthly intervals (samples for June were taken before implantation of melatonin) from June to November for melatonin implant (M) and control (C) groups. Values with different capital letters are significantly different ($P<0.05$) in M group; values with different small letter are significantly different ($P<0.05$) in C group. The M group values superscribed with * are signifi cantly different ($P<0.05$) to C group ($P<0.01$).**

4 Discussion

PRLR was abundant in the dermal papilla, outer root sheath, inter root sheath and hair fibre matrix, and also existed to a small extent in the sebaceous glands and epidermis of sheep (Nixon et al. , 1998) and cashmere goats (Sun et al. , 2003). These authors suggested that the hair follicle activity was regulated and partially dependent on the pattern of expression of PRLR. Full-length sequences of ovine L-PRLR and S-PRLR have been cloned, and results showed that the 39 bp insert was directly linked to the downstream exon, and s-eparated from the upstream exon by an 800 bp intron on genomic ovine, bovine and caprine DNA (Bignon et al. , 1997). The only difference between S-PRLR and L-PRLR coding sequences was, respectively, the presence or absence of a 39 bp insert at the beginning of the cytoplasmic domain with two contiguous inframe stop codons at its 3' end (Bignon et al. , 1997).

Real-time quantitative PCR is a sensitive method that allowed us to use low amounts of starting copy DNA (cDNA) and amplify it to quantitative levels (Bustin, 2000). In this research, it was used to determine mRNA expression levels which showed that, in Chinese Inner Mongolia cashmere goats, there were seasonal variations in expression levels of total PRLR mRNA, decreasing in skin from long daylight to short daylight (from June to October). At the same time, there was a trend towards decreasing plasma PRL concentrateon. This trend is consistent with previous reports in ovine skin (Nixon et al. , 2002; Sobo-leva et al. , 2005). We demonstrated that expression of the total mRNA in skin of cashmere goats gradually decreased from the summer solstice to October. Synchronously, the cashmere fibre growth rate gradually increased. This result is consistent with a previous report that the level of PRLR expression peaked during proanagen and returned to a low level during anagen in sheep (Nixon et al. , 2002).

Our data also show that the expression of the S-PRLR mRNA was comparatively low in the total PRLR mRNA in cashmere goats skin. This result is similar to previous reports in ovine skin (Nixon et al. , 2002) and in murine skin (Foitzik et al. , 2003). However, the expression levels of S-PRLR mRNA did not decrease along with seasonal variation from the initiation of cashmere fibre growth to active growth. It is possible that S-PRLR has different signaling pathways compared with L-PRLR in skin of cashmere goats from proan-agen to anagen.

The data show that there were significantly depressed plasma PRL concentrations as a consequence of the melatonin implants, especially during the three-month period after melatonin treatments. These results are similar to previous reports (Emesih et al. , 1993; Santiago-Moreno et al. , 2004). At the same time, cashmere fibre growth rate of M group was higher than that of C group. During this period, the S-PRLR mRNA levels of M group were significantly higher than those of C group in July, August and September. This result indicated that the expression levels of S- PRLR mRNA were involved in the process of cashmere growth.

Of importance is the ratio of S-PRLR/total PRLR which differed significantly between M and C groups in July and August. Synchronously, there was a gradual increase in each group from the initiation of cashmere fibre growth to active growth. Therefore, it is possible that the change of alternative splicing of PRLR occurred from proanagen to anagen in cashmere skin.

5 Conclusions

This research shows that the expression levels of total PRLR mRNA gradually decreased in skin of Chinese Inner Mongolia cashmere goats from the summer solstice (June) to October. This was consistent with decreasing plasma PRL concentration and increasing cashmere fibre growth rate occurring at the same time, but the expression levels of S-PRLR mRNA did not decrease along with seasonal variation from the initiation of cashmere fibre growth to active growth. However, the increasing S-PRLR/total PRLR ratio was usually consistent with increasing cashmere growth rate at the same stage. These results suggest that the expression levels of S-PRLR mRNA may be involved in the process of cashmere growth, and the S-PRLR may have a specific signaling pathway in the skin of cashmere goats. Synchronously, it was also possible that the change of alternative splicing of PRLR occurred from proanagen to anagen in the cashmere skin.

Acknowledgment

The authors thank staff of the stock farm of Inner Mongolia for technical help and cooperation.

References

[1] Bignon, C., N. Binart, C. Ormandy, L. A. Schuler, P. A. Kelly and J. Djiane. 1997. Long and short forms of the ovine prolactin receptor: cDNA cloning and genomic analysis reveal that the two forms arise by different alternative splicing mechanisms in ruminants and in rodents. J. Mol. Endocrinol. 19: 109-120.

[2] Bustin, S. A. 2000. Absolute quantification of mRNA using real-time reverse transcription polymerase chain reaction assays. J. Mol. Endocrinol. 25:169-193.

[3] Choy, V. J., A. J. Nixon and A. J. Pearson. 1997. Distribution of prolactin receptor immunoreactivity in ovine skin and changes during the wool follicle growth cycle. J. Endocrinol. 155:265-275.

[4] Dicks, P., A. J. F. Russel and G. A. Lincoln. 1994. The role of prolactin in the reactivation of hair follicles and the spring moult in goats. J. Endocrinol. 143:441-448.

[5] Dicks, P., A. J. F., Russel and G. A. Lincoln. 1995. The effect of melatonin implants administered from December until April, on plasma prolactin, triiodothyronine and thyroxine concentrations and on the timing of the spring moult in cashmere goats. Anim. Sci. 60:239-247.

[6] Emesih, G. C. , G. R. Newton, T. H. Teh and J. H. Zia. 1993. Effects of photoperiod and continuous administration of melatonin on plasma concentrations of prolactin in cashmere goats. Small Rumin. Res. 11:247-256.

[7] Foitzik, K. , K. Krause, A. J. Nixon, C. A. Ford, U. Ohnemus, A. J. Pearson and R. Paus. 2003. Prolactin and its receptor are expressed in murine hair follicle epithelium, show hair cycle-dependent expression, and induce catagen. Am. J. Pathol. 162: 1611-1621.

[8] Huang, S. Y. , H. L. Song, E. C. Lin, W. C. Lee, J. C. Chiang and H. L. Tsou. 2006. Association of polymorphisms in epidermal growth factor, prostaglandin-endoperoxide synt-hase 2 and prolactin receptor genes with semen quality in duroc boars. Asian-Aust. J. Anim. Sci. 19:793-807.

[9] Ibraheem, M. , H. Galbraith, J. Scaife and S. Ewen. 1994. Growth of secondary hair follicles on the cashmere goat *in vitro* and their response to prolactin and melatonin. J. An-at. 185:135-142.

[10] Klören, W. R. L. , B. W. Norton and M. J. Waters. 1993. Fleece growth in Australian cashmere goats. III. The seasonal patterns of cashmere and hair growth, and association with growth hormone, prolactin and thyroxine in blood. Aust. J. Agric. Res. 44:1035-1050.

[11] Marc, E. F. , K. Béla, L. Anna and N. György. 2000. Prolactin: Structure, function, and regulation of secretion. Physiol. Rev. 80:1523-1631.

[12] McNeilly, A. S. and P. Andrews. 1974. Purification and characterization of caprine prolactin. J. Endocrinol. 60:359-367.

[13] Nixon, A. J. , V. J. Choy, C. A. Ford and A. J. Pearson. 1998. Prolactin receptors are hig-hly expressed in wool follicle dermal papillae. Proc. NZ. Soc. Anim. Prod. 58:298-302.

[14] Nixon, A. J. , V. J. Choy, A. L. Parry and A. J. Pearson. 1993. Fiber growth initiation in hair follicles of goats treated with melatonin. J. Exp. Zool. 1:47-56.

[15] Nixon, A. J. , C. A. Ford, J. E. Wildermoth, A. J. Craven, M. G. Ashby and A. J. Pearson. 2002. Regulation of prolactin receptor expression in ovine skin in relation to circulating prolactin and wool follicle growth status. J. Endocrinol. 172: 605-614.

[16] Omelka, R. , M. Martiniakov, D. Pekoviov and M. Bauerov. 2008. Associations between Alu I polymorphism in the prolactin receptor gene and reproductive traits of Slovak large white, white meaty and landrace pigs. Asian-Aust. J. Anim. Sci. 21:484-488.

[17] Puchala, R. , S. G. Pierzynowski, T. Wuliji, A. L. Goetsch, S. A. Soto-Navarro and T. Sah-lu. 2003. Effects of prolactin administered to a perfused area of the skin of Angora goats. J. Anim. Sci. 81: 279-284.

[18] Rhind, S. M. and S. R. Mcmillen. 1995. Seasonal patterns of secondary fibre growth, moulting and hair follicle activity in Siberian and Icelandic×Scottish feral goats offered high and liw levels of dietary protein. Small Rumin. Res. 17:69-76.

[19] Santiago-Moreno, J. , A. Gómez-Brunet, A. González-Bulnes, A. Toledano-Díaz, B. Malpaux and A. López-Sebastián. 2005. Differences in reproductive pattern between wild and domestic rams are not associated with inter-specific annual variations in plasma prolactin and melatonin concentrations. Dom. Anim. En. 28:416-429.

[20] Santiago-Moreno, J. , A. López-Sebastián, A. Campoa, A. González-Bulnes, R. Picazo and A. Gómez-Brunet. 2004. Effect of constant-release melatonin implants and prolonged exposure to a long day photoperiod on prolactin secretion and hair growth in mouflon (*Ovis gmelini musimon*). Dom. Anim. En. 26: 303-314.

[21] Shin, R. P. C. and H. G. Friesen. 1974: Solubilization and purification of a prolactin receptor from the

rabbit mammary gland. J. Biol. Chem. 249:7902-7911.

[22] Sobolevaa, T. K., I. Vetharaniama, A. J. Nixona, P. Montenegroa, A. J. Pearsona and J. Sneydc. 2005. Mathematical modelling of prolactin-receptor interaction and the corollary for prolactin receptor gene expression in skin. J. Theor. Biol. 234:289-298.

[23] Sun, O. L., H. P. Wang and W. De. 2003. Detection of prolactin receptor in skin of inner Mongolia alpas cashmere goat by chemiluminscent photography western blotting. Sci. Tech. Engineering 3:55-57. (Chinese).

[24] Winder, L. M., D. R. Scobie, A. R. Bray and R. Bickerstaffe. 1995. Wool growth rate *in vitro* is independent of host animal nutrition, season, and the potential mediators of photoperiod, melatonin and prolactin. J. Exp. Zool. 272:446-454.

[25] Wuliji, T., A. Litherland, A. L. Goetsch, T. Sahlu, R. Puchala, L. J. Dawson and T. Gipson. 2003. Evaluation of melatonin and bromocryptine administration in Spanish goats II. Effects on seasonal cashmere growth, yield and fiber characteristics of does. Small Rumin. Res. 49:41-49.

[26] Yue, C. W., L. X. Du, X. P. Zhu, X. H. Kong, W. Zhang and Z. H. Jia. 2007. Skin deiodinase profiles after melatonin manipulated in Chinese inner Mongolia cashmere goats. Asian-Aust. J. Anim. Sci. 20:1496-1502.

[27] Zhou, H. M., D. Allain, J. Q. Li, W. G. Zhang and X. C. Yu. 2003. Effects of non-genetic factors on production traits of Inner Mongolia cashmere goats in China. Small Rumin. Res. 47:85-89.

辽宁绒山羊 IGF-I 基因 5′调控区多态性与产绒性状有关

郭翠华[1]　贾存灵[2]　张　微[1]　朱晓萍[1]　贾志海[1]

(1. 中国农业大学动物科技学院，北京　100193；2. 西北农林科技大学动物科技学院，杨凌　712100)

该文发表在《生物化学与生物物理进展》2009，36(5)：566-573

摘要　根据表型性状选取少量辽宁绒山羊个体，直接进行 IGF-I 基因 5′调控区克隆测序以确定 SNP 位点，共发现 4 个 SNPs，分别是 G→C（388 bp）、A→G（668 bp）、A→C（719 bp）、G→A（752 bp）的突变，导致 5′调控区 305～800 bp 中比野生型个体减少一个 CdxA 转录因子结合位点，但 C/EBP 的值（89.2）高于野生型（88.5），然后通过引入错配碱基创造酶切位点技术和 PCR-RFLP 方法，对 520 只辽宁绒山羊进行基因型检测，结果表明每个 SNP 位点在本群体中都有三种 AA（野生型）、AB 和 BB（突变型）基因型，且 4 个 SNPs 位点共有 13 种单倍型组合. 将不同 SNP 的基因型及单倍型组合与绒产量、绒纤维细度和绒纤维长度进行关联分析，发现 SNP2 位点的 AA 基因型绒纤维细度极显著低于 AB 型和 BB 型（$P<0.01$），而 SNP4 位点 AA 基因型产绒量显著高于 AB 型和 BB 型（$P<0.05$），单倍型组合 H7H7 与产绒量和绒纤维细度均有显著相关（$P<0.05$）。IGF-I 基因可能是影响绒山羊产绒性状的主要候选基因。

关键词　类胰岛素生长因子-I（IGF-I）；PCR-RFLP；辽宁绒山羊；产绒性状

Polymorphisms in the 5′flanking Region of IGF-I Gene are Associated with Cashmere Fibre Traits in Liaoning Cashmere Goats*

GUO Cui-Hua[1], JIA Cun-Ling[2], ZHANG Wei[1], ZHU Xiao-Ping[1], JIA Zhi-Hai[1]

(1. College of Animal Science and Technology, China Agricultural University, Beijing 100193, China; 2. College of Animal Science and Technology, Northwest Agricultural and Forestry University, Yangling　712100, China)

Abstract　Insulin-like growth factor I (IGF-I) is essential for the growth and differentiation of hair follicles which are an important part of wool and cashmere. But there is no report on polymorphisms of the IGF-I gene in cashmere goat, and also few candidate genes for cashmere production traits have been reported in cashmere goats. The objectives of this work were to detect the single nucleotide polymorphism (SNP) in the 5′flanking region of IGF-I gene and to determine their association with fibre traits in Liaoning cashmere goats. The fibre traits data investigated in the experiment were combed cashmere weight, cashmere fibre length and cashmere fibre diameter. A few individuals of the Liaoning cashmere goats, selected according to phenotypic character, were used for SNPs detection in the 5′flanking region of IGF-I gene, and four point mutation G→C (388 bp)、A→G (668 bp)、A→C (719 bp)、G→A (752 bp) were identified, which result in a CdxA bonding-site lack, and score increase of C/EBP site in the 5′flanking region compared with the wild type. Then different genotypes were detected in 520 Liaoning cashmere goats using create restriction site (CRS) and polymerase chain reaction-restriction fragment length polymorphism (PCR-RFLP), and three genotypes (AA, AB and BB) and two alleles were observed in each SNP, and 13 diplotypes were identified in the groups of the four SNPs. The relationships between the genotypes and combed cashmere weight, cashmere fibre length and cashmere fibre diameter were analyzed. The statistical analysis showed that animals with the genotype AA of SNP2 in Liaoning cashmere goats had the thinnest cashmere fiber diameter compared with AB and BB genotype ($P<0.01$), and individuals with genotype AA of the SNP4 had the highest cashmere weight compared with other genotypes ($P<0.05$). The relationship between diplotype and cashmere fiber traits was also analyzed, the results showed that both cashmere fiber diameter and cashmere weight were significantly correlated with the diplotype H7H7 ($P<0.05$). Our finding implied that IGF-I gene would be useful candidate gene in selection program on cashmere fiber traits in cashmere goats.

Key words IGF-I, PCR-RFLP, Liaoning cashmere goats, cashmere fibre traits

类胰岛素生长因子-I(IGF-I)是类胰岛素生长因子(IGF)家族中的一员,广泛分布于哺乳动物皮肤毛囊及真皮纤维细胞内,具有促进有丝分裂活性和蛋白质合成等特性,能刺激黑素细胞、上皮细胞和毛乳头细胞等各种细胞的增殖和分化[1,2]。毛囊是羊绒毛的重要组成部分,是控制绒毛生长的重要结构,主要由毛乳头、真皮鞘及上皮成分的内根鞘和外根鞘组成。IGF-I是通过其受体(IGF-IR)间的细胞信号途径来刺激毛囊细胞增殖的[3,4]。目前已证实在绵羊皮肤毛囊中尤其是外根鞘有大量的 IGF-IR 分布[5],同样,在安哥拉山羊和克什米尔绒山羊的毛乳头、真皮鞘及内根鞘和外根鞘也存在大量的 IGF-IR[6]。因此,IGF-I 与 IGF-IR 结合后可调控皮肤毛囊的生长发育,进而影响羊的被毛生长。

目前,对 IGF-I 基因与羊的绒毛生长关系的研究主要是在表达调控或细胞培养上。通过将含有小鼠蛋白启动子的羊 IGF-I cDNA 转基因到绵羊体内,皮肤中 IGF-I 基因的表达升高,且净毛量增加[7,8];对 Scotnish 绒山羊皮肤进行体外培养,研究表明,IGF-I 可调控山羊绒的生长[9]。由此可见,IGF-I 是绒山羊被毛生长的重要调控因子。但 IGF-I 是否直接影响羊的绒毛性状尚需进行基因功能的相关研究。关于羊的 IGF-I 基因在遗传结构上的差异在国内外研究较少。Yilmaz 等[10]通过对绵羊 IGF-I 基因 5′调控区进行聚合酶链反应-单链构象多态性(PCR-SSCP)分析,发现群体内存在两处新的单核苷酸多态(single nucleotide polymorphisms,SNPs)位点;Zhang 等[11]研究表明,IGF-I 基因内含子 4 在南江黄羊群体中存在 1 个 SNP 位点。Mikawa 等[12]首次成功的克隆并测序了山羊的 IGF-I 基因序列,随后,山羊 IGF-I 基因被定位在第 5 号染色体上的 5q31 上[13]。但是,在绒山羊群体中 IGF-I 基因是否存在遗传差异,以及这些遗传差异与衡量绒山羊产绒性能和决定绒纤维纺织价值主要指标——产绒量、绒纤维细度和长度是否有关联还未见报道。

本研究首先根据表型性状选取部分辽宁绒山羊个体，直接进行 IGF-I 基因 5′调控区序列克隆测序，寻找与 IGF-I 基因相关的 SNPs，然后通过引入错配碱基创造酶切位点（create restriction site，CRS）技术和多聚酶链反应-限制性片段长度多态性（PCR-RFLP），进一步研究探讨 IGF-I 基因与绒山羊产绒性状的相关关系，揭示绒山羊产绒的分子机理和丰富绒山羊的分子标记种类提供理论依据。

1　材料与方法

1.1　材料

1.1.1　实验动物及数据采集

从辽宁省辽宁绒山羊育种中心羊场选取 10 只公羊的后代，分布在 6 个圈舍内，具有完整生产性能和系谱记录的 520 只绒山羊（其中 450 只母羊，70 只公羊）。生产性状数据来自辽宁省辽宁绒山羊育种中心羊场 2000－2007 年间的生产记录，包括产绒量、绒纤维长度和细度数据。

1.1.2　试剂及来源

Taq DNA 聚合酶、dNTPs、限制性内切酶 SalI 和 XbaI 购自 Takara 公司，限制性内切酶 AflⅡ、XmnI 购自 NEB 公司，pMD-18T Vector 购自 Promega 公司，DNA 片段回收纯化试剂盒与质粒提取纯化回收试剂盒购自北京华美生物工程公司。

1.2　方法

1.2.1　绒山羊基因组 DNA 的提取及绒毛样品分析

从血液中提取 DNA，方法见《分子克隆实验指南》（第三版）。每年春季辽宁省辽宁绒山羊育种中心羊场全场统一抓绒，并称量个体产绒量。抓绒前在绒山羊左侧肩胛骨后缘处紧贴皮肤剪取绒毛样品 3－5 g，用奥达 2000 动物纤维测量分析仪测定绒纤维长度和直径（细度）。

1.2.2　少量个体 IGF-I 基因 SNP 位点的检测

每对引物（表 1）选取 24 只表型性状（产绒性状）极端的辽宁绒山羊个体（4 只产绒量最高、4 只产绒量最低；4 只绒纤维最长、4 只绒纤维最短；4 只绒纤维最细、4 只绒纤维最粗），用于 IGF-I 基因 5′调控区序列的测定。

1.2.3　引物序列与 PCR 反应

依据 GenBank 上山羊 IGF-I 基因序列（NO：D26119），用 Oligo6.0 设计引物，以进行少量个体 SNP 位点的检测，引物序列见表 1，扩增的 PCR 产物为 IGF-I 基因的 5′调控区序列。通过少量个体 IGF-I 基因 5′调控区序列的测定，检测到的 SNPs 位点不是酶切位点，通过引物碱基错配技术来引入限制性内切酶酶切位点，引入错配碱基的引物见表 2，其中有下划线碱基为错配碱基。引物由上海生工生物公司合成。PCR 反应体系包括：10×缓冲液 2.5 μl、dNTP（2.5 mmol/L）2.0 μl、正反向引物（10 μmol/L）各 1.0 μl、Taq DNA 聚合酶（5 U/μl）0.3 μl、基因组 DNA（50 mg/L）1 μl、灭菌水 17.2 μl。最佳反应条件为：94℃ 5 min；94℃ 30 s，56.9～60.1℃ 30 s，72℃ 30 s，35 个循环；72℃延伸 7 min。

Table 1 PCR primers for detection of SNPs in 5′flanking region of goat IGF-I gene

Primers	Sequence (5′→3′)	Starting nucleotide position(GenBank no. D26 119)	Fragment length (bp)	Annealing temperature (℃)
U1	F：GATCTTTCAACCCATGAGACAATCT	1	382	56.9
	R：AAAGTCAGGGAAGTGAAACTAC			
U2	F：GCATTTCAAAGCTCCTCAT	309	326	58.0
	R：GAGTTCGCTCAAGCCTTCT			
U3	F：TCACTCCTCGTGTCTAACT	555	260	58.0
	R：AGTAGCCTGGACCTTGTA			
U4	F：GCAAACCTTTGTTTATAGTCG	732	354	58.0
	R：TCAAGGGTTATGATGTCATTC			
U5	F：CTGGCTTGGACCATGTTG	1 020	339	60.1
	R：AAGATTTTGCTGAGCTGTAAAG			

Table 2 PCR primers for creation of restriction site in 5′flanking region of IGF-I gene

Sites	Sequence (5′→3′)	Starting nucleotide position(GenBank no. D26 119)	Fragment length (bp)	Annealing temperature (℃)
SNP1	F：GCCTACCTCTTGATGATGT	245	170	
	R：TTAAAAATATGAAAAGTGAACACT			
SNP2	F：AACCAATCAGGTTTTCCCTT	648	166	56.9
	R：TGTAGCCTGGACCTTGTATT			
SNP3	F：TCCTGGCCATGGCCATAAAGATCT	693	186	
	R：AAGCCCAGCTTAGACATCCCAC			
SNP4	F：TCACTCCTCGTGTCTAACT	555	219	
	R：GGACACAGTGATCCTGATGCGT			

1.2.4 酶切鉴定

引入错配碱基引物的 PCR 扩增产物 3 μl，限制性内切酶 5 U，反应体积 10 μl，在 37℃水浴中反应 3 h。酶切产物在 3%的琼脂糖胶上电泳低压电泳，溴化乙锭（EtBr）染色，用美国 Bio/Rad 凝胶成像系统观察并拍照记录。

1.2.5 PCR 产物的纯化和序列测定

分别将每对引物（表 1）选取的 24 只产绒性状表现极端的个体和 PCR-RFLP 分析后每种纯合基因型的 3 个个体的 PCR 扩增产物在琼脂糖凝胶中电泳后，用柱式胶回收试剂盒进行回收纯化，回收后的 DNA 片段用 pMD-18T Vector 连接后转化 DH5α 菌株，菌体 PCR 鉴定后，用质粒提取试剂盒提取质粒 DNA 作为测序模板，每一种纯合的基因型单独挑两个克隆分别测序。

1.2.6 潜在调控元件及蛋白质结合位点的预测

对 IGF-I 基因 5′调控区序列利用 http://www.cbrc.jp/research/db/TFSEARCH.html 网站进行转录因子结合位点的在线预测。

1.2.7　统计分析

根据 PCR-RFLP 带型和测序结果划分基因型，将 GenBank 上的 IGF-I 基因序列规定为野生型基因型 AA，突变个体的基因型为突变型基因型 BB。应用 PHASE（version2.1）软件构建单倍型并估计单倍型频率[14]。根据试验群体特点，构建以下线性模型进行最小二乘分析：$Y=\mu+G+S+N+A+Q+F+e$。其中 Y 代表产绒性状的观察值；μ 代表产绒性状的群体平均值；G 代表每个 SNP 基因型（或者不同单倍型组合）固定效应；S 代表性别的固定效应；N 代表年份的固定效应；A 代表年龄的固定效应；Q 代表圈舍的固定效应；F 代表家系的随机效应；e 代表随即残差效应。采用 SAS 8.2（version）中的 GLM 过程进行关联分析。

2　结果与分析

2.1　PCR 扩增结果

引物 U1、U2、U3、U4、U5、SNP1、SNP2、SNP3 和 SNP4 的 PCR 扩增产物经 1.5%的琼脂糖凝胶电泳检测，片段长度与预扩增片段大小一致，无非特异性条带，引物 U1、U2、U3、U4 和 U5 的 PCR 产物可以进行克隆测序，引物 SNP1、SNP2、SNP3 和 SNP4 的扩增产物可以进行 RFLP 分析。

2.2　少量个体 IGF-I 基因 SNP 位点的检测结果

用 DNAMAN 软件将引物 U1、U2、U3、U4 和 U5 的 PCR 产物测序结果与 GenBank 上的基因序列进行同源性分析发现，在选取的产绒性能极端的辽宁绒山羊群体中，IGF-I 基因 5′调控区存在四个 SNPs 位点，分别为 388 bp（SNP1）处 G 替换成 C、668 bp（SNP2）处 A 突变成 G、719 bp（SNP3）处 A 替换成 C、752 bp（SNP4）处 G 突变成 A，DNA 序列见图 1。

ACTTTCCAGAGAAAGTGTGCA	GTTTTCCTTTAAGGGCACCCA
388 ↓	668 ↓
ACTTTCCAGACAAAGTGTGCA	GTTTTCCTTTGAGGGCACCCA
AAAGACCTAGACAAGAGTTTC	GTTTATAGTCGAAGCATCAGG
719 ↓	752 ↓
AAAGACCTAGCCAAGAGTTTC	GTTTATAGTCAAAGCATCAGG

Fig 1　Mutation in the 5′flanking region of IGF-I gene

2.3　PCR-RFLP 检测结果

通过少量辽宁绒山羊个体 IGF-I 基因 5′调控区的检测发现了 4 个 SNPs，然后通过酶切分析进一步在 520 只辽宁绒山羊群体中验证这几个 SNPs。酶切产物经 3%琼脂糖凝胶电泳检测，产生三种带型，根据后续的错配 PCR 产物的测序结果，规定野生型为 AA 型，突变型为 BB 型或 AB 型。

当绒山羊 IGF-I 基因 5′调控区 388 位点为 G 时，PCR 扩增产物经 XmnI 酶切后形成 2 个片段（148 bp 和 22 bp，其中 22 bp 的片段太小并未出现在胶图上）；而当 388 位点为 C 时，不能被 XmnI 酶切，PCR 产物酶切后只有 1 个片段（170 bp），此基因型为 BB 型；当 388 位点为 G/C 时，PCR 产物经酶切后会有 3 个片段（170bp、148 bp 和 22 bp），此基因型为 AB 型（图 2）。

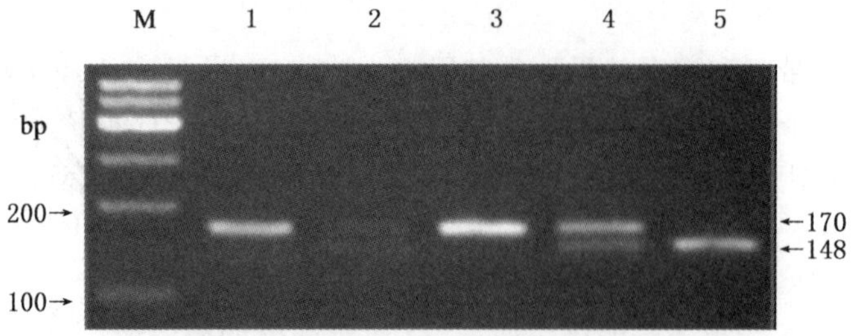

Fig 2 PCR-RFLP result of SNP1 digested by XmnI

M: Marker(100 bP～600 bp); 1、3: BB genotype; 2、4: AB genotype; 5: AA genotype

绒山羊 IGF-I 基因 5′调控区 668 位点为 A 时，产生限制性内切酶 AflⅡ酶切位点，PCR 产物分别经酶切后，产生 2 个片段（148 bp 和 18 bp，其中 18bp 的片段太小并未出现在胶图上），此基因型为 AA 型；当 668 位点为 G 时，不会产生 AflⅡ的酶切位点，PCR 产物酶切后只有 1 个片段（166 bp），此基因型为 BB 型；当 668 位点 A/G 时，PCR 产物经酶切后会有 3 个片段（166 bp、148 bp 和 18 bp），此基因型为 AB 型（图 3）。

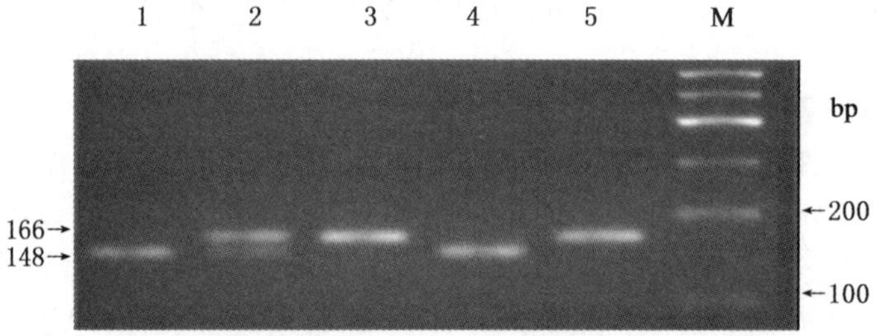

Fig 3 PCR-RFLP result of SNP2 digested by AflⅡ

M: Marker(100 bP～600 bp); 1、4: AA genotype; 2: AB genotype; 3、5: BB genotype

绒山羊 IGF-I 基因 5′调控区 719 位点为 A 时，能被 XbaI 酶切，PCR 产物分别经酶切后产生 2 个片段（164 bp 和 22 bp，其中 22 bp 的片段太小并未出现在胶图上），此基因型为 AA 型；当 719 位点为 C 时，不能被 XbaI 的酶切位点，PCR 产物酶切后只有 1 个片段（186 bp），此基因型为 BB 型；当 719 位点为 A/C 时，PCR 产物经酶切后会有 3 个片段（186 bp、164 bp 和 22 bp），此基因型为 AB 型（图 4）。

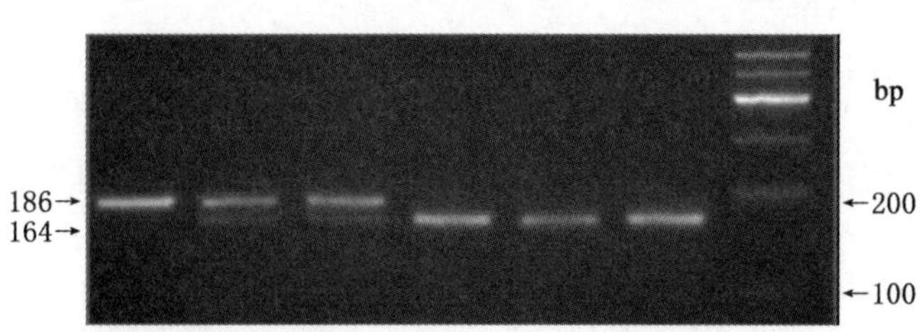

Fig 4 PCR-RFLP result of SNP1 digested by XbaI

M: Marker(100 bP～600 bp); 1: BB genotype; 2、3: AB genotype; 4、5、6: AA genotype

绒山羊 IGF-I 基因 5′调控区 752 位点为 G 时，产生限制性内切酶 SalI 的酶切位点，PCR 产物分别经酶切后，形成 2 个片段（194 bp 和 25 bp，其中 25bp 的片段太小并未出现在胶图上），此基因型为 AA 型；当 752 位点分别为 A 时，不会产生 SalI 的酶切位点，PCR 产物酶切后只有 1 个片段（219 bp），此基因型为 BB 型；752 位点为 G/A 时，PCR 产物经酶切后会有 3 个片段（219bp、194 bp 和 25 bp），此基因型为 AB 型（图 5）。

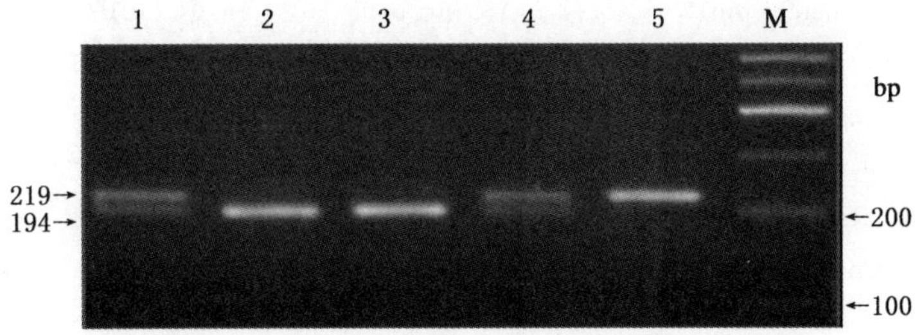

Fig 5　PCR-RFLP result of SNP1 digested by SalI

M：Marker(100 bP～600 bp)；2、3：AA genotype；1、4：AB genotype；5：BB genotype

2.4　IGF-I 基因 5′调控区潜在的调控元件及蛋白质结合位点预测

本文所分析的片段是 IGF-I 基因 5′调控区部分，使用网站（http://www.cbrc.jp/research/db/TFSEARCH.html）上的 TFSEARCH（ver1.3）软件，预测绒山羊 IGF-I 基因 4 个 SNPs 位点的纯合基因型（AA 和 BB）5′调控区部分序列（305 bp～800 bp）上的调控元件及蛋白质结合位点改变情况。预测结果表明，BB 基因型比 AA 野生型少了一个 CdxA 转录因子结合位点，但 BB 型的 CCAAT 增强子结合蛋白(C/EBP)转录调控因子的值（89.2）高于 AA 型（88.5）。

2.5　IGF-I 基因 5′调控区 4 个 SNP 位点基因型、等位基因频率分布

根据 PCR-RFLP 检测结果，分析了辽宁绒山羊群体中 IGF-I 基因型频率和基因频率，统计结果见表 3。SNP1 和 SNP4 的基因型频率为 AA＞AB＞BB；SNP2 为 AA＜AB＜BB；SNP3 为 AB＞AA＞BB。SNP1、SNP3 和 SNP4 的基因频率为 A＞B；SNP2 为 A＜B。在 SNP1、SNP3 和 SNP4 位点中，等位基因 A 为优势等位基因，而在 SNP2 中 B 为优势等位基因。

Table 3　Frequencies of genotype and alleles of four SNPs in goat IGF-I gene

Items	NO. of goats	Genotype frequency			Alleles frequency	
		AA	AB	BB	A	B
SNP1	520	0.76 (395)	0.22 (113)	0.02 (12)	0.87	0.13
SNP2	520	0.11 (56)	0.37 (193)	0.52 (271)	0.29	0.71
SNP3	520	0.38 (197)	0.45 (235)	0.17 (88)	0.60	0.40
SNP4	520	0.42 (216)	0.39 (201)	0.19 (103)	0.61	0.39

2.6　IGF-I 基因 5′调控区各 SNP 位点基因型与绒山羊产绒性状的最小二乘分析

为了研究 IGF-I 基因 5′调控区的不同基因型对绒山羊产绒性状的影响，本研究采用最小二乘分析方法对 520 只辽宁绒山羊 IGF-I 基因 5′调控区上各 SNPs 的不同基因型与辽宁绒山羊产绒性状（绒产量、绒纤维长度、绒纤维细度）进行了最小二乘分析，结果见表 4。

Table 4 Effects of the different genotypes of each SNP in goat IGF-I gene on cashmere fiber traits

Sites	Cashmere fiber traits	Three genotypes of each SNP		
		AA	AB	BB
SNP1	Cashmere weight (g)	934.13±9.06[a]	968.29±17.86[a]	1 016.43±15.06[a]
	Cashmere length (cm)	7.15±0.04[a]	7.20±0.08[a]	7.39±0.07[a]
	Cashmere diameter (μm)	15.96±0.05[a]	16.01±0.07[a]	16.46±0.06[a]
SNP2	Cashmere weight (g)	917.81±18.32[a]	930.66±14.46[a]	951.83±10.35[a]
	Cashmere length (cm)	7.09±0.11[a]	7.13±0.06[a]	7.19±0.04[a]
	Cashmere diameter (μm)	15.58±0.08[bB]	15.93±0.06[aA]	16.07±0.04[aA]
SNP3	Cashmere weight (g)	958.50±13.77[a]	934.10±11.73[a]	935.92±18.20[a]
	Cashmere length (cm)	7.16±0.06[a]	7.15±0.05[a]	7.18±0.08[a]
	Cashmere diameter (μm)	16.01±0.06[a]	15.97±0.05[a]	15.95±0.07[a]
SNP4	Cashmere weight (g)	972.01±12.60[a]	924.37±13.62[b]	924.20±15.42[b]
	Cashmere length (cm)	7.18±0.05[a]	7.17±0.06[a]	7.13±0.07[a]
	Cashmere diameter (μm)	16.01±0.05[a]	15.88±0.06[a]	16.07±0.07[a]

The different is not significant for the mean with the same letter. The difference is significant for the mean with the different letter.

从表 4 中可以看出：绒产量、绒纤维长度、绒纤维细度在 SNP1 和 SNP3 各基因型个体之间差异不显著（$P>0.05$）；SNP2 的 AA 基因型个体绒纤维细度极显著的低于 BB 基因型和 AB 基因型个体（$P<0.01$），但基因型 BB 和基因型 AB 的个体绒纤维细度之间差异不显著（$P>0.05$），SNP2 各基因型个体之间的绒产量和绒纤维长度差异不显著（$P>0.05$）；SNP4 的 AA 基因型个体绒产量显著高于 BB 基因型和 AB 基因型个体（$P<0.05$），但基因型 BB 和基因型 AB 的个体绒产量之间差异不显著（$P>0.05$），SNP4 各基因型对辽宁绒山羊绒纤维长度和绒纤维细度没有影响。

2.7 单倍型分析

应用 PHASE（version 2.1）软件对 4 个 SNPs 位点进行单倍型分析，其结果见表 5，在 520 只辽宁绒山羊群体中共出现 7 种单倍型，其中有 4 个主要的单倍型：CGAG、GGCA、GGAG 和 GAAG，它们占总体数的 92.19%. 在 7 种单倍型中，单倍型 GGCA 频率最高，而单倍型 GGAA 最低。

Table 5 Haplotype frequencies of the four SNPs in 5′flanking region of goat IGF-I gene

Items	Haplotype	Observation	Frequency (%)
H1	CGAG	128	12.30
H2	GGCA	375	36.05
H3	GGCG	33	3.17
H4	GGAA	11	1.06
H5	GGAG	193	18.56
H6	GAAA	21	2.02
H7	GAAG	276	26.54

2.8 不同单倍型组合与辽宁绒山羊产绒性状的相关性分析

以上 7 中单倍型在本实验群体中共出现 13 种单倍型组合（表 6）。对不同单倍型组合与辽宁绒山羊产绒性状进行最小二乘分析，结果表明：不同单倍型组合对产绒量和绒细度达到显著的水平（$P<0.05$），对绒长度没有影响（$P>0.05$）。其中单倍型组合 H1H2、H1H5、H2H4、H3H5、H5H5 和 H7H7 的个体平均产绒量在 950 g 以上，产绒量高低分别为：H1H2>H2H4>H7H7>H5H5>H1H5>H3H5，且这几组之间差异不显著（$P>0.05$）。单倍型组合 H7H7 个体的绒细度在各不同单倍型组合中最低，显著的低于单倍型组合 H1H2、H1H5、H2H2、H2H4、H2H5、H3H7、H5H5 和 H5H7 个体的绒纤维细度（$P<0.05$），但与其他单倍型组合个体的绒细度差异不明显（$P>0.05$）。

Table 6 The least square analysis for cashmere traits and Diplotypes

Diplotype	Percent (%)	Cashmere weight (g)	Cashmere length (cm)	Cashmere diameter (μm)
H1H2	10.04	1 025.84±24.86[a]	7.37±0.11[a]	16.20±0.11[a]
H1H5	5.59	974.28±22.55[ab]	7.19±0.15[a]	16.06±0.14[ab]
H1H7	9.07	915.97±28.38[bc]	7.07±0.18[a]	15.76±0.18[bc]
H2H2	12.55	933.62±20.14[bc]	7.23±0.09[a]	15.98±0.09[ab]
H2H4	2.12	990.27±31.01[ab]	7.04±0.19[a]	16.19±0.11[ab]
H2H5	11.77	886.70±21.87[c]	7.02±0.09[a]	16.09±0.09[ab]
H2H6	4.05	827.99±25.23[c]	6.70±0.25[a]	15.78±0.21[abc]
H2H7	19.31	917.24±18.46[bc]	7.17±0.08[a]	15.84±0.08[abc]
H3H5	3.47	952.99±19.96[ab]	7.13±0.23[a]	15.89±0.20[abc]
H3H7	2.70	948.97±21.62[abc]	7.10±0.23[a]	16.03±0.22[ab]
H5H5	5.02	975.00±28.97[ab]	7.24±0.13[a]	16.17±0.13[ab]
H5H7	6.37	939.55±27.39[bc]	7.01±0.12[a]	16.09±0.12[ab]
H7H7	7.91	988.48±21.35[ab]	7.31±0.13[a]	15.49±0.13[c]

The different is not significant for the mean with the same letter. The difference is significant for the mean with the different letter.

3 讨论

山羊绒产品以其轻薄、保暖、美观、柔软等特点，在国内外市场受到广泛青睐，我国是山羊绒的主要生产和出口国，约占世界贸易额的 50%以上。产绒量是衡量绒山羊产绒性能的主要指标，绒细度和长度是衡量山羊绒品质的重要指标，决定绒纤维纺织价值。辽宁绒山羊是我国特有的优良绒山羊品种，具有产绒量高、绒长质优的特点。根据山羊绒生长的生理生化特点及 IGF-I 基因在绒山羊皮肤中的表达，可以将 IGF-I 基因作为绒山羊产绒性状的候选基因进行深入研究。

本研究通过引入错配碱基创造酶切位点和 PCR-RFLP 的方法研究辽宁绒山羊产绒性状候选基因——IGF-I 基因的遗传功能。研究结果表明，在所研究的 520 只绒山羊群体中，IGF-I 基因 5′调控区共存在 4 个 SNPs，每个 SNP 位点都有 AA、AB 和 BB 三种基因型和 A、B 两个等位基因. 研究检测到的 4 个单碱基突变，即碱基 G→C (388)、A→G (668)、A→C (719)、

G→A (752)，导致在 5′调控区部分序列（305 bp～800 bp）中 BB 基因型比 AA 野生型少了一个 CdxA 转录因子结合位点，而 C/EBP 的值（89.2）高于 AA 型（88.5）。CdxA 是“同源异形盒”基因家族的一个重要成员，一般位于基因的 5′端，是一种调控区的结合蛋白序列，作为启动子的一部分而其作用，在某些表达 CdxA 蛋白的报告基因表达系统中，含有 CdxA 元件的载体能够增强基因的转录活性，但 CdxA 蛋白与相应 DNA 相互作用的亲和力却存在差异[15]；CdxA 具有影响生长激素释放的功能[16]，研究表明，生长激素可使美利奴羊的产毛量增加[17]，且影响山羊绒的生长[18]，而 IGF-I 是生长激素和营养物质发挥促生长作用的主要介导因子[19]，因此，IGF-I 可能参与绒生长过程的调节. C/EBP 是 dZIP 转录因子家族的成员，通过对靶基因调控区的识别和结合发挥转录调控作用，参与细胞的增殖、分化、肿瘤发生、凋亡及机体的免疫、应激反应、能量代谢、血液生成等生命活动[20]，目前已证实人的皮肤中高度表达 C/EBP，C/EBP 能够显著提高垂体细胞中催乳素（PRL）分泌的水平，而且它还可与垂体特异转录因子(PIT-1)协同调控 PRL 基因的表达[21,22]，已有研究表明，PRL 基因可以影响山羊绒的生长[23]，而 IGF-I 是 PRL 作用于羊毛生长的调控因子[5]，由此可以说明 IGF-I 基因在山羊绒毛生长过程中的有重要的调控作用. 本研究中 5′调控区的这些调控元件及蛋白质结合位点改变可能影响绒山羊皮肤中 IGF-I 基因的表达量，从而影响山羊的产绒性能，表现出不同的产绒量、绒纤维长度或细度. 最小二乘分析证实该基因 5′调控区 SNP2 位点和 SNP4 位点分别与绒纤维细度、产绒量存在显著的相关关系，然而，有关绒山羊 IGF-I 基因的结构、调控元件的研究很少，关于不同基因型 5′调控区的转录因子及其结合位点是如何影响和调节基因，并最终影响绒山羊绒毛性状等方面有待于进一步研究。

利用几个 SNPs 构建单倍型进行关联分析可以弥补单个 SNP 提供信息量不足的缺点，不考虑群体遗传学因素，单倍型提高了相关分析的效力[24]。本研究采用 IGF-I 基因的 4 个 SNPs 构建单倍型，进而可以有效地分析单倍型组合对山羊产绒性状的效应，为标记辅助选择为基础的绒山羊分子育种提供更多的遗传学基础信息。本研究群体中单倍型组合 H7H7 的个体产绒量比单倍型组合 H1H2 和 H2H4 个体分别低 37.36 g 和 1.79 g，但未达到显著水平，且比其他单倍型组合个体的产绒量高；单倍型组合 H7H7 个体的绒纤维细度在所有的单倍型组合个体中最低，分别比单倍型组合 H1H2 和 H2H4 个体低 0.70 μm 和 0.71 μm，且达到显著的水平。综合产绒量、绒纤维长度和绒纤维细度这三个产绒性状的指标，根据绒山羊在选育过程中必须要遵循提高羊绒产量和绒长度的同时要保持或降低羊绒细度，以利保持产绒量高、绒长且绒质细特点的原则[25]，认为单倍型组合 H7H7 可以作为产绒性状的首选标记，IGF-I 基因 5′调控区上的突变对山羊产绒性状有显著影响，这证实了英国学者 Galbraith[9] 研究的结论：IGF-I 可能是山羊绒纤维生长的一个重要调节剂。

作为一种经济动物，绒山羊的基因组研究最终是以重要经济性状 QTL 定位和重要基因的位置克隆为目标，以研究如产绒量、绒纤维长度和细度等一些有利数量性状作为主要任务，而这些性状可能是由多位点的等位基因作用决定的。寻找畜禽重要经济性状的连锁标记，候选基因法是非常有效的方法，它可以更直接地研究基因的多态性与经济性状的关系。本研究通过寻找辽宁绒山羊 IGF-I 基因 5′调控区的 SNPs，并结合辽宁绒山羊产绒性状进行分析，发现 IGF-I 是调控山羊绒毛生长的重要因子，在山羊绒毛生长中起着极其重要的作用，绒山羊 IGF-I 基因是影响产绒性状的重要候选基因之一。

本研究的结果表明，辽宁绒山羊 IGF-I 基因 5′调控区存在与产绒性状显著相关的 SNPs

基因位点。因此，IGF-I 基因可能是辽宁绒山羊产绒性状的候选主效基因或者与控制产绒性状的主效基因连锁，这为辽宁绒山羊的分子育种和生产奠定了坚实的理论基础。

致谢

本实验是在中国农业大学农业生物技术国家重点实验室完成的，感谢李宁教授给予的帮助；感谢中国农业大学动物科技学院张勤教授对本研究中实验数据的统计分析给予的指导；感谢中国农业大学动物科技学院赵兴波教授在本论文写作上给予的帮助。

参考文献

[1] Litle J C, Westgate G E, Evans A. Cytokine gene expression in intact rat hair follicles. J Invest Dermatol, 1994, 103 (5): 715-720.

[2] Itami S, Kurata S, Androgen induction of follicular epithelial cell growth is mediated via insulin-like growth factor 1 from dermal papilla cells. Biochem Bioph Res Co, 1995, 212 (3): 988-994.

[3] Harris P M, McBride B W, Gurnsey M P. Direct infusion of a variant of insulin-like growth factor-Ⅰ into skin of sheep and effects on local blood flow, amino acid utilisation and cell replication. Endocrinology, 1993, 139(3): 463-472.

[4] Stewartc E H, Rotwein P. Growth, differentiation, and survival multiple physiological functions for insulin-like growth factors. Physiol Rev, 1996, 76(4): 1 005-1 026.

[5] Nioxn A J, Ford C A, Oldhaxn J M, et al. Localisation of insulin-like growth factor receptors in skin follicles of sheep (Ovis aries) and changes during an induced growth cycle. Comp Biochem Phys A, 1997, 118(4): 1 247-1 257.

[6] Dicks P, Morgan C J, Morgan P J, et al. The localisation and characterisation of insulin-like growth factor I (IGF-I) receptors and the investigation of melatonin receptors on the hair follicles of seasonal and non-seasonal fibre-producing goats. J Endocrinol, 1996, 151(1): 55-63.

[7] Damak S, Su H Y, Jay N P, et al. Improved wool production in transgenic sheep expressing insulin-like growth fctor I. Bioresource Technol, 1996, 14(2): 185-188.

[8] Su H Y, Jay N P, Gourley T S, et al. Wool production in transgenic sheep: results from first-generation adults and second-generation lambs. Anim Biotechnol, 1998, 9(2): 135-147.

[9] Galbraith H, Sims D and Hazlerigs D. The effect of IGF-I on the growth of secondary hair follicles of the cashmere goat in vitro. Proceedings of the British Society of Animal Science. Penicuik: British Society of Animal Science Press, 1997. 170 (Abstr).

[10] Yilmaz A, Davis M E, Hines H, et al. Detection of two nucleotide substitutions and putative promoters in the 5′ flanking region of the ovine IGF-I gene. J Appl Geophys, 2005, 46(3): 307-309.

[11] Zhang C X, Zhang W, Luo H L, et al. A new single nucleotide polymorphism in the IGF-I gene and its association with growth traits in the Nanjiang huang goat. Asian-Aust J Anim Sci, 2008, 21(8): 1 073-1 079.

[12] Mikawa S, Yoshikawa G, Aoki H, et al. Dynamic aspects in the expression of the goat insulin-like growth factor-I (IGF-I) gene: diversity in transcription and post-transcription. Biosci Biotech Bioch, 1995, 59(1): 87-92.

[13] Schibler L, Vaiman D, Oustry A, et al. Comparative gene mapping: a fine-scale survey of chromosome rearrangements between ruminants and humans. Genome Res, 1998, 8(9): 901-915.

[14] Stephens M, Donnelly P A. Comparison of bayesian methods for haplotype reconstruction from popula-

tion genotype data. Am J Hum Genet, 2003, 73(5): 1 162-1 169.

[15] Chang M H, Chou C M, Hsieh Y C, et al. Identification of 5′-upstream region of pufferfish ribosomal protein L29 gene as a strong constitutive promoter to drive GEP expression in zebrafish. Biochem Bioph Res Co, 2004, 314(1): 249-258.

[16] Bajic V B, Choudhary V, Hock C K. Content analysis of the core promoter region of human genes. In Silico Biol, 2004, 4(2): 109-125.

[17] Adams N R, Briegel J R, Ward K A. The impact of a transgene for ovine growth hormone on the performance of two breeds of sheep. J Anim Sci, 2002, 80(9): 2 325-2 333.

[18] Villar D, McMillen, S R, Dicks P, et al. The effects of bovine somatotropin on hair follicle activity and cashmere fibre growth in goats. Aus J Agr Res, 1999, 50(8): 1 365-1 373.

[19] Salmon W D Jr, Danghaday W H. A hormonally controlled serum factor which stimulates sulfate incorporation by cartilage in vitro. J Lab Clin Med, 1957, 49(6): 825-836.

[20] Lekstrom-Himes J. Xanthopoulos K G. Biological role of the CCAAT/enhancerbindingprotein family of transcription factors. J Biol Chem, 1998, 273 (44): 28 545-28 548.

[21] Jacob K K, Stanley F M. CCAAT/enhancer-binding protein alpha is a physiological regulator of prolactin gene expression. Endocrinology, 1999, 140(10): 4 542-4 550.

[22] Enwright J F III, Kawecki-Crook M A, Voss T C, et al. A PIT-1 homeodomain mutant blocks the intranuclear recruitment of the CCAAT/enhancer binding protein alpha required for prolactin gene transcription. Mol Endocrinol, 2003, 17(2): 209-222.

[23] Ibraheem M, Galbraith H, Scaife J, et al. Growth of secondary hair follicle of cashmere goat to prolactin in vitro. Proc Nutr Soc, 1994, 52: 263A (Abstr).

[24] Clark A G. The role of haplotypes in candidate gene studies. Genet Epidemiol, 2004, 27(4): 321-333.

[25] Liu H Y, Li N, Jia C L, et al. Effect of the polymorphisms of keratin associated protein 8. 2 gene on fibre traits in Inner Mongolia cashmere goats. Asian-Aust J Anim Sci, 2007, 20(6): 821-826.

A Novel Single-nucleotide Polymorphism in the 5′ Upstream Region of the Prolactin Receptor Gene is Associated with Fiber Traits in Liaoning Cashmere Goats

Jiaping Zhou[a], Xiaoping Zhu[a], Wei Zhang[a], Feng Qin[a], Shiwei Zhang[b] Zhihai Jia[a]

([a] State Key Laboratory for Animal Nutrition, College of Animal Science and Technology, China Agricultural University, Beijing 100193, P. R. China; [b] Liaoning Cashmere Goat Breeding Center, Liaoning 111001, P. R. China)

该论文已被《Genetics and Molecular Research》接收

Abstract The most important traits of Chinese Liaoning cashmere goat fiber are fiber diameter, weight, and length We looked for polymorphisms and their possible association with cashmere fiber traits in the 5′ upstream region (5′ UTR) of prolactin receptor gene (PRLR), which encodes an anterior pituitary peptide hormone involved in different physiological activities; it is the principal endocrine regulator in pelage replacement in mammals. A novel single-nucleotide polymorphism (SNP) was found in the 5′ UTR of PRLR by PCR-RFLP in an analysis of 590 goats. Two genotypes (CC and CT) were observed. The frequencies of allele C and T were 0.93 and 0.07, respectively. Association analysis revealed that PRLR 5′ UTR polymorphism (SNP5) is significantly associated with cashmere fiber weight and diameter. This novel SNP in hircine PRLR has potential as a molecular marker for cashmere fiber weight and diameter in Liaoning cashmere goats.

Key words Cashmere goats, Prolactin receptor, Polymorphisms, Cashmere fiber traits

1 Introduction

Liaoning cashmere goats (Capra hircus) are an important commodity for China, famous for their cashmere. Although the quality of the cashmere is highly acclaimed, the cashmere output is low. Increasing cashmere fiber weight (CFW) and maintaining longer cashmere fiber length (CFL) and smaller cashmere fiber diameter (CFD) are typically associated with higher economic gains for cashmere producers. China is the world's largest producer of cashmere, and thus, it is of great interest to maximize the quantity of the cashmere fiber without affecting the fiber quality.

Prolactin (PRL) has been implicated as the principal endocrine regulator in pelage replacement in a diverse array of mammals (Dicks et al. 1994, Pearson et al. 1996, Thompson et al. 1997), and all biological functions associated with PRL are mediated by its specific receptor prolactin receptor (PRLR), which is a single-pass membrane-bound protein that belongs to the cytokine receptor family (Foitzik et al., 2003, Kelly et al., 2001). Furthermore, PRLR has been shown to be expressed in the wool follicles of sheep (Choy et al., 1997), and result in hair cycle perturbations and slightly longer and coarser hair in mice (Craven et al., 2001). Therefore, in the present study a novel single-nucleotide polymorphism (SNP) in the Liaoning cashmere goat PRLR 5′ untranslated region (5′ UTR) associated with cashmere fiber traits is described.

2 Materials and methods

Blood samples were obtained from 590 female Liaoning cashmere goats (C. hircus). Genomic DNA was isolated from the blood samples using the BioTeke Genomic DNA kit (BioTeke) for SNP discovery and association analyses.

Cashmere trait data were gathered from the records of the for Liaoning Cashmere Goat Breeding Center between 2002 and 2009. Moulted cashmere was weighed using an electronic scale. CFL was measured prior to combing without stretching the fiber, and CFD was measured using an Auda 2000 optical wool fiber gauging instrument (Shenaoda Technology Company).

To determine the PRLR 5′ UTR polymorphisms, genomic DNA was amplified using PCR, followed directly by sequencing. PCR was carried out in a C1 000TM Thermal Cycler (Bio-Rad) with denaturation for 30 s at 94℃, annealing for 30 s at 59℃, and extension for 1 min at 72℃. Each 25 μL reaction mixture contained 2 μL pooled DNA template, 1 μL of 2.5 mM dNTP, 1.5 μL of 25 mM MgCl2, 0.3 μL of 5 U/μL Taq DNA polymerase (TaKaRa) and 1 μL of 10 μM primers. The DNA pool was constructed from 20 genetically unrelated goats. PCR primers were designed based on the GenBank sequence EU-678 913.2 for C. hircus PRLR by Premier 5.0 software. The primer sequence (5′-3′) was as follows: P1-F: GCCAGGTTCCCAGTTCAG, P1-R: ACTGTAATCCACTAGGCTCCTC. PCR products were sequenced using the ABI3 730XL DNA Analyzer (Applied Biosystems). The polymorphisms were analyzed using the software Sequencher 4.2 (demo version, Gene Codes Corporation).

Genotypes were detected using polymerase chain reaction-restriction fragment length polymorphism (PCR-RFLP). To identify the PRLR 5′ UTR polymorphism (SNP5), the 5′ UTR PCR product was used as a template for amplification with the forward primer 5′-AGGGCTTCCATAGAGTCTCAG-3′ and reverse primer 5′-ACTGTAATCCACTAGGCTCCTC-3′. A Hin1II recognition site was introduced in this fragment. PCR conditions were identical to those for polymorphism discovery. The PCR products were digested with the restriction enzyme Hin1II (Fermentas Company) at 37℃ for 6 h. DNA fragments were separated by electrophoresis on a 4% agarose gel stained. When the Hin1II restriction site was present, the 162-bp fragment was digested into two fragments (136 and 26-bp). The

TT allele was not cleaved by Hin1II, resulting in a single 162-bp band. Heterozygote TC allele had all three of these bands.

The linear model was applied to analyze the associations of polymorphisms with fiber traits using the SAS software package (version 9.1.3). The mixed linear model was as follows:

$$Y=\mu+Ye+A+S+G+e$$

where Y is the value of each trait (CFW, CFD, CFL), μ is the population mean, Ye is the fixed effect of year, A is the fixed effect of age, S is the random effect of sire, G is the fixed effect corresponding to the genotype, and e is the random residual term.

3 Results

According to the polymorphism validation, a novel SNP was identified in Liaoning cashmere goats at EU-678 913.2 - 970 bp: C/T (C970T). At this site, only two genotypes, the CC homozygote and CT heterozygote, were observed, and the TT genotype was not detected in the population (Figure 1). We found 509 goats with the CC genotype, and 81 with CT. The estimated allele frequencies were 93.14% for C and 6.86% for T (Table 1). The results of associations between goat fiber traits and C970T of PRLR are shown in Table 2. Based on the analysis, CFW had a significant association with the C970T genotype. Goats with the CC genotype showed higher CFW than those with the CT genotypes ($P=0.0079$). The difference was about 33 g between the CC genotype and CT genotypes. These genotypes have no association with CFL and CFD.

Table 1 Genotype frequencies of the PRLR SNP in Liaoning cashmere goats

SNP	Genotype	Count	Frequency (%)	Allele	Frequency (%)
C970T	CC	509	86.27	C	93.14
	CT	81	13.73	T	6.86

Table 2 Associations of the PRLR SNP with goat fiber traits (LSMean±SEM)

SNP	Genotype	Cashmere fiber weight (g)	Cashmere fiber length (cm)	Cashmere fiber diameter (μm)
C970T	CC	770.15±8.61[a]	7.63±0.09	15.44±0.11
	CT	737.74±13.48[b]	7.64±0.14	15.48±0.16
	P value	0.007 9**	0.961 6	0.728 2

* $P<0.05$ is considered significant; ** $P<0.01$ is considered highly significant.

a,b Means within a column with no common superscript differ significantly for each SNP ($P<0.05$).

4 Discussion

In this study, we showed that the C970T polymorphism of PRLR was associated with

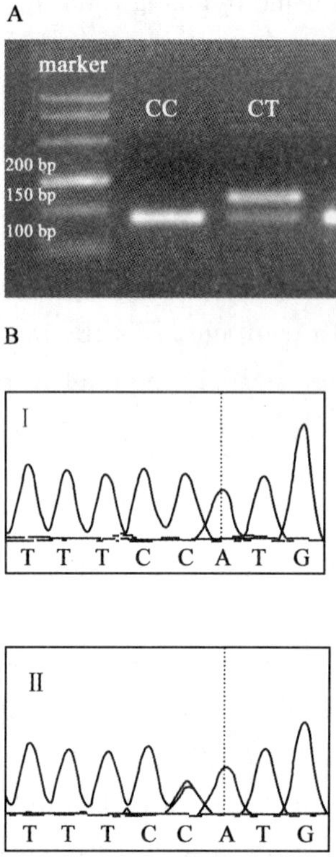

Fig 1 Genotypes of PCR-RFLP in the *C. hircus PRLR gene*.
(A) PCR-RFLP polymorphism of 162-bp PCR products. Two RFLP patterns are visible, corresponding to the CC and CT genotypes.
(B) Direct sequencing of PCR products indicates the mutation (C/T) at position 970. Sequence I occurs in the CC genotype and II in CT. The double peak in sequence II shows both nucleotides C and T in the heterozygote

CFW in Liaoning cashmere goats. By scanning the 5′ UTR of PRLR, we identified one novel SNP. However, there were only two genotypes, and the TT genotype was not detected in the study population. The TT genotype may produce a recessive lethal gene or may be linked to a recessive lethal mutation. On the other hand, this genotype may eventually be induced by the long-term artificial selection towards fiber quality. Previous studies suggest that PRLR appeared to be a promising candidate gene, because it may regulate important functions in hair growth cycles (Nixon et al. 2002, Choy et al. 1997). The main finding of this study was the association of the C970T polymorphism with CFW, which has not been reported before. Changes in CFW possibly arise from changes in PRLR signal transduction. This mutation may induce a change in PRLR expression and affect downstream signaling in the JAK2/Stat5 signal transduction pathway, thus affecting PRL-induced gene transcription (Craven et al. 2006). Our results may indicate that PRLR affects cashmere fiber traits directly or may regulate a major gene that controls fiber production. This C970T polymorphism may be useful for marker-assisted selection in cashmere goats. Further studies in larger populations and other cashmere goats are needed to confirm these results.

5 Conclusions

In conclusion, one novel polymorphism in the 5′ flanking region of the PRLR was identified in Liaoning cashmere goats. The present study showed that the C970T polymorphism was associated with CFW in Liaoning cashmere goats. These results indicate that the C970T polymorphism in hircine PRLR is a potential molecular marker for CFW in cashmere goats.

Acknowledgements

This work was supported by the National Key Technologies R & D Program (No. 2008AA101011-01-01), P. R. China. We thank the Liaoning Cashmere Breeding Center for providing cashmere goats and production trait data. We also thank the State Key Laboratory of Agrobiotechnology staff for their help.

References

[1] Choy V. J., Nixon A. J. Pearson A. J. (1997) Distribution of prolactin receptor immunoreactivity in ovine skin and changes during the wool follicle growth cycle. Journal of Endocrinology 155, 265-275.

[2] Craven A. J., Nixon A. J., Ashby M. G., Ormandy C. J., Blazek K., Wilkins R. J. Pearson A. J. (2006) Prolactin delays hair regrowth in mice. Journal of Endocrinology 191, 415-425.

[3] Craven A. J. Ormandy C. J., Robertson F. G., Wilkins R. J., Kelly P. A., Nixon A. J. Pearson A. J. (2001) Prolactin signaling influences the timing mechanism of the hair follicle: analysis of hair growth cycles in prolactin receptor knockout mice. Endocrinology 142, 2 533-2 539.

[4] Dicks P., Russel A. J. F., Lincoln G. A. (1994) The role of prolactin in the reactivation of hair follicles in relation to moulting in cashmere goats. *Journal of Endocrinology* 143, 441-448.

[5] Foitzik K., Krause K., Nixon A. J., Ford C. A., Ohnemus U., Pearson A. J., Paus R. (2003) Prolactin and its receptor are expressed in murine hair follicle epithelium, show hair cycle-dependent expression, and induce catagen. *American Journal of Pathology* 162, 1 611-1 621.

[6] Kelly PA, Binart N, Freemark M, Lucas B, Goffin V, Bouchard B. (2001) Prolactin receptor signal transduction pathways and actions determined in prolactin receptor knockout mice. *Biochem Soc Trans* 29, 48-52.

[7] Nixon A. J., Ford C. A., Wildermoth J. E., Craven A. J., Ashby M. G., Pearson A. J. (2002) Regulation of prolactin receptor expression in ovine skin in relation to circulating prolactin and wool follicle growth status. *Journal of Endocrinology* 172, 605-614.

[8] Pearson A. J., Parry A. L., Ashby M. G., Choy V. J., Wildermoth J. E., Craven A. J. (1996) Inhibitory effect of increased photoperiod on wool follicle growth. *Journal of Endocrinology* 148, 157-166.

[9] Thompson Jr. D. L., Hoffman R., DePew C. L. (1997) Prolactin administration to seasonally anestrous mares: reproductive, metabolic, and hair-shedding responses. *Journal of Animal Science* 75, 1 092-1 099.

Single-nucleotide Polymorphisms of the Prolactin Receptor Gene (PRLR) and its Association with Fibre Traits in Liaoning Cashmere Goats

Jiaping Zhou[1], Xiaoping Zhu[1], Wei Zhang[1], Feng Qin[1], Shiwei Zhang[2], Zhihai Jia[1]

(1. State Key Laboratory for Animal Nutrition, College of Animal Science and Technology, China Agricultural University, Beijing 100193, P. R. China; 2. Liaoning Cashmere Goat Breeding Center, Liaoning 111001, P. R China)

Abstract The important traits of Chinese Liaoning cashmere goat fibre include cashmere fibre diameter, weight, and length. In this study, polymorphism identification and association studies with fibre traits were performed in the prolactin receptor gene (PRLR). One single-nucleotide polymorphism (SNP) was identified in the 5′ untranslated region (5′ UTR) and four SNPs were identified in exon 10 of PRLR by polymerase chain reaction-restriction fragment length polymorphism (PCR-RFLP) in 590 goats. Each of the four polymorphisms (G460A, C490T, A790G, G973A) in exon 10 were missense mutations. The mutation at G460A generated Val→Met, the mutation at C490T generated Thr→Ile, the mutation at A790G generated Met→Val, and the mutation at G973A generated Phe→Thr. Association analysis revealed that the PRLR 5′ UTR polymorphism (G1075T) and G460A were associated with cashmere weight (P=0.003 3) and cashmere diameter (P=0.033 5), respectively. These findings suggest that G1075T and G460A in hircine PRLR may have potential molecular markers for cashmere fibre weight and cashmere fibre diameter in Liaoning cashmere goats.

Key words Cashmere goats, Cashmere fibre traits, PRLR, Polymorphisms

1 Introduction

Liaoning cashmere goats (*Capra hircus*) are a highly valued commodity for China, famous for their cashmere coat, which is generally not medullated and has a mean fibre diameter of 16±0.5 μm and a mean straightened length of 8.8±0.5 cm (Zhang, 2009). Although the quality of the cashmere is highly desirable, the cashmere output is low. China is the world's largest producer of cashmere and, thus, it is of great interest to improve cashmere fibre weight (CFW), and maintain long cashmere fibre length (CFL) and low cashmere fibre diameter (CFD) for economic gains.

Prolactin receptor (PRLR) is the specific receptor for prolactin (PRL), which is an anterior pituitary peptide hormone involved in different physiological activities and implicated as the principal endocrine regulator in pelage replacement in a diverse array of mammals (Rose et al. 1995, Dicks et al. 1994, Pearson et al. 1996, Curlewis et al. 1988, Thompson et al. 1997). All biological functions associated with PRL are mediated by its receptor PRLR, which is a transmembrane protein belonging to the cytokine receptor superfamily (Kelly et al. 1993, Cooke & Liebhaber 1995, Goffin & Kelly 1997), and has been localised to hair follicles (Craven et al. 2001). Furthermore, the concentration of PRLR varies with follicular activity (Foitzik et al. 2003). Therefore, PRLR also plays an important role in fibre growth. Cloning, expression, and mutation of PRLR have been reported in rat, human, bovine, and sheep (Shirota et al., 1990, Boutin et al., 1989, Brym et al., 2004, Choy et al. 1995). However, the known polymorphisms of cashmere goat PRLR are still limited and the gene polymorphisms associated with cashmere fibre have not been reported.

Therefore, we investigated the single-nucleotide polymorphisms (SNPs) in the Liaoning cashmere goat PRLR 5′ untranslated region (5′ UTR), complete coding region, and 3′ untranslated region (3′ UTR). We analysed the association between these polymorphisms and cashmere fibre traits to provide molecular information about PRLR that could be used to optimize cashmere production.

2 Materials and methods

2.1 Animals and sample collection

Liaoning cashmere goats (*C. hircus*) (n=590, female) blood samples were collected from the Breeding Farm of Liaoning Cashmere Goats in Liaoning Province of China. The animals were kept in-house with similar rearing and feeding conditions. Genomic DNA was obtained from the blood samples using BioTeke Genomic DNA kit (BioTeke) for SNP discovery and association analyses.

2.2 Collection of cashmere phenotypic data

Cashmere data including CFW, CFL, and CFD were gathered from the farm records between 2002 and 2009. Moulted cashmere was harvested once a year by combing in April, and weighed using an electronic scale. The CFL was measured prior to combing without stretching the fibre, and the CFD was measured using an Auda 2000 optical wool fibre gauging instrument (Shenaoda Technology Company) in the Wool Analysis Laboratory of the Liaoning Cashmere Breeding Center.

2.3 Validation of polymorphisms

To determine the PRLR polymorphisms, genomic DNA was amplified using PCR, followed directly by sequencing. Amplification cycles (n=32) were performed with a C1000TM Thermal Cycler (Bio-Rad) with denaturation for 30 s at 94℃, annealing for 30 s (Table 1), and extension for 1 min at 72℃. Each 25-μL reaction mixture contained 2 μL pooled DNA template, 1 μL 2.5 mM dNTPs, 1.5 μL 25 mM $MgCl_2$, 0.3 μL 5 U/μL Taq DNA polymerase (TaKaRa) and 1 μL 10 μM each primer. The DNA pool was constructed from 20 genetically unrelated goats. PCR primers (Table 1) were designed using the software Primer Premier 5.0, according to the DNA sequence of *C. hircus* PRLR (GenBank accession no. EU-678 913.2 and EU-662 222.1). The 11 PCR fragments covered the 5′ UTR, complete coding region, and 3′ UTR of *C. hircus* PRLR. PCR products were sequenced using the ABI3 730XL DNA Analyzer (Applied Biosystems). The polymorphisms were analysed using the software Sequencher 4.2 (demo version, Gene Codes Corporation).

Table 1 PCR primers used to amplify goat PRLR

Fragment	Sequence	Starting nucleotide position	Fragment length (bp)	Annealing temperature (℃)
5′ UTR	5′-GCCAGGTTCCCAGTTCAG-3′	59	1 217	60
	5′-GTGTCAAGTTCCCCTTACCTC-3′			
Exon 1	5′-AGGGCTTCCATAGAGTCTCAG-3′	838	439	60
	5′-GTGTCAAGTTCCCCTTACCTC-3′			
Exon 2	5′-GTTTCAAAAAGTTGCCTGTGC-3′	1 993	228	58
	5′-CAAAAGGACTGGGATGGATTC-3′			
Exon 3	5′-ATGCTGACATCTTGGCACTTC-3′	4 689	569	58
	5′-GTTGGTGGTGGAGTTTATGGA-3′			
Exon 4	5′-CAGGGATCAAGCCCATGTCTC-3′	6 573	525	61
	5′-ATAGAACATTGCTGCTGGGTGC-3′			
Exon 5	5′-TGGAGGGAAAAGGTAGACAGAT-3′	7 997	330	58
	5′-AGTTGGGGTCTTCATCTTTGC-3′			
Exon 6	5′-TAACAGGAGGAAGGGATGGG-3′	9 742	351	58
	5′-GGCAGATTGCAGGCAGAA-3′			
Exon 7	5′-AAAAGGTATAGAGGGGCAAGG-3′	11 977	246	59
	5′-ATCCCTGACAACCATGACTGAG-3′			
Exon 8	5′-CAATGCAGGAGACCCAGGTTC-3′	12 523	547	62
	5′-CCTGCTGAAAGGGAGGGACA-3′			
Exon 9-10	5′-GGTATTTGCCAGAGCCCATTT-3′	13 420	1 331	58
	5′-TCAACCCATCCTTCCATAACTC-3′			
Exon 10-3′ UTR	5′-ATGACAGTGAGGACCAACGC-3′	98	992	60
	5′-GTTCTTGAGCCCTCTCTGGT-3′			

2.4 Genotyping of PRLR

Genotypes were detected using polymerase chain reaction-restriction fragment length polymorphism (PCR-RFLP). To identify the PRLR 5′ UTR polymorphism (G1 075T), the 5′ UTR PCR product was used as a template for amplification with the forward primer 5′-GGAAAGGGAATGACCCACTC-3′ and reverse primer 5′-AGTGATGGCATAAGCCAACG-3′. A *NheI* recognition site was introduced by one base mismatch (underlined) in the reverse primer. PCR conditions were identical to those for polymorphism discovery except for the template. The PCR products were digested with the restriction enzyme *NheI*

(Fermentas Company) at 37℃ for 3 h. DNA fragments were separated by electrophoresis on a 4% agarose gel. When the *NheI* restriction site was present, the 171-bp fragment was digested into two fragments (147 and 24 bp). The TT allele was not cleaved by *NheI*, resulting in a single 171-bp band. Heterozygotes TG allele had all three of these bands.

To identify the G460A genotype, the exon 9-10 PCR products were digested with the restriction enzyme *TaiI* (Fermentas Company) at 65℃ for 40 min. DNA fragments were separated on a 2% agarose gel. When the *TaiI* restriction site was present, the 1 331-bp fragment was digested into two fragments (770 and 561 bp). The AA allele was not cleaved by *TaiI*, resulting in a single 1 331-bp band. Heterozygotes AG allele had all three of these bands.

To detect the C490T genotype, amplification was conducted using the forward primer 5′-CTCA GAGCACAAACGGGGAAG-3′ and reverse primer 5′-TTGGTCTGTTTGGTCCAGCAC-3′. A *TaaI* recognition site was introduced by one base mismatch (underlined) in the reverse primer. PCR conditions were identical to those for polymorphism discovery except for the template. The templates were the PCR products of exon 9-10. The PCR products were digested with the restriction enzyme *TaaI* (Fermentas Company) at 65℃ for 40 min. DNA fragments were separated on a 4% agarose gel. When the *TaaI* restriction site was present, the 191-bp fragment was digested into two fragments (170 and 21 bp). The TT allele was not cleaved by *TaaI*, resulting in a single 191-bp band. Heterozygotes TC allele had all three of these bands.

To identify the A790G, genotype, the exon 9-10 PCR products were digested with the restriction enzyme Eco88I (Fermentas Company) at 37℃ for 5 h. DNA fragments were separated on a 2% agarose gel. When the Eco88I restriction site was present, the 1331-bp fragment was digested into two fragments (1126 and 205 bp). The AA allele was not cleaved by Eco88I, resulting in a single 1331-bp band. Heterozygotes AG allele had all three of these bands.

To identify the G973A genotype, amplification was conducted using the forward primer 5′-GCAAGCGCAAAACCTGAC-3′ and reverse primer 5′-GCAAGAGTGCATAAAACC CG-3′. A Cfr42I recognition site was introduced by one base mismatch (underlined) in the reverse primer. PCR conditions were identical to the genotyping of C490T. The PCR products were digested with the restriction enzyme Cfr42I (Fermentas Company) at 37℃ for 5 h. DNA fragments were separated on a 4% agarose gel. When the Cfr42I restriction site was present, the 166-bp fragment was digested into small fragments (146 and 20 bp). The AA allele was not cleaved by Cfr42I, resulting in a single 166-bp band. Heterozygotes AG allele had all three of these bands.

2.5 Statistical analysis

Allele and genotype frequencies were determined by gene counting. Genotype distribution deviations from those expected on the Hardy-Weinberg equilibrium were analysed using GENEPOP software.

Associations of polymorphisms with fibre traits and comparative analysis of the expression pattern of PRLR between genotypes were subjected to general linear models analysis using the SAS software package (version 9.1.3). The mixed linear model was as follows:

$$Y_{ijkl} = \mu + Y_i + A_j + S_k + G_l + e_{ijkl}$$

Where Y_{ijkl} is the value of each trait (CFW, CFD, CFL), μ is the population mean, Y_i is a fixed effect of the ith year, A_j is a fixed effect of the jth age, S_k is a random effect of the kth sire, G_l is a fixed effect corresponding to the lth genotype, and e_{ijkl} is a random residual term. Treatment comparisons were made using least-square means by *P*-values for differences options (SAS 9.1.3).

3 Results

3.1 Analysis of PRLR polymorphisms

According to the polymorphism validation, there were five SNPs in Liaoning cashmere goats. Sequencing revealed a single nucleotide substitution G→T (G1075T) at position 237 of the 5′ UTR PCR product, and four nucleotide substitutions G→A (G460A), C→T (C490T), A→G (A790G), and G→A (G973A), respectively. Furthermore, we found no mutation from exon1 to exon9 in our study, and mutations in exon 10 were all missense; the mutation at G460A generated Val→Met, the mutation at C490T generated Thr→Ile, the mutation at A790G generated Met→Val, and the mutation at G973A generated Phe→Thr.

3.2 Genotype analysis

In G1075T, the genotype GG occurred with the highest frequency, followed by GT and TT (Table 2). For the other SNPs, the genotypes GG (G460A), CC (C490T), GG (A790G), and GG (G973A) had frequencies above 85% and were the dominant genotypes. The AA (G460A), TT (C490T), AA (A790G), and AA (G973A) genotypes were not detected in the population. The observed genotype frequencies of the PRLR 5′ UTR polymorphism conformed to the Hardy-Weinberg equilibrium ($P>0.05$). However, the SNPs in exon 10 didn't conform to the Hardy-Weinberg equilibrium ($P<0.01$).

Table 2 Genotype frequencies of five PRLR SNPs in Liaoning cashmere goats

SNP	Genotype	Count	Frequency (%)	Allele	Frequency (%)
G460A	GG	520	88.14	G	94.07
	GA	70	11.86	A	5.93
C490T	CC	538	91.19	C	95.59
	CT	52	8.81	T	4.41
A790G	GG	538	91.19	G	95.59
	GA	52	8.81	A	4.41
G973A	GG	538	91.19	G	95.59
	GA	52	8.81	A	4.41
G1075T	TT	68	11.53	T	35.93
	GT	234	39.66	G	64.07
	GG	288	48.81		

3.3 Associations between genotypes and fibre traits

The results of associations between goat fibre traits and G460A, C490T, A790G, G973A, and G1075T of PRLR are shown in Table 3. Based on the analysis, CFW had a significant association with G1075T genotype. Goats with the TT genotype showed higher CFW than those with the GT and GG genotypes ($P=0.0033$). The mean difference was about 30 g between the TT genotype and the other two genotypes. In G460A, goats with the GG genotype exhibited a thinner CFD when compared with animals with the AG genotype ($P=0.0335$). There was no association between CFL and any of the SNPs.

Table 3 Associations of the PRLR SNPs with goat fibre traits (LSM±SEM)

SNP	Genotype	Cashmere fibre weight (g)	Cashmere fibre length (cm)	Cashmere fibre diameter (μm)
G460A	GG	765.61±8.67	7.62±0.088	15.16±0.096[b]
	AG	765.87±13.95	7.60±0.14	15.42±0.15[a]
	P value	0.983 2	0.828 2	0.033 5*
C490T	CT	784.25±15.00	7.57±0.15	15.45±0.16
	CC	762.93±8.70	7.64±0.09	15.28±0.10
	P value	0.133 2	0.630 9	0.228 5
A790G	AG	784.25±15.00	7.57±0.15	15.45±0.16
	GG	762.93±8.70	7.64±0.09	15.28±0.10
	P value	0.133 2	0.630 9	0.228 5
G973A	AG	784.25±15.00	7.57±0.15	15.45±0.16
	GG	762.93±8.70	7.64±0.09	15.28±0.10
	P value	0.133 2	0.630 9	0.228 5
G1075T	TT	785.51±10.33[a]	7.62±0.11	15.26±0.12
	GT	758.16±8.94[b]	7.64±0.12	15.32±0.11
	GG	751.89±14.53[b]	7.70±0.17	15.30±0.16
	P value	0.003 3**	0.874 9	0.7670

* $P<0.05$ is considered significant; ** $P<0.01$ is considered highly significant.

[a,b] Means within a column with no common superscript differ significantly for each SNP ($P<0.05$).

4 Discussion

The current study was performed to characterise the polymorphisms of PRLR in cashmere goats. We studied associations between different PRLR genotypes and cashmere fibre traits in Liaoning cashmere goats. PRLR appears to be a promising candidate gene, because it may regulate important functions in hair growth cycles (Nixon et al. 2002, Choy et al. 1997). Several polymorphic sites have been detected within PRLR in cattle, pig, and goat (Zhang et al. 2008, Brym et al. 2005, Kmiec & Terman 2006, Zhang et al. 2007). However, in the current study, by scanning the full coding region, 5′ UTR, and 3′ UTR, we identified five novel SNPs, including a promoter mutation and four missense mutations in exon 10. The four missense mutations in exon 10 did not fit with Hardy-Weinberg equilibrium

($P<0.01$), and the AA (G460A), TT (C490T), AA (A790G), and AA (G973A) genotypes were not detected in the study population. These genotypes may produce a recessive lethal gene or be linked to a recessive lethal mutation. On the other hand, these genotypes may eventually be induced by the long-term artificial selection towards fibre quality.

Liaoning cashmere goat is a seasonal species whose hair follicles are unusual in that they undergo lifelong cycles of growth and regression. Their hair follicles cycle through successive phases of active hair growth (anagen), hair follicle regression (catagen), and quiescence (telogen) (Muller-Rover et al. 2001). Previous studies suggest that PRL changes can stimulate both regression and recrudescence of hair follicles, and that follicles can respond to either rising or falling baseline secretion (Martinet et al. 1984, Pearson et al. 1996). Fibre growth can be altered by PRL administration (Thomas et al. 1994, Pearson et al. 1999, Soboleva et al. 2005). PRL also directly affects hair cycling mechanisms within the skin in mice (Craven et al. 2006). A large number of the reported effects of PRL are associated with the hair growth cycle (Dicks et al. 1994, Foitzik et al. 2003, Carven et al. 2001, Nixon et al. 2002, Craven et al. 2006). It has been widely accepted that PRL plays an important role in fibre growth. PRL regulates its effect through membrane-bound receptors on PRLR, thereby modulating hormonal responsiveness of seasonally growing hair follicles of sheep (Nixon et al. 2002).

Recent studies have revealed that PRLR polymorphisms are linked with reproductive traits in pig (Tomas et al. 2006, Kmiec & Terman 2006), and with growth traits and bovine milk production in cattle (Lü et al. 2010, Zhang et al. 2008). The main findings of this study are the associations of PRLR polymorphisms with CFW and CFD, which have not been reported before. Our results might reflect the role of PRLR in transmitting signals from PRL hormones to gene promoters. The G460A and G1075T mutations might induce a change in PRLR expression or changes of structure and function. These changes in PRLR may affect downstream signalling in the JAK2/Stat5 signal transduction pathway, thus affecting PRL-induced gene transcription. Therefore, changes in cashmere fibre traits possibly arise from changes in PRLR signal transduction. PRLR might affect cashmere fibre traits directly or may regulate a major gene that controls fibre production. The G460A and G1075T PRLR mutations may be useful for marker-assisted selection in cashmere goats. However, we did not find a significant association between C490T, A790G or G973A polymorphism and these cashmere traits, suggesting that these polymorphisms do not significantly affect the cashmere traits that we evaluated. Further studies in larger populations and other cashmere goats are needed to confirm these results.

5 Conclusions

In conclusion, five polymorphisms within PRLR were identified in Liaoning cashmere goats. The present study showed that the G1075T (PRLR 5′ UTR) polymorphism was associated with CFW, and the G460A (PRLR exon 10) polymorphism was associated with CFD. These results indicate that these polymorphisms in hircine PRLR are potential molecular markers for CFW and CFD in cashmere goats.

Acknowledgements

This work was supported by the National Key Technologies R & D Program (No. 2008AA101011-01-01), P. R. China. We are thankful to the Liaoning Cashmere Breeding Center for providing cashmere goat and production trait data. We are also thankful to the State Key Laboratory of Agrobiotechnology staff for their help.

References

[1] Boutin J. M., Edery M., Shirota M., Jolicoeur C., Lesueur L., Ali S., Gould D., Kelly P. A. Djiane J. (1989) Identification of a cDNA encoding a long form of prolactin receptor in human hepatoma and breast cancer cells. *Molecular Endocrinology* 3, 1455-1461.

[2] Brym P., Kaminski S. Wojcik E. (2005) Polymorphism within the bovine prolactin receptor gene (PRLR). *Animal Science Papers and Reports*. 23, 61-66.

[3] Choy V. J., Nixon A. J. Pearson A. J. (1995) Localisation of receptors for prolactin in ovine skin. *Journal of Endocrinology* 144, 143-151.

[4] Choy V. J., Nixon A. J. Pearson A. J. (1997) Distribution of prolactin receptor immunoreactivity in ovine skin and changes during the wool follicle growth cycle. *Journal of Endocrinology* 155, 265-275.

[5] Cooke N. E. Liebhaber S. A. (1995) Molecular biology of the growth hormone-prolactin gene system. *Vitamins and Hormones-Advances in Research and Applications*. 50, 385-459.

[6] Craven A. J. Ormandy C. J., Robertson F. G., Wilkins R. J., Kelly P. A., Nixon A. J. Pearson A. J. (2001) Prolactin signaling influences the timing mechanism of the hair follicle: analysis of hair growth cycles in prolactin receptor knockout mice. *Endocrinology* 142, 2533-2539.

[7] Craven A. J., Nixon A. J., Ashby M. G., Ormandy C. J., Blazek K., Wilkins R. J. Pearson A. J. (2006) Prolactin delays hair regrowth in mice. *Journal of Endocrinology* 191, 415-425.

[8] Curlewis J. D., Loudon A. S. I., Milne J. A., McNeilly A. S. (1988) Effects of chronic long-acting bromocryptine treatment on live weight, voluntary food intake, coat growth and breeding season in non-pregnant red deer hinds. *Journal of Endocrinology* 119, 413-420.

[9] Dicks P., Russel A. J. F., Lincoln G. A. (1994) The role of prolactin in the reactivation of hair follicles in relation to moulting in cashmere goats. *Journal of Endocrinology* 143, 441-448.

[10] Foitzik K., Krause K., Nixon A. J., Ford C. A., Ohnemus U., Pearson A. J., Paus R. (2003) Prolactin and its receptor are expressed in murine hair follicle epithelium, show hair cycle-dependent expression, and induce catagen. *American Journal of Pathology* 162, 1611-1621.

[11] Goffin V., Kelly P. A. (1997) The prolactin/growth hormone receptor family: structure/function relationships. *Journal of Mammary Gland Biology and Neoplasia* 2, 7-17.

[12] Kelly P. A., Ali S., Rozakis M., Goujon L., Nagano M., Pellegrini I., Gould D., Djiane J., Edery M., Finidori J., Postel-Vinay M. C. (1993) The growth hormone/prolactin receptor family. *Recent Progress in Hormone Research*. 48, 123-164.

[13] Kmiec M., Terman A. (2006) Associations between the prolactin receptor gene polymorphism and reproductive traits of boars. *Journal of Applied Genetics* 47, 139-141.

[14] Lü A. J. , Hu X. C. , Chen H. , Dong Y. J. , Pang Y. H. (2011) Single nucleotide polymorphisms of the prolactin receptor (PRLR) gene and its association with growth traits in chinese cattle. *Molecular Biology Reports* 38, 261-266.

[15] Martinet L. , Allain D. , Weiner C. (1984) Role of prolactin in the photoperiodic control of moulting in the mink (Mustela vison). *Journal of Endocrinology* 103, 9-15.

[16] Muller-Rover S. , Handjiski B. , van der Veen C. , Eichmuller S. , Foitzik K. , McKay I. A. , Stenn K. S. , Paus R. (2001) A comprehensive guide for the accurate classification of murine hair follicles in distinct hair cycle stages. *Journal of Investigative Dermatology* 117, 3-15.

[17] Nixon A. J. , Ford C. A. , Wildermoth J. E. , Craven A. J. , Ashby M. G. , Pearson A. J. (2002) Regulation of prolactin receptor expression in ovine skin in relation to circulating prolactin and wool follicle growth status. *Journal of Endocrinology* 172, 605-614.

[18] Pearson A. J. , Ashby M. G. , Wildermoth J. E. , Craven A. J. , Nixon A. J. (1999) Effect of exogenous prolactin on the hair growth cycle. *Experimental Dermatology* 8, 358-360.

[19] Pearson A. J. , Parry A. L. , Ashby M. G. , Choy V. J. , Wildermoth J. E. , Craven A. J. (1996) Inhibitory effect of increased photoperiod on wool follicle growth. *Journal of Endocrinology* 148, 157-166.

[20] Rose J. , Garwood T. , Jaber B. (1995) Prolactin receptor concentrations in the skin of mink during the winter fur growth cycle. *Journal of Experimental Zoology* 271, 205-210.

[21] Shirota M. , Banville D. , All S. , Jolicoeur C. , Boutin J. M. , Edery M. , Djiane J. , Kelly P. A. (1990) Expression of two forms of prolactin receptor in rat ovary and liver. *Molecular Endocrinology* 4, 1136-1143.

[22] Soboleva T. K. , Vetharaniam I. , Nixon A. J. , Montenegro R. , Pearson A. J. , Sneyd J. (2005) Mathematical modelling of prolactin-receptor interaction and the corollary for prolactin receptor gene expression in skin. *Journal of Theoretical Biology* 234, 289-298.

[23] Thomas D. G. , Loudon A. S. I. , Jabbour H. N. (1994) Local infusion of prolactin stimulates early localised development of red deer (Cervus elaphus) summer coat. *Journal of Endocrinology*. 143 (suppl):44.

[24] Thompson Jr. D. L. , Hoffman R. , DePew C. L. (1997) Prolactin administration to seasonally anestrous mares: reproductive, metabolic, and hair-shedding responses. *Journal of Animal Science* 75, 1092-1099.

[25] Tomas A. , Casellas J. , Ramirez O. , Munoz G. , Noguera J. L. , Sanchez A. (2006) High amino acid variation in the intracellular domain of the pig prolactin receptor (PRLR) and its relation to ovulation rate and piglet survival traits. *Journal of Animal Science* 84, 1991-1998.

[26] Zhang G. X. , Chu M. X. , Wang J. Y. , Fang L. , Ye S. C. (2007) Polymorphism of exon 10 of prolactin receptor gene and its relationship with prolificacy of Jining Grey goats. *Hereditas* 29, 329-336.

[27] Zhang J. L. , Zan L. S. , Fang P. , Zhang F. , Shen G. , Tian W. Q. (2008) Genetic variation of PRLR gene and association with milk performance traits in dairy cattle. *Canadian Journal of Animal Science*. 88, 33-39.

[28] Zhang SW. (2009) Liaoning cashmere goat breeding records: 1980-2008. Liaoning science and technology publishing house Press, China.